计算机科学丛书

原书第5版

组合数学

[美] 理查德·A. 布鲁迪（Richard A. Brualdi） 著
威斯康星大学麦迪逊分校

冯 速 等译
北京师范大学

Introductory Combinatorics

Fifth Edition

机械工业出版社
CHINA MACHINE PRESS

本书系统地阐述组合数学基础、理论和方法，侧重于组合数学的概念和思想，论述了鸽巢原理、排列与组合、二项式系数、容斥原理及应用、递推关系和生成函数、特殊计数序列、二分图中的匹配、组合设计、图论、有向图及网络、Pólya计数法等。此外，各章均包含大量练习题，并在书末给出了参考答案与提示。

本书适合作为高等院校相关专业组合数学课程的教材。

北京市版权局著作权合同登记　图字：01-2009-2363 号。

图书在版编目（CIP）数据

组合数学：原书第 5 版：典藏版 /（美）理查德·A. 布鲁迪（Richard A. Brualdi）著；冯速等译 . —北京：机械工业出版社，2024.2

（计算机科学丛书）

书名原文：Introductory Combinatorics，Fifth Edition

ISBN 978-7-111-74886-1

Ⅰ . ①组… Ⅱ . ①理… ②冯… Ⅲ . ①组合数学 Ⅳ . ①O157

中国国家版本馆 CIP 数据核字（2024）第 024367 号

机械工业出版社（北京市百万庄大街 22 号 邮政编码 100037）

策划编辑：姚 蕾 责任编辑：姚 蕾
责任校对：李小宝 责任印制：单爱军
保定市中画美凯印刷有限公司印刷
2024 年 4 月第 1 版第 1 次印刷
185mm×260mm · 23.75 印张 · 647 千字
标准书号：ISBN 978-7-111-74886-1
定价：99.00 元

电话服务 网络服务
客服电话：010-88361066 机 工 官 网：www.cmpbook.com
　　　　　010-88379833 机 工 官 博：weibo.com/cmp1952
　　　　　010-68326294 金 书 网：www.golden-book.com
封底无防伪标均为盗版 机工教育服务网：www.cmpedu.com

组合数学是计算机出现以后迅速发展起来的一门数学分支。计算机科学即算法的科学，而计算机所处理的对象是离散的数据，所以离散对象的处理就成了计算机科学的核心，而研究离散对象的科学恰恰就是组合数学。

本书译自 Richard A. Brualdi 的 *Introductory Combinatorics，Fifth Edition* 一书，着重于组合学思想的阐述，包括对鸽巢原理、计数技术、排列与组合、Pólya 计数法、二项式系数、容斥原理、生成函数与递推关系以及一些组合结构（如匹配、设计和图等）的讨论。第 5 版经过较大的修订，添加了有限概率、相异代表系、匹配数等内容，同时删除若干不影响对组合数学理解的内容，或将其移作练习题，以保持本书内容不至于过于庞大而使读者却步。为方便读者阅读、理解，作者在这一版中做出了很多努力。比如，使用"子集"来描述"组合"的概念，这两个术语虽然本质上是等价的，但对于初学者来说，显然"子集"要比"组合"容易理解得多。更重要的是，通过布局上的调整，使前后文更加通顺，衔接更加自然。

在本书前言中，作者比较详细地介绍了各章的内容和它们之间的关系，谈到了使用本书伸缩性的授课方案以及作者讲授时的经验和偏好，这对于我们深入了解本书的内容和结构以便将它作为教材恰当地使用是很有帮助的。本书原著通俗流畅，深入浅出，生动灵活的写作风格反映了作者对该领域的热情和作为课程讲授的乐趣。

本书第 5 版的翻译工作参考了第 4 版译稿，感谢第 4 版译者的辛勤工作。在翻译过程中，译者对原书中出现的明显排印错误进行了修改，并对基本流算法的陈述做了改写，以便更容易理解，希望不是画蛇添足。

除封面署名外，参与本书翻译工作的人员还有马晶、易超、龚治、李思源、陈辉、周亦洋、韦添等。

由于时间和水平的限制，译文中难免有疏漏和错误，期盼广大读者的批评与指正。

译者
2012 年 2 月

在这一新版本中，我做了一些细微的改变，具体概括如下：

在第 1 章，新增加了一节（1.6 节），讨论相互重叠圆的问题，用来具体说明后面章节中所讨论的某些计数问题。之前，这一节的相关内容出现在第 7 章。

第 1 章中原来关于切割立方体的一节已经删除，但是相关内容放在练习题中。

之前版本中的第 2 章（鸽巢原理）改成了第 3 章。之前版本中关于排列和组合的第 3 章改成了第 2 章。帕斯卡公式在之前的版本中第一次出现在第 5 章中，现在出现在第 2 章中。另外。为了清晰起见。在关于集合的论述中我们不再强调"组合"这一术语，而启用了一个本质上等价的术语"子集"。然而，在多重集合的情况下，我们继续使用"组合"，而不使用在我们看来易产生混淆的术语"多重子集"。

此版本的第 2 章包含一节（2.6 节）有限概率简介。

此版本的第 3 章包含 Ramsey 定理的证明。

第 7 章的变化比较大，其中生成函数和指数生成函数移到了本章靠前部分（7.2 节和 7.3 节），成为更核心的内容。

分拆数这一节（8.3 节）做了扩展。

之前版本中关于二分图匹配的第 9 章做了根本的改变。现在的第 9 章是新插入的章节，讨论的是相异代表系（SDR）的问题，包括婚姻和稳定婚姻匹配问题，而不再讨论二分图。

第 9 章这样改动的结果是，介绍图论的章节（第 11 章）不再假设先前已介绍过二分图的知识。

再论图论一章（之前版本中的第 13 章）现在变成了第 12 章。在本章中，新增加了关于图的匹配数一节（12.5 节），在这一节中，第 9 章中 SDR 的基础结果被用于二分图。

有向图和网络这一章（之前是第 12 章）现在是第 13 章。它新增加了一节，回顾了二分图的匹配，其中有些相关内容出现在之前版本的第 9 章中。

对于第 5 版，除了以上列出的这些变化之外，还更正了我注意到的所有印刷错误；增加了少量的说明；改动了一些顺序，使前后文更加通顺；另外还增加了练习题，第 5 版中共有 700 道练习题。

根据多年来很多读者的评论，这本书似乎已经通过了时间的检验。因此，我总是犹豫不决而迟迟没有做出更多的改变，也没有增加更多的新话题。我不希望一本书"太长"（这一前言也不会太长），也不愿意让这本书迎合每个人的癖好。不过，我的确做了上述细节上的改变，相信这些改变会使这本书更加完善。

与之前各版本一样，这一版可以用于一到两个学期的本科生课程。第一个学期可以侧重计数，而第二个学期可以侧重图论和设计。也可以把相关内容合并在一起作为一个学期的课程，如讲解一些计数和图论知识，或者一些计数与设计理论知识，或者选择其他的组合搭配。下面简要说明各章以及它们之间的相互关系。

第 1 章是介绍，我通常只从中选出一两个话题，最多花两节课时间。第 2 章讨论的是排列和组合，这一章应该全讲。第 3 章讨论的是鸽巢原理，这一章至少应该做简单介绍。但是，需要注意的是，后面没有用到一些较难的鸽巢原理应用以及关于 Remsey 定理那一节的内容。第 4 章到第 8 章主要讨论计数技巧及计数序列的相关性质。这些内容应该按照顺序依次讲解。第 4 章讨论的是排列和组合的生成方案，包括 4.5 节的偏序和等价关系的介绍。我认为至少应该讲解等价关系，因为它们在数学中无处不在。除了第 5 章关于偏序集这一节（5.7 节）之外，其余各章本质上都独立于第 4 章，所以这一章可以跳过或者略讲。你也可以选择根本不讲解偏序集。我把关于偏序集的内容分成两节（4.5 节和 5.7 节），目的是给学生少许时间去消化某些概念。第 5 章讨论的是二项式系数的性质，而第 6 章所涉及的是容斥原理。莫比乌斯反演那节（6.6 节）可以归结到容斥原理，这一节对后面没有用。第 7 章比较长，讨论的是生成函数和递推关系求解。第 8 章主要讨论的是 Catalan 数、第一和第二类 Stirling 数、分拆数以及大 Schröder 数和小 Schröder 数。对于这一章的各节你可以选择学习，也可以选择跳过。第 8 章之后的各章与它都没有关系。第 9 章讨论的是相异代表系（所谓的婚姻问题）。第 12 章和第 13 章要用到第 9 章的一些内容以及第 10 章中的拉丁方一节（10.4 节）。第 10 章讨论的是组合设计的某些内容，它与本书其后的内容无关。第 11 章和第 12 章对图论进行了比较全面的讨论，并稍侧重于某些图论算法。第 13 章讨论的是有向图和网络流。第 14 章讨论置换群作用下的计数问题，这一章大量使用了前面的计数思想。除了最后一个例子之外，它与关于图论和设计的各章无关。

当我将本书用于一学期课程时，喜欢以第 14 章的 Burnside 定理及其几个应用收尾。这种做法使学生们能够解决很多计数问题，而这些用前面几章的计数技巧是不能解决的。通常，我不会讲 Pólya 定理。

继第 14 章之后，我给出了本书一些练习题的答案和提示。少数练习题旁边标上了"＊"号，表明它们有相当的挑战性。每一个证明结束及每一个例子结束处都标有"□"号予以明示。

很难评说学习这本书所需要的前提条件。与其他教科书一样，高度激发学生的热情、提起学生的兴趣是很有用的，另外还需要指导教师的热情投入。也许这些前提条件应该这样描述为好：有完备的数学知识。即成功地学习了数学分析相关内容以及线性代数的初等课程。本书对数学分析使用极少，而涉及线性代数的内容也不多，因此，对不熟悉这些内容的读者来说，阅读本书应该不会产生任何问题。

令我感到最欣慰的就是自从本书第 1 版出版之后三十多年来，它仍然得到数学界专业人士的认可。

我非常感谢曾对之前各版本以及这一版本做出评论的人，其中包括发现印刷错误的人。他们是：Russ Rowlett, James Sellers, Michael Buchner, Leroy F. Meyers, Tom Zaslavsky, Nils Andersen, James Propp, Louis Deaett, Joel Brawley, Walter Morris, John B. Little, Manley Perkel. Cristina Ballantine, Zixia Song, Luke Piefer, Stephen Hartke, Evan VanderZee, Travis McBride, Ben Brookins, Doug Shaw, Graham Denham, Sharad Chandarana, William McGovern, Alexander Zakharin。应出版商要求而对第 4 版做出评论以备这一版出版的 Christopher P. Grant 做了非常出色的评论。Chris Jeuell 对第 5 版提出了很多建议，使我避免了更多的印刷错误。Mitch Keller 是一位出色的精审员。虽然我希望不要出错，但是打印稿中也许还是有些错误，这一切都是我的责任。我也非常感谢那些向我指出这些错误的每一个人。Yvonne Nagel 在解决字体难题方面给予我很大的帮助，这已超出了我的专业范畴。

还要感谢 Prentice Hall 的所有出版工作人员——Bill Hoffman、Caroline Celano、Raegan Heerema，他们使第 5 版得以顺利完成。Pat Daly 是一位优秀的文案人员。

我希望这本书能够继续反映出我对组合数学这门学科的热爱，以及我对讲授它的热情和方法。

最后，我还要感谢我的妻子 Mona，她自始至终都给我的生活带来幸福、活力和勇气。

Richard A. Brualdi

什么是组合数学

在生活中组合数学随处可见。你是否曾经遇到这样的问题：有 n 个参赛队，每个队只能与其他队比赛一次，那么有多少场比赛呢？你是否曾经想过，在用笔遍历某个网络时，在笔不离开纸且网络任何一部分只能经过一次的条件下，有多少遍历方法呢？你是否计算过纸牌游戏中的满堂红的手数，以便确定满堂红的概率是多少呢？你是否尝试着解决一个数独问题呢？这些都是组合问题。正如这些例子所揭示的那样，组合数学扎根于数学和游戏之中。过去研究过的许多问题，不论是出于娱乐还是出于美学上的需求，现今在纯科学和应用科学领域都有着高度的重要性。今天，组合数学是数学的一个重要分支，组合数学高速成长起来的原因之一是计算机在我们的社会中起着重要的作用。因为计算机的速度不断增加，所以它们已经能够处理大型问题，这在之前是不可能做到的。但是计算机不能独立运行，它们必须按程序运行。这些程序的基础通常是用来求解这些问题的组合数学算法。这些程序的有效性分析主要从程序的运行时间和存储需求等方面考虑，这其中涉及更多的组合数学思想。

组合数学持续发展的另一个原因就是它能够运用到很多学科，而之前这些学科与数学几乎没有关联。因此，我们会发现组合数学的思想和技术不仅用于传统的应用科学领域（比如说物理学），还应用于社会科学、生物科学、信息论等领域。另外，组合数学和组合数学思想在很多数学分支中也变得越来越重要。

组合数学所关心的问题就是把某个集合中的对象排列成某种模式，使其满足一些指定的规则。下面是两种反复出现的通用问题：

- 排列的存在性。当我们想排列一个集合的对象使其满足特定条件时，这样的排列是否存在也许不是显然的。这是最基本的问题。如果这样的排列不总是可行的，那么我们很自然就要问，在什么样的条件（必要条件和充分条件）下可以实现所希望的排列。
- 排列的列举或分类。当指定的排列可行时，就有可能存在很多种实现它的方法。于是我们就要计数或分类不同类型的排列。

如果特定问题的排列数量较小，那么我们就可以列出这些排列。这里，重要的是要理解列出所有排列和确定它们的数量之间的差异。一旦这些排列被列出来，那么我们就可以对某个自然数 n 建立它们与整数集合 $\{1, 2, \cdots, n\}$ 之间的一一对应，从而计数这些排列。我们的计算方法就是：$1, 2, 3, \cdots$。然而，我们主要关心的是，对于特定类型的排列，在不列出它们的情况下确定这些排列数的技术问题。当然，这个排列数目也许非常大，以至于我们无法把它们全部列出来。

下面是另外两种常常出现的组合问题。

- 研究已知的排列。在你完成了构建满足特定条件的排列之后（也许这是一项困难的工作），接下来可以研究它的性质和结构。
- 构造最优排列。如果存在多个可行的排列，那么我们也许想要确定满足某些优化标准的排列，也就是说，在某种指定的意义下去寻找一个"最好"或者"最优"的排列。

因此，关于组合数学的一般描述也许就是，组合数学是研究离散构造的存在、计数、分析和优化等问题的一门学科。虽然一些离散结构是无限的，但是在本书中，离散一般指的是有限。

组合数学验证发现的主要工具之一是*数学归纳法*。归纳法是一个强大的方法，在组合数学中尤为如此。通常情况下，用数学归纳法证明一个较强的结果要比证明一个较弱的结果更为容易。虽然归纳步骤需要证明更多的东西，但归纳假设可以更强。数学归纳法的技巧是寻找假设和结论的正确平衡以便进行归纳。我们假定读者熟悉归纳法，通读了这本书之后，读者会对此有更加深刻的了解。

组合问题的解决方案通常可以使用专门论证来获取，有时需要结合一般理论的使用。我们不可能总是退回到公式或者已知的结果上。组合问题的一个典型的解决方法可能包含下面几个步骤：(1) 建立数学模型；(2) 研究模型；(3) 计算若干小案例，树立信心，洞察一切；(4) 运用详细的推理和巧思最终找到问题的答案。计数问题、容斥原理、鸽巢原理、递推关系和生成函数、Burnside 定理和 Pólya 计数公式等都是一般原理和方法的案例，我们将在后面各章陆续讲解它们。然而，有时候还需要你的聪明才智，能够看破要使用的专门方法或者公式并知道如何去运用它们。因此，在解决组合问题中经验是非常重要的。也就是说，一般来说用组合数学解决问题与用数学解决问题一样，你解决的问题越多，你就越有可能解决随后的新问题。

下面我们考虑几个组合问题的粗浅例子。前面几个问题相对简单，而后面几个问题的结果曾经是组合数学的主要成就。我们将在后续章节中更加详细地讨论其中的几个问题。

1.1 例子：棋盘的完美覆盖

考虑一张普通的棋盘，它被分成 8 行 8 列共 64 个方格。假设有一些形状相同的多米诺骨牌，每张牌正好可以覆盖棋盘上两个相邻的方格。是否能够把 32 张多米诺骨牌摆放在棋盘上，使得没有两张牌重叠，且在每张牌覆盖两个方格的条件下覆盖棋盘上的所有方格呢？我们把这样的摆放称为棋盘的多米诺骨牌完美覆盖或者盖瓦。这是一个很简单的摆放问题，我们可以很快构造出很多不同的完美覆盖。计数出不同完美覆盖的数量虽说比较困难，但也不是没有可能。1961年 Fischer[一] 发现了这个数，它是 $12\,988\,816 = 2^4 \times 17^2 \times 53^2$。我们可以用更一般的棋盘代替这常用的棋盘，这个更一般的棋盘拥有 m 行 n 列，被分成 mn 个方格。此时，它的完美覆盖不一定存在。事实上，对于 3×3 的棋盘来说，它就不存在完美覆盖。那么对于什么样的 $m \times n$ 棋盘存在完美覆盖呢？不难看出，对于 $m \times n$ 棋盘，它有完美覆盖当且仅当 m 和 n 中至少有一个是偶数，或者等价地说成：当且仅当这个棋盘的方格总数是偶数。Fischer 得出了计算 $m \times n$ 棋盘的不同完美覆盖数的一般公式，这个公式中含有三角函数。这个问题等价于分子物理学中一个非常著名的问题，即所谓的二聚物问题。这一问题始于对表面上的双原子（二聚物）吸收的研究。棋盘方格对应于分子，而多米诺骨牌对应于二聚物。

再来考虑 8×8 棋盘，并用一把剪刀剪掉一条对角线上两个对角上的两个方格，于是剩余方格总数是 62 个。那么是否有可能用 31 张多米诺骨牌得到这个"被剪过的"棋盘的完美覆盖呢？尽管这个被剪过的棋盘与 8×8 棋盘非常接近，尽管原来的棋盘有 1200 多万个完美覆盖，但是这个被剪过的棋盘却没有完美覆盖。这一结论的证明本身就是一个简单但又巧妙的组合推理的实例。在标准的 8×8 棋盘上，通常把方格交替地着上黑色和白色，于是有 32 个白色方格和 32 个黑色方格。如果我们剪掉一条对角线上的两个对角上的方格，那么就剪掉了相同颜色的两个方格，比如说是两个白色方格。因此就剩下 32 个黑色方格和 30 个白色方格。但是每一张多米诺骨牌要覆盖一个黑格和一个白格，因此在棋盘上 31 张不重叠的多米诺骨牌覆盖 31 个黑格和 31 个白格。这样我们得出结论是这个被剪过的棋盘没有完美覆盖。上述推理可以总结为：

⊖ M. E. Fischer，Statistical Mechanics of Dimers on a Plane Lattice，*Physical Review*，124 (1961)，1664-1672。

$$31 \boxed{B}\boxed{W} \neq 32 \boxed{B} + 30 \boxed{W}$$

更一般地，我们可以取一个 $m \times n$ 棋盘，它的方格也交替地着上黑色和白色，而且随机切掉一些方格，于是剩下一个切过的棋盘。什么时候这个切过的棋盘有完美覆盖呢？要使完美覆盖存在，这个切过的棋盘必须有相同数目的黑格和白格。但是这个条件不是充分条件，如图 1-1 所示。

因此，我们就要问：一个切过的棋盘存在完美覆盖的充分必要条件是什么？我们将在第 9 章再讨论这个问题，并得到一个圆满的答案。在那里，我们就分配胜任工作的应用例子给出这个问题的一个实用公式。

对于 $m \times n$ 棋盘的多米诺骨牌完美覆盖的问题，还有另外一个拓展。设 b 是一个正整数。现在我们不用多米诺骨牌，取而代之的是 $1 \times b$ 的条形牌，它是由 b 个 1×1 方格并排连接而成的。这样的条形牌称为 b 格牌（b-ominoe）。它们可以覆盖一行或一列上连续的 b 个方格。图 1-2 所示的是一个 5 格牌。2 格牌是多米诺骨牌。1 格牌也被称为单牌。

$m \times n$ 棋盘的 b 格牌完美覆盖是棋盘上 b 格牌的一个排列，使得（1）没有两个 b 格牌重叠，（2）每一个 b 格牌覆盖棋盘上 b 个方格，（3）棋盘上的所有方格被覆盖。什么时候 $m \times n$ 棋盘有 b 格牌覆盖的完美覆盖呢？因为棋盘上的每一个方格正好被一个 b 格牌覆盖，为了有完美覆盖，b 必须是 mn 的一个因子。的确，完美覆盖存在的一个充分条件是 b 是 m 或者 n 的一个因子。因为如果 b 是 m 的一个因子，那么我们就可以正好把 m/b 个 b 格牌覆盖在这个 $m \times n$ 棋盘上的 n 列中的每一列上，而如果 b 是 n 的一个因子，那么我们就可以正好把 n/b 个 b 格牌覆盖在这个 $m \times n$ 棋盘上的 m 行中的每一行上。在这里，这个充分条件是否也是完美覆盖的必要条件呢？暂时假设 b 是一个素数，而且存在 $m \times n$ 棋盘的 b 格牌覆盖的完美覆盖。那么，因为 b 是 mn 的一个因子，根据素数的性质可知 b 是 m 或者 n 的因子。因此我们说至少当 b 是素数时，$m \times n$ 棋盘可能被 b 格牌完美覆盖的充分必要条件是 b 是 m 或者 n 的因子。

当 b 不是素数时，我们必须采用不同的方式加以讨论。假定有 $m \times n$ 棋盘的 b 格牌覆盖的完美覆盖。我们要证明 m 或者 n 被 b 除时余数是 0。设 m 和 n 除以 b 时的商和余数分别是 p，q 和 r，s，则：

$$m = pb + r, \qquad \text{其中} \ 0 \leqslant r \leqslant b-1$$
$$n = qb + s, \qquad \text{其中} \ 0 \leqslant s \leqslant b-1$$

如果 $r=0$，那么 b 是 m 的一个因子。如果 $s=0$，那么 b 是 n 的一个因子。通过交换这个棋盘的行和列，不妨设 $r \leqslant s$。于是我们要证明 $r=0$。

现在把多米诺骨牌（$b=2$）覆盖时棋盘交替着成黑白两色的情况推广到 b 种颜色的情况。我们选出 b 种颜色并把它们标注上 1，2，$\cdots$，b。接下来用图 1-3 所示的方式给 $b \times b$ 棋盘着色，然后再用图 1-4 给出的方式把这种着色扩展到 $m \times n$ 棋盘。图 1-4 是 $m=10$，$n=11$，$b=4$ 的情况。

1	2	3	$\cdots$	$b-1$	b
b	1	2	$\cdots$	$b-2$	$b-1$
$b-1$	b	1	$\cdots$	$b-3$	$b-2$
$\vdots$	$\vdots$	$\vdots$		$\vdots$	$\vdots$
2	3	4	$\cdots$	b	1

W	×	W	B	W
×	W	B	×	B
W	B	×	B	W
B	W	B	W	B

图　1-1　　　　　　图 1-2　一个 5 格牌　　　图 1-3　使用 b 种颜色对一个 $b \times b$ 棋盘着色

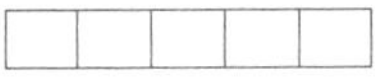

完美覆盖的每一张 b 格牌覆盖 b 个方格且每一个方格覆盖一种颜色。于是，在棋盘上每一种颜色的方格数一定相同。下面我们考虑把这个棋盘分成三个部分：上方 $pb \times n$ 部分，左下方 $r \times qb$ 部分和右下方 $r \times s$ 部分。（图 1-4 给出的是 10×11 棋盘，我们已经有的三个部分是上方 8×11，

左下方 2×8，右下方 2×3。）在上方部分，在每一列上，因为每一种颜色出现 p 次，所以它们总共出现 pn 次。在左下方部分，在每一行上，因为每一种颜色出现 q 次，因此它们总共出现 rq 次。因为在整个棋盘上每一种颜色出现的次数相同，所以我们说在右下方 $r\times s$ 部分上，每一种颜色出现的次数也一定相同。

在右下方 $r\times s$ 部分上，颜色 1 出现多少次呢？因为已知 $r\leqslant s$，且我们的着色特点使得颜色 1 在 $r\times s$ 部分的每一行上出现一次，所以它在 $r\times s$ 部分上出现 r 次。现在我们计数在 $r\times s$ 部分上的方格总数。一方面，它有 rs 个方格；另一方面，b 种颜色的每一种颜色都出 r 次，因此总共有 rb 个方格。令它们相等，我们得到 $rs=rb$。如果 $r\neq0$，我们得到 $s=b$，这与 $s\leqslant b-1$ 矛盾。所以必须有 $r=0$。我们总结如下：

$m\times n$ 棋盘有 b 格牌的完美覆盖当且仅当 b 或者是 m 的一个因子或者是 n 的一个因子。

下面给出上面陈述的一个惊人的改述：如果完美覆盖中所有 b 格牌都是水平放置或者所有 b 格牌都是垂直放置，则称这样的完美 b 格牌覆盖是平凡的。于是 $m\times n$ 棋盘有 b 格牌覆盖的完美覆盖当且仅当它有平凡完美覆盖。应当指出的是上面的陈述并不意味着只有平凡覆盖才是完美覆盖。它只是说如果完美覆盖是可能的，那么平凡完美覆盖也是可能的。

下面我们给出一个很有特色的多米诺骨牌问题，并以此结束本节的内容。

考虑 4×4 棋盘，用 8 张多米诺骨牌就可以完美覆盖它。证明总可以把这个棋盘横着切成非空的两块或者竖着切成非空的两块而不切断 8 张多米诺骨牌中的任意一张。称这样的水平切割直线或者垂直切割直线为这个完美覆盖的断层线（fault line）。因此一条水平断层线表明这个 4×4 棋盘的完美覆盖是由这样两个完美覆盖组成的：对于某个 $k=1,2,3$，一个是 $k\times4$ 棋盘的完美覆盖，另一个是 $(4-k)\times4$ 棋盘的完美覆盖。假设 4×4 棋盘存在这样一个完美覆盖，使得把棋盘切成两个非空部分的三条水平切割线和垂直切割都不是断层线。设 x_1，x_2，x_3 分别是被水平切割线切到的多米诺骨牌数（参见图 1-5）。

1	2	3	4	1	2	3	4	1	2	3
4	1	2	3	4	1	2	3	4	1	2
3	4	1	2	3	4	1	2	3	4	1
2	3	4	1	2	3	4	1	2	3	4
1	2	3	4	1	2	3	4	1	2	3
4	1	2	3	4	1	2	3	4	1	2
3	4	1	2	3	4	1	2	3	4	1
2	3	4	1	2	3	4	1	2	3	4
1	2	3	4	1	2	3	4	1	2	3
4	1	2	3	4	1	2	3	4	1	2

图 1-4　10×11 棋盘的 4 颜色着色

图 1-5

因为这个完美覆盖没有断层线，所以 x_1，x_2，x_3 都是正数。一个水平方向的多米诺骨牌覆盖一行上的两个方格，而垂直方向的多米诺骨牌在两行上分别覆盖一个方格。于是可以得出结论 x_1，x_2，x_3 都是偶数，即

$$x_1+x_2+x_3\geqslant2+2+2=6$$

而且在这个完美覆盖中至少有 6 个垂直方向上的多米诺骨牌。用类似的方法，我们可以得出至少存在 6 个水平方向上的多米诺骨牌。由于 $12>8$，于是我们得到一个矛盾的结论。因此，4×4 棋盘的多米诺骨牌的完美覆盖不可能不产生断层线。

1.2　例子：幻方

幻方是最古老且最流行的数学游戏之一，它曾激起很多重要历史名人的兴趣。一个 n 阶幻方就是一个由整数 $1,2,3,\cdots,n^2$ 按照下面的方式构成的 $n\times n$ 的矩阵：它的每一行和每一列以

及两条对角线上的数字总和相等，都等于某个整数 s。这个整数 s 被称为这个幻方的幻和。下面是幻和分别为 15 和 34 的 3 阶幻方和 4 阶幻方：

$$\begin{bmatrix} 8 & 1 & 6 \\ 3 & 5 & 7 \\ 4 & 9 & 2 \end{bmatrix} \quad 和 \quad \begin{bmatrix} 16 & 3 & 2 & 13 \\ 5 & 10 & 11 & 8 \\ 9 & 6 & 7 & 12 \\ 4 & 15 & 14 & 1 \end{bmatrix} \tag{1.1}$$

在中世纪时代，人们对幻方有某种神秘主义的看法；人们把它们佩戴在身上用来辟邪以期获得庇护。本杰明·富兰克林就构造出很多有额外性质的幻方。

n 阶幻方中所有整数的和是

$$1 + 2 + 3 + \cdots + n^2 = \frac{n^2(n^2+1)}{2}$$

上面的和利用了算术级数的求和公式（参见 7.1 节）。因为 n 阶幻方有 n 行，且幻和是 s，所以我们可以得到关系式 $ns = n^2(n^2+1)/2$。因此，任意两个 n 阶幻方都有相同的幻和，即

$$s = \frac{n(n^2+1)}{2}$$

与此相关的组合问题是确定可以构成 n 阶幻方的 n 的值以及寻找构造幻方的一般方法。不难验证不存在 2 阶幻方（这样的幻方的幻和应该是 5）。而对于其他所有 n 的值，都可以构造出 n 阶幻方。有很多特殊的构造方法，在这里我们介绍一种方法，它是 la Loubère 在 17 世纪发现的构造方法，其中 n 是奇数。首先把 1 放置在第一行的中间，其后面的整数（从 2 开始）按照它们的自然顺序放置在从左下方到右上方的一条对角线上，并做如下修正：

（1）当到达第一行时，下一个整数的放置位置是：它所处的行是最后一行，所处的列是紧跟着前一个整数所处列的后面一列。

（2）当到达最右边的一列时，下一个整数的放置位置是：它所处的列是最左边的列（即第一列），它所处的行是紧跟着前一个整数所处行的上一行。

（3）当达到一个已经填上数的方格或者已经达到幻方的右上角时，下一个整数放置的位置是填写上一个数的方格的直接下方。

（1.1）中的 3 阶幻方和下面的 5 阶幻方都是根据 la Loubère 的方法构造而成的。

$$\begin{bmatrix} 17 & 24 & 1 & 8 & 15 \\ 23 & 5 & 7 & 14 & 16 \\ 4 & 6 & 13 & 20 & 22 \\ 10 & 12 & 19 & 21 & 3 \\ 11 & 18 & 25 & 2 & 9 \end{bmatrix}$$

至于构造阶数不等于 2 的偶数阶幻方和奇数阶幻方的其他方法可以在 Rouse Ball 的著作中找到。下面是富兰克林构造出来的两个 8 阶幻方：

$$\begin{bmatrix} 52 & 61 & 4 & 13 & 20 & 29 & 36 & 45 \\ 14 & 3 & 62 & 51 & 46 & 35 & 30 & 19 \\ 53 & 60 & 5 & 12 & 21 & 28 & 37 & 44 \\ 11 & 6 & 59 & 54 & 43 & 38 & 27 & 22 \\ 55 & 58 & 7 & 10 & 23 & 26 & 39 & 42 \\ 9 & 8 & 57 & 56 & 41 & 40 & 25 & 24 \\ 50 & 63 & 2 & 15 & 18 & 31 & 34 & 47 \\ 16 & 1 & 64 & 49 & 48 & 33 & 32 & 17 \end{bmatrix}, \quad \begin{bmatrix} 17 & 47 & 30 & 36 & 21 & 43 & 26 & 40 \\ 32 & 34 & 19 & 45 & 28 & 38 & 23 & 41 \\ 33 & 31 & 46 & 20 & 37 & 27 & 42 & 24 \\ 48 & 18 & 35 & 29 & 44 & 22 & 39 & 25 \\ 49 & 15 & 62 & 4 & 53 & 11 & 58 & 8 \\ 64 & 2 & 51 & 13 & 60 & 6 & 55 & 9 \\ 1 & 63 & 14 & 52 & 5 & 59 & 10 & 56 \\ 16 & 50 & 3 & 61 & 12 & 54 & 7 & 57 \end{bmatrix}$$

○ 参见 P. C. Pasles，The Lost Squares of Dr. Franklin：Ben Franklin's Missing squares and the Secret of the Magic Circle，*Amer. Math. Monthly*，108（2001），489-511。还可以参见 P. C. Pasles，*Benjamin Franklin's Numbers：An Unsung Mathematical Odyssey*，Princeton University Press，Princeton，NJ，2008。

○ W. W. Rouse Ball，*Mathematical Recreations and Essays*；revised by H. S. M. Coxeter. Macmillan，New York（1962），193-221。

这些幻方有一些有趣的性质。你能看出有什么性质吗?

人们已经研究了三维的幻方。n 阶幻方体(magic cube)是按下述方式由整数 1,2,3,…,n^3 组成的 $n \times n \times n$ 的立方矩阵,即它在下列直线上的 n 个单元中的整数和 s 都相同:

(1) 与这个立方体的边平行的直线;

(2) 每个平面截面的两条对角线;

(3) 四条空间对角线。

数 s 被称为这个幻方体的幻和(magic sum),它的值等于 $(n^4+n)/2$。我们把不存在 2 阶幻方体的证明留作一道简单的练习题,而在下面证明不存在 3 阶幻方体。

假设存在 3 阶幻方体。那么它的幻和一定等于 42。考虑任意 3×3 平面截面,其元素如下所示:

$$\begin{bmatrix} a & b & c \\ x & y & z \\ d & e & f \end{bmatrix}$$

9

因为这个立方体是幻方体,所以根据幻方体的定义下面等式成立:

$$a+y+f=42$$
$$b+y+e=42$$
$$c+y+d=42$$
$$a+b+c=42$$
$$d+e+f=42$$

上面等式中前三个等式之和减去后两个等式之和后,我们得到 $3y=42$,因此 $y=14$。这表明 14 一定是幻方体每个平面截面的中心,因为有七个平面截面,所以 14 应该占据 7 个位置。但是它只能占据一个位置,所以我们得出不存在 3 阶幻方体的结论。不存在 4 阶幻方体的证明要困难得多。Gardner[一]的一篇论文中给出了一个 8 阶幻方体。

尽管幻方仍继续吸引着数学家们的注意,但在本书中我们不再对此做进一步的讨论。

1.3 例子:四色问题

考虑平面上的地图或者球面上的图,其上的国家都是连通区域[二]。为了快速区分出不同的国家,我们必须给它们着色使得有共同边界的两个国家被着上不同的颜色(角点不算作共同边界)。能够保证如此着色的每张地图所需要的最少颜色数量是多少? 直到不久前,这一问题还是数学中尚未解决的著名问题之一。因为它陈述简单易于理解,所以吸引了很多非专业人士。除著名的角三等分问题之外,与其他任何著名数学问题相比,四色问题都更能激起诸多业余人士的兴趣,很多人提出了错误的解决方案。1850 年 Francis Guthrie 首先提出了一个解,当时他还是一名研究生。这个问题还带来了大量的数学研究。很容易看到,有些地图需要四种颜色。例如图 1-6 给出的地图就是一个例子。因为这张地图中四个国家中的每一对国家都有共同的边界,很显然给这张地图着色需要四种颜色。1890 年,Heawood[三]证明五种颜色足以给任何一张地图着色。我们将在第 12 章中给出这一结论的

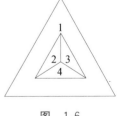

图 1-6

[一] M. Gardner, Mathematical Games, *Scientific American*, January (1976), 118-123。

[二] 因此,密歇根州不能作为这样一张地图的国家,除非我们承认麦基诺桥海峡把密歇根州上下岛连通起来。肯塔基州也不能,因为它的富尔顿县的最西端完全被密苏里州和田纳西州包围着。

[三] P. J. Heawood, Map-Colour Theorems, *Quarterly J. Mathematics*, Oxford ser., 24 (1890), 332-338。

证明。也不难证明不存在这样的平面地图，它有五个国家，每一对国家都有共同的边界。如果这 ⑩
样的地图存在，那么它将需要五种颜色。但是没有每两个国家有共同边界的五个国家并不表示四
种颜色足以给它着色。完全有可能存在某个平面地图因为某种很微妙的原因而需要五种颜色着色。

目前有很多方法证明仅用四种颜色便可以给每一张平面地图着色，但是它们实质上都需要
计算机的计算[⊖]。

1.4　例子：36 军官问题

给定来自 6 种军衔和 6 个军团的 36 名军官，能不能把他们排列成一个 6×6 编队，使得每一
行上和每一列上满足每个军衔有一名军官且每个军团有一名军官呢？这个问题是 18 世纪由瑞典
数学家 L. Euler（欧拉）提出的一个数学娱乐问题，它对统计学特别是试验设计等产生重要的影
响（参见第 10 章）。可以给一名军官指定一个有序对 (i, j)，其中 $i(i=1, 2, \cdots, 6)$ 表示他的
军衔，$j(j=1, 2, \cdots, 6)$ 表示他所属的军团。于是，这个问题要问的是：

能不能把这 36 个有序对 $(i, j)(i=1, 2, \cdots, 6; j=1, 2, \cdots, 6)$ 排列成一个 6×6 的矩
阵，使得在每一行和每一列上整数 $1, 2, \cdots, 6$ 都能以某种顺序出现在有序对的第一个位置上，
且都能以某种顺序出现在有序对的第二个位置上呢？

我们可以把这样的矩阵分割成两个 6×6 矩阵，其中一个对应于有序对的第一个位置（军衔
矩阵），另一个对应于有序对的第二个位置（军团矩阵）。因此，这个问题又可以陈述如下：

是否存在两个 6×6 矩阵，它们的项都取自于整数 $1, 2, \cdots, 6$，使得 ⑪

(1) 在这两个矩阵中的每一行和每一列上整数 $1, 2, \cdots, 6$ 都以某种顺序出现，而且

(2) 当并置（juxtapose）这两个矩阵时，所有序对 $(i, j)(i=1, 2, \cdots, 6; j=1, 2, \cdots,$
6）全部出现呢？

为了使这个问题更具体些，我们假设有 9 名军官，分别来自 3 个不同的军衔和 3 个不同军
团。于是此时这个问题的一个解是

$$
\begin{bmatrix} 1 & 2 & 3 \\ 3 & 1 & 2 \\ 2 & 3 & 1 \end{bmatrix}, \quad \begin{bmatrix} 1 & 2 & 3 \\ 2 & 3 & 1 \\ 3 & 1 & 2 \end{bmatrix} \rightarrow \begin{bmatrix} (1,1) & (2,2) & (3,3) \\ (3,2) & (1,3) & (2,1) \\ (2,3) & (3,1) & (1,2) \end{bmatrix}
$$

$$
\text{军衔矩阵} \qquad \text{军团矩阵} \qquad\qquad \text{并置矩阵} \qquad\qquad\qquad (1.2)
$$

前面的军衔矩阵和军团矩阵是 3 阶拉丁方（Latin square）的例子；整数 $1, 2, 3$ 分别在每一行和
每一列上出现一次。下面分别是 2 阶和 4 阶拉丁方：

$$
\begin{bmatrix} 1 & 2 \\ 2 & 1 \end{bmatrix}, \quad \begin{bmatrix} 1 & 2 & 3 & 4 \\ 4 & 1 & 2 & 3 \\ 3 & 4 & 1 & 2 \\ 2 & 3 & 4 & 1 \end{bmatrix} \qquad (1.3)
$$

(1.2) 中的两个 3 阶拉丁方称为正交的（orthogonal），因为当把它们并置时生成所有可能的 9 个
有序对 (i, j)，其中 $i=1, 2, 3, j=1, 2, 3$。因此我们可以改述欧拉问题如下：

存在两个 6 阶正交拉丁方吗？

欧拉研究了更一般的 n 阶正交拉丁方的问题。很容易看到不存在 2 阶正交拉丁方，因为除了
(1.3) 中给定的 2 阶拉丁方外，另外一个只能是

$$
\begin{bmatrix} 2 & 1 \\ 1 & 2 \end{bmatrix}
$$

⊖　K. Appel and W. Haken, Every Planar Map is Four Colorable, *Bulletin of the American Mathematical Society*,
　　82 (1976), 711-712; K. Appel and W. Haken, *Every Planar Map is Four Colorable*, American Math. Society,
　　Providence, RI (1989); and N. Robertson, D. P. Sanders, P. D. Seymour, and R. Thomas, The Four-Colour
　　Theorem, *J. Combin. Theory Ser. B*, 70 (1997), 2-44.

而这两个拉丁方不是正交的。对于 n 为奇数及含有因子 4 的情况，欧拉给出了如何构造 n 阶正交拉丁方对的方法。注意，这不包括 $n=6$ 的情况。经过多次尝试，他给出了结论但没有证明，其结论是不存在 6 阶正交拉丁方对，而且他猜测说对于整数 6，10，14，18，…，$4k+2$，…，不存在相应阶数的正交拉丁方对。1901 年，Tarry[一]利用穷举法证明了 $n=6$ 时欧拉的猜测是正确的。大约 1960 年前后，三位数学统计学家 R. C. Bose、E. T. Parker 和 S. S. Shrikhande[二]成功地证明了对于所有 $n>6$ 的整数，欧拉猜想是不正确的。也就是说，对于形如 $4k+2$，$k=2$，3，4，…的每一个 n，他们给出了构造 n 阶拉丁方对的方法。这是一个了不起的成就，至此给欧拉猜想打上了休止符。后面我们将揭示如何利用称为有限域的有限数系来构造正交拉丁方的方法，以及如何把它们运用于试验设计之中。

作为本节的结束，我们看一下 2005 年在全世界范围开始流行的称为数独的数字放置游戏。游戏要求构造如下所示被分成 9 个 3×3 方格的特殊 9 阶拉丁方：

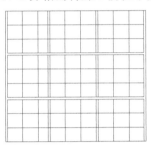

在每一个数独游戏中，已经用某种方法填充了 9×9 方格中的某些项，使得可以唯一合理地填充剩余方格，使其成为 9 阶拉丁方且满足特殊的限制条件，即每一个 3×3 方格都包含数字 1，2，3，4，5，6，7，8，9。这样，9 行 9 列中的每一行和每一列以及 3×3 方格都要包含数字 1，2，3，4，5，6，7，8，9 中的每一个数字一次。数独游戏的难易程度取决于确定如何填充空格以及按什么顺序填充所需的逻辑强度。

下面是一个数独游戏的例子：

3		5				2		7
			7		3			
	4	6				5	8	
	3		1		9		6	
		2		7				
	8		4		5		9	
	2	1				6	3	
			8		6			
6		4				8		1

这个游戏的解是

3	9	5	6	4	8	2	1	7
2	1	8	7	5	3	9	4	6
7	4	6	9	2	1	5	8	3
5	3	2	1	8	9	7	6	4
4	6	9	2	3	7	1	5	8
1	8	7	4	6	5	3	9	2
8	2	1	5	7	4	6	3	9
9	7	3	8	1	6	4	2	5
6	5	4	3	9	2	8	7	1

[一] G. Tarry，Le Problème de 36 officiers，*Compte Rendu de l'Association Française pour l'Avancement de Science Naturel*，1（1900），122-123；2（1901），170-203。

[二] R. C. Bose，E. T. Parker and S. S. Shrikhande，Further Results on the Construction of Mutually Orthogonal Latin squares and the Falsity of Euler's conjecture，*Canadian Journal of Mathematics*，12（1960），189-203。

一个数独游戏的解是一个称为公平设计的拉丁方的实例，它把一个 $n\times n$ 的方格分割成 n 个区域，每个区域都含有 n 个方格且数字 1，2，…，n 中的每一个在它的每一行和每一列上出现一次（如刚才我们得到的拉丁方），并在 n 个区域中的每个区域上出现一次[⊖]。

下面给出一个公平设计的简单例子，它把 4×4 的方格分割成 4 个 L 形区域，每一个 L 形区域有四个方格。如下所示，我们利用符号♠，◇，♣和♡来代表不同的区域。

♠	♠	♠	◇
♠	◇	◇	◇
♣	♡	♡	♡
♣	♣	♣	♡

→

1	2	3	4
4	3	2	1
2	1	4	3
3	4	1	2

1.5 例子：最短路径问题

考虑一个由街道和交叉路口组成的系统。有个人想从交叉路口 A 走到另一个路口 B。一般来说，从 A 到 B 可能有多条可行的路径。我们的问题是确定这样一条路径，使得经过的距离尽可能短，即最短路径。这是组合优化问题的一个例子。解决这个问题的一个可行方法就是以某种系统的方式列出从 A 到 B 的所有可能的路径。因为经过任何一条路径的次数都没有必要多于一次，所以这样的路径的数量是有限的。于是就可以计算每一条路径的距离并从中选出最短的路径。但这不是一个非常有效的方法，特别是当系统很大时，工作量会非常之大，从而无法在合理的时间内得到一个解。确定最短路径的算法必须具有的特性是在执行这个算法过程中所涉及的工作量不能随着系统规模的增大而增加得太快。换句话说，工作量应该受到问题规模的一个多项式函数的限定（与此相对的是受到像指数函数这样的限定）。在 11.7 节，我们将描述一个这样的算法。这样的算法的确可以找到从 A 到这个系统中的任何交叉路口的最短路径。 [14]

寻找两个交叉路口之间的最短路径的问题可以抽象地叙述如下。设 V 是称为顶点（vertice）（它对应于交叉路口和死胡同的端点）的对象的有限集合，E 是称为边（edge）（它对应于街道）的无序顶点对的集合。于是，有些顶点对被边连接起来，而有些顶点之间则没有边连接。序对 (V, E) 称为图（graph）。在图中连接顶点 x 和 y 的途径（walk）是这样的顶点序列，其中第一个顶点是 x，最后一个顶点是 y，而且任意两个相邻的顶点由一条边连接。现在给每一条边赋予一个非负的实数，即边的长度（length）。途径的长度就是连接途径相邻顶点的边的长度之和。给定两个顶点 x 和 y，最短路径问题是寻找从 x 到 y 的长度最短的途径。在图 1-7 给出的图中，有 6 个顶点和 10 条边。边上的数字表示它们的长度。连接 x 和 y 的一条途

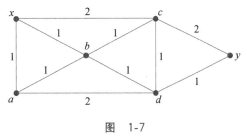

图 1-7

径是 x，a，b，d，y，它的长度是 4。另外一条途径是 x，b，d，y，它的长度是 3。不难看出后者的途径给出了连接 x 和 y 的最短路径。

图是组合数学中一直在深入研究的离散结构的一个例子。其概念的一般性使其在诸如心理学、社会学、化学、遗传学以及通信科学等不同领域有着广泛的应用。因此，可以让图中的顶点对应于人，两个顶点之间有一条边连接则表示它们对应的人互相不信任，或者让顶点对应于原子，而边代表原子之间的键。你也可以想象其他的一些场景，让图模拟其中的一些现象。第 9

⊖ R. A. Bailey，P. J. Cameron，and R. Connelly，Sudoku，Gerechte，Designs Resolutions，Affine Spaces，Spreads，Reguli，and Hamming codes，*Amer. Math. Monthly*，115（2008），383-404。

章、第 11 章和第 12 章将研究图的一些重要概念和性质。

1.6 例子：相互重叠的圆

考虑平面上以普通位置相互重叠的 n 个圆 γ_1，γ_2，$\cdots$，γ_n。说到相互重叠（mutually overlapping），我们指的是每一对圆相交于两个不同点（因此，不允许不相交和相切的圆）。而说到普通位置（general position），我们指的是不存在只有一个共同点的三个圆[一]。这 n 个圆在平面内构建若干区域。我们的问题是确定如此构建的区域的数量。

设 h_n 等于构建的区域数。容易计算出 $h_1 = 2$（圆 γ_1 的里面和外面两个区域），$h_2 = 4$（这就是两个集合的维恩图），$h_3 = 8$（这就是三个集合的维恩图）。因为从刚才的计算可以看出区域数量好像是成倍增加，因此猜测 $h_4 = 16$。然而，一张图可以很快说明 $h_4 = 14$（参见图 1-8）。

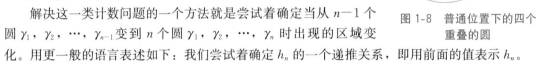

图 1-8 普通位置下的四个重叠的圆

解决这一类计数问题的一个方法就是尝试着确定当从 $n-1$ 个圆 γ_1，γ_2，$\cdots$，γ_{n-1} 变到 n 个圆 γ_1，γ_2，$\cdots$，γ_n 时出现的区域变化。用更一般的语言表述如下：我们尝试着确定 h_n 的一个递推关系，即用前面的值表示 h_n。

于是，我们假设 $n \geq 2$ 而且在平面上已经画出普通位置下相互重叠的圆 γ_1，γ_2，$\cdots$，γ_{n-1}，它们构建了 h_{n-1} 个区域。然后加入第 n 个圆 γ_n 使得在普通位置下有 n 个相互重叠的圆。前 $n-1$ 个圆中的每一个圆都与第 n 个圆相交出两个点，因为这些圆都处于普通位置上，所以我们得到 $2(n-1)$ 个不同点 P_1，P_2，$\cdots$，$P_{2(n-1)}$。这 $2(n-1)$ 个点把圆 γ_n 分割成 $2(n-1)$ 条弧：P_1 和 P_2 之间的弧，P_2 和 P_3 之间的弧，$\cdots$，$P_{2(n-1)-1}$ 和 $P_{2(n-1)}$ 之间的弧，以及 $P_{2(n-1)}$ 与 P_1 之间的弧。这 $2(n-1)$ 条弧中的每一条弧都创建出一个新区域，给出额外 $2(n-1)$ 个区域。因此，h_n 满足下面的关系：

$$h_n = h_{n-1} + 2(n-1) \quad (n \geq 2) \tag{1.4}$$

利用递推关系（1.4）可以得到由参数 n 表示的 h_n 的公式。通过反复利用（1.4）[二]，我们得到

$$h_n = h_{n-1} + 2(n-1)$$
$$h_n = h_{n-2} + 2(n-2) + 2(n-1)$$
$$h_n = h_{n-3} + 2(n-3) + 2(n-2) + 2(n-1)$$
$$\vdots$$
$$h_n = h_1 + 2(1) + 2(2) + \cdots + 2(n-2) + 2(n-1)$$

因为 $h_1 = 2$，且 $1 + 2 + \cdots + (n-1) = n(n-1)/2$，我们得到

$$h_n = 2 + 2 \cdot \frac{n(n-1)}{2} = n^2 - n + 2 \quad (n \geq 2)$$

当 $n = 1$ 时，这个公式是成立的，因为 $h_1 = 2$。我们可以用数学归纳法给出这个公式的形式证明。

1.7 例子：Nim 游戏

下面我们追溯组合数学在数学娱乐中的起源并研究一下 Nim[三] 这个古老的游戏来结束本章的介绍。这个游戏的解取决于奇偶性（parity），这是在组合数学中解决问题的一个重要概念。之前在研究棋盘的完美覆盖时利用了一个简单的奇偶论断，当时我们指出一个棋盘为了有多米诺骨

[一] 不要求这些"圆"是圆的。只要是封闭的凸曲线就可以。
[二] 即一而再地利用（1.4）直到得到 h_1，我们知道这个值等于 2。
[三] Nim 来自德语的 Nimm!，意思是取！

牌的完美覆盖就必须有偶数个方格。

Nim 是一种两个人玩的游戏，玩家双方面对一堆硬币（或者石头或者豆粒）。假设有 $k \geqslant 1$ 堆硬币，每堆分别有 n_1，n_2，$\cdots$，n_k 枚硬币。这一游戏的目标就是取得最后一枚硬币。游戏的规则如下：

(1) 玩家轮番出场（我们称第一个取子的玩家为Ⅰ，而第二个玩家为Ⅱ）。

(2) 当轮到一个玩家取子时，他们都要从选择的硬币堆中至少取走一枚硬币。（这位玩家也可以把所选硬币堆的硬币都取走，于是剩下一个空堆，这时它"退出"。）
当所有硬币堆都空了的时候，游戏结束。走最后一步的玩家，即取走最后一枚硬币的玩家获胜。

在这个游戏中的变量是堆数 k 和堆中的硬币数 n_1，n_2，$\cdots$，n_k。我们要问的组合问题是确定是第一个玩家胜还是第二个玩家胜[一]，以及这位玩家为了获胜应该如何取子，也就是获胜策略。

为了进一步理解 Nim 游戏，下面我们考虑一些特殊的情况[二]。如果一开始就只有一堆硬币。那么玩家Ⅰ取走所有硬币就可以获胜。现在假设 $k=2$，且分别有 n_1 枚和 n_2 枚硬币。玩家Ⅰ是否可以获胜不取决于 n_1，n_2 具体是多少，而是取决于它们是否相等。假设 $n_1 \neq n_2$。玩家Ⅰ可以从大堆中取走足够多的硬币以便对于玩家Ⅱ来说，剩余两堆的大小相同。现在，当轮到玩家Ⅰ时，他可以模仿玩家Ⅱ的取子方式。因此，如果玩家Ⅱ从一堆中取走了 c 枚，那么玩家Ⅰ则从另一堆中取走相同数目的硬币。这样的策略保证玩家Ⅰ可以获胜。如果 $n_1=n_2$，那么玩家Ⅱ通过模仿玩家Ⅰ的取子方式而获胜。因此，我们就完全解决了 2 堆的 Nim 游戏的取子问题。下面是 2 堆 Nim 游戏的一个例子，其堆的大小分别是 8 和 5：

$$8,5 \xrightarrow{\text{Ⅰ}} 5,5 \xrightarrow{\text{Ⅱ}} 5,2 \xrightarrow{\text{Ⅰ}} 2,2 \xrightarrow{\text{Ⅱ}} 0,2 \xrightarrow{\text{Ⅰ}} 0,0$$

上述解决 2 堆 Nim 游戏的想法是用某种方式取子使得剩余两堆的大小相同，这一想法可以推广到任意 k 堆的情况。玩家获胜的洞察力来自二进制整数的概念。回想一下，每一个正整数 n 都可以表示成二进制数字，其方法是反复减去一个不超过这个数的 2 的最大幂。例如，为了将十进制数 57 表示成二进制数，我们观察到

$$2^5 \leqslant 57 < 2^6, \quad 57 - 2^5 = 25$$
$$2^4 \leqslant 25 < 2^5, \quad 25 - 2^4 = 9$$
$$2^3 \leqslant 9 < 2^4, \quad 9 - 2^3 = 1$$
$$2^0 \leqslant 1 < 2^1, \quad 1 - 2^0 = 0$$

因此

$$57 = 2^5 + 2^4 + 2^3 + 2^0$$

57 表示成二进制数是

$$111001$$

二进制数的每一个数字不是 0 就是 1。第 i 个位置上的数字对应于 2^i，称为第 $i(i \geqslant 0)$ 位[三]。对于每一堆硬币，对应于它的基数 2，我们可以认为它是由 2 的幂的子堆组成的。因此，53 枚硬币的一堆硬币是由下面的子堆组成的：2^5，2^4，2^2，2^0。对于 2 堆 Nim 游戏，各种大小的子堆总数只能是 0，1 或 2。具有特定大小的子堆正好有一个当且仅当这两堆的大小不同。换句话说，各种大小的子堆总数是偶数当且仅当这两堆大小相同，即当且仅当玩家Ⅱ在这场 Nim 游戏

[一] 发挥聪明才智。

[二] 这是一般情况下要遵守的重要原则：为了加深理解和更加直观，先考虑较小或特殊的情况，然后再尝试着拓展你的思路去解决更一般的问题。

[三] 位（bit）一词是 binary digit 的简写。

18 中获胜。

下面考虑有大小分别为 n_1，n_2，$\cdots$，n_k 的一般的 Nim 游戏。把每一个数字 n_i 表示成二进制数：

$$n_1 = a_s\cdots a_1 a_0$$
$$n_2 = b_s\cdots b_1 b_0$$
$$\vdots$$
$$n_k = e_s\cdots e_1 e_0$$

（通过在数前补 0，可以假设所有堆的大小都是有相同位数的二进制数。）我们称一个游戏是平衡的（balanced），指的是各种大小的子堆数是偶数。因此一个 Nim 游戏是平衡的当且仅当

$$a_s + b_s + \cdots + e_s \text{ 是偶数}$$
$$\vdots$$
$$a_i + b_i + \cdots + e_i \text{ 是偶数}$$
$$\vdots$$
$$a_0 + b_0 + \cdots + e_0 \text{ 是偶数}$$

若一个 Nim 游戏不是平衡的，则称它为非平衡的（unbalanced）。我们说第 i 位是平衡的，指的是和 $a_i + b_i + \cdots + e_i$ 是偶数，否则就是非平衡的。因此，若一个游戏是平衡的，则它在各个位上都是平衡的，而对于非平衡游戏来说，至少存在一个非平衡位。

于是我们有下面的陈述：

玩家 I 能够在非平衡 Nim 游戏中获胜，而玩家 II 则能够在平衡 Nim 游戏中获胜。

为了理解上述的结论，我们扩展 2 堆 Nim 游戏中使用的策略。假设这个 Nim 游戏是非平衡的。设最大不平衡位是第 j 位。于是，玩家 I 以某种方式取走硬币给玩家 II 留下一个平衡游戏。他的做法是：选出一个第 j 位上是 1 的堆，并从中取走一定数目的硬币使得剩下的游戏是平衡的（参见练习题 32）。无论玩家 II 怎样做，他都不得不又给玩家 I 留下一个不平衡的游戏，玩家 I 又把这个游戏变成平衡游戏。如此这般继续下去就可以保证玩家 I 获胜。如果这个游戏开始时就是平衡游戏，那么玩家 I 第一次取子使其变成不平衡游戏，此时轮到玩家 II 采用平衡游戏的策略。

例如，考虑一个 4 堆 Nim 游戏，其堆的大小分别是 7，9，12，15。这些堆的大小的二进制数表示分别是 0111，1001，1100 和 1111。用 2 的幂的子堆表示，我们得到

	$2^3 = 8$	$2^2 = 4$	$2^1 = 2$	$2^0 = 1$
大小为 7 的堆	0	1	1	1
大小为 9 的堆	1	0	0	1
大小为 12 的堆	1	1	0	0
大小为 9 的堆	1	1	1	1

19

这个游戏中第 3 位、第 2 位和第 0 位是不平衡的。玩家 I 可以从大小为 12 的堆中取走 11 枚硬币，留下 1 枚硬币。因为 1 的二进制数字是 0001，此时这个游戏是平衡的。或者玩家 I 也可以从大小为 9 的堆中取走 5 枚硬币，留下 4 枚，或者从大小为 15 的堆中取走 13 枚硬币，留下 2 枚硬币。

1.8　练习题

1. 证明 $m \times n$ 棋盘被多米诺骨牌完美覆盖当且仅当 m 和 n 中至少有一个是偶数。

2. 考虑 m 和 n 都是奇数的 $m \times n$ 棋盘。为了固定表记方式，假设棋盘左上角的方格被着成白色。证明如果切掉棋盘上任意一个白方格，那么这张切过的棋盘有多米诺骨牌完美覆盖。

3. 想象一座由 64 个囚室组成的监狱，这些囚室被排列成 8×8 棋盘。所有相邻的囚室间都有门。某角落处一间囚室里的囚犯被告知，如果他能够经过其他每一个囚室正好一次之后，达到对角线上相对的另一间囚室，那么他就可以获释。他能够获得自由吗？

4. (a) 设 $f(n)$ 计数 $2 \times n$ 棋盘的多米诺骨牌完美覆盖的数量。估计一下 $f(1)$，$f(2)$，$f(3)$，$f(4)$ 和 $f(5)$。试寻找（或证明）这个计数函数 f 满足的简单关系。利用这个关系计算 $f(12)$。

　*(b) 设 $g(n)$ 是 $3 \times n$ 棋盘的多米诺骨牌完美覆盖的数量。估计 $g(1)$，$g(2)$，$\cdots$，$g(6)$。

5. 求 3×4 棋盘的多米诺骨牌完美覆盖的个数。

6. 考虑下面的棋盘问题的三维形式：定义三维多米诺骨牌是这样的一个几何图形，它是由边长为一个单位的两个立方体面对面连接起来的几何体。证明有可能由多米诺骨牌构造出一个边长为 n 个单位的立方体当且仅当 n 是偶数。如果 n 是奇数，是否有可能构造出一个边长为 n 个单位的立方体，且其中心部分有一个 1×1 的洞呢？（提示：把一个边长为 n 个单位的立方体看成是由 n^3 个边长为 1 个单位的立方体组成的，用黑色和白色交替给这些立方体着色。）

7. 设 a 和 b 是正整数且 a 是 b 的因子。证明 $m \times n$ 棋盘有 $a \times b$ 牌的完美覆盖当且仅当 a 既是 m 的因子又是 n 的因子，而 b 是 m 或者 n 的因子。（提示：把 $a \times b$ 牌分割成 a 个 $1 \times b$ 牌。） ⌊20⌋

8. 利用练习题 7 证明当 a 是 b 的因子时，$m \times n$ 棋盘有 $a \times b$ 牌的完美覆盖当且仅当这个棋盘有平凡完美覆盖，其中所有的牌都指向相同的方向。

9. 证明当 a 不是 b 的因子时，练习题 8 的结论不一定成立。

10. 验证不存在 2 阶幻方。

11. 利用 Loubère 的方法构造 7 阶幻方。

12. 利用 Loubère 的方法构造 9 阶幻方。

13. 构造一个 6 阶幻方。

14. 证明 3 阶幻方的中心位置一定是 5。试推证正好有 8 个 3 阶幻方。

15. 能否尝试着填充下面的部分方格而得到一个 4 阶幻方？

16. 用整数 $n^2 + 1 - a$ 取代 n 阶幻方中的每一个整数 a，证明得到的是一个 n 阶幻方。

17. 设 n 是能被 4 整除的正整数，即 $n = 4m$。考虑下面构造 $n \times n$ 矩阵的方法：

　(1) 依序从左到右，从第一行到第 n 行，按照顺序 1，2，$\cdots$，n^2 填充这个矩阵。

　(2) 把上面得到的矩阵分割成 m^2 个 4×4 的小矩阵。对于每个 4×4 小矩阵的两条对角线上的数 a，用 a 的“补” $n^2 + 1 - a$ 替换掉 a。

　证明当 $n = 4$ 和 $n = 8$ 时，这样的构造方法产生 n 阶幻方。（实际上对于每一个被 4 整除的 n，它都构造出幻方。）

18. 证明不存在 2 阶幻方体。

*19. 证明不存在 4 阶幻方体。

20. 证明下面这张由 10 个国家 $\{1, 2, 3, \cdots, 10\}$ 组成的地图能用 3 种颜色但不少于 3 种颜色着色。如果使用的颜色是红色、白色和蓝色，试确定不同着色的方法数。 ⌊21⌋

```
        ┌───┬───┬───┐
        │ 1 │ 2 │ 3 │
   10   ├───┼───┼───┤
        │ 4 │ 5 │ 6 │
        ├───┼───┼───┤
        │ 7 │ 8 │ 9 │
        └───┴───┴───┘
```

21. (a) 是否存在 2 阶幻六边形（magic hexagon）？即是否有可能把数字 1，2，3，$\cdots$，7 排列成下面的六边形阵使得所有 9 条“线”上的和（连接对边中点的直线所穿过的六边形盒子里的数的和）都相等呢?

* (b) 构造一个 3 阶幻六边形, 即把整数 1, 2, …, 19 排列成幻六边形 (一条边上有三个整数) 使得所有 15 条 "线" 上的和都相等 (即 38)。

22. 构造一对 4 阶正交拉丁方。

23. 构造 5 阶拉丁方和 6 阶拉丁方。

24. 求构造 n 阶拉丁方的一般方法。

25. 6×6 棋盘被 18 张多米诺骨牌完美覆盖。证明能够将棋盘沿着横向或纵向切成非空的两块而不切到任何一张多米诺骨牌, 即证明一定存在断层线。

26. 构造一个 8×8 棋盘的多米诺骨牌覆盖的完美覆盖且没有断层线。

27. 确定下图所示由交叉路口和道路组成的系统中从 A 到 B 的所有最短路径。道路上的数字代表某种度量单位下这条道路的长度。

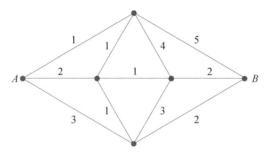

28. 考虑堆的大小分别为 1, 2, 4 的 3 堆 Nim 游戏。证明该游戏是不平衡的, 并确定玩家 I 的第一取子方案。

29. 堆的大小分别为 22, 19, 14 和 11 的 4 堆 Nim 游戏是平衡的还是非平衡的? 玩家 I 的第一次取子是从大小为 19 的堆中取走 6 枚硬币, 玩家 II 的第一次取子应该是什么样的呢?

30. 考虑堆的大小分别为 10, 20, 30, 40, 50 的 5 堆 Nim 游戏。这局游戏是平衡的吗? 确定玩家 I 的第一次取子方案。

31. 证明玩家 I 在下面这样的 Nim 游戏中总能获胜: 有奇数个硬币的堆的数目是奇数。

32. 证明在最大不平衡位是第 j 位的非平衡 Nim 游戏中, 玩家 I 通过下面的取子方案总可以平衡这局游戏: 从任何硬币数在二进制数的第 j 位上是 1 的堆中取走硬币。

33. 假设我们更改 Nim 游戏的目标使得取走最后一枚硬币的玩家为输家 (misère 版本)。证明下面的策略是必胜策略: 游戏进行一如通常的 Nim 游戏, 直到除了一堆之外所有堆都只含一枚硬币。然后要么取走这例外的堆的所有硬币, 要么取走这例外的堆中除一枚外的所有硬币, 使得留下奇数个大小为 1 的堆。

34. 一场游戏在两个玩家之间进行, 交替轮流出场如下: 这局游戏从空堆开始。当轮到一名玩家时, 他可能往这个空堆中加入 1, 2, 3 或者 4 枚硬币。向这个空堆加入第 100 枚硬币的玩家是胜者。确定是第一位玩家还是第二玩家能够保证在这局游戏中取胜。必胜策略是什么?

35. 假设在练习题 34 中, 向空堆中加入第 100 枚硬币的玩家是输家。此时谁获胜, 怎样获胜?

36. 有 8 人参加一个派对, 把他们两两分成四队。有多少种分法? (这是一类 "非结构" 式的多米诺骨牌覆盖问题。)

37. n 阶拉丁方是幂等的 (idempotent), 如果整数 {1, 2, …, n} 按 1, 2, …, n 的顺序出现在对角线位置 $(1, 1)$, $(2, 2)$, …, (n, n) 上; 它是对称的 (symmetric), 如果位置 (i, j) 上的整数等于位置 (j, i) 上的整数, 其中 $i \neq j$。不存在 2 阶对称、幂等的拉丁方。构造一个 3 阶对称且幂等的拉丁方。

证明不存在 4 阶对称且幂等的拉丁方。对于一般 n 阶拉丁方又如何呢（n 是偶数）？

38. 在平面上取任意 $2n$ 个点构成集合，其中没有三个点共线，然后随机把每个点着成红色或者蓝色。证明总能把红点和蓝点配对，使得用线段连接配对时这些线段两两不相交。

39. 考虑 $n \times n$ 棋盘和一个 L 形四格拼板（四个正方连接起来成为一个 L 形）。证明如果这个棋盘存在 L 形四格拼板覆盖的完美覆盖，那么 n 可以被 4 整除。对于 $m \times n$ 棋盘情况又如何呢？

40. 求解下面的数独谜题。

		5						6
	8							7
7	5			6	4			
	3	6		8		2	4	5
	2		3		9		6	
5	1	7		2		8	3	
			2	4			7	8
4						3		
1					3			

41. 求解下面的数独谜题。

7			1	5	4			8
2		5	9		8	1		6
		6	7		3	4		
	3						2	
		7	2		9	6		
8		3	4		2	9		5
5			8	7	6			2
1								

24

42. 设 S_n 表示有 $1+2+\cdots+n=n(n+1)/2$ 个方格的楼梯式棋盘。例如，S_4 如下图所示：

	$\times$	$\times$	$\times$
		$\times$	$\times$
			$\times$

证明对于任意的 $n \geqslant 1$，S_n 没有多米诺骨牌完美覆盖。

43. 考虑一块成立方体的木头，其边长是 3 英尺。我们希望把这个立方体切割成 27 个小立方体，其边长为 1 英尺。有一种方法可以实现这种分割，那就是一共切 6 刀，每一个方向上切 2 刀，并在切割时保持这个立方体形状不变。如果在切割之后可以重新排列各块，那么是否有可能用更少的切割次数完成上述任务呢？

25 ~ 26

44. 说明如何正好切割 6 次就把一个边长为 3 英尺的立方体切割成 27 个边长为 1 英尺的小立体，而且在两次切割之间重新排列切割的各块形成一个非平凡的排列。

排列与组合

本书的大部分读者都会有一些处理简单计数问题的经历，因此很可能熟悉"排列"和"组合"的概念。但是，有经验的计数者们知道，即使看似颇为简单的一些问题，也可能在它们的求解过程中出现诸多困难。众所周知，要学好数学必须去做数学，在这里尤其如此，所以认真的学生应该尝试着去解决大量的问题。

本章探讨四个一般的原理及它们所蕴涵的某些计数公式。而每一个原理又给出也要讨论的"补"原理。最后我们陈述这些原理在有限概率方面的应用。

2.1 四个基本的计数原理

第一个原理[⊖]是非常基础性的原理，它是全体等于其各部分之和这一原理的公式表示。

设 S 是集合。集合 S 的一个划分（partition）是满足下面条件的 S 的子集 S_1，S_2，$\cdots$，S_m 的集合，即使得 S 的每一个元素恰好只属于这些子集中的一个子集：

$$S = S_1 \bigcup S_2 \bigcup \cdots \bigcup S_m$$
$$S_i \bigcap S_j = \varnothing \quad (i \neq j)$$

因此，集合 S_1，S_2，$\cdots$，S_m 是两两不相交的集合，它们的并集是 S。子集 S_1，S_2，$\cdots$，S_m 称为该划分的部分（part）。我们注意到，根据这个定义，划分的部分可以是空的，不过，考虑带有一个或多个空部分的划分通常没有意义。集合 S 的对象数目记作 $|S|$，有时称之为 S 的大小（size）。

加法原理 设集合 S 被划分成两两不相交的部分 S_1，S_2，$\cdots$，S_m。则 S 的对象数目可以通过确定它的每一个部分的对象数目并如此相加而得到：

$$|S| = |S_1| + |S_2| + \cdots + |S_m|$$

如果允许集合 S_1，S_2，$\cdots$，S_m 相交，那么就可以使用第 6 章中的一个更深刻的原理，即容斥原理来计数 S 的对象数目。

在运用加法原理时，我们通常描述式地定义部分。换句话说，把问题分割成若干穷尽所有可能的互相排斥的情况。运用加法原理的技巧就是把集合 S 划分成可计数的"易处理部分"，即划分成我们已经能够计数的部分。但是这句陈述还需要具体说明。如果把 S 划分成太多的部分，那么我们就是在给自己找麻烦。例如，如果把 S 划分成一些部分，使得每部分只含有一个对象，那么应用加法原理就等同于计数各个部分的对象数目，而这基本上也等同于列出 S 的所有对象。因此，更适当的描述应该是，运用加法原理的技巧是把集合 S 划分成少量的易处理部分。

例子 假设想求出威斯康星大学麦迪逊分校所开设的不同课程的数目。我们按照列出这些课程的系来划分它们。假设没有交叉列出（当一门课程出现在两个以上的系的课程表中时，就出现了交叉列出的情况），则该大学开设的课程数目等于每个系开设的课程数目的和。　　　□

⊖ 根据 *The Random House College Dictionary*，*Revised Edition*（1997），原理是：（1）一个已被接受的或者专业的操作或者行为法则，（2）一个基本定律、公理或学说。这一节中我们所说的原理就是求解计数问题中的基本数学定律和重要操作法则。

用选择的术语给出加法原理的另一种描述如下：如果有 p 种方法能够从一堆中选出一个物体，又有 q 种方法从另外一堆中选出一个物体，那么从这两堆中选出一个物体有 $p+q$ 种方法。这种形式的加法原理显然可以推广到多于两堆的情况。

例子 一名学生想选修一门数学课程或一门生物课程，但两者不能同时都选。如果现有 4 门数学课程和 3 门生物课程供该学生选择，那么该学生有 $4+3=7$ 种方法选择一门课程。 □

第二个计数原理要稍微复杂一些。我们以两个集合为例陈述这个原理，但是同样它也可以推广到任意有限多个集合的情形。

乘法原理 令 S 是对象的有序对 (a, b) 的集合，其中第一个对象 a 来自大小为 p 的一个集合，而对于对象 a 的每个选择，对象 b 有 q 种选择。于是，S 的大小为 $p \times q$： [28]

$$|S| = p \times q$$

实际上，乘法原理是加法原理的一个推论。设 a_1，a_2，$\cdots$，a_p 是对象 a 的 p 个不同选择。我们把 S 划分成部分 S_1，S_2，$\cdots$，S_p，其中 S_i 是 S 中第一个对象为 $a_i(i=1, 2, \cdots, p)$ 的有序对的集合。每个 S_i 的大小为 q，根据加法原理有

$$|S| = |S_1| + |S_2| + \cdots + |S_p| = q + q + \cdots + q(p \text{ 个 } q) = p \times q$$

上述推导过程中用到了整数的乘法就是重复的加法这样的基本事实。

乘法原理的第二种实用形式是：如果第一项任务有 p 个结果，而不论第一项任务的结果如何，第二项任务都有 q 个结果，那么，这两项任务连续执行就有 $p \times q$ 个结果。

例子 一名学生要修两门课程。第一门课可以安排在上午 3 个小时中的任一小时，第二门课则可以安排在下午 4 个小时的任一小时。该学生可能的课程安排数量是 $3 \times 4 = 12$。 □

上面已经提到，乘法原理可推广到 3，4 及任意有限多个集合的情形。下面给出 $n=3$ 和 $n=4$ 的例子，我们不针对 n 个集合的情形给出一般的公式。

例子 粉笔的长度有 3 种，颜色有 8 种，直径有 4 种。那么有多少种不同类型的粉笔？

为了确定某种类型的粉笔，我们要执行 3 项不同的任务（这 3 项任务的选取顺序不影响最后的结果）：选择一种长度，选择一种颜色，选择一种直径。根据乘法原理可知，共有 $3 \times 8 \times 4 = 96$ 种不同的粉笔。 □

例子 从 5 名男士、6 名女士、2 名男孩和 4 名女孩中选择一男一女一男孩和一女孩的方法共有 $5 \times 6 \times 2 \times 4 = 240$ 种。 □

原因是我们要执行 4 项不同的任务：选择一名男士（有 5 种方法），选择一名女士（有 6 种方法），选择一名男孩（有 2 种方法），选择一名女孩（有 4 种方法）。另外，如果要想求出选取一个人的方法数，那么答案则是 $5+6+2+4=17$ 种。这一结果来自 4 堆的加法原理。 □

例子 确定下面这个数

$$3^4 \times 5^2 \times 11^7 \times 13^8$$

的正整数因子的个数。 [29]

3，5，11 和 13 都是素数。根据算术基本定理，每个因子都有

$$3^i \times 5^j \times 11^k \times 13^l$$

的形式，其中 $0 \leqslant i \leqslant 4$，$0 \leqslant j \leqslant 2$，$0 \leqslant k \leqslant 7$，$0 \leqslant l \leqslant 8$。$i$ 有 5 种选择，j 有 3 种选择，k 有 8 种选择，而 l 有 9 种选择。根据乘法原理，因子总数为

$$5 \times 3 \times 8 \times 9 = 1080$$ □

在乘法原理中，对象 b 的 q 种选择可以随着 a 的选择而变化。唯一的要求是，选择的个数应是相同的 q 个，而不必是相同的选择。

例子 有多少各位数字互不相同且各位数字非零的两位数？

我们可以把一个两位数 ab 看成是一个有序对 (a, b)，其中 a 是十位数字而 b 是个位数字。

此问题要求的是这两个数字都不能是 0，而且它们不相等。对于 a 来说有 9 种选择，即 1，2，…，9。一旦选定 a，则 b 就有 8 种选择。如果 $a=1$，那么 b 的 8 种选择是 2，3，…，9；如果 $a=2$，那么 b 的 8 种选择是 1，3，…，9；等等。应用乘法原理的重要性在于，b 的选择总是 8 种。根据乘法原理，本题的答案为 $9 \times 8 = 72$。

我们还可以用另外的方法得到答案 72。两位数字数共有 90 个：10，11，12，…，99。其中，有 9 个两位数含有 0（即 10，20，…，90），有 9 个两位数各位相等（即 11，22，…，99）。因此，各位互不相同且非零的两位数字的个数等于 $90-9-9=72$。 □

上面的例子说明了两个想法。其一是，一个计数问题可能有多种方法求得答案。其二是，为了求出集合 A 的对象数目（本题是各位互不相同且各位非零的两位数集合），像下面这样做也许更容易些：先求包含 A 的一个更大集合 U（在上面的例子中，这个集合就是所有两位数的集合）的对象数目，然后再减去 U 中不属于 A 的对象数目（包含 0 或两个位上的数字相同的两位数）。我们把这个想法陈述为下面的第三个原理。

减法原理 令 A 是一个集合，而 U 是包含 A 的更大集合。设

$$\overline{A} = U \setminus A = \{x \in U : x \notin A\}$$

是 A 在 U 中的补（complement）。那么 A 中的对象数目 $|A|$ 由下列法则给出：

$$|A| = |U| - |\overline{A}|$$

在应用减法原理时，集合 U 通常是包含讨论中所有对象的某个自然集合（即所谓的泛集（universal set））。只有在与计数 A 中对象数目相比更容易计数 U 和 $\overline{A}$ 的对象数目时，使用减法原理才会有效。

例子 计算机密码是由取自于数字 0，1，2，…，9 的数字和取自于小写字母 a，b，c，…，z 的字母组成的长度为 6 的字符串。有多少个有重复字符的计算机密码？

我们想要计算有重复字符的计算机密码的集合 A 中的对象数目。令 U 是所有计算机密码的集合。取 A 在 U 中的补，我们得到没有重复字符的计算机密码的集合 $\overline{A}$。应用两次乘法原理，可以得到

$$|U| = 36^6 = 2\,176\,782\,336$$

和

$$|\overline{A}| = 36 \cdot 35 \cdot 34 \cdot 33 \cdot 32 \cdot 31 = 1\,402\,410\,240$$

因此，有

$$|A| = |U| - |\overline{A}| = 2\,176\,782\,336 - 1\,402\,410\,240 = 774\,372\,096 \qquad \square$$

现在我们陈述本节最后一个原理。

除法原理 令 S 是一个有限集合，把它划分成 k 个部分使得每一部分包含的对象数目相同。于是，此划分中的部分的数目由下述公式给出：

$$k = \frac{|S|}{\text{在一个部分中的对象数目}}$$

因此，如果我们知道 S 中的对象数目以及各部分所含对象数目的共同值，就可以确定部分的数目。

例子 在一排鸽巢中有 740 只鸽子。如果每个鸽巢含有 5 只鸽子，那么鸽巢的数目为

$$\frac{740}{5} = 148 \qquad \square$$

除法原理更深奥的应用将在本书稍后给出。现在考虑下一个例子。

例子 你想送给 Mollie 大婶一篮水果。在你的冰箱里有 6 个橘子和 9 个苹果。唯一的要求是篮子内必须至少有一个水果（即不容许水果篮是空的）。有多少种不同的水果篮？

一种计数水果篮数目的方法如下。首先，忽略篮子不能是空的要求。后面再把这个要求补进去。一篮水果与另一篮水果的区别是篮子内的橘子数和苹果数。对于橘子的数目有 7 种选择（0，1，…，6），而对于苹果的数目有 10 种选择（0，1，…，9）。根据乘法原理，有 $7 \times 10 = 70$ 种可能的不同水果篮。扣除空篮子这种可能，答案是 69。注意，如果不暂时忽略篮子非空的要求，那么苹果数目是 9 种还是 10 种选择要依赖于橘子数是不是 0，因此我们也就不能直接应用乘法原理来计算了。但是，还有下面的另一种解法。把这些非空水果篮划分成两个部分 S_1 和 S_2，其中 S_1 是没有橘子的那些水果篮，S_2 是至少装有一个橘子的那些水果篮。S_1 的大小是 9（1，2，…，9 个苹果），S_2 的大小根据上面的推理为 $6 \times 10 = 60$。由加法原理可知，可能的水果篮的数目是 $9 + 60 = 69$。 □

在前面的例子中我们做了一个含蓄的假设，现在应该把它公开。在求解过程中，我们假设橘子与橘子之间没有区别，苹果与苹果之间也没有区别。于是，装一篮水果的关键不是哪些苹果和哪些橘子装进了篮子，而仅仅是每种水果的数量。如果我们在各个橘子之间和各个苹果之间加以区别（一个橘子是圆的，另一个有磕伤，第三个汁多等），那么篮子的数目就会增大。我们将在 3.5 节再回到这个例子中来。

在考察更多例子之前，我们先讨论一些一般的想法。

很多计数问题都可归类为下面的类型之一：

（1）计数对象的有序排列的个数或对象的有序选择的个数

    a）任何对象都不重复；

    b）允许对象重复（但可能是有限制的）。

（2）计数对象的无序排列数目或者对象的无序选择数目

    a）任何对象都不重复；

    b）允许对象重复（但可能是有限制的）。

有时候不区分是否允许对象重复，而区分是从集合还是从多重集合中进行选择也许会更方便。多重集合（multiset）除其成员不必不同外与集合一样⊖。例如，我们可以构建由三个 a，一个 b，两个 c 和四个 d 组成的多重集合 M。即，M 有 4 种不同类型的 10 个元素：类型 a 有 3 个，类型 b 有 1 个，类型 c 有 2 个，类型 d 有 4 个。通常我们这样给出多重集合：指出其中不同类型的元素出现的次数。因此，M 可以表示为 $\{3 \cdot a, 1 \cdot b, 2 \cdot c, 4 \cdot d\}$⊖。数 3，1，2 和 4 是多重集合 M 的重复数。集合是重复数皆等于 1 的多重集合。为了包含上面所列的情况 b），即不限制各类型对象出现的次数（除受排列的大小的限制以外），我们允许有无限大的重复数⊜。于是，当一个多重集合的成员 a 和 c 有无穷大重复数，而 b 和 d 的重复数分别是 2 和 4 时，这个多重集合表示为 $\{\infty \cdot a, 2 \cdot b, \infty \cdot c, 4 \cdot d\}$。（1）中考虑到顺序的放置或选择通常称为排列（permutation），而（2）中与顺序无关的放置或选择称为组合（combination）。下面两节中我们将开发若干集合及多重集合的排列数和组合数的通用公式。但是，并非所有的排列和组合问题都能够用这些公式解决。我们常常需要利用基本的加法原理、减法原理、乘法原理和除法原理来解决这些问题。

例子 在 1000 和 9999 之间有多少各位不相同的奇数？

在 1000 和 9999 之间的一个数就是 4 个数字的一个有序放置。因此，要求计数特定排列的集合。我们要做 4 种选择：个位数字、十位数字、百位数字以及千位数字。因为要计数的数是奇

⊖ 因此多重集合破坏了集合的一个重要的法则，即在集合中元素是不可重复的——它们或者在这个集合中或者不在这个集合中。集合 $\{a, a, b\}$ 与集合 $\{a, b\}$ 是同一个集合，但是作为多重集合它们却是不同的。

⊜ 如果我们想要遵守标准集合论的记法，就需要用有序对来指明多重集合 M，如 $\{(a, 3), (b, 1), (c, 2), (d, 4)\}$。

⊜ 不存在令我们担心的不同大小的无穷大的情况。

数，所以个位数字可以是 1，3，5，7，9 中的任一个。十位数字和百位数字可以是 0，1，…，9 中的任何一个，而千位数字可以是 1，2，…，9 中的任意一个。因此，个位数字有 5 种选择。因为各位数字要互不相同，所以不论个位数字选择的是什么，千位数字都有 8 种选择。于是，不论之前两位数字选择的是什么，百位数字都有 8 种选择，不论之前 3 位数字选择的是什么，十位数字都有 7 种选择。于是，根据乘法原理，本题的答案是 $5 \times 8 \times 8 \times 7 = 2240$。 □

假设在前面的例子中我们以相反的顺序进行选择：首先选千位数字，然后再选百位数字、十位数字和个位数字。千位数字有 9 种选择，然后百位数字有 9 种选择（因为可以使用数字 0），十位数字有 8 种选择，但是现在个位数字（必须是奇数）的选择必须依赖于前面的各个选择了。如果还没有选到奇数数字，那么个位数字的选择个数就是 5；如果选择了一个奇数，那么个位数字的选择个数就是 4；等等。这样一来，如果以相反的顺序进行选择，就不能应用乘法原理了。

[33] 从这个例子中我们学到两点。第一点是只要对一个任务的选择个数的答案用到"依赖于"（或类似的词语），那么就不能用乘法原理。第二点是如果一个任务的执行没有一个固定的顺序，那么通过改变任务的执行顺序，一个问题就可能变得更容易用乘法原理而得到解决。要牢记一个经验法则：优先选择约束性最强的选择。

例子 在 0 和 10 000 之间有多少个整数恰好有一位数字是 5？

令 S 为在 0 和 10 000 之间恰好有一位数字是 5 的整数的集合。

解法一：我们对 S 做如下划分：S_1 是 S 中的一位数的集合，S_2 是 S 中的两位数的集合，S_3 是 S 中的三位数的集合，S_4 是 S 中的四位数的集合。S 中没有五位数。显然，我们有

$$|S_1| = 1$$

S_2 的数很自然地分成两种类型：（1）个位数字是 5，（2）十位数字是 5。第一种类型的数的数目是 8（十位数字既不能是 0 也不能是 5）。第二种类型的数的数目为 9（个位数字不能是 5）。因此，

$$|S_2| = 8 + 9 = 17$$

用类似的推理我们得到

$$|S_3| = 8 \times 9 + 8 \times 9 + 9 \times 9 = 225$$

以及

$$|S_4| = 8 \times 9 \times 9 + 8 \times 9 \times 9 + 8 \times 9 \times 9 + 9 \times 9 \times 9 = 2673$$

因此

$$|S| = 1 + 17 + 225 + 2673 = 2916$$

解法二：通过添加前导零（如 6 看作 0006，25 看作 0025，352 看作 0352），可以把 S 中的每一个数都当作 4 位数。现在我们根据数字 5 是位于第 1 位、第 2 位、第 3 位还是第 4 位而把 S 划分成 S_1'，S_2'，S_3' 和 S_4'。这 4 个集合中的每一个都含有 $9 \times 9 \times 9 = 729$ 个整数，从而 S 所含整数的数目等于

$$4 \times 729 = 2916$$ □

例子 由数字 1，1，1，3，8 可以构造出多少个不同的 5 位数？

这里要求我们计数一个多重集合的排列数，这个多重集合是第一种类型的对象有 3 个，第二种类型的对象有 1 个，第三种类型的对象有 1 个。实际上我们只有两种选择：数字 3 要放置在哪

[34] 个数位上（有 5 种选择），然后是数字 8 要放置在哪个数位上（有 4 种选择）。其余 3 个数位由 3 个 1 占据。根据乘法原理，答案是 $5 \times 4 = 20$。

如果所给定的 5 个数是 1，1，1，3，3，则答案就是 10，是上例的一半。 □

这些例子清楚地表明，精通加法原理和乘法原理对于成为专业计数专家是必不可少的。

2.2 集合的排列

令 r 是正整数。说到一个 n 元素集合 S 的 r 排列，我们理解为 n 个元素中的 r 个元素的有序放置。如果 $S=\{a, b, c\}$，那么 S 的 3 个 1 排列是

$$a \quad b \quad c$$

S 的 6 个 2 排列是

$$ab \quad ac \quad ba \quad bc \quad ca \quad db$$

S 的 6 个 3 排列是

$$abc \quad acb \quad bac \quad bca \quad cab \quad dba$$

集合 S 没有 4 排列，因为 S 的元素个数少于 4。

我们用 $P(n, r)$ 表示 n 元素集合的 r 排列的数目。如果 $r > n$，则 $P(n, r) = 0$。显然，对每个正整数 n，$P(n, 1) = n$。n 元素集合 S 的 n 排列将更简单地称为 S 的排列或 n 个元素的排列。因此，集合 S 的一个排列就是以某种顺序出现的 S 的所有元素的一个列表。上面我们已经看到 $P(3, 1) = 3$，$P(3, 2) = 6$ 和 $P(3, 3) = 6$。

定理 2.2.1 对于正整数 n 和 r，$r \leqslant n$，有

$$P(n, r) = n \times (n-1) \times \cdots \times (n-r+1)$$

证明 在构建 n 元素集合的 r 排列时，我们可以用 n 种方法选择第一项，不论第一项如何选出，都可以用 $n-1$ 种方法选择第二项，$\cdots$，不论前 $r-1$ 项如何选出，都可以用 $n-(r-1)$ 种方法选择第 r 项。根据乘法原理，这 r 项可以用 $n \times (n-1) \times \cdots \times (n-r+1)$ 种方法选出。 □

对于非负整数 n，我们定义 $n!$（读作 n 的阶乘）如下：

$$n! = n \times (n-1) \times \cdots \times 2 \times 1$$

35

并约定 $0! = 1$。于是可以写成

$$P(n, r) = \frac{n!}{(n-r)!}$$

对于上面的 $n \geqslant 0$，我们定义 $P(n, 0)$ 等于 1，而这正与 $r = 0$ 时的公式一致。n 个元素的排列数为

$$P(n, n) = \frac{n!}{0!} = n!$$

例子 使用字母 a, b, c, d, e 构造四字母"词"，其中每个字母最多使用一次，这样的"词"的数目等于 $P(5, 4) = \dfrac{5!}{(5-4)!} = 120$。由这些字母构成的 5 字母词的数目是 $P(5, 5) = 120$。 □

例子 "15 迷阵"由 15 个滑动方块组成，各方块分别标有数字 1 到 15，并把它们摆放在如图 2-1 所示的 4×4 方框内。该迷阵的挑战是从给定的初始位置把诸方块移动到任意指定的位置（这一挑战不是本问题要解决的课题）。这里的位置指的是在方框内这 15 个标有数字的方块的一种摆放方法，其中有一个方块是空的。本迷阵中位置的总数是多少（不考虑是否有可能从初始位置移动到此位置）？

1	2	3	4
5	6	7	8
9	10	11	12
13	14	15	

图 2-1

这个问题等价于确定把数字 1，2，$\cdots$，15 分配到 4×4 的 16 个方格中，并留出一个方格的方法数目。因为我们可以把数 16 分配到空白格中，因此该问题又等价于确定将 1，2，$\cdots$，16 分配到 16 个方格的方法数目，而这正是 $P(16, 16) = 16!$。

那么把数字 1，2，$\cdots$，15 分配到 6×6 方格中，并留出 21 个空格的方法数目又是多少呢？这些分配方案对应于 36 个方格的 15 排列：对于将 1，2，$\cdots$，15 分配到 36 个方格中的 15 个方

格的分配方案，我们把它与 36 个方格的 15 排列联系起来，首先放置标有数字 1 的方格，第二个放置的是标有 2 的方格，以此类推。因此分配方案的总数是 $P(36,15)=\dfrac{36!}{21!}$。 □

例子 将字母表中的 26 个字母排序，使得元音字母 a,e,i,o,u 中任意两个都不能连续
36
出现，这种排序方法的总数是多少？

该问题的解（像许多计数问题一样）一旦看出如何去做则可立刻得出。我们考虑要完成两个主要任务。第一个任务是决定如何排序辅音字母。总共有 21 个辅音字母，所以辅音字母的排列数是 21!。因为在我们最终的排列中，不能出现任意两个连续的元音字母，所以这些元音字母必须放在这些辅音字母前面、后面和它们中间的 22 个空位上。第二个任务是把这些元音字母放入这些位置上。对于 a 有 22 个位置，对于 e 有 21 个位置，i 有 20 个位置，o 有 19 个位置，u 有 18 个位置。就是说，完成第二个任务的方法数是

$$P(22,5)=\frac{22!}{17!}$$

根据乘法原理，有序摆放 26 个字母使得元音字母 a,e,i,o,u 中任意两个都不连续出现的方法数为

$$21!\times\frac{22!}{17!}$$ □

例子 取自 $\{1,2,\cdots,9\}$ 的所有 7 位数中有多少各位互不相同，且数字 5 和 6 不连续出现的 7 位数？

我们要计数集合 $\{1,2,\cdots,9\}$ 的某些 7 排列，并把这些 7 排列划分成 4 种类型：（1）在 7 位数字中 5 和 6 均不出现；（2）5 可以出现在某位置上，但 6 不出现；（3）6 可以出现在某位置上，但 5 不出现；（4）5 和 6 都出现在 7 位数字中。类型（1）是 $\{1,2,3,4,7,8,9\}$ 的 7 排列，它们的总数是 $P(7,7)=7!=5040$。类型（2）的排列计数如下：数字 5 可以出现在 7 位数字中的任何数位上，其余 6 位数字是 $\{1,2,3,4,7,8,9\}$ 的一个 6 排列。因此类型（2）的 7 位数有 $7P(7,6)=7(7!)=35\,280$ 个。类似地，我们看到类型（3）的 7 位数有 35 280 个。为了计数类型（4）的排列数目，我们把类型（4）划分成三部分：

第一位数字等于 5，所以第二位就不能等于 6：

$$\underline{\quad5\quad}\ \neq 6\ \ \underline{\qquad}\ \ \underline{\qquad}\ \ \underline{\qquad}\ \ \underline{\qquad}\ \ \underline{\qquad}$$

于是，放置数字 6 有 5 个位置。其他 5 个数字构成 7 位数字 $\{1,2,3,4,7,8,9\}$ 的 5 排列。因此，该部分有

$$5\times P(7,5)=5\times\frac{7!}{2!}=12\,600$$

37
个 7 位数。

最后一位数字是 5，所以其前面的数位不能等于 6：

$$\underline{\qquad}\ \ \underline{\qquad}\ \ \underline{\qquad}\ \ \underline{\qquad}\ \ \underline{\qquad}\ \ \neq 6\ \ \underline{\quad5\quad}$$

通过类似于前面的论述，我们得到该部分也有 12 600 个 7 位数。

数字 5 出现在首尾之外的其他位置上：

$$\underline{\qquad}\ \ \underline{\qquad}\ \ \neq 6\ \ \underline{\quad5\quad}\ \ \neq 6\ \ \underline{\qquad}\ \ \underline{\qquad}$$

被 5 占据的位置是中间 5 个位置中的任意一个位置。于是，6 的位置可用 4 种方法选择。其余 5 个数字构成 7 位数字 $\{1,2,3,4,7,8,9\}$ 的一个 5 排列。因此此分类中的 7 位数有 $5\times4\times P(7,5)=50\,400$ 个。从而，类型（4）中有

$$2(12\,600)+50\,400=75\,600$$

个 7 位数。根据加法原理，本题答案为

$$5040 + 2(35\,280) + 75\,600 = 151\,200$$

我们刚才给出的求解过程是这样实现的：把要计数的对象集合划分成易处理的部分，即我们能够计算其对象数目的部分，然后再应用加法原理而得到解。还有另外一种相对简单得多的做法，就是运用减法原理。考虑取自 $\{1, 2, \cdots, 9\}$ 的互不相同的整数而形成的 7 位数的全体的集合 T。则 T 的大小是

$$P(9,7) = \frac{9!}{2!} = 181\,440$$

设 S 是 T 中 5 和 6 不能连续出现的 7 位数的全体；则补 $\overline{S}$ 就是 T 中 5 和 6 一定连续出现的 7 位数。我们希望确定 S 的大小。如果能够求出 $\overline{S}$ 的大小，那么根据减法原理，我们的问题就解决了。那么 $\overline{S}$ 中又有多少数呢？在 $\overline{S}$ 中，数字 5 和 6 连续出现。因此有 6 种方法放置数字 5 后面跟着数字 6，以及 6 种方法放置数字 6 后面跟着数字 5。剩余数字构造 $\{1, 2, 3, 4, 7, 8, 9\}$ 的 5 排列。所以 $\overline{S}$ 的大小是

$$2 \times 6 \times P(7,5) = 30\,240$$

于是，S 中有 $181\,440 - 30\,240 = 151\,200$ 个 7 位数。   □

我们刚刚考虑过的排列更恰当些应该叫作线性排列（linear permutation）。考虑把对象排成一条线。如果不把它们排成一条线，而是排成一个圆，那么排列的数目就要相应减少。思考这样一个问题：设 6 个孩子沿圆圈行进。他们能够以多少种不同的方式形成一个圆？因为孩子们在行进中，因此重要的是他们彼此间的相对位置而不是他们自身的位置。因此，很自然就把两个循环排列看成是相同的，只要其中一个可以通过旋转与另一个重合，即通过一个圆周位移而得到另一个。每一个循环排列对应于 6 个线性排列。例如，下面的循环排列

$$
\begin{array}{ccc}
 & 1 & \\
2 & & 6 \\
3 & & 5 \\
 & 4 &
\end{array}
$$

来自下面的线性排列中的每一个：

$$
\begin{array}{ccc}
123456 & 234561 & 345612 \\
456123 & 561234 & 612345
\end{array}
$$

把上面每一个排列的最后一位移到第一位之前就形成前面的循环排列。于是，6 个孩子的线性排列与 6 个孩子的循环排列之间的对应是 6 对 1。因此，为了求循环排列数目，我们把线性排列个数除以 6。因此 6 个孩子的循环排列数目是 $6!/6 = 5!$。

定理 2.2.2 n 元素集合的循环 r 排列的数目是

$$\frac{P(n,r)}{r} = \frac{n!}{r \cdot (n-r)!}$$

特别地，n 个元素的循环排列的数目是 $(n-1)!$。

证明 上述段落基本上包含了本定理的证明，我们使用除法原理完成证明。能够把线性 r 排列的集合划分成若干部分，使得两个线性 r 排列对应于同一个循环 r 排列当且仅当这两个线性 r 排列在同一部分中。因此，循环 r 排列的数目就等于划分的部分的数目。由于每一个部分都含有 r 个线性 r 排列，因此，部分数目是

$$\frac{P(n,r)}{r} = \frac{n!}{r \cdot (n-r)!}$$ □

注意，前面的论证之所以可行，是因为每一个部分都含有相同数目的 r 排列，这使得我们可以运用除法原理来确定部分的数目。例如，如果把一个含有 10 个对象的集合划分成大小分别为

2，4，4 的三个部分，那么就不能用 10 除以 2 或者 4 而得到部分的数目。

我们看一下另一个计数循环排列的方法：假设想要计算 A，B，C，D，E，F 的循环排列的数目（围绕一个桌子安排座位 A，B，C，D，E，F 的方法的数目）。因为可以自由地使人们围着桌子轮转，所以任何一个循环排列都可以转到使 A 处在一个固定的位置——我们把它看作是"桌头"：

$$A$$
$$D \qquad C$$
$$F \qquad B$$
$$E$$

此时 A 是固定的，A，B，C，D，E，F 的循环排列就可以等同于 B，C，D，E，F 的线性排列（上图中的循环排列等同于线性排列 $DFEBC$）。而 B，C，D，E，F 的线性排列有 5! 个，因此，A，B，C，D，E，F 的循环排列有 5! 个。

当我们不能直接运用循环排列公式时，这样考虑循环排列还是有用的。

例子　10 个人要围坐一圆桌，其中有两人不愿彼此挨着就座，共有多少圆形座位设置方法？

我们用减法原理解决这个问题。设这 10 个人是 P_1，P_2，P_3，$\cdots$，P_{10}，其中 P_1 和 P_2 是彼此不愿意坐在一起的两个人。考虑 9 个人 X，P_3，$\cdots$，P_{10} 围坐圆桌的座位设置。共有 8! 种这样的设置方法。如果在每一个座位设置方案中，我们都用 P_1，P_2 或 P_2，P_1 代替 X，那么都将得到 10 人的座位设置方案，而 P_1，P_2 彼此挨着就座。因此，P_1，P_2 不坐在一起的座位设置方法总数为 9!$-2 \times 8! = 7 \times 8!$。

这个问题的另一种分析方法如下：第一个座位 P_1 在"桌头"的位置。那么 P_2 就不能在 P_1 两边的位置上。P_1 左边的人选有 8 个，P_1 右边的人选有 7 个，而其余的座位有 7! 种方法坐上人。因此，P_1 和 P_2 不坐在一起的座位设置方法数目是

$$8 \times 7 \times 7! = 7 \times 8! \qquad \square$$

如讨论循环排列之前那样，我们继续把"排列"当作"线性排列"。

40

例子　将 12 个不同的记号记在旋转的圆鼓上的方法的个数是 $P(12, 12)/12 = 11!$。　$\square$

例子　用 20 个不同颜色的念珠串成一条项链，能够做成多少不同的项链？

20 个念珠共有 20! 种不同的排列。因为每条项链都可以旋转而不必改变念珠的排列，所以项链的数目最多为 20!$/20 = 19!$。又因为项链还可以翻转过来而念珠的排放未改动，因此项链的总数是 19!$/2$。　$\square$

我们将在第 14 章中以更一般的方式计数循环排列和项链。

2.3　集合的组合（子集）

设 S 是 n 元素集合。集合 S 的一个组合通常表示集合 S 的元素的一个无序选择。这样一个选择的结果是 S 的元素构成的一个子集（subset）$A \subseteq S$。因此，S 的一个组合就是 S 的子集的一个选择。因此，术语组合和子集本质上是可以互换的，通常我们使用更熟悉的子集而不使用略显笨拙的组合，除非要强调选择的过程。

现在设 r 是非负整数。提到 n 元素集合 S 的一个 r 组合，我们把它理解为在 S 的 n 个对象中选取 r 个对象的一个无序选择。一个 r 组合的结果是 S 的一个 r 子集，即是由 S 的 n 个对象中的 r 个对象组成的子集。同样，我们通常使用"r 子集"而不是"r 组合"。

如果 $S = \{a, b, c, d\}$，那么

$$\{a, b, c\}, \{a, b, d\}, \{a, c, d\}, \{b, c, d\}$$

是 S 的 4 个 3 子集。我们用 $\binom{n}{r}$ 表示 n 元素集合的 r 子集的数目[⊖]。显然

$$\binom{n}{r} = 0 \quad \text{如果 } r > n$$

还有

$$\binom{0}{r} = 0 \quad \text{如果 } r > 0$$

容易看出，对于每一个非负整数 n，下述事实成立：

$$\binom{n}{0} = 1, \quad \binom{n}{1} = n, \quad \binom{n}{n} = 1$$

特别地，$\binom{0}{0} = 1$。下面的定理给出 r 子集数目的基本公式。

41

定理 2.3.1 对于 $0 \leqslant r \leqslant n$，有

$$P(n, r) = r! \binom{n}{r}$$

因此

$$\binom{n}{r} = \frac{n!}{r!(n-r)!}$$

证明 令 S 是一个 n 元素集合。S 的每个 r 排列都恰由下面两个任务的执行结果而产生：

(1) 从 S 中选出 r 个元素。

(2) 以某种顺序摆放选出的 r 个元素。

根据定义，执行第一个任务的方法数目是数 $\binom{n}{r}$。执行第二个任务的方法数则是 $P(r, r) = r!$。

根据乘法原理，我们有 $P(n, r) = r! \binom{n}{r}$。现在，使用公式 $P(n, r) = \frac{n!}{(n-r)!}$ 得到

$$\binom{n}{r} = \frac{P(n, r)}{r!} = \frac{n!}{r!(n-r)!}$$

□

例子 在平面上给出 25 个点使得没有 3 个点共线。这些点确定多少条直线？确定多少个三角形？

因为没有三个点在同一条直线上，而且每一对点确定唯一一条直线，所以确定的直线数目等于 25 元素集合的 2 子集数目，因此这个数是

$$\binom{25}{2} = \frac{25!}{2!23!} = 300$$

类似地，每 3 个点确定唯一一个三角形，因此，所确定的三角形的个数是

$$\binom{25}{3} = \frac{25!}{3!22!}$$

□

例子 有 15 人选修了一门数学课程，但在给定的一天恰有 12 名学生听课。选出 12 名学生的不同方法数是

$$\binom{15}{12} = \frac{15!}{12!3!}$$

42

⊖ 除此之外，对这些数还有其他一些记法，如 $C(n, r)$，${}_n C_r$。

如果教室内有 25 个座位，那么这 12 名学生可能的就座的方法数目是 $P(25,12)=25!/13!$。因此，一位教师看到教室里 12 名学生的就座状态数是

$$\binom{15}{12}P(25,12)=\frac{15!\,25!}{12!\,3!\,13!} \qquad\qquad \Box$$

例子 如果每个词包含 3，4 或 5 个元音，那么用字母表中的 26 个字母可以构造多少个 8 字母词？这一问题可以这样理解，在一个词中字母的使用次数没有限制。

我们根据词中所含元音个数并运用加法原理来计数词的数量。

首先，考虑含有 3 个元音的词。选择元音所占据的 3 个位置有 $\binom{8}{3}$ 种方法；其余 5 个位置由辅音占据。元音的位置可由 5^3 种方式填充，辅音位置可由 21^5 种方式填充。因此，含有 3 个元音的词的数量是

$$\binom{8}{3}5^3 21^5=\frac{8!}{3!\,5!}5^3 21^5$$

使用类似的方法，我们可以看到含有 4 个元音的词的数量是

$$\binom{8}{4}5^4 21^4=\frac{8!}{4!\,4!}5^4 21^4$$

含有 5 个元音的词的数量是

$$\binom{8}{5}5^5 21^3=\frac{8!}{5!\,3!}5^5 21^3$$

因此，词的总数为

$$\frac{8!}{3!\,5!}5^3 21^5+\frac{8!}{4!\,4!}5^4 21^4+\frac{8!}{5!\,3!}5^5 21^3 \qquad\qquad \Box$$

下面的重要性质可以由定理 2.3.1 直接得出。

推论 2.3.2 对于 $0\leqslant r\leqslant n$，有

$$\binom{n}{r}=\binom{n}{n-r} \qquad\qquad \Box$$

43

$\binom{n}{r}$ 有许多重要且便利的性质，我们将在第 5 章讨论其部分性质。现在只讨论两个基本性质。

定理 2.3.3（帕斯卡公式） 对于所有满足 $1\leqslant k\leqslant n-1$ 的整数 n 和 k，有

$$\binom{n}{k}=\binom{n-1}{k}+\binom{n-1}{k-1}$$

证明 证明这个等式的一个方法是把这些数的值都代入到定理 2.3.1 中，然后再看等式两边是否相等。我们把这一直接验证留给读者。

组合推理证明（combinatorial proof） 如下所示：设 S 是 n 元素集合。我们指定 S 中的一个元素并把它记作 x。设 $S\backslash\{x\}$ 是从 S 中除去这个 x 后得到的集合。把 S 的 k 子集的集合 X 划分成两个部分 A 和 B。在 A 中放入不包含 x 的所有 k 子集。在 B 中放入包含 x 的所有 k 子集。X 的大小是 $|X|=\binom{n}{k}$；因此，根据加法原理，有

$$\binom{n}{k}=|A|+|B|$$

A 中的 k 子集正好是集合 $S\backslash\{x\}$ 的 $n-1$ 个元素的 k 子集；因此，A 的大小是

$$|A| = \binom{n-1}{k}$$

而 B 中的 k 子集可以通过把元素 x 加到 $S\setminus\{x\}$ 的 $(k-1)$ 子集中而得到。因此，B 的大小应该是

$$|B| = \binom{n-1}{k-1}$$

把上面两个公式结合起来，我们得到

$$\binom{n}{k} = \binom{n-1}{k} + \binom{n-1}{k-1} \qquad\qquad \square$$

为了具体说明这个证明，设 $n=5$，$k=3$，$S=\{x,\ a,\ b,\ c,\ d\}$。于是 A 中的 S 的 3 子集是

$$\{a,b,c\}, \{a,b,d\}, \{a,c,d\}, \{b,c,d\}$$

上面这些集合是集合 $\{a,\ b,\ c,\ d\}$ 的 3 子集。B 中 S 的 3 子集是

$$\{x,a,b\}, \{x,a,c\}, \{x,a,d\}, \{x,b,c\}, \{x,b,d\}, \{x,c,d\}$$

扣除上面这些集合中的元素 x 后，我们得到

$$\{a,b\}, \{a,c\}, \{a,d\}, \{b,c\}, \{b,d\}, \{c,d\}$$

它们是集合 $\{a,\ b,\ c,\ d\}$ 的 2 子集。因此

$$\binom{5}{3} = 10 = 4 + 6 = \binom{4}{3} + \binom{4}{2}$$

定理 2.3.4　对于 $n \geqslant 0$，有

$$\binom{n}{0} + \binom{n}{1} + \binom{n}{2} + \cdots + \binom{n}{n} = 2^n$$

且这个共同值等于 n 元素集合的子集数量。

证明　下面我们通过用不同方法证明上面的等式两边计数了 n 元集合 S 的子集数量来证明这个定理。首先，我们发现 S 的每一个子集是相对于某个 $r=0,\ 1,\ 2,\ \cdots,\ n$ 的 r 子集。因为 $\binom{n}{r}$ 等于 S 的 r 子集数量，所以根据加法原理得

$$\binom{n}{0} + \binom{n}{1} + \binom{n}{2} + \cdots + \binom{n}{n}$$

等于 S 的子集数量。

我们还可以这样计数 S 的子集数量：把一个子集的选择分解成 n 项任务：设 S 的元素是 x_1，x_2，$\cdots$，x_n。在选择 S 的一个子集的过程中，对于 S 中 n 个元素中的每一个元素要做两种选择：x_1 或者进入当前这个子集，或者它不进入这个子集，x_2 或者进入这个子集，或者它不进入这个子集，$\cdots$，x_n 或者进入这个子集或者不进入这个子集。因此，根据乘法原理，我们有 2^n 种方法得到 S 的一个子集。至此，我们证明了这两个计数相等，从而完成了证明。　□

定理 2.3.4 的证明具体说明了我们可以通过用两种不同方法计数一个集合的对象（上面的证明中，就是 n 元素集合的子集）并令它们相等，从而得到所需的等式。在组合数学中，这种"双计数"技术是非常强大的技术，我们将会看到它的其他应用的例子。

例子　前 n 个正整数的集合 $\{1,\ 2,\ 3,\ \cdots,\ n\}$ 的 2 子集数量是 $\binom{n}{2}$。根据这些 2 子集中所包含的最大整数对它们进行划分。对于每一个 $i=1,\ 2,\ \cdots,\ n$，以 i 为最大数的 2 子集的数量是 $i-1$（另一个整数可以是 $1,\ 2,\ \cdots,\ i-1$）。令这两个计数相等，我们得到下面等式

45

$$0+1+2+\cdots+(n-1)=\binom{n}{2}=\frac{n(n-1)}{2} \qquad \square$$

2.4 多重集合的排列

如果 S 是一个多重集合，那么 S 的一个 r 排列是 S 中 r 个对象的一个有序放置。如果 S 的对象总数是 n（重复对象计数在内），那么 S 的 n 排列也称为 S 的排列。例如，如果 $S=\{2\cdot a,\ 1\cdot b,\ 3\cdot c\}$，那么

$$acbc \qquad dbcc$$

都是 S 的 4 排列，而

$$abccca$$

是 S 的一个排列。多重集合 S 没有 7 排列，因为 $7>2+1+3=6$，即 7 大于集合 S 的对象个数。我们首先计算多重集合 S 的 r 排列的个数，其每一个重复数都是无限的。

定理 2.4.1 设 S 是有 k 种不同类型对象的多重集合，每一个元素都有无限重复数。那么，S 的 r 排列的数目是 k^r。

证明 在构造 S 的 r 排列的过程中，我们可以把第一项选择为 k 个类型中任意类型的一个对象。类似地，第二项可以是 k 个类型中任意类型的一个对象，等等。因为 S 的所有重复数都是无限的，所以任意一项的不同选择数量也总是 k，它不依赖于前面项的选择。根据乘法原理，r 项可以有 k^r 种选择方法。 $\qquad \square$

这个定理的另一种描述是：k 个不同对象（每一个对象的供给是无穷的）的 r 排列数量等于 k^r。我们还注意到，如果 S 的 k 种不同类型的对象的重复数都至少是 r，那么定理也是成立的。重复数无限的假设是保证我们在构造 r 排列时不能用尽任何类型的对象的一种简单保证。

例子 最多有 4 位的三元数[⊖]的个数是多少？

这个问题的答案是多重集合 $\{\infty\cdot 0,\ \infty\cdot 1,\ \infty\cdot 2\}$ 或多重集合 $\{4\cdot 0,\ 4\cdot 1,\ 4\cdot 2\}$ 的 4 排列的个数。根据定理 2.4.1，这个数等于 $3^4=81$。 $\qquad \square$

现在我们计数有 k 种不同类型的对象且有有限重复数的多重集合的排列。

定理 2.4.2 设 S 是多重集合，它有 k 种不同类型的对象，且每一种类型的有限重复数分别是 $n_1,\ n_2,\ \cdots,\ n_k$。设 S 的大小为 $n=n_1+n_2+\cdots+n_k$。则 S 的排列数目等于

46

$$\frac{n!}{n_1!\,n_2!\cdots n_k!}$$

证明 给定多重集合 S，它有 k 种类型对象，比如说 $a_1,\ a_2,\ \cdots,\ a_k$，且重复数分别是 $n_1,\ n_2,\ \cdots,\ n_k$，对象总数 $n=n_1+n_2+\cdots+n_k$。我们想要这 n 个对象的排列数量。可以这样考虑这个问题。一共有 n 个位置，而我们想要在每一个位置放置 S 中的一个对象。首先，我们确定放置 a_1 的位置。因为在 S 中 a_1 的数量是 n_1，因此必须从 n 个位置的集合中取出 n_1 个位置的子集。这样做的方法数是 $\binom{n}{n_1}$。下一步，要确定放置 a_2 的位置。此时还剩下 $n-n_1$ 个位置，我们必须从中选取 n_2 个位置来。这样做的方法数量是 $\binom{n-n_1}{n_2}$。再接下来我们有 $\binom{n-n_1-n_2}{n_3}$ 种方法为 a_3 选择位置。继续这样做下去，利用乘法原理，我们发现 S 的排列个数等于

$$\binom{n}{n_1}\binom{n-n_1}{n_2}\binom{n-n_1-n_2}{n_3}\cdots\binom{n-n_1-n_2-\cdots-n_{k-1}}{n_k}$$

⊖ 一个三元数（ternary numeral）或者三进制数是用 3 的幂表示一个数而得到的数。例如，$46=1\times 3^3+2\times 3^2+0\times 3^1+1\times 3^0$。所以 46 的三元数是 1201。

使用定理 2.3.1，我们看到上面这个数等于

$$\frac{n!}{n_1!(n-n_1)!}\frac{(n-n_1)!}{n_2!(n-n_1-n_2)!}\frac{(n-n_1-n_2)!}{n_3!(n-n_1-n_2-n_3)!}\cdots\frac{(n-n_1-n_2-\cdots-n_{k-1})!}{n_k!(n-n_1-n_2-\cdots-n_k)!}$$

消去分子分母上的相同因子，上面的数化简成为

$$\frac{n!}{n_1!n_2!n_3!\cdots n_k!0!}=\frac{n!}{n_1!n_2!n_3!\cdots n_k!}\qquad\qquad\square$$

例子 词 MISSISSIPPI 中的字母的排列数是

$$\frac{11!}{1!4!4!2!}$$

因为这个数字等于多重集合 $\{1\cdot M,\ 4\cdot I,\ 4\cdot S,\ 2\cdot P\}$ 的排列数。 $\qquad\qquad\square$

如果多重集合 S 只有两种类型的对象 a_1，a_2，且它们的重复数分别是 n_1 和 n_2，其中 $n=n_1+n_2$，那么按照定理 2.4.2，S 的排列数是

$$\frac{n!}{n_1!n_2!}=\frac{n!}{n_1!(n-n_1)!}=\binom{n}{n_1}$$

因此，我们可以把 $\binom{n}{n_1}$ 看成是 n 对象集合的 n_1 子集的数量，还可以看成是一个有两种类型的对象且它们的重复数分别是 n_1 和 $n-n_1$ 的多重集合的排列个数。

在定理 2.4.2 中出现的数 $\dfrac{n!}{n_1!\ n_2!\ \cdots n_k!}$ 还有另外一种解释。它涉及这样一个问题：把一个对象集合划分成指定大小的各个部分，其中这些部分都有指定给它们的标签。为了理解上面这段话的意思，我们给出下面的例子。

例子 考虑有 4 个对象的集合 $\{a,b,c,d\}$，把它划分成两个子集，每一个大小为 2。如果这两部分没有做标签，那么有 3 种不同的划分：

$$\{a,b\},\{c,d\};\quad\{a,c\},\{b,d\};\quad\{a,d\},\{b,c\}$$

现在假设给这些部分做上不同的标签（例如，红色和蓝色）。那么划分数量增大；实际上，有 6 个划分，因为我们要用两种方法给划分的每一部分标上红色和蓝色。例如，对于上面的划分 $\{a,b\},\{c,d\}$，有

$$\text{红盒}\{a,b\},\quad\text{蓝盒}\{c,d\}$$

和

$$\text{蓝盒}\{a,b\},\quad\text{红盒}\{c,d\}\qquad\qquad\square$$

在一般情形下，我们可以用 B_1，B_2，$\cdots$，B_k（看成是颜色 1，颜色 2，$\cdots$，颜色 k）标记这些部分，并把这些部分想象成一些盒子。这时，下面定理成立。

定理 2.4.3 设 n 是正整数，并设 n_1，n_2，$\cdots$，n_k 是正整数且 $n=n_1+n_2+\cdots+n_k$。把 n 对象集合划分成 k 个标有标签的盒子，且第 1 个盒子含有 n_1 个对象，第 2 个盒子含有 n_2 个对象，$\cdots$，第 k 个盒子含有 n_k 个对象，这样的划分方法数等于

$$\frac{n!}{n_1!n_2!\cdots n_k!}$$

如果这些盒子没有标签，且 $n_1=n_2=\cdots=n_k$，那么划分数等于

$$\frac{n!}{k!n_1!n_2!\cdots n_k!}$$

证明 这一证明是乘法原理的直接应用。我们必须在满足大小限制的情况下选取哪些对象放进哪些盒子。首先，我们选取 n_1 个对象放入第 1 个盒子，然后从剩下的 $n-n_1$ 个对象中选取 n_2 个对象放入第 2 个盒子，然后从剩余的 $n-n_1-n_2$ 个对象中选取 n_3 个对象放入第 3 个盒子，$\cdots$，最后

将 $n-n_1-\cdots-n_{k-1}=n_k$ 个对象放入第 k 个盒子。由乘法原理,进行这些选择的方法数为

48

$$\binom{n}{n_1}\binom{n-n_1}{n_2}\binom{n-n_1-n_2}{n_3}\cdots\binom{n-n_1-n_2-\cdots-n_{k-1}}{n_k}$$

同定理 2.4.2 的证明一样,上面这个数等于

$$\frac{n!}{n_1!n_2!\cdots n_k!}$$

如果这些盒子没有标签,且 $n_1=n_2=\cdots=n_k$,那么这个结果就必须除以 $k!$。这是因为,同前面的例子一样,对于把这些对象分配到 k 个没有标签的盒子里的每一种方法,都有 $k!$ 种方法给这些盒子标上标签 $1,2,\cdots,k$。因此,使用除法原理,我们发现没有标签盒子的划分的个数是

$$\frac{n!}{k!n_1!n_2!\cdots n_k!}$$

□

更加困难的划分计数问题就是划分的部分没有指定的大小,我们将在 8.2 节中研究这一类计数问题。

我们用一类例子结束本节,在本书其余部分将多次提到这些例子[一]。这类例子考虑的是国际象棋棋盘上的非攻击型车。为免除读者担心本书要求事先具有国际象棋的知识,我们在这里给出唯一需要知道的国际象棋知识:两个车能够互相攻击当且仅当它们位于棋盘的同一行或同一列上。除此之外,无须知道国际象棋的其他知识(且这些知识也于事无补)。因此,棋盘上非攻击型车的集合指的就是叫作"车"的那些棋子的集合,它们占据着棋盘上的一些方格,并且没有两个车位于同一行或同一列上。

例子 有多少种方法在 8×8 棋盘上放置 8 个非攻击型车?

在 8×8 棋盘上放置 8 个非攻击型车的例子如下:

我们给棋盘上每一个方格赋予一个坐标对 (i,j)。整数 i 指明这个方格所处的行,而整数 j

49 指明这个方格所处的列。因此 i,j 都是 1 和 8 之间的整数。因为这个棋盘是 8×8 的并且有 8 个不能相互攻击的车放在棋盘上,所以每一列一定只存在一个车。因此,这些车占据 8 个方格,其坐标是

$$(1,j_1),(2,j_2),\cdots,(8,j_8)$$

但是,每一列上也必须存在一个车,这使得 $j_1,j_2,\cdots,j_8$ 中没有两个是相等的。更准确地说,

$$j_1,j_2,\cdots,j_8$$

必须是 $\{1,2,\cdots,8\}$ 的一个排列。反过来,如果 $j_1,j_2,\cdots,j_8$ 是 $\{1,2,\cdots,8\}$ 的一个排列,那么把车放在坐标是 $(1,j_1),(2,j_2),\cdots,(8,j_8)$ 的各个方格上,就得到棋盘上的 8 个非攻击型车。因此,8×8 棋盘上 8 个非攻击型车的集合与 $\{1,2,\cdots,8\}$ 的排列之间存在一一

○ 作者偏爱使用这种例子来解释诸多思想。

对应，因为 {1，2，…，8} 有 8! 个排列，所以，把 8 个车放到 8×8 棋盘上使得它们具有非攻击性的方法也有 8! 个。

在上面讨论中，我们实际上已经间接假设这些车彼此没有区别，即它们构成只有一种类型的 8 个对象的一个多重集合。因此，唯一重要的是车要占据哪些方格。如果我们有 8 个不同的车，比如，用 8 种不同的颜色分别给 8 个车着色，那么还要考虑在 8 个被占据的每一个方格里放的是哪个车。假设有 8 个不同颜色的车。在决定哪 8 个方格要被这些车占据后（8! 种可能），我们现在还要决定在每个所占据的方格上的车是什么颜色的？观察从第一行到第 8 行的这些车时我们看到 8 种颜色的一个排列。因此，决定了哪 8 个方格要被这些车占据之后（8! 种可能），就必须确定 8 种颜色的哪个排列（8! 种排列）。于是，在 8×8 棋盘上具有 8 种不同颜色的 8 个非攻击型车的放置方法数等于

$$8!8! = (8!)^2$$

现在假设不是有 8 个不颜色的车，而是有 1 个红（R）车、3 个蓝（B）车和 4 个黄（Y）车，而且还假设同颜色的车彼此没有区别⊖。现在，当我们从第 1 行到第 8 行观察这些车时，看到多重集合

$$\{1 \cdot R, 3 \cdot B, 4 \cdot Y\}$$

的一个颜色排列。根据定理 2.4.2，这个多重集合的排列个数等于

$$\frac{8!}{1!3!4!}$$

|50|

因此，在 8×8 棋盘上放置 1 个红车、3 个蓝车和 4 个黄车并使它们彼此不能互相攻击的方法数等于

$$8! \frac{8!}{1!3!4!} = \frac{(8!)^2}{1!3!4!} \qquad \Box$$

前面例子中的推理具有相当的普遍性，直接导致下面的定理。

定理 2.4.4 有 k 种颜色共 n 个车，第一种颜色有 n_1 个，第二种颜色有 n_2 个，…，第 k 种颜色有 n_k 个。把这些车放置在一个 $n \times n$ 的棋盘上使得车之间不能相互攻击的方法数等于

$$n! \frac{n!}{n_1!n_2!\cdots n_k!} = \frac{(n!)^2}{n_1!n_2!\cdots n_k!}$$

注意，如果这些车都有不同的颜色（即 $k=n$，$n_i=1$），那么上面的公式给出的答案就是 $(n!)^2$。如果这些车的颜色都相同（即 $k=1$，$n_1=n$），那么上面的公式给出的答案就是 $n!$。

设 S 是 n 元素多重集合，其重复数分别是 n_1，n_2，…，n_k，且 $n=n_1+n_2+\cdots+n_k$。定理 2.4.2 给出了求 S 的 n 排列数的简单公式。如果 $r<n$，一般来说，没有求 S 的 r 排列数的简单公式。尽管如此，可以利用生成函数技术进行求解，我们将在第 7 章对此加以讨论。在某些情况下，还是可以像下面的例子那样进行论证。

例子 考虑 3 种类型 9 个对象的多重集合 $S=\{3 \cdot a, 2 \cdot b, 4 \cdot c\}$。求 S 的 8 排列的个数。
S 的 8 排列可以被划分成 3 个部分：
（ⅰ）$\{2 \cdot a, 2 \cdot b, 4 \cdot c\}$ 的 8 排列数，有

$$\frac{8!}{2!2!4!} = 420$$

（ⅱ）$\{3 \cdot a, 1 \cdot b, 4 \cdot c\}$ 的 8 排列数，有

$$\frac{8!}{3!1!4!} = 280$$

⊖ 换句话说，我们区分车的唯一方法就是根据它们的颜色。

（ⅲ）$\{3 \cdot a,\ 2 \cdot b,\ 3 \cdot c\}$ 的 8 排列数，有

$$\frac{8!}{3!2!3!} = 560$$

因此，S 的 8 排列的个数是

$$420 + 280 + 560 = 1260 \qquad \square$$

2.5 多重集合的组合

如果 S 是多重集合，那么 S 的 r 组合是 S 中的 r 个对象的无序选择。因此，S 的一个 r 组合（更严格说来，是选择的结果）本身也是一个多重集合，它是一个大小为 r 的 S 的多重子集，或者简单说来，是一个多重 r 子集。如果 S 有 n 个对象，那么 S 只有一个 n 组合，即 S 自己。如果 S 含有 k 种不同类型的对象，那么 S 就有 k 个 1 组合。与集合的组合不同，通常我们使用组合（combination）而不是多重子集（submultiset）。

例子 设 $S = \{2 \cdot a,\ 1 \cdot b,\ 3 \cdot c\}$，那么 S 的 3 组合是

$$\{2 \cdot a, 1 \cdot b\},\quad \{2 \cdot a, 1 \cdot c\},\quad \{1 \cdot a, 1 \cdot b, 1 \cdot c\},\quad \{1 \cdot a, 2 \cdot c\},\quad \{1 \cdot b, 2 \cdot c\},\quad \{3 \cdot c\} \qquad \square$$

我们首先计数多重集合的 r 组合数，设该多重集合中所有元素的重复数都是无限的（或者至少是 r）。

定理 2.5.1 设 S 是有 k 种类型对象的多重集合，每种元素均具有无限的重复数。那么 S 的 r 组合的个数等于

$$\binom{r+k-1}{r} = \binom{r+k-1}{k-1}$$

证明 设 S 的 k 种类型的对象是 $a_1,\ a_2,\ \cdots,\ a_k$，使得

$$S = \{\infty \cdot a_1, \infty \cdot a_2, \cdots, \infty \cdot a_k\}$$

S 的任意 r 组合均呈 $\{x_1 \cdot a_1,\ x_2 \cdot a_2,\ \cdots,\ x_k \cdot a_k\}$ 的形式，其中 $x_1,\ x_2,\ \cdots,\ x_k$ 皆为非负整数，且 $x_1 + x_2 + \cdots + x_k = r$。反过来，每个满足 $x_1 + x_2 + \cdots + x_k = r$ 的非负整数序列 $x_1,\ x_2,\ \cdots,\ x_k$ 对应于 S 的一个 r 组合。因此，S 的 r 组合的个数等于方程

$$x_1 + x_2 + \cdots + x_k = r$$

的解的个数，其中 $x_1,\ x_2,\ \cdots,\ x_k$ 是非负整数。我们证明，这些解的个数等于有两种不同类型对象且有 $r+k-1$ 个对象的多重集合

$$T = \{r \cdot 1, (k-1) \cdot *\}$$

的排列的个数[一]。给定 T 的一个排列，$k-1$ 个 $*$ 把 r 个 1 分成 k 组。设第一个 $*$ 的左边有 x_1 个 1，在第一个 $*$ 和第二个 $*$ 之间有 x_2 个 1，$\cdots$，在最后一个 $*$ 号的右边有 x_k 个 1。于是，$x_1,\ x_2,\ \cdots,\ x_k$ 是满足 $x_1 + x_2 + \cdots + x_k = r$ 的非负整数。反之，给定非负整数 $x_1,\ x_2,\ \cdots,\ x_k$，满足 $x_1 + x_2 + \cdots + x_k = r$，我们可以把上述步骤倒推并构造 T 的一个排列[二]。于是，多重集合 S 的 r 组合的个数等于多重集合 T 的排列的个数，由定理 2.4.2 可知它等于

$$\frac{(r+k-1)!}{r!(k-1)!} = \binom{r+k-1}{r} \qquad \square$$

定理 2.5.1 的另一种表述方式是：在每个对象的供给是无限的情况下，k 个不同对象的 r 组合个数等于

⊖ 相当于长度为 $r+k-1$ 的 0 和 1 的序列个数，在这些序列中有 r 个 1 和 $k-1$ 个 0。

⊜ 例如，如果 $k=4$，$r=5$，则 $T = \{5 \cdot 1,\ 3 \cdot *\}$ 所给定的排列是 $*111**11$，这个排列对应的 $x_1 + x_2 + x_3 + x_4 = 5$ 的解为 $x_1 = 0$，$x_2 = 3$，$x_3 = 0$，$x_4 = 2$。

$$\binom{r+k-1}{r}$$

注意，S 的 k 个不同对象的重复数都至少是 r 时定理 2.5.1 仍然成立。

例子 一家面包店有 8 种炸面包圈。如果一盒内装有一打炸面包圈，那么能够装配多少不同类型的炸面包圈盒？

假设这家面包店现有每种面包圈数量充足（每种至少 12 个）。因为假设盒中的面包圈顺序与购买者的要求无关，因此这是一个组合问题。不同面包圈盒的数量等于有 8 种类型对象的多重集合的 12 组合数，其中每种类型对象供给充足。根据定理 2.5.1，这个数等于

$$\binom{12+8-1}{12}=\binom{19}{12}$$ □

例子 项取自 1，2，$\cdots$，k 的长度为 r 的非递减序列的个数是多少？ 53

我们可以这样得到要计数的非递减序列：首先选取下面这个多重集合的一个 r 组合，
$$S = \{\infty \cdot 1, \infty \cdot 2, \cdots, \infty \cdot k\}$$
然后再以递增顺序排列这些元素。因此，这样的序列个数就等于 S 的 r 组合个数，因此根据定理 2.5.1，这个数等于

$$\binom{r+k-1}{r}$$ □

在定理 2.5.1 的证明中，我们定义了有 k 种不同类型对象的多重集合 S 的 r 组合与下面方程的非负整数解集合之间的一一对应关系：

$$x_1 + x_2 + \cdots + x_k = r$$

在这一对应中，x_i 代表 r 组合中第 i 种类型对象的个数。可以通过对 x_i 的限制来实现对每种类型的对象在 r 组合中出现次数的限制。在下面的例子中，我们首先对此给出具体说明。

例子 设 S 是有 4 种类型对象 a，b，c，d 的多重集 $\{10 \cdot a, 10 \cdot b, 10 \cdot c, 10 \cdot d\}$。每一种类型的对象至少出现一次的 S 的 10 组合的个数是多少？

本题答案是下面方程的正整数解的个数：

$$x_1 + x_2 + x_3 + x_4 = 10$$

其中，x_1 代表在 10 组合中 a 的个数，x_2 代表在 10 组合中 b 的个数，x_3 代表在 10 组合中 c 的个数，x_4 代表在 10 组合中 d 的个数。因为重复数都等于 10，而且 10 又是要计数的组合的长度，因此我们可以忽略 S 的重复数。进行变量代换：

$$y_1 = x_1 - 1, \quad y_2 = x_2 - 1, \quad y_3 = x_3 - 1, \quad y_4 = x_4 - 1$$

则方程变为

$$y_1 + y_2 + y_3 + y_4 = 6$$

其中 y_i 是非负整数。根据定理 2.5.1，新方程的非负整数解的个数等于

$$\binom{6+4-1}{6}=\binom{9}{6}=84$$ □ 54

例子 继续考虑定理 2.5.1 后面的面包圈例子，我们看到 8 种类型面包圈每一种至少有一个的面包圈盒的个数等于

$$\binom{4+8-1}{4}=\binom{11}{4}=330$$ □

组合中每种类型对象出现次数的下界也可以通过变量替换来处理。对此，我们利用下面的例子给出说明。

例子 下面的方程

$$x_1 + x_2 + x_3 + x_4 = 20$$

的整数解的个数是多少？其中

$$x_1 \geqslant 3, \quad x_2 \geqslant 1, \quad x_3 \geqslant 0, \quad x_4 \geqslant 5$$

我们引入新变量：

$$y_1 = x_1 - 3, y_2 = x_2 - 1, y_3 = x_3, y_4 = x_4 - 5$$

此时方程变为

$$y_1 + y_2 + y_3 + y_4 = 11$$

诸 x_i 的下界能够得到满足当且仅当这些 y_i 非负。新方程的非负整数解的个数从而也是原来方程非负整数解的个数，等于

$$\binom{11+4-1}{11} = \binom{14}{11} = 364 \qquad \square$$

多重集合的下述 r 组合计数问题更加困难：下面的多重集合 S

$$S = \{n_1 \cdot a_1, n_2 \cdot a_2, \cdots, n_k \cdot a_k\}$$

有 k 种类型的对象，且重复数分别是 n_1，n_2，$\cdots$，n_k。S 的 r 组合的数量与下面方程的整数解的个数相同：

$$x_1 + x_2 + \cdots + x_k = r$$

其中

$$0 \leqslant x_1 \leqslant n_1, 0 \leqslant x_2 \leqslant n_2, \cdots, 0 \leqslant x_k \leqslant n_k$$

现在我们有诸 x_i 的上界，但它们的处理方法与下界的处理方法并不相同。我们将在第 6 章指出如何利用容斥原理对此情形给出满意的方法。

2.6 有限概率

这一节我们对有限概率$\ominus$作一个一般性的简略介绍。我们将看到，有限概率最终将还原成计数问题，所以本章所讨论的计数技术能够用来计算概率。

有限概率的背景是这样的：有一个实验 $\mathcal{E}$，在进行这个实验时，它产生的结果是某有限结果集合中的一个。假设每一个结果都是等可能的（equally likely）（即没有哪一个结果比其他结果更有可能出现）；这时我们说这个实验是随机的（randomly）。所有可能结果的集合被称为这个实验的样本空间（sample space），并把它记作 S。因此，S 是一个有限集合，比如说有下面 n 个元素的集合：

$$S = \{s_1, s_2, \cdots, s_n\}$$

当我们进行实验 $\mathcal{E}$ 时，每一个 s_i 都有 n 分之一的出现机会，所以说结果 s_i 的概率是 $1/n$，写作

$$\text{Prob}(s_i) = 1/n \quad (i = 1, 2, \cdots, n)$$

一个事件（event）就是样本空间 S 的一个子集 E，但是我们通常是用描述式语言给出这个子集 E，而不是实际列出 E 中的所有结果。

例子 考虑投掷 3 枚硬币的实验 $\mathcal{E}$，其中每一枚落在地上或者显示正面（H）或者显示背面（T）。因为每一枚硬币都能出现正面 H 或者背面 T，所以这个实验的样本空间是由 8 个有序对组成的集合 S：

$$(H, H, H), (H, H, T), (H, T, H), (H, T, T)$$
$$(T, H, H), (T, H, T), (T, T, H), (T, T, T)$$

例如，其中的（H，T，H）表示的是第一枚硬币出现的是 H，第二枚硬币出现的是 T，第三枚

$\ominus$ 相对于以微积分为基础的连续概率。

硬币出现的是 H。设 E 是至少有两枚硬币出现 H 的事件集合。那么
$$E = \{(H,H,H),(H,H,T),(H,T,H),(T,H,H)\}$$
因为 E 是由 8 个可能出现的结果中的 4 个结果组成的，所以，很自然就可以定义 E 的概率是 $4/8 = 1/2$。下面的定义更精确。 □

在样本空间为 S 的实验中，事件 E 的概率（probability）定义为 S 中属于 E 的结果的比率，因此，
$$\text{Prob}(E) = \frac{|E|}{|S|}$$ 56

根据定义，事件 E 的概率满足下面的条件
$$0 \leqslant \text{Prob}(E) \leqslant 1$$
其中 $\text{Prob}(E) = 0$ 当且仅当 E 是一个空事件 $\varnothing$（即不可能的事件），而 $\text{Prob}(E) = 1$ 当且仅当 E 是整个样本空间 S（肯定出现的事件）。因此，为了计算一个事件 E 的概率，我们必须做两个计算：计算样本空间 S 中的结果个数，计算在事件 E 中的结果个数。

例子 考虑有 52 张牌的普通纸牌，每一张牌都是 13 个等级 1，2，…，10，11，12，13 中的一个，而且有 4 种花色——梅花（C），方块（D），红桃（H）和黑桃（S）中的一种。通常，11 记作 J，12 记作 Q，13 记作 K。另外，1 充当两个角色：或者就是 1（级别低，在 2 之下），或者充当 A（级别高，在 K 之上）⊖。考虑随机抽出一张牌的实验 $\mathcal{E}$。因此，样本空间 S 就是 52 张牌的集合，其中每一张牌的概率是 1/52。设 E 是抽出的牌是 5 的事件。因此，
$$E = \{(C,5),(D,5),(H,5),(S,5)\}$$
因为 $|E| = 4$，$|S| = 52$，所以 $\text{Prob}(E) = 4/52 = 1/13$。 □

例子 设 n 是正整数。假设我们在 1 和 n 之间随机选出一个整数序列 i_1，i_2，…，i_n。（1）这个选出的序列是 1，2，…，n 的排列的概率是多少？（2）这个序列正好含有 $n-1$ 个不同整数的概率是多少？

样本空间 S 是长度为 n 的所有可能序列的集合，其中序列的每一项是整数 1，2，…，n 中的一个整数。因此 $|S| = n^n$，这是因为 n 项中的每一个都有 n 种可能的选择。

（1）序列是排列的事件 E 的大小满足 $|E| = n!$。因此，
$$\text{Prob}(E) = \frac{n!}{n^n}$$

（2）设 F 是正好有 $n-1$ 个不同整数的序列的事件。F 中的序列只有一个整数是重复的而且整数 1，2，…，n 中正好有一个整数没有出现在这个序列之中（所以这个序列中有 $n-2$ 个其他的整数）。这个重复的整数有 n 个选择，没有出现的整数则有 $n-1$ 个选择。这个重复的整数的位 57 置有 $\binom{n}{2}$ 种；其余 $n-2$ 个整数可以用 $(n-2)!$ 种方法放置在剩余的 $n-2$ 个位置上。因此有
$$|F| = n(n-1)\binom{n}{2}(n-2)! = \frac{(n!)^2}{2!(n-2)!}$$
所以
$$\text{Prob}(F) = \frac{(n!)^2}{2!(n-2)!n^n}$$ □

例子 5 个彼此相同的车被随机放置在 8×8 棋盘的非攻击位置上。这些车既在行 1，2，3，

⊖ 对于那些不熟悉纸牌游戏或者不喜欢这种游戏的人，下面是一种更抽象的描述：任意一副有 52 张牌的普通纸牌抽象说来就是 52 个形如 (x, y) 这样的有序对的集合，其中 x 是四种"花色" C，D，H，S 中的一种，而 y 则是 13 个等级 1，2，…，13 中的一个等级，而最小的等级 1 有时也被用作最大的等级（所以可以认为它是跟在 13 后面的一个带圈的 1）。

4，5 又在列 4，5，6，7，8 上的概率是多少?

我们的样本空间 S 是由棋盘上 5 个非攻击车的所有放置的全体构成的，所以有

$$|S| = \binom{8}{5}^2 \cdot 5! = \frac{8!^2}{(3!)^2 5!}$$

设 E 是这些车既在指定的行又在指定的列上的事件。于是 E 的大小是 5!，这是因为有 5! 种方法把这 5 个车放置在 5×5 棋盘上。因此我们有

$$\text{Prob}(E) = \frac{(5!)^2 3!^2}{(8!)^2} = \frac{1}{3136} \qquad\qquad \square$$

例子 这是用一副普通的 52 张纸牌玩的一系列 Poker 游戏的例子。游戏中一手牌由 5 张组成。我们的实验 $\mathcal{E}$ 是随机选出一手牌。因此，样本空间 S 是由 $\binom{52}{5} = 2\,598\,960$ 种可能的手牌组成的，而且每手牌被选中的概率相同，等于 $1/2\,598\,960$。

(1) 设 E 是满堂红手牌的事件；即有 3 张某个级别的牌和两张另一个级别的牌（花色不重要）。为了计算 E 的概率，需要计算 $|E|$。那么又如何确定满堂红的数量呢? 我们利用乘法原理，考虑下面四项任务:

(a) 选择有 3 张牌的那个级别。

(b) 选择这个级别的 3 张牌，即它们的 3 种花色。

(c) 选择有两张牌的那个级别。

(d) 选择这个级别的 2 张牌，即它们的两种花色。

执行这些任务的方法数如下:

58

(a) 13

(b) $\binom{4}{3} = 4$

(c) 12（选择（a）之后，还剩 12 个级别）

(d) $\binom{4}{2} = 6$

因此，$|E| = 13 \cdot 4 \cdot 12 \cdot 6 = 3744$，所以有

$$\text{Pr}(E) = \frac{3744}{2\,598\,960} \approx 0.0014$$

(2) 设 E 是顺子手牌的事件；即一手牌中的 5 张牌有连续的级别（花色不重要），请记住: 此时 1 同时也是 A。为了计算 $|E|$，我们考虑下面两项任务:

(a) 选择这五个连续的级别。

(b) 选择这五个连续级别中每个级别的花色。

执行这两项任务的方法数如下:

(a) 10（五张顺牌可以从 1，2，…，10 中的任意一个开始）

(b) 4^5（每一张牌有 4 种可能的花色）

因此，E 的大小是 $|E| = 10 \cdot 4^5 = 10\,240$，从而概率是

$$\text{Pr}(E) = \frac{10\,240}{2\,598\,960} \approx 0.0039$$

(3) 设 E 同花顺的事件；即相同花色的连续 5 张牌。利用（b）中的推理，我们看到 E 的大小是 $|E| = 10 \cdot 4 = 40$，从而概率是

$$\text{Pr}(E) = \frac{40}{2\,598\,960} \approx 0.000\,015\,4$$

（4）设 E 是刚好有两对牌的事件；即一手牌的 5 张牌中，有一对某个级别的牌和另一对另一个级别的牌，以及一张与前面 4 张级别都不同的牌。到此，我们要稍加小心，因为这里提到的前两个级别出现的方式相同（这与满堂红不同，满堂红是一个级别 3 张牌，另一个级别 2 张牌）。为了计算此时的 E 的大小，我们考虑下面三项任务（如果模仿（1），这里就是六项任务）：

(a) 选择出现在两个对子中的两个级别。

(b) 对两个级别分别选出两个花色。

(c) 选择剩余的纸牌。

我们执行这三项任务的方法数如下：

(a) $\binom{13}{2} = 78$

(b) $\binom{4}{2}\binom{4}{2} = 6 \cdot 6 = 36$

(c) 44

因此，E 的大小是 $|E| = 78 \cdot 36 \cdot 44 = 123\,552$，从而它的概率是

$$\Pr(E) = \frac{123\,552}{2\,598\,960} \approx 0.048$$

这个概率大约是 1/20。

（5）设 E 是一手 5 张牌中至少有一张是 A。这里，我们运用减法原理。设 $\overline{E} = S \backslash E$ 是一手牌中没有 A 的补事件。于是 $|\overline{E}| = \binom{48}{5} = 1\,712\,304$。因此 E 的大小是 $|E| = |S| - |\overline{E}| = 2\,598\,960 - 1\,712\,304 = 886\,656$，从而它的概率是

$$\Pr(E) = \frac{2\,598\,960 - 1\,712\,304}{2\,598\,960} = 1 - \frac{1\,712\,304}{2\,598\,960} = \frac{886\,656}{2\,598\,960} \approx 0.34 \qquad \square$$

如我们在（5）的计算中看到的那样，用概率语言描述时减法原理变为

$$\Pr(E) = 1 - \Pr(\overline{E}), \text{等价地}, \Pr(\overline{E}) = 1 - \Pr(E)$$

在练习题中我们将给出更多的概率计算。

2.7 练习题

1. 对于性质（a）和（b）的四个子集的每一种，计数各数位取自数字 1，2，3，4，5 的四位数的个数：

(a) 各数位互不相同。

(b) 该数是偶数。

注意，这里有四个问题：$\varnothing$（没有进一步的限制）；$\{a\}$（性质（a）成立）；$\{b\}$（性质（b）成立）；$\{a, b\}$（性质（a）和（b）同时成立）。

2. 如果所有同花色牌都放在一起，那么对于 52 张一副的牌有多少种排序方法？

3. 有多少方法发一手 5 张牌？共有多少种不同的手牌？

4. 下列各数各有多少互不相同的正因子？

(a) $3^4 \times 5^2 \times 7^6 \times 11$

(b) 620

(c) 10^{10}

5. 确定作为下列各数的因子的 10 的最大幂（等价用通常的 10 进制表示时尾部 0 的个数）：

(a) 50!

(b) 1000!

6. 有多少个使下列性质同时成立且大于 5400 的整数?

   (a) 各位数字互不相同。

   (b) 数字 2 和 7 不出现。

7. 4 名男士和 8 名女士围着一张圆桌就座,如果每两名男士之间是两名女士,一共有多少种就座方法?

8. 6 名男士和 6 名女士围着一张圆桌就座,如果男士和女士交替就座,一共有多少种就座方法?

9. 15 个人围着一张圆桌就座,如果 B 拒绝坐在 A 的旁边,一共有多少种就座方法? 如果 B 只拒绝坐在 A 的右边,一共有多少种就座方法?

10. 从有 10 名男会员和 12 名女会员的一个俱乐部选出一个 5 人委员会。如果这个委员会至少要包含 2 位女士,有多少种方法形成这个委员会? 此外,如果俱乐部里某位男士和某位女士拒绝进入该委员会一起工作,形成委员会的方式又有多少?

61 11. 1 到 20 之间没有两个连续整数的 3 整数集合有多少个?

12. 从 15 个球员的集合中选出 11 个球员组成足球队,这 15 个人当中有 5 人只能踢后卫,有 8 人只能踢边卫,有 2 人既能踢后卫又能踢边卫。假设足球队有 7 个人踢边卫 4 个人踢后卫,确定足球队可能的组队方法数。

13. 一所学校有 100 名学生和 3 个宿舍 A,B 和 C,它们分别容纳 25,35 和 40 人。

    (a) 使得 3 个宿舍都住满学生有多少种方法?

    (b) 假设 100 个学生中有 50 名男生和 50 名女生,而宿舍 A 是全男生宿舍,宿舍 B 是全女生宿舍,宿舍 C 男女兼收。有多少种方法可为学生安排宿舍?

14. 教室有两排座位且每排有 8 个座位。现有学生 14 人,其中 5 人总坐在前排,4 人总坐在后排。有多少种方法将学生分派到座位上?

15. 在一个聚会上有 15 位男士和 20 位女士。

    (a) 有多少种方式形成 15 对男女?

    (b) 有多少种方式形成 10 对男女?

16. 用组合式推理方法证明下面的等式

$$\binom{n}{r} = \binom{n}{n-r}$$

不要用定理 2.3.1 给出的这些值来证明。

17. 6 个没有区别的车放在 6×6 棋盘上,使得没有两个车能够互相攻击的放置方法有多少? 如果是 2 个红车 4 个蓝车,那么放置方法又是多少?

18. 2 个红车 4 个蓝车放在 8×8 棋盘上,使得没有两个车可以互相攻击的放置方法有多少?

19. 给定 8 个车,其中 5 个红车,3 个蓝车。

    (a) 将 8 个车放在 8×8 棋盘上,使得没有两个车可以互相攻击的放置方法有多少?

62   (b) 将 8 个车放在 12×12 棋盘上,使得没有两个车可以互相攻击的放置方法有多少?

20. 确定 $\{0, 1, 2, \cdots, 9\}$ 的循环排列的个数,其中 0 和 9 不在对面(提示:计算 0 和 9 在对面的循环排列的个数)。

21. 单词 ADDRESSES 的字母有多少排列? 这 9 个字母有多少 8 排列?

22. 在 4 个运动员之间进行竞走比赛。如果允许名次并列(甚至是 4 个人同时到达终点),那么比赛有多少种结束的方式?

23. 桥牌是 4 个人之间的一种游戏,使用的是普通的 52 张一副的纸牌。开始时每人手里 13 张牌,桥牌开局时有多少种不同的状态(不计桥牌实际上是在两组对家之间进行的事实)?

24. 过山车有 5 个车厢,每个车厢有 4 个座位,两个在前,两个在后。今有 20 人准备乘车,有多少种乘车方式? 若有 2 人想坐在不同的车厢,有多少种乘车方式?

25. 大缆车有 5 个车厢,每个车厢有一排 4 个座位,今有 20 人准备乘车,有多少种乘车方式? 若有 2 人想坐在不同的车厢,有多少种乘车方式?

26. 一群 mn 个人要被编入 m 个队，每队 n 个队员。
    (a) 如果每队都有一个不同的名字，确定编队的方法数。
    (b) 如果各队都没有名字，确定编队的方法数。

27. 5 个没有区别的车放在 8×8 棋盘上，使得没有车能够攻击别的车并且第一行和第一列都不空的放置方法有多少？

28. 一名秘书在距离他家以东 9 个街区、以北 8 个街区的一座大楼里工作。每天他都要步行 17 个街区去上班（参见下图）。

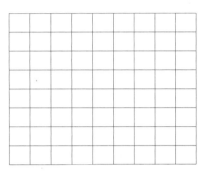

    (a) 对他来说，有多少条可能的路线？
    (b) 如果在他家以东 4 个街区、以北 3 个街区开始向东方向的街区在水下（而他又不会游泳），则有多少条不同的路线（提示：计数使用水下街区的路线的数目）？ 63

29. 设 S 是重复数为 n_1，n_2，$\cdots$，n_k 的多重集合，其中 $n_1 = 1$。令 $n = n_2 + \cdots + n_k$。证明 S 的循环排列数等于
$$\frac{n!}{n_2! \cdots n_k!}$$

30. 我们要围着一张桌子一圈给 5 个男孩、5 个女孩和一名家长安排座位。如果男孩不坐在男孩旁边，女孩不坐在女孩旁边，那么有多少种座位安排方式？如果有两名家长，又有多少种座位安排方式？

31. 在一次有 15 个球队参加的足球锦标赛中，最前面的 3 支球队将获得金杯、银杯和铜杯，最后的 3 支球队将被降到低一级的联赛比赛。如果分别获得金银铜杯的那些球队是相同的，而遭到降级的那些球队也都是相同的，那么我们认为锦标赛的两个结果是相同的。试问锦标赛有多少种可能的不同结果？

32. 确定下面的多重集合的 11 排列的数目：
$$S = \{3 \cdot a, 4 \cdot b, 5 \cdot c\}$$

33. 确定下面的多重集合的 10 排列的数目：
$$S = \{3 \cdot a, 4 \cdot b, 5 \cdot c\}$$

34. 确定下面的多重集合的 11 排列的数目：
$$S = \{3 \cdot a, 3 \cdot b, 3 \cdot c, 3 \cdot d\}$$

35. 列出下面的多重集合的 3 组合和 4 组合：
$$\{2 \cdot a, 1 \cdot b, 3 \cdot c\}$$
64

36. 确定下面的多重集合的组合数量（大小任意）：有 k 种不同类型对象，且它们的有限重复数分别为 n_1，n_2，$\cdots$，n_k。

37. 一家面包店销售 6 种不同类型的酥皮糕点。如果该店每种糕点至少有 1 打，那么可能配置成多少打不同类型的酥皮糕点？如果在一盒中每种酥皮糕点至少有一块，又能有多少打？

38. 方程
$$x_1 + x_2 + x_3 + x_4 = 30$$
有多少满足 $x_1 \geq 2$，$x_2 \geq 0$，$x_3 \geq -5$，$x_4 \geq 8$ 的整数解？

39. 有 20 根完全相同的棍列成一行，占据 20 个不同位置：
$$| | | | | | | | | | | | | | | | | | | |$$
要从中选出 6 根。

(a) 有多少种选择?

(b) 如果所选出的棍中没有两根是相邻的，那么又有多少种选择?

(c) 如果在每一对所选的棍之间必须至少有两根棍，有多少种选择?

40. 有 n 根棍列成一行并将从中选出 k 根。

(a) 有多少种选择?

(b) 如果所选出的棍中没有两根是相邻的，那么又有多少种选择?

(c) 如果在每一对所选的棍之间必须至少有 l 根棍，有多少种选择?

41. 在 3 个孩子之间分发 12 个完全相同的苹果和 1 个橘子，使每个孩子至少得到一个水果，有多少种分发方法?

42. 将 10 罐橘子汁、1 罐柠檬汁和 1 罐酸橙汁分发给 4 名口渴的学生，要求每名学生至少得到一罐饮料，并且柠檬汁和酸橙汁要分给不同的学生，确定分发的方法数。

43. 确定下面的多重集合的 r 组合数目:
$$\{1 \cdot a_1, \infty \cdot a_2, \cdots, \infty \cdot a_k\}$$

44. 证明: 在 k 个孩子当中分发 n 件不同物体的分发方法数等于 k^n。

45. 要将 20 本不同的书放到 5 个书架上，每个书架至少能够存放 20 本书。

(a) 如果只关心书架上书的数量（而不关心哪本书在什么地方），那么有多少种不同的摆放方法?

(b) 如果关心哪本书存放在什么地方，但不关心书在书架上的顺序，那么有多少种不同的摆放方法?

(c) 如果需要考虑书架上书的顺序，那么又有多少种不同的摆放方法?

46. (a) 在一次聚会上有 $2n$ 个人，他们成对交谈，每一个人都和另一个人交谈（因此是 n 对）。$2n$ 个人像这样交谈能有多少种不同的方式?

(b) 假设在这次聚会上有 $2n+1$ 个人，除去一人外，每一个人都和另一个人交谈。有多少种分对交谈的方法?

47. 有 $2n+1$ 本相同的书要放入带有 3 层搁板的书柜中，如果每一对搁板放置的书总是多于另一层搁板上放置的书，那么有多少种方法可把书放入书柜中?

48. 证明 m 个 A 和至多 n 个 B 的排列的数目等于
$$\binom{m+n+1}{m+1}$$

49. 证明最多 m 个 A 和最多 n 个 B 的排列数等于
$$\binom{m+n+2}{m+1} - 1$$

50. 将 5 个相同的车放入 8×8 棋盘的方格中，使得其中的 4 个车占据一个矩形的四个角，且这个矩形的边与棋盘的边平行，有多少种放置方法?

51. 考虑大小为 $2n$ 的多重集合 $\{n \cdot a, 1, 2, 3, \cdots, n\}$，确定它的 n 组合数。

52. 考虑大小为 $3n+1$ 的多重集合 $\{n \cdot a, n \cdot b, 1, 2, 3, \cdots, n+1\}$，确定它的 n 组合数。

53. 在集合 $\{1, 2, \cdots, n\}$ 的排列和塔状集 $A_0 \subset A_1 \subset A_2 \subset \cdots A_n$ 间建立一一对应，其中 $|A_k| = k$，$k = 0, 1, 2, \cdots, n$。

54. 确定形如 $\varnothing \subseteq A \subseteq B \subseteq \{1, 2, \cdots, n\}$ 的塔数。

55. 下面单词中的字母有多少个排列?

(a) TRISKAIDEKAPHOBIA（这个词的意思是"十三恐惧症"）

(b) FLOCCINAUCINIHILIPILIFICATION（这个词的意思是"认为某事无意义"）

(c) PNEUMONOULTRAMICROSCOPICSILICOVOLCANOCONIOSIS（矽肺病）（这个词可能是英语中最长的单词）

(d) DERMATOGLYPHICS（肌纹学）（这个单词是现在英语中不含重复字母的最长英语单词，还有一个相同长度的单词是 UNCOPYRIGHTABLE[○])。

56. 一手牌是同花顺（即 5 张牌是相同花色的）的概率是多少？

57. 一手牌正好有一对的概率（即这一手牌中正好有四个不同的级别）是多少？

58. 一手牌含有五个不同级别但不含同花顺或者顺子（5 张牌的点数是连续的）的概率是多少？

59. 考虑下面这样一副纸牌：从普通的 52 张牌中去掉 J，Q 和 K 后剩余的 40 张牌，此时 1（A）可以跟在一个 10 的后面。计算 2.6 节中的例子给出的各种手牌的概率。

60. 一家百吉饼店有 6 种不同的百吉饼。假设可以随机选取 15 张百吉饼。每种百吉饼至少有一张时选择的概率是多少？如果百吉饼中有一种是芝麻口味的，那么至少有三张芝麻口味的百吉饼时选择的概率是多少？

61. 考虑 $9×9$ 棋盘和 9 个车，其中有 5 个红车和 4 个蓝车。假设随机把这些车放置在棋盘上非攻击的位置。那么红车在 1，3，5，7，9 行的概率是多少？红车既在 1，2，3，4，5 行上又在 1，2，3，4，5 列上的概率是多少？ |67|

62. 假设一手牌有 7 张牌而不是 5 张。计算下列各种手牌的概率：

(a) 7 顺子

(b) 一个级别 4 张牌，另一个级别 3 张牌

(c) 一个级别 3 张牌，另外两个不同级别各两张牌

(d) 三个不同级别各两张牌，第四个级别 1 张牌

(e) 一个级别 3 张牌，四个不同级别各 1 张牌

(f) 不同级别的七张牌

63. 投掷 4 枚标准骰子（一个立方体，在它的六个面上分别有 1，2，3，4，5，6 个点），每个骰子颜色不同，每个骰子着地时都有一个面朝上，因此就呈现出一个点子数。确定下列事件的概率：

(a) 呈现出的点子总数是 6 的概率

(b) 至多有两个骰子正好呈现出一个点的概率

(c) 每个骰子至少呈现出两个点的概率

(d) 呈现出的四个点数互不相同的概率

(e) 呈现出的点数正好有两个不相同的概率

64. 设 n 是正整数。假设我们在 1 到 n 之间随机选出一个整数序列 i_1，i_2，$\cdots$，i_n。

(a) 这个序列正好含有 $n-2$ 个不同整数的概率是多少？

(b) 这个序列正好含有 $n-3$ 个不同整数的概率是多少？ |68|

○ Anu Garg：*The Dord*，*the Diglot*，*and An Avocado or Two*，Plume，Penguin Group，New York（2007）。

鸽 巢 原 理

本章考虑一个重要而又初等的组合学原理，它能够用来解决各种有趣的问题，常常得出一些令人惊奇的结论。这个原理有许多的名字，但最普通的名字叫鸽巢原理，也叫作狄利克雷（Dirichlet）抽屉原理，以及鞋盒（shoebox）原理⊖。关于鸽巢原理的阐释，粗略地说就是如果有许多鸽子飞进不够多的鸽巢内，那么至少要有一个鸽巢被两个或多个鸽子占据。下面给出更精确的叙述。

3.1 鸽巢原理：简单形式

鸽巢原理的最简单形式是如下所示的相当显然的论断。

定理 3.1.1 如果要把 $n+1$ 个物体放进 n 个盒子，那么至少有一个盒子包含两个或更多的物体。

证明 用反证法进行证明。如果这 n 个盒子中的每一个都至多含有一个物体，那么物体的总数最多是 n。这与我们有 $n+1$ 个物体矛盾，所以某个盒子至少有两个物体。 □

注意，无论是鸽巢原理还是它的证明，对于找出含有两个或更多物体的盒子都没有任何帮助。它们只是简单地断言，如果人们检查每一个盒子，那么他们会发现有的盒子里面放有多个物体。鸽巢原理只是保证这样的盒子存在。因此，无论何时用鸽巢原理去证明一个排列或某种现象的存在时，在不考察所有可能性的情况下，它都不能对如何构造排列或寻找某一现象的例子给出任何有价值的指导。

[69] 还要注意，当只有 n 个（或更少）物体时是无法保证鸽巢原理的结论的。这是因为可以在 n 个盒子的每一个里面放进一个物体。当然，在盒子中分配两个物体的情况下我们可以使得盒子里有两个物体，但是这不能保证有一个盒子有两个以上物体，除非我们分配至少 $n+1$ 个物体。因此，鸽巢原理只是断言无论我们在 n 个盒子中如何分配 $n+1$ 个物体，总不能避免把两个物体放进同一个盒子中去。

我们可以把物体放入盒子改为用 n 种颜色中的一种颜色对每一个物体着色。此时，鸽巢原理断言，如果使用 n 种颜色给 $n+1$ 个物体着色，那么必然有两个物体被着成相同的颜色。

下面是两个简单的应用。

应用 1 在 13 个人中存在两个人，他们的生日在同一个月份里。 □

应用 2 设有 n 对已婚夫妇。至少要从这 $2n$ 个人中选出多少人才能保证能够选出一对夫妇？

为了在这种情形下应用鸽巢原理，考虑 n 个盒子，其中一个盒子对应一对夫妇。如果我们选择 $n+1$ 个人并把他们中的每一个人放到他们夫妻所对应的那个盒子中去，那么就有一个盒子含有两个人；也就是说，我们已经选择了一对已婚夫妇。选择 n 个人使他们当中一对夫妻也没有的两种方法是选择所有的丈夫和选择所有的妻子。因此，$n+1$ 是保证能有一对夫妇被选中的最小的人数。 □

有必要正式叙述一下若干与鸽巢原理相关的其他原理。

- 如果将 n 个物体放入 n 个盒子并且没有一个盒子是空的，那么每个盒子恰好有一个物体。
- 如果将 n 个物体放入 n 个盒子并且没有盒子被放入多于一个的物体，那么每个盒子里有

⊖ "shoebox" 一词是对德语的 "Schubfach" 的误译和一种民间的说法，这个词的意思是（书桌里的）"格子"。

一个物体。

在应用 2 中，如果这样选择 n 个人，即从每一对夫妻中至少选一人，那么我们就从每对夫妻中恰好选出一个人。同样，如果选择 n 个人的方法是从每一对夫妻中至多选一人，那么我们就从每对夫妻中至少（从而也恰好）选出一个人。

前面阐明的这三个原理的更抽象表述如下：

设 X 和 Y 是有限集合，并令 $f: X \to Y$ 是一个从 X 到 Y 的函数。 70

- 如果 X 的元素多于 Y 的元素，那么 f 就不是一一对应。
- 如果 X 和 Y 含有相同个数的元素，并且 f 是满射（onto），那么 f 就是一一对应。
- 如果 X 和 Y 含有相同个数的元素，并且 f 是一一对应，那么 f 就是满射。 □

应用 3 给定 m 个整数 a_1，a_2，$\cdots$，a_m，存在满足 $0 \leqslant k < l \leqslant m$ 的整数 k 和 l，使得 $a_{k+1} + a_{k+2} + \cdots + a_l$ 能够被 m 整除。通俗地说，就是在序列 a_1，a_2，$\cdots$，a_m 中存在连续的 a，这些 a 的和能被 m 整除。

为了证明这一结论，考虑 m 个和

$$a_1, a_1+a_2, a_1+a_2+a_3, \cdots, a_1+a_2+a_3+\cdots+a_m$$

如果这些和当中的任意一个可被 m 整除，那么结论就成立。因此，我们可以假设这些和中的每一个除以 m 都有一个非零余数，余数等于 1，2，$\cdots$，$m-1$ 中的一个数。因为有 m 个和，而只有 $m-1$ 个余数，所以必然有两个和除以 m 有相同的余数。因此，存在整数 k 和 l，$k < l$，使得 $a_1 + a_2 + \cdots + a_k$ 和 $a_1 + a_2 + \cdots + a_l$ 除以 m 有相同的余数 r：

$$a_1 + a_2 + \cdots + a_k = bm + r, \quad a_1 + a_2 + \cdots + a_l = cm + r$$

二式相减，我们发现 $a_{k+1} + \cdots + a_l = (c-b)m$，从而 $a_{k+1} + \cdots + a_l$ 能够被 m 整除。

为了具体解释上面的论断⊖，设 $m = 7$，且整数为 2，4，6，3，5，5，6。计算上面的和得到 2，6，12，15，20，25，31，这些整数被 7 除时余数分别为 2，6，5，1，6，4，3。有两个等于 6 的余数，这意味着结论：$6+3+5=14$ 可被 7 整除。 □

应用 4 一位国际象棋大师有 11 周的时间备战一场锦标赛，他决定每天至少下一盘棋，但为了不使自己过于疲劳他还决定每周不能下超过 12 盘棋。证明存在连续若干天，期间这位大师恰好下了 21 盘棋。

设 a_1 是在第一天所下的盘数，a_2 是在第一天和第二天所下的总盘数，而 a_3 是在第一天、第二天和第三天所下的总盘数，以此类推。因为每天至少要下一盘棋，故数序列 a_1，a_2，$\cdots$，a_{77} 是一个严格递增的序列⊜。此外，$a_1 \geqslant 1$，而且因为在任意一周下棋最多是 12 盘，所以 $a_{77} \leqslant 12 \times$ 71 $11 = 132$⊜。因此，我们有

$$1 \leqslant a_1 < a_2 < \cdots < a_{77} \leqslant 132$$

序列 $a_1 + 21$，$a_2 + 21$，$\cdots$，$a_{77} + 21$ 也是一个严格递增序列：

$$22 \leqslant a_1 + 21 < a_2 + 21 < \cdots < a_{77} + 21 \leqslant 132 + 21 = 153$$

于是，这 154 个数

$$a_1, a_2, \cdots, a_{77}, a_1+21, a_2+21, \cdots, a_{77}+21$$

中的每一个都是 1 到 153 之间的整数。由此可知，它们中间有两个是相等的。又因为 a_1，a_2，$\cdots$，a_{77} 中没有相等的数，并且 a_1+21，a_2+21，$\cdots$，$a_{77}+21$ 中也没有相等的数，因此必然

⊖ 上面论述实际上包含一个非常好的算法，它的正确性依赖于鸽巢原理，为了寻找连续的 a，这个算法比检查所有连续 a 的和效率更高。

⊜ 这个序列的每一项都比它前面的项大。

⊜ 这是唯一使用了下面假设的地方，即在日历上 11 周中的任意一周内至多下了 12 盘棋。这样，这一假设可以被下面的假设替代，即 77 天内至多下 132 盘棋。

存在一个 i 和一个 j 使得 $a_i=a_j+21$。从而，这位国际象棋大师在第 $j+1$，$j+2$，$\cdots$，i 天总共下了 21 盘棋。 □

应用 5 从整数 1，2，$\cdots$，200 中选出 101 个整数。证明：在所选的这些整数之间存在两个这样的整数，其中的一个可被另一个整除。

通过分解出尽可能多的 2 因子，我们看到，任一整数都可以写成 $2^k \times a$ 的形式，其中 $k \geqslant 0$ 且 a 是奇数。对于 1 和 200 之间的一个整数，a 是 100 个数 1，3，5，$\cdots$，199 中的一个。因此，在所选的 101 个整数中存在两个整数，当写成上述形式时这两个数具有相同的 a 值。令这两个数是 $2^r \times a$ 和 $2^s \times a$。如果 $r<s$，那么第二个数就能被第一个数整除。如果 $r>s$，那么第一个数就能被第二个数整除。 □

注意，应用 5 在下面的意义下是最好的可能：从 1，2，$\cdots$，200 中可以选择 100 个数，使得其中没有一个能被另一个整除（比如，这 100 个整数是 101，102，$\cdots$，199，200）。

下面给出一个数论方面的应用，并以此结束本节的内容。首先，我们回忆一下，两个正整数 m 和 n 是互素的，如果它们的最大公约数[⊖]是 1。于是，12 和 35 互素，而 12 和 15 则不是互素的，因为 3 是 12 和 15 的公因子。

应用 6（中国剩余定理） 设 m 和 n 是互素的正整数，并设 a 和 b 为整数，其中 $0 \leqslant a \leqslant m-1$ 以及 $0 \leqslant b \leqslant n-1$。于是，存在正整数 x，使得 x 除以 m 的余数为 a，并且 x 除以 n 的余数为 b；即 x 可以写成 $x=pm+a$ 的同时又可写成 $x=qn+b$ 的形式，这里，p 和 q 是两个整数。

为证明这个结论，我们考虑 n 个整数

$$a,m+a,2m+a,\cdots,(n-1)m+a$$

这些整数中的每一个除以 m 都余 a。设其中的两个除以 n 有相同的余数 r。令这两个数为 $im+a$ 和 $jm+a$，其中 $0 \leqslant i<j \leqslant n-1$。于是，存在两整数 q_i 和 q_j，使得

$$im+a=q_in+r$$

且

$$jm+a=q_jn+r$$

第二个方程减去第一个方程，得

$$(j-i)m=(q_j-q_i)n$$

上面的方程告诉我们，n 是 $(j-i)m$ 的因子。因为 n 与 m 除 1 之外没有其他公因子，因此 n 只能是 $j-i$ 的因子。然而，$0 \leqslant i<j \leqslant n-1$ 意味着 $0<j-i \leqslant n-1$，也就是说 n 不可能是 $j-i$ 的因子。该矛盾产生于我们的假设：n 个整数 a，$m+a$，$2m+a$，$\cdots$，$(n-1)m+a$ 中有两个除以 n 会有相同的余数。因此我们断言，这 n 个数中的每一个数除以 n 都有不同的余数。根据鸽巢原理，n 个数 0，1，$\cdots$，$n-1$ 中的每一个都要作为余数出现；特别是 b 也是如此。设 p 为整数，满足 $0 \leqslant p \leqslant n-1$，使得数 $x=pm+a$ 除以 n 余数为 b。则对于某个整数 q，有

$$x=qn+b$$

因此，$x=pm+a$ 且 $x=qn+b$，从而 x 具有所要求的性质。 □

一个有理数 a/b 最终可以写成十进制循环小数的结论实际上就是鸽巢原理的推论，我们将其证明留作练习题。

为了更深层次地运用鸽巢原理，我们需要鸽巢原理的加强版。

3.2 鸽巢原理：加强版

定理 3.1.1 是下列定理的特殊情况。

⊖ 也称为最大公因子或者最高公因子。

定理 3.2.1　设 q_1，q_2，$\cdots$，q_n 是正整数。如果将

$$q_1 + q_2 + \cdots + q_n - n + 1$$

个物体放入 n 个盒子内，那么或者第一个盒子至少含有 q_1 个物体，或者第二个盒子至少含有 q_2 个物体，$\cdots$，或者第 n 个盒子至少含有 q_n 个物体。

证明　假设我们把 $q_1 + q_2 + \cdots + q_n - n + 1$ 个物体分放到 n 个盒子中。如果对于每个 $i = 1$，2，$\cdots$，n，第 i 个盒子含有少于 q_i 个物体，那么所有盒子中的物体总数不超过

$$(q_1 - 1) + (q_2 - 1) + \cdots + (q_n - 1) = q_1 + q_2 + \cdots + q_n - n$$

由于上面这个数比分配的物体总数少 1，矛盾，因此我们得出结论，对于某一个 $i = 1$，2，$\cdots$，n，第 i 个盒子至少包含 q_i 个物体。　□

注意，我们完全有可能将 $q_1 + q_2 + \cdots + q_n - n$ 个物体分配到 n 个盒子中，使得对于所有的 $i = 1$，2，$\cdots$，n，第 i 个盒子都不含有 q_i 个或更多的物体。其方法是把 $q_1 - 1$ 个物体放入第一个盒子，将 $q_2 - 1$ 个物体放入第二个盒子等来实现。

鸽巢原理的简单形式可以通过取 $q_1 = q_2 = \cdots = q_n = 2$ 而由加强版得到。此时有

$$q_1 + q_2 + \cdots + q_n - n + 1 = 2n - n + 1 = n + 1$$

鸽巢原理的加强版用着色的术语表述就是：如果 $q_1 + q_2 + \cdots + q_n - n + 1$ 个物体中的每一个物体被指定用 n 种颜色中的一种着色，那么存在某个 i，使得第 i 种颜色的物体（至少）有 q_i 个。

在初等数学中，鸽巢原理的加强版最常用于 q_1，q_2，$\cdots$，q_n 都等于同一个整数 r 的特殊情况。我们把这种特殊情况陈述为如下的推论：

推论 3.2.2　设 n 和 r 都是正整数。如果把 $n(r-1) + 1$ 个物体分配到 n 个盒子中，那么至少有一个盒子含有 r 个或更多的物体。

可以用另一种方法陈述这一推论中的结论，即平均原理：

如果 n 个非负整数 m_1，m_2，$\cdots$，m_n 的平均数大于 $r-1$，即

$$\frac{m_1 + m_2 + \cdots + m_n}{n} > r - 1$$

那么至少有一个整数大于或等于 r。 [74]

要想明白推论 3.2.2 的结论与这个平均原理之间的关系，只要取 $n(r-1) + 1$ 个物体并把它们放入 n 个盒子即可。对于 $i = 1$，2，$\cdots$，n，设 m_i 是第 i 个盒子中的物体个数。于是这 m 个数 m_1，m_2，$\cdots$，m_n 的平均数为

$$\frac{m_1 + m_2 + \cdots + m_n}{n} = \frac{n(r-1) + 1}{n} = (r-1) + \frac{1}{n}$$

因为这个平均数大于 $r-1$，所以整数 m_i 中有一个至少是 r。换句话说，这些盒子中有一个盒子至少含有 r 个物体。

一个不同的平均原理是：

如果 n 个非负整数 m_1，m_2，$\cdots$，m_n 的平均数小于 $r+1$，即

$$\frac{m_1 + m_2 + \cdots + m_n}{n} < r + 1$$

那么其中至少有一个整数小于 $r+1$。

应用 7　一个果篮装有苹果、香蕉和橘子。为了保证篮子中或者至少有 8 个苹果，或者至少有 6 个香蕉，或者至少有 9 个橘子，则放入篮子中的水果的最小件数是多少？

由鸽巢原理的加强版可知，无论如何选择，$8+6+9-3+1=21$ 个水果将保证篮子内的水果满足所要求的性质。但是，7 个苹果、5 个香蕉和 8 个橘子，总数 20 个水果则不满足所要求的性质。　□

另外一个平均原理是：

如果 n 个非负整数 m_1，m_2，$\cdots$，m_n 的平均数至少等于 r，那么这 n 个整数 m_1，m_2，$\cdots$，m_n 至少有一个满足 $m_i \geqslant r$。

应用 8　有两个碟子，其中一个比另一个小，它们都被分成 200 个均等的扇形[一]。在大碟子中，任选 100 个扇形并着成红色；而其余的 100 个扇形着成蓝色。在小碟子中，每一个扇形或者着成红色，或者着成蓝色，所着红色扇形和蓝色扇形的数目没有限制。然后，将小碟子放到大碟子上面使两个碟子的中心重合。证明：能够将两个碟子的扇形对齐使得小碟子和大碟子上相同颜色重合的扇形的数目至少是 100 个。

为了证明这一结论，我们做如下考察。将大碟子固定时，那么就存在 200 个可能的位置使得小碟子的每一个扇形含于大碟子的扇形中。我们首先数一下两个碟子重合的 200 个扇形中颜色一致的扇形的总数。因为大碟子每种颜色的扇形都有 100 个，因此在 200 个可能位置中，小碟子上的每一个扇形都恰好在 100 个位置上与大碟子上的对应扇形颜色一致。于是，在所有的位置上，颜色重合的总数等于小碟子上的扇形数乘以 100，其结果为 20 000。因此，每一个位置上的平均颜色重合数是 20 000/200＝100。从而，必然存在某个位置其颜色匹配数至少为 100。　□

下面讨论的应用是由 Erdös 和 Szekeres[二]首先发现的。

应用 9　证明每个由 n^2+1 个实数构成的序列 a_1，a_2，$\cdots$，a_{n^2+1} 或者含有长度为 $n+1$ 的递增子序列，或者含有长度为 $n+1$ 的递减子序列。

我们首先阐明子序列的概念。如果 b_1，b_2，$\cdots$，b_m 是一个序列，那么，b_{i_1}，b_{i_2}，$\cdots$，b_{i_k} 是一个子序列，只要 $1 \leqslant i_1 < i_2 < \cdots < i_k \leqslant m$。因此，$b_2$，$b_4$，$b_5$，$b_6$ 是 b_1，b_2，$\cdots$，b_8 的子序列，但 b_2，b_6，b_5 则不是。子序列 b_{i_1}，b_{i_2}，$\cdots$，b_{i_k} 若满足 $b_{i_1} \leqslant b_{i_2} \leqslant \cdots \leqslant b_{i_k}$ 则称为递增的（更恰当地说是非递减的），而若满足 $b_{i_1} \geqslant b_{i_2} \geqslant \cdots \geqslant b_{i_k}$ 则称为递减的。

现在来证明应用 9 的结论。我们假设不存在长度为 $n+1$ 的递增子序列，证明必然存在长度为 $n+1$ 的递减子序列。对于每一个 $k=1$，2，$\cdots$，n^2+1，设 m_k 为从 a_k 开始的最长的递增子序列的长度。假设对于每一个 $k=1$，2，$\cdots$，n^2+1，有 $m_k \leqslant n$，使得不存在长度为 $n+1$ 的递增子序列。因为对于每一个 $k=1$，2，$\cdots$，n^2+1，都有 $m_k \geqslant 1$ 成立，所以 m_1，m_2，$\cdots$，m_{n^2+1} 是 1 和 n 之间的 n^2+1 个整数。由鸽巢原理的加强版可知，m_1，m_2，$\cdots$，m_{n^2+1} 中有 $n+1$ 个是相等的。令

$$m_{k_1} = m_{k_2} = \cdots = m_{k_{n+1}}$$

其中 $1 \leqslant k_1 < k_2 < \cdots < k_{n+1} \leqslant n^2+1$。假设对于某个 $i=1$，2，$\cdots$，n，有 $a_{k_i} < a_{k_{i+1}}$。那么，由于 $k_i < k_{i+1}$，我们可做成一个从 $a_{k_{i+1}}$ 开始的最长的递增子序列，并将 a_{k_i} 放在前面而得到一个从 a_{k_i} 开始的递增子序列。由于这意味着 $m_{k_i} > m_{k_{i+1}}$，因此我们得出 $a_{k_i} \geqslant a_{k_{i+1}}$ 的结论。由于这对于每一个 $i=1$，2，$\cdots$，n 均成立，因此我们有

$$a_{k_1} \geqslant a_{k_2} \geqslant \cdots \geqslant a_{k_{n+1}}$$

从而得出 a_{k_1}，a_{k_2}，$\cdots$，$a_{k_{n+1}}$ 是一个长度为 $n+1$ 的递减子序列。　□

下面是应用 9 的一个有趣的实例。设 n^2+1 个人肩并肩地排成一条直线。于是，总能选出 $n+1$ 个人向前迈出一步，使得从左至右他们的身高是递增（或递减）的。只要用排队和身高的术语通读一遍应用 9 的证明，即可得到这个结论的证明。

[一]　一张馅饼的 200 个相等的切片。

[二]　P. Erdös and A. Szekeres, A Combinatorial Problem in Geometry, *Compositio Mathematica*, 2 (1935), 463-470。

3.3 Ramsey 定理

现在我们来讨论鸽巢原理的一个深刻而又重要的扩展，它就是以英国逻辑学家 Frank Ramsey[⊖] 的名字命名的 Ramsey 定理。

下面就是 Ramsey 定理的最流行且容易理解的例子：

在 6 个（或更多的）人中，或者有 3 个人，他们中的每两个人都互相认识；或者有 3 个人，他们中的每两个人都彼此不认识。

证明该结果的一种方法是考察这 6 个人相识和不相识的所有不同的可能方式。这是一种冗长乏味的工作，但是，坚毅的人能够完成这项工作。然而，却存在一个既简单又优美的证明，它避免了对各种情形的考虑。在给出这个证明之前，我们先对这个结果作更抽象的描述：

$$K_6 \rightarrow K_3, K_3 \quad （读作 K_6 箭指 K_3, K_3） \tag{3.1}$$

这是什么意思呢？首先，我们用 K_6 代表 6 个对象（例如 6 个人）和由它们配成的全部 15 对（无序对）的集合。通过在平面上选出 6 个点来画出 K_6，其中没有 3 个点共线。然后，画出连接每一对点的线段或边（现在，这些边就代表这些点对）。一般说来，我们用 K_n 表示 n 个对象和这些对象中每两个对象配成的对[⊜]。$K_n(n=1, 2, 3, 4, 5)$ 的图示由图 3-1 给出。注意，K_3 的图是一个三角形的图，我们常常把 K_3 叫作三角形。

我们把边着成红色来表示两个点相识，着成蓝色表示两个点不认识，由此可以分辨出相识的一对和不相识的一对。现在，"互相认识的 3 个人"即为"每条边都被着成红色的 K_3：红 K_3"。类似地，3 个互不相识的陌生人则形成一个蓝 K_3。现在我们可以解释表达式 (3.1)： 77

$K_6 \rightarrow K_3, K_3$ 是这样的一个论断：不管用红色和蓝色如何去着色 K_6 的边，总存在一个红 K_3（原始的 6 个点中有 3 个点，它们之间的 3 条线段均被着成红色）或蓝 K_3（原始的 6 个点中有 3 个点，它们之间的 3 条线段均被着成蓝色），简言之，总存在一个单色三角形。

为了证明 $K_6 \rightarrow K_3, K_3$，我们论述如下：假设 K_6 的边已经被随意着成红色或蓝色。考虑 K_6 的任意一点 p。它连接了 5 条边。由于这 5 条边中的每一条都被着成红色或是蓝色，因此（根据鸽巢原理的加强版可知）这 5 条边中或者至少有 3 条边着的是红色，或者至少有 3 条边着的是蓝色。设连接 p 点的这 5 条边中有 3 条边是红色的（有 3 条蓝色边时的证明类似）。令经过点 p 的这 3 条红边分别将 p 点与 a，b，c 三点相连。考虑将 a，b，c 两两相连的边。如果这些边都是蓝色的，那么 a，b，c 就确定了一个蓝色的 K_3。如果它们中的一条边，比如说连接 a 和 b 的边是红色的，那么 p，a，b 就确定一个红 K_3。因此，我们得出结论：的确存在一个红 K_3 或者一个蓝 K_3。

我们发现论断 $K_5 \rightarrow K_3, K_3$ 不成立。这是因为存在某种方法给 K_5 的边着色，使得不产生红 K_3 和蓝 K_3。这种着色方式如图 3-2 所示，其中五边形的边（以实线表示的边）是红色边，而里面的五角星形的边（以虚线表示的边）是蓝色边。

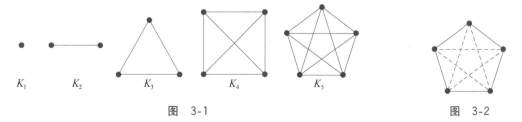

图 3-1　　　　　　　　　　　　　　　　　　图 3-2

[⊖]　Frank Ramsey 出生于 1903 年，死于 1930 年，当时他还不到 27 周岁。尽管他早早就去世了，但是他为今天的 Ramsey 定理奠定了基础。

[⊜]　在后面的章节中，K_n 被称为 n 阶完全图（complete graph）。

下面我们叙述并证明 Ramsey 定理，尽管它还不是此定理的一般形式。

定理 3.3.1　如果 $m \geqslant 2$ 及 $n \geqslant 2$ 是两个整数，则存在正整数 p，使得

$$K_p \to K_m, K_n$$

用语言描述的话，Ramsey 定理说的是给定 m 和 n，存在正整数 p，使得当把 K_p 的边着成红色或蓝色时，或者存在一个红 K_m，或者存在一个蓝 K_n。无论 K_p 的边如何着色，都保证红 K_m 或者蓝 K_n 的存在性。如果 $K_p \to K_m$，K_n，那么对任何满足 $q \geqslant p$ 的整数 q，$K_q \to K_m$，K_n 都成立。Ramsey 数 $r(m, n)$ 是使 $K_p \to K_m$，K_n 成立的最小的整数 p。Ramsey 定理断言 $r(m, n)$ 一定存在。通过交换红色和蓝色，我们看到

$$r(m,n) = r(n,m)$$

$K_6 \to K_3$，K_3 成立而 $K_5 \to K_3$，K_3 不成立的事实表明

$$r(3,3) = 6$$

很容易确定 Ramsey 数 $r(2, n)$ 和 $r(m, 2)$。下面我们证明 $r(2, n) = n$。

$r(2, n) \leqslant n$：事实上，如果把 K_n 的边或者着成红色或者着成蓝色，那么，或者 K_n 的某条边是红色的（因此就得到一个红 K_2），或者 K_n 所有的边都是蓝色的（因此就得到一个蓝 K_n）。

$r(2, n) > n-1$：事实上，如果把 K_{n-1} 的边都着成蓝色，那么我们既得不到红 K_2，也得不到蓝 K_n。

用类似的方法可以证明 $r(m, 2) = m$。当 m，$n \geqslant 2$ 时，这些数称为平凡的 Ramsey 数。

定理 3.3.1 的证明　我们对两个参数 $m \geqslant 2$ 和 $n \geqslant 2$ 利用（双重）归纳法证明 $r(m, n)$ 的存在性。如果 $m = 2$，我们知道 $r(2, n) = n$，且如果 $n = 2$，则 $r(m, 2) = m$。现在假设 $m \geqslant 3$ 且 $n \geqslant 3$，并取归纳假设为 $r(m-1, n)$ 和 $r(m, n-1)$ 存在。设 $p = r(m-1, n) + r(m, n-1)$。下面要证明对于这个整数 p 有 $K_p \to K_m$，K_n。

假设 K_p 的边已经用某种方式着成了红色或者蓝色。考虑 K_p 的一个点 x。设 R_x 是通过红边与 x 相连的点的集合，而 B_x 是通过蓝边与点 x 相连的点的集合。于是

$$|R_x| + |B_x| = p - 1 = r(m-1,n) + r(m,n-1) - 1$$

这表明

(1)　$|R_x| \geqslant r(m-1, n)$，或者

(2)　$|B_x| \geqslant r(m, n-1)$

（如果（1）和（2）都不成立，那么有 $|R_x| + |B_x| \leqslant r(m-1, n) - 1 + r(m, n-1) - 1 = p-2$，矛盾。）

假设（1）成立。设 $q = |R_x|$ 满足 $q \geqslant r(m-1, n)$。考虑由 R_x 的点组成的 K_q，我们看到或者 K_q 中有 $m-1$ 个点（也是 K_p 中的点）其所有边都被着成红色（也就是存在一个红 K_{m-1}），或者有 n 个点，其所有边都被着成蓝色（也就是存在一个蓝 K_n）。如果第二个可能性成立，那么就完成了证明，因为我们已经有一个蓝 K_n。如果第一种可能成立，我们也完成了证明，因为可以取红 K_{m-1}，并把点 x 加入其中得到一个红 K_m，这是因为连接 x 与 R_x 中的各点的边都是红色边。

当（2）成立时，我们也可以进行类似的证明。通过归纳法可以得出结论，对于所有整数 m，$n \geqslant 2$，数 $r(m, n)$ 存在。　□

定理 3.3.1 的证明不仅证明了 Ramsey 数 $r(m, n)$ 存在，而且还证明了它们满足不等式

$$r(m,n) \leqslant r(m-1,n) + r(m,n-1) \quad (m,n \geqslant 3) \tag{3.2}$$

设

$$f(m,n) = \binom{m+n-2}{m-1} \quad (m,n \geqslant 2)$$

于是，利用帕斯卡公式，我们得到

$$\binom{m+n-2}{m-1} = \binom{m+n-3}{m-1} + \binom{m+n-3}{m-2}$$

因此有

$$f(m,n) = f(m-1,n) + f(m,n-1) \quad (m,n \geqslant 3)$$

上面这个关系与 (3.2) 类似，但是它却是一个等式：因为 $r(2, n) = n = f(2, n)$，$r(m, 2) = m = f(m, 2)$，所以我们得出 Ramsey 数 $r(m, n)$ 满足

$$r(m,n) \leqslant \binom{m+n-2}{m-1} = \binom{m+n-2}{n-1}$$

下面的列表$^{\ominus}$给出了一些已知的非平凡 Ramsey 数 $r(m, n)$：

$$r(3,3) = 6$$
$$r(3,4) = r(4,3) = 9$$
$$r(3,5) = r(5,3) = 14$$
$$r(3,6) = r(6,3) = 18$$
$$r(3,7) = r(7,3) = 23$$
$$r(3,8) = r(8,3) = 28$$
$$r(3,9) = r(9,3) = 36$$
$$40 \leqslant r(3,10) = r(10,3) \leqslant 43$$
$$r(4,4) = 18$$
$$r(4,5) = r(5,4) = 25$$
$$35 \leqslant r(4,6) = r(6,4) \leqslant 41$$
$$43 \leqslant r(5,5) \leqslant 49$$
$$58 \leqslant r(5,6) = r(6,5) \leqslant 87$$
$$102 \leqslant r(6,6) \leqslant 165$$

注意，在上面的列表中，$r(3, 10)$ 在 40 和 43 之间，这说明

$$K_{43} \rightarrow K_3, K_{10}$$

且

$$K_{39} \nrightarrow K_3, K_{10}$$

因此，没有办法给 K_{43} 的边着色使得既不产生红 K_3 又不产生蓝 K_{10}，却有办法给 K_{39} 的边着色使得既不形成红 K_3 又不形成蓝 K_{10}，但是不知道这两个结论对 K_{40}，K_{41} 和 K_{42} 是否成立。结论 $43 \leqslant r(5, 5) \leqslant 49$ 意味着，$K_{59} \rightarrow K_5, K_5$，并有方法给 K_{42} 的边着色使得不形成单色的 K_5。

Ramsey 定理可以扩展到任意多种颜色的情况。对此我们给出一个非常简略的介绍。如果 n_1，n_2 和 n_3 都是大于或等于 2 的整数，则存在整数 p，使得

$$K_p \rightarrow K_{n_1}, K_{n_2}, K_{n_3}$$

$\ominus$　S. P. Radziszowski 发表在 *Electronic Journal of Combinatorics*，Dynamic Survey ♯1 上的论文 "Small Ramsey Numbers" 中包含这条信息和其他信息；参见 http://www.combinatorics.org。

也就是说，如果把 K_p 的每条边着上红色、蓝色或绿色，那么或者存在一个红 K_{n_1}，或者存在一个蓝 K_{n_2}，或者存在一个绿 K_{n_3}。使该结论成立的最小整数 p 称为 Ramsey 数 $r(n_1, n_2, n_3)$。已知这种类型的仅有的非平凡 Ramsey 数为

$$r(3,3,3) = 17$$

因此，$K_{17} \to K_3, K_3, K_3$，而 $K_{16} \not\to K_3, K_3, K_3$。我们可以用类似的方法定义 Ramsey 数 $r(n_1, n_2, \cdots, n_k)$，而对于点对 Ramsey 定理的完全一般形式是这些数存在；即存在整数 p，使得

$$K_p \to K_{n_1}, K_{n_2}, \cdots, K_{n_k}$$

[81] 成立。

Ramsey 定理还有更一般的形式，在这种形式中点对（两个元素的子集）换成了 t 个元素的子集，其中 $t \geqslant 1$ 是某个整数。令

$$K_n^t$$

表示 n 元素集合中所有 t 个元素的子集的集合。将上面的概念扩展，Ramsey 定理的一般形式可叙述如下：

给定整数 $t \geqslant 2$ 及整数 $q_1, q_2, \cdots, q_k \geqslant t$，存在一个整数 p，使得

$$K_p^t \to K_{q_1}^t, K_{q_2}^t, \cdots, K_{q_k}^t$$

成立。也就是说，存在一个整数 p，使得如果给 p 元素集合中的每一个 t 元素子集指定 k 种颜色 $c_1, c_2, \cdots, c_k$ 中的一种，那么或者存在 q_1 个元素，这些元素的所有 t 元素子集被指定为颜色 c_1，或者存在 q_2 个元素，这些元素的所有 t 元素子集都被指定为颜色 c_2，$\cdots$，或者存在 q_k 个元素，它的 t 元素子集都被指定为颜色 c_k。这样的整数中最小的整数 p 为 Ramsey 数

$$r_t(q_1, q_2, \cdots, q_k)$$

假设 $t=1$。于是，$r_1(q_1, q_2, \cdots, q_k)$ 就是满足下面条件的最小的数 p：如果 p 元素集合的元素被用颜色 $c_1, c_2, \cdots, c_k$ 中的一种颜色着色，那么或者存在 q_1 个都被着成颜色 c_1 的元素，或者存在 q_2 个都被着成颜色 c_2 的元素，$\cdots$，或者存在 q_k 个都被着成颜色 c_k 的元素。因此，根据鸽巢原理的加强版，有

$$r_1(q_1, q_2, \cdots, q_k) = q_1 + q_2 + \cdots + q_k - k + 1$$

这就证明 Ramsey 定理是鸽巢原理的加强版的扩展。

确定一般的 Ramsey 数 $r_t(q_1, q_2, \cdots, q_k)$ 是一个困难的工作。关于它们的准确值我们知道得很少。但不难看出，

$$r_t(t, q_2, \cdots, q_k) = r_t(q_2, \cdots, q_k)$$

并且 $q_1, q_2, \cdots, q_k$ 的排列顺序不影响 Ramsey 数的值。

3.4 练习题

1. 关于应用 4，证明对于每一个 $k=1, 2, \cdots, 21$，存在连续若干天，在这些天中国际象棋大师将恰好下完 k 局棋（情形 $k=21$ 是在应用 4 中处理的情况）。能否论断：存在连续若干天，在此期间国际象棋大师将恰好下完 22 局棋？

[82]

*2. 关于应用 5，证明如果从 $1, 2, \cdots, 200$ 中选出 100 个整数，且所选的这些整数中有一个小于 16，那么存在 2 个所选出的整数，使得它们中的一个能被另一个整除。

3. 通过从集合 $\{1, 2, \cdots, 2n\}$ 中选择一些整数（选多少？）来扩展应用 5。

4. 证明：如果从集合 $\{1, 2, \cdots, 2n\}$ 中选择 $n+1$ 个整数，那么总存在两个整数，它们之间相差 1。

5. 证明：如果从 $\{1, 2, \cdots, 3n\}$ 中选择 $n+1$ 个整数，那么总存在两个整数，它们之间最多差 2。

6. 扩展练习题 4 和练习题 5。

* 7. 证明：对任意给定的 52 个整数，存在两个整数，要么两者的和能被 100 整除，要么两者的差能被 100 整除。

8. 用鸽巢原理证明，有理数 m/n 展开的十进制小数最终是循环的。例如，

$$\frac{34\ 478}{99\ 900} = 0.345\ 125\ 125\ 125\ 125\ 12\cdots$$

9. 一个房间内有 10 个人，他们当中没有人超过 60 岁（年龄只能以整数给出）但又至少 1 岁。证明：总能够找出两组人（两组人中不含相同的人），各组人的年龄和是相同的。题中的 10 能换成更小的数吗？

10. 一个孩子每天至少看一个小时电视，总共看 7 周，但是因为父母的控制，任何一周看电视的时间从不超过 11 个小时。证明：存在连续若干天，在此期间这个孩子恰好看 20 个小时电视（假设这个孩子每天看电视的时间为整数个小时）。

11. 一个学生有 37 天用来准备考试。根据以往的经验，她知道她需要的学习时间不超过 60 小时。她还希望每天至少学习 1 个小时。证明：无论她如何安排她的学习时间（而每天的时间是一个整数），都存在连续的若干天，在此期间她恰好学习了 13 个小时。

12. 举例证明，当 m 和 n 不互素时，中国剩余定理的结论（应用 6）未必成立。 83

* 13. 设 S 是平面上 6 个点的集合，其中没有 3 个点共线。给由 S 的点所确定的 15 条线段着色，将它们或者着成红色，或者着成蓝色。证明：至少存在两个由 S 的点所确定的三角形或者是红色三角形或者是蓝色三角形（或者两者都是红色三角形，或者两者都是蓝色三角形，或者一个是红色三角形而另一个是蓝色三角形）。

14. 一只袋子里装了 100 个苹果、100 个香蕉、100 个橘子和 100 个梨。如果每分钟从袋子里取出 1 种水果，那么需要多少时间就能保证至少已拿出了 1 打相同种类的水果？

15. 证明：对任意 $n+1$ 个整数 a_1, a_2, $\cdots$, a_{n+1}，存在两个整数 a_i 和 $a_j (i \neq j)$，使得 $a_i - a_j$ 能够被 n 整除。

16. 证明：在一群 $n > 1$ 个人中，存在两个人，他们在这群人中有相同数目的熟人（假设他或她不是自己的熟人）。

17. 有一个 100 人的聚会，每个人都有偶数个（有可能是 0 个）熟人。证明：在这次聚会上有 3 个人，其熟人数量相同。

18. 证明：在边长为 2 的正方形中任选 5 个点，它们当中存在 2 个点，这 2 个点的距离至多为 $\sqrt{2}$。

19. (a) 证明：在边长为 1 的等边三角形中任意选择 5 个点，存在 2 个点，其间距离至多为 1/2。

(b) 证明：在边长为 1 的等边三角形中任意选择 10 个点，存在 2 个点，其间距离至多为 1/3。

(c) 确定一个整数 m_n，使得如果在边长为 1 的等边三角形中任意选择 m_n 个点，则存在 2 个点，其间距离至多为 $1/n$。

20. 证明：$r(3, 3, 3) \leqslant 17$。

* 21. 通过展示用红蓝绿 3 色给连接 16 个点的各线段着色的方法证明 $r(3, 3, 3) \geqslant 17$，其中，着色结果具有性质：不存在 3 个点使得连接它们的 3 条线段都被着成相同的颜色。

22. 证明：

$$r(\underbrace{3,3,\cdots,3}_{k+1}) \leqslant (k+1)(r(\underbrace{3,3,\cdots,3}_{k})-1)+2.$$

利用该结果得出 $r(\underbrace{3, 3, \cdots, 3}_{n})$ 的一个上界。 84

23. 将连接 10 个点的各条线段随意着成红色或蓝色。证明：一定或者存在 3 个点使得连接这 3 点的 3 条线段都是红色的，或者存在 4 个点使得连接这 4 点的 6 条线段都是蓝色的（即 $r(3, 4) \leqslant 10$）。

24. 设 q_3 和 t 为正整数且 $q_3 \geqslant t$。确定 Ramsey 数 $r_t(t, t, q_3)$。

25. 设 q_1, q_2, $\cdots$, q_k, t 为正整数且 $q_1 \geqslant t$, $q_2 \geqslant t$, $\cdots$, $q_k \geqslant t$。令 m 为 q_1, q_2, $\cdots$, q_k 中最大者。证明

$$r_t(m,m,\cdots,m) \geqslant r_t(q_1,q_2,\cdots,q_k)$$

结论：证明 Ramsey 定理时，只要在 $q_1=q_2=\cdots=q_k$ 的条件下证明即可。

26. 设军乐队的 mn 个人以下述方式站成 m 行 n 列的方队：在每一行中的每个人都比他或她左边的人高。假设指挥将每一列的人按身高从前至后增加的顺序重排。证明：各行仍然是按身高从左至右增加的顺序排列。

27. $\{1,2,\cdots,n\}$ 的子集的一个集合具有如下性质：每一对子集至少有一个公共元素。证明：在该子集的集合中最多存在 2^{n-1} 个子集。

28. 在一次舞会上有 100 位男士和 20 位女士。对于 1，2，$\cdots$，100 中的每个 i，第 i 位男士选择 a_i 位女士作为他的潜在舞伴（这 a_i 位女士组成他的"舞伴清单"），这样，对任意给定的一组 20 位男士，总有可能把这 20 位男士与 20 位女士配成舞伴对，且每位男士所配的舞伴都在他的舞伴清单中。保证做到这一点的最小和 $a_1+a_2+\cdots+a_{100}$ 是多少？

29. 把一组不同的对象分配到 n 个盒子 B_1，B_2，$\cdots$，B_n 中。从这些盒子中取出所有对象并把它们重新分配到新的 $n+1$ 个盒子 B_1^*，B_2^*，$\cdots$，B_{n+1}^* 中，且所有新盒子都非空（所以对象的总数至少是 $n+1$）。证明存在这样的两个对象，它们都有这样的性质：它所在新盒子的对象数小于原来装它的旧盒子的对象数。

生成排列和组合

本章探讨排列和组合的一些与计数没有直接关系的性质。我们讨论排列和组合的某些排序方案并给出执行这些方案的算法。对于组合，使用曾经在 2.3 节中讨论过的子集的术语。我们还要引入集合关系的概念，并讨论两个重要的例子：偏序关系和等价关系。

4.1　生成排列

由前 n 个正整数组成的集合 $\{1, 2, \cdots, n\}$ 有 $n!$ 个排列，即使 n 只是稍大一些，这个阶乘的值也相当大。例如，$15!$ 就比 $1\,000\,000\,000\,000$ 还要大。Stirling 公式给出一个有用且很容易的估算 $n!$ 的方法：

$$n! \sim \sqrt{2\pi n}\left(\frac{n}{e}\right)^{n}$$

其中 $\pi = 3.141\cdots$，$e = 2.718\cdots$ 是自然对数的底。随着 n 无限地增长，$n!$ 和 $\sqrt{2\pi n}\left(\frac{n}{e}\right)^{n}$ 的比值趋向于 1。这个结论的证明可以在许多高等微积分的教科书中找到，也可在 Feller[一] 的文章中找到。

在许多不同的场合，排列在理论和应用上都很重要。对于计算机科学中的排序技术而言，排列对应未排序的输入数据。我们在本小节考虑一种简单优美的生成 $\{1, 2, \cdots, n\}$ 所有排列的算法。

87

因为 n 元素集合的排列的数目很大，为了使算法在计算机上有效地运行，算法的每一步执行起来必须简单。算法的结果应该是一个表，该表包含 $\{1, 2, \cdots, n\}$ 的每一个排列且每一个排列只出现一次。下面将要描述的算法具有这些特性。这个算法是由 Johnson[二] 和 Trotter[三] 独立发现的，而 Gardner 又在一篇大家熟知的文章[四]中对此做了描述。该算法基于下面的观察：

如果把整数 n 从 $\{1, 2, \cdots, n\}$ 的一个排列中删除，那么结果是 $\{1, 2, \cdots, n-1\}$ 的一个排列。

集合 $\{1, 2, \cdots, n-1\}$ 的同一个排列可以从 $\{1, 2, \cdots, n\}$ 的不同排列得到。例如，若 $n=5$，我们从排列 3，4，1，5，2 中删除 5，得到 3，4，1，2。而 3，4，1，2 也可以从 3，5，4，1，2 中删除 5 而得到。实际上恰好存在 $\{1, 2, 3, 4, 5\}$ 的 5 个排列，当删除 5 以后产生 3，4，1，2，即

$$
\begin{array}{ccccc}
5 & 3 & 4 & 1 & 2 \\
3 & 5 & 4 & 1 & 2 \\
3 & 4 & 5 & 1 & 2 \\
3 & 4 & 1 & 5 & 2 \\
3 & 4 & 1 & 2 & 5
\end{array}
$$

我们还可以把上面的排列写成

[一]　W. Feller，A Direct Proof of Stirling's Formula，*Amer. Math. Monthly*，74（1967），1223-1225。

[二]　S. M. Johnson，Generation of Permutations by Adjacent Transpositions，*Mathematics of Computation*，17（1963），282-285。

[三]　H. F. Trotter，Algorithm 115，*Communications of the Association for Computing Machinery*，5（1962），434-435。

[四]　M. Gardner，Mathematical Games，*Scientific American*，November（1974），122-125。

$$3\ 4\ 1\ 2\ 5$$
$$3\ 4\ 1\ 5\ 2$$
$$3\ 4\ 5\ 1\ 2$$
$$3\ 5\ 4\ 1\ 2$$
$$5\ 3\ 4\ 1\ 2$$

更一般地，$\{1,2,\cdots,n-1\}$ 的每一个排列都可以通过从 $\{1,2,\cdots,n\}$ 的恰好 n 个排列中删除 n 而得到。反过来看，给定 $\{1,2,\cdots,n-1\}$ 的一个排列，恰好存在 n 种方法将 n 插入到该排列中而得到 $\{1,2,\cdots,n\}$ 的一个排列。因此，给定 $\{1,2,\cdots,n-1\}$ 的 $(n-1)!$ 个排列的表，我们能够通过以所有可能的方式系统地将 n 插入到 $\{1,2,\cdots,n-1\}$ 的每一个排列中，而得到 $\{1,2,\cdots,n\}$ 的 $n!$ 个排列的表。现在给出这种算法的归纳描述：从 $\{1,2,\cdots,n-1\}$ 的排列生成 $\{1,2,\cdots,n\}$ 的排列。因此，从 $\{1\}$ 的唯一的一个排列开始，建立 $\{1,2\}$ 的所有排列，然后构建 $\{1,2,3\}$ 的所有排列，以此类推，一直到最后得到 $\{1,2,\cdots,n\}$ 的所有排列。

[88]

$n=2$：为了生成 $\{1,2\}$ 的所有排列，把 $\{1\}$ 的唯一的排列写两遍并"交错插入"2：

$$1\ \ 2$$
$$2\ \ 1$$

第二个排列通过交换第一个排列的两个数而得到。

$n=3$：为了生成 $\{1,2,3\}$ 的所有排列，将 $\{1,2\}$ 的每一个排列按上面生成的顺序写三次并交替插入 3 得到如下列表：

	1		2	3
	1	3	2	
3	1		2	
3	2		1	
	2	3	1	
	2		1	3

可以看到，除第一个排列外，其后的每一个排列都由前一个排列通过交换两个相邻的数而得到。当 3 固定时，如生成序列中的第三个排列到第四个排列那样，这个交换的生成对应于 $n=2$ 时的交换。注意，在所生成的最后排列中通过交换 1 和 2，可以得到第一个排列，即 123。

$n=4$：为了生成 $\{1,2,3,4\}$ 的所有排列，把 1，2，3 的每一个排列按上面生成的顺序写四遍，并如下面所示的那样交替插入 4：

	1		2		3	4
	1		2	4	3	
	1	4	2		3	
4	1		2		3	
4	1		3		2	
	1	4	3		2	
	1		3	4	2	
	1		3		2	4
	3		1		2	4
	3		1	4	2	
	3	4	1		2	

```
4   3       1   2
4   3       2   1
    3   4   2   1
    3       2   4   1
    3       2   1   4
    2       3   1   4
    2       3   4   1
    2   4   3   1
4   2       3   1
4   2       1   3
    2   4   1   3
    2       1   4   3
    2       1   3   4
```

我们同样可以观察到，每一个排列都是由前一个排列交换两个相邻的数而得到的。当 4 固定时，就生成了上面排列列表中的第 4 个排列和第 5 个排列、第 8 个排列和第 9 个排列、第 12 个排列和第 13 个排列、第 16 个排列和第 17 个排列以及第 20 个排列和第 21 个排列，这个交换的生成对应于 $n=3$ 时的交换。还要注意到，在所生成的最后一个排列中交换 1 和 2 后就得到第一个排列 1234。

现在应该清楚对于任意的 n 如何生成所有排列。利用先前的说明，对 n 运用归纳法可知，该算法恰好生成 $\{1, 2, \cdots, n\}$ 的所有排列，且其中的每个排列都只出现一次。此外，除第一个排列外，每一个排列都可以通过前一个排列交换两个相邻的数而得到。所生成的第一个排列是 $12\cdots n$。这对于 $n=1$ 是成立的，因为在这个算法中，n 首先被放在最右边，根据归纳法结论成立。$n \geqslant 2$ 时，所生成的最后一个排列总是 $213\cdots n$。这个观察结果可以通过对 n 运用归纳法证明如下：如果 $n=2$，那么最后生成的排列是 21。现在假设 $n \geqslant 3$ 且对 $\{1, 2, \cdots, n-1\}$ 所生成的最后排列是 $213\cdots (n-1)$。$\{1, 2, \cdots, n-1\}$ 有 $(n-1)!$ 个排列（偶数个排列），通过应用算法可知，n 始终结束于排列的最右边。因此，$213\cdots n$ 是所生成的最后一个排列。因为最后一个排列是 $213\cdots n$，所以在这个排列中交换 1 和 2 的位置就得到第一个排列。因此，这个算法实际上是循环的。

89
~
90

为了用前面描述的方法生成 $\{1, 2, \cdots, n\}$ 的所有排列，必须首先生成 $\{1, 2, \cdots, n-1\}$ 的所有排列。而为了生成 $\{1, 2, \cdots, n-1\}$ 的所有排列，又必须先要生成 $\{1, 2, \cdots, n-2\}$ 的所有排列，以此类推。我们希望一次生成一个排列，而且只用当前的这个排列来生成下一个排列。下面要说明如何用这样的方法生成与前述顺序相同的 $\{1, 2, \cdots, n\}$ 的排列。这样，我们可以简单地用后面的排列覆盖当前排列而不必保留所有排列的列表。为了做到这一点，需要确定交换哪两个相邻的整数得到出现在列表中的排列。下面给出的描述来自 Even[⊖]。

给定一个整数 k，我们赋予它一个方向（direction），即在这个整数的上方画出一个指向右或指向左的箭头：$\overleftarrow{k}$ 或 $\overrightarrow{k}$。考虑 $\{1, 2, \cdots, n\}$ 的一个排列，其中的每一个整数都给定一个方向。如果一个整数 k 的箭头指向一个与其相邻但比它要小的整数，那么称这个整数 k 是可移动的（mobile）。例如，对于下面给出的各整数

$$\overleftarrow{2}\,\overrightarrow{6}\,\overrightarrow{3}\,\overleftarrow{1}\,\overrightarrow{5}\,\overleftarrow{4}$$

⊖ S. Even，*Algorithmic Combinatorics*，Macmillan，New York（1973）。

只有 3，5 和 6 是可移动的。由此可知，1 从来都不可能是可移动的，因为 $\{1，2，\cdots，n\}$ 中不存在比 1 还小的整数。除下面两种情形外，整数 n 总是可移动的：

(1) n 是第一个整数而它的箭头指向左边：$\overleftarrow{n}\cdots$；

(2) n 是最后一个整数而它的箭头指向右边：$\cdots\overrightarrow{n}$。

这是因为只要 n 的箭头指向一个整数它就是可移动的，因为 n 是集合 $\{1，2，\cdots，n\}$ 中最大的整数。现在，我们可以描述直接生成 $\{1，2，\cdots，n\}$ 的排列的算法了。

生成 $\{1，2，\cdots，n\}$ 的排列的算法

从 $\overleftarrow{1}\,\overleftarrow{2}\cdots\overleftarrow{n}$ 开始。

当存在一个可移动整数时，完成下面事情：

(1) 求出最大的可移动整数 m。

(2) 交换 m 和它的箭头所指向的与它相邻的整数。

(3) 交换所有满足 $p>m$ 的整数 p 上的箭头的方向。

91 我们以 $n=4$ 为例给出算法的具体说明。结果用两列显示，第一列给出前 12 个排列。

$$
\begin{array}{cccc\quad cccc}
\overleftarrow{1} & \overleftarrow{2} & \overleftarrow{3} & \overleftarrow{4} & \overrightarrow{4} & \overrightarrow{3} & \overrightarrow{2} & \overleftarrow{1} \\
\overleftarrow{1} & \overleftarrow{2} & \overleftarrow{4} & \overleftarrow{3} & \overrightarrow{3} & \overrightarrow{4} & \overrightarrow{2} & \overleftarrow{1} \\
\overleftarrow{1} & \overleftarrow{4} & \overleftarrow{2} & \overleftarrow{3} & \overrightarrow{3} & \overrightarrow{2} & \overrightarrow{4} & \overleftarrow{1} \\
\overleftarrow{4} & \overleftarrow{1} & \overleftarrow{2} & \overleftarrow{3} & \overrightarrow{3} & \overrightarrow{2} & \overleftarrow{1} & \overrightarrow{4} \\
\overleftarrow{4} & \overleftarrow{1} & \overleftarrow{3} & \overleftarrow{2} & \overrightarrow{2} & \overrightarrow{3} & \overleftarrow{1} & \overrightarrow{4} \\
\overleftarrow{1} & \overleftarrow{4} & \overleftarrow{3} & \overleftarrow{2} & \overrightarrow{2} & \overrightarrow{3} & \overrightarrow{4} & \overleftarrow{1} \\
\overleftarrow{1} & \overleftarrow{3} & \overleftarrow{4} & \overleftarrow{2} & \overrightarrow{2} & \overrightarrow{4} & \overrightarrow{3} & \overleftarrow{1} \\
\overleftarrow{1} & \overleftarrow{3} & \overleftarrow{2} & \overleftarrow{4} & \overrightarrow{4} & \overrightarrow{2} & \overrightarrow{3} & \overleftarrow{1} \\
\overleftarrow{3} & \overleftarrow{1} & \overleftarrow{2} & \overrightarrow{4} & \overrightarrow{4} & \overrightarrow{2} & \overleftarrow{1} & \overrightarrow{3} \\
\overleftarrow{3} & \overleftarrow{1} & \overrightarrow{4} & \overleftarrow{2} & \overrightarrow{2} & \overrightarrow{4} & \overleftarrow{1} & \overrightarrow{3} \\
\overleftarrow{3} & \overrightarrow{4} & \overleftarrow{1} & \overleftarrow{2} & \overrightarrow{2} & \overleftarrow{1} & \overrightarrow{4} & \overrightarrow{3} \\
\overrightarrow{4} & \overleftarrow{3} & \overleftarrow{1} & \overleftarrow{2} & \overrightarrow{2} & \overleftarrow{1} & \overrightarrow{3} & \overrightarrow{4} \\
\end{array}
$$

因为在 $\overleftarrow{2}\,\overleftarrow{1}\,\overleftarrow{3}\,\overleftarrow{4}$ 中没有可移动整数，所以算法终止。

这个算法生成 $\{1，2，\cdots，n\}$ 的所有排列，而且所生成的排列与前面给出的通过对 n 用归纳法生成的排列顺序相同。下面我们不具体给出正式的证明，仅就从 $n=3$ 到 $n=4$ 具体说明归纳的步骤。我们从 $\overleftarrow{2}\,\overleftarrow{1}\,\overleftarrow{3}\,\overleftarrow{4}$ 开始，其中 4 是最大的可移动整数。整数 4 始终是可移动的，直到它达到最左边位置为止。此时 4 已经以各种可能的方式插入到 $\{1，2，3\}$ 的排列 123 中。至此 4 已不再是可移动的了。而此时的最大可移动整数是 3，它同样也是 $\overleftarrow{1}\,\overleftarrow{2}\,\overleftarrow{3}$ 中的最大的可移动整数。把 3 和 2 交换位置并且改变 4 的方向。这个交换就如同发生在 $\overleftarrow{1}\,\overleftarrow{2}\,\overleftarrow{3}$ 中的交换一样。现在结果变成 $\overrightarrow{4}\,\overleftarrow{1}\,\overleftarrow{3}\,\overleftarrow{2}$；此时 4 又变成了可移动整数，并且一直保持着可移动的状态直到它达到了最右边为止。然后再进行交换，该交换就如同发生在 $\overleftarrow{1}\,\overleftarrow{3}\,\overleftarrow{2}$ 中的交换一样。算法如此继续进行，4 以各种可能的方式交错地插入到 $\{1，2，3\}$ 的每一个排列中。

对于给定的 $\{1，2，\cdots，n\}$ 的一个排列，可以确定这个排列在前述算法的哪一步出现。反之，也可以确定在给定的步骤哪一个排列出现。关于这一点的深入分析，参见 Even 的著作$^\ominus$。

$\ominus$ 同前面一样。

给定正整数 n，我们描述了生成 $\{1, 2, \cdots, n\}$ 的所有 $n!$ 个排列的算法。在结束本节之际，我们对生成 $\{1, 2, \cdots, n\}$ 的随机排列再简单地说几句，即想用某种方法生成 $\{1, 2, \cdots, n\}$ 的一个排列，使得这 $n!$ 个排列中的每一个排列被生成的概率都是 $1/n!$。设 $A = \{1, 2, \cdots, n\}$。完成上述任务的一个显然的做法就是从 A 中随机选出一个整数（所以 A 中每一个整数被选中的概率是 $(1/n)$），并把这个整数叫作 i_1。然后把 i_1 从 A 中移出，并从剩余的 $n-1$ 个元素中随机选出一个整数（所以此时 A 中剩下的每一个整数被选中的概率是 $1/(n-1)$），并把这个整数叫作 i_2。继续这样的过程，在 A 中选出整数并移出它。当 A 变成空集时，我们就得到 $1, 2, \cdots, n$ 的一个排列 $i_1 i_2 \cdots i_n$，它被选中的概率是

$$\frac{1}{n} \cdot \frac{1}{n-1} \cdot \frac{1}{n-2} \cdots \frac{1}{2} \cdot \frac{1}{1} = \frac{1}{n!}$$

因此是一个随机排列[⊖]。另一个可能的方法就是 Knuth shuffle 方法，它生成一个随机排列的过程如下：从一个恒等排列 $12 \cdots n$ 开始，然后对于 $k = 1, 2, \cdots, n-1$ 中的每一个整数，连续随机地从 $k, k+1, \cdots, n$ 个位置中为它们选定一个位置，并把位置 k 上的整数与被选定的位置交换[⊖]。

4.2 排列中的逆序

本节讨论借助于逆序来描述排列的方法，该方法由 Hall[⊜] 发现。逆序的概念是一个老概念，它在矩阵的行列式理论中起着重要的作用。

设 $i_1 i_2 \cdots i_n$ 是集合 $\{1, 2, \cdots, n\}$ 的一个排列。如果 $k < l$ 且 $i_k > i_l$，则称数对 (i_k, i_l) 为一个逆序（inversion）。因此，排列中的一个逆序对应着不以自然数顺序出现的一对数。例如，排列 31524 有 4 个逆序，即 $(3, 1)$，$(3, 2)$，$(5, 2)$，$(5, 4)$。集合 $\{1, 2, \cdots, n\}$ 唯一没有逆序的排列是 $12 \cdots n$。对于一个排列 $i_1 i_2 \cdots i_n$，我们令 a_j 表示第二个成分是 j 的逆序的数量。换句话说：a_j 等于在排列中在 j 的前面但又大于 j 的整数的个数，它度量 j 的无序程度。

数值序列

$$a_1, a_2, \cdots, a_n$$

叫作排列 $i_1 i_2 \cdots i_n$ 的逆序列。$a_1 + a_2 + \cdots + a_n$ 度量一个排列的无序程度。

例子 排列 31524 的逆序列是

$$1, 2, 0, 1, 0 \qquad \square$$

排列 $i_1 i_2 \cdots i_n$ 的逆序列 $a_1, a_2, \cdots, a_n$ 满足下面条件

$$0 \leqslant a_1 \leqslant n-1, 0 \leqslant a_2 \leqslant n-2, \cdots, 0 \leqslant a_{n-1} \leqslant 1, a_n = 0$$

这是因为对于每个 $k = 1, 2, \cdots, n$，在集合 $\{1, 2, \cdots, n\}$ 中存在 $n-k$ 个大于 k 的整数。利用乘法原理，我们看到满足

$$0 \leqslant b_1 \leqslant n-1, 0 \leqslant b_2 \leqslant n-2, \cdots, 0 \leqslant b_{n-1} \leqslant 1, b_n = 0 \qquad (4.1)$$

的整数 $b_1, b_2, \cdots, b_n$ 的序列个数等于 $n \times (n-1) \times \cdots \times 2 \times 1 = n!$。

因此，$\{1, 2, \cdots, n\}$ 的排列数等于可能的逆序列数。这表明（但还不是证明）$\{1,$

⊖ 对概率的了解比本书所介绍的内容更多的读者也许已经看出，在这里我们通过把各个概率相乘而忽略了一个小问题。对此我们证明如下：在选择前 k 个整数过程中，有 $n(n-1) \cdots (n-k+1)$ 种可能的结果，其中每一个结果被选出的机会相等，都有 $n(n-1) \cdots (n-k+1)$ 分之一的机会。当 $k = n$ 时，我们得到 $1/n!$。

⊖ 注意，我们允许 k 为可能的位置之一，而且当 k 被选作一个位置时，实际上没有发生交换。如果不允许 k 为可能的位置之一，就不能生成恒等排列，因此也就不可能有一个随机的生成方案。

⊜ M. Hall，Jr.，*Proceedings Symposium in Pure Mathematics*，American Mathematical Society，Providence，6 (1963)，203。

2，$\cdots$，$n\}$ 的不同排列有不同的逆序列。如果能够证明每一个满足（4.1）的整数序列 b_1，b_2，$\cdots$，b_n 就是 $\{1$，2，$\cdots$，$n\}$ 的一个排列的逆序列，那么就可以得出（根据鸽巢原理）不同的排列有不同的逆序列。

定理 4.2.1 设 b_1，b_2，$\cdots$，b_n 是满足下面条件的整数序列：

$$0 \leqslant b_1 \leqslant n-1, 0 \leqslant b_2 \leqslant n-2, \cdots, 0 \leqslant b_{n-1} \leqslant 1, b_n = 0$$

那么，一定存在唯一一个 $\{1$，2，$\cdots$，$n\}$ 的排列，它的逆序列是 b_1，b_2，$\cdots$，b_n。

证明 我们描述两种方法，它们能够唯一构建其逆序列为 b_1，b_2，$\cdots$，b_n 的排列。

算法Ⅰ：从逆序列构建一个排列

n：写出 n。

$n-1$：考虑 b_{n-1}。我们知道 $0 \leqslant b_{n-1} \leqslant 1$。如果 $b_{n-1} = 0$，那么 $n-1$ 必须放在 n 的前面。如果 $b_{n-1} = 1$，那么 $n-1$ 必须放在 n 的后面。

$n-2$：考虑 b_{n-2}。我们知道 $0 \leqslant b_{n-2} \leqslant 2$。如果 $b_{n-2} = 0$，那么 $n-2$ 必须放在由步骤 $n-1$ 得到的两个数的前面。如果 $b_{n-2} = 1$，那么 $n-2$ 必须放在由步骤 $n-1$ 得到的两个数之间。如果 $b_{n-2} = 2$，那么 $n-2$ 必须放在由步骤 $n-1$ 得到的两个数的后面。

⋮

$n-k$：（一般步骤）考虑 b_{n-k}。我们知道 $0 \leqslant b_{n-k} \leqslant k$。在从步骤 n 直到步骤 $n-k+1$ 中，k 个数 n，$n-1$，$\cdots$，$n-k+1$ 都已经按所要求的顺序放好。如果 $b_{n-k} = 0$，那么 $n-k$ 必须放在由步骤 $n-k+1$ 得到的所有数的前面。如果 $b_{n-k} = 1$，那么 $n-k$ 必须放在前两个数之间……如果 $b_{n-k} = k$，那么 $n-k$ 必须放在所有数的后面。

⋮

1：我们必须把 1 放在步骤 2 所构造的序列的第 b_1 个数的后面。

执行上述构建算法时，步骤 n，$n-1$，$n-2$，$\cdots$，1 唯一确定 $\{1$，2，$\cdots$，$n\}$ 的一个排列，它的逆序列是 b_1，b_2，$\cdots$，b_n。这个算法的缺点是，排列中每一个整数的位置不到最后是不得而知的；算法执行过程中只做到了这些整数的相对位置保持固定。

在第二个算法[⊖]中，整数 1，2，$\cdots$，n 在排列中的位置是确定的。

算法Ⅱ：从逆序列构建一个排列

我们从 n 个空位置出发，把这些空位置从左到右标注上标签 1，2，$\cdots$，n。

1：因为在这个排列中 1 之前应该有 b_1 个整数，因此必须把 1 放在位置标签为 $b_1 + 1$ 的位置上。

2：因为在这个排列中应该有 b_2 个整数大于 2 且在 2 之前，又因为这些整数还没有被插进来，所以必须给这些数留出 b_2 个空位置。因此，把 2 放在第 $b_2 + 1$ 的空位置上。

⋮

k：（一般步骤）因为在这个排列中 k 的前面还应该有 b_k 个整数，这些整数还没有被插进来，因此必须给这些数留出 b_k 个空位置。我们看到在本步骤开始时空位置的个数是 $n-(k-1) = n-k+1$。把 k 放在从左边数第 $(b_k + 1)$ 个空位置上。因为 $b_k \leqslant n-k$，所以有 $b_k + 1 \leqslant n-k+1$，从而可以如此确定一个空位置。

⋮

⊖ J. Csima 向我推荐了这个算法。

n：把 n 放在剩下的一个空位置上。

按上面描述的顺序执行步骤 $1, 2, \cdots, n$ 后，我们得到唯一一个 $\{1, 2, \cdots, n\}$ 的排列，且它的逆序列就是 $b_1, b_2, \cdots, b_n$。　　　　　　　　　　　　　　　□

例子　确定 $\{1, 2, 3, 4, 5, 6, 7, 8\}$ 的一个排列，使其逆序列是 $5, 3, 4, 0, 2, 1,$ $1, 0$。

对给定的逆序列执行定理 4.2.1 证明中的两个算法的各步骤，产生下列结果：

算法 I

8：	8
7：	87
6：	867
5：	8657
4：	48657
3：	486537
2：	4862537
1：	48625137

因此，排列为 48625137。

算法 II

	(1)	(2)	(3)	(4)	(5)	(6)	(7)	(8)
1：						1		
2：				2		1		
3：				2		1	3	
4：	4			2		1	3	
5：	4			2	5	1	3	
6：	4		6	2	5	1	3	
7：	4		6	2	5	1	3	7
8：	4	8	6	2	5	1	3	7

我们又得到这个排列 48625137。　　　　　　　　　　　　　　　　　　　　　□　

根据定理 4.2.1，逆序列与每一个排列之间的对应关系是 $\{1, 2, \cdots, n\}$ 的排列与满足下面条件

$$0 \leqslant b_1 \leqslant n-1, 0 \leqslant b_2 \leqslant n-2, \cdots, 0 \leqslant b_{n-1} \leqslant 1, b_n = 0$$

的整数序列 $b_1, b_2, \cdots, b_n$ 之间的一一对应关系。因此，通过指定一个排列的逆序列就可以唯一确定这个排列。我们可以把逆序列看成是这个排列的代码。在定理 4.2.1 的证明中，已经给出两种破解这个代码的方法。

排列和它的逆序列之间存在着微妙的差异。在选择 $\{1, 2, \cdots, n\}$ 的一个排列时，必须进行 n 次选择，一次选定这个排列中的一项。用 n 种方式中的任意一种方式选择第一项，然后用 $n-1$ 种方式中的任意一种方式选择第二项。但是要注意，虽然第二项的选择个数总是 $n-1$，可是第二项的实际选择要依赖于第一项的选择（我们不能选择已经被选择的项）。对于第 k 项的选择也发生类似的情况。对于第 k 项的选择有 $n-(k-1)$ 种可能的选择方案，但是实际的选择依赖于前 $k-1$ 项的选择。

我们可以将上面的描述与 $\{1, 2, \cdots, n\}$ 的一个排列的逆序列 $b_1, b_2, \cdots, b_n$ 的选择进行比较。对于 b_1，可以选择 n 个整数 $0, 1, \cdots, n-1$ 中的任一个。对于 b_2，可以选择 $n-1$ 个整数

0，1，…，$n-2$ 中的任一个，它与 b_1 的选择没有关系。一般地，对于 b_k，可以选择 $n-(k-1)$ 个整数 0，1，…，$n-k$ 中的任意一个，且与 b_1，b_2，…，b_{k-1} 的选择没有关系。因此，逆序列以独立的选择取代了相关选择。

习惯上，按照某个排列中逆序个数是偶数还是奇数而把 $\{1，2，…，n\}$ 的这个排列 $i_1 i_2 \cdots i_n$ 称为偶排列或奇排列。排列的符号按照排列是偶排列还是奇排列而定义为 $+1$ 或 -1。排列的符号在矩阵的行列式理论中很重要，其中 $n \times n$ 矩阵

$$A = [a_{ij}] \quad (i,j = 1,2,\cdots,n)$$

的行列式定义为

$$\det(A) = \sum \varepsilon(i_1 i_2 \cdots i_n) a_{1i_1} a_{2i_2} \cdots a_{ni_n}$$

这里求和记号是对集合 $\{1，2，…，n\}$ 的所有排列 $i_1 i_2 \cdots i_n$ 求和，而 $\varepsilon(i_1 i_2 \cdots i_n)$ 等于 $i_1 i_2 \cdots i_n$ 的符号[一]。

如果排列 $i_1 i_2 \cdots i_n$ 有逆序列 b_1，b_2，…，b_n 且 $k = b_1 + b_2 + \cdots + b_n$ 为逆序数（number of inversion），那么可以通过连续 k 次交换相邻两个数而把 $i_1 i_2 \cdots i_n$ 转化成 $12 \cdots n$。首先，我们连续地把 1 与它左边的 b_1 个整数交换。然后再连续地把 2 与它左边大于 2 的整数交换，以此类推。这样，就可以经过 $b_1 + b_2 + \cdots + b_n$ 次交换得到 $12 \cdots n$。

例子 通过连续交换相邻的数将排列 361245 变成 123456。

这个排列的逆序列是 220110。连续交换的结果是：

$$
\begin{array}{cccccc}
3 & 6 & 1 & 2 & 4 & 5 \\
3 & 1 & 6 & 2 & 4 & 5 \\
1 & 3 & 6 & 2 & 4 & 5 \\
1 & 3 & 2 & 6 & 4 & 5 \\
1 & 2 & 3 & 6 & 4 & 5 \\
1 & 2 & 3 & 4 & 6 & 5 \\
1 & 2 & 3 & 4 & 5 & 6
\end{array}
$$

这个过程是计算机科学中一种通用的排序过程的例子。排列 $i_1 i_2 \cdots i_n$ 的元素对应于排序前的数据。对于更有效的排序方法及其分析，读者可参考 Knuth 的著作[二]。

4.3 生成组合

设 S 是 n 个元素的集合。为了下面分析清楚起见，取 S 为下面形式的集合

$$S = \{x_{n-1}, \cdots, x_1, x_0\}$$

现在，我们寻找一种生成 S 的所有 2^n 个组合（子集）的算法。这意味着要找一个将 S 的所有子集列出的系统程序。最终的列表应该包含 S 的所有子集（并且只有 S 的子集）且没有重复。因此，根据定理 2.3.4，在这个列表中应该有 2^n 个子集。

给定 S 的一个子集 A，S 的每一个元素 x 或者属于 A 或者不属于 A。如果用 1 表示属于，用 0 表示不属于，那么就可以把 S 的 2^n 个子集看成 2^n 个 0 和 1 的 n 元组[三]。

───────────

[一] 把一个 $n \times n$ 的矩阵考虑成为一个 $n \times n$ 的棋盘，其中的方格被数字占据，求行列式的这个公式中的项对应于把 n 个非攻击型车放到棋盘上的 $n!$ 种方法。

[二] D. E. Knuth，*Sorting and Searching*. Volume 3 of *The Art of Computer Programming*，2nd edition，Addison-Wesley，Reading，MA（1998）。

[三] 根据 3.3 节的叙述，我们把子集等同于多重集合 $\{n \cdot 0，n \cdot 1\}$ 的 n 排列。

$$(a_{n-1}, \cdots, a_1, a_0) = a_{n-1} \cdots a_1 a_0$$

98

对于每个 $i = 0$，1，$\cdots$，$n-1$，我们让这个 n 元组的第 i 项 a_i 对应于元素 x_i。例如，当 $n = 3$ 时，$2^3 = 8$ 个子集以及它们所对应的 3 元组如下：

	a_2	a_1	a_0
$\varnothing$	0	0	0
$\{x_0\}$	0	0	1
$\{x_1\}$	0	1	0
$\{x_1, x_0\}$	0	1	1
$\{x_2\}$	1	0	0
$\{x_2, x_0\}$	1	0	1
$\{x_2, x_1\}$	1	1	0
$\{x_2, x_1, x_0\}$	1	1	1

　　例子　设 $S = \{x_6, x_5, x_4, x_3, x_2, x_1, x_0\}$。对应于子集 $\{x_5, x_4, x_2, x_0\}$ 的 7 元组是 0110101。对应于 7 元组 1010001 的子集是 $\{x_6, x_4, x_0\}$。　　　　□

　　因为 n 元素集合的子集与 0，1 的 n 元组是对等的，因此为了生成 n 元素集合的所有子集，只要能够描述出写出 0，1 的 2^n 个 n 元组的系统程序就足够了。现在，可以把每一个 n 元组看成是二进制数[一]。例如，10011 就是整数 19 的二进制数，因为

$$19 = 1 \times 2^4 + 0 \times 2^3 + 0 \times 2^2 + 1 \times 2^1 + 1 \times 2^0$$

一般地，给定一个从 0 到 $2^n - 1$ 的整数 m，则数 m 可以表示成如下形式

$$m = a_{n-1} \times 2^{n-1} + a_{n-2} \times 2^{n-2} + \cdots + a_1 \times 2^1 + a_0 \times 2^0$$

其中每个 a_i 是 0 或 1。它的二进制数是

$$a_{n-1} a_{n-2} \cdots a_1 a_0$$

反之，因为

$$2^{n-1} + 2^{n-2} + \cdots + 2^1 + 2^0 = 2^n - 1$$

上面这个形式的每一个表达式都有一个值，该值是 0 到 $2^n - 1$ 之间的一个整数。因此，0 和 1 的 n 元组与 0，1，$\cdots$，$2^n - 1$ 之间的整数存在一一对应关系。注意，在写出 0 到 $2^n - 1$ 之间的整数的二进制数时，我们的习惯是使用恰好 n 个数字，因此，如果必要，可包含通常没有的一些前置的 0。

99

　　例子　设 $n = 7$。数 29 在 0 到 $2^7 - 1 = 127$ 之间，因此它可以表示成

$$29 = 0 \times 2^6 + 0 \times 2^5 + 1 \times 2^4 + 1 \times 2^3 + 1 \times 2^2 + 0 \times 2^1 + 1 \times 2^0$$

因此，29 的七位二进制数字是 0011101，而且它与下面集合

$$S = \{x_6, x_5, x_4, x_3, x_2, x_1, x_0\}$$

的子集 $\{x_4, x_3, x_2, x_0\}$ 对应。　　　　□

　　我们如何生成集合 $S = \{x_{n-1}, \cdots, x_1, x_0\}$ 的 2^n 个子集呢？或者等价地说，如何生成 0，1 的 2^n 个 n 元组呢？这个答案现在变得简单了。我们可以按从小到大的顺序写出 0 到 $2^n - 1$ 之间的数，但是要用二进制的形式，每次加 1 都要用二进制算术。这就是前面我们生成 0 和 1 的 3 元组的方法。

　　例子　生成 0 和 1 的 4 元组。

───────────

　　㊀ 参见 1.7 节。

数	二进制数
0	0000
1	0001
2	0010
3	0011
4	0100
5	0101
6	0110
7	0111
8	1000
9	1001
10	1010
11	1011
12	1100
13	1101
14	1110
15	1111

□

例子　如果我们利用刚刚讲过的二进制算术方案，紧跟在集合 $\{x_6, x_5, x_4, x_3, x_2, x_1, x_0\}$ 的子集 $\{x_6, x_4, x_2, x_1, x_0\}$ 后面的子集是什么？

子集 $\{x_6, x_4, x_2, x_1, x_0\}$ 对应的二进制数是 1010111。利用二进制算术，我们看到下一个子集对应的二进制数是

$$
\begin{array}{r}
1\ 0\ 1\ 0\ 1\ 1\ 1 \\
+\quad\quad\quad\quad\quad\quad 1 \\
\hline
1\ 0\ 1\ 1\ 0\ 0\ 0
\end{array}
$$

[100]

因此，下一个子集是 $\{x_6, x_4, x_3\}$。又因为

$$1\times 2^6 + 0\times 2^5 + 1\times 2^4 + 0\times 2^3 + 1\times 2^2 + 1\times 2^1 + 1\times 2^0 = 87$$

所以子集 $\{x_6, x_4, x_2, x_1, x_0\}$ 为表上的第 87 位。而表上的第 88 位的子集就是 $\{x_6, x_4, x_3\}$。注意在所有子集列表上的位置是从 0 开始的，且结束于 2^n-1。占据第 0 个位置的子集总是空集。例如，当我们说表上的第 5 个子集时，指的是表上对应于 5 的子集，而不是对应于 4 的子集。在列表上的第 5 个子集的前面有 5 个子集。如果这一点还不清楚，那么下一个例子应该能够阐明我们的约定。

□

例子　$S=\{x_6, x_5, x_4, x_3, x_2, x_1, x_0\}$ 的所有子集列表中，第 108 位子集是哪个子集？

首先，我们求出 108 的二进制数：

$$108 = 1\times 2^6 + 1\times 2^5 + 0\times 2^4 + 1\times 2^3 + 1\times 2^2 + 0\times 2^1 + 0\times 2^0$$

因此，108 的二进制数是 1101100。

因此，这个位置上的子集是 $\{x_6, x_5, x_3, x_2\}$。紧挨着这个子集的前面的子集是哪个子集呢？简单地进行二进制减法：

$$
\begin{array}{r}
1\ 1\ 0\ 1\ 1\ 0\ 0 \\
-\quad\quad\quad\quad\quad\quad 1 \\
\hline
1\ 1\ 0\ 1\ 0\ 1\ 1
\end{array}
$$

因此，这个位置的子集是 $\{x_6, x_5, x_3, x_1, x_0\}$。

□

现在，我们讲述生成 n 元素集合的子集的算法。描述是用 0 和 1 的 n 元组的形式进行的。算

法中给出的连续法则是利用二进制算术相加的结果。

生成 $\{x_{n-1}, \cdots, x_1, x_0\}$ 的子集的二进制算法

从 $a_{n-1}\cdots a_1 a_0 = 0\cdots 00$ 开始。

当 $a_{n-1}\cdots a_1 a_0 \neq 1\cdots 11$ 时,执行下面操作:

(1) 求出使得 $a_j = 0$ 的最小整数 j(在 $n-1$ 和 0 之间)。

(2) 用 1 代替 a_j 并用 0 代替 $a_{j-1}, \cdots, a_0$ 中的每一个(根据我们对 j 的选择可知,在用 0 代替以前它们都等于 1)。

当 $a_{n-1}\cdots a_1 a_0 = 1\cdots 11$ 时算法结束,它是最终列表中最后一个二进制 n 元组。

通过二进制的生成方案所产生的 0,1 的 n 元组的顺序称为 n 元组的字典序。在这种顺序下,假设表中有两个 n 元组 $a_{n-1}\cdots a_1 a_0$ 和 $b_{n-1}\cdots b_1 b_0$,从左边开始,即它们的第一个不相同的位置(比如说是 j),那么如果 $a_j = 0$ 而 $b_j = 1$,则 $a_{n-1}\cdots a_1 a_0$ 就出现在 n 元组 $b_{n-1}\cdots b_1 b_0$ 的前面(这是为什么呢?因为这相当于说二进制数 $a_{n-1}\cdots a_1 a_0$ 所对应的数比二进制数 $b_{n-1}\cdots b_1 b_0$ 所对应的数小)。把这样的 n 元组看成是字母表中的两个"字母"0 和 1 的长度为 n 的"单词",而在这个字母表中,0 是第一个字母,1 是第二个字母,字典序就是这些单词出现在字典中的顺序。

把 n 元组看作集合 $\{x_{n-1}, \cdots, x_1, x_0\}$ 的子集后,我们看到,对于每一个满足 $n-1 > j$ 的 j,$\{x_j, \cdots, x_1, x_0\}$ 的所有子集都在至少含有 $x_{n-1}, \cdots, x_{j+1}$ 中一个元素的子集的前面。因此,在把 0,1 的 n 元组的字典序看成是集合 $\{x_{n-1}, \cdots, x_1, x_0\}$ 的子集的顺序时,有时它也被叫作子集的压缩序。我们用压缩序列出在引入新元素之前当前这些元素的所有子集。下面给出集合 $\{x_3 = 4, x_2 = 3, x_1 = 2, x_0 = 1\}$ 的各子集的压缩序,它对应于前面(字典序)列出的二进制 4 元组。

$$\varnothing$$
$$1$$
$$2$$
$$1,2$$
$$3$$
$$1,3$$
$$2,3$$
$$1,2,3$$
$$4$$
$$1,4$$
$$2,4$$
$$1,2,4$$
$$3,4$$
$$1,3,4$$
$$2,3,4$$
$$1,2,3,4$$

以压缩序列出的 $\{1, 2, 3, 4\}$ 的子集

我们要注意,在这种排序中,所有不包含 4 的子集排在包含 4 的子集的前面。在不包含 4 的子集中,不包含 3 的子集一定出现在包含 3 的子集的前面。在既不包含 4 也不包含 3 的子集中,那些不包含 2 的子集一定出现在包含 2 的子集的前面。

在子集的压缩序中,一个子集的直接后继(等价地,为在字典顺序之下,一个 n 元组的直接后继)可能与这个子集本身差异非常大。子集 $A = \{x_6, x_4, x_3\}$(对应于 7 元组 1011000)紧随子集 $B = \{x_6, x_4, x_2, x_1, x_0\}$(对应于 7 元组 1010111)之后,但是它与 B 相比有 4 处不同之

处：A 包含 x_3（B 不包含），而 B 包含 x_2，x_1 和 x_0（A 不包含）。这就引出下面的问题：是否有可能以不同的顺序生成 n 元素集合的子集，使得一个子集的直接后继与其本身的差异尽可能小？这里尽可能小指的是一个子集的直接后继是在通过增加一个新元素或者删除一个老元素，但二者不同时进行的前提下得到的。简言之，进来一个或者出去一个。这样的生成方案因诸多原因而非常重要，其中一个原因是在生成所有子集的时候出现错误的机会更少。

例子 设 $S=\{x_{n-1}, \cdots, x_1, x_0\}$，考虑下面的 S 的子集列表以及 $n=1$，2，3 时分别对应的 n 元组。

$\underline{n=1}$		$\underline{n=2}$	
$\varnothing$	0	$\varnothing$	00
$\{x_0\}$	1	$\{x_0\}$	01
		$\{x_1,x_0\}$	11
		$\{x_1\}$	10

$\underline{n=3}$	
$\varnothing$	000
$\{x_0\}$	001
$\{x_1,x_0\}$	011
$\{x_1\}$	010
$\{x_2,x_1\}$	110
$\{x_2,x_1,x_0\}$	111
$\{x_2,x_0\}$	101
$\{x_2\}$	100

在每一个列表中，从一个子集到下一个子集的转换是通过插入一个新元素或者删除一个已经存在的元素（但不是两者都进行）而得到的。用 0 和 1 的 n 元组术语来说，把 0 变成 1 或者把 1 变成 0，但两者不同时变化。 □

现在，我们展示一个更形象的几何表示。把 0、1 的 n 元组看成 n 维空间中一个点的坐标。于是，对于 $n=1$，这种表示就是一条直线上的点；对于 $n=2$，则用 2 维空间或平面上的点表示；对于 $n=3$，这种表示用的是 3 维空间中的点。

例子 设 $n=1$。这时，0，1 的 1 元组对应于单位线段的两个端点或两个角，如图 4-1 所示。 □
例子 设 $n=2$。这时，0，1 的 2 元组对应于单位正方形的 4 个角上的点，如图 4-2 所示。□
例子 设 $n=3$。这时，0，1 的 3 元组对应于单位正方体的 8 个角上的点，如图 4-3 所示。□

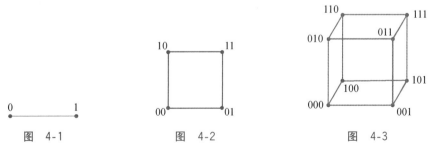

图 4-1   图 4-2   图 4-3

注意，在上面三个例子中，当每两个角点的坐标只有一个位置不同时，这两个点之间有一条边。这正是生成 0 和 1 的 n 元组时要寻找的特点！

我们可以将此扩展到任意的 n。单位 n 方体（1 方体是一条线段，2 方体是一个正方形，3 方体就是通常的立方体）有 2^n 个角，它们的坐标是 2^n 个 0，1 的 n 元组。在 n 方体中，当两个角点的坐标只有一个位置不同时，存在一条连接这两个角点的边。生成只在一个位置上与 n 元组不同的其后继 n 元组的算法对应于沿着 n 方体的边的遍历该 n 方体恰好访问每个角点一次。任意一个 104
这样的遍历（或 n 元组的最终列表）称为 n 阶 Gray 码⊖。如果遍历可以再经过一条边从终点回到起点，那么就称这个 Gray 码是循环的（cyclic）。上面例子中对于 $n=1$，2，3 的列表就是循环 Gray 码。有一个附加的性质使它们相当特别。下面我们具体看一下这个性质。

我们从单位 1 方体和它的 Gray 码开始，它从 0 开始，到 1 结束，如图 4-4 所示。拷贝两个 1 方体并连接相对的角点就可以建立一个单位 2 方体。然后把一个 0 附加在一个拷贝的两个坐标前，把一个 1 附加到另外一个 1 方体拷贝的两个坐标前：首先沿着 1 方体的一个拷贝的 Gray 码行进，穿行到另一个拷贝，然后再沿着这个 1 方体的 Gray 码相反方向行进，得到一个 2 方体的循环 Gray 码，如图 4-5 左图所示。

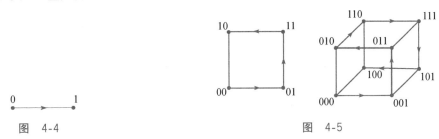

图 4-4　　　　　　　　　　　　　　图 4-5

我们可以用类似的方法由单位 2 方体构建单位 3 方体。取 2 方体的两个拷贝并连接对应的角点。把一个 0 附加在一个拷贝的各个坐标前，而把一个 1 附加到另一个拷贝的各个坐标前。于是我们就像下面这样得到一个 3 方体的循环 Gray 码：首先，沿着 2 方体的一个拷贝的 Gray 码行进，穿行到另一个拷贝上，然后再沿着这个 2 方体的 Gray 码的相反方向行进，如图 4-5 的右图所示。

我们可以持续这种方式对任意的整数 $n \geqslant 1$ 递归地构建 n 阶 Gray 码。用这种方式构建的 Gray 码称为反射 Gray 码。n 方体是一个便利的可视化工具，但在构建 n 阶反射 Gray 码时并不需 105
要它。$n=4$ 时的反射 Gray 码如下所示：

$$
\begin{array}{cccc}
0 & 0 & 0 & 0 \\
0 & 0 & 0 & 1 \\
0 & 0 & 1 & 1 \\
0 & 0 & 1 & 0 \\
0 & 1 & 1 & 0 \\
0 & 1 & 1 & 1 \\
0 & 1 & 0 & 1 \\
0 & 1 & 0 & 0 \\
1 & 1 & 0 & 0 \\
1 & 1 & 0 & 1 \\
1 & 1 & 1 & 1 \\
1 & 1 & 1 & 0 \\
1 & 0 & 1 & 0 \\
1 & 0 & 1 & 1 \\
1 & 0 & 0 & 1 \\
1 & 0 & 0 & 0
\end{array}
$$

⊖ 1878 年，法国工程师 Émile Baudot 展示了 Gray 码在电报中的运用。正是 Bell Labs 的研究员 Frank Gray 于 1953 年首次获得了这些代码的专利。

n 阶反射 Gray 码的递归定义如下：

(1) 1 阶反射 Gray 码是 $\begin{smallmatrix}0\\1\end{smallmatrix}$。

(2) 假设 $n>1$ 且已经构建好了 $n-1$ 阶反射 Gray 码。为了构建 n 阶反射 Gray 码，首先，以 $n-1$ 阶反射 Gray 码所给出的顺序列出 0，1 的 $(n-1)$ 元组，并把一个 0 添加到每个 $(n-1)$ 元组的开头（即左边），然后，再以 $n-1$ 阶反射 Gray 码所给顺序的相反顺序列出 $(n-1)$ 元组，并把 1 添加到各 $(n-1)$ 元组的开头。

于是，根据这个递归定义，n 阶反射 Gray 码以 n 元组 $00\cdots0$ 开始并以 n 元组 $10\cdots0$ 结束。由于 $00\cdots0$ 和 $10\cdots0$ 只在一处不同，因此该码是循环的。

因为反射 Gray 码是递归定义的，因此为了构建 n 阶反射 Gray 码，必须首先构建 $n-1$ 阶反射 Gray 码。例如，为了构建 6 阶反射 Gray 码，我们首先要构建 5 阶反射 Gray 码。为此，又必须先要构建 4 阶反射 Gray 码，以此类推。为了利用递归定义构建 6 阶反射 Gray 码，就必须依次构建 1，2，3，4，5 阶反射 Gray 码。现在我们描述一种算法，这个算法使得可以直接构建 n 阶反射 Gray 码。为此，需要一个逐次性法则，它告诉我们在反射 Gray 码中从一个 n 元组走到下一个 n 元组时，需要在哪个地方改变（从 0 变到 1 或从 1 变到 0）。下面的算法给出这个逐次性法则。

如果 $a_{n-1}a_{n-2}\cdots a_0$ 是 0 和 1 的 n 元组，那么
$$\sigma(a_{n-1}a_{n-2}\cdots a_0) = a_{n-1}+a_{n-2}+\cdots+a_0$$
是其中 1 的个数（因此这个数等于它所对应的子集的大小）。

以反射 Gray 码的顺序生成 0，1 的 n 元组的算法

从 n 元组 $a_{n-1}a_{n-2}\cdots a_0 = 00\cdots0$ 开始。

当 n 元组 $a_{n-1}a_{n-2}\cdots a_0 \neq 10\cdots0$ 时，执行下面操作：

(1) 计算 $\sigma(a_{n-1}a_{n-2}\cdots a_0) = a_{n-1}+a_{n-2}+\cdots+a_0$。

(2) 如果 $\sigma(a_{n-1}a_{n-2}\cdots a_0)$ 是偶数，则改变 a_0（从 0 变到 1 或从 1 变到 0）。

(3) 否则，确定这样的 j，使得 $a_j=1$ 且对满足 $j>i$ 的所有的 i 有 $a_i=0$（即这是从右边开始的第一个 1），然后，改变 a_{j+1}（从 0 变到 1 或从 1 变到 0）。

注意，如果在步骤 (3) 中 $a_{n-1}a_{n-2}\cdots a_0 \neq 10\cdots0$，那么 $j \leqslant n-2$，从而 $j+1 \leqslant n-1$，a_{j+1} 有定义。还要注意，在步骤 (3) 中有可能 $j=0$，也就是说，$a_0=1$；在这种情形下不存在满足 $i<j$ 的 i，因此我们按步骤 (3) 的指示改变 a_1。

读者可以验证一下这个算法的确给出前面提到的 4 阶 Gray 码。

定理 4.3.1 对于每一个正整数 n，前面生成 0，1 的 n 元组的算法产生 n 阶反射 Gray 码。

证明 我们通过对 n 施归纳法来证明这个定理。显然，$n=1$ 时，这个算法产生 1 阶反射 Gray 码。设 $n>1$，并假设对于 $n-1$，这个算法产生 $n-1$ 阶反射 Gray 码。n 阶反射 Gray 码的前 2^{n-1} 个 n 元组是由 $n-1$ 阶反射 Gray 码的 $(n-1)$ 元组通过在每一个 $(n-1)$ 元组的开头添加一个 0 组成的。因为 $(n-1)$ 元组 $10\cdots0$ 出现在 $n-1$ 阶反射 Gray 码的最后，于是，把逐次性法则运用于 n 阶反射 Gray 码的前 $(2^{n-1}-1)$ 个 n 元组产生的效果等同于先把这个法则运用于除了最后一个 $(n-1)$ 元组之外的所有 $n-1$ 阶反射 Gray 码的 $(n-1)$ 元组，然后再附加一个 0 的效果。因此，由归纳假设可知逐次性法则产生前一半的 n 阶反射 Gray 码。n 阶反射 Gray 码的第 2^{n-1} 个 n 元组是 $010\cdots0$。因为 $\sigma(010\cdots0)=1$ 是一个奇数，所以把逐次性法则用于 $010\cdots0$ 给出 $110\cdots0$，它就是 n 阶反射 Gray 码的第 $(2^{n-1}+1)$ 个 n 元组。

现在，考虑 n 阶反射 Gray 码后半部分中的两个连续的 n 元组：

$$1\ a_{n-2}\cdots a_0$$
$$1\ b_{n-2}\cdots b_0$$

于是，在 $n-1$ 阶反射 Gray 码中，$a_{n-2}\cdots a_0$ 紧跟在 $b_{n-2}\cdots b_0$ 之后：

$$b_{n-2}\cdots b_0$$
$$a_{n-2}\cdots a_0$$

现在 $\sigma(a_{n-2}\cdots a_0)$ 与 $\sigma(b_{n-2}\cdots b_0)$ 奇偶性相反。一个是偶数则另一个就是奇数。而 $\sigma(1a_{n-2}\cdots a_0)$ 与 $\sigma(a_{n-2}\cdots a_0)$ 也是奇偶性相反，$\sigma(1b_{n-2}\cdots b_0)$ 与 $\sigma(b_{n-2}\cdots b_0)$ 也是奇偶性相反。假设 $\sigma(b_{n-2}\cdots b_0)$ 是偶数，则 $\sigma(a_{n-2}\cdots a_0)$ 是奇数而 $\sigma(1a_{n-2}\cdots a_0)$ 是偶数。根据归纳假设，我们看到通过改变 $b_{n-2}\cdots b_0$ 中的 b_0 而得到 $a_{n-2}\cdots a_0$。对 $1a_{n-2}\cdots a_0$ 运用逐次性法则提示我们改变 a_0，这就给出了所期望的 $1b_{n-2}\cdots b_0$。现在假设 $\sigma(b_{n-2}\cdots b_0)$ 是奇数。于是 $\sigma(a_{n-2}\cdots a_0)$ 是偶数而 $\sigma(1a_{n-2}\cdots a_0)$ 是奇数。对 $1a_{n-2}\cdots a_0$ 运用逐次性法则产生的效果正好与对 $b_{n-2}\cdots b_0$ 运用此法则的效果相反。因此，由归纳假设可知，对 $1a_{n-2}\cdots a_0$ 运用逐次性法则给出所期望的 $1b_{n-2}\cdots b_0$。因此，由归纳法可知定理成立。　□

例子　确定三个 8 元组，使得它们在 8 阶反射 Gray 码中分别是 10100110、00011111 和 01010100 的后继。

因为 $\sigma(10100110)=4$ 是偶数，故 10100111 紧跟在 10100110 之后。而 $\sigma(00011111)=5$ 是一个奇数，因而，在算法的步骤（3）中，$j=0$，所以 00011101 跟在 00011111 的后面。又因为 $\sigma(01010100)=3$，所以 01011100 跟在 01010100 的后面。　□

前面描述了 2^n 个二进制 n 元组的两种线性排序：其一是从 $00\cdots0$ 开始利用二进制算术得到的字典序，其二是同样从 $00\cdots0$ 开始的反射 Gray 码序。字典序对应的是从 0 到 2^n-1 的二进制的整数，而我们可以把反射 Gray 码序看成是以特殊的顺序列出了从 0 到 2^n-1 的二进制 n 元组。我们可以明确地说出二进制 n 元组出现在 Gray 码序表的准确位置。对于 $i=0,1,\cdots,n-1$，设

$$b_i = \begin{cases} 0 & \text{若 } a_{n-1}+\cdots+a_i \text{ 是偶数} \\ 1 & \text{若 } a_{n-1}+\cdots+a_i \text{ 是奇数} \end{cases}$$

|108|

此时，$a_{n-1}\cdots a_1 a_0$ 在 Gray 码序表的位置和 $b_{n-1}\cdots b_1 b_0$ 在字典序表上的位置相同。换句话说，$a_{n-1}\cdots a_1 a_0$ 在 Gray 码序表的位置是

$$k = b_{n-1}\times 2^{n-1}+\cdots+b_1\times 2+b_0\times 2^0$$

我们把验证它的工作留作练习题。

4.4　生成 r 子集

在 4.3 节中，我们描述了 n 元素集合的子集的两种排序方法以及基于生成子集的逐次性法则的一些相应的算法。现在，我们只考虑有固定大小 r 的子集，并寻找生成这些子集的方法。其中一种方法是生成所有的子集，然后查看所得列表并从中选择那些恰好含有 r 个元素的子集。但是，这显然不是一种有效的方法。

例子　在 4.3 节中，我们以压缩排序列出了 $\{1,2,3,4\}$ 的所有的 4 子集。从中选出 2 子集，我们得到下面的 $\{1,2,3,4\}$ 的 2 子集的压缩排序：

$$1,2$$
$$1,3$$
$$2,3$$
$$1,4$$
$$2,4$$
$$3,4 \qquad\qquad \square$$

本节将开发 n 元素集合的 r 子集的字典排序算法，其中 r 是满足 $1 \leqslant r \leqslant n$ 的固定整数。现在，我们把集合取作

$$S = \{1, 2, \cdots, n\}$$

这个集合是由前 n 个正整数组成的。因此这给出 S 的元素的一个自然顺序

$$1 < 2 < \cdots < n$$

设 A 和 B 是集合 $\{1, 2, \cdots, n\}$ 的两个 r 子集。如果在并集 $A \cup B$ 中但不在交集 $A \cap B$ 中（即它只能在这两个子集中的一个，不能同时在这两个子集之中）的最小整数在 A 中，我们就说在字典序中 A 先于 B。 □

例子 设 $\{1, 2, 3, 4, 5, 6, 7, 8\}$ 的 5 子集 A 和 B 是下面给出的两个子集：

$$A = \{2,3,4,7,8\}, \quad B = \{2,3,5,6,7\}$$

则在一个集合但不同时在两个集合的最小元素是 4（它属于 A）。因此，字典序中，A 先于 B。 □

这是否是在 4.3 节意义下及通常字典意义下的字典序呢？我们把 S 的元素看成是字母表中的字母，其中 1 是这个字母表中的第一个字母，2 是这个字母表中的第二个字母，依此类推。我们希望把 r 子集看成这个字母表 S 上长度为 r 的"单词"，从而给这个"单词"强加一个字典类型的顺序。但是，我们知道，一个单词中的字母形成一个有序列（例如，*part* 不同于 *trap*），但对于子集来说，顺序则是无关紧要的。因为对于子集顺序无关紧要，因此我们约定当书写集合 $\{1, 2, \cdots, n\}$ 的子集时，以从最小整数到最大整数的顺序书写其中的整数。所以，我们约定 $S = \{1, 2, \cdots, n\}$ 的 r 子集要书写成下面的形式

$$a_1, a_2, \cdots, a_r, \text{其中} 1 \leqslant a_1 < a_2 < \cdots < a_r \leqslant n$$

为了方便起见，还约定把 r 子集写成下面没有逗号的形式

$$a_1 a_2 \cdots a_r$$

即把它写成一个长度为 r 的单词。在建立这样的书写子集的约定后，就可以把一个子集看成一个单词。但要注意的是并不是所有的单词都是合法的。在我们这里的字典中，合法单词仅是从我们的字母表 $\{1, 2, \cdots, n\}$ 取出 r 个字母且按严格的递增顺序排列的那些单词（特别是，在我们的单词中不存在重复的字母）。

例子 回到前面的例子，此时用我们建立的约定，把 A，B 两个子集分别写作 $A = 23478$ 和 $B = 23567$。我们看到，A 和 B 的前两个字母是一样的，在第三个字母上出现了不一致。因为 $4 < 5$（在我们的字母表中 4 在 5 的前头），所以在字典序中 A 先于 B。 □

例子 考虑 $\{1, 2, 3, 4, 5, 6, 7, 8, 9\}$ 的 5 子集的字典序。第一个 5 子集是 12345；最后一个 5 子集是 56789。在我们的字典中，12389 的直接后继 5 子集是什么呢？在 123 开始的 5 子集中，12389 是最后的一个。而在以 12 开始并且第三个位置不是 3 的 5 子集中，12456 是第一个。因此 12456 是 12389 的直接后继。 □

下面扩展这个例子，并确定除了我们字典中最后一个单词之外的所有单词的直接后继。

定理 4.4.1 设 $a_1 a_2 \cdots a_r$ 是 $\{1, 2, \cdots, n\}$ 的 r 子集。在字典序中，第一个 r 子集是 $12 \cdots r$。最后一个 r 子集是 $(n-r+1)(n-r+2) \cdots n$。假设 $a_1 a_2 \cdots a_r \neq (n-r+1)(n-r+2) \cdots n$。设 k 是满足 $a_k < n$ 且使得 $a_k + 1$ 不等于 $a_{k+1}, \cdots, a_r$ 中任一个数的最大整数。那么，在字典序中，$a_1 a_2 \cdots a_r$ 的直接后继 r 子集是

$$a_1 \cdots a_{k-1}(a_k+1)(a_k+2) \cdots (a_k+r-k+1)$$

证明 根据字典序的定义，$12 \cdots r$ 是在字典序的第一个 r 子集，而 $(n-r+1)(n-r+2) \cdots n$ 是最后一个 r 子集。现在，设 $a_1 a_2 \cdots a_r$ 是任意一个 r 子集，但不是最后的 r 子集，确定出定理中指定的 k。于是

$$a_1 a_2 \cdots a_r = a_1 \cdots a_{k-1} a_k (n-r+k+1)(n-r+k+2) \cdots (n)$$

其中

$$a_k + 1 < n - r + k + 1$$

因此，$a_1 a_2 \cdots a_r$ 是以 $a_1 \cdots a_{k-1} a_k$ 开始的最后的 r 子集。而下面的 r 子集

$$a_1 \cdots a_{k-1}(a_k + 1)(a_k + 2) \cdots (a_k + r - k + 1)$$

是以 $a_1 \cdots a_{k-1} a_k + 1$ 开始的第一个 r 子集，从而是 $a_1 a_2 \cdots a_r$ 的直接后继。□

从定理 4.4.1 可以得出结论：下列算法按字典序生成 $\{1, 2, \cdots, n\}$ 的所有 r 子集。

按字典序生成 $\{1, 2, \cdots, n\}$ 的 r 子集的算法

从 r 子集 $a_1 a_2 \cdots a_r = 12 \cdots r$ 开始。

当 $a_1 a_2 \cdots a_r \neq (n-r+1)(n-r+2) \cdots n$ 时，执行下列操作：

(1) 确定最大的整数 k，使得 $a_k + 1 \leq n$ 且 $a_k + 1$ 不是 $a_1, a_2, \cdots, a_r$ 中的一个。

(2) 用 r 子集

$$a_1 \cdots a_{k-1}(a_k + 1)(a_k + 2) \cdots (a_k + r - k + 1)$$

替换 $a_1 a_2 \cdots a_r$。

例子 利用上面的算法生成 $S = \{1, 2, 3, 4, 5, 6\}$ 的 4 子集，得到下列结果（写成三列）。

$$
\begin{array}{ccc}
1234 & 1256 & 2345 \\
1235 & 1345 & 2346 \\
1236 & 1346 & 2356 \\
1245 & 1356 & 2456 \\
1246 & 1456 & 3456
\end{array}
$$

□

把生成集合排列的算法与生成 n 元素集合的 r 子集的算法结合起来，我们得到生成 n 元素集合的 r 排列的算法。

111

例子 生成 $\{1, 2, 3, 4\}$ 的 3 排列。首先，我们按字典序生成 3 子集：123，124，134，234。对于每一个 3 子集，再生成其所有的排列：

$$
\begin{array}{cccc}
123 & 124 & 134 & 234 \\
132 & 142 & 143 & 243 \\
312 & 412 & 413 & 423 \\
321 & 421 & 431 & 432 \\
231 & 241 & 341 & 342 \\
312 & 214 & 314 & 324
\end{array}
$$

□

我们通过确定 $\{1, 2, \cdots, n\}$ 的 r 子集字典序下每一个 r 子集的位置来结束本节的内容。

定理 4.4.2 $\{1, 2, \cdots, n\}$ 的 r 子集 $a_1 a_2 \cdots a_r$ 出现在 $\{1, 2, \cdots, n\}$ 的 r 子集的字典序中的位置下标是：

$$\binom{n}{r} - \binom{n-a_1}{r} - \binom{n-a_2}{r-1} - \cdots - \binom{n-a_{r-1}}{2} - \binom{n-a_r}{1}$$

证明 首先计算出现在 $a_1 a_2 \cdots a_r$ 后面的 r 子集的数目：

(1) 在 $a_1 a_2 \cdots a_r$ 的后面且第一个元素比 a_1 大的 r 子集数目是 $\binom{n-a_1}{r}$。

(2) 在 $a_1 a_2 \cdots a_r$ 的后面且第一个元素是 a_1 但是第二个元素大于 a_2 的 r 子集数目是 $\binom{n-a_2}{r-1}$。

⋮

（r−1）在 $a_1a_2\cdots a_r$ 的后面且以 $a_1\cdots a_{r-2}$ 开始但其第（r−1）个元素比 a_{r-1} 大的 r 子集数目是 $\binom{n-a_{r-1}}{2}$。

（r）在 $a_1a_2\cdots a_r$ 的后面且以 $a_1\cdots a_{r-1}$ 开始但其第 r 个元素大于 a_r 的 r 子集数目是 $\binom{n-a_r}{1}$。

从 r 子集的总数 $\binom{n}{r}$ 减去出现在 $a_1a_2\cdots a_r$ 后面的 r 子集个数，我们发现 $a_1a_2\cdots a_r$ 的位置正是定理所给出的位置。 □

例子 在 $\{1, 2, 3, 4, 5, 6, 7, 8\}$ 的 4 子集的字典序之下，子集 1258 处于什么位置？

应用定理 4.4.2，1258 的位置是

$$\binom{8}{4} - \binom{7}{4} - \binom{6}{3} - \binom{3}{2} - \binom{0}{1} = 12 \qquad \square$$

4.5 偏序和等价关系

本章在有限集合的排列的集合、子集以及 r 子集上定义了各种"自然顺序"，即由生成算法所确定的顺序。在下面的意义之下这些顺序都是"全序"：存在第一个对象、第二个对象、第三个对象直到最后一个对象。还存在一种称为偏序的更一般的顺序概念，在数学中偏序的概念非常重要而且很有用。由一个集合包含于另一个集合以及一个整数可被另一个整数整除所定义的偏序可能是大家最熟悉的两个非全序的偏序。它们在这样的意义之下是偏序：任意给定两个集合，无须一个是另外一个的子集，任意给定两个整数，无须一个整数能被另一个整除。

为了给出偏序的精确定义，我们需要知道在数学中关系是什么意思。设 X 是一个集合。X 上的关系是 X 的元素的有序对的集合 $X \times X$ 的子集 R。我们把属于 R 的有序对（a, b）写作 aRb（a 和 b 相关）；把不属于 R 的有序对（a, b）写作 aℝb（a 和 b 不相关）。

例子 设 $X = \{1, 2, 3, 4, 5, 6\}$。用 $a|b$ 表示 a 是 b 的一个约数（或等价说成 b 能被 a 整除）。这样就在 X 上定义了一个偏序，例如，$2|6$ 而 $3 \nmid 5$。

现在，考虑 X 的所有子集的集合 $\mathcal{P}(X)$。对于 $\mathcal{P}(X)$ 中的 A 和 B，如果 A 的每一个元素也是 B 的元素，那么就如往常一样写成 $A \subseteq B$，读作 A 包含于 B。这定义了 $\mathcal{P}(X)$ 上的一个关系，例如，$\{1\} \subseteq \{1, 3\}$，而 $\{1, 2\} \nsubseteq \{2, 3\}$。 □

下面是集合 X 上的关系 R 可能具有的一些特性：

（1）如果对于 X 中所有的 x，都有 xRx，则 R 是自反（reflexive）的。

（2）如果对于 X 中所有的 x，都有 xℝx，则 R 是反自反（irreflexive）的。

（3）如果对于 X 中所有的 x 和 y，只要 xRy 就有 yRx，则 R 是对称（symmetric）的。

（4）如果对于 X 中所有满足 $x \neq y$ 的 x 和 y，只要 xRy，就有 yℝx，则 R 是反对称（anti-symmetric）的。等价地，对于 X 中所有的 x 和 y，若 xRy 和 yRx 同时成立则 $x = y$，则 R 是反对称的。

（5）对于 X 中所有的 x，y 和 z，只要 xRy 且 yRz，就有 xRz，则 R 是传递（transitive）的。

例子 前面例子所用到的子集关系 $\subseteq$ 和可整除关系 $|$ 是自反且传递的。子集关系也是反对称的，如果只考虑正整数，则整除的关系也是反对称的。

如果 A 的每一个元素也是 B 的元素且 $A \neq B$，则由 $A \subset B$ 定义了真子集关系 $\subset$，这个关系是反自反、反对称且传递的。数集上的小于或等于关系 $\leq$ 是自反、反对称且传递的，而小于关系 $<$ 则是反自反、反对称且传递的。 □

集合 X 上的偏序是一个自反、反对称且传递的关系。集合 X 上的严格偏序是一个反自反、反对称且传递的关系。因此，$\subseteq$、$\leqslant$ 和 $|$ 均是偏序，而 $\subset$ 和 $<$ 是严格偏序[一]。如果一个关系 R 是一个偏序，则通常用 $\leqslant$ 取代 R 来表示[二]；由当且仅当 $a \leqslant b$ 且 $a \neq b$ 时 $a < b$ 所定义的关系 $<$ 是一个严格偏序。反过来，从 X 上严格偏序 $<$ 出发，由当且仅当 $a < b$ 或 $a = b$ 时 $a \leqslant b$ 定义的关系 $\leqslant$ 是一个偏序。

在其上定义了偏序 $\leqslant$ 的集合 X 有时也叫作偏序集，记作 $(X, \leqslant)$。

如果 R 是集合 X 上的关系，那么对于 X 中的 x 和 y，若 xRy 或者 yRx，则说 x 和 y 是可比的，否则就说 x 和 y 是不可比的[三]。如果集合 X 中的每一对元素都是可比的，则在集合 X 上的偏序 R 是全序。数集上标准的 $\leqslant$ 关系是一个全序[四]。

如果 X 是一个有限集，而我们以某种线性顺序列出 X 的元素（X 的一个排列）a_1, a_2, $\cdots$, a_n，那么通过 $i \leqslant j$ 定义 $a_i \leqslant a_j$（在该排列中假定 a_i 先于 a_j）可以验证我们得到集合 X 上的一个全序。现在证明 X 上的每一个全序都可用这种方法生成。

定理 4.5.1 设 X 是有 n 个元素的有限集。则 X 上的全序与 X 的排列之间存在一一对应。特别地，X 上不同全序的个数是 $n!$。

证明 我们对 n 施归纳法证明 X 上的每一个全序对应于 X 的一个排列 a_1, a_2, $\cdots$, a_n，其中 $a_1 < a_2 < \cdots < a_n$。$n = 1$ 时，结论显然成立。令 $n > 1$。首先，我们证明 X 存在一个极小元；即存在一个元素 a_1，如果有 $b \leqslant a_1$，则 $b = a_1$（或等价地说成不存在满足 $x < a_1$ 的元素 x）。设 a 是 X 的任意一个元素。如果 a 不是极小元，那么就存在一个元素 b 使得 $b < a$。如果 b 不是极小元，就存在一个元素 c，使得 $c < b$ 从而 $c < b < a$。继续这样做下去，并利用 X 是有限集的事实，最后总可以找到极小元 a_1。假设 X 存在一个元素 $x \neq a_1$ 使得 a_1 不小于 x。因为我们有一个全序，就必然有 $x < a_1$，这与 a_1 是极小元矛盾。因此，对于 X 中所有不等于 a_1 的 x 都有 $a_1 < x$。将归纳法应用到 X 的不同于 a_1 的 $n-1$ 个元素的集合，得到结论：这些元素可以被排序成 a_2, a_3, $\cdots$, a_n，其中 $a_2 < a_3 < \cdots < a_n$。因此，a_1, a_2, a_3, $\cdots$, a_n 是 X 的元素的一个排列，且 $a_1 < a_2 < a_3 < \cdots < a_n$。 $\square$

作为定理 4.5.1 的一个结论，有限的全序集通常表示成 $a_1 < a_2 < \cdots < a_n$，或简单地表示成排列 a_1, a_2, $\cdots$, a_n 的形式。

偏序集可以用几何方法表示。为了叙述这种几何表示方法，我们需要定义偏序集 $(X, \leqslant)$ 的覆盖关系。设 a 和 b 是 X 中的元素。如果 $a < b$ 并且没有元素 c 能够夹在 a 和 b 之间，那么称 a 被 b 覆盖（也说成 b 覆盖 a），记为 $a <_c b$；就是说，不存在元素 x，使得 $a < x$ 和 $x < b$ 同时成立。如果 X 是一个有限集，则由传递性可知，偏序 $\leqslant$ 是由它的覆盖关系唯一确定的。因此，覆盖关系是描述偏序的有效方法。根据定理 4.5.1 可知，如果 $(X, \leqslant)$ 是全序集，则 X 的元素可以列成 x_1, x_2, $\cdots$, x_n，使得 $x_1 <_c x_2 <_c \cdots <_c x_n$。正是由于这种原因，全序集也叫作线性有序集。

有限偏序集 $(X, \leqslant)$ 的图（有时称为 Hasse 图）可以按如下方式得到：给 X 的每一个元素取平面上的一个点，如果有 $x <_c y$，则把 x 的点放在 y 的点的下面，且 x 和 y 可以用一条线段连接起来当且仅当 x 被 y 覆盖（我们把 x 放在 y 的下面只表示 x 被 y 覆盖）。

例子 5 个元素的全序集可以用图来表示，如图 4-6 所示，这个图是由 5 个垂直点和 4 条垂直线段连接组成。 $\square$

[一] 整除但不相等的关系也是严格偏序。

[二] 重要的是要知道 $a \leqslant b$ 并不意味着 a 和 b 是数且 a 不比 b 大。此时符号"$\leqslant$"是表示偏序的抽象符号。

[三] 把这句话"x 和 y 是不可比的"考虑成"你不能把苹果与橙子比较"的抽象说法，所以苹果与橙子不可比。

[四] 这就是为什么我们要特别留意区分偏序的抽象符号"$\leqslant$"和数上的普通关系"$\leqslant$"之间的不同；后者是一种全序，对任意两个数 a 和 b 是可比的（要么是 $a \leqslant b$ 要么是 $b \leqslant a$），但是这种性质对于一般偏序不成立。

例子 集合 $\{1,2,3\}$ 的子集的偏序集是由包含关系定义偏序，它可以表示成如图 4-7 所 115 示的图，其中子集"坐"在立方体的角上。 □

例子 由"是…的因子"确定的前 8 个整数的集合的偏序由如图 4-8 所示的图表示。 □

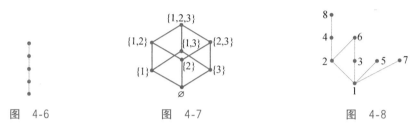

图 4-6   图 4-7   图 4-8

设 $\leqslant_1$ 和 $\leqslant_2$ 是同一个集合 X 上的两个偏序。于是，只要 $a\leqslant_1 b$ 成立则 $a\leqslant_2 b$ 也成立时偏序集 $(X,\leqslant_2)$ 是偏序集 $(X,\leqslant_1)$ 的扩展（extension）。特别地，偏序集的扩展有更多的可比对。 我们要证明每一个有限偏序集 $(X,\leqslant)$ 一定有线性扩展；即有一个扩展是线性有序集。这表明 可以用线性顺序列出 X 的元素 $x_1,x_2,\cdots,x_n$，使得当 $x_i<x_j$ 时，x_i 就列在 x_j 前面；也就是 说，如果 $x_i<x_j$，则 $i<j$（这里 $i<j$ 表明 i 小于 j）。

定理 4.5.2 设 $(X,\leqslant)$ 是有限偏序集。则 $(X,\leqslant)$ 有线性扩展。

证明 有一个非常简单的算法能够以线性顺序列出 X 的元素 $x_1,x_2,\cdots,x_n$，从而得到 $(X,\leqslant)$ 的一个线性扩展。

求偏序集线性扩展的算法

116
(1) 选出 X 中（关于偏序 $\leqslant$ 的）一个极小元 x_1。

(2) 从 X 中删除 x_1，并从剩下的 $n-1$ 个元素中选择一个极小元 x_2。

(3) 再从 X 中删除 x_2，并从剩下的 $n-2$ 个元素中选择一个极小元 x_3。

(4) 再从 X 中删除 x_3，并从剩下的 $n-3$ 个元素中选择一个极小元 x_4。

$\vdots$

(n) 从 X 中删除 x_{n-1}，恰好留下一个元素 x_n。

下面利用反证法证明 $x_1,x_2,\cdots,x_n$ 是 $(X,\leqslant)$ 的一个线性扩展。假设存在 x_i 和 x_j，使 得 $x_i<x_j$ 但 $j<i$。那么，在上面的步骤 (j) 中，当我们在剩下的元素中选择 x_j 时，x_i 就在剩余 的元素当中，而又因为 $x_i<x_j$，这样 x_j 就不是算法所求的极小元。因此，$x_1,x_2,\cdots,x_n$ 是 $(x,\leqslant)$ 的一个线性扩展。 □

例子 设 $X=\{1,2,\cdots,n\}$ 是前 n 个正整数的集合，考虑偏序集 $(X,\mid)$，其中，$\mid$ 和前 面一样意指"是…的因子"。若 $i\mid j$，则 i 小于 j，这就推出 $1,2,\cdots,n$ 是 $(X,\leqslant)$ 的一个线 性扩展。 □

例子 设 X 是 n 个元素的集合，考虑由包含关系所形成的 X 的所有子集构成的偏序集 $(\mathcal{P}(X),\subseteq)$。因为 $A\subseteq B$ 意味着 $|A|\leqslant|B|$，因此可知，如果我们从空集合开始，以某种顺序 列出所有一个元素的子集，然后再以某种顺序列出两个元素的子集，三个元素的子集，等等，那 么就可以得到 $(\mathcal{P}(X),\subseteq)$ 的一个线性扩展。例如，如果 $n=3$ 且 $X=\{1,2,3\}$，则

$$\varnothing,\{1\},\{2\},\{3\},\{1,2\},\{1,3\},\{2,3\},\{1,2,3\}$$

是 $(\mathcal{P}(X),\subseteq)$ 的一个线性扩展。 □

我们将在第 5 章继续讨论偏序集。

现在，我们定义另一类特殊的关系。设 X 是集合。如果 X 上的关系 R 是自反、对称且传递

的，则 R 是一个等价关系（因此，等价关系和偏序的区别仅仅在于等价关系是对称的，而偏序是反对称的）。等价关系通常用"$\sim$"表示。如果 $a \sim b$，就说 a 等价于 b。正如偏序可以看成数的通常顺序"$\leqslant$"的扩展一样，等价关系可以看成是数的相等关系"$=$"的扩展。现在我们证明，X 上的等价关系自然地对应于把 X 分成若干非空集合的划分。　⌐117⌐

设 $\sim$ 是集合 X 上的等价关系。对于 X 中的每一个 a，a 的等价类是 X 中所有与 a 等价的元素组成的集合

$$[a] = \{x : x \sim a\}$$

因为 $a \sim a$，故 a 的等价类包含 a，从而是非空的。

例子　设 X 是人的集合，在 X 上定义一个关系 R，只要 a 和 b 年龄相同，则 aRb。于是容易验证 R 是 X 上的一个等价关系。人 a 的等价类是 X 的一个子集，它是由所有与 a 年龄相同的人组成的。可以发现有同一个人的两个等价类实际上是相同的；因此，不同的等价类划分了 X。下面的定理将证实这一现象对于所有的等价关系都成立。　□

定理 4.5.3　设 $\sim$ 是集合 X 上的等价关系。于是，不同的等价类把 X 划分成若干非空的部分。反之，对于任意把 X 分割成非空部分的划分，存在 X 上的等价关系，它的等价类就是这个划分的部分。

证明　首先设 $\sim$ 是集合 X 上的等价关系。我们需要证明不同的等价类是两两不相交的，而且它们的并集等于 X。每个等价类是非空的，而 X 的每个元素包含在一个等价类中（a 的等价类包含 a）。剩下只需证明不同的等价类是两两不相交的，或者等价说就是，如果两个等价类有非空的交，那么它们就是两个相等的集合。设 $[a] \cap [b] \neq \varnothing$，并设 c 是 $[a]$ 和 $[b]$ 的一个公共元素。则 $c \sim a$（从而 $a \sim c$）和 $c \sim b$（从而 $b \sim c$）。设 x 含于 $[a]$。于是 $x \sim a$。由于 $a \sim c$ 以及 $c \sim b$，由传递性得出 $a \sim b$，于是 $x \sim b$，并因此 x 含于 $[b]$。可得 $[a] \subseteq [b]$。用类似的方法我们得到 $[b] \subseteq [a]$，从而 $[a] = [b]$。

反之，设 A_1，A_2，$\cdots$，A_s 是把 X 划分成非空集合的划分。对于 X 中的 x 和 y，定义 $x \sim y$ 当且仅当 x 和 y 在该划分的同一部分中。于是，通过直接验证可知 $\sim$ 是 X 上的一个等价关系，其不同的等价类就是 A_1，A_2，$\cdots$，A_s（见练习题 44）。　□

例子　考虑 1，2，$\cdots$，n 的 $n!$ 个排列的集合。在这个集合上这样定义一个关系：两个排列有关系 $i_1 i_2 \cdots i_n R j_1 j_2 \cdots j_n$ 只要存在某个整数 k 满足 $j_1 j_2 \cdots j_n = i_k \cdots i_n i_1 i_2 \cdots i_{k-1}$。这定义了一个等价关系（请验证！），其中这个等价类的集合与 1，2，$\cdots$，n 的循环排列集合之间一一对应。　□

4.6　练习题

1. 在使用 4.1 节给出的算法之后，$\{1, 2, 3, 4, 5\}$ 的哪个排列紧随 31524 之后？哪个排列先于 31524？　⌐118⌐

2. 确定

$$\overset{\leftarrow}{4}\,\overset{\leftarrow}{8}\,\overset{\leftarrow}{3}\,\overset{\rightarrow}{1}\,\overset{\leftarrow}{6}\,\overset{\rightarrow}{7}\,\overset{\rightarrow}{2}\,\overset{\rightarrow}{5}$$

中的可移动整数。

3. 使用 4.1 节的算法生成 $\{1, 2, 3, 4, 5\}$ 的前 50 个排列，从 $\overset{\leftarrow}{1}\,\overset{\leftarrow}{2}\,\overset{\leftarrow}{3}\,\overset{\leftarrow}{4}\,\overset{\leftarrow}{5}$ 开始。

4. 证明 4.1 节直接生成 $\{1, 2, \cdots, n\}$ 的排列的算法中，1 和 2 的方向从不变化。

5. 设 $i_1 i_2 \cdots i_n$ 是 $\{1, 2, \cdots, n\}$ 的排列，且它的逆序列是 b_1，b_2，$\cdots$，b_n，并设 $k = b_1 + b_2 + \cdots + b_n$。用归纳法证明我们不能通过少于 k 次连续交换相邻两项而把 $i_1 i_2 \cdots i_n$ 变为 $12 \cdots n$。

6. 确定 $\{1, 2, \cdots, 8\}$ 的下列排列的逆序列。

(a) 35168274

   (b) 83476215

7. 构造 $\{1, 2, \cdots, 8\}$ 的排列，其逆序列是

   (a) 2，5，5，0，2，1，1，0

   (b) 6，6，1，4，2，1，0，0

8. $\{1, 2, 3, 4, 5, 6\}$ 有多少个排列？

   (a) 正好有 15 个逆序。

   (b) 正好有 14 个逆序。

   (c) 正好有 13 个逆序。

9. 证明：$\{1, 2, \cdots, n\}$ 的排列的最大逆序个数等于 $n(n-1)/2$。确定拥有 $n(n-1)/2$ 个逆序的唯一的排列。再确定所有那些拥有 $n(n-1)/2-1$ 个逆序的排列。

10. 通过连续交换相邻两个数把排列 256143 和 436251 变成 123456。

11. 设 $S=\{x_7, x_6, \cdots, x_1, x_0\}$。确定对应于 S 的下列子集的 0 和 1 的 8 元组：

    (a) $\{x_5, x_4, x_3\}$

    (b) $\{x_7, x_5, x_3, x_1\}$

    (c) $\{x_6\}$

12. 设 $S=\{x_7, x_6, \cdots, x_1, x_0\}$。确定 S 对应于下列 8 元组的子集：

    (a) 00011011

    (b) 01010101

    (c) 00001111

13. 利用二进制算术生成算法生成 0 和 1 的 5 元组并用集合 $\{x_4, x_3, x_2, x_1, x_0\}$ 的子集表示之。

14. 对 0 和 1 的 6 元组重做练习题 13。

15. 对于 $\{x_7, x_6, \cdots, x_1, x_0\}$ 的下列每一个子集，利用二进制算术生成算法分别确定它的直接后继子集：

    (a) $\{x_4, x_1, x_0\}$

    (b) $\{x_7, x_5, x_3\}$

    (c) $\{x_7, x_5, x_4, x_3, x_2, x_1, x_0\}$

    (d) $\{x_0\}$

16. 对于上题的子集（a）、（b）、（c）、（d）中的每一个子集，利用二进制算术生成算法确定它的直接前趋子集。

17. 使用二进制算术生成算法时，$\{x_7, x_6, \cdots, x_1, x_0\}$ 的哪个子集是 S 的子集列表中的第 150 个子集？第 200 个子集？第 250 个子集？（同 4.3 节一样，表中的这些位置是从 0 开始计数的。）

18. 建立 4 方体（的顶点和边），并指出其上的反射 Gray 码。

19. 举出一个 3 阶非循环 Gray 码的例子。

20. 举出一个 3 阶循环 Gray 码但却不是反射 Gray 码的例子。

21. 通过下列方法构造 5 阶反射 Gray 码。

    (a) 使用递归定义。

    (b) 使用 Gray 码算法。

22. 确定 6 阶反射 Gray 码。

23. 确定下列 9 阶反射 Gray 码中 9 元组的直接后继。

    (a) 010100110

    (b) 110001100

    (c) 111111111

24. 确定练习题 23 中的每一个 9 元组在 9 阶反射 Gray 码中的直接前趋。

*25. 严格地说，n 阶反射 Gray 码应该叫作二进制反射 Gray 码，这是因为它是 0，1 的 n 元组的列表。它可以扩展到任意进制系统，特别是三进制系统和十进制系统。于是，n 阶十进制反射 Gray 码是所有的 n 位十进制数的一个列表，表中连续两个数仅有一个位置不同，且它们的差的绝对值是 1。确定 1 阶和 2 阶十进制反射 Gray 码（注意，我们尚未精确地说十进制反射 Gray 码是什么。此问题的一部分就是去发现它是什么）。再确定 1 阶、2 阶和 3 阶三进制反射 Gray 码。

26. 使用 4.4 节中所描述的算法，以字典序生成 $\{1, 2, 3, 4, 5\}$ 的 2 子集。

27. 使用 4.4 节中所描述的算法，以字典序生成 $\{1, 2, 3, 4, 5, 6\}$ 的 3 子集。

28. 在字典序之下，确定 $\{1, 2, \cdots, 10\}$ 的直接跟在 2，3，4，6，9，10 之后的 6 子集。再确定直接位于 2，3，4，6，9，10 之前的 6 子集。

29. 在字典序之下，确定 $\{1, 2, \cdots, 15\}$ 的直接跟在 1，2，4，6，8，14，15 之后的 7 子集。直接位于 1，2，4，6，8，14，15 之前的是哪个 7 子集？

30. 以字典序生成 $\{1, 2, 3\}$ 的各排列的逆序列，并写出对应的排列。对 $\{1, 2, 3, 4\}$ 的排列的逆序列重做本题。

31. 生成 $\{1, 2, 3, 4, 5\}$ 的 3 排列。

32. 生成 $\{1, 2, 3, 4, 5, 6\}$ 的 4 排列。

33. 子集 2489 出现在 $\{1, 2, 3, 4, 5, 6, 7, 8, 9\}$ 的 4 子集的字典序的哪个位置上？

34. 考虑 $\{1, 2, \cdots, n\}$ 在字典序中的 r 子集。

 (a) 前 $(n-r+1)$ 个 r 子集是什么？　　　　　　　　　　　　　　　　　　　　|121|

 (b) 最后的 $(r+1)$ 个 r 子集是什么？

35. $\{1, 2, \cdots, n\}$ 的 r 子集 A 的补集 $\overline{A}$ 是 $\{1, 2, \cdots, n\}$ 的 $(n-r)$ 子集，它由所有不属于 A 的元素组成。设 $M = \binom{n}{r}$ 是 $\{1, 2, \cdots, n\}$ 的 r 子集的个数，同时也是 $(n-r)$ 子集的个数。证明：如果

$$A_1, A_2, A_3, \cdots, A_M$$

是字典序中的 r 子集，那么

$$\overline{A_M}, \cdots, \overline{A_3}, \overline{A_2}, \overline{A_1}$$

是字典序中的 $(n-r)$ 子集。

36. 设 X 是 n 元素集合。在 X 上有多少不同的关系？这些关系中有多少是自反的？对称的？反对称的？自反且对称的？自反且反对称的？

37. 令 R' 和 R'' 是 X 上的两个偏序。定义 X 上一个新的关系 R：xRy 当且仅当 $xR'y$ 和 $xR''y$ 同时成立。证明：R 也是 X 上的偏序（R 称为是 R' 和 R'' 的交）。

38. 设 $(X_1, \leqslant_1)$ 和 $(X_2, \leqslant_2)$ 是两个偏序集。在集合

$$X_1 \times X_2 = \{(x_1, x_2) : x_1 \in X_1, x_2 \in X_2\}$$

上定义关系

$$(x_1, x_2) T(x_1', x_2') \text{ 当且仅当 } x_1 \leqslant_1 x_1' \text{ 且 } x_2 \leqslant_2 x_2'$$

证明：$(X_1 \times X_2, T)$ 是偏序集。$(X_1 \times X_2, T)$ 叫作 $(X_1, \leqslant_1)$ 和 $(X_2, \leqslant_2)$ 的直积并记作 $(X_1, \leqslant_1) \times (X_2, \leqslant_2)$。更一般地，证明偏序集的直积 $(X_1, \leqslant_1) \times (X_2, \leqslant_2) \times \cdots \times (X_m, \leqslant_m)$ 也是偏序集。

39. 设 $(J, \leqslant)$ 为偏序集，且 $J = \{0, 1\}$，$0 < 1$。通过用 0，1 的 n 元组表示 n 个元素的集合 X 的子集，证明偏序集 $(X, \subseteq)$ 能够用 n 重直积 $(J, \leqslant) \times (J, \leqslant) \times \cdots \times (J, \leqslant)$（$n$ 个因子）表示。

40. 将练习题 39 扩展到多重集合 $X = \{n_1 \cdot a_1, n_2 \cdot a_2, \cdots, n_m \cdot a_m\}$ 的所有组合的多重集合的情形（本练习的部分工作就是要确定这些多重集合上的"自然的"偏序）。

41. 证明有限集上的偏序由它的覆盖关系唯一确定。　　　　　　　　　　　　　　　　　|122|

42. 描述集合 X 的所有子集的集合 $\mathcal{P}(X)$ 上的偏序 $\subseteq$ 的覆盖关系。

43. 设 $X=\{a,b,c,d,e,f\}$，且将 X 上的关系 R 定义为 aRb，bRc，cRd，aRe，eRf，fRd。验证 R 是一个偏序集上的覆盖关系，并确定这个偏序集的所有线性扩展。

44. 设 A_1，A_2，$\cdots$，A_s 是集合 X 上的一个划分。定义 X 上的关系 R：xRy 当且仅当 x 和 y 均属于划分的同一部分。证明 R 是等价关系。

45. 定义所有整数的集合 Z 上的关系 R：aRb 当且仅当 $a=\pm b$。R 是 Z 上的等价关系吗？如果是等价关系，那么等价类是什么？

46. 设 m 是正整数并定义所有非负整数的集合 X 上的关系 R：aRb 当且仅当 a 和 b 除以 m 有相同的余数。证明 R 是 X 上的等价关系。这个等价关系有多少不同的等价类？

47. 设 Π_n 表示把集合 $\{1,2,\cdots,n\}$ 分割成非空集合的所有划分的集合。给定 Π_n 中的两个划分 π 和 σ，如果 π 的每一部分都包含在 σ 的某个部分中，则定义 $\pi\leqslant\sigma$。因此，划分 π 可以通过划分 σ 的部分而得到。这种关系通常表述为 π 是 σ 的一个加细。

    (a) 证明这个加细关系是 Π_n 上的偏序。

    (b) 根据定理 4.5.3，我们知道在 Π_n 与 $\{1,2,\cdots,n\}$ 上的所有等价关系的集合 Λ_n 之间存在一一对应。对应于 Π_n 上的这个偏序，Λ_n 上的偏序是什么呢？

    (c) 对于 $n=1,2,3$ 和 4，构造 $(\Pi_n,\leqslant)$ 的图（diagram）。

48. 考虑由"是⋯的一个因子"所给的正整数集合 X 上的偏序 $\leqslant$。设 a 和 b 是两个整数。设 c 是使得 $c\leqslant a$ 且 $c\leqslant b$ 的最大整数，并设 d 是使得 $a\leqslant d$ 和 $b\leqslant d$ 的最小整数。c 和 d 是什么？

49. 证明：集合 X 上的两个等价关系 R 和 S 的交 $R\cap S$ 也是 X 上的等价关系。X 上的两个等价关系的并总是等价关系吗？

50. 考虑三元素集合 $X=\{a,b,c\}$ 的子集组成的偏序集 $(X,\subseteq)$。它存在多少线性扩展？

51. 设 n 是正整数，并设 X_n 是 $\{1,2,\cdots,n\}$ 的 $n!$ 个排列的集合。令 π 和 σ 是 X_n 中的两个排列，如果 π 的逆序列的集合是 σ 的逆序列的集合的子集，则定义 $\pi\leqslant\sigma$。验证这个定义是 X_n 上的偏序，我们称之为逆序列偏序集（inversion poset）。描述该偏序的覆盖关系，然后画出逆序列偏序集 $(H_4,\leqslant)$ 的图。

52. 验证二进制 n 元组 $a_{n-1}\cdots a_1a_0$ 位于 Gray 码序表的位置 k 上，其中 k 是如下确定的：对 $i=0,1,\cdots$，$n-1$，设
$$b_i=\begin{cases}0 & \text{若 } a_{n-1}+\cdots+a_i \text{ 是偶数}\\ 1 & \text{若 } a_{n-1}+\cdots+a_i \text{ 是奇数}\end{cases}$$
则
$$k=b_{n-1}\times 2^{n-1}+\cdots+b_1\times 2+b_0\times 2^0$$
因此，$a_{n-1}\cdots a_1a_0$ 在二进制 Gray 码列表的位置与 $b_{n-1}\cdots b_1b_0$ 在二进制 n 元组的字典序表中的位置相同。

53. 参考练习题 52，证明：可以通过 $a_{n-1}=b_{n-1}$ 从 $b_{n-1}\cdots b_1b_0$ 恢复 $a_{n-1}\cdots a_1a_0$，且对于 $i=0,1,\cdots$，$n-1$，有
$$a_i=\begin{cases}0 & \text{若 } b_i+b_{i+1} \text{ 是偶数}\\ 1 & \text{若 } b_i+b_{i+1} \text{ 是奇数}\end{cases}$$

54. 设 $(X,\leqslant)$ 为有限偏序集。根据定理 4.5.2 可知，$(X,\leqslant)$ 有一个线性扩展。设 a 和 b 为 X 的不可比元素。修正定理 4.5.2 的证明得到 $(X,\leqslant)$ 的线性扩展，使得 $a<b$。（提示：首先找出 X 上的偏序 $\leqslant'$，使得只要 $x\leqslant y$ 就有 $x\leqslant'y$ 和 $a\leqslant'b$。）

55. 利用练习题 54 证明：有限偏序集是它的所有线性扩展的交（见练习题 37）。

56. 有限偏序集 $(X,\leqslant)$ 的维数是交为 $(X,\leqslant)$ 的线性扩展的最小个数。根据练习题 55，每个偏序集都有一个维数。维数为 1 的有限偏序集是线性顺序。令 n 是一个正整数，并设 i_1，i_2，$\cdots$，i_n 是 $\{1,2,\cdots,n\}$ 的不同于 $1,2,\cdots,n$ 的排列 σ。设 $X=\{(1,i_1),(2,i_2),\cdots,(n,i_n)\}$。现在如下定义 X 上的关系 R：$(k,i_k) R (l,i_l)$ 当且仅当 $k\leqslant l$（通常的整数不等式）和 $i_k\leqslant i_l$（还是通常的不等式）；也就是说，(i_k,i_l) 不是 σ 的逆序。因此，例如，如果 $n=3$ 且 $\sigma=2,3,1$，那么 $X=\{(1,2),(2,3),(3,1)\}$ 且 $(1,2)R(2,3)$，但是 $(1,2)\cancel{R}(3,1)$。证明：如果 i_1，i_2，$\cdots$，i_n 不同于恒等

排列 $1, 2, \cdots, n$，那么 R 是 X 上的偏序并且偏序集 (X, R) 的维数是 2。

57. 考虑满足下面条件的 $1, 2, \cdots, n$ 的所有排列 $i_1 i_2 \cdots i_n$ 的集合：对于 $k=1, 2, \cdots, n, i_k \neq k$。（这样的排列称为错位排列，我们将在第 6 章讨论错位排列。）描述一个可以随机生成一个错位排列的算法（修改 4.1 节给出的随机生成一个排列的算法）。 124

58. 考虑第 2 章定义的完全图 K_n，在完全图中它的每一条边或者被着成红色或者被着成蓝色。在 K_n 的 n 个顶点上如下定义一个关系：两个顶点相关只要连接它们的边是红色。确定在什么时候这个关系是等价关系，进而，当它是等价关系时，确定其等价类。

59. 设 $n \geqslant 2$ 为整数。证明 $1, 2, \cdots, n$ 的所有 $n!$ 个排列的反序总数等于

$$\frac{1}{2} n! \binom{n}{2} = n! \frac{n(n-1)}{4}$$

125
〜
126

（提示：把这些排列配对使得每一对中反序的个数等于 $n(n-1)/2$。）

二项式系数

$\binom{n}{k}$ 计数 n 元素集合的 k 子集的个数。它们有很多迷人的性质并满足许多有趣的等式。由于它们出现在二项式定理中（见 5.2 节），因此也称之为二项式系数。在理论计算机科学的算法分析中产生了诸多公式，二项式系数频繁出现在这些公式之中，因此熟练掌握它们非常重要。本章讨论它们的一些初等性质和等式。证明 Sperner 的一个有用的定理，然后继续研究偏序集并证明 Dilworth 的一个重要定理。

5.1 帕斯卡三角形

在 2.3 节，我们已经对所有的非负整数 k 和 n 定义了二项式系数 $\binom{n}{k}$。回想一下，如果 $k>n$，则 $\binom{n}{k}=0$，对所有的 n，$\binom{n}{0}=1$。如果 n 是一个正整数，且 $1\leqslant k\leqslant n$，则

$$\binom{n}{k} = \frac{n!}{k!(n-k)!} = \frac{n(n-1)\cdots(n-k+1)}{k(k-1)\cdots 1} \tag{5.1}$$

在 2.3 节，我们已注意到

$$\binom{n}{k} = \binom{n}{n-k}$$

对于所有满足 $0\leqslant k\leqslant n$ 的整数 k 和 n 上面的关系式成立。我们还导出了帕斯卡公式，它说的是

$$\binom{n}{k} = \binom{n-1}{k} + \binom{n-1}{k-1}$$

利用帕斯卡公式和初始信息

$$\binom{n}{0} = 1 \text{ 及 } \binom{n}{n} = 1 \quad (n \geqslant 0)$$

我们可以不借助公式（5.1）而得到这些二项式系数。当用这样的方法计算二项式系数时，计算结果通常用所谓的帕斯卡三角形（Pascal's triangle）的无穷数组展示出来。图 5-1 展示了这个数组，1653 年它出现在帕斯卡的著作 *Traité du triangle arithmétique*（《论算术三角形》）之中。

在这个三角形中，除了出现在分界线上等于 1 的项之外，其余各项都是对上一行的两项求和得到的：直接上方的项加上其直接左邻项。这符合帕斯卡公式。例如，在 $n=8$ 这一行上，我们有

$n\backslash k$	0	1	2	3	4	5	6	7	8	$\cdots$
0	1									
1	1	1								
2	1	2	1							
3	1	3	3	1						
4	1	4	6	4	1					
5	1	5	10	10	5	1				
6	1	6	15	20	15	6	1			
7	1	7	21	35	35	21	7	1		
8	1	8	28	56	70	56	28	8	1	
$\vdots$	$\vdots$	$\vdots$	$\vdots$	$\vdots$	$\vdots$	$\vdots$	$\vdots$	$\vdots$	$\vdots$	$\ddots$

图 5-1　帕斯卡三角形

$$\binom{8}{3} = 56 = 35 + 21 = \binom{7}{3} + \binom{7}{2}$$

通过对帕斯卡三角形深入仔细的研究，我们发现了包括二项式系数在内的很多关系。在这个三角形中我们注意到下面的对称关系：

$$\binom{n}{k} = \binom{n}{n-k}$$

另外，定理 3.3.2 中的恒等式

$$\binom{n}{0} + \binom{n}{1} + \cdots + \binom{n}{n} = 2^n$$

〔128〕

是把帕斯卡三角形中各行的数相加而得到的。在第 $k=1$ 列上，$\binom{n}{1}=n$ 是计数数。而在第 $k=2$ 列上的数 $\binom{n}{2}=n(n-1)/2$ 就是所谓的三角形数，这个数等于图 5-2 所示的由点组成的三角形数组中点的个数。

在第 $k=3$ 列上，数 $\binom{n}{3}=n(n-1)(n-2)/3!$ 就是所谓的四面体数，它们等于由点组成的四面体数组中点的个数（想象堆起来的炮弹）。现在，我们尝试着仔细研究帕斯卡三角形以得到包含二项式系数的其他关系式。

对帕斯卡三角形的各项还有另一种解释。设 n 是非负整数，而 k 是满足 $0 \leqslant k \leqslant n$ 的整数。定义

$$p(n,k)$$

为从左上角的项（即项 $\binom{0}{0}=1$）到项 $\binom{n}{k}$ 的路径的数目，其中在每一条路径上，我们从一项移动到下一行上这一项的直接下方的项或者它的直接右方的项上。图 5-3 给出在这条路径上从一项到下一项所允许的两种类型的移动。

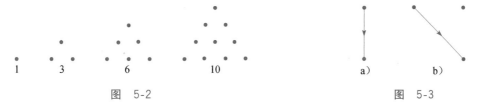

图　5-2　　　　　　　　　　　　　图　5-3

我们定义 $p(0,0)$ 等于 1，而对于每一个非负整数 n，都有

$$p(n,0) = 1 \quad \left(\text{必须直接下移到}\binom{n}{0}\right)$$

及

$$p(n,n) = 1 \quad \left(\text{必须沿对角线移动到}\binom{n}{n}\right)$$

注意，从 $\binom{0}{0}$ 到 $\binom{n}{k}$ 的每一条路径或者是

〔129〕

（1）一条从 $\binom{0}{0}$ 到 $\binom{n-1}{k}$ 的路径，并随后加上类型（a）的一次垂直移动，或者是

（2）从 $\binom{0}{0}$ 到 $\binom{n-1}{k-1}$ 的路径，并随后加上类型（b）的一次对角线移动。

因此，根据加法原理，我们有

$$p(n,k) = p(n-1,k) + p(n-1,k-1)$$

上式就是 $p(n,k)$ 的一个帕斯卡类型的关系。从相同的初始值开始计算，$p(n,k)$ 的确等于二项式系数。因此，对于所有满足 $0 \leqslant k \leqslant n$ 的整数 k 和 n，有

$$p(n,k) = \binom{n}{k}$$

于是，帕斯卡三角形的项 $\binom{n}{k}$ 的值代表从左上角到这一项的路径数，所允许的移动或者是类型 (a) 或者是类型 (b)。因此，我们得到了数 $\binom{n}{k}$ 的另一种组合解释。

5.2 二项式定理

二项式系数的名字来自它们在二项式定理中的使用。该定理最初的几种情形是若干为人熟知的代数恒等式。

定理 5.2.1 设 n 是正整数。对所有的 x 和 y，有

$$(x+y)^n = x^n + \binom{n}{1}x^{n-1}y + \binom{n}{2}x^{n-2}y^2 + \cdots + \binom{n}{n-1}x^1 y^{n-1} + y^n$$

用求和记号写出，即

$$(x+y)^n = \sum_{k=0}^{n} \binom{n}{k} x^{n-k} y^k$$

证明一 将 $(x+y)^n$ 写成 n 个 $x+y$ 因子的乘积形式

$$(x+y)(x+y)\cdots(x+y)$$

利用分配律将这个乘积完全展开，然后再合并同类项。因为在将 $(x+y)^n$ 乘开时，对于每一个因子 $(x+y)$，我们或者选择 x 或者选择 y，所以结果有 2^n 项，并且每一项都可以写成 $x^{n-k}y^k$ 的形式，其中 $k=0,1,\cdots,n$。在 n 个因子中，通过从 k 个因子中选择 y 且在剩下的 $n-k$ 个因子（默认）中选择 x 而得到项 $x^{n-k}y^k$。这样，在展开的乘积中项 $x^{n-k}y^k$ 出现的次数等于 n 个因子的集合的 k 子集数 $\binom{n}{k}$。因此，

$$(x+y)^n = \sum_{k=0}^{n} \binom{n}{k} x^{n-k} y^k$$

证明二 通过对 n 施归纳法证明。该证明比较复杂，可以帮助我们理解证明一中给出的组合观点。如果 $n=1$，则公式变成

$$(x+y)^1 = \sum_{k=0}^{1} \binom{1}{k} x^{1-k} y^k = \binom{1}{0} x^1 y^0 + \binom{1}{1} x^0 y^1 = x+y$$

显然这是成立的。现在假设该公式对于正整数 n 成立，证明用 $n+1$ 代替 n 时公式仍然成立。我们做如下重写：

$$(x+y)^{n+1} = (x+y)(x+y)^n$$

根据归纳假设，上式变成

$$(x+y)^{n+1} = (x+y)\left(\sum_{k=0}^{n}\binom{n}{k}x^{n-k}y^k\right) = x\left(\sum_{k=0}^{n}\binom{n}{k}x^{n-k}y^k\right) + y\left(\sum_{k=0}^{n}\binom{n}{k}x^{n-k}y^k\right)$$

$$= \sum_{k=0}^{n}\binom{n}{k}x^{n+1-k}y^k + \sum_{k=0}^{n}\binom{n}{k}x^{n-k}y^{k+1}$$

$$= \binom{n}{0}x^{n+1} + \sum_{k=1}^{n}\binom{n}{k}x^{n+1-k}y^k + \sum_{k=0}^{n-1}\binom{n}{k}x^{n-k}y^{k+1} + \binom{n}{n}y^{n+1}$$

在最后的一个求和中，用 $k-1$ 代替 k，得到

$$\sum_{k=0}^{n-1}\binom{n}{k}x^{n-k}y^{k+1} = \sum_{k=1}^{n}\binom{n}{k-1}x^{n+1-k}y^k$$

因此，

$$(x+y)^{n+1} = x^{n+1} + \sum_{k=1}^{n}\left[\binom{n}{k}+\binom{n}{k-1}\right]x^{n+1-k}y^k + y^{n+1}$$

利用帕斯卡公式，上式变成

$$(x+y)^{n+1} = x^{n+1} + \sum_{k=1}^{n} \binom{n+1}{k} x^{n+1-k} y^k + y^{n+1}$$

因为 $\binom{n+1}{0} = \binom{n+1}{n+1} = 1$，所以可以重写上面的等式得

$$(x+y)^{n+1} = \sum_{k=0}^{n+1} \binom{n+1}{k} x^{n+1-k} y^k$$

这就是用 $n+1$ 代替 n 后的二项式定理，根据归纳法，该定理成立。　　　　□

二项式定理还可以写成下面几种等价形式：

$$(x+y)^n = \sum_{k=0}^{n} \binom{n}{n-k} x^{n-k} y^k$$

$$(x+y)^n = \sum_{k=0}^{n} \binom{n}{n-k} x^k y^{n-k}$$

$$(x+y)^n = \sum_{k=0}^{n} \binom{n}{k} x^k y^{n-k}$$

根据定理 5.2.1 和下面的事实，可以推出上面的第一个公式：

$$\binom{n}{k} = \binom{n}{n-k} \quad (k = 0, 1, \cdots, n)$$

我们可以把 x 和 y 互换，从而得到上面的后两个公式。

$y=1$ 的情形经常出现，现在可以把它作为一个特殊情形表述如下。

定理 5.2.2　设 n 是正整数。对于所有的 x，有

$$(1+x)^n = \sum_{k=0}^{n} \binom{n}{k} x^k = \sum_{k=0}^{n} \binom{n}{n-k} x^k$$

在 $n=2$，3，4 时，二项式定理的特殊情况分别是

$$(x+y)^2 = x^2 + 2xy + y^2$$
$$(x+y)^3 = x^3 + 3x^2 y + 3xy^2 + y^3$$
$$(x+y)^4 = x^4 + 4x^3 y + 6x^2 y^2 + 4xy^3 + y^4$$

132

注意，上面这些展开式中出现的系数就是帕斯卡三角形相应行上的数。从定理 5.2.1 和帕斯卡三角形的构造可知，情况正是如此。

现在，考虑二项式系数所满足的其他一些等式。下面的等式

$$k\binom{n}{k} = n\binom{n-1}{k-1} \quad (n \text{ 和 } k \text{ 都是正整数}) \tag{5.2}$$

可以利用这样的事实立即得到证实：如果 $k>n$，则 $\binom{n}{k}=0$，且

$$\binom{n}{k} = \frac{n(n-1)\cdots(n-k+1)}{k(k-1)\cdots 1} \quad (1 \leqslant k \leqslant n)$$

而等式

$$\binom{n}{0} + \binom{n}{1} + \binom{n}{2} + \cdots + \binom{n}{n} = 2^n \quad (n \geqslant 0) \tag{5.3}$$

已经作为定理 3.3.2 而得到了证明，但是也可以根据二项式定理并设 $x=y=1$ 而证明它是成立的。如果在二项式定理中设 $x=1$，$y=-1$，则可以得到下面的交错和：

$$\binom{n}{0} - \binom{n}{1} + \binom{n}{2} - \cdots + (-1)^n \binom{n}{n} = 0 \quad (n \geqslant 1) \tag{5.4}$$

把带有负号的项移项，我们可以把它重新写作

$$\binom{n}{0} + \binom{n}{2} + \cdots = \binom{n}{1} + \binom{n}{3} + \cdots \quad (n \geqslant 1) \tag{5.5}$$

恒等式（5.5）可以理解如下：如果 S 是 n 元素集合，则有偶数个元素的 S 子集的数目等于有奇数个元素的 S 的子集的数目。的确，因为这两个和相等，再根据等式（5.3），它们的和等于 2^n，所以这两个和的值等于 2^{n-1}；即

$$\binom{n}{0} + \binom{n}{2} + \cdots = 2^{n-1} \tag{5.6}$$

$$\binom{n}{1} + \binom{n}{3} + \cdots = 2^{n-1} \tag{5.7}$$

利用组合推理可以验证这些恒等式如下：设 $S = \{x_1, x_2, \cdots, x_n\}$ 是 n 元素集合。我们可以把 S 的子集看成是下面判定过程的结果：

（1）考虑 x_1，决定是把它放进去，还是留在外面（两种选择）；

（2）考虑 x_2，决定是把它放进去，还是留在外面（两种选择）；

$\vdots$

（n）考虑 x_n，决定是把它放进去，还是留在外面（两种选择）。

我们有 n 次决策，每一次都有两个选择。因此正如我们在（5.3）中看到的，有 2^n 个子集。

现在，假设要选择一个具有偶数个元素的子集。于是，同前面一样，对于 $x_1, \cdots, x_{n-1}$ 中的每一个元素，都有两种选择。但是当我们取到 x_n 时，却只有一种选择。因为如果已经选择了偶数个元素 $x_1, x_2, \cdots, x_{n-1}$，那么对于 x_n，我们只能把它留在外面；如果已经选择了奇数个元素 $x_1, x_2, \cdots, x_{n-1}$，那么我们必须把 x_n 放进来。因此，拥有偶数个元素的 S 的子集的数目等于 2^{n-1}。因为（5.6）的左边也计数 S 的有偶数个元素的子集的数目，所以（5.6）成立。用同样的方法可以验证（5.7）成立。（然而，此时我们已经知道（5.3）和（5.6）都成立，所以（5.7）也成立。）

利用等式（5.2）和（5.3），可以导出下面的恒等式：

$$1\binom{n}{1} + 2\binom{n}{2} + \cdots + n\binom{n}{n} = n2^{n-1} \quad (n \geqslant 1) \tag{5.8}$$

为了证明它，首先，我们注意到根据（5.2），（5.8）与下式等价：

$$n\binom{n-1}{0} + n\binom{n-1}{1} + \cdots + n\binom{n-1}{n-1} = n2^{n-1} \quad (n \geqslant 1) \tag{5.9}$$

而此时，在（5.3）中用 $n-1$ 替换 n，得

$$n\binom{n-1}{0} + n\binom{n-1}{1} + \cdots + n\binom{n-1}{n-1} = n\left(\binom{n-1}{0} + \binom{n-1}{1} + \cdots + \binom{n-1}{n-1}\right) = n2^{n-1}$$

因此，（5.9）成立，从而（5.8）成立。下面是证明（5.8）的另一种方法：由二项式定理，

$$(1+x)^n = \binom{n}{0} + \binom{n}{1}x + \binom{n}{2}x^2 + \binom{n}{3}x^3 + \cdots + \binom{n}{n}x^n$$

如果对上式两边关于 x 求导，我们得到

$$n(1+x)^{n-1} = \binom{n}{1} + 2\binom{n}{2}x + 3\binom{n}{3}x^2 + \cdots + n\binom{n}{n}x^{n-1}$$

把 $x=1$ 代入上式，得到（5.8）。

许多等式都可以通过连续求导及关于 x 的乘法展开得到。为了简洁，我们现在利用求和符号。从下面等式开始：

$$(1+x)^n = \sum_{k=0}^{n} \binom{n}{k}x^k \tag{5.10}$$

对 (5.10) 两边关于 x 求导，我们得到

$$n(1+x)^{n-1} = \sum_{k=1}^{n} k\binom{n}{k} x^{k-1} \qquad (5.11)$$

把 $x=1$ 代入上式，得

$$n2^{n-1} = \sum_{k=1}^{n} k\binom{n}{k}$$

这个等式就是恒等式 (5.8)。在 (5.11) 两边乘以 x，我们得到

$$nx(1+x)^{n-1} = \sum_{k=1}^{n} k\binom{n}{k} x^{k} \qquad (5.12)$$

对等式 (5.12) 两边关于 x 求导，我们得到

$$n[(1+x)^{n-1} + (n-1)x(1+x)^{n-2}] = \sum_{k=1}^{n} k^2 \binom{n}{k} x^{k-1} \qquad (5.13)$$

把 $x=1$ 代入 (5.13)，我们得到

$$n[2^{n-1} + (n-1)2^{n-2}] = \sum_{k=1}^{n} k^2 \binom{n}{k} \qquad (5.14)$$

因此

$$n(n+1)2^{n-2} = \sum_{k=1}^{n} k^2 \binom{n}{k} \quad (n \geqslant 1) \qquad (5.15) \quad \boxed{135}$$

从 (5.10) 开始，通过交替关于 x 求导并乘以 x，我们可以得到 $\sum_{k=1}^{n} k^p \binom{n}{k}$ 相对于任何正整数 p 的恒等式，但是随着 p 的增大，这将变得很复杂。

关于帕斯卡三角形各行上的数字的平方和，我们得到下面这样的恒等式：

$$\sum_{k=0}^{n} \binom{n}{k}^2 = \binom{2n}{n} \quad (n \geqslant 0) \qquad (5.16)$$

利用组合推理可以证明恒等式 (5.16)。设 S 是一个有 $2n$ 个元素的集合，(5.16) 的右边计数 S 的 n 子集的数目。我们把 S 划分成 A 和 B 两个子集，每一个子集都有 n 个元素。利用 S 的这个划分去划分 S 的 n 子集。S 的每一个 n 子集包含 k 个 A 的元素和 $n-k$ 个 B 的元素。这里，k 是介于 0 和 n 之间的任意整数。我们把 S 的 n 子集划分成 $n+1$ 个部分：

$$C_0, C_1, C_2, \cdots, C_n$$

其中 C_k 是由包含 k 个 A 的元素和 $n-k$ 个 B 中的元素组成的 n 子集。根据加法原理，有

$$\binom{2n}{n} = |C_0| + |C_1| + |C_2| + \cdots + |C_n| \qquad (5.17)$$

C_k 中的 n 子集可以通过从 A 中选择 k 个元素（有 $\binom{n}{k}$ 种可能的选择方法），然后再从 B 中选择 $n-k$ 个元素（有 $\binom{n}{n-k}$ 种可能的选择方法）而得到。因此，根据乘法原理有

$$|C_k| = \binom{n}{k}\binom{n}{n-k} = \binom{n}{k}^2 \quad (k = 0, 1, \cdots, n)$$

把上面这个等式代入到 (5.17)，我们得到

$$\binom{2n}{n} = \binom{n}{0}^2 + \binom{n}{1}^2 + \binom{n}{2}^2 + \cdots + \binom{n}{n}^2$$

这就证明了 (5.16)（练习题 25 给出了这个恒等式的一般形式，我们把这个恒等式的一般形式称为范德蒙（Vandermonde）卷积公式）。

现在，扩展 $\binom{n}{k}$ 的定义范围，允许 n 是任意实数，而 k 是任意整数（正的、负的或零）。 $\boxed{136}$

设 r 是实数，k 是整数。这时，我们定义二项式系数 $\binom{r}{k}$ 为

$$\binom{r}{k} = \begin{cases} \dfrac{r(r-1)\cdots(r-k+1)}{k!} & k \geqslant 1 \\ 1 & k = 0 \\ 0 & k \leqslant -1 \end{cases}$$

例如，

$$\binom{5/2}{4} = \frac{(5/2)(3/2)(1/2)(-1/2)}{4!} = \frac{-5}{128}$$

$$\binom{-8}{2} = \frac{(-8)(-9)}{2} = 36$$

$$\binom{3.2}{0} = 1, \quad \binom{3}{-2} = 0$$

帕斯卡公式和公式（5.2），即

$$\binom{r}{k} = \binom{r-1}{k} + \binom{r-1}{k-1} \text{ 和 } k\binom{r}{k} = r\binom{r-1}{k-1}$$

对所有实数 r 和 k 也成立。这些公式都可以通过直接替换得到证明。利用帕斯卡公式的迭代，我们可以得到二项式系数的两个求和公式。

考虑帕斯卡公式

$$\binom{r}{k} = \binom{r-1}{k} + \binom{r-1}{k-1}$$

其中 k 是正整数。把帕斯卡公式应用到右边两个二项式系数中的一个，我们得到作为三个二项式系数之和的关于 $\binom{r}{k}$ 的表达式。假设我们反复对上式中最后一个二项式系数（变量最小的一项）运用帕斯卡公式，那么得到

$$\binom{r}{k} = \binom{r-1}{k} + \binom{r-1}{k-1}$$

$$\binom{r}{k} = \binom{r-1}{k} + \binom{r-2}{k-1} + \binom{r-2}{k-2}$$

$$\binom{r}{k} = \binom{r-1}{k} + \binom{r-2}{k-1} + \binom{r-3}{k-2} + \binom{r-3}{k-3}$$

$$\vdots$$

$$\binom{r}{k} = \binom{r-1}{k} + \binom{r-2}{k-1} + \binom{r-3}{k-2} + \cdots + \binom{r-k}{1} + \binom{r-k-1}{0} + \binom{r-k-1}{-1}$$

上式的最后一项 $\binom{r-k-1}{-1}$ 的值是 0，可以消掉。若用 $r+k+1$ 取代 r，并移项，我们得到

$$\binom{r}{0} + \binom{r+1}{1} + \cdots + \binom{r+k}{k} = \binom{r+k+1}{k} \tag{5.18}$$

等式（5.18）对于所有实数 r 和所有整数 k 都成立。注意，在（5.18）中，上面的变量开始于某个 r，而下面的变量开始于 0，这些变量逐项增加 1；最终的和是一个二项式系数，其上方变量比最后一项的上方变量大 1，而其下方变量就是最后一项的下方变量。

现在，假设对帕斯卡公式中的第一个二项式系数反复运用帕斯卡公式。为了简单起见，此时假设 r 是正整数 n，而且还假设 k 是正整数。

$$\binom{n}{k} = \binom{n-1}{k} + \binom{n-1}{k-1}$$

$$\binom{n}{k} = \binom{n-2}{k} + \binom{n-2}{k-1} + \binom{n-1}{k-1}$$

$$\binom{n}{k} = \binom{n-3}{k} + \binom{n-3}{k-1} + \binom{n-2}{k-1} + \binom{n-1}{k-1}$$

$$\vdots$$

$$\binom{n}{k} = \binom{0}{k} + \binom{0}{k-1} + \binom{1}{k-1} + \cdots + \binom{n-2}{k-1} + \binom{n-1}{k-1}$$

利用事实 $\binom{0}{k}=0$（因此可以抹掉这一项），用 $n+1$ 取代 n，并用 $k+1$ 取代 k，我们得到

$$\binom{n+1}{k+1} = \binom{0}{k} + \binom{1}{k} + \cdots + \binom{n-1}{k} + \binom{n}{k} \tag{5.19}$$

等式（5.19）对于所有的正整数 k 和 n 都成立。更重要的是要理解这个恒等式仅仅是帕斯卡公式的迭代形式。当然，（5.19）中的第一个非零项是 $\binom{k}{k}=1$。

如果在（5.19）中取 $k=1$，那么得到

$$1+2+\cdots+(n-1)+n = \frac{(n+1)n}{2}$$

138

这就是前 n 个整数的求和公式。

我们可以用数学归纳法和帕斯卡公式证明（5.18）和（5.19）。这些证明留作练习题。练习题中还给出其他一些关于二项式系数的恒等式。

5.3　二项式系数的单峰性

如果考察帕斯卡三角形某一行上的二项式系数，就会发现这些系数先是递增然后又递减。具有这种性质的数值序列称作是单峰的（unimodal）。因此，如果存在一个整数 t，且 $0 \leqslant t \leqslant n$，使得

$$s_0 \leqslant s_1 \leqslant \cdots \leqslant s_t, \quad s_t \geqslant s_{t+1} \geqslant \cdots \geqslant s_n$$

那么序列 s_0，s_1，s_2，$\cdots$，s_n 就是单峰的。s_t 为序列中的最大数。整数 t 不必是唯一的，因为最大数可以在序列中出现不止一次。例如，如果 $s_0=1$，$s_1=3$，$s_2=3$ 和 $s_3=2$，那么

$$s_0 \leqslant s_1 \leqslant s_2, \quad s_2 \geqslant s_3 \quad (t=2)$$

但也有

$$s_0 \leqslant s_1, \quad s_1 \geqslant s_2 \geqslant s_3 \quad (t=1)$$

定理 5.3.1　设 n 为正整数。二项式系数序列

$$\binom{n}{0}, \quad \binom{n}{1}, \quad \binom{n}{2}, \cdots, \binom{n}{n}$$

是单峰序列。更精确地说，如果 n 是偶数，则

$$\binom{n}{0} < \binom{n}{1} < \cdots < \binom{n}{n/2}$$

$$\binom{n}{n/2} > \cdots > \binom{n}{n-1} > \binom{n}{n}$$

如果 n 是奇数，则

$$\binom{n}{0} < \binom{n}{1} < \cdots < \binom{n}{(n-1)/2} = \binom{n}{(n+1)/2}$$

$$\binom{n}{(n+1)/2} > \cdots > \binom{n}{n-1} > \binom{n}{n}$$

139

证明 考虑序列中连续两个二项式系数的商。令 k 为满足 $1 \leqslant k \leqslant n$ 的整数。于是

$$\frac{\binom{n}{k}}{\binom{n}{k-1}} = \frac{\dfrac{n!}{k!(n-k)!}}{\dfrac{n!}{(k-1)!(n-k+1)!}} = \frac{n-k+1}{k}$$

因此，根据 $k < n-k+1$，$k = n-k+1$ 或者 $k > n-k+1$，分别有

$$\binom{n}{k-1} < \binom{n}{k}, \quad \binom{n}{k-1} = \binom{n}{k} \text{ 或者 } \binom{n}{k-1} > \binom{n}{k}$$

现在，$k < n-k+1$ 当且仅当 $k < (n+1)/2$。如果 n 是偶数，那么因为 k 是整数，所以 $k < (n+1)/2$ 等价于 $k \leqslant n/2$。如果 n 是奇数，那么 $k < (n+1)/2$ 等价于 $k \leqslant (n-1)/2$。因此，此时的二项式系数按照定理叙述是递增的。现在，我们看到 $k = n-k+1$ 当且仅当 $2k = n+1$。如果 n 是偶数，则对任何的 k 都有 $2k \neq n+1$。如果 n 是奇数，则对 $k = (n+1)/2$，有 $2k = n+1$。因此，对于偶数 n，序列中没有两个相邻的二项式系数相等。对于奇数 n，具有相等值的唯一两个相邻二项式系数是

$$\binom{n}{(n-1)/2} \quad \text{和} \quad \binom{n}{(n+1)/2}$$

同理可证二项式系数的递减部分。 □

对任意实数 x，设 $\lfloor x \rfloor$ 表示小于或等于 x 的最大整数。整数 $\lfloor x \rfloor$ 称为 x 的向下取整（floor）。类似地，x 的向上取整（ceiling）为大于或等于 x 的最小整数 $\lceil x \rceil$。例如，

$$\lfloor 2.5 \rfloor = 2, \quad \lfloor 3 \rfloor = 3, \quad \lfloor -1.5 \rfloor = -2$$

和

$$\lceil 2.5 \rceil = 3, \quad \lceil 3 \rceil = 3, \quad \lceil -1.5 \rceil = -1$$

还有

$$\left\lfloor \frac{n}{2} \right\rfloor = \left\lceil \frac{n}{2} \right\rceil = \frac{n}{2}, \quad \text{若 } n \text{ 是偶数}$$

及

$$\left\lfloor \frac{n}{2} \right\rfloor = \frac{n-1}{2}, \quad \left\lceil \frac{n}{2} \right\rceil = \frac{n+1}{2}, \quad \text{若 } n \text{ 是奇数}$$

推论 5.3.2 对于正整数 n，二项式系数

$$\binom{n}{0}, \binom{n}{1}, \binom{n}{2}, \cdots, \binom{n}{n}$$

中的最大者为

$$\binom{n}{\lfloor n/2 \rfloor} = \binom{n}{\lceil n/2 \rceil}$$

证明 该推论由定理 5.3.1 以及前面对于向下取整和向上取整函数的观察导出。 □

在本节的结尾，我们讨论定理 5.3.1 的一个扩展——Sperner 定理[一]。设 S 是 n 元素集合。S 的一个反链[二]（antichain）是集合 S 的子集的一个集合 $\mathcal{A}$，其中 $\mathcal{A}$ 中的子集不相互包含。例如，若 $S = \{a, b, c, d\}$，则

$$\mathcal{A} = \{\{a,b\}, \{b,c,d\}, \{a,d\}, \{a,c\}\}$$

就是一个反链。得到集合 S 的反链的方法之一是选择一个整数 $k \leqslant n$，然后取 $\mathcal{A}_k$ 为 S 所有的 k 子集。因为 $\mathcal{A}_k$ 中的每一个子集都有 k 个元素，$\mathcal{A}_k$ 中的子集不相互包含，因此 $\mathcal{A}_k$ 是一个反链。根据前

[一] E. Sperner，Ein Satz uber Untermengen einer endlichen Menger［关于有限集合子集合的一个定理］，*Math*，*Zeitschrift*，27（1928），544-548。

[二] 稍后将定义链的概念。

面的推论可知，用这种方法构造的反链至多含有

$$\binom{n}{\lfloor n/2\rfloor}$$

个集合。例如，若 $n=4$ 且 $S=\{a,\ b,\ c,\ d\}$，则 S 的 2 子集给出大小为 6 的反链

$$\mathcal{C}_2=\{\{a,b\},\{a,c\},\{a,d\},\{b,c\},\{b,d\},\{c,d\}\}$$

我们是否能够通过选择不止一种大小的子集而做得更完美呢？这个问题的答案是否定的，这就是 Sperner 定理的结论。在陈述这个定理之前，我们引入一个新概念。

S 的子集的集合 $\mathcal{C}$ 是一条链（chain），只要对于 $\mathcal{C}$ 中的每一对子集，总有一个包含在另一个之中：

$$A_1,A_2\ \text{在}\ \mathcal{C}\ \text{中，且}\ A_1\neq A_2\ \text{意味着}\ A_1\subset A_2\ \text{或者}\ A_2\subset A_1$$

如果 $n=5$，而 $S=\{1,\ 2,\ 3,\ 4,\ 5\}$，利用包含关系写出的链的例子是

$$\{2\}\subset\{2,3,5\}\subset\{1,2,3,5\}$$

和

$$\varnothing\subset\{3\}\subset\{3,4\}\subset\{1,3,4\}\subset\{1,3,4,5\}\subset\{1,2,3,4,5\}$$

[141]

第二个例子是一个最大链，它包含 S 各种可能大小的子集各一个，或等价地说，在这个链中不再可能挤入更多的子集。一般地，如果 $S=\{1,\ 2,\ \cdots,\ n\}$，所谓的最大链是这样的一个链：

$$A_0=\varnothing\subset A_1\subset A_2\subset\cdots\subset A_n$$

其中对于 $i=0,\ 1,\ 2,\ \cdots,\ n$，都有 $|A_i|=i$。利用如下方法可以得到 S 的每一个最大链：

（0）从空集开始。

（1）在 S 中选择一个元素 i_1，形成 $A_1=\{i_1\}$。

（2）选择一个元素 $i_2\neq i_1$，形成 $A_2=\{i_1,\ i_2\}$。

（3）选择一个元素 $i_3\neq i_1,\ i_2$，形成 $A_3=\{i_1,\ i_2,\ i_3\}$。

$\quad\vdots$

（k）选择一个元素 $i_k\neq i_1,\ i_2,\ \cdots,\ i_{k-1}$，形成 $A_k=\{i_1,\ i_2,\ \cdots,\ i_k\}$。

$\quad\vdots$

（n）选择一个元素 $i_n\neq i_1,\ i_2,\ \cdots,\ i_{n-1}$，形成 $A_n=\{i_1,\ i_2,\ \cdots,\ i_n\}$。显然，$A_n=\{1,\ 2,\ \cdots,\ n\}$。

注意，执行上述步骤实际上相当于选择 $\{1,\ 2,\ \cdots,\ n\}$ 的一个排列 $i_1,\ i_2,\ \cdots,\ i_n$，而且 S 的最大链与 $\{1,\ 2,\ \cdots,\ n\}$ 的排列之间存在一一对应关系。特别地，最大链的数目等于 $n!$。更一般地，$|A|=k$ 时，给定任意的 $A\subset S$，包含 A 的最大链的数目等于 $k!\ (n-k)!$（其中有 $k!$ 个是包含于 A 的集合的数目，而有 $(n-k)!$ 个是包含 A 的集合的数目）。

由链和反链的定义可以得出一个结论，就是链至多只能包含任意一个反链的一个成员，也就是说链和反链的交至多只有一个成员。

定理 5.3.3　设 S 是 n 元素集合。那么 S 上的一个反链至多包含 $\binom{n}{\lfloor n/2\rfloor}$ 个集合。

证明⊖　设 A 是一个反链。我们用两种不同的方法计数有序对 $(A,\ C)$ 的数目 β，其中 A 在 $\mathcal{A}$ 中，C 是包含 A 的最大链。首先，我们关注最大链 C，因为每一个最大链至多包含反链 A 中的一个子集，所以 β 至多等于最大链的个数，即 $\beta\leqslant n!$。现在，再看反链 A 中的子集 A，我们知道，如果 $|A|=k$，那么至多存在 $k!\ (n-k)!$ 个包含 A 的最大链 C。设 α_k 是反链 A 中大小为 k 的子集 [142]

⊖　这一漂亮的证明归功于 D. Lubell，A short Proof of Sperner's Theorem，*J. Combinatorial Theory*，1 (1966)，299。

个数，使得 $|\mathcal{A}| = \sum_{k=0}^{n} \alpha_k$。于是

$$\beta = \sum_{k=0}^{n} \alpha_k k!(n-k)!$$

又因为 $\beta \leqslant n!$，所以我们得到

$$\sum_{k=0}^{n} \alpha_k k!(n-k)! \leqslant n!$$

$$\sum_{k=0}^{n} \alpha_k \frac{k!(n-k)!}{n!} \leqslant 1$$

$$\sum_{k=0}^{n} \frac{\alpha_k}{\binom{n}{k}} \leqslant 1$$

根据推论 5.3.2，当 $k = \lfloor n/2 \rfloor$ 时，$\binom{n}{k}$ 最大，于是我们得到要证的结果

$$|\mathcal{A}| \leqslant \sum_{k=0}^{n} \alpha_k \leqslant \binom{n}{\lfloor n/2 \rfloor} \qquad \square$$

如果 n 是偶数，我们可以证明大小为 $\binom{n}{\lfloor n/2 \rfloor}$ 的唯一的反链是 S 的所有 $\frac{n}{2}$ 子集构成的反链。

如果 n 是奇数，仅有的同样大小的反链是 S 的所有 $\frac{n-1}{2}$ 子集构成的反链以及 S 的所有 $\frac{n+1}{2}$ 子集构成的反链。参见练习题 30～32。

如果再稍稍多做些工作就可以得到比定理 5.3.3 更强的结论，我们将在 5.6 节中讨论。

5.4 多项式定理

对于每一个正整数 n，二项式定理给出 $(x+y)^n$ 的公式。我们可以把它扩展得到 $(x+y+z)^n$ 的公式，或更一般地，扩展到 t 个实数的和的 n 次幂 $(x_1+x_2+\cdots+x_t)^n$ 的公式。在这个一般的公式中，二项式系数的角色被所谓的多项式系数取代，该系数的定义是

$$\binom{n}{n_1 \; n_2 \cdots n_t} = \frac{n!}{n_1! n_2! \cdots n_t!} \tag{5.20}$$

其中，n_1，n_2，$\cdots$，n_t 是非负整数且

$$n_1 + n_2 + \cdots + n_t = n$$

回想一下 3.4 节，我们知道 (5.20) 表示重数分别为 n_1，n_2，$\cdots$，n_t 的 t 种不同类型对象的多重集合的排列数目。对于非负的 n 和 k 且有如下值

$$\frac{n!}{k!(n-k)!} \quad (k=0,1,\cdots,n)$$

的二项式系数 $\binom{n}{k}$ 按这一记法变成

$$\binom{n}{k \; n-k}$$

而且它代表着重数分别为 k 和 $n-k$ 的两种类型的对象的多重集合的排列数目。

在这个记法之下，关于正数 n 和 k 的二项式系数的帕斯卡公式为

$$\binom{n}{k \; n-k} = \binom{n-1}{k \; n-k-1} + \binom{n-1}{k-1 \; n-k}$$

多项式系数的帕斯卡公式是

$$\binom{n}{n_1 \ n_2 \cdots n_t} = \binom{n-1}{n_1-1 \ n_2 \cdots n_t} + \binom{n-1}{n_1 \ n_2-1 \cdots n_t} + \cdots + \binom{n-1}{n_1 \ n_2 \cdots n_t-1} \quad (5.21)$$

直接代入并利用（5.20）的多项式系数值可以证明（5.21）。例如，设 $t=3$，n_1，n_2，n_3 都是正整数且 $n_1+n_2+n_3=n$。这时有

$$\binom{n-1}{n_1-1 \ n_2 \ n_3} + \binom{n-1}{n_1 \ n_2-1 \ n_3} + \binom{n-1}{n_1 \ n_2 \ n_3-1}$$

$$= \frac{(n-1)!}{(n_1-1)!n_2!n_3!} + \frac{(n-1)!}{n_1!(n_2-1)!n_3!} + \frac{(n-1)!}{n_1!n_2!(n_3-1)!}$$

$$= \frac{n_1 \times (n-1)!}{n_1!n_2!n_3!} + \frac{n_2 \times (n-1)!}{n_1!n_2!n_3!} + \frac{n_3 \times (n-1)!}{n_1!n_2!n_3!}$$

$$= (n_1+n_2+n_3) \times \frac{(n-1)!}{n_1!n_2!n_3!} = n \times \frac{(n-1)!}{n_1!n_2!n_3!}$$

$$= \frac{n!}{n_1!n_2!n_3!} = \binom{n}{n_1 \ n_2 \ n_3}$$

在练习题中，我们对（5.21）的组合推理证明给出了一个提示。

在陈述下面的一般定理之前，我们首先考虑一个特殊情况。设 x_1，x_2，x_3 是实数。如果把下面的表达式

$$(x_1+x_2+x_3)^3$$

完全乘开并合并同类项（要求读者这样做一下），我们得到和

$$x_1^3+x_2^3+x_3^3+3x_1^2x_2+3x_1x_2^2+3x_1^2x_3+3x_1x_3^2+3x_2^2x_3+3x_2x_3^2+6x_1x_2x_3$$

上面的和中出现的各项都是形如 $x_1^{n_1} x_2^{n_2} x_3^{n_3}$ 的项，其中 n_1，n_2，n_3 都是非负整数，且 $n_1+n_2+n_3=3$。在上面的表达式中，经验证 $x_1^{n_1} x_2^{n_2} x_3^{n_3}$ 的系数恰好等于

$$\binom{3}{n_1 \ n_2 \ n_3} = \frac{3!}{n_1!n_2!n_3!}$$

更一般地，我们得到下面的多项式定理。

定理 5.4.1　设 n 是正整数。对于所有的 x_1，x_2，…，x_t，有

$$(x_1+x_2+\cdots+x_t)^n = \sum \binom{n}{n_1 \ n_2 \cdots n_t} x_1^{n_1} x_2^{n_2} \cdots x_t^{n_t}$$

其中求和是对 $n_1+n_2+\cdots+n_t=n$ 的所有的非负整数解 n_1，n_2，…，n_t 进行的。

证明　我们扩展二项式定理的第一个证明。把 $(x_1+x_2+\cdots+x_t)^n$ 写成 n 个因子乘积的形式，每个因子等于 $(x_1+x_2+\cdots+x_t)$。用分配律及合并同类项将这个乘积完全展开。对于 n 个因子中的每一个，选取 t 个数 x_1，x_2，…，x_t 中的一个并形成乘积。用这种方法所得的结果共有 t^n 项，而且每一项都可以写成 $x_1^{n_1} x_2^{n_2} \cdots x_t^{n_t}$ 的形式，其中 n_1，n_2，…，n_t 是非负整数，其和为 n。通过选择 n 个因子中的 n_1 个为 x_1，剩下的 $n-n_1$ 个因子中的 n_2 个为 x_2，…，剩下的 $n-n_1-\cdots-n_{t-1}$ 个因子中的 n_t 个为 x_t，最终得到 $x_1^{n_1} x_2^{n_2} \cdots x_t^{n_t}$ 项。根据乘法原理，项 $x_1^{n_1} x_2^{n_2} \cdots x_t^{n_t}$ 出现的次数等于

$$\binom{n}{n_1}\binom{n-n_1}{n_2}\cdots\binom{n-n_1-\cdots-n_{t-1}}{n_t}$$

我们已在 3.4 节中看到，这个数等于多项式系数

$$\frac{n!}{n_1!n_2!\cdots n_t!}$$

到此，定理得证。 □

例子 展开 $(x_1+x_2+x_3+x_4+x_5)^7$ 时，$x_1^2 x_3 x_4^3 x_5$ 的系数等于

$$\binom{7}{2\ 0\ 1\ 3\ 1}=\frac{7!}{2!0!1!3!1!}=420 \qquad \square$$

例子 展开 $(2x_1-3x_2+5x_3)^6$ 时，$x_1^3 x_2 x_3^2$ 的系数等于

$$\binom{6}{3\ 1\ 2}2^3(-3)(5)^2=-36\,000 \qquad \square$$

出现在 $(x_1+x_2+\cdots+x_t)^n$ 的多项式展开式中的不同项的个数是

$$n_1+n_2+\cdots+n_t=n$$

的非负整数解的个数。由 3.5 节可知，这些解的个数等于

$$\binom{n+t-1}{n}$$

例如，如果把 $(x_1+x_2+x_3+x_4)^6$ 完全乘开，则它含有

$$\binom{6+4-1}{6}=\binom{9}{6}=84$$

个不同的项。项的总数等于 4^6。

5.5 牛顿二项式定理

1676 年，牛顿扩展了 5.2 节给出的二项式定理，得到了 $(x+y)^\alpha$ 的展开式，其中，α 是任意实数。然而，对于一般的指数，这种展开式将是一个无穷级数，需要考虑收敛性问题。我们将只局限于叙述定理并考虑某些特殊的情况。这个定理的证明可以在大多数高等微积分书中找到。

146

定理 5.5.1 设 α 是实数。对于所有满足 $0\leqslant|x|<|y|$ 的 x 和 y，有

$$(x+y)^\alpha=\sum_{k=0}^{\infty}\binom{\alpha}{k}x^k y^{\alpha-k}$$

其中

$$\binom{\alpha}{k}=\frac{\alpha(\alpha-1)\cdots(\alpha-k+1)}{k!}$$

如果 α 是正整数 n，那么对于 $k>n$，$\binom{n}{k}=0$，上述展开式变成

$$(x+y)^n=\sum_{k=0}^{n}\binom{n}{k}x^k y^{n-k}$$

这就是 5.2 节的二项式定理。

如果设 $z=x/y$，则 $(x+y)^\alpha=y^\alpha(z+1)^\alpha$。于是定理 5.5.1 可以等价地转述成：对满足 $|z|<1$ 的任意 z，有

$$(1+z)^\alpha=\sum_{k=0}^{\infty}\binom{\alpha}{k}z^k$$

假设 n 是一个正整数，我们选择 α 为负整数 $-n$，则

$$\binom{\alpha}{k}=\binom{-n}{k}=\frac{-n(-n-1)\cdots(-n-k+1)}{k!}$$

$$=(-1)^k\frac{n(n+1)\cdots(n+k-1)}{k!}=(-1)^k\binom{n+k-1}{k}$$

因此，对于 $|z|<1$，有

$$(1+z)^{-n} = \frac{1}{(1+z)^n} = \sum_{k=0}^{\infty} (-1)^k \binom{n+k-1}{k} z^k$$

用$-z$代替z，我们得到

$$(1-z)^{-n} = \frac{1}{(1-z)^n} = \sum_{k=0}^{\infty} \binom{n+k-1}{k} z^k \qquad (5.22)$$

如果$n=1$，则$\binom{n+k-1}{k} = \binom{k}{k} = 1$，我们得到 |147|

$$\frac{1}{1+z} = \sum_{k=0}^{\infty} (-1)^k z^k \quad (|z|<1)$$

和

$$\frac{1}{1-z} = \sum_{k=0}^{\infty} z^k \quad (|z|<1) \qquad (5.23)$$

在展开式（5.22）中出现的二项式系数$\binom{n+k-1}{k}$是前面计数问题中已经出现的类型，而这表明可以用组合推理导出（5.22）。我们从无穷几何级数（5.23）开始。此时

$$\frac{1}{(1-z)^n} = (1+z+z^2+\cdots)\cdots(1+z+z^2+\cdots) \quad (n \text{ 个因子}) \qquad (5.24)$$

通过从第一个因子选取z^{k_1}，从第二个因子选取z^{k_2}，$\cdots$，从第n个因子选取z^{k_n}，得到这个乘积中的一项z^k，其中k_1，k_2，$\cdots$，k_n为非负整数，其和为k：

$$z^{k_1} z^{k_2} \cdots z^{k_n} = z^{k_1+k_2+\cdots+k_n} = z^k$$

因此，得到z^k的不同方法数（即式（5.24）中z^k的系数）等于

$$k_1+k_2+\cdots+k_n = k$$

的非负整数解的个数，而我们知道它就是

$$\binom{n+k-1}{k}$$

二项式定理可以用来得到任意精度的平方根。如果我们取$\alpha = \frac{1}{2}$，那么

$$\binom{\alpha}{0} = 1$$

而对于$k>0$有

$$\begin{aligned}
\binom{\alpha}{k} = \binom{1/2}{k} &= \frac{\frac{1}{2}\left(\frac{1}{2}-1\right)\cdots\left(\frac{1}{2}-k+1\right)}{k!} \\
&= \frac{(-1)^{k-1}}{2^k} \frac{1 \times 2 \times 3 \times 4 \times \cdots \times (2k-3) \times (2k-2)}{2 \times 4 \times \cdots \times (2k-2) \times (k!)} \\
&= \frac{(-1)^{k-1}}{k \times 2^{2k-1}} \frac{(2k-2)!}{(k-1)!^2} = \frac{(-1)^{k-1}}{k \times 2^{2k-1}} \binom{2k-2}{k-1}
\end{aligned}$$

|148|

因此，对$|z|<1$，有

$$\sqrt{1+z} = (1+z)^{1/2} = 1 + \sum_{k=1}^{\infty} \frac{(-1)^{k-1}}{k \times 2^{2k-1}} \binom{2k-2}{k-1} z^k = 1 + \frac{1}{2}z - \frac{1}{2 \times 2^3}\binom{2}{1}z^2 + \frac{1}{3 \times 2^5}\binom{4}{2}z^3 - \cdots$$

例如，

$$\sqrt{20} = \sqrt{16+4} = 4\sqrt{1+0.25} = 4\left(1 + \frac{1}{2}(0.25) - \frac{1}{8}(0.25)^2 + \frac{1}{16}(0.25)^3 - \cdots\right) = 4.472\cdots$$

在第 7 章，我们将利用一般的二项式定理去解决生成函数给出的某种递推关系。

5.6 再论偏序集

5.3 节讨论了集合 X 的所有子集的这个特殊偏序集 $\mathcal{P}(X)$ 中的反链和链的概念。本节我们把这些概念扩展到一般意义下的偏序集，并证明某些基本的定理。

设 $(X, \leqslant)$ 是有限偏序集。反链是 X 的一个子集 A，它的任意两个元素都不可比。相比之下，链是 X 的一个子集 C，它的每一对元素都可比。因此，链 C 是 X 的一个全序子集，根据定理 4.5.2 可知，链的元素可以被线性排序：$x_1 < x_2 < \cdots < x_t$。通常，我们表示一个链时就是用这种方式将其写成线性序的形式。从定义立刻可知，链的子集也是链，反链的子集还是反链。由链和反链的定义可知，反链和链之间的重要联系为：

$$\text{如果 } A \text{ 是一个反链而 } C \text{ 是一个链，则 } |A \cap C| \leqslant 1$$

例子 设 $X = \{1, 2, \cdots, 10\}$，考虑偏序集 $(X, |)$，它的偏序 $|$ 是"可被…整除"。于是，$\{4, 6, 7, 9, 10\}$ 是大小为 5 的反链，这是因为其中没有整数可以被另一个整数整除，而 $1 | 2 | 4 | 8$ 是大小为 4 的链。不存在大小为 6 的反链，也不存在大小为 5 的链。 □

设 $(X, \leqslant)$ 是有限偏序集。现在，我们考虑将 X 划分成链的划分以及划分成反链的划分。如果存在一个大小为 r 的链 C，则因为 C 中没有两个元素能够同属于同一个反链，所以 X 不能划分成少于 r 个反链。类似地，如果存在一个大小为 s 的反链 A，则因为 A 中没有两个元素能够同属于同一个链，所以 X 不能划分成少于 s 个链。本节的主要目的就是要证明两个定理，这两个定理更精确地反映了反链和链之间的这种联系。虽然在链和反链之间有这种"对偶性"[⊖]，但其中一个定理的证明相当简短，而另一个的证明则要复杂一些。

让我们回忆一下，所谓的偏序集的极小元是这样一个元素 a，即不存在满足 $x < a$ 的元素 x。而极大元是这样的一个元素 b，即不存在满足 $b < y$ 的元素 y。偏序集的所有极小元的集合形成一个反链，所有极大元的集合也如此。

定理 5.6.1 设 $(X, \leqslant)$ 是有限偏序集，而设 r 是链的最大大小。则 X 可以被划分成 r 个反链，但不能划分成少于 r 个反链。

证明 正如前面已经提到的那样，X 不能划分成少于 r 个反链。这样，只要证明 X 可以划分成 r 个反链即可。令 $X_1 = X$，并设 A_1 是 X 的极小元的集合。从 X_1 中删除 A_1 的元素得到 X_2，对于 X_2 中的每一个元素，存在 A_1 的某个元素在这个偏序之下在这个元素的下方。设 A_2 是 X_2 的极小元的集合。从 X_2 中删除 A_2 的元素得到 X_3。对于 X_3 的每一个元素，存在 A_2 的某个元素在这个偏序之下在它的下方。设 A_3 是 X_3 的极小元的集合。继续这样做下去，直到我们得到满足下面条件的第一个整数 p：$X_p \neq \varnothing$，但 $X_{p+1} = \varnothing$。于是 $A_1, A_2, \cdots, A_p$ 就是把 X 划分成反链的划分。用图表示，我们有

$$
\begin{array}{c}
A_p \\
— \\
A_{p-1} \\
— \\
\vdots \\
— \\
A_2 \\
— \\
A_1
\end{array}
$$

[⊖] 在一个链中，每一对元素都是可比的，而在一个反链中，每一对元素都是不可比的。

其中，对于 A_j 的每一个元素，总存在 A_{j-1} 中的某个元素在这个偏序之下在它的下方（$2 \leqslant j \leqslant p$）。从 A_p 的某个元素 a_p 开始，我们可以得到一个链

$$a_1 < a_2 < \cdots < a_p$$

其中，a_1 在 A_1 中，a_2 在 A_2 中，$\cdots$，a_p 在 A_p 中。因为 r 是链的最大大小，所以 $r \geqslant p$。又因为 X 可以被划分为 p 个反链，所以有 $r \leqslant p$。因此 $r = p$，定理得证。 □ 150

为了说明定理 5.6.1，设 $X = \{1, 2, \cdots, n\}$，考虑 X 的所有子集在包含关系之下构成的偏序集。于是链的最大大小为 $n+1$；事实上，

$$\varnothing \subset \{1\} \subset \{1,2\} \subset \{1,2,3\} \subset \cdots \subset \{1,2,\cdots,n\}$$

就是这样的一个链。而 X 的所有子集组成的集合 $\mathcal{P}(X)$ 可以被划分成 $n+1$ 个反链，即由 X 的所有大小为 $k(k=0, 1, \cdots, n)$ 的子集构成的反链。

这个定理的"对偶"定理通常叫作 Dilworth 定理。

定理 5.6.2 设 $(X, \leqslant)$ 是有限偏序集，并设 m 是反链的最大大小。则 X 可以被划分成 m 个链，但不能划分成少于 m 个链。

证明[注] 正如前面已经提到的那样，X 不能划分成少于 m 个链。这样，只要证明 X 可以被划分成 m 个链即可。通过对 X 中的元素个数 n 施归纳法证明定理结论。$n=1$ 时，结论显然成立。假设 $n>1$。

我们考虑两种情形：

情形 1 存在一个大小为 m 的反链 A，它既不是 X 的所有极大元的集合，也不是 X 的所有极小元的集合。

在这种情况下，设

$$A^+ = \{x : x \text{ 属于 } X \text{ 且对 } A \text{ 中某个 } a, a \leqslant x\}$$

这个集合是 X 中属于 A 的元素及在 A 中某个元素之上的那些元素组成的集合，设

$$A^- = \{x : x \text{ 属于 } X \text{ 且对 } A \text{ 中某个 } a, x \leqslant a\}$$

这个集合是 X 中属于 A 的元素及在 A 中某个元素之下的那些元素组成的集合。因此 A^+ 由所有 A "上方"的元素组成，而 A^- 由所有 A "下方"的元素组成。对此，下述性质成立：

(1) 因为存在不在 A 中的极小元，所以 $A^+ \neq X$（从而 $|A^+| < |X|$）；

(2) 因为存在不在 A 中的极大元，所以 $A^- \neq X$（从而 $|A^-| < |X|$）；

(3) $A^+ \bigcap A^- = A$，这是因为假如存在一个在 $A^+ \bigcap A^-$ 中但不在 A 中的元素 x，那么 A 中存在元素 a_1 和 a_2，使得 $a_1 < x < a_2$，这与 A 是反链矛盾；

(4) $A^+ \bigcup A^- = X$，这是因为假如存在不在 $A^+ \bigcup A^-$ 中的元素 x，那么 $A \bigcup \{x\}$ 就是一个大小比 A 还要大的反链。 151

应用归纳假设于更小的偏序集 A^+ 和 A^- 上，A^+ 可以被划分成 m 个链 $E_1, E_2, \cdots, E_m$，A^- 可以被划分成 m 个链 $F_1, F_2, \cdots, F_m$。A 的元素都是 A^- 的极大元，从而是链 $F_1, F_2, \cdots, F_m$ 的最后的元素；A 的元素都是 A^+ 的极小元，从而是链 $E_1, E_2, \cdots, E_m$ 的最开始的元素。把这些链成对"粘"在一起形成 m 个链，构成 X 的一个链划分[注]。

情形 2 最多存在两个大小为 m 的反链，即它们或者是所有极大元的集合和所有极小元的集

⊖ 这一相对简单一些的证明取自于 M. A. Perles, A Proof of Dilworth's Decomposition Theorem for Partially Ordered Sets, *Israel J. Math.*, 1 (1963), 105-107。

⊖ 这里"粘在一起"的意思是，由链划分的定义可知，A 中每一个元素 x 出现在 m 个链 $E_1, E_2, \cdots, E_m$ 中的一个链中，同时出现在 m 个链 $F_1, F_2, \cdots, F_m$ 中的一个链中。将这两个链首尾连接并去掉多余的一个 x 构成 X 的一个链，而这样得到的 m 个链构成 X 的链划分。——译者注

合, 或者是它们之中的一个。设 x 是极小元而 y 是极大元且 $x \leqslant y$ (x 可以等于 y)。于是, $X -$ $\{x, y\}$ 的反链的最大大小为 $m-1$。根据归纳假设, $X - \{x, y\}$ 可以被划分成 $m-1$ 个链。这些链和链 $x \leqslant y$ 一起给出了将 X 划分成 m 个链的一个链划分。 □

现在, 考虑 n 元素集合 $X = \{1, 2, \cdots, n\}$ 的所有子集的偏序集 $\mathcal{P}(X)$。根据定理 5.3.3, $\mathcal{P}(X)^{\ominus}$ 的反链的最大大小是最大的二项式系数 $\binom{n}{\lfloor n/2 \rfloor}$。因此, 根据定理 5.6.2, X 的所有子集的集合可以被划分成 $\binom{n}{\lfloor n/2 \rfloor}$ 个链。每个链都必须正好包含一个大小为 $\binom{n}{\lfloor n/2 \rfloor}$ 的子集。现在, 我们说明如何构造出一个链划分。一旦完成这一工作, 我们也就给出了 Sperner 定理的另一个证明。

下面是 $n=1, 2, 3$ 时的链划分:

$n=1$:
$$\varnothing \subset \{1\}$$

$n=2$:
$$\varnothing \subset \{1\} \subset \{1,2\}$$
$$\{2\}$$

$n=3$:
$$\varnothing \subset \{1\} \subset \{1,2\} \subset \{1,2,3\}$$
$$\{2\} \subset \{2,3\}$$
$$\{3\} \subset \{1,3\}$$

可以通过上面给出的 $\{1, 2, 3\}$ 的所有子集的集合的链划分而得到 $\{1, 2, 3, 4\}$ 的所有子集的集合的链划分: 我们取每一个含多个子集的链 (前面给出的 $n=3$ 的链都有这个性质), 并为 $n=4$ 构造两个链。

(1) 第一个链是在已经给出的 $n=3$ 的链的后面再加上把 4 加到这个链的最后一个子集中而得到的集合;

(2) 第二个链是把 4 加到这个链中除最后一个子集之外的所有子集中 (并删除最后一个子集) 而得到。

于是, 链
$$\varnothing \subset \{1\} \subset \{1,2\} \subset \{1,2,3\}$$

变成
$$\varnothing \subset \{1\} \subset \{1,2\} \subset \{1,2,3\} \subset \{1,2,3,4\} \text{ 及 } \{4\} \subset \{1,4\} \subset \{1,2,4\}$$

而链
$$\{2\} \subset \{2,3\}$$

变成
$$\{2\} \subset \{2,3\} \subset \{2,3,4\} \text{ 及 } \{2,4\}$$

而链
$$\{3\} \subset \{1,3\}$$

变成

⊖ 原书为 "The collection of all subsets of …", 而在后文中常用 "the subsets of …", 还有些地方省去了 "the subsets of …"。为准确表述原文意思起见, 我们将统一译作 "…的所有子集的集合", 熟悉集合知识的读者可以把它理解成 "…的幂集"。——译者注

$$\{3\} \subset \{1,3\} \subset \{1,3,4\} \text{ 及} \{3,4\}$$

因此，我们得到集合 $\{1, 2, 3, 4\}$ 的所有子集的集合有 $6 = \binom{4}{2}$ 个链的链划分。在这个 $n=4$ 的划分中的链都有这样的两个性质：链中每一个子集含有的元素个数比它前面的子集含有的元素个数多 1（当存在前面的子集时），而且链中第一个子集的大小加上链中最后一个子集的大小等于 4。当 $n=1, 2, 3$ 时，类似的性质也成立。当下面两个条件满足时，$\{1, 2, \cdots, n\}$ 的所有子集的集合的链划分是一个对称链划分：

(1) 链中每一个子集比它前面的子集的元素个数多 1；

(2) 链中第一个子集的大小加上最后一个子集的大小等于 n。（如果这个链只含一个子集，那么这个子集既是第一个子集也是最后一个子集，所以其大小的两倍等于 n；即它的大小是 $n/2$，n 是偶数。）

对称链划分中的每一个链必须正好含有一个 $\lfloor n/2 \rfloor$ 子集（也正好含有一个 $\lceil n/2 \rceil$ 子集）；因此，对称链划分中的链的个数等于

$$\binom{n}{\lfloor n/2 \rfloor} = \binom{n}{\lceil n/2 \rceil}$$

如前面对 $n=3$ 的说明那样，$\{1, 2, \cdots, n\}$ 的所有子集的集合的对称链分解可以递归地由 $\{1, 2, \cdots, n-1\}$ 的所有子集的集合的对称链分解得到。我们取 $\{1, 2, \cdots, n-1\}$ 的所有子集的集合的对称链划分的每一个链

$$A_1 \subset A_2 \subset \cdots \subset A_k, \quad \text{其中} \ |A_1| + |A_k| = n-1$$

并根据 $k=1$ 还是 $k>1$，得到 $\{1, 2, \cdots, n\}$ 的所有子集的集合的一个或者两个链：

$$A_1 \subset A_2 \subset \cdots \subset A_k \subset A_k \cup \{n\}, \quad \text{其中} \ |A_1| + |A_k \cup \{n\}| = n$$

及

$$A_1 \cup \{n\} \subset \cdots \subset A_{k-1} \cup \{n\}, \quad \text{其中} \ |A_1 \cup \{n\}| + |A_{k-1} \cup \{n\}| = n^{\ominus}$$

（如果 $k=1$，上面第二个链就不出现。）$\{1, 2, \cdots, n\}$ 的每个子集在用这种方法构造的刚好一个链中出现；因此最终的链集合形成 $\{1, 2, \cdots, n\}$ 的所有子集的集合的一个对称链划分。

$\{1, 2, \cdots, n\}$ 的所有子集的集合的对称链划分中链的数目是

$$\binom{n}{\lfloor n/2 \rfloor}$$

因此，$\{1, 2, \cdots, n\}$ 的所有子集的集合的反链中子集的数目至多等于

$$\binom{n}{\lfloor n/2 \rfloor}$$

至此，我们给出了 Sperner 定理的一个"构造式"证明。

5.7 练习题

1. 通过代入由方程（5.1）给出的二项式系数的值，证明帕斯卡公式。

2. 填写帕斯卡三角形对应于 $n=9$ 和 10 的两行。

3. 考虑沿帕斯卡三角形从左向右上的那些对角线上的二项式系数的和。其前几个为：1, 1, 1+1=2, 1+2=3, 1+3+1=5, 1+4+3=8。再多计算几个这样的对角线的和，并确定这些和的关系（将这些值与第 1 章练习题 4 中计数函数 f 的值进行比较）。

⊖ 这一结论并非一目了然，其证明需要同时递归证明对称链划分的两个性质。——译者注

4. 用二项式定理展开 $(x+y)^5$ 和 $(x+y)^6$。

5. 用二项式定理展开 $(2x-y)^7$。

6. 在 $(3x-2y)^{18}$ 的展开式中，x^5y^{13} 的系数是什么？x^8y^9 的系数是什么？（后一问并非排印错误！）

7. 用二项式定理证明

$$3^n = \sum_{k=0}^{n} \binom{n}{k} 2^k$$

扩展此结果，对任意实数 r 求和

$$\sum_{k=0}^{n} \binom{n}{k} r^k$$

8. 用二项式定理证明

$$2^n = \sum_{k=0}^{n} (-1)^k \binom{n}{k} 3^{n-k}$$

9. 求和

$$\sum_{k=0}^{n} (-1)^k \binom{n}{k} 10^k$$

10. 使用组合推理证明恒等式（5.2）。

11. 使用组合推理证明（以下面形式给出的）恒等式

$$\binom{n}{k} - \binom{n-3}{k} = \binom{n-1}{k-1} + \binom{n-2}{k-1} + \binom{n-3}{k-1}$$

（提示：设 S 是有三个互不相同的元素 a，b 和 c 的集合，计数 S 的特定 k 子集的个数。）

12. 设 n 是正整数。证明

$$\sum_{k=0}^{n} (-1)^k \binom{n}{k}^2 = \begin{cases} 0 & \text{若 } n \text{ 是奇数} \\ (-1)^m \binom{2m}{m} & \text{若 } n = 2m \end{cases}$$

155

（提示：对 $n=2m$，考虑 $(1-x^2)^n = (1+x)^n (1-x)^n$ 中 x^n 的系数。）

13. 求出等于下列表达式的二项式系数：

$$\binom{n}{k} + 3\binom{n}{k-1} + 3\binom{n}{k-2} + \binom{n}{k-3}$$

14. 证明

$$\binom{r}{k} = \frac{r}{r-k} \binom{r-1}{k}$$

其中 r 为实数，k 是整数且 $r \neq k$。

15. 证明：对于每一个整数 $n>1$，有

$$\binom{n}{1} - 2\binom{n}{2} + 3\binom{n}{3} + \cdots + (-1)^{n-1} n\binom{n}{n} = 0$$

16. 通过对二项展开式积分，证明对正整数 n，有

$$1 + \frac{1}{2}\binom{n}{1} + \frac{1}{3}\binom{n}{2} + \cdots + \frac{1}{n+1}\binom{n}{n} = \frac{2^{n+1}-1}{n+1}$$

17. 利用（5.2）和（5.3），证明前面练习题中的恒等式。

18. 求和

$$1 - \frac{1}{2}\binom{n}{1} + \frac{1}{3}\binom{n}{2} - \frac{1}{4}\binom{n}{3} + \cdots + (-1)^n \frac{1}{n+1}\binom{n}{n}$$

19. 通过先证明下面的结果并利用恒等式（5.19），求级数 $1^2 + 2^2 + 3^2 + \cdots + n^2$ 的和。

$$m^2 = 2\binom{m}{2} + \binom{m}{1}$$

20. 求整数 a，b 和 c，使得对所有的 m 有

$$m^3 = a\binom{m}{3} + b\binom{m}{2} + c\binom{m}{1}$$

然后求级数 $1^3 + 2^3 + 3^3 + \cdots + n^3$ 的和。

21. 证明：对所有实数 r 和所有整数 k，有

$$\binom{-r}{k} = (-1)^k \binom{r+k-1}{k}$$

156

22. 证明：对所有实数 r 及所有整数 k 和 m，有

$$\binom{r}{m}\binom{m}{k} = \binom{r}{k}\binom{r-k}{m-k}$$

23. 一名学生每天都从家步行到学校，学校位于其家以东 10 个街区及以北 14 个街区处。她总是选择有 24 个街区的一条最短的路径。

   (a) 有多少可能的路径？

   (b) 设在她家以东 4 个街区及以北 5 个街区处住着她最好的朋友，她每天都在去学校的路上遇见这位朋友。此时，又有多少可能的路径？

   (c) 此外，再设在她的朋友家以东 3 个街区和以北 6 个街区处有一个公园，这两个女孩每天都停在那里休息和游戏。此时，又有多少可能的路径？

   (d) 由于在公园休息和游戏，这两个学生常常上学迟到。为避免公园的诱惑，这两个学生决定不通过公园所在的那个街口。现在，又有多少可能的路径？

24. 考虑一个三维网格，它的维数是 $10 \times 15 \times 20$。你位于网格的前左下角，并想要到达距离 45 个"街区"的右上角处。存在多少不同的路径使你恰好走过 45 个街区？

25. 应用组合推理论证方法，证明二项式系数的范德蒙卷积公式：对所有的正整数 m_1，m_2 和 n，有

$$\sum_{k=0}^{n} \binom{m_1}{k}\binom{m_2}{n-k} = \binom{m_1+m_2}{n}$$

作为特殊情形，推导恒等式（5.16）。

26. 设 n 和 k 是整数且满足 $1 \leqslant k \leqslant n$。证明

$$\sum_{k=1}^{n} \binom{n}{k}\binom{n}{k-1} = \frac{1}{2}\binom{2n+2}{n+1} - \binom{2n}{n}$$

27. 设 n 和 k 是正整数。给出恒等式（5.15）的一个组合推理证明：

$$n(n+1)2^{n-2} = \sum_{k=1}^{n} k^2 \binom{n}{k}$$

157

28. 设 n 和 k 是整数，给出下面等式的组合推理证明：

$$\sum_{k=1}^{n} k \binom{n}{k}^2 = n\binom{2n-1}{n-1}$$

29. 寻找并证明下面这个数的公式：

$$\sum_{\substack{r,s,t \geqslant 0 \\ r+s+t=n}} \binom{m_1}{r}\binom{m_2}{s}\binom{m_3}{t}$$

其中，上式的求和是对所有满足 $r+s+t=n$ 的非负数 r，s，t 进行的。

30. 证明 $S=\{1, 2, 3, 4\}$ 的大小为 6 的唯一一反链就是 S 的所有 2 子集的反链。

31. 证明仅存在两个 $S=\{1, 2, 3, 4, 5\}$ 的大小为 10 的反链（根据 Sperner 定理，10 是最大的），即 S 的所有 2 子集的反链和所有 3 子集的反链。

*32. 设 S 是 n 元素集合。证明：如果 n 是偶数，则大小为 $\binom{n}{\lfloor n/2 \rfloor}$ 的唯一的反链是所有 $n/2$ 子集的反链；如果 n 是奇数，则同样大小的反链是所有 $\frac{n-1}{2}$ 子集的反链和所有 $\frac{n+1}{2}$ 子集的反链。

33. 构造 $\{1, 2, 3, 4, 5\}$ 的所有子集的集合的对称链划分。

34. 在把 $\{1, 2, \cdots, n\}$ 的所有子集的集合划分成对称链的划分中，有多少个链只有一个子集？有两个子集？有 k 个子集？

35. 一个脱口秀（talk show）节目的主持人刚好有 10 个新笑话。每晚他都讲其中的一些笑话。最多你能听几个晚上，使得你能够不会在一个晚上收听到另一个晚上播放过的全部笑话？（例如，你在一个晚上收听了笑话 1、2 和 3，在另一个晚上收听了笑话 3 和 4，而在第三个晚上收听了笑话 1、2 和 4，这是本题可以接受的。但是如果你在一个晚上收听了笑话 1 和 2，而在另一个晚上收听了笑话 2，这就不是本题可以接受的。）

36. 使用二项式定理和关系 $(1+x)^{m_1} (1+x)^{m_2} = (1+x)^{m_1+m_2}$，证明练习题 25 中的恒等式。

37. 用多项式定理证明，对正整数 n 和 t 有

158

$$t^n = \sum \binom{n}{n_1 n_2 \cdots n_t}$$

其中，求和是对所有 $n_1 + n_2 + \cdots + n_t = n$ 的非负整数解 n_1，n_2，$\cdots$，n_t 进行的。

38. 应用多项式定理展开 $(x_1 + x_2 + x_3)^4$。

39. 确定在

$$(x_1 + x_2 + x_3 + x_4 + x_5)^{10}$$

的展开式中，$x_1^3 x_2 x_3^4 x_5^2$ 的系数。

40. 在下式

$$(x_1 - x_2 + 2x_3 - 2x_4)^9$$

的展开式中，$x_1^3 x_2^3 x_3 x_4^2$ 的系数是什么？

41. 通过观察

$$(x_1 + x_2 + x_3)^n = ((x_1 + x_2) + x_3)^n$$

然后使用二项式定理展开 $(x_1 + x_2 + x_3)^n$。

42. 通过组合推理论证，证明恒等式（5.21）。（提示：考虑重数分别为 n_1，n_2，$\cdots$，n_t 的 t 种不同类型对象的多重集合的排列。按照在第一个位置上的对象类型划分这些排列。）

43. 通过对 n 施归纳法证明，对于正整数 n，有

$$\frac{1}{(1-z)^n} = \sum_{k=0}^{\infty} \binom{n+k-1}{k} z^k, \quad |z| < 1$$

假设

$$\frac{1}{1-z} = \sum_{k=0}^{\infty} z^k, \quad |z| < 1$$

成立。

44. 证明

$$\sum_{n_1+n_2+n_3=n} \binom{n}{n_1 n_2 n_3} (-1)^{n_1-n_2+n_3} = (-3)^n$$

其中，求和是对所有 $n_1 + n_2 + n_3 = n$ 的非负整数解进行的。

45. 证明

$$\sum_{n_1+n_2+n_3+n_4=n} \binom{n}{n_1 n_2 n_3 n_4} (-1)^{n_2+n_4} = 0$$

159

其中，求和是对 $n_1 + n_2 + n_3 + n_4 = n$ 的所有非负整数解进行的。

46. 用牛顿二项式定理近似计算 $\sqrt{30}$。

47. 用牛顿二项式定理近似计算 $10^{1/3}$。

48. 利用定理 5.6.1 证明，如果 m 和 n 是正整数，那么 $mn+1$ 个元素的偏序集有一个大小为 $m+1$ 的链或大小为 $n+1$ 的反链。

49. 利用上题的结果证明，$mn+1$ 个实数的序列或者含长度为 $m+1$ 的递增子序列，或者含有长度为 $n+1$ 的递减子序列（见 2.2 节的应用 9）。

50. 考虑由"可被…整除"确定的偏序在集合 $X=\{1,\,2,\,\cdots,\,12\}$ 上的偏序集 $(X,\,|)$ 的前 12 个正整数。

    (a) 确定最大大小的链和将 X 划分成最小数目的反链的划分。

    (b) 确定最大大小的反链和将 X 划分成最小数目的链的划分。

51. 设 R 和 S 是同一集合 X 上的两个偏序。把 R 和 S 考虑为 $X\times X$ 的子集，假设 $R\subseteq S$ 但 $R\neq S$。证明：存在一个序对 $(p,\,q)$，其中 $(p,\,q)\in S$ 但 $(p,\,q)\notin R$，使得 $R'=R\cup\{(p,\,q)\}$ 也是集合 X 上的偏序。通过例子证明，不是每一个这样的 $(p,\,q)$ 都使 R' 成为 X 上的偏序。 |160|

容斥原理及应用

在这一章，我们将导出一个非常重要的计数公式——容斥原理。回忆一下加法原理，它给出了在集合间不相交（即这些集合确定一个划分）的情况下计数并集中对象个数的公式。容斥原理则给出最一般情形下的计数公式，而对集合之间是否相交没有限制。这个公式一定会更复杂些，但是因此它也有着更广泛的应用。我们给出它的几个应用，特别是对有禁止位置的排列计数的应用。我们还针对被称为莫比乌斯（Möbius）倒置的一般偏序集，导出容斥原理的一个扩展。

6.1 容斥原理

在第 3 章，我们已经见到过几个例子，在那里对集合中对象个数的间接计数要比对这些对象的直接计数容易，即利用减法原理。现在，我们给出两三个例子。

例子 计数 $\{1, 2, \cdots, n\}$ 的排列 $i_1 i_2 \cdots i_n$ 中 1 不在第一个位置上的那些排列的数目（即 $i_1 \neq 1$）。

我们可以通过观察直接计数，其方法就是按照从 $\{2, 3, \cdots, n\}$ 中选出 $n-1$ 个整数中哪个 k 进入到第一个位置，把 1 不在第一个位置的排列分成 $n-1$ 个部分。k 在第一个位置上的一个排列由 k 后跟着集合 $\{1, \cdots, k-1, k+1, \cdots, n\}$ 的一个 $(n-1)$ 元素排列组成。因此，k 在第一个位置上的 $\{1, 2, \cdots, n\}$ 的排列个数是 $(n-1)!$。根据加法原理，1 不在第一个位置上的排列个数等于 $(n-1) \cdot (n-1)!$

另外，也可以使用减法原理来计数：我们看到集合 $\{1, 2, \cdots, n\}$ 的 1 在第一个位置上的排列个数等于 $\{2, 3, \cdots, n\}$ 的排列个数。因为 $\{1, 2, \cdots, n\}$ 的总排列个数等于 $n!$。所以 1 不在第一个位置上的排列个数等于 $n! - (n-1)! = (n-1) \cdot (n-1)!$。 □

例子 计数 1 到 600 之间不能被 6 整除的整数个数。

我们可以利用减法原理做此计数如下。因为每连续 6 个整数的第 6 个整数都能被 6 整除，所以 1 到 600 之间能被 6 整除的整数个数为 $600/6 = 100$。因此，1 到 600 之间不能被 6 整除的整数个数是 $600 - 100 = 500$ 个。 □

减法原理是容斥原理的最简单示例。我们将用一种便于应用的方式陈述容斥原理。

正如减法原理的第一个扩展那样，设 S 是对象的有限集合，且 P_1 和 P_2 是 S 中每一个对象有或者没有的两个"性质"。我们希望计数 S 中既不具有性质 P_1 也不具有性质 P_2 的对象个数。扩展减法原理其内在的理由，我们就可以完成这一计数：首先计数 S 中的所有对象，然后排除具有性质 P_1 的所有对象，再排除具有性质 P_2 的所有对象，注意此时我们已经把既有性质 P_1 又有性质 P_2 的对象排除了两次，因此，再重新加入这样的对象一次。我们可把这一描述用符号表示出来：设 A_1 是 S 中具有性质 P_1 的对象组成的子集，A_2 是 S 中具有性质 P_2 的对象组成的子集。于是，$\overline{A}_1$ 由 S 中不具有性质 P_1 的对象组成，而 $\overline{A}_2$ 由 S 中不具有性质 P_2 的对象组成。集合 $\overline{A}_1 \bigcap \overline{A}_2$ 是那些既不具有性质 P_1 也不具有性质 P_2 的对象。于是，我们有

$$|\overline{A}_1 \bigcap \overline{A}_2| = |S| - |A_1| - |A_2| + |A_1 \bigcap A_2| \tag{6.1}$$

我们如下给出（6.1）的形式证明。因为（6.1）的左边计数了 S 中既不具有性质 P_1 也不具有性质 P_2 的对象个数，所以可以这样完成这个证明：只需证明一个既不具有性质 P_1 又不具有性质 P_2 的对象都给等式右边净贡献 1，而其他每一个对象给等式右边净贡献 0。如果 x 是一个既

不具有性质 P_1 又不具有性质 P_2 的一个对象，那么它是 S 的对象，但不是 A_1 的对象也不是 A_2 的对象，当然它也不是 $A_1 \cap A_2$ 的对象。因此，它对等式右边净贡献

$$1 - 0 - 0 + 0 = 1$$

如果 x 只有性质 P_1，那么它对右边净贡献

$$1 - 1 - 0 + 0 = 0$$

而如果它只有性质 P_2，则它对右边净贡献

$$1 - 0 - 1 + 0 = 0$$

最后，如果 x 同时具有性质 P_1 和 P_2，那么它对（6.1）式右边净贡献

$$1 - 1 - 1 + 1 = 0$$

因此，等式（6.1）的右边也计数了 S 中的那些既不具有性质 P_1 也不具有性质 P_2 的对象个数。

我们可以把关联两个性质的容斥原理扩展到关联任意多个性质的容斥原理。设 P_1，P_2，$\cdots$，P_m 是 S 的对象所涉及的 m 个性质，并设

$$A_i = \{x : x \text{ 属于 } S \text{ 且 } x \text{ 具有性质 } P_i\} \quad (i = 1, 2, \cdots, m)$$

是 S 的具有性质 P_i（也可能还具有其他一些性质）的对象构成的子集。那么 $A_i \cap A_j$ 是同时具有性质 P_i 和 P_j（可能还具有其他一些性质）的对象的子集，$A_i \cap A_j \cap A_k$ 是同时具有性质 P_i，P_j 和 P_k 的对象的子集，依此类推。不具有任何性质的对象形成的子集则是 $\overline{A}_1 \cap \overline{A}_2 \cap \cdots \cap \overline{A}_m$。容斥原理说的就是如何通过计数具有性质的对象来计数上面这个集合中的对象个数。因此，在这种意义下，容斥原理"颠倒"了计数过程。

定理 6.1.1 集合 S 中不具有性质 P_1，P_2，$\cdots$，P_m 的对象个数由下面的交错表达式给出：

$$|\overline{A}_1 \cap \overline{A}_2 \cap \cdots \cap \overline{A}_m| = |S| - \sum |A_i| + \sum |A_i \cap A_j| - \sum |A_i \cap A_j \cap A_k|$$
$$+ \cdots + (-1)^m |A_1 \cap A_2 \cap \cdots \cap A_m| \tag{6.2}$$

其中，第一个和对 $\{1, 2, \cdots, m\}$ 的所有 1 子集 $\{i\}$ 求和，第二个和对 $\{1, 2, \cdots, m\}$ 的所有 2 子集 $\{i, j\}$ 求和，第三个和对 $\{1, 2, \cdots, m\}$ 的所有 3 子集 $\{i, j, k\}$ 求和，一直进行下去，直到第 m 个和是对 $\{1, 2, \cdots, m\}$ 的所有 m 子集求和，这个 m 子集只有一个，就是原来的集合本身。

如果 $m = 3$，（6.2）变为

$$|\overline{A}_1 \cap \overline{A}_2 \cap \overline{A}_3| = |S| - (|A_1| + |A_2| + |A_3|)$$
$$+ (|A_1 \cap A_2| + |A_1 \cap A_3| + |A_2 \cap A_3|)$$
$$- |A_1 \cap A_2 \cap A_3|$$

注意，上式右边有 $1 + 3 + 3 + 1 = 8$ 项。如果 $m = 4$，则（6.2）变成

$$|\overline{A}_1 \cap \overline{A}_2 \cap \overline{A}_3 \cap \overline{A}_4| = |S| - (|A_1| + |A_2| + |A_3| + |A_4|)$$
$$+ (|A_1 \cap A_2| + |A_1 \cap A_3| + |A_1 \cap A_4|$$
$$+ |A_2 \cap A_3| + |A_2 \cap A_4| + |A_3 \cap A_4|)$$
$$- (|A_1 \cap A_2 \cap A_3| + |A_1 \cap A_2 \cap A_4|$$
$$+ |A_1 \cap A_3 \cap A_4| + |A_2 \cap A_3 \cap A_4|)$$
$$+ |A_1 \cap A_2 \cap A_3 \cap A_4|$$

在这种情况下，右边共有 $1 + 4 + 6 + 4 + 1 = 16$ 项。在一般情形下，等式（6.2）右边的项数为

$$\binom{m}{0} + \binom{m}{1} + \binom{m}{2} + \binom{m}{3} + \cdots + \binom{m}{m} = 2^m$$

定理 6.1.1 的证明 等式（6.2）左边计数了 S 中不具有任何性质的对象的个数。正如我们对特殊情况 $m = 2$ 的证明那样，完成这个等式的证明只需证明不具性质 P_1，P_2，$\cdots$，P_m 中任何

一个性质的对象对这个等式的右边的净贡献是 1，而至少具有其中一条性质的一个对象的净贡献则是 0。首先，设对象 x 不具有任何一条性质。它对 (6.2) 右边的贡献是

$$1 - 0 + 0 - 0 + \cdots + (-1)^m 0 = 1$$

这是因为它在 S 中但不在其他集合中。现在考虑恰好有 $n \geqslant 1$ 条性质的对象 y。y 对 $|S|$ 的贡献是 $1 = \binom{n}{0}$。因为 y 正好有 n 条性质，因此它也是 A_1，A_2，$\cdots$，A_m 中恰好 n 个集合的成员，它对 $\sum |A_i|$ 的贡献为 $n = \binom{n}{1}$。因为我们可以以 $\binom{n}{2}$ 种方式选择一对性质 y，而且 y 正好是形式为 $A_i \cap A_j$ 的那些集合中 $\binom{n}{2}$ 个集合的成员，因此，y 对 $\sum |A_i \cap A_j|$ 的贡献是 $\binom{n}{2}$。同理，y 对 $\sum |A_i \cap A_j \cap A_k|$ 的贡献是 $\binom{n}{3}$，依此类推。于是，y 对式 (6.2) 右边的净贡献是

$$\binom{n}{0} - \binom{n}{1} + \binom{n}{2} - \binom{n}{3} + \cdots + (-1)^m \binom{n}{m}$$

它等于

$$\binom{n}{0} - \binom{n}{1} + \binom{n}{2} - \binom{n}{3} + \cdots + (-1)^n \binom{n}{n}$$

这是因为 $n \leqslant m$，且如果 $k > n$，则 $\binom{n}{k} = 0$。根据等式 (5.4)，最后的表达式等于 0，因此，如果 y 至少具有一个性质，那么它对式 (6.2) 右边的净贡献是 0。 □

164　定理 6.1.1 给出了求任意相交的集合的并集中对象个数的公式。

推论 6.1.2　集合 S 中至少具有性质 P_1，P_2，$\cdots$，P_m 之一的对象个数由下式给出：

$$|A_1 \cup A_2 \cup \cdots \cup A_m| = \sum |A_i| - \sum |A_i \cap A_j| + \sum |A_i \cap A_j \cap A_k| - \cdots + (-1)^{m+1} |A_1 \cap A_2 \cap \cdots \cap A_m| \tag{6.3}$$

其中求和的含义如定理 6.1.1 中所示。

证明　集合 $A_1 \cup A_2 \cup \cdots \cup A_m$ 由 S 中至少具有一个性质的那些对象组成。而且有

$$|A_1 \cup A_2 \cup \cdots \cup A_m| = |S| - \overline{A_1 \cup A_2 \cup \cdots \cup A_m}$$

因为已知⊖

$$\overline{A_1 \cup A_2 \cup \cdots \cup A_m} = \overline{A}_1 \cap \overline{A}_2 \cap \cdots \cap \overline{A}_m$$

所以有

$$|A_1 \cup A_2 \cup \cdots \cup A_m| = |S| - |\overline{A}_1 \cap \overline{A}_2 \cap \cdots \cap \overline{A}_m|$$

把这个等式与等式 (6.2) 结合起来，我们得到等式 (6.3)。 □

例子　求从 1 到 1000 之间不能被 5，6 和 8 整除的整数个数。

为解决这个问题，我们引入一个概念。对于一个实数 r，$\lfloor r \rfloor$ 代表不超过 r 的最大整数。此外，将两个整数 a，b 或三个整数 a，b，c 的最小公倍数简记为 $\mathrm{lcm}\{a, b\}$ 或 $\mathrm{lcm}\{a, b, c\}$。设 P_1 表示能被 5 整除的性质，P_2 表示能被 6 整除的性质，P_3 表示能被 8 整除的性质。设 S 是由前 1000 个正整数组成的集合。对于 $i = 1$，2，3，设 A_i 是 S 中那些具有性质 P_i 的整数组成的集合。我们希望求出 $\overline{A}_1 \cap \overline{A}_2 \cap \overline{A}_3$ 中的整数个数。

我们首先看到

⊖　这是德·摩根（DeMorgan）法则之一。

$$|A_1| = \left\lfloor \frac{1000}{5} \right\rfloor = 200$$

$$|A_2| = \left\lfloor \frac{1000}{6} \right\rfloor = 166$$

$$|A_3| = \left\lfloor \frac{1000}{8} \right\rfloor = 125$$

集合 $A_1 \bigcap A_2$ 中的整数可同时被 5 和 6 整除。但一个整数能够同时被 5 和 6 整除当且仅当它能被 lcm$\{5，6\}$ 整除。因为 lcm$\{5，6\}=30$，lcm$\{5，8\}=40$，lcm$\{6，8\}=24$，所以我们看到

$$|A_1 \bigcap A_2| = \left\lfloor \frac{1000}{30} \right\rfloor = 33$$

$$|A_1 \bigcap A_3| = \left\lfloor \frac{1000}{40} \right\rfloor = 25$$

$$|A_2 \bigcap A_3| = \left\lfloor \frac{1000}{24} \right\rfloor = 41$$

因为 lcm$\{5，6，8\}=120$，所以

$$|A_1 \bigcap A_2 \bigcap A_3| = \left\lfloor \frac{1000}{120} \right\rfloor = 8$$

因此，根据容斥原理可知，在 1 到 1000 之间不能被 5，6 和 8 整除的整数个数等于

$$|\overline{A}_1 \bigcap \overline{A}_2 \bigcap \overline{A}_3| = 1000 - (200 + 166 + 125) + (33 + 25 + 41) - 8$$
$$= 600 \qquad \square$$

　　例子　字母

$$\text{M,A,T,H,I,S,F,U,N}$$

的排列中有多少排列使得单词 MATH，IS 和 FUN 都不作为连续字母出现在排列之中？（例如，排列 MATHISFUN 是不许可的，排列 INUMATHSF 和 ISMATHFUN 也都不允许。）

　　我们应用容斥原理 (6.2)。首先，把集合 S 当作是给定的 9 个字母的所有排列的集合。于是，设 P_1 是 S 排列中包含单词 MATH 作为连续字符的性质，P_2 是包含单词 IS 作为连续字符的性质，P_3 是包含单词 FUN 作为连续字符的性质。对于 $i=1，2，3$，设 A_i 为 S 中满足性质 P_i 的那些排列的集合。我们希望求出 $\overline{A}_1 \bigcap \overline{A}_2 \bigcap \overline{A}_3$ 中的排列个数。

　　我们有 $|S| = 9! = 362\,880$。A_1 中的排列可以看成 6 个符号

$$\text{MATH,I,S,F,U,N}$$

的排列，即把 MATH 看成是一个符号。因此

$$|A_1| = 6! = 720$$

类似地，A_2 中的排列是 8 个符号

$$\text{M,A,T,H,IS,F,U,N}$$

的排列（把 IS 看成是一个符号），因此

$$|A_2| = 8! = 40\,320$$

而 A_3 中的排列是 7 个符号

$$\text{M,A,T,H,I,S,FUN}$$

的排列，因此

$$|A_3| = 7! = 5040$$

$A_1 \bigcap A_2$ 中的排列是 5 个符号

$$\text{MATH,IS,F,U,N}$$

的排列，$A_1 \bigcap A_3$ 中的排列是 4 个符号

$$\text{MATH,I,S,FUN}$$

的排列，而 $A_2 \bigcap A_3$ 中的排列是 6 个符号

$$\text{M,A,T,H,IS,FUN}$$

的排列，因此，我们有

$$|A_1 \bigcap A_2| = 5! = 120, \quad |A_1 \bigcap A_3| = 4! = 24, \quad |A_2 \bigcap A_3| = 6! = 720$$

最后，$A_1 \bigcap A_2 \bigcap A_3$ 由三个符号 MATH，IS，FUN 的排列组成，于是

$$|A_1 \bigcap A_2 \bigcap A_3| = 3! = 6$$

代入到（6.2）中，得到

$$|\overline{A}_1 \bigcap \overline{A}_2 \bigcap \overline{A}_3| = 362\,880 - 720 - 40\,320 - 5040 + 120 + 24 + 720 - 6$$
$$= 317\,658 \qquad\qquad\qquad \square$$

在后面各节中，我们将考虑容斥原理对某些更一般问题的应用。下面这些容斥原理的特殊情况很有用：

假设在容斥原理中出现的集合 $A_{i_1} \bigcap A_{i_2} \bigcap \cdots \bigcap A_{i_k}$ 的大小仅依赖于 k 而不依赖于在交集中使用了哪 k 个集合。因此，就存在常数 α_0，α_1，α_2，$\cdots$，α_m 使得

$$\alpha_0 = |S|$$
$$\alpha_1 = |A_1| = |A_2| = \cdots = |A_m|$$
$$\alpha_2 = |A_1 \bigcap A_2| = \cdots = |A_{m-1} \bigcap A_m|$$
$$\alpha_3 = |A_1 \bigcap A_2 \bigcap A_3| = \cdots = |A_{m-2} \bigcap A_{m-1} \bigcap A_m|$$
$$\vdots$$
$$\alpha_m = |A_1 \bigcap A_2 \bigcap \cdots \bigcap A_m|$$

167

在这种情况下，容斥原理可以简化成

$$|\overline{A}_1 \bigcap \overline{A}_2 \bigcap \cdots \bigcap \overline{A}_m| = \alpha_0 - \binom{m}{1}\alpha_1 + \binom{m}{2}\alpha_2 - \binom{m}{3}\alpha_3 + \cdots$$
$$+ (-1)^k \binom{m}{k}\alpha_k + \cdots + (-1)^m \alpha_m \tag{6.4}$$

这是因为在容斥原理中出现的第 k 个求和包含 $\binom{m}{k}$ 个被加数，且每个都等于 α_k。

例子 在 0 到 99 999 之间有多少含有数字 2，5 和 8 的整数？

设 S 是 0 到 99 999 之间的整数集合。S 中的每个整数都有 5 个数字，包括可能的一些前导 0（于是，我们可以把 S 中的整数看成是每个数字是 0，1，2，$\cdots$，9 的多重集合的 5 排列，而其中每一个数字的重数是 5 或者更大）。设 P_1 是一个整数不包含数字 2 的性质，P_2 是一个整数不包含数字 5 的性质，P_3 是一个整数不包含数字 8 的性质。对于 $i=1$，2，3，设 A_i 是 S 中具有性质 P_i 的整数的集合。我们希望计算出 $\overline{A}_1 \bigcap \overline{A}_2 \bigcap \overline{A}_3$ 中整数的个数。

利用上一个例子的记法，我们有

$$\alpha_0 = 10^5$$
$$\alpha_1 = 9^5$$
$$\alpha_2 = 8^5$$
$$\alpha_3 = 7^5$$

例如，在 0～99 999 之间不含数字 2 并且不含数字 5 的整数个数（即集合 $|A_1 \bigcap A_2|$ 的大小）等于多重集合

$$\{5 \cdot 0, 5 \cdot 1, 5 \cdot 3, 5 \cdot 4, 5 \cdot 6, 5 \cdot 7, 5 \cdot 8, 5 \cdot 9\}$$

的 5 排列的数目，这个集合包含 8 个符号，每一个符号的重数是 5，所以它的 5 排列的数目等于 8^5。根据 (6.3) 可知，我们得到的答案是

$$10^5 - 3 \times 9^5 + 3 \times 8^5 - 7^5 \qquad \qquad \square$$

6.2 带重复的组合

在 2.3 节和 2.5 节中，我们已经证明了 n 个不同元素的集合的 r 子集的数目为

$$\binom{n}{r} = \frac{n!}{r!(n-r)!}$$

168

并已证明具有 k 种不同对象且每种对象都有无限重数的多重集合的 r 组合的个数等于

$$\binom{r+k-1}{r}$$

在这一节，我们利用上面的公式与容斥原理的联系，指出它给出了寻找元素重数没有限制的多重集合的 r 组合的数目的方法。

设 T 是多重集合，而 x 是 T 中某种类型的对象，其重数大于 r。T 的 r 组合数目等于这样的一个多重集合的 r 组合数目：即把 T 中 x 的重数换成 r 而得到的多重集合。之所以可以这样做是因为 T 的 r 组合中 x 被使用的次数不可能超过 r。因此，重数大于 r 的任意重数都可以用 r 代替。例如，多重集合 $\{3 \cdot a,\ \infty \cdot b,\ 6 \cdot c,\ 10 \cdot d,\ \infty \cdot e\}$ 的 8 组合的数目与多重集合 $\{3 \cdot a,\ 8 \cdot b,\ 6 \cdot c,\ 8 \cdot d,\ 8 \cdot e\}$ 的 8 组合的数目相同。因此，概括说，我们已经把多重集合 $T = \{n_1 \cdot a_1,\ n_2 \cdot a_2,\ \cdots,\ n_k \cdot a_k\}$ 的 r 组合的数目确定为两个"极端"的情况：

(1) $n_1 = n_2 = \cdots = n_k = 1$；(即 T 是一个集合)

(2) $n_1 = n_2 = \cdots = n_k = r$。

我们将解释如何使用容斥原理去求解其余情况。尽管我们举的是一个特殊的例子，但是很清楚，该方法对于一般的情形仍然有效。

例子 确定多重集合 $T = \{3 \cdot a,\ 4 \cdot b,\ 5 \cdot c\}$ 的 10 组合的数目。

我们将把容斥原理应用到多重集合 $T^* = \{\infty \cdot a,\ \infty \cdot b,\ \infty \cdot c\}$ 的所有 10 组合的集合 S 上。设 P_1 是 T^* 的 10 组合中 a 出现多于 3 次的性质，P_2 是 T^* 的 10 组合中 b 出现多于 4 次的性质，P_3 是 T^* 的 10 组合中 c 出现多于 5 次的性质。此时，T 的 10 组合的数目就是 T^* 的 10 组合中不具有性质 P_1，P_2，P_3 的那些 10 组合的数目。同样，设 A_i 由 T^* 的 10 组合中不具有性质 $P_i(i = 1,\ 2,\ 3)$ 的那些 10 组合组成。我们希望确定集合 $\overline{A}_1 \cap \overline{A}_2 \cap \overline{A}_3$ 的大小。根据容斥原理，

$$
\begin{aligned}
|\overline{A}_1 \cap \overline{A}_2 \cap \overline{A}_3| = |S| &- (|A_1| + |A_2| + |A_3|) \\
&+ (|A_1 \cap A_2| + |A_1 \cap A_3| + |A_2 \cap A_3|) \\
&- |A_1 \cap A_2 \cap A_3|
\end{aligned}
$$

169

根据定理 2.5.1，

$$|S| = \binom{10 + 3 - 1}{10} = \binom{12}{10} = 66$$

集合 A_1 是由 T^* 的 10 组合当中 a 至少出现 4 次的那些组合组成的。如果从 A_1 中取出任意这样的一个组合，并去掉其中的 4 个 a，那么就得到一个 T^* 的 6 组合。反之，如果取出 T^* 的一个 6 组合并往其中加入 4 个 a，那么就得到 T^* 的一个 10 组合，而在这个 10 组合中 a 至少出现 4 次。这样，A_1 中的 10 组合的个数等于 T^* 的 6 组合的个数。因此

$$|A_1| = \binom{6 + 3 - 1}{6} = \binom{8}{6} = 28$$

类似地，A_2 中的 10 组合的数目等于 T^* 的 5 组合的数目，而 A_3 中的 10 组合的数目等于 T^* 的 4 组合的数目。因此

$$|A_2| = \binom{5+3-1}{5} = \binom{7}{5} = 21 \ , \qquad |A_3| = \binom{4+3-1}{4} = \binom{6}{4} = 15$$

集合 $A_1 \cap A_2$ 是由 T^* 的 10 组合中 a 至少出现 4 次且 b 至少出现 5 次的那些 10 组合组成的。如果从这些 10 组合中去掉 4 个 a 和 5 个 b，则剩下 T^* 的 1 组合。反之，如果往 T^* 的 1 组合中添加 4 个 a 和 5 个 b，就得到一个 10 组合，在该组合中，a 至少出现 4 次且 b 至少出现 5 次。这样，在 $A_1 \cap A_2$ 中的 10 组合的数目等于 T^* 的 1 组合的数目，从而

$$|A_1 \cap A_2| = \binom{1+3-1}{1} = \binom{3}{1} = 3$$

可以用类似的方式推导出 $A_1 \cap A_3$ 中的 10 组合的数目等于 T^* 的 0 组合的数目，而且，在 $A_2 \cap A_3$ 中没有 10 组合。因此

$$|A_1 \cap A_3| = \binom{0+3-1}{0} = \binom{2}{0} = 1$$

及

$$|A_2 \cap A_3| = 0$$

还有

$$|A_1 \cap A_2 \cap A_3| = 0$$

将所有这些结果放到容斥原理中，得到

$$|\overline{A}_1 \cap \overline{A}_2 \cap \overline{A}_3| = 66 - (28 + 21 + 15) + (3 + 1 + 0) - 0 = 6$$

（我们也许要说"所有这些工作都仅仅是为了这六个组合"，而不是"所有那些组合"。你能够列出这六个 10 组合吗？） □

在定理 2.5.1 的证明中，我们已经指出了 r 组合与方程的整数解之间的关联。多重集合 $\{n_1 \cdot a_1, n_2 \cdot a_2, \cdots, n_k \cdot a_k\}$ 的 r 组合的数目等于方程

$$x_1 + x_2 + \cdots + x_k = r$$

$(0 \leqslant x_i \leqslant n_i (i=1, 2, \cdots, k))$ 的整数解的数目。因此这些解的数目可以用刚刚解释的方法来计算。

例子 满足

$$1 \leqslant x_1 \leqslant 5, \quad -2 \leqslant x_2 \leqslant 4, \quad 0 \leqslant x_3 \leqslant 5, \quad 3 \leqslant x_4 \leqslant 9$$

的方程

$$x_1 + x_2 + x_3 + x_4 = 18$$

的整数解的数目是多少？

我们引入一些新变量

$$y_1 = x_1 - 1, \quad y_2 = x_2 + 2, \quad y_3 = x_3, \quad y_4 = x_4 - 3$$

这样方程变为

$$y_1 + y_2 + y_3 + y_4 = 16 \tag{6.5}$$

关于 x_i 的不等式成立当且仅当

$$0 \leqslant y_1 \leqslant 4, \quad 0 \leqslant y_2 \leqslant 6, \quad 0 \leqslant y_3 \leqslant 5, \quad 0 \leqslant y_4 \leqslant 6$$

设 S 是方程（6.5）的所有非负整数解的集合。S 的大小为

$$|S| = \binom{16+4-1}{16} = \binom{19}{16} = 969$$

设 P_1 是 $y_1 \geqslant 5$ 的性质，P_2 是 $y_2 \geqslant 7$ 的性质，P_3 是 $y_3 \geqslant 6$ 的性质，P_4 是 $y_4 \geqslant 7$ 的性质。设 A_i 表

示 S 中满足性质 $P_i(i=1, 2, 3, 4)$ 的解组成的子集。我们想要计算集合 $\overline{A_1} \cap \overline{A_2} \cap \overline{A_3} \cap \overline{A_4}$ 的大小，根据容斥原理，集合 A_1 由 S 中满足 $y_1 \geqslant 5$ 的解组成。作变量代换（$z_1 = y_1 - 5$，$z_2 = y_2$，$z_3 = y_3$，$z_4 = y_4$），我们看到，A_1 的解的个数与

$$z_1 + z_2 + z_3 + z_4 = 11$$

的非负整数解的个数相同。因此

$$|A_1| = \binom{14}{11} = 364$$

以类似的方式得到

$$|A_2| = \binom{12}{9} = 220, \quad |A_3| = \binom{13}{10} = 286, \quad |A_4| = \binom{12}{9} = 220$$

集合 $A_1 \cap A_2$ 是由 S 中满足 $y_1 \geqslant 5$ 和 $y_2 \geqslant 7$ 的那些解组成的。进行变量代换（$u_1 = y_1 - 5$，$u_2 = y_2 - 7$，$u_3 = y_3$，$u_4 = y_4$），我们看出，$A_1 \cap A_2$ 的解的个数与

$$u_1 + u_2 + u_3 + u_4 = 4$$

的非负整数解的个数相同。因此

$$|A_1 \cap A_2| = \binom{7}{4} = 35$$

以类似的方式得到

$$|A_1 \cap A_3| = \binom{8}{5} = 56, \quad |A_1 \cap A_4| = \binom{7}{4} = 35$$

$$|A_2 \cap A_3| = \binom{6}{3} = 20, \quad |A_2 \cap A_4| = \binom{5}{2} = 10$$

$$|A_3 \cap A_4| = \binom{6}{3} = 20$$

集合 A_1，A_2，A_3，A_4 中任意三个的交都是空集。应用容斥原理得到

$$|\overline{A_1} \cap \overline{A_2} \cap \overline{A_3} \cap \overline{A_4}| = 969 - (364 + 220 + 286 + 220) + (35 + 56 + 35 + 20 + 10 + 20)$$
$$= 55 \qquad \qquad \square$$

6.3 错位排列

在一个聚会上，10 位绅士查看他们的帽子。有多少种方式使得这些绅士中没有人能够拿到他们来时所戴的帽子？V-8 发动机的 8 个火花塞从汽缸中被取出清洗。有多少种方式能够将它们放回到汽缸中使得没有火花塞重新被放回到原先被取出时的汽缸？有多少种方法能够将字母 M，A，D，I，S，O，N 写出，使得所拼的"单词"与单词 MADISON 的拼写在下述意义上完全不同：没有字母占据与它在单词 MADISON 中占据的位置相同？这些问题中的每一个都是下面一般问题的一个具体实例。

给定 n 元素集合 X，它的每一个元素都有一个特定的位置，而现在要求求出集合 X 的排列中没有一个元素在它指定位置上的排列的数目。在第一个问题中，集合 X 是 10 顶帽子的集合，而一顶帽子的指定位置就是它所归属的绅士（的头）。在第二个问题中，X 是火花塞的集合，而火花塞的位置就是容纳它的汽缸。在第三个问题中，$X = \{M, A, D, I, S, O, N\}$，而字母的位置就是由单词 MADISON 所指定的位置。

因为对象的实际性质与讨论不相干，所以我们可以取 X 为集合 $\{1, 2, \cdots, n\}$，其中每个整数的位置都由它们在序列 $1, 2, \cdots, n$ 中的位置确定。$\{1, 2, \cdots, n\}$ 的一个错位排列（derangement）是 $\{1, 2, \cdots, n\}$ 的一个排列 $i_1 i_2 \cdots i_n$，使得 $i_1 \neq 1$，$i_2 \neq 2$，$\cdots$，$i_n \neq n$。因此，$\{1,$

2，$\cdots$，n 的一个错位排列是 $\{1, 2, \cdots, n\}$ 的一个排列 $i_1 i_2 \cdots i_n$，在这个排列中没有整数是在其自然位置上：

$$i_1 \neq 1 \quad \underline{i_2 \neq 2} \quad \cdots \quad \underline{i_n \neq n}$$

用 D_n 表示 $\{1, 2, \cdots, n\}$ 的错位排列的数目。上述几个问题就是要相应地求出 D_{10}，D_8 和 D_7 的值。对于 $n=1$，没有错位排列。对于 $n=2$，唯一的错位排列是 2 1。对于 $n=3$ 有两个错位排列，即 2 3 1 和 3 1 2。而 $n=4$ 时的错位排列则可列出如下：

$$
\begin{array}{ccc}
2\ 1\ 4\ 3 & 3\ 1\ 4\ 2 & 4\ 1\ 2\ 3 \\
2\ 3\ 4\ 1 & 3\ 4\ 1\ 2 & 4\ 3\ 1\ 2 \\
2\ 4\ 1\ 3 & 3\ 4\ 2\ 1 & 4\ 3\ 2\ 1
\end{array}
$$

因此，我们有 $D_1 = 0$，$D_2 = 1$，$D_3 = 2$，$D_4 = 9$。

容斥原理使得可以得到错位排列的数目 D_n 的公式。

定理 6.3.1 对于 $n \geqslant 1$，

$$D_n = n!\left(1 - \frac{1}{1!} + \frac{1}{2!} - \frac{1}{3!} + \cdots + (-1)^n \frac{1}{n!}\right)$$

证明 设 S 是 $\{1, 2, \cdots, n\}$ 的全部 $n!$ 个排列的集合。对 $j = 1, 2, \cdots, n$，设 P_j 是一个排列中 j 在它的自然位置上的性质。因此 $\{1, 2, \cdots, n\}$ 的排列 $i_1 i_2 \cdots i_n$ 具有性质 P_j，假设 $i_j = j$。$\{1, 2, \cdots, n\}$ 的一个排列是一个错位排列当且仅当它不具有性质 P_1，P_2，$\cdots$，P_n 中的每一条性质。设 A_j 表示 $\{1, 2, \cdots, n\}$ 的具有性质 $P_j (j = 1, 2, \cdots, n)$ 的排列的集合。$\{1, 2, \cdots, n\}$ 的错位排列正是 $\overline{A}_1 \cap \overline{A}_2 \cap \cdots \cap \overline{A}_n$ 中的那些排列。因此

$$D_n = |\overline{A}_1 \cap \overline{A}_2 \cap \cdots \cap \overline{A}_n|$$

173

我们再使用容斥原理求 D_n 的值。A_1 中的排列是 $1 i_2 \cdots i_n$ 形式的排列，其中 $i_2 \cdots i_n$ 是 $\{2, \cdots, n\}$ 的一个排列。于是，$|A_1| = (n-1)!$，更一般地，对 $j = 1, 2, \cdots, n$，有 $|A_j| = (n-1)!$。在 $A_1 \cap A_2$ 中的排列是 $1\,2 i_3 \cdots i_n$ 形式的排列，其中 $i_3 \cdots i_n$ 是 $\{3, \cdots, n\}$ 的一个排列。于是，$|A_1 \cap A_2| = (n-2)!$，更一般地，对 $\{1, 2, \cdots, n\}$ 的任意 2 子集 $\{i, j\}$，有 $|A_i \cap A_j| = (n-2)!$。对于满足 $1 \leqslant k \leqslant n$ 的任一整数 k，集合 $A_1 \cap A_2 \cap \cdots \cap A_k$ 中的排列是形式为 $1\,2 \cdots k i_{k+1} \cdots i_n$ 的排列，其中，$i_{k+1} \cdots i_n$ 是 $\{k+1, \cdots, n\}$ 的一个排列。于是，$|A_1 \cap A_2 \cap \cdots \cap A_k| = (n-k)!$；更一般地，对 $\{1, 2, \cdots, n\}$ 的任意 k 子集 $\{i_1, i_2, \cdots, i_k\}$

$$|A_{i_1} \cap A_{i_2} \cap \cdots \cap A_{i_k}| = (n-k)!$$

因为 $\{1, 2, \cdots, n\}$ 有 $\binom{n}{k}$ 个 k 子集，应用容斥原理（见 6.1 节末尾的（6.4）式）得到

$$D_n = n! - \binom{n}{1}(n-1)! + \binom{n}{2}(n-2)! - \binom{n}{3}(n-3)! + \cdots + (-1)^n \binom{n}{n} 0!$$

$$= n! - \frac{n!}{1!} + \frac{n!}{2!} - \frac{n!}{3!} + \cdots + (-1)^n \frac{n!}{n!}$$

$$= n!\left(1 - \frac{1}{1!} + \frac{1}{2!} - \frac{1}{3!} + \cdots + (-1)^n \frac{1}{n!}\right)$$

由此，定理得证。 □

使用刚得到的这个公式计算

$$D_5 = 5!\left(1 - \frac{1}{1!} + \frac{1}{2!} - \frac{1}{3!} + \frac{1}{4!} - \frac{1}{5!}\right) = 44$$

用类似的方法，可以计算

$$D_6 = 265, \quad D_7 = 1854, \quad D_8 = 14\,833$$

回忆一下 e^{-1} 的无穷级数展开式

$$e^{-1} = 1 - \frac{1}{1!} + \frac{1}{2!} - \frac{1}{3!} + \frac{1}{4!} - \cdots$$

我们可以写成

$$e^{-1} = \frac{D_n}{n!} + (-1)^{n+1}\frac{1}{(n+1)!} + (-1)^{n+2}\frac{1}{(n+2)!} + \cdots$$ |174|

根据无穷交错级数的基本事实，我们可以得出 e^{-1} 和 $D_n/n!$ 之差小于 $1/(n+1)!$ 的结论；事实上，D_n 是最接近 $n!/e$ 的整数。计算表明，当 $n \geqslant 7$ 时，e^{-1} 和 $D_n/n!$ 至少三位小数相同。这样，从应用的观点来看，当 $n \geqslant 7$ 时，e^{-1} 和 $D_n/n!$ 是一样的。$D_n/n!$ 是 $\{1, 2, \cdots, n\}$ 的错位排列的数目与 $\{1, 2, \cdots, n\}$ 的排列的数目的比。考虑随机选出 $\{1, 2, \cdots, n\}$ 的一个排列的实验，事件 E 是没有整数在其自然位置上的排列；即选出的这个排列是一个错位排列。因此 $|E| = D_n$，且 E 的概率是

$$\mathrm{Prob}(E) = \frac{D_n}{n!}$$

回想一下本节开始时提出的帽子问题，如果随机地将帽子还给这些绅士，那么没有绅士收到他自己帽子的概率为 $D_{10}/10!$，从效果上看，这就是 e^{-1}。由上面的评注可知，假如绅士的人数是 $1\,000\,000$ 的话，那么没有绅士收到他自己的帽子的概率也还是这个数 e^{-1}。

错位排列的数目 D_n 满足其他一些便于其求值的关系。我们讨论的第一个关系是

$$D_n = (n-1)(D_{n-2} + D_{n-1}) \quad (n = 3, 4, 5, \cdots) \tag{6.6}$$

这个公式是线性递推关系$^{\ominus}$的一个例子。由初始信息 $D_1 = 0$，$D_2 = 1$ 出发，我们可以使用式 (6.6) 计算对于任意正整数 n 的 D_n。例如，

$$D_3 = 2(D_1 + D_2) = 2(0+1) = 2$$
$$D_4 = 3(D_2 + D_3) = 3(1+2) = 9$$
$$D_5 = 4(D_3 + D_4) = 4(2+9) = 44$$
$$D_6 = 5(D_4 + D_5) = 5(9+44) = 265$$

在下一章，我们将论证如何求解常系数线性递推关系。因为公式 (6.6) 有一个可变系数 $n-1$，所以这里将不能使用那里引入的技术。

我们可以用组合推理方法验证公式 (6.6) 如下：设 $n \geqslant 3$，并考虑 $\{1, 2, \cdots, n\}$ 的 D_n 个错位排列。这些错位排列按照 $2, 3, \cdots, n$ 哪个在排列的第一个位置而被划分成 $n-1$ 个部分。很显然每一部分都包含有相同数目的错位排列。这样，D_n 等于 $(n-1)d_n$，其中 d_n 是数字 2 位于排列第一个位置上的错位排列的数目。这些错位排列的形式为

$$2i_2 i_3 \cdots i_n, \quad i_2 \neq 2, i_3 \neq 3, \cdots, i_n \neq n$$ |175|

这些 d_n 个错位排列按照 $i_2 = 1$ 还是 $i_2 \neq 1$ 又被进一步划分成两个子部分。设 d_n' 是形式为

$$21 i_3 i_4 \cdots i_n, \quad i_3 \neq 3, \cdots, i_n \neq n$$

的错位排列的数目。设 d_n'' 是形式为

$$2 i_2 i_3 \cdots i_n, \quad i_2 \neq 1, i_3 \neq 3, \cdots, i_n \neq n$$

的错位排列的数目。于是 $d_n = d_n' + d_n''$，因此

$$D_n = (n-1)d_n = (n-1)(d_n' + d_n'')$$

我们首先观察到 d_n' 与 $\{3, 4, \cdots, n\}$ 的排列 $i_3 i_4 \cdots i_n$ 中 $i_3 \neq 3$，$i_4 \neq 4$，$\cdots$，$i_n \neq n$ 的排列个

$\ominus$ 第 7 章讨论递推关系。

数相同。换句话说，d'_n 是 $\{3, 4, \cdots, n\}$ 的 3 不在第一个位置上，4 不在第二个位置上，等等的排列的数目。于是，$d'_n = D_{n-2}$。接下来再观察，d''_n 等于 $\{1, 3, \cdots, n\}$ 的 1 不在第一个位置上，3 不在第二个位置上，$\cdots$，n 不在第 $(n-1)$ 位置上的排列 $i_2 i_3 \cdots i_n$ 的个数。因此，$d''_n = D_{n-1}$。由此我们断定

$$D_n = (n-1)(d'_n + d''_n) = (n-1)(D_{n-2} + D_{n-1})$$

这就是式（6.6）。

公式（6.6）可以重新写成

$$D_n - nD_{n-1} = -[D_{n-1} - (n-1)D_{n-2}] \quad (n \geqslant 3) \tag{6.7}$$

等号右边方括号内的表达式与左边用 $n-1$ 代替 n 的表达式相同。因此，我们可以递归[⊖]地应用公式（6.7）得到：

$$\begin{aligned}
D_n - nD_{n-1} &= -[D_{n-1} - (n-1)D_{n-2}] \\
&= (-1)^2 [D_{n-2} - (n-2)D_{n-3}] \\
&= (-1)^3 [D_{n-3} - (n-3)D_{n-4}] \\
&= \cdots \\
&= (-1)^{n-2}(D_2 - 2D_1)
\end{aligned}$$

因为 $D_2 = 1$ 和 $D_1 = 0$，就得到了错位排列数目的更简单的递推关系：

$$D_n = nD_{n-1} + (-1)^{n-2}$$

或等价地

[176]

$$D_n = nD_{n-1} + (-1)^n \quad (n = 2, 3, 4, \cdots) \tag{6.8}$$

（严格说来，我们的验证只针对 $n = 3$，4，$\cdots$ 进行，验证式（6.8）当 $n = 2$ 时也成立是很容易的）。使用式（6.8）和前面算出的值 $D_6 = 265$，得出

$$D_7 = 7D_6 + (-1)^7 = 7 \times 265 - 1 = 1854$$

通过重复使用（6.8）式或使用该公式及数学归纳法，可以得到定理 6.3.1 不同的证明（见练习题 20）。因为（6.8）是由（6.6）推出的，它给出了一个完全独立的组合推理证明，这就给出了定理 6.3.1 的不用容斥原理的一个证明。

公式（6.6）和（6.8）类似于关于阶乘的公式

$$n! = (n-1)((n-2)! + (n-1)!) \quad (n = 3, 4, 5, \cdots)$$

$$n! = n(n-1)! \quad (n = 2, 3, 4, \cdots)$$

例子 在一次聚会上，有 n 位男士和 n 位女士。这 n 位女士能够有多少种方法选择男舞伴开始第一支舞？如果每个人必须换舞伴，那么第二支舞又有多少种选择方法？

对于第一支舞，有 $n!$ 种可能的选择。对于第二支舞，每位女士必须选择一位男士作舞伴，而这位男士还不能是她第一支舞时的舞伴。因此，可能的选择方法数为第 n 个错位排列数 D_n。□

例子 设上述聚会中的 n 男 n 女在跳舞前存放他/她们的帽子。在聚会结束时随机地返还给他/她们这些帽子。如果每位男士得到一顶男帽而每位女士得到一顶女帽，但又都不是他/她们自己曾经存放的那顶帽子，那么他/她们被返还帽子的方法有多少种？

如果没有限制，那么这些帽子返还的方法有 $(2n)!$ 种。如果加上每位男士得到一顶男帽而每位女士得到一顶女帽的限制，那么就有 $n! \times n!$ 种方法。如果再加上没有人得到他/她自己的帽子的限制，则有 $D_n \times D_n$ 种方法。□

6.4 带有禁止位置的排列

在这一节，我们考虑计算 $\{1, 2, \cdots, n\}$ 的带有一般限制的排列计数问题，这些限制规定

⊖ 所谓"递归地"即一次又一次地使用，直到 n 变得越来越小。

在排列的每个位置上能够由哪些整数占据。

设
$$X_1, X_2, \cdots, X_n$$
是 {1, 2, …, n} 的子集（可以是空集）。我们用
$$P(X_1, X_2, \cdots, X_n)$$ [177]
表示 {1, 2, …, n} 的所有排列 $i_1 i_2 \cdots i_n$ 的集合，使得
$$i_1 \text{ 不在 } X_1 \text{ 内}$$
$$i_2 \text{ 不在 } X_2 \text{ 内}$$
$$\vdots$$
$$i_n \text{ 不在 } X_n \text{ 内}$$
因此，对于每一个 $j=1, 2, \cdots, n$，仅有 $\overline{X_j}$ 中的整数才能占据被考虑的排列中的第 j 个位置。{1, 2, …, n} 的一个排列属于集合 $P(X_1, X_2, \cdots, X_n)$ 只要 X_1 中有一个元素不占据它的第一个位置（因此，能够占据第一个位置的元素只能都在 $\overline{X_1}$ 中），X_2 的元素不占据它的第二个位置，…，X_n 的元素不占据它的第 n 个位置。$P(X_1, X_2, \cdots, X_n)$ 中的排列的数目用
$$p(X_1, X_2, \cdots, X_n) = |P(X_1, X_2, \cdots, X_n)|$$
表示。

例子 设 $n=4$，$X_1=\{1, 2\}$，$X_2=\{2, 3\}$，$X_3=\{3, 4\}$，$X_4=\{1, 4\}$。则 $P(X_1, X_2, X_3, X_4)$ 是由 {1, 2, 3, 4} 的所有满足下列条件的排列 $i_1 i_2 i_3 i_4$ 组成的：
$$i_1 \neq 1,2; \quad i_2 \neq 2,3; \quad i_3 \neq 3,4; \quad i_4 \neq 1,4$$
这个条件等价于，$i_1=3$ 或者 4，$i_2=1$ 或者 4，$i_3=1$ 或者 2，$i_4=2$ 或者 3。集合 $P(X_1, X_2, X_3, X_4)$ 只包含两个排列 3 4 1 2 和 4 1 2 3。因此，$p(X_1, X_2, X_3, X_4)=2$。 □

例子 设 $X_1=\{1\}$，$X_2=\{2\}$，…，$X_n=\{n\}$。则集合 $P(X_1, X_2, \cdots, X_n)$ 等于 {1, 2, …, n} 的所有排列 $i_1 i_2 \cdots i_n$ 中满足 $i_1 \neq 1$，$i_2 \neq 2$，…，$i_n \neq n$ 的那些排列的集合。因此，我们断定，$P(X_1, X_2, \cdots, X_n)$ 是 {1, 2, …, n} 的错位排列的集合，从而有 $p(X_1, X_2, \cdots, X_n)=D_n$。 □

正如在 3.4 节中所看到的那样，在 {1, 2, …, n} 的排列和 n 行 n 列棋盘上非攻击型不可区分车的放置之间存在一一对应。{1, 2, …, n} 的排列 $i_1 i_2 \cdots i_n$ 对应于棋盘上以方格 $(1, i_1)$，$(2, i_2)$，…，(n, i_n) 为坐标的 n 个车的位置。（回忆坐标为 (k, l) 的方格占据棋盘上第 k 行第 l 列的位置。）在 $P(X_1, X_2, \cdots, X_n)$ 中的排列对应着 n 行 n 列棋盘上的 n 个非攻击型车的放置，对于这些非攻击型车来说在这个棋盘上有某些方格禁止放车。

例子 设 $n=5$，$X_1=\{1, 4\}$，$X_2=\{3\}$，$X_3=\varnothing$，$X_4=\{1, 5\}$，$X_5=\{2, 5\}$。则 $P(X_1, X_2, X_3, X_4, X_5)$ 中的排列与下图所示的在棋盘上有禁止位置的 5 个非攻击型车的放置一一对应。 [178]

□

扩展 {1, 2, …, n} 的错位排列数 D_n 的公式推导，我们应用容斥原理得到 $P(X_1, X_2, \cdots, X_n)$ 的计算公式。然而，正如我们后面将要指出的那样，这个公式不总是具有计算的价值。为了方便起见，我们的论证将用 n 行 n 列棋盘上非攻击型车的语言来叙述。

设 S 为 n 个非攻击型车在 n 行 n 列棋盘上的所有 $n!$ 种放置方法的集合。如果在第 j 行上的

车是在属于 X_j 的列上，那么就说 n 个非攻击型车的这样一种放置满足性质 $P_j(j=1, 2, \cdots, n)$。同以往一样，A_j 表示满足性质 $P_j(j=1, 2, \cdots, n)$ 的车的放置的集合。集合 $P(X_1, X_2, \cdots, X_n)$ 是 n 个车的所有放置方法中不满足性质 $P_1, P_2, \cdots, P_n$ 的放置方法组成的。因此

$$
\begin{aligned}
p(X_1, X_2, \cdots, X_n) &= |\overline{A}_1 \cap \overline{A}_2 \cap \cdots \cap \overline{A}_n| \\
&= n! - \sum|A_i| + \sum|A_i \cap A_j| \\
&\quad - \cdots + (-1)^k \sum|A_{i_1} \cap A_{i_2} \cap \cdots \cap A_{i_k}| \\
&\quad + \cdots + (-1)^n|A_1 \cap A_2 \cap \cdots \cap A_n|
\end{aligned} \tag{6.9}
$$

其中，第 k 个和是对 $\{1, 2, \cdots, n\}$ 的所有 k 子集求和。现在，我们计算上述公式中的 n 个和的值。

例如，$|A_1|$ 计数什么呢？它计数的是把 n 个非攻击型车放到棋盘上的方法数，其中第一行上的车位于 X_1 中的某列上。我们能够以 $|X_1|$ 种方式选择该车所在的列，然后以 $(n-1)!$ 种方法安置其余 $n-1$ 个非攻击型车。于是 $|A_1| = |X_1|(n-1)!$，而且，更一般地，

$$
|A_i| = |X_i|(n-1)! \quad (i = 1, 2, \cdots, n)
$$

因此

$$
\sum|A_i| = (|X_1| + |X_2| + \cdots + |X_n|)(n-1)!
$$

设 $r_1 = |X_1| + |X_2| + \cdots + |X_n|$，得到

$$
\sum|A_i| = r_1(n-1)!
$$

|179|

r_1 等于棋盘上禁止放车的方格的个数。也就是说 r_1 等于把一个车放置到棋盘上禁止方格上的方法数。

现在考虑 $|A_1 \cap A_2|$。这个数计数的是将 n 个非攻击型车放到棋盘上的放置当中第一行上的车和第二行上的车都放置在禁止位置上（分别在 X_1 和 X_2 中）的那些放置的数目。在第一行和在第二行禁止位置上的两个非攻击型车的每一种放置都可以以 $(n-2)!$ 种方法完成。类似地，考虑对于任意的 $|A_i \cap A_j|$ 也成立，并且得到如下结果：设 r_2 等于把两个非攻击型车放到棋盘禁止位置上的方法数。则

$$
\sum|A_i \cap A_j| = r_2(n-2)!
$$

我们可以直接扩展上述结论并计数（6.9）中的第 k 个和的值。定义 r_k 如下：

r_k 是这样的一个方法数，即把 $k(k=1, 2, \cdots, n)$ 个非攻击型车放到 n 行 n 列棋盘上，其中每一个车都在一个禁止的位置上。

于是

$$
\sum|A_{i_1} \cap A_{i_2} \cap \cdots \cap A_{i_k}| = r_k(n-k)! \quad (k = 1, 2, \cdots, n)
$$

把上式代入到式（6.9）中，得到下面的定理。

定理 6.4.1 将 n 个非攻击型不可区分的车放到带有禁止放置位置的 n 行 n 列棋盘上的放置方法数等于

$$
n! - r_1(n-1)! + r_2(n-2)! - \cdots + (-1)^k r_k(n-k)! + \cdots + (-1)^n r_n \qquad \square
$$

例子 确定将 6 个非攻击型车放到下面 6 行 6 列棋盘上的方法数，其中禁止放置的位置如下图所示。

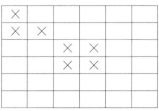

因为 r_1 等于禁止位置数，我们有 $r_1=7$。在计算 r_2，r_3，$\cdots$，r_6 之前，我们注意到禁止位置的集合可以划分成两个"独立"的部分，一个部分 F_1 包含靠近左上角的三个位置，而另一部分 F_2 包含四个位置，是一个 2×2 的方格。这里的"独立"指的是不同部分的方格不属于同一行或列，因此，F_1 中的车不能攻击 F_2 中的车。现在我们计算 r_2，这个数是把两个非攻击型车放置在禁止位置上的方法数。这两个车也许都在 F_1 中或者都在 F_2 中，或者一个在 F_1，另一个在 F_2 中。对于最后的情况，它们自然就是无法相互攻击了，因为 F_1 和 F_2 是独立的。用这样的方法计数，我们得到

$$r_2 = 1+2+3\times4 = 15$$

对于 r_3，我们需要 F_1 中的两个非攻击型车和 F_2 中的一个非攻击型车，或者 F_1 中的一个非攻击型车和 F_2 中的两个非攻击型车。于是

$$r_3 = 1\times4+3\times2 = 10$$

对于 r_4，我们需要 F_1 中的两个非攻击型车和 F_2 中的两个非攻击型车，于是

$$r_4 = 1\times2 = 2$$

显然 $r_5=r_6=0$。因此，根据定理 6.4.1，把 6 个非攻击型车放到棋盘上，使得没有车占据禁止位置的方法数等于

$$6! - 7\times5! + 15\times4! - 10\times3! + 2\times2! = 184 \qquad \square$$

作为结论，我们注意到仅仅在计算 r_1，r_2，$\cdots$，r_n 比直接计算把 n 个非攻击型车放到有禁止位置的 n 行 n 列棋盘上的方法数更容易时定理 6.4.1 的公式才具有计算价值。还需注意，r_n 等于把 n 个非攻击型车放到 n 行 n 列棋盘的"补"棋盘上的方法数，而这个"补"棋盘就是把禁止位置与非禁止位置交换而得到的。如果棋盘上有很多禁止位置，那么计算 r_n 的值有可能比直接计算将 n 个非攻击型车放到棋盘上的方法数还要困难得多。

6.5 另一个禁止位置问题

在 6.3 节和 6.4 节，我们对存在某些绝对禁止位置的 $\{1, 2, \cdots, n\}$ 的排列数目进行了计算。在这一节，考虑存在某些相对禁止位置的排列的计数问题，并说明如何使用容斥原理计数这些排列的数目。

我们引入问题如下。设一个班级 8 个男孩每天练习走步。这些学生站成一队纵列前行，除第一个男孩外每一个孩子的前面都有另一个男孩。为了让男孩不总看到他前面的同一个人，第二天，这些学生们决定交换位置，使得没有孩子前面的男孩与第一天在他前面的男孩是同一个人。他们有多少种方法交换位置？

一种可能就是把男孩子们的顺序倒过来，使得第一个孩子现在位于最后，等等，不过还存在许多其他可能方法。如果给这些孩子指定数字 1，2，$\cdots$，8，第一天队列中最后的男孩为 1，$\cdots$，而第一个男孩为 8，如下所示：

$$1\ \ 2\ \ 3\ \ 4\ \ 5\ \ 6\ \ 7\ \ 8$$

于是要求我们确定集合 $\{1, 2, \cdots, 8\}$ 的排列中不出现模式 12，23，$\cdots$，78 的那些排列的数量。因此，31542876 就是一个符合要求的排列，而 84312657 则不是符合要求的排列。对于每一个正整数 n，设 Q_n 表示 $\{1, 2, \cdots, n\}$ 的排列中没有 12，23，$\cdots$，$(n-1)n$ 这些模式出现的那些排列的个数。使用容斥原理计算 Q_n。如果 $n=1$，1 就是一个符合要求的排列。如果 $n=2$，21 则是符合要求的排列。如果 $n=3$，则符合要求的排列是 213，321，132，若 $n=4$，则它们是

4 1 3 2	4 3 2 1	4 2 1 3
3 2 1 4	3 2 4 1	2 1 4 3
2 4 3 1	2 4 1 3	3 1 4 2
1 3 2 4	1 4 3 2	

因此，$Q_1 = 1$，$Q_2 = 1$，$Q_3 = 3$ 及 $Q_4 = 11$。

定理 6.5.1 对于 $n \geq 1$

$$Q_n = n! - \binom{n-1}{1}(n-1)! + \binom{n-1}{2}(n-2)!$$

$$- \binom{n-1}{3}(n-3)! + \cdots + (-1)^{n-1}\binom{n-1}{n-1}1!$$

证明 设 S 为 $\{1, 2, \cdots, n\}$ 的全部 $n!$ 个排列的集合。设 P_j 是在一个排列中模式 $j(j+1)$ 出现的性质 $(j = 1, 2, \cdots, n-1)$。于是，$\{1, 2, \cdots, n\}$ 的一个排列被计入到 Q_n 中当且仅当它没有性质 P_1，P_2，$\cdots$，P_{n-1} 中任何一条性质。如往常一样，设 A_j 表示 $\{1, 2, \cdots, n\}$ 满足性质 P_j 的排列的集合 $(j = 1, 2, \cdots, n-1)$。因此

$$Q_n = |\overline{A}_1 \cap \overline{A}_2 \cap \cdots \cap \overline{A}_{n-1}|$$

应用容斥原理来计算 Q_n 的值。首先我们计算 A_1 中排列的个数。一个排列在 A_1 中当且仅当模式 12 在这个排列中出现。于是，A_1 中的一个排列可以看成 $n-1$ 个符号 $\{12, 3, 4, \cdots, n\}$ 的排列。因此我们得到 $|A_1| = (n-1)!$，一般地，

182

$$|A_j| = (n-1)! \quad (j = 1, 2, \cdots, n-1)$$

属于集合 A_1，A_2，$\cdots$，A_{n-1} 中的任意两个集合的排列含有两个模式。这两个模式或者共享一个元素，如模式 12 和 23，或者没有公共元素，如模式 12 和 34。包含两个模式 12 和 34 的排列可以看作 $n-2$ 个符号 $\{12, 34, 5, \cdots, n\}$ 的一个排列。于是，$|A_1 \cap A_3| = (n-2)!$。包含两个模式 12 和 23 的排列含有模式 123，因而，可以看作 $n-2$ 个符号 $\{123, 4, \cdots n\}$ 的一个排列。如此又有 $|A_1 \cap A_2| = (n-2)!$。一般地，

$$|A_i \cap A_j| = (n-2)!$$

对于 $\{1, 2, \cdots, n-1\}$ 的每个 2 子集 $\{i, j\}$ 都成立。更一般地，包含 12，23，$\cdots$，$(n-1)n$ 中的 k 个特定模式的排列可以看成 $n-k$ 个符号的排列，这样，对于 $\{1, 2, \cdots, n-1\}$ 中的每一个 k 子集 $\{i_1, i_2, \cdots, i_k\}$，有

$$|A_{i_1} \cap A_{i_2} \cap \cdots \cap A_{i_k}| = (n-k)!$$

因为对每一个 $k = 1, 2, \cdots, n-1$，$\{1, 2, \cdots, n-1\}$ 有 $\binom{n-1}{k}$ 个 k 子集，应用容斥原理便得到定理中的公式。 □

使用定理 6.5.1 中的公式可计算出

$$Q_5 = 5! - \binom{4}{1}4! + \binom{4}{2}3! - \binom{4}{3}2! + \binom{4}{4}1! = 53$$

Q_1，Q_2，Q_3，$\cdots$ 与错位排列数紧密相关。实际上，我们有 $Q_n = D_n + D_{n-1}(n \geq 2)$（见练习题 23）。因此，知道错位排列数就可以计算数 $Q_n(n \geq 2)$。因为在上一节已经看到 $D_5 = 44$，$D_6 = 265$，所以我们得到 $Q_6 = D_6 + D_5 = 265 + 44 = 309$。

6.6 莫比乌斯反演

这一节所涉及的数学比前面各节所涉及的都更加巧妙。

容斥原理是莫比乌斯反演（Möbius Inversion）在有限⊖偏序集上的一个实例。为了给莫比乌斯反演的一般性设置好一个平台，我们首先讨论某种程度上更具一般性的容斥原理。

⊖ 可以用更弱的性质代替有限的性质，叫作局部有限，即对于所有 $a \leq b$ 的 a 和 b，区间 $\{x : a \leq x \leq b\}$ 是有限集。

设 n 为正整数并考虑 n 元素集合 $X_n = \{1, 2, \cdots, n\}$，以及由包含关系所定义的 X_n 的所有子集的集合上的偏序集 $(\mathcal{P}(X_n), \subseteq)$。设

$$F: \mathcal{P}(X_n) \to \Re$$ [183]

是定义在 $\mathcal{P}(X_n)$ 上的实值函数。我们使用 F 定义一个新函数

$$G: \mathcal{P}(X_n) \to \Re$$

其中

$$G(K) = \sum_{L \subseteq K} F(L) \quad (K \subseteq X_n) \tag{6.10}$$

其中，如上式所示，K 是 X_n 的一个子集，而且和是对 K 的所有子集 L 求和。莫比乌斯反演可将式 (6.10) 反解并从 G 恢复 F；特别地，我们有

$$F(K) = \sum_{L \subseteq K} (-1)^{|K|-|L|} G(L) \quad (K \subseteq X_n) \tag{6.11}$$

注意，(6.11) 中从 G 得到 F 的方式类似于在 (6.10) 中从 F 得到 G 的方式；唯一的区别在于，在 (6.11) 中我们在求和的每一项的前面插入了一个系数 1 或 -1，它们的插入依赖于 $|K| - |L|$ 是偶数还是奇数。

设 $A_1, A_2, \cdots, A_n$ 是有限集 S 的子集，对于一个集合 $K \subseteq \{1, 2, \cdots, n\}$，定义 $F(K)$ 为 S 中正好属于所有满足 $i \notin K$ 的集合 A_i 的元素个数。于是，对于 $s \in S$，$F(K)$ 计数 s 当且仅当

$$s \notin A_i, \quad \text{对每个 } i \in K$$
$$s \in A_j, \quad \text{对每个 } j \notin K$$

于是

$$G(K) = \sum_{L \subseteq K} F(L)$$

计数 S 中属于 j 不在 K 中的所有 A_j 的元素以及属于其他一些集合的元素的个数。因此，有

$$G(K) = \left| \bigcap_{i \notin K} A_i \right|$$

根据 (6.11)，有

$$F(K) = \sum_{L \subseteq K} (-1)^{|K|-|L|} G(L) \tag{6.12}$$

在 (6.12) 中取 $K = \{1, 2, \cdots, n\}$，我们得到

$$F(X_n) = \sum_{L \subseteq X_n} (-1)^{n-|L|} G(L) \tag{6.13}$$

此时，$F(X_n)$ 计数的是 S 中仅属于满足 $i \notin X_n$ 的那些集合 A_i 的元素；也就是说，$F(X_n)$ 是 S 中不属于集合 $A_1, A_2, \cdots, A_n$ 中任意一个集合的元素的个数，因此，它等于包含在 $\overline{A_1} \cap \overline{A_2} \cap \cdots \cap$ [184] $\overline{A_n}$ 中的元素的个数。代入到 (6.13)，我们得到

$$\left| \overline{A_1} \cap \overline{A_2} \cap \cdots \cap \overline{A_n} \right| = \sum_{L \subseteq X_n} (-1)^{n-|L|} \left| \bigcap_{i \notin L} A_i \right|$$

或等价地，用 L 在 X_n 中的补 J 代替 L，有

$$\left| \overline{A_1} \cap \overline{A_2} \cap \cdots \cap \overline{A_n} \right| = \sum_{J \subseteq X_n} (-1)^{|J|} \left| \bigcap_{i \in J} A_i \right| \tag{6.14}$$

等式 (6.14) 等价于定理 6.1.1 中给出的容斥原理。

现在，我们用任意有限偏序集 $(X, \leqslant)$ 代替 $(\mathcal{P}(X_n), \subseteq)$。为得到莫比乌斯反演公式，我们首先考虑二变量函数。

设 $\mathcal{F}(X)$ 是满足只要 $x \nleqslant y$ 就有 $f(x, y) = 0$ 的所有实值函数

$$f: X \times X \to \Re$$

的集合。于是 $f(x, y)$ 只在 $x \leqslant y$ 时可能不等于 0。我们如下定义 $\mathcal{F}(X)$ 中两个函数 f 和 g 的卷

积 $h = f * g$：

$$h(x, y) = \begin{cases} \sum\limits_{\{z: x \leqslant z \leqslant y\}} f(x, z) g(z, y) & \text{若 } x \leqslant y \\ 0 & \text{其他} \end{cases}$$

因此，在卷积中，为了计算 $x \leqslant y$ 时的 $h(x, y)$，我们关于 z 求积 $f(x, z) g(z, y)$ 的和，其中 z 在给定偏序集内 x 和 y 之间变化。卷积满足结合律

$$f * (g * h) = (f * g) * h \quad (f, g, h \in \mathcal{F}(X))$$

我们把验证上式的工作留作练习题。

我们对 $\mathcal{F}(X)$ 中三种特殊的函数感兴趣。第一种函数是克罗内克 delta 函数 (Kronecker delta function) δ，由下式给出：

$$\delta(x, y) = \begin{cases} 1 & \text{若 } x = y \\ 0 & \text{其他} \end{cases}$$

注意，对所有的函数 $f \in \mathcal{F}(X)$，$\delta * f = f * \delta = f$，因此对卷积来说 δ 就是一个恒等函数。第二种函数是 ζ 函数 (zeta function)，由下式定义：

$$\boxed{185}$$

$$\zeta(x, y) = \begin{cases} 1 & \text{若 } x \leqslant y \\ 0 & \text{其他} \end{cases}$$

ζ 函数是偏序集 $(X, \leqslant)$ 的一种表示，因为它包含所有满足 $x \leqslant y$ 的元素对 x, y 的全部信息。

设 f 是 $\mathcal{F}(X)$ 中的函数，对 X 中的所有 y 满足 $f(y, y) \neq 0$。我们可以如下递归地定义 $\mathcal{F}(X)$ 中的函数 g，首先设

$$g(y, y) = \frac{1}{f(y, y)} \quad (y \in X) \tag{6.15}$$

然后令

$$g(x, y) = -\frac{1}{f(y, y)} \sum_{\{z: x \leqslant z < y\}} g(x, z) f(z, y) \quad (x < y) \tag{6.16}$$

根据 (6.16)，我们得到

$$\sum_{\{z: x \leqslant z \leqslant y\}} g(x, z) f(z, y) = \delta(x, y) \quad (x \leqslant y) \tag{6.17}$$

等式 (6.17) 告诉我们

$$g * f = \delta$$

因此 g 是 f 关于卷积 $*$ 的左逆函数。类似地，可以证明 f 有右逆函数 h，它满足

$$f * h = \delta$$

使用卷积的结合律，我们得到

$$g = g * \delta = g * (f * h) = (g * f) * h = \delta * h = h$$

因此，$g = h$，g 是 f 的逆函数。总之，每个对 X 中所有的 y 满足 $f(y, y) \neq 0$ 的函数 $f \in \mathcal{F}(X)$ 都有逆函数 g，(6.15) 式和 (6.16) 式递归地给出它的定义，并满足

$$g * f = f * g = \delta$$

我们定义的第三种特殊的函数是莫比乌斯函数 (Möbius function) μ。因为对所有的 $y \in X$，有 $\zeta(y, y) = 1$，因此 ζ 有逆函数，定义 μ 为它的逆函数。因此，

$$\mu * \zeta = \delta$$

于是运用 (6.17) 及 $f = \zeta$ 和 $g = \mu$，我们得到

$$\sum_{\{z: x \leqslant z \leqslant y\}} \mu(x, z) \zeta(z, y) = \delta(x, y) \quad (x \leqslant y)$$

或等价地，

$$\sum_{\{z:x\leqslant z\leqslant y\}} \mu(x,z) = \delta(x,y) \quad (x\leqslant y) \tag{6.18}$$

186

等式 (6.18) 意味着

$$\text{对所有的 } x, \mu(x,x) = 1 \tag{6.19}$$

以及

$$\mu(x,y) = -\sum_{\{z:x\leqslant z<y\}} \mu(x,z) \quad (x<y) \tag{6.20}$$

例子 在这个例子中，我们计算偏序集 $(\mathcal{P}(X_n), \subseteq)$ 的莫比乌斯函数，其中 $X_n = \{1, 2, \cdots, n\}$。设 A 和 B 是 X_n 的子集且 $A \subseteq B$。我们对 $|B| - |A|$ 作归纳法，证明

$$\mu(A,B) = (-1)^{|B|-|A|} \tag{6.21}$$

我们从 (6.19) 得到 $\mu(A, A) = 1$，从而如果 $B = A$，则 (6.21) 成立。设 $B \neq A$，$p = |B \setminus A| = |B| - |A|$。于是，由式 (6.20) 和归纳假设，我们得到

$$\begin{aligned}
\mu(A,B) &= -\sum_{\{C:A\subseteq C\subset B\}} \mu(A,C) \\
&= -\sum_{\{C:A\subseteq C\subset B\}} (-1)^{|C|-|A|} \\
&= -\sum_{k=0}^{p-1} (-1)^k \binom{p}{k}
\end{aligned} \tag{6.22}$$

最后的等式是下面事实的推论：对于满足 $0 \leqslant k \leqslant p-1$ 的每个整数 k，满足 $A \subseteq C \subset B$ 且 $|C| - |A| = k$ 的集合 C 的个数等于包含在基数为 p 的集合 $B \setminus A$ 中且基数为 k 的子集的个数。根据二项式定理，我们有

$$0 = (1-1)^p = \sum_{k=0}^{p} (-1)^k \binom{p}{k}$$

因此

$$\sum_{k=0}^{p-1} (-1)^k \binom{p}{k} = -(-1)^p \binom{p}{p}$$

把上式代入到等式 (6.22) 中，我们得到

$$\mu(A,B) = (-1)^p \binom{p}{p} = (-1)^p = (-1)^{|B|-|A|} \tag{6.23}$$

这是关于 $(\mathcal{P}(X_n), \subseteq)$ 的莫比乌斯函数的一个公式。 □ 187

例子 在这个例子中，我们计算线性有序集的莫比乌斯函数。设 $X_n = \{1, 2, \cdots, n\}$，考虑线性有序集 $(X_n, \leqslant)$，其中 $1 < 2 < \cdots < n$。对于 $k = 1, 2, \cdots, n$，我们有 $\mu(k, k) = 1$，且对 $1 \leqslant l < k \leqslant n$ 有 $\mu(k, l) = 0$。假设 $l = k+1$，其中 $1 \leqslant k \leqslant n-1$。于是，

$$\sum_{\{j:k\leqslant j\leqslant k+1\}} \mu(k,j) = 0;$$

因此，

$$\mu(k,k) + \mu(k,k+1) = 0$$

而这意味着 $\mu(k, k+1) = -\mu(k, k) = -1$。现在假设 $1 \leqslant k \leqslant n-2$，则

$$\mu(k,k) + \mu(k,k+1) + \mu(k,k+2) = 0$$

因此

$$\mu(k,k+2) = -(\mu(k,k) + \mu(k,k+1)) = -(1+(-1)) = 0$$

继续下去，或者使用归纳法，我们可以看到线性有序集 $1 < 2 < \cdots < n$ 的莫比乌斯函数满足

$$\mu(k,l) = \begin{cases} 1 & \text{若 } l = k \\ -1 & \text{若 } l = k+1 \\ 0 & \text{其他} \end{cases} \qquad \Box$$

现在，我们叙述并证明定义在有限偏序集上的函数的莫比乌斯反演公式（Möbius Inversion Formula）。在这个定理中，假设 $(X, \leqslant)$ 有最小元，即存在对所有 $x \in X$ 满足 $0 \leqslant x$ 的元素 0。例如，这对于偏序集 $(\mathcal{P}(X_n), \subseteq)$ 是成立的，其中的最小元就是空集。

定理 6.6.1 设 $(X, \leqslant)$ 是偏序集且有最小元 0。设 μ 是它的莫比乌斯函数，并设 $F: X \to \mathfrak{R}$ 是定义在 X 上的实值函数。设函数 $G: X \to \mathfrak{R}$ 是如下定义的函数：

$$G(x) = \sum_{\{z: z \leqslant x\}} F(z) \quad (x \in X)$$

那么

$$F(x) = \sum_{\{y: y \leqslant x\}} G(y) \mu(y, x) \quad (x \in X)$$

证明 设 ζ 为 $(X, \leqslant)$ 的 ζ 函数。利用前面讨论的 ζ 和 μ 的性质，对 X 中的任意元素 x，我们计算如下：

$$
\begin{aligned}
\sum_{\{y: y \leqslant x\}} G(y) \mu(y, x) &= \sum_{\{y: y \leqslant x\}} \sum_{\{z: z \leqslant y\}} F(z) \mu(y, x) \\
&= \sum_{\{y: y \leqslant x\}} \mu(y, x) \sum_{\{z: z \in X\}} \zeta(z, y) F(z) \\
&= \sum_{\{z: z \in X\}} \sum_{\{y: y \leqslant x\}} \zeta(z, y) \mu(y, x) F(z) \\
&= \sum_{\{z: z \in X\}} \Big(\sum_{\{y: y \leqslant x\}} \zeta(z, y) \mu(y, x) \Big) F(z) \\
&= \sum_{\{z: z \in X\}} \delta(z, x) F(z) \\
&= F(x) \qquad \qquad \square
\end{aligned}
$$

作为一个推论，我们得到如（6.10）和（6.11）中陈述的更一般的容斥原理。

推论 6.6.2 设 $X_n = \{1, 2, \cdots, n\}$，且设 $F: \mathcal{P}(X_n) \to \mathfrak{R}$ 为定义在 X_n 的子集上的函数。设 $G: \mathcal{P}(X_n) \to \mathfrak{R}$ 是由下式定义的函数：

$$G(K) = \sum_{L \subseteq K} F(L) \quad (K \subseteq X_n)$$

那么

$$F(K) = \sum_{L \subseteq K} (-1)^{|K|-|L|} G(L) \quad (K \subseteq X_n)$$

证明 该推论可以根据定理 6.6.1 以及（6.23）给出的 $(\mathcal{P}(X_n), \subseteq)$ 的莫比乌斯函数的计算推出。 $\qquad \square$

例子 我们使用莫比乌斯反演得到把 n 个非攻击型车放到带有禁止位置的 $n \times n$ 棋盘上的放置方法数的计算公式，这不同于定理 6.4.1 中给出的公式。为方便讨论，现在把 $n \times n$ 棋盘看成是元素为 0 和 1 的 $n \times n$ 矩阵，即

$$A = [a_{ij} : 1 \leqslant i, j \leqslant n]$$

我们把 0 放到每个禁止放置的位置上，而把 1 放在每一个非禁止的位置上。例如棋盘

$$(6.24)$$

对应于矩阵

$$A = \begin{bmatrix} 0 & 1 & 0 & 1 \\ 1 & 1 & 1 & 0 \\ 1 & 0 & 1 & 1 \\ 1 & 1 & 0 & 1 \end{bmatrix} \qquad (6.25)$$

棋盘上 4 个非攻击型车对应于矩阵 A 中 4 个 1，其中 A 的每行和每列恰好含有这 4 个 1 中的一个（等价地，在一行或一列上没有重复的 1）。例如，下面 4 个 1

$$a_{14} = 1, \quad a_{23} = 1, \quad a_{31} = 1, \quad a_{42} = 1$$

对应于下面 4 个位置上的非攻击型车

$$(1,4), \quad (2,3), \quad (3,1), \quad (4,2)$$

这 4 个 1 对应于 $\{1,2,3,4\}$ 的一个排列 4，3，1，2，或等价地，对应于双射（bijection）[⊖]

$$f : \{1,2,3,4\} \rightarrow \{1,2,3,4\}$$

其中

$$f(1) = 4, \quad f(2) = 3, \quad f(3) = 1, \quad f(4) = 2$$

回到一般情况，我们设 $X_n = \{1, 2, \cdots, n\}$，并令 $\mathcal{P}_n$ 表示全部 $n!$ 个双射 $f : X_n \rightarrow X_n$ 的集合。一般地，$n \times n$ 棋盘上 n 个非攻击型车对应于矩阵中的 n 个 1，且每行和每列上恰好有一个 1。这些 1 又对应于 $\mathcal{P}_n$ 中的双射

$$f : \{1, 2, \cdots, n\} \rightarrow \{1, 2, \cdots, n\}$$

其中 $a_{if(i)} = 1$，$i = 1, 2, \cdots, n$，或等价地

$$\prod_{i=1}^{n} a_{if(i)} = a_{1f(1)} a_{2f(2)} \cdots a_{nf(n)} = 1$$

|190|

如果 f 是对于某个 i 有 $a_{if(i)} = 0$ 的双射，那么

$$\prod_{i=1}^{n} a_{if(i)} = a_{1f(1)} a_{2f(2)} \cdots a_{nf(n)} = 0$$

因此，我们得出结论，把 n 个非攻击型车放置到一个带有相关 0 和 1 的 $n \times n$ 矩阵 $A = [a_{ij}]$ 的棋盘上的方法数等于

$$\sum_{f \in \mathcal{P}_n} \prod_{i=1}^{n} a_{if(i)} \tag{6.26}$$

((6.26) 的表达式是矩阵 A 的一个重要的组合函数；它被称为 A 的不变式（permanent）。)

考虑偏序集 $(\mathcal{P}(X_n), \subseteq)$。$X_n$ 的每一个基数为 k 的子集 S 从 A 挑选 k 个列的集合，我们把由这些列组成的 $n \times k$ 子矩阵记作 $A[S]$。设 $\mathcal{F}_n(S)$ 表示所有函数 $f : \{1, 2, \cdots, n\} \rightarrow S$ 的集合，并设 $\mathcal{G}_n(S)$ 表示满射函数的子集。于是，我们有

$$\mathcal{F}_n(S) = \bigcup_{T \subseteq S} \mathcal{G}_n(T)$$

如下定义函数 $F : \mathcal{P}(X_n) \rightarrow \Re$:

$$F(S) = \sum_{f \in \mathcal{G}_n(S)} \prod_{i=1}^{n} a_{if(i)}, \quad (S \subseteq X_n)$$

(此处，如果 $S = \varnothing$，则 $F(S) = 0$)。注意，$F(X_n)$ 等于式 (6.26)，这是因为满射函数 $f : X_n \rightarrow X_n$ 是双射。因此，我们的目标就是计算 $F(X_n)$。

设

$$G(S) = \sum_{T \subseteq S} F(T), \quad (S \subseteq X_n)$$

于是

$$G(S) = \sum_{g \in \mathcal{F}_n(S)} \prod_{i=1}^{n} a_{ig(i)}, \quad (S \subseteq X_n)$$

根据推论 6.6.2，我们得到

⊖ 在本节，双射（或双射函数）意指一个函数，它是一对一且到上的函数。单射（injection）（或单射函数）意指一对一的函数。满射（surjection）（或满射函数）意指到上的函数。所以双射是既是满射又是单射的函数。

$$F(X_n) = \sum_{S \subseteq X_n} (-1)^{n-|S|} G(S) \tag{6.27}$$

因为 $G(S)$ 是关于所有函数 $g: X_n \to S$ 对 $a_{1g(1)} a_{2g(2)} \cdots a_{ng(n)}$ 求和，因此它正好是下面的积

[191]

$$\prod_{i=1}^{n} \left(\sum_{j \in S} a_{ij} \right)$$

即 $G(S)$ 是对 $A[S]$ 的每行上的元素求和再乘积。因此，（6.27）变为

$$F(X_n) = \sum_{S \subseteq X_n} (-1)^{n-|S|} \prod_{i=1}^{n} \left(\sum_{j \in S} a_{ij} \right) \tag{6.28}$$

而这就给出一种把 n 个非攻击型车放到 $n \times n$ 棋盘上的方法数的计算方法：选出列的一个子集，计算这些列所在的每一行上的元素的和，把这些和乘起来，添上适当的符号，并对所有列的选择求和。被加数的个数等于大小为 n 的集合的子集的个数，从而等于 2^n。

把公式（6.27）应用到有相关 4×4 矩阵（6.25）的（6.24）中的棋盘上，经过冗长的计算，我们得到把 4 个非攻击型车放到棋盘（6.24）上的方法数等于 6。在这种情况下，由于 $n=4$ 是一个比较小的数，因此直接得到 $n=6$ 是比较容易的，但是问题不在于此。问题在于我们得到一种只依赖于简单算术计算的计数方法，尽管其中可能有很多指数。　　□

下一个例子利用偏序集的直积结构（见第 4 章的练习题 38），现在来复习一下。设 $(X, \leqslant_1)$ 和 $(Y, \leqslant_2)$ 为两个偏序集。在下面的集合

$$X \times Y = \{(x, y): x \in X, y \in Y\}$$

上定义关系 $\leqslant$ 为

$$(x, y) \leqslant (x', y') \text{ 当且仅当 } x \leqslant_1 x' \text{ 且 } y \leqslant_2 y'$$

容易直接验证 $(X \times Y, \leqslant)$ 是一个偏序集，叫作 $(X, \leqslant_1)$ 和 $(Y, \leqslant_2)$ 的直积（direct product）。我们可以把这个直积结构扩展到任意个偏序集上。

下一个定理指出如何从直积的各分量偏序集的莫比乌斯函数确定直积本身的莫比乌斯函数。

定理 6.6.3 设 $(X, \leqslant_1)$ 和 $(Y, \leqslant_2)$ 为两个有限偏序集，且它们的莫比乌斯函数分别为 μ_1 和 μ_2。设 μ 为 $(X, \leqslant_1)$ 和 $(Y, \leqslant_2)$ 的直积的莫比乌斯函数。则

$$\mu((x,y),(x',y')) = \mu_1(x,x') \mu_2(y,y'), \quad ((x,y),(x',y') \in X \times Y) \tag{6.29}[\ominus]$$

证明 如果 $(x, y) \not\leqslant (x', y')$，那么 $\mu((x, y), (x', y')) = 0$，且或者 $x \not\leqslant_1 x'$，或者 $y \not\leqslant_2 y'$，这意味着或者 $\mu_1(x, x') = 0$ 或者 $\mu_2(y, y') = 0$。因此，在这种情形之下，（6.29）式成立。

现在，假设 $(x, y) \leqslant (x', y')$。下面通过对在这一偏序之下介于 (x, y) 和 (x', y') 之间

[192] 的序偶 (u, v) 的个数施归纳法来证明（6.29）式成立。我们有 $x \leqslant_1 x'$ 和 $y \leqslant_2 y'$。如果 $(x, y) = (x', y')$，那么 $x = x'$ 且 $y = y'$，而且（6.29）两边的值都等于 1。假设 $(x, y) \neq (x', y')$，根据归纳假设：

$$\begin{aligned}
\mu((x,y),(x',y')) &= -\sum_{\{(u,v): (x,y) \leqslant (u,v) < (x',y')\}} \mu((u,v),(x',y')) \\
&= -\sum_{\{(u,v): (x,y) \leqslant (u,v) < (x',y')\}} \mu_1(u,x') \mu_2(v,y') \quad \text{（根据归纳假设）} \\
&= -\left(\sum_{\{u: x \leqslant_1 u \leqslant_1 x'\}} \mu_1(u,x') \right) \left(\sum_{\{v: y \leqslant_2 v \leqslant_2 y'\}} \mu_2(v,y') \right) \\
&\quad + \mu_1(x,x') \mu_2(y,y') \\
&= (0)(0) + \mu_1(x,x') \mu_2(y,y')
\end{aligned}$$

因此，根据归纳法定理成立。　　□

$\ominus$ 原书没有下标。另外，原书证明中有几处字符错误，这里已修改。——译者注

我们可以如下叙述定理 6.6.3：两个偏序集的直积的莫比乌斯函数是它们的莫比乌斯函数的乘积。更一般地，有限个有限偏序集的直积的莫比乌斯函数是它们的莫比乌斯函数的乘积。

例子 设 n 是正整数，且设 $X_n = \{1, 2, \cdots, n\}$。现在，我们考虑偏序集 $D_n = (X_n, \mid)$，其中偏序由可除性给出：$a \mid b$ 当且仅当 a 是 b 的因子。为了简明起见，这里使用整除符号 "$\mid$" 而不使用偏序的一般符号 "$\leqslant$"。我们的目标是计算该偏序集的 $\mu(1, n)$，由此，可以对 X_n 中的任意整数 a 和 b 计算出 $\mu(a, b)$：如果 $a \mid b$，则 $\mu(a, b) = \mu\left(1, \dfrac{b}{a}\right)$（见练习题）。

整数 n 有唯一素数因数分解，因此

$$n = p_1^{\alpha_1} p_2^{\alpha_2} \cdots p_k^{\alpha_k}$$

其中 p_1，p_2，$\cdots$，p_k 是互不相同的素数，而 α_1，α_2，$\cdots$，α_k 为正整数⊖。因为 $\mu(1, n)$ 可递归定义如下：

$$\mu(1, n) = -\sum_{\{m \geqslant 1; m \mid n, m \neq n\}} \mu(1, m)$$

因此只需要考虑 $(X_n^*, \mid)$，其中 X_n^* 是 X_n 中所有满足 $k \mid n$ 的正整数 k 组成的子集。设 r 和 s 为 X_n^* 中的整数。我们有

$$r = p_1^{\beta_1} p_2^{\beta_2} \cdots p_k^{\beta_k} \quad \text{和} \quad s = p_1^{\gamma_1} p_2^{\gamma_2} \cdots p_k^{\gamma_k}$$

其中 $0 \leqslant \beta_i$，$\gamma_i \leqslant \alpha_i (i = 1, 2, \cdots, k)$⊖。于是，$r \mid s$ 当且仅当 $\beta_i \leqslant \gamma_i (i = 1, 2, \cdots, k)$。因此，偏序集 $(X_n^*, \mid)$ 正是大小分别为 $\alpha_1 + 1$，$\alpha_2 + 1$，$\cdots$，$\alpha_k + 1$ 的 k 个线性序的直积。根据定理 6.6.3，我们得到

$$\mu(1, n) = \prod_{i=1}^{k} \mu(1, p_i^{\alpha_i})$$

从我们对线性序的莫比乌斯函数的计算，可以看到

$$\mu(1, p_i^{\alpha_i}) = \begin{cases} 1 & \text{若 } \alpha_i = 0 \\ -1 & \text{若 } \alpha_i = 1 \\ 0 & \text{若 } \alpha_i \geqslant 2 \end{cases}$$

因此

$$\mu(1, n) = \begin{cases} 1 & \text{若 } n = 1 \\ (-1)^k & \text{若 } n \text{ 是互不相同素数的乘积} \\ 0 & \text{其他情形} \end{cases} \qquad \square$$

现在，我们可以得到经典的莫比乌斯反演公式。

定理 6.6.4 设 F 为定义在正整数集上的实值函数。如下定义这个正整数集上的实值函数 G：

$$G(n) = \sum_{k: k \mid n} F(k)$$

这时，对于每一个正整数 n，我们有

$$F(n) = \sum_{k: k \mid n} \mu(n/k) G(k)$$

其中把 $\mu(1, n/k)$ 写作 $\mu(n/k)$。

证明 对任意固定的 n，因为 $G(n)$ 的定义只依赖于 F 在集合 $X_n = \{1, 2, \cdots, n\}$ 上的值，因此我们把注意力放在偏序集 $(X_n, \mid)$ 上。根据定理 6.6.1，有

⊖ 除了分解中素数所写出的顺序之外，这种分解是唯一的。

⊖ 为了使 r 和 s 的分解中有相同的素数，允许某些指数为 0。

$$F(n) = \sum_{\{k;k|n\}} \mu(k,n)G(k) = \sum_{\{k;k|n\}} \mu(1,n/k)G(k) \qquad \square$$

194　下面两个例子应用定理 6.6.4 求解两个计数问题。

例子　在这个例子中，我们计算欧拉 ϕ 函数的值，该函数对于正整数 n 的定义是

$$\phi(n) = |S_n|$$

其中

$$S_n = \{k : 1 \leqslant k \leqslant n, \mathrm{GCD}(k,n) = 1\}$$

因此，$\phi(n)$ 等于不超过 n 且与 n 互素的正整数的个数。例如，$\phi(1)=1$，而

$$\phi(9) = |\{1,2,4,5,7,8\}| = 6$$

而 $\phi(13)=12$（在素数 p 上的值总是 $p-1$）。设

$$S_n^d = \{k : 1 \leqslant k \leqslant n, \mathrm{GCD}(k,n) = d\} \quad (d \text{ 是 } n \text{ 的正因子})$$

于是，$S_n = S_n^1$。因为任意满足 $\mathrm{GCD}(k,n)=1$ 的整数 k 都有 $k=dk'$ 的形式，其中 $1 \leqslant k' \leqslant n/d$ 且 $\mathrm{GCD}(k', n/d)=1$，因此 $|S_n^d|=\phi(n/d)$。我们取莫比乌斯反演中的函数 F 为欧拉 ϕ 函数并定义

$$G(n) = \sum_{\{d;d|n\}} \phi(d)$$

因为 $\phi(d)$ 等于满足 $\mathrm{GCD}(k,n)=d$ 的 1 和 n 之间的整数 k 的个数，又因为对于每个这样的 k，对某个满足 $d|n$ 的整数 d，$\mathrm{GCD}(k,n)=d$ 成立，于是我们得到 $G(n)=n$。因此有

$$n = \sum_{\{d;d|n\}} \phi(d)$$

反解这个方程，可以得到

$$\phi(n) = \sum_{\{d;d|n\}} \mu(n/d)d = \sum_{\{d;d|n\}} \mu(d)n/d \qquad (6.30)$$

此时，$\mu(d)$ 非 0 当且仅当 $d=1$ 或 d 是互不相同的素数的乘积；对于后面的情况，$\mu(d)=(-1)^r$，其中 r 是 d 中互不相同素数的个数。设这些互异素数除以 n 为 p_1，p_2，$\cdots$，p_r。这时，(6.30) 式意味着 $\phi(n)$ 等于

$$n - \left(\frac{n}{p_1} + \frac{n}{p_2} + \cdots\right) + \left(\frac{n}{p_1 p_2} + \frac{n}{p_1 p_3} + \cdots\right) + \cdots + (-1)^r \frac{n}{p_1 p_2 \cdots p_r}$$

而这正是下面的乘积展开式：

195

$$n \prod_{i=1}^{r} \left(1 - \frac{1}{p_i}\right)$$

因此，有

$$\phi(n) = n \prod_{p|n} \left(1 - \frac{1}{p}\right)$$

其中，乘积是对所有整除 n 的互不相同素数 p 求积。　　　　□

我们以经典莫比乌斯反演的应用来结束本小节。

例子　计算 k 个不同符号 a_1，a_2，$\cdots$，a_k 的循环 n 排列的个数，其中，每一个符号都可以使用任意多次，或等价地，我们计数多重集合 $\{n \cdot a_1,\ n \cdot a_2,\ \cdots,\ n \cdot a_k\}$ 的循环 n 排列的数目。我们定义这样一个循环排列的周期为移动后使得留下的循环字不变的顺时针循环移位的最小正整数 d。例如，

$$a_1$$
$$a_2 \qquad a_2$$
$$a_1$$

的周期是 2，因为

$$a_1 \qquad\qquad a_2 \qquad\qquad a_1$$
$$a_2 \qquad a_2 \rightarrow a_1 \qquad a_1 \rightarrow a_2 \qquad a_2$$
$$a_1 \qquad\qquad a_2 \qquad\qquad a_1$$

循环排列

$$a_1$$
$$a_2 \qquad a_1$$
$$a_3$$

的周期为 4，因为顺时针旋转一整圈（4 次移位）才能出现原来的样子。一个循环 n 排列的周期 d 满足 $1 \leqslant d \leqslant n$ 且 $d \mid n$，这是因为周期 d 意味着特定的排列样式被重复 n/d 次。我们可以把一个循环排列看成是线性的符号串，其中第 1 个符号被认为是跟在最后的符号之后。因此，a_1，a_2，a_1，a_2 对应于刚刚考虑过的第 1 个循环排列。移位一次，得到串 a_2，a_1，a_2，a_1；再移位一次，又返回到 a_1，a_2，a_1，a_2。串

$$a_1, a_2, a_3, a_1, a_2, a_3 \qquad\qquad \boxed{196}$$

对应于周期为 3 的循环 6 排列。移位 3 次得到

$$a_1, a_2, a_3, a_1, a_2, a_3 \rightarrow a_3, a_1, a_2, a_3, a_1, a_2 \rightarrow a_2, a_3, a_1, a_2, a_3, a_1 \rightarrow a_1, a_2, a_3, a_1, a_2, a_3$$

我们又回到第 1 次时的原始串。一般说来，周期为 d 的循环 n 排列以这种方式恰好对应 d 个不同的线性串，每个线性串都有周期 d。

设 $h(n)$ 是可能使用符号 a_1，a_2，$\cdots$，a_k 的循环 n 字的个数⊖。对于正整数 m，设 $f(m)$ 等于长度为 m 且可能用到符号 a_1，a_2，$\cdots$，a_k 的串的个数。因为每个串有一个周期 d，其中 $d \mid n$，因此下式成立：

$$h(n) = \sum_{\{d:\,d \mid n\}} \frac{f(d)}{d} \qquad\qquad (6.31)$$

因此，如果我们能够计算周期为 d 长度为 n 的串的个数，那么就能够计算 $h(n)$。设

$$g(m) = \sum_{\{e:\,e \mid m\}} f(e)$$

于是，$g(m)$ 是长度为 m 的串的总数，从而 $g(m) = k^m$。根据经典的莫比乌斯反演（即定理 6.6.4），我们得到

$$f(m) = \sum_{\{e:\,e \mid m\}} \mu(m/e) g(e) = \sum_{\{e:\,e \mid m\}} \mu(m/e) k^e \qquad\qquad (6.32)$$

在式（6.31）中使用式（6.32），我们得到

$$h(n) = \sum_{\{d:\,d \mid n\}} \frac{f(d)}{d}$$

$$= \sum_{\{d:\,d \mid n\}} \frac{1}{d} \sum_{\{e:\,e \mid d\}} \mu(d/e) k^e$$

$$= \sum_{\{e:\,e \mid n\}} \Big(\sum_{\{m:\,m \mid n/e\}} \frac{1}{me} \mu(m) \Big) k^e$$

（因为 $e \mid d$ 且 $d \mid n$，所以我们有 $d = me$，其中 $me \mid n$，从而 $m \mid n/e$） $\boxed{197}$

$$= \sum_{\{e:\,e \mid n\}} \Big(\sum_{\{r:\,r \mid n/e\}} \frac{r}{n} \mu((n/e)/r) \Big) k^e$$

$$= \sum_{\{e:\,e \mid n\}} \frac{\phi(n/e)}{n} k^e$$

⊖ $h(n)$ 依赖于 k，但是这并没有反映在我们的记法中。

$$= \frac{1}{n} \sum_{\{e;e|n\}} \phi(n/e)k^e$$

因此，大小为 k 的字母表所形成的循环 n 字的个数等于

$$\frac{1}{n} \sum_{\{e;e|n\}} \phi(n/e)k^e \qquad \square$$

6.7 练习题

1. 求从 1 到 10 000 中不能被 4，5 或 6 整除的整数个数。

2. 求从 1 到 10 000 中不能被 4，6，7 或 10 整除的整数个数。

3. 求出从 1 到 10 000 中既不是完全平方数也不是完全立方数的整数个数。

4. 确定多重集合

$$S = \{4 \cdot a, 3 \cdot b, 4 \cdot c, 5 \cdot d\}$$

的 12 组合的数目。

5. 确定多重集合

$$S = \{\infty \cdot a, 4 \cdot b, 5 \cdot c, 7 \cdot d\}$$

的 10 组合的数目。

6. 面包店出售巧克力、肉桂和普通的炸面饼圈，并在一特定时刻有 6 个巧克力、6 个肉桂和 3 个普通炸面饼圈。如果一个盒子装 12 个面饼圈，那么可能有多少种不同的盒装面饼圈组合？

7. 确定方程 $x_1 + x_2 + x_3 + x_4 = 14$ 满足 x_1，x_2，x_3，x_4 不超过 8 的非负整数解的数目。

8. 确定方程 $x_1 + x_2 + x_3 + x_4 + x_5 = 14$ 满足 x_1，x_2，x_3，x_4，x_5 不超过 5 的正整数解的数目。

9. 确定方程

$$x_1 + x_2 + x_3 + x_4 = 20$$

满足

$$1 \leqslant x_1 \leqslant 6, \quad 0 \leqslant x_2 \leqslant 7, \quad 4 \leqslant x_3 \leqslant 8, \quad 2 \leqslant x_4 \leqslant 6$$

的整数解的数目。

10. 设 S 是重数分别为 n_1，n_2，$\cdots$，n_k 的 k 个不同物体的多重集合。设 r 是使得 S 至少存在一个 r 组合的正整数。证明：在应用容斥原理确定 S 的 r 组合数时有 $A_1 \cap A_2 \cap \cdots \cap A_k = \varnothing$。

11. 确定 $\{1, 2, \cdots, 8\}$ 的排列中没有偶数在它的自然位置上的排列数。

12. 确定 $\{1, 2, \cdots, 8\}$ 的排列中恰有四个整数在它们的自然位置上的排列数。

13. 确定 $\{1, 2, \cdots, 9\}$ 的排列中至少有一个奇数在它的自然位置上的排列数。

14. 确定计数集合 $\{1, 2, \cdots, n\}$ 的排列中恰有 k 个整数在它们的自然位置上的排列数的一般公式。

15. 在一次聚会上，7 位绅士存放他们的帽子。有多少种方法使得他们的帽子返还时满足

(a) 没有绅士收到他自己的帽子？

(b) 至少一位绅士收到他自己的帽子？

(c) 至少两位绅士收到他们自己的帽子？

16. 用组合推理导出下面的等式：

$$n! = \binom{n}{0}D_n + \binom{n}{1}D_{n-1} + \binom{n}{2}D_{n-2} + \cdots + \binom{n}{n-1}D_1 + \binom{n}{n}D_0$$

（这里 D_0 定义为 1。）

17. 确定多重集合

$$S = \{3 \cdot a, 4 \cdot b, 2 \cdot c\}$$

的排列数，其中，对每种类型的字母，同类型的那些字母不能连续出现。（abbbbcaca 是不允许的，但 abbbacacb 可以。）

18. 证明阶乘公式

$$n! = (n-1)((n-2)! + (n-1)!) \quad (n = 2, 3, 4, \cdots)$$

19. 利用定理 6.3.1 给出的错位排列数的计算公式证明下面的关系式：
$$D_n = (n-1)(D_{n-2} + D_{n-1}) \quad (n = 3,4,5,\cdots)$$

20. 从公式 $D_n = nD_{n-1} + (-1)^n (n=2,3,4,\cdots)$ 出发，给出定理 6.3.1 的证明。

21. 证明 D_n 是偶数当且仅当 n 是奇数。

22. 证明 6.5 节的 Q_n 可以改写成下面的形式：
$$Q_n = (n-1)!\left(n - \frac{n-1}{1!} + \frac{n-2}{2!} - \frac{n-3}{3!} + \cdots + \frac{(-1)^{n-1}}{(n-1)!}\right)$$

23. （接着练习题 22）使用下面的恒等式
$$(-1)^k \frac{n-k}{k!} = (-1)^k \frac{n}{k!} + (-1)^{k-1} \frac{1}{(k-1)!}$$
    证明 $Q_n = D_n + D_{n-1} (n=2,3,\cdots)$。

24. 把 6 个非攻击型车放到具有如下所述禁止位置的 6×6 棋盘上的方法数是多少？

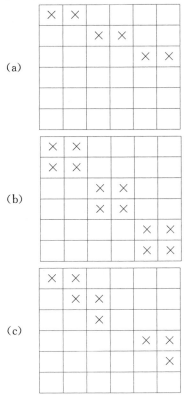

（a）

（b）

（c）

200

25. 计数 $\{1,2,3,4,5,6\}$ 的排列 $i_1 i_2 i_3 i_4 i_5 i_6$ 的个数，其中 $i_1 \neq 1, 5$；$i_3 \neq 2, 3, 5$；$i_4 \neq 4$ 以及 $i_6 \neq 5, 6$。

26. 计数 $\{1,2,3,4,5,6\}$ 的排列 $i_1 i_2 i_3 i_4 i_5 i_6$ 的个数，其中 $i_1 \neq 1, 2, 3$；$i_2 \neq 1$；$i_3 \neq 1$；$i_5 \neq 5, 6$ 以及 $i_6 \neq 5, 6$。

27. 旋转木马有 8 个座位，每个座位都代表一种不同的动物。8 个女孩脸朝前（每个女孩看到另一个女孩的后背）围坐在旋转木马上。她们可以有多少种方法改变座位，使得每个女孩前面的女孩都与原先的不同？如果所有的座位都是一样的，那么该问题又如何变化？

28. 旋转木马有 8 个座位，每个座位都代表一种不同的动物。8 个男孩脸朝里围坐在旋转木马上，使得每一个男孩都面对到另一个男孩（每个男孩看到另一个男孩的前面）。他们能够有多少种方法改变座位使得每人面对的男孩都不同？如果所有的座位都是一样的，那么该问题又如何变化？

29. 有一路地铁从它的本站出发沿线有 6 个停车站。当它离开本站时，列车上有 10 个人。每个人都在其 6 个站点之一下车，而且在每一个车站至少有一个人下车。有多少种方法可以使这样的事情发生？

30. 多重集合 $\{3 \cdot a, 4 \cdot b, 2 \cdot c, 1 \cdot d\}$ 的循环排列中有多少循环排列满足对每种类型字母该类型的所有字母不连续出现？

31. 多重集合 $\{2 \cdot a, 3 \cdot b, 4 \cdot c, 5 \cdot d\}$ 的循环排列中有多少循环排列满足对每种类型字母该类型的所有字母不连续出现？

32. 设 n 为正整数并设 $p_1, p_2, \cdots, p_k$ 为整除 n 的所有互不相同的素数。考虑如下定义的欧拉函数 ϕ

[201]
$$\phi(n) = |\{k : 1 \leqslant k \leqslant n, \mathrm{GCD}\{k, n\} = 1\}|$$

利用容斥原理证明

$$\phi(n) = n \prod_{i=1}^{k} \left(1 - \frac{1}{p_i}\right)$$

*33. 设 n 和 k 是正整数且 $k \leqslant n$。设 $a(n, k)$ 是把 k 个非攻击型车放到 $n \times n$ 棋盘上的摆放方法数，其中棋盘上的位置 $(1, 1), (2, 2), \cdots, (n, n)$ 和 $(1, 2), (2, 3), \cdots, (n-1, n), (n, 1)$ 是禁止位置。例如，如果 $n = 6$，则棋盘为

证明

$$a(n, k) = \frac{2n}{2n-k} \binom{2n-k}{k}$$

注意，$a(n, k)$ 是从围成一圈的 $2n$ 个孩子中选择 k 个孩子并使得没有两个相邻的孩子同时被选中的方法数。

34. 证明卷积满足结合律：$f * (g * h) = (f * g) * h$。

35. 考虑线性有序集 $1 < 2 < \cdots < n$，并设 $F: \{1, 2, \cdots, n\} \to \Re$ 是一个函数。设 $G: \{1, 2, \cdots, n\} \to \Re$ 的定义如下：

$$G(m) = \sum_{k=1}^{m} F(k), \quad (1 \leqslant k \leqslant n)$$

应用莫比乌斯反演用 G 表示 F。

36. 考虑带有如下图所示禁止位置的棋盘：

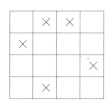

[202]
利用式（6.28）计算将 4 个非攻击型车放到这张棋盘上的方法数。

37. 考虑集合 $\{1, 2, 3\}$ 的子集的集合在包含关系定义的偏序下的偏序集 $(\mathcal{P}(X_3), \subseteq)$。设 $\mathcal{F}(\mathcal{P}(X))$ 中的函数 f 的定义如下：

$$f(A, B) = \begin{cases} 1 & \text{若 } A = B \\ 2 & \text{若 } A \subset B \text{ 且 } |B| - |A| = 1 \\ 1 & \text{若 } A \subset B \text{ 且 } |B| - |A| = 2 \\ -1 & \text{若 } A \subset B \text{ 且 } |B| - |A| = 3 \end{cases}$$

求 f 关于卷积的逆。

38. 回忆一下，$\{1, 2, \cdots, n\}$ 的所有划分的偏序集 Π_n，其中的偏序关系是加细（refinement）关系（见第 4 章练习题 47）。确定 Π_3 和 Π_4 的莫比乌斯函数。

39. 设 n 是正整数并考虑偏序集 $(X_n, \mid)$，其中 $X_n = \{1, 2, \cdots, n\}$，而偏序关系是整除关系。设 a 和 b 是 X_n 中的正整数，其中 $a \mid b$。证明 $\mu(a, b) = \mu(1, b/a)$。

40. 考虑有 k 个互不相同的元素且重数分别是正数 n_1，n_2，$\cdots$，n_k 的多重集合 $X = \{n_1 \cdot a_1, n_2 \cdot a_2, \cdots, n_k \cdot a_k\}$。我们在 X 的组合上引入一个偏序：如果 $A = \{p_1 \cdot a_1, p_2 \cdot a_2, \cdots, p_k \cdot a_k\}$ 和 $B = \{q_1 \cdot a_1, q_2 \cdot a_2, \cdots, q_k \cdot a_k\}$ 是 X 的组合，那么若 $i = 1, 2, \cdots, k$ 时有 $p_i \leqslant q_i$，则 $A \leqslant B$。证明这种关系也定义了 X 上的偏序，然后计算它的莫比乌斯函数。

203〜204

递推关系和生成函数

许多组合计数问题依赖于一个整数参数 n。这个参数 n 常常表示问题中某个基础集合或多重集合的大小、子集的大小、排列中的位置数目，等等。因此，一个计数问题常常不是一个独立的问题，而是由一系列的独立问题组成的。例如，设 h_n 表示 $\{1,2,\cdots,n\}$ 的排列数。我们知道，$h_n = n!$，因此，得到一个数的序列

$$h_0,h_1,h_2,\cdots,h_n,\cdots$$

它的一般项 h_n 等于 $n!$。选择 n 为一个特定的整数时就得到这个问题的一个实例。如果取 $n=5$，那么正如确定 $\{1,2,3,4,5\}$ 的排列数问题的答案那样，得到 $h_5 = 5!$。

另一个例子，令 g_n 表示下面方程的非负整数解的个数：

$$x_1 + x_2 + x_3 + x_4 = n$$

根据第 3 章，我们知道下面的序列

$$g_0,g_1,g_2,\cdots,g_n,\cdots$$

的通项满足

$$g_n = \binom{n+3}{3}$$

本章讨论涉及一个整数参数 n 的某些计数问题的代数求解方法。我们的方法或者导出一个明确的公式，或者导出一个函数，即生成函数，这个生成函数的幂级数的系数给出计数问题的解。

7.1 若干数列

设

$$h_0,h_1,h_2,\cdots,h_n,\cdots \tag{7.1}$$

表示一个数列。h_n 叫作数列的一般项或通项。两类为人熟知的数列[一]为

算术数列，其中的每一项比前一项大一个常数 q，

几何数列，其中的每一项是前一项的常数 q 倍。

在这两个例子中，一旦初始项 h_0 和常数 q 确定，数列也就唯一确定了：

（算术数列）

$$h_0,h_0+q,h_0+2q,\cdots,h_0+nq,\cdots$$

（几何数列）

$$h_0,qh_0,q^2h_0,\cdots,q^nh_0,\cdots$$

对于算术数列的情况，我们有这样的法则

$$h_n = h_{n-1} + q \quad (n \geqslant 1) \tag{7.2}$$

而通项是

$$h_n = h_0 + nq \quad (n \geqslant 0)$$

对于几何数列的情况，我们有这样的法则

⊖ "sequence"译作数列，也译作序列，两者在本书中意思是一样的。我们尽量遵循中文习惯。——译者注

$$h_n = qh_{n-1} \quad (n \geqslant 1) \tag{7.3}$$

而通项是

$$h_n = h_0 q^n \quad (n \geqslant 0)$$

例子 算术数列

（a） $h_0 = 1$，$q = 2$：1，3，5，$\cdots$，$1+2n$，$\cdots$

这是正奇整数数列：$h_n = 1+2n$（$n \geqslant 0$）。

（b） $h_0 = 4$，$q = 0$：4，4，4，$\cdots$，4，$\cdots$

这是每一项都等于 4 的常数列：$h_n = 4$（$n \geqslant 0$）。

（c） $h_0 = 0$，$q = 1$：0，1，2，$\cdots$，n，$\cdots$

这是非负整数数列（计数用的数）：$h_n = n$（$n \geqslant 0$）。 □ 206

例子 几何数列

（a） $h_0 = 1$，$q = 2$：1，2，2^2，$\cdots$，2^n，$\cdots$

$$h_n = 2^n \quad (n \geqslant 0)$$

这是 2 的非负整数幂的数列。它的组合学意义在于它是求 n 元素集合的子集数的计数问题的数列，也是确定二进制数表示问题中所使用的数列。

（b） $h_0 = 5$，$q = 3$：5，3×5，$3^2 \times 5$，$\cdots$，$3^n \times 5$，$\cdots$

$$h_n = 3^n \times 5 \quad (n \geqslant 0)$$

这个数列是在求解下面的计数问题时所使用的数列：求有 $n+1$ 种不同类型的对象，而且每一种对象的重数分别是 4，2，2，$\cdots$，2（n 个 2）的多重集合的组合数。 □

数列（7.1）的部分和是和

$$s_0 = h_0$$
$$s_1 = h_0 + h_1$$
$$s_2 = h_0 + h_1 + h_2$$
$$\vdots$$
$$s_n = h_0 + h_1 + h_2 + \cdots + h_n = \sum_{k=0}^{n} h_k$$
$$\vdots$$

这些部分和形成一个新的数列 s_0，s_1，s_2，$\cdots$，s_n，$\cdots$，其通项为 s_n。

算术数列的部分和为

$$s_n = \sum_{k=0}^{n} (h_0 + kq) = (n+1)h_0 + \frac{qn(n+1)}{2}$$

几何数列的部分和为

$$s_n = \sum_{k=0}^{n} q^k h_0 = \begin{cases} \dfrac{q^{n+1}-1}{q-1} h_0 & (q \neq 1) \\ (n+1)h_0 & (q = 1) \end{cases}$$

无论是算术数列还是几何数列，根据规则（7.2）和（7.3）都可以得到相应数列的下一项，这些就是线性递推关系的简单例子。在第 6 章错位排列数的研究中，我们已经得到两个 D_n 的递推关系，即

$$D_n = (n-1)(D_{n-2} + D_{n-1})(n \geqslant 3) \text{ 及 } D_n = nD_{n-1} + (-1)^n (n \geqslant 2)$$

在（7.2）和（7.3）中，数列第 n 项 h_n 可根据第 $(n-1)$ 项 h_{n-1} 和常数 q 得到。 207

我们将在 7.4 节给出递推关系的一般定义。

本节剩余部分将讲述一个计数数列，这个数列就是所谓的斐波那契数列（Fibonacci sequence）。斐波那契[一]在 1202 年出版的著作 *Liber Abaci*（算盘书）[二]中提出了这样的问题：计数在一年的时间里，从一对兔子开始繁殖的兔子对的数量。

斐波那契提出的问题叙述如下：

在一年的伊始，把新近出生的雌雄一对兔子放进一个笼子里。从第二个月开始，每个月这个雌兔子生出雌雄一对兔子。而每对新出生的雌雄兔子也从第二个月开始每个月生出一对雌雄兔子[三]。确定一年后笼子里有多少对兔子。

在开始时，原始的一对兔子在第一个月内长成，因此，在第二个月开始时，笼子里仅有一对兔子。第二个月内，原先的一对兔子生下一对小兔，于是，在第三个月的开始有两对兔子。在第三个月期间，新生的一对兔子正在成熟，只有原先的一对兔子生小兔。因此，在第四个月的开始，笼子里将有 $2+1=3$ 对兔子。一般地，设 f_n 表示在第 n 月开始（等价地，在第 $n-1$ 月结束时）时笼子里的兔子对数。我们已经算出 $f_1=1$，$f_2=1$，$f_3=2$ 和 $f_4=3$，现在要求出 f_{13}。

我们推导一个关于 f_n 的递推关系，然后从这个关系计算出 f_{13}。在第 n 月开始，笼子里的兔子对数可以分成两部分：在第 $n-1$ 月开始已有的那些兔子和第 $n-1$ 月期间出生的那些兔子。因为成熟过程需要一个月的时间，因此，在第 $n-1$ 个月期间出生的兔子的对数是在第 $n-2$ 个月开始时存在的兔子对数。于是，在第 n 个月开始就有 $f_{n-1}+f_{n-2}$ 对兔子，于是得到递推关系

$$f_n = f_{n-1} + f_{n-2} \quad (n \geqslant 3)$$

利用这个关系和已经算出的 f_1，f_2，f_3 及 f_4 的值，我们看到

$$f_5 = f_4 + f_3 = 3+2 = 5$$
$$f_6 = f_5 + f_4 = 5+3 = 8$$
$$f_7 = f_6 + f_5 = 8+5 = 13$$
$$f_8 = f_7 + f_6 = 13+8 = 21$$
$$f_9 = f_8 + f_7 = 21+13 = 34$$
$$f_{10} = f_9 + f_8 = 34+21 = 55$$
$$f_{11} = f_{10} + f_9 = 55+34 = 89$$
$$f_{12} = f_{11} + f_{10} = 89+55 = 144$$
$$f_{13} = f_{12} + f_{11} = 144+89 = 233$$

因此，一年以后笼子里有 233 对兔子。定义 $f_0=0$，于是 $f_2=1=1+0=f_1+f_0$。满足递推关系和初始条件

$$f_n = f_{n-1} + f_{n-2} \quad (n \geqslant 2)$$
$$f_0 = 0, \quad f_1 = 1 \tag{7.4}$$

的数列 f_0，f_1，f_2，f_3，…叫作斐波那契数列，这个数列的项叫作斐波那契数，式（7.4）中的递推关系叫作斐波那契递推公式。由计算可知，斐波那契数列的前几项是

$$0,1,1,2,3,5,8,13,21,34,55,89,144,233,\cdots$$

斐波那契数列有许多重要的性质。在下面两个例子中我们给出两个性质。

例子 斐波那契数列的项的部分和为

$$s_n = f_0 + f_1 + f_2 + \cdots + f_n = f_{n+2} - 1 \tag{7.5}$$

[一] Leonardo，更为人们熟知的名字是斐波那契（Fibonacci，意思是 Bonacci 之子），主要是他引进了西欧现在使用的数值系统。

[二] 从字面上的意思看，这本书是关于算盘的书。

[三] 尽管这听起来非常不现实，但是这恰恰就是我们要挑战的数学难题。

特别地，这个部分和比一个斐波那契数少 1。

我们通过对 n 施归纳法证明 (7.5)。对于 $n=0$，(7.5) 退化成 $f_0=f_2-1$，因为 $0=1-1$，显然 (7.5) 成立。现在，设 $n\geqslant 1$。我们假设 (7.5) 对 n 成立，然后证明用 $n+1$ 代替 n 时，(7.5) 成立：

$$
\begin{aligned}
f_0+f_1+f_2+\cdots+f_{n+1} &= (f_0+f_1+f_2\cdots+f_n)+f_{n+1}\\
&= (f_{n+2}-1)+f_{n+1}\,(\text{根据归纳假设})\\
&= f_{n+2}+f_{n+1}-1\\
&= f_{n+3}-1\,(\text{根据斐波那契递推公式})
\end{aligned}
$$

因此，根据归纳法，(7.5) 对所有 $n\geqslant 0$ 成立。　□ 　209

例子　斐波那契数 f_n 是偶数当且仅当 n 能被 3 整除。

显然这一事实与斐波那契数 f_0，f_1，f_2 的值相符。对于一般情况，如果有前三项是

$$\text{偶, 奇, 奇}$$

则利用斐波那契递推公式，接下来的三项也是偶，奇，奇：

$$\text{奇}+\text{奇}=\text{偶}$$
$$\text{奇}+\text{偶}=\text{奇}$$

及

$$\text{偶}+\text{奇}=\text{奇}$$　　□

因此，斐波那契数 f_n 是偶数当且仅当 n 能够被 3 整除。

我们将在练习题中给出斐波那契数的其他几个性质。

现在的目标是得到斐波那契数的公式，并为此叙述求解递推关系的技巧，这些技巧将在下一节进行更深入的讨论。

考虑如下形式的斐波那契递推关系

$$f_n-f_{n-1}-f_{n-2}=0 \quad (n\geqslant 2) \tag{7.6}$$

先忽略 f_0 和 f_1 的初始值。求解这个递推关系的一种方法是寻找形式为

$$f_n=q^n$$

的解，其中 q 是一个非零数。因此，要在以 $q^0=1$ 为第一项的几何数列中寻找一个解。我们观察到，$f_n=q^n$ 满足斐波那契递推关系当且仅当

$$q^n-q^{n-1}-q^{n-2}=0$$

或等价地，

$$q^{n-2}(q^2-q-1)=0 \quad (n=2,3,4,\cdots)$$

由于假设 q 不等于零，我们断言，$f_n=q^n$ 是斐波那契递推关系的解当且仅当 $q^2-q-1=0$，或等价地，当且仅当 q 是二次方程

$$x^2-x-1=0$$

的根。应用二次求根公式，我们发现这个方程的根为

$$q_1=\frac{1+\sqrt{5}}{2}, \quad q_2=\frac{1-\sqrt{5}}{2}$$　　210

因此

$$f_n=\left(\frac{1+\sqrt{5}}{2}\right)^n \quad \text{和} \quad f_n=\left(\frac{1-\sqrt{5}}{2}\right)^n$$

两者都是斐波那契递推关系的解。因为斐波那契递推关系是线性的（f 的幂只有 1）且是齐次的（(7.6) 式右边等于 0），通过直接计算可知，对于任选的常数 c_1 和 c_2，

$$f_n = c_1 \left(\frac{1+\sqrt{5}}{2} \right)^n + c_2 \left(\frac{1-\sqrt{5}}{2} \right)^n \tag{7.7}$$

也是递推关系（7.6）的解。

斐波那契数列有初始值 $f_0 = 0$ 和 $f_1 = 1$。我们是否能够通过选择式（7.7）中的 c_1 和 c_2 从而得到这些初始值呢？如果能够这样做，那么式（7.7）就给出了斐波那契数的公式。为了满足这些初始值，必须有

$$\begin{cases} (n=0) & c_1 + c_2 = 0 \\ (n=1) & c_1 \left(\frac{1+\sqrt{5}}{2} \right) + c_2 \left(\frac{1-\sqrt{5}}{2} \right) = 1 \end{cases}$$

这是关于未知数 c_1 和 c_2 的两个线性方程的联立方程组，它的唯一解为

$$c_1 = \frac{1}{\sqrt{5}}, \quad c_2 = \frac{-1}{\sqrt{5}}$$

代入式（7.7）中，我们得到下列公式。

定理 7.1.1 斐波那契数满足公式

$$f_n = \frac{1}{\sqrt{5}} \left(\frac{1+\sqrt{5}}{2} \right)^n - \frac{1}{\sqrt{5}} \left(\frac{1-\sqrt{5}}{2} \right)^n \quad (n \geqslant 0) \tag{7.8}$$

即使斐波那契数都是整数，但是对这些整数却有一个明确包含无理数 $\sqrt{5}$ 的公式。用二项式定理展开式（7.8）中的 n 次幂时，所有这些 $\sqrt{5}$ 又都奇迹般地消失了。

无论斐波那契递推关系的初始值 $f_0 = a$ 和 $f_1 = b$ 是什么，我们都可以通过适当地选择常数 c_1 和 c_2 来得到这些初始值，因此在这样的意义之下，解（7.7）是斐波那契递推关系（7.6）的通解。之所以如此，这是因为下面的线性方程组

$$\begin{cases} c_1 + c_2 = a \\ c_1 \left(\frac{1+\sqrt{5}}{2} \right) + c_2 \left(\frac{1-\sqrt{5}}{2} \right) = b \end{cases}$$

的系数矩阵是可逆的，它的行列式

$$\det \begin{bmatrix} 1 & 1 \\ \dfrac{1+\sqrt{5}}{2} & \dfrac{1-\sqrt{5}}{2} \end{bmatrix} = -\sqrt{5}$$

不等于零。因此，无论 a 和 b 取什么样的值，我们都能够求解上面的线性方程组[⊖]得到唯一的 c_1 和 c_2。

例子 设 g_0，g_1，g_2，$\cdots$，g_n，$\cdots$ 是满足下面给出的斐波那契递推关系和初始条件的数列：

$$g_n = g_{n-1} + g_{n-2} \quad (n \geqslant 2)$$
$$g_0 = 2, \quad g_1 = -1$$

我们要确定满足下列条件的 c_1 和 c_2：

$$\begin{cases} c_1 + c_2 = 2 \\ c_1 \left(\frac{1+\sqrt{5}}{2} \right) + c_2 \left(\frac{1-\sqrt{5}}{2} \right) = -1 \end{cases}$$

解这个方程组，得到

$$c_1 = \frac{\sqrt{5}-2}{\sqrt{5}}, \quad c_2 = \frac{\sqrt{5}+2}{\sqrt{5}}$$

⊖ 在这里我们利用了一点初等线性代数的知识。从第二个方程中直接消去 c_1，可以看到这个方程组对于 a 和 b 的每一个选择只有唯一一个解。

因此，得到 g_n 的公式

$$g_n = \frac{\sqrt{5}-2}{\sqrt{5}}\left(\frac{1+\sqrt{5}}{2}\right)^n + \frac{\sqrt{5}+2}{\sqrt{5}}\left(\frac{1-\sqrt{5}}{2}\right)^n \qquad \square$$

上面这个斐波那契数也出现在其他的组合学问题中。

例子 确定用多米诺骨牌完美覆盖 $2\times n$ 棋盘的方法数 h_n（见第 1 章的有关定义）。 |212|

定义 $h_0=1^\ominus$。我们还算得 $h_1=1$，$h_2=2$ 和 $h_3=3$。设 $n\geqslant 2$。我们把 $2\times n$ 棋盘的完美覆盖划分成两部分 A 和 B。在 A 中，放入这样一些覆盖，即有一块竖直多米诺骨牌覆盖棋盘左上角方格的那些覆盖。在 B 中，我们将其余完美覆盖放进去，即有一块水平多米诺骨牌覆盖棋盘左上角方格，另一块水平多米诺骨牌覆盖棋盘左下角方格的那些完美覆盖，在 A 中的完美覆盖个数等于 $2\times(n-1)$ 棋盘的完美覆盖个数。因此，A 中的完美覆盖数是

$$|A| = h_{n-1}$$

B 中的完美覆盖个数等于 $2\times(n-2)$ 棋盘的完美覆盖个数，因此，B 中的完美覆盖数是

$$|B| = h_{n-2}$$

于是，我们断言

$$h_n = |A| + |B| = h_{n-1} + h_{n-2} \quad (n\geqslant 2)$$

因为 $h_0=h_1=1$（斐波那契数 f_1 和 f_2 的值）和 $h_n=h_{n-1}+h_{n-2}(n\geqslant 2)$（斐波那契递推关系），我们得出结论：$h_0$，$h_1$，$h_2$，$\cdots$，$h_n$，$\cdots$ 是删除了 f_0 的斐波那契数列 f_1，f_2，$\cdots$，f_n，$\cdots$。 $\qquad \square$

例子 确定用单牌和多米诺骨牌完美覆盖 $1\times n$ 棋盘的方法数 b_n。

如果我们取一个用多米诺骨牌覆盖 $2\times n$ 棋盘的完美覆盖并只看它的第一行，就会看到用单牌和多米诺骨牌对 $1\times n$ 棋盘的完美覆盖。反之，每一个用单牌和多米诺骨牌对 $1\times n$ 棋盘的完美覆盖可以被唯一地"扩展"成用多米诺骨牌对 $2\times n$ 棋盘的完美覆盖。于是，用单牌和多米诺骨牌覆盖 $1\times n$ 棋盘的完美覆盖数等于用多米诺骨牌覆盖 $2\times n$ 棋盘的完美覆盖数。因此，b_0，b_1，b_2，$\cdots$，b_n，$\cdots$ 也是删除 f_0 后的斐波那契数列。 $\qquad \square$

在下一个定理中，我们将看到斐波那契数是如何作为二项式系数的和出现的。

定理 7.1.2 在帕斯卡三角形从左下到右上的对角线上的二项式系数的和是斐波那契数。更精确地说，第 n 个斐波那契数 f_n 满足

$$f_n = \binom{n-1}{0} + \binom{n-2}{1} + \binom{n-3}{2} + \cdots + \binom{n-t}{t-1}$$

其中 $t=\left\lfloor\dfrac{n+1}{2}\right\rfloor$ 是 $\dfrac{n+1}{2}$ 的向下取整。 |213|

证明 定义 $g_0=0$ 且

$$g_n = \binom{n-1}{0} + \binom{n-2}{1} + \cdots + \binom{n-t}{t-1} \quad (n\geqslant 1)$$

因为对每一个满足 $p>m$ 的整数有 $\dbinom{m}{p}=0$，所以我们还有

$$g_n = \binom{n-1}{0} + \binom{n-2}{1} + \binom{n-3}{2} + \cdots + \binom{0}{n-1} \quad (n\geqslant 1)$$

或者使用求和记号改写成

$$g_n = \sum_{p=0}^{n-1}\binom{n-1-p}{p}$$

$\ominus$ 一个 2×0 的棋盘是空的，而且正好有一个完美覆盖，即是空覆盖。

为了证明这个定理，只需证明 g_n 满足斐波那契递推关系并有与斐波那契数列相同的初始值即可。我们有

$$g_0 = \binom{0}{-1} = 0$$

$$g_1 = \binom{0}{0} = 1$$

$$g_2 = \binom{1}{0} + \binom{0}{1} = 1 + 0 = 1$$

应用帕斯卡公式，我们看到，对于每个 $n \geq 3$，有

$$g_{n-1} + g_{n-2} = \sum_{k=0}^{n-2} \binom{n-2-k}{k} + \sum_{j=0}^{n-3} \binom{n-3-j}{j} = \binom{n-2}{0} + \sum_{k=1}^{n-2} \binom{n-2-k}{k} + \sum_{k=1}^{n-2} \binom{n-2-k}{k-1}$$

$$= \binom{n-2}{0} + \sum_{k=1}^{n-2} \left(\binom{n-2-k}{k} + \binom{n-2-k}{k-1} \right) = \binom{n-2}{0} + \sum_{k=1}^{n-2} \binom{n-1-k}{k}$$

$$= \binom{n-1}{0} + \sum_{k=1}^{n-2} \binom{n-1-k}{k} + \binom{0}{n-1} = \sum_{k=0}^{n-1} \binom{n-1-k}{k} = g_n$$

这里用到了这样的事实：

$$\binom{n-1}{0} = 1 = \binom{n-2}{0} \text{ 和 } \binom{0}{n-1} = 0 \quad (n \geq 2)$$

我们得到结论：$g_0, g_1, g_2, \cdots, g_n, \cdots$ 是斐波那契数列，定理得证。 □

7.2 生成函数

在这一节，我们讨论生成函数的方法，因为它适合于求解计数问题。一方面，可以把生成函数看成是代数对象，其形式上的处理使得人们可以通过代数手段计算一个问题的可能性的数目。另一方面，生成函数是无限可微分函数的泰勒（Taylor）级数（幂级数展开式）。因此，如果能够找到这样一个函数以及它的泰勒级数，那么泰勒级数的系数就给出了问题的解。通常我们默认级数是收敛的且只在其形式上操作幂级数。

设

$$h_0, h_1, h_2, \cdots, h_n, \cdots \tag{7.9}$$

是无穷数列。它的生成函数（generating function）定义为无穷级数

$$g(x) = h_0 + h_1 x + h_2 x^2 + \cdots + h_n x^n + \cdots$$

在 $g(x)$ 中，x^n 的系数是式（7.9）的第 n 项 h_n，因此，x^n 充当 h_n 的"占位符"。有限数列

$$h_0, h_1, h_2, \cdots, h_m$$

可以看成是无穷数列

$$h_0, h_1, h_2, \cdots, h_m, 0, 0, \cdots$$

在这个数列中，除去有限项外其余项都等于 0。因此，每个有限数列都有一个生成函数

$$g(x) = h_0 + h_1 x + h_2 x^2 + \cdots + h_m x^m$$

它是一个多项式。

例子 每一项都等于 1 的无穷数列

$$1, 1, 1, \cdots, 1, \cdots$$

的生成函数是

$$g(x) = 1 + x + x^2 + \cdots + x^n + \cdots$$

这个生成函数 $g(x)$ 是一个几何级数[⊖]的和，其值为

$$g(x) = \frac{1}{1-x} \tag{7.10}$$

公式（7.10）以一种非常简明的形式承载了各项都是 1 的这样一个无穷数列的全部信息！ □

例子　设 m 为正整数。二项式系数

$$\binom{m}{0}, \binom{m}{1}, \binom{m}{2}, \cdots, \binom{m}{m}$$

的生成函数是

$$g_m(x) = \binom{m}{0} + \binom{m}{1}x + \binom{m}{2}x^2 + \cdots + \binom{m}{m}x^m$$

根据二项式定理可知

$$g_m(x) = (1+x)^m$$

它以一种简明的形式展示了二项式系数数列的信息。 □

例子　设 α 为实数。根据牛顿二项式定理（参见 5.5 节），下面的二项式系数的无穷数列

$$\binom{\alpha}{0}, \binom{\alpha}{1}, \binom{\alpha}{2}, \cdots, \binom{\alpha}{n}, \cdots$$

的生成函数是

$$(1+x)^\alpha = \binom{\alpha}{0} + \binom{\alpha}{1}x + \binom{\alpha}{2}x^2 + \cdots + \binom{\alpha}{n}x^n + \cdots$$ □

例子　设 k 为整数，并设数列

$$h_0, h_1, h_2, \cdots, h_n, \cdots$$

由令 h_n 等于

$$e_1 + e_2 + \cdots + e_k = n$$

的非负整数解的数目所定义。根据第 3 章可知，

$$h_n = \binom{n+k-1}{k-1} \quad (n \geqslant 0)$$

它的生成函数（现在使用求和记号）是

$$g(x) = \sum_{n=0}^{\infty} = \binom{n+k-1}{k-1}x^n$$

由第 5 章，我们知道这个生成函数是

$$g(x) = \frac{1}{(1-x)^k}$$

回忆这个公式的推导过程非常有启发。我们有

$$\frac{1}{(1-x)^k} = \frac{1}{1-x} \times \frac{1}{1-x} \times \cdots \times \frac{1}{1-x} \quad (k \text{ 个因子})$$

$$= (1+x+x^2+\cdots)(1+x+x^2+\cdots)\cdots(1+x+x^2+\cdots)$$

$$= \Big(\sum_{e_1=0}^{\infty} x^{e_1}\Big)\Big(\sum_{e_2=0}^{\infty} x^{e_2}\Big)\cdots\Big(\sum_{e_k=0}^{\infty} x^{e_k}\Big) \tag{7.11}$$

在上面的记法中，x^{e_1} 是第一个因子的代表项，x^{e_2} 是第二个因子的代表项，$\cdots$，x^{e_k} 是第 k 个因子的代表项。将这些代表项乘起来，得到

$$x^{e_1} x^{e_2} \cdots x^{e_k} = x^n, \quad \text{如果} \quad e_1 + e_2 + \cdots + e_k = n \tag{7.12}$$

⊖　参见 5.5 节。

于是，在（7.11）中 x_n 的系数等于（7.12）的非负整数解的个数，而我们知道这个数是

$$\binom{n+k-1}{n}$$ □

把上面这个例子中使用的想法运用到更一般的情况。

例子 什么样的数列的生成函数是如下式子？

$$(1+x+x^2+x^3+x^4+x^5)(1+x+x^2)(1+x+x^2+x^3+x^4)$$

设 x^{e_1} $(0 \leqslant e_1 \leqslant 5)$，$x^{e_2}$ $(0 \leqslant e_2 \leqslant 2)$ 和 x^{e_3} $(0 \leqslant e_3 \leqslant 4)$ 分别表示第一个因子，第二个因子和第三个因子的代表项。假设

$$e_1+e_2+e_3=n$$

则 x^{e_1}，x^{e_2}，x^{e_3} 相乘后得到

217

$$x^{e_1} x^{e_2} x^{e_3} = x^n$$

因此，乘积中 x^n 的系数是 $e_1+e_2+e_3=n$ 的整数解的个数 h_n，其中 $0 \leqslant e_1 \leqslant 5$，$0 \leqslant e_2 \leqslant 2$，$0 \leqslant e_3 \leqslant 4$。注意，如果 $n>5+2+4=11$，则 $h_n=0$。 □

例子 确定苹果、香蕉、橘子和梨的 n 组合的个数，其中在每个 n 组合中苹果的个数是偶数，香蕉的个数是奇数，橘子的个数在 0 和 4 之间，而且至少要有一个梨。

首先，我们注意到这个问题等价于求出下面的方程

$$e_1+e_2+e_3+e_4=n$$

的非负整数解的个数 h_n，其中 e_1 是偶数（e_1 为苹果数），e_2 是奇数（e_2 为香蕉数），$0 \leqslant e_3 \leqslant 4$（$e_3$ 为橘子数），而 $e_4 \geqslant 1$（e_4 为梨的个数）。我们为每种类型的水果创建一个因子，其中的指数为该类型水果的 n 组合中所允许的数量：

$$g(x)=(1+x^2+x^4+\cdots)(x+x^3+x^5+\cdots)(1+x+x^2+x^3+x^4)(x+x^2+x^3+x^4+\cdots)$$

第一个因子是"苹果因子"，第二个因子是"香蕉因子"，依此类推。现在，我们注意到

$$1+x^2+x^4+\cdots=1+x^2+(x^2)^2+\cdots=\frac{1}{1-x^2}$$

$$x+x^3+x^5+\cdots=x(1+x^2+x^4+\cdots)=\frac{x}{1-x^2}$$

$$1+x+x^2+x^3+x^4=\frac{1-x^5}{1-x}$$

$$x+x^2+x^3+\cdots=x(1+x+x^2+\cdots)$$

$$=\frac{x}{1-x}$$

因此

218

$$g(x)=\frac{1}{1-x^2}\frac{x}{1-x^2}\frac{1-x^5}{1-x}\frac{x}{1-x}=\frac{x^2(1-x^5)}{(1-x^2)^2(1-x)^2}$$

于是，这个有理函数的泰勒级数中的系数计数了所考虑类型的组合数！ □

下一个例子指出如何通过生成函数的方法直接求解计数问题。

例子 求装有苹果、香蕉、橘子和梨的果篮的数量 h_n，其中在每个果篮中苹果数是偶数，香蕉数是 5 的倍数，橘子数最多是 4 个，而梨的个数是 0 或 1。

题目要求计数苹果、香蕉、橘子和梨的某些 n 组合数。我们确定数列 h_0，h_1，h_2，$\cdots$，h_n，$\cdots$ 的生成函数 $g(x)$。我们为每种类型的水果引入一个因子，而且发现

$$g(x)=(1+x^2+x^4+\cdots)(1+x^5+x^{10}+\cdots)\times(1+x+x^2+x^3+x^4)(1+x)$$

$$=\frac{1}{1-x^2}\frac{1}{1-x^5}\frac{1-x^5}{1-x}(1+x)$$

$$= \frac{1}{(1-x)^2} = \sum_{n=0}^{\infty} \binom{n+1}{n} x^n = \sum_{n=0}^{\infty} (n+1)x^n$$

因此，我们看到 $h_n = n+1$。注意是如何仅仅通过代数处理而得到这个计算 h_n 的公式的。 □

例子 确定下面的方程

$$e_1 + e_2 + \cdots + e_k = n$$

的非负奇整数解 $e_1, e_2, \cdots, e_k$ 的个数 h_n 的生成函数。

我们有

$$g(x) = (x+x^3+x^5+\cdots)\cdots(x+x^3+x^5+\cdots) \quad (k \text{ 个因子})$$

$$= x(1+x^2+x^4+\cdots)\cdots x(1+x^2+x^4+\cdots)$$

$$= \frac{x}{1-x^2} \cdots \frac{x}{1-x^2} = \frac{x^k}{(1-x^2)^k}$$

□

|219|

我们知道，方程

$$e_1 + e_2 + \cdots + e_k = n \tag{7.13}$$

的非负整数解的个数 h_n 是

$$h_n = \binom{n+k-1}{n}$$

而且已经确定下面的函数

$$g(x) = \frac{1}{(1-x)^k}$$

是它的生成函数。然而，当我们在 e_i 前面添加上若干正整数系数时，确定由公式（7.13）得到的方程的非负整数解的个数的直接计算公式是一项困难得多的工作。然而，运用前面讨论的思想，则可以较容易地得到这个解的个数的生成函数。我们通过下面的例子进行解释。

例子 设 h_n 表示下面方程

$$3e_1 + 4e_2 + 2e_3 + 5e_4 = n$$

的非负整数解的个数。求 $h_0, h_1, h_2, \cdots, h_n, \cdots$ 的生成函数 $g(x)$。

做如下变量替换：

$$f_1 = 3e_1, \quad f_2 = 4e_2, \quad f_3 = 2e_3, \quad f_4 = 5e_4$$

于是 h_n 还等于下面方程的非负整数解的个数：

$$f_1 + f_2 + f_3 + f_4 = n$$

其中 f_1 是 3 的倍数，f_2 是 4 的倍数，f_3 是偶数，f_4 是 5 的倍数。等价地，h_n 是苹果、香蕉、橘子和梨的 n 组合的个数，其中苹果的个数是 3 的倍数，香蕉的个数是 4 的倍数，橘子的个数是偶数，而梨的个数是 5 的倍数。因此

$$g(x) = (1+x^3+x^6+\cdots)(1+x^4+x^8+\cdots) \times (1+x^2+x^4+\cdots)(1+x^5+x^{10}+\cdots)$$

$$= \frac{1}{1-x^3} \frac{1}{1-x^4} \frac{1}{1-x^2} \frac{1}{1-x^5}$$

□

下面这个例子具有类似的属性。

|220|

例子 有无限多的一分、五分、一角、两角五分和五角的硬币。确定用这些硬币凑成 n 分钱的方法数 h_n 的生成函数 $g(x)$。

h_n 是下面方程

$$e_1 + 5e_2 + 10e_3 + 25e_4 + 50e_5 = n$$

的非负整数解的个数。其生成函数是

$$g(x) = \frac{1}{1-x} \frac{1}{1-x^5} \frac{1}{1-x^{10}} \frac{1}{1-x^{25}} \frac{1}{1-x^{50}}$$

□

我们以下面这个关于排列逆序的定理来结束本节的内容。回想一下 4.2 节的内容，集合 $\{1,$ $2,\cdots,n\}$ 的排列 $\pi=i_1i_2\cdots i_n$ 中的逆序指的是满足 $k<l$ 且 $i_k>i_l$ 的对 (i_k,i_l)。在 π 中逆序的数目记作 $\text{inv}(\pi)$。正如我们从 4.2 节中知道的那样，$0\leqslant\text{inv}(\pi)\leqslant n(n-1)/2$。例如，如果 $n=6$，且 $\pi=315246$，那么 $\text{inv}(\pi)=5$。设 $h(n,t)$ 表示 $\{1,2,\cdots,n\}$ 的排列中有 t 个逆序的排列的数目。于是对于 $0\leqslant t\leqslant n(n-1)/2$ 有 $h(n,t)\geqslant 1$，而对于 $t>n(n-1)/2$，有 $h(n,t)=0$。在下面的定理中，我们要证明函数

$$g_n(x)=h(n,0)+h(n,1)x+h(n,2)x^2+\cdots+h(n,n(n-1)/2)x^{n(n-1)/2}$$

是数列

$$h(n,0),h(n,1),h(n,2),\cdots,h(n,n(n-1)/2)$$

的生成函数。

定理 7.2.1 设 n 是正整数。这时

$$g_n(x)=1(1+x)(1+x+x^2)(1+x+x^2+x^3)\cdots(1+x+x^2+\cdots+x^{n-1})$$

$$=\frac{\prod_{j=1}^{n}(1-x^j)}{(1-x)^n} \tag{7.14}$$

证明 把 (7.14) 的右边$^{\ominus}$记作 $q_n(x)$，于是，我们要证明的是 $q_n(x)=g_n(x)$。首先，我们注意到，如果多项式 $q_n(x)$ 等于 $g_n(x)$，那么它的次数应该等于 $1+2+3+\cdots+(n-1)=n(n-1)/2$。展开 $q_n(x)$，每一项都是形如

[221]
$$x^{a_n}x^{a_{n-1}}x^{a_{n-2}}\cdots x^{a_1}=x^p$$

的多项式，其中

$$p=a_n+a_{n-1}+a_{n-2}+\cdots+a_1 \tag{7.15}$$

且有

$$0\leqslant a_n\leqslant 0,0\leqslant a_{n-1}\leqslant 1,0\leqslant a_{n-2}\leqslant 2,\cdots,0\leqslant a_1\leqslant n-1 \tag{7.16}$$

因此，在 $q_n(x)$ 中 x^p 的系数等于满足 (7.16) 的方程 (7.15) 的解的个数。但是我们从 4.2 节知道，(7.16) 的解与 $\{1,2,\cdots,n\}$ 的排列存在一一对应，其中满足 (7.15) 的 (7.16) 的解与有 p 个逆序的排列对应。因此，$q_n(x)$ 中 x^p 的系数等于 $h(n,p)(x)$。因为这对于所有的 $p=0,1,$ $2,\cdots,n(n-1)/2$ 都成立，所以有 $q_n(x)=g_n(x)$。 □

7.3 指数生成函数

在 7.2 节中，我们利用下面的单项式的集合为数列 $h_0,h_1,h_2,\cdots,h_n,\cdots$ 定义了生成函数。

$$\{1,x,x^2,\cdots,x^k,\cdots\}$$

这个生成函数特别适合于某些计数数列，特别是那些涉及二项式系数的数列，这是因为它们具有牛顿二项式定理的形式。然而，对于某些计数排列的项的数列，更有效的方法是考虑关于下面单项式集合的生成函数。

$$\left\{1,x,\frac{x^2}{2!},\cdots,\frac{x^n}{n!},\cdots\right\} \tag{7.17}$$

这些单项式出现在泰勒级数

$$e^x=\sum_{n=0}^{\infty}\frac{x^n}{n!}=1+x+\frac{x^2}{2!}+\cdots+\frac{x^n}{n!}+\cdots$$

$\ominus$ 当然，如果 $n\geqslant 2$，则 (7.14) 右边开始处的因子 1 可以忽略，但是如果 $n=1$，那么就只有这一个因子。

中。关于单项式集合（7.17）的生成函数称为指数生成函数[⊖]。数列 h_0，h_1，h_2，$\cdots$，h_n，$\cdots$ 的指数生成函数定义为

$$g^{(e)}(x) = \sum_{n=0}^{\infty} h_n \frac{x^n}{n!} = h_0 + h_1 x + h_2 \frac{x^2}{2!} + \cdots + h_n \frac{x^n}{n!} + \cdots \qquad \boxed{222}$$

例子　设 n 是正整数。确定下面数列的指数生成函数：

$$P(n,0), P(n,1), P(n,2), \cdots, P(n,n)$$

其中 $P(n,k)$ 表示 n 元素集合的 k 排列的数目，因此对于 $k=0$，1，$\cdots$，n，这个排列的数目是 $n!/(n-k)!$。因此指数生成函数是

$$g^{(e)}(x) = P(n,0) + P(n,1)x + P(n,2)\frac{x^2}{2!} + \cdots + P(n,n)\frac{x^n}{n!}$$

$$= 1 + nx + \frac{n!}{2!(n-2)!}x^2 + \cdots + \frac{n!}{n!0!}x^n = (1+x)^n$$

因此，$(1+x)^n$ 是数列 $P(n, 0)$，$P(n, 1)$，$\cdots$，$P(n, n)$ 的指数生成函数，而我们在 7.2 节看到这也恰恰是下面数列的普通生成函数：

$$\binom{n}{0} \cdot \binom{n}{1}, \cdots, \binom{n}{n} \qquad \square$$

例子　下面数列

$$1, 1, 1, \cdots, 1, \cdots$$

的指数生成函数是

$$g^{(e)}(x) = \sum_{n=0}^{\infty} \frac{x^n}{n!} = e^x$$

更一般地，如果 a 是任意一个实数，则数列

$$a^0 = 1, a, a^2, \cdots, a^n, \cdots$$

的指数生成函数是

$$g^{(e)}(x) = \sum_{n=0}^{\infty} a^n \frac{x^n}{n!} = \sum_{n=0}^{\infty} \frac{(ax)^n}{n!} = e^{ax}$$

回想一下 3.4 节的内容，对于正整数 k，k^n 表示有 k 种不类型的对象且每一种对象都有无穷重数的多重集合的 n 排列数。因此，这个计数数列的指数生成函数是 e^{kx}。　$\square$

对于有 k 种不同类型的对象且每种对象都有有限重数的多重集合 S，下面定理给出 S 的 n 排列数的指数生成函数。这是在 2.4 节末尾所提到问题的指数生成函数形式的解。我们定义多重集合的 0 排列数等于 1。　$\boxed{223}$

定理 7.3.1　设 S 是多重集合 $\{n_1 \cdot a_1, n_2 \cdot a_2, \cdots, n_k \cdot a_k\}$，其中 n_1，n_2，$\cdots$，n_k 是非负整数。设 h_n 是 S 的 n 排列数。那么数列 h_0，h_1，h_2，$\cdots$，h_n，$\cdots$ 的指数生成函数 $g^{(e)}(x)$ 由下式给出：

$$g^{(e)}(x) = f_{n_1}(x) f_{n_2}(x) \cdots f_{n_k}(x) \qquad (7.18)$$

其中，对于 $i=1$，2，$\cdots$，k，有

$$f_{n_i}(x) = 1 + x + \frac{x^2}{2!} + \cdots + \frac{x^{n_i}}{n_i!} \qquad (7.19)$$

证明　设

$$g^{(e)}(x) = h_0 + h_1 x + h_2 \frac{x^2}{2!} + \cdots + h_n \frac{x^n}{n!} + \cdots$$

是 h_0，h_1，h_2，$\cdots$，h_n，$\cdots$ 的指数生成函数。注意，当 $n > n_1 + n_2 + \cdots + n_k$ 时 $h_n = 0$，所以 $g^{(e)}(x)$

⊖　我们把"生成函数"或"一般生成函数"等称谓留给单项式 $\{1, x, x^2, \cdots, x^n, \cdots\}$ 的情况。

是有限和。从（7.19）可知，当把（7.18）乘开时，我们得到下面的项

$$\frac{x^{m_1}}{m_1!}\frac{x^{m_2}}{m_2!}\cdots\frac{x^{m_k}}{m_k!}=\frac{x^{m_1+m_2+\cdots+m_k}}{m_1!m_2!\cdots m_k!} \tag{7.20}$$

其中

$$0\leqslant m_1\leqslant n_1,0\leqslant m_2\leqslant n_2,\cdots,0\leqslant m_k\leqslant n_k$$

设 $n=m_1+m_2+\cdots+m_k$。于是（7.20）中的指数可以写成如下形式

$$\frac{x^n}{m_1!m_2!\cdots m_k!}=\frac{n!}{m_1!m_2!\cdots m_k!}\frac{x^n}{n!}$$

因此在（7.18）中，$x^n/n!$ 的系数是

$$\sum\frac{n!}{m_1!m_2!\cdots m_k!} \tag{7.21}$$

其中的求和是对所有满足下面条件的 m_1，m_2，$\cdots$，m_k 的求和。

$$0\leqslant m_1\leqslant n_1,0\leqslant m_2\leqslant n_2,\cdots,0\leqslant m_k\leqslant n_k$$
$$m_1+m_2+\cdots+m_k=n$$

但是，由 3.4 节我们知道，（7.21）中下面的量

$$\frac{n!}{m_1!m_2!\cdots m_k!},\quad n=m_1+m_2+\cdots+m_k$$

⎣224⎦ 等于 S 的组合 $\{m_1\cdot a_1,m_2\cdot a_2,\cdots,m_k\cdot a_k\}$ 的 n 排列数（简单地说就是排列数）。因为 S 的 n 排列数等于在所有这样的满足 $m_1+m_2+\cdots+m_k=n$ 的组合上的排列数，所以 h_n 等于（7.21）中的数。因为它也是（7.18）中 $x^n/n!$ 的系数，我们得出

$$g^{(e)}(x)=f_{n_1}(x)f_{n_2}(x)\cdots f_{n_k}(x) \qquad\qquad □$$

利用前面定理的证明中所使用的推理，可以计算带有附加限制的多重集合的 n 排列数数列的指数生成函数。让我们首先看一下，如果在（7.19）中定义

$$f_\infty(x)=1+x+\frac{x^2}{2!}+\cdots+\frac{x^k}{k!}+\cdots=e^x$$

那么当这个多重集合的重数 n_1，n_2，$\cdots$，n_k 中的某些为∞时，上面定理仍然成立。

例子 设 h_n 表示由数字 1，2，3 构造的 n 位数的个数，其中在这个 n 位数中，1 的个数是偶数，2 的个数至少是 3，而 3 的个数至少是 4。确定最终的数列 h_0，h_1，h_2，$\cdots$，h_n，$\cdots$的指数生成函数 $g^{(e)}(x)$。

函数 $g^{(e)}(x)$ 对于数字 1，2，3 的每一个数字都有一个因子。对各个数字个数的限制反映在如下的因子中：因为要求 1 的个数是偶数，所以 $g^{(e)}(x)$ 中对应于 1 的因子是

$$h_1(x)=1+\frac{x^2}{2!}+\frac{x^4}{4!}+\cdots$$

同样，指数生成函数 $g^{(e)}(x)$ 中对应于数字 2，3 的因子分别是

$$h_2(x)=\frac{x^3}{3!}+\frac{x^4}{4!}+\frac{x^5}{5!}+\cdots$$

$$h_3(x)=1+\frac{x}{1!}+\frac{x^2}{2!}+\frac{x^3}{3!}+\frac{x^4}{4!}$$

这时，要求的指数生成函数是上面各因子的乘积：

$$g^{(e)}(x)=h_1(x)h_2(x)h_3(x) \qquad\qquad □$$

⎣225⎦ 有时候，也可以利用指数生成函数去求某些计数问题的公式。下面用三个例子加以说明。

例子 用红、白和蓝三种颜色给 $1\times n$ 的棋盘着色，如果要求被着成红色的方格数是偶数，确定给这个棋盘着色的方法数。

设 h_n 表示这样的着色数，其中我们定义 h_0 等于 1。则 h_n 等于有 3 种颜色（红，白，蓝）的

多重集合的 n 排列数，其中每一种颜色的重数是无穷，且要求红色出现的次数是偶数。因此，h_0，h_1，h_2，$\cdots$，h_n，$\cdots$ 的指数生成函数是红，白，蓝因子的乘积：

$$g^{(e)} = \left(1 + \frac{x^2}{2!} + \frac{x^4}{4!} + \cdots\right)\left(1 + \frac{x}{1!} + \frac{x^2}{2!} + \cdots\right)\left(1 + \frac{x}{1!} + \frac{x^2}{2!} + \cdots\right)$$

$$= \frac{1}{2}(e^x + e^{-x})e^x e^x = \frac{1}{2}(e^{3x} + e^x) = \frac{1}{2}\left(\sum_{n=0}^{\infty} 3^n \frac{x^n}{n!} + \sum_{n=0}^{\infty} \frac{x^n}{n!}\right) = \frac{1}{2}\sum_{n=0}^{\infty}(3^n + 1)\frac{x^n}{n!}$$

因此，$h_n = (3^n + 1)/2$。

这一简洁的 h_n 的公式暗示有可能存在求解这个问题的更直接的方法。首先，我们注意到 $h_1 = 2$，因为只有一个方格，可以把它着成白色或者蓝色。设 $n \geqslant 2$。如果第一个方格被着成白色或者蓝色，那么存在 h_{n-1} 种方法完成着色。如果第一个方格被着成红色，那么在剩余的 $n-1$ 个方格中一定有奇数个红格；因此我们从总数 3^{n-1} 种方法中减去着成偶数个红格的方法数 h_{n-1} 得到 $3^{n-1} - h_{n-1}$ 种着成奇数个红格的方法。于是，h_n 满足下面的递推关系

$$h_n = 2h_{n-1} + (3^{n-1} - h_{n-1}) = h_{n-1} + 3^{n-1} \quad (n \geqslant 2)$$

反复使用递推关系 $h_n = h_{n-1} + 3^{n-1}$，并利用 $h_1 = 2$，我们得到

$$h_n = 2 + 3 + 3^2 + \cdots + 3^{n-1} = (3^n + 1)/2 \qquad \square$$

例子　确定满足下面条件的 n 位数的个数 h_n：每个数字都是奇数且数字 1 和 3 出现偶数次。

设 $h_0 = 1$。数 h_n 等于多重集合 $\{\infty \cdot 1, \infty \cdot 3, \infty \cdot 5, \infty \cdot 7, \infty \cdot 9\}$ 的 n 排列中 1，3 出现偶数次的 n 排列个数。h_0，h_1，h_2，$\cdots$，h_n，$\cdots$ 的指数生成函数是 5 个因子的乘积，每个因子对应于一个可用的数字： [226]

$$g^{(e)}(x) = \left(1 + \frac{x^2}{2!} + \frac{x^4}{4!} + \cdots\right)^2 \left(1 + x + \frac{x^2}{2!} + \cdots\right)^3 = \left(\frac{e^x + e^{-x}}{2}\right)^2 e^{3x}$$

$$= \left(\frac{e^{2x} + 1}{2}\right)^2 e^x = \frac{1}{4}(e^{4x} + 2e^{2x} + 1)e^x = \frac{1}{4}(e^{5x} + 2e^{3x} + e^x)$$

$$= \frac{1}{4}\left(\sum_{n=0}^{\infty} 5^n \frac{x^n}{n!} + 2\sum_{n=0}^{\infty} 3^n \frac{x^n}{n!} + \sum_{n=0}^{\infty} \frac{x^n}{n!}\right) = \sum_{n=0}^{\infty}\left(\frac{5^n + 2 \times 3^n + 1}{4}\right)\frac{x^n}{n!}$$

因此

$$h_n = \frac{5^n + 2 \times 3^n + 1}{4} \quad (n \geqslant 0) \qquad \square$$

例子　确定用红、白和蓝三色给 $1 \times n$ 棋盘的着色中，要求红格数是偶数，且至少有一个蓝格的着色方法数 h_n。

数列 h_n 的指数生成函数 $g^{(e)}(x)$ 是

$$g^{(e)}(x) = \left(1 + \frac{x^2}{2!} + \frac{x^4}{4!} + \cdots\right)\left(1 + \frac{x}{1!} + \frac{x^2}{2!} + \cdots\right)\left(\frac{x}{1!} + \frac{x^2}{2!} + \cdots\right)$$

$$= \frac{e^x + e^{-x}}{2}e^x(e^x - 1) = \frac{e^{3x} - e^{2x} + e^x - 1}{2} = -\frac{1}{2} + \sum_{n=0}^{\infty}\frac{3^n - 2^n + 1}{2}\frac{x^n}{n!}$$

因此

$$h_0 = -\frac{1}{2} + \frac{3^0 - 2^0 + 1}{2} = -\frac{1}{2} + \frac{1}{2} = 0$$

$$h_n = \frac{3^n - 2^n + 1}{2} \quad (n = 1, 2, \cdots)$$

[227]

注意，h_0 应该等于 0。1×0 的棋盘是空的，没有方格被着色，所以没有满足蓝格数至少是 1 的条件。 $\square$

7.4 求解线性齐次递推关系

本节对于存在一般求解方法的一类递推关系给出其形式定义。然而，这种方法的应用要受到一定的限制，因为可能需要求高阶多项式方程的根。

设

$$h_0, h_1, h_2, \cdots, h_n, \cdots$$

是一个数列。称这个数列满足 k 阶线性递推关系是指存在量 a_1，a_2，$\cdots$，$a_k(a_k \neq 0)$ 和量 b_n（这些量 a_1，a_2，$\cdots$，a_k，b_n 都可能依赖于 n），使得

$$h_n = a_1 h_{n-1} + a_2 h_{n-2} + \cdots + a_k h_{n-k} + b_n \quad (n \geqslant k) \tag{7.22}$$

例子 关于错位排列数列 D_0，D_1，D_2，$\cdots$，D_n，$\cdots$，我们之前得到了两个递推关系

$$D_n = (n-1)D_{n-1} + (n-1)D_{n-2} \quad (n \geqslant 2)$$

$$D_n = nD_{n-1} + (-1)^n \quad (n \geqslant 1)$$

它们都是线性递推关系。第一个递推关系的阶为 2，且有 $a_1 = n-1$，$a_2 = n-1$ 及 $b_n = 0$。第二个递推关系的阶为 1，我们有 $a_1 = n$ 及 $b_n = (-1)^n$。 □

例子 斐波那契数列 f_0，f_1，f_2，$\cdots$，f_n，$\cdots$满足 2 阶递推关系

$$f_n = f_{n-1} + f_{n-2} \quad (n \geqslant 2)$$

且 $a_1 = 1$，$a_2 = 1$ 及 $b_n = 0$。 □

例子 阶乘数列 h_0，h_1，h_2，$\cdots$，h_n，$\cdots$（其中 $h_n = n!$）满足 1 阶递推关系

$$h_n = nh_{n-1} \quad (n \geqslant 1)$$

且 $a_1 = n$，$b_n = 0$。 □

例子 几何数列 h_0，h_1，h_2，$\cdots$，h_n，$\cdots$（其中 $h_n = q^n$）满足 1 阶递推关系

$$h_n = qh_{n-1} \quad (n \geqslant 1)$$

228 且 $a_1 = q$，$b_n = 0$。 □

正如这些例子所示的那样，（7.22）中的量 a_1，a_2，$\cdots$，a_k 或者是常数，或者依赖于 n。同样，（7.22）中的量 b_n 也可以是常数（可能为 0）或者也依赖于 n。

我们称线性递推关系（7.22）是齐次的（homogeneous），如果 b_n 是常数 0，而称它是常系数（constant coefficient）的，如果量 a_1，a_2，$\cdots$，a_k 是常数。本节讨论求解下面常系数线性齐次递推关系的一种特殊方法，即形如

$$h_n = a_1 h_{n-1} + a_2 h_{n-2} + \cdots + a_k h_{n-k} \quad (n \geqslant k) \tag{7.23}$$

（其中 a_1，a_2，$\cdots$，a_k 是常数且 $a_k \neq 0^{\ominus}$）的递推关系。所描述的方法成功与否依赖于能否找到与（7.23）相关的某个多项式方程的根。

递推关系（7.23）可以重写成如下形式

$$h_n - a_1 h_{n-1} - a_2 h_{n-2} - \cdots - a_k h_{n-k} = 0 \quad (n \geqslant k) \tag{7.24}$$

一旦指定所谓的*初始值*，即 h_0，h_1，h_2，$\cdots$，h_{k-1} 的值之后，满足递推关系（7.24）（或更一般地，满足（7.22））的数列 h_0，h_1，h_2，$\cdots$，h_n，$\cdots$就唯一确定。递推关系（7.24）从 $n=k$ 开始"生效"。首先，我们忽略初始值并在不给出初始值的情况下求解（7.24）。事实证明，只需考虑形成几何级数的解并对这些解作适当的修正就可以得到"足够多"的解。

例子$^{\ominus}$ 在这个例子中，我们回顾一下求解常系数线性齐次微分方程的一种方法。考虑下面的微分方程

$$y'' - 5y' + 6y = 0 \tag{7.25}$$

$\ominus$ 如果 a_k 等于 0，那么就可以从（7.23）中去掉 $a_k h_{n-k}$ 这一项，得到一个更低阶的递推关系。

$\ominus$ 对于那些没有学习过微分方程的人来说，这个例子完全可以忽视。这里只是要说明解决递推关系的方法与你可能学过的微分方程求解方法极其相似。

这里 y 是实变量 x 的函数。我们在基本的指数函数 $y = e^{qx}$ 中寻找这个方程的解。设 q 是一个常数。因为 $y' = q e^{qx}$ 且 $y'' = q^2 e^{qx}$，于是 $y = e^{qx}$ 是（7.25）的解当且仅当

$$q^2 e^{qx} - 5q e^{qx} + 6 e^{qx} = 0$$

因为指数函数 e^{qx} 不等于零，因此可以从上面方程中把它们消去，得到下列不依赖于 x 的方程：

$$q^2 - 5q + 6 = 0$$

229

这个方程有两个根，即 $q=2$ 和 $q=3$。因此，

$$y = e^{2x} \text{ 和 } y = e^{3x}$$

都是（7.25）的解。因为原来的微分方程是线性且齐次的，因此，对于任选的常数 c_1 和 c_2，

$$y = c_1 e^{2x} + c_2 e^{3x} \tag{7.26}$$

也是（7.25）的解$^{\ominus}$。现在引入公式（7.25）的初始条件。所谓的初始条件说的就是 $x=0$ 时 y 的值以及 y 的一阶导数的值，利用微分方程（7.25）可以唯一确定 y。假设指定的初始条件是

$$y(0) = a, \quad y'(0) = b \tag{7.27}$$

其中 a 和 b 是固定但待定的数。此时，为使微分方程（7.25）的解（7.26）满足这些初始条件，必须有

$$\begin{cases} y(0) = a: & c_1 + c_2 = a \\ y'(0) = b: & 2c_1 + 3c_2 = b \end{cases}$$

该方程组对每一组选定的 a 和 b 都有唯一解，即

$$c_1 = 3a - b, \quad c_2 = b - 2a \tag{7.28}$$

因此，无论初始条件（7.27）是什么，我们都可以利用式（7.28）选取 c_1 和 c_2，使得函数（7.26）是微分方程（7.25）的解。在这种意义下，（7.26）是这个微分方程的通解：带有指定初始条件的（7.25）的每一个解都可以通过适当选取常数 c_1 和 c_2 而写成（7.26）的形式。　　　□

　　线性齐次递推关系的求解可以采用类似的路线进行，其中只对非负整数 n 有定义的离散函数 q^n（几何数列）起到指数函数 e^{qx} 的作用。其实我们已经在 7.1 节中关于斐波那契数的计算中看到过这样的例子。

　　定理 7.4.1　设 q 是一个非零的数。则 $h_n = q^n$ 是下面常系数线性齐次递推关系

$$h_n - a_1 h_{n-1} - a_2 h_{n-2} - \cdots - a_k h_{n-k} = 0 \quad (a_k \neq 0, n \geqslant k) \tag{7.29}$$

的解当且仅当 q 是下面这个多项式方程

$$x^k - a_1 x^{k-1} - a_2 x^{k-2} - \cdots - a_k = 0 \tag{7.30}$$

230

的根。如果多项式方程有 k 个不同的根 $q_1, q_2, \cdots, q_k$，则

$$h_n = c_1 q_1^n + c_2 q_2^n + \cdots + c_k q_k^n \tag{7.31}$$

在下述意义之下是（7.29）的通解：无论给定什么样的初始值 $h_0, h_1, \cdots, h_{k-1}$，都存在常数 $c_1, c_2, \cdots, c_k$，使式（7.31）是满足递推关系（7.29）和初始条件的唯一数列。

　　证明　我们看到 $h_n = q^n$ 为（7.29）的解当且仅当

$$q^n - a_1 q^{n-1} - a_2 q^{n-2} - \cdots - a_k q^{n-k} = 0$$

对所有的 $n \geqslant k$ 成立。因为假设 $q \neq 0$，所以可以将上式中的 q^{n-k} 消去。于是，这无穷多个方程（对于每一个 $n \geqslant k$ 都有一个方程）退化成唯一一个方程：

$$q^k - a_1 q^{k-1} - a_2 q^{k-2} - \cdots - a_k = 0$$

我们得出 $h_n = q^n$ 是式（7.29）的解当且仅当 q 是多项式方程（7.30）的根。

　　因为假设 a_k 不等于 0，所以 0 不是（7.30）的根。因此，（7.30）有 k 个不等于零的根 q_1，

$\ominus$　我们可以计算出 y' 和 y'' 并代入（7.25）之中来验证这一事实。

q_2，$\cdots$，q_k。这些根可以是复数。一般来说，q_1，q_2，$\cdots$，q_k 不必互不相同（方程可以有重根），但是现在假设根 q_1，q_2，$\cdots$，q_k 互不相同。于是

$$h_n = q_1^n, h_n = q_2^n, \cdots, h_n = q_k^n$$

是（7.29）的 k 个不同的解。递推关系（7.29）的线性性和齐次性意味着对于任意选定的常数 c_1，c_2，$\cdots$，c_k，

$$h_n = c_1 q_1^n + c_2 q_2^n + \cdots + c_k q_k^n \qquad (7.32)$$

也是（7.29）的解[⊖]。现在证明（7.32）是定理所述意义下（7.29）的通解。

假设指定初始值为

$$h_0 = b_0, h_1 = b_1, \cdots, h_{k-1} = b_{k-1}$$

我们是否能够选择常数 c_1，c_2，$\cdots$，c_k 使得（7.32）中给出的 h_n 满足这些初始条件呢？等价地说，无论选择什么样的 b_0，b_1，$\cdots$，b_{k-1}，是否都能够解出下面的方程组呢？

$$\begin{cases} (n=0) & c_1 + c_2 + \cdots + c_k = b_0 \\ (n=1) & c_1 q_1 + c_2 q_2 + \cdots + c_k q_k = b_1 \\ (n=2) & c_1 q_1^2 + c_2 q_2^2 + \cdots + c_k q_k^2 = b_2 \\ \qquad \vdots \\ (n=k-1) & c_1 q_1^{k-1} + c_2 q_2^{k-1} + \cdots + c_k q_k^{k-1} = b_{k-1} \end{cases} \qquad (7.33)$$

现在，我们需要一些基础的线性代数知识。这个方程组的系数矩阵是

$$\begin{bmatrix} 1 & 1 & \cdots & 1 \\ q_1 & q_2 & \cdots & q_k \\ q_1^2 & q_2^2 & \cdots & q_k^2 \\ \vdots & \vdots & \ddots & \vdots \\ q_1^{k-1} & q_2^{k-1} & \cdots & q_k^{k-1} \end{bmatrix} \qquad (7.34)$$

（7.34）的矩阵是一个重要的矩阵，它被叫作范德蒙（Vandermonde）矩阵。范德蒙矩阵是可逆矩阵当且仅当 q_1，q_2，$\cdots$，q_k 互不相同。事实上，它的行列式等于

$$\prod_{1 \leqslant i < j \leqslant k} (q_j - q_i)$$

因此，当 q_1，q_2，$\cdots$，q_k 互不相同时，它的确不为零[⊖]。因此，q_1，q_2，$\cdots$，q_k 互不相同的假设意味着方程组（7.33）对于 b_0，b_1，$\cdots$，b_{k-1} 的每一种选择都有唯一的解。因此，（7.32）是（7.29）的通解，定理证明完成。 □

多项式方程（7.30）称为递推关系（7.29）的特征方程（characteristic equation），而它的 k 个根叫作特征根（characteristic root）。根据定理 7.4.1，如果特征根互不相同，那么（7.31）就是（7.29）的通解。

例子 对应于初始值 $h_0 = 1$，$h_1 = 2$ 和 $h_2 = 0$，求解下面的递推关系

$$h_n = 2h_{n-1} + h_{n-2} - 2h_{n-3} \qquad (n \geqslant 3)$$

这个递推关系的特征方程是

$$x^3 - 2x^2 - x + 2 = 0$$

它的三个根是 1，-1，2。根据定理 7.4.1，

$$h_n = c_1 1^n + c_2 (-1)^n + c_3 2^n = c_1 + c_2 (-1)^n + c_3 2^n$$

是通解。现在，我们要求常数 c_1，c_2，和 c_3，使得它们满足

⊖ 这可以通过直接代入来验证。
⊜ 这个公式的证明比较初等却很重要。

$$\begin{cases} (n=0) & c_1+c_2+c_3=1 \\ (n=1) & c_1-c_2+2c_3=2 \\ (n=2) & c_1+c_2+4c_3=0 \end{cases}$$

232

利用消元法可以求得上面这个方程组的解是 $c_1=2$，$c_2=-\dfrac{2}{3}$，$c_3=-\dfrac{1}{3}$。因此，

$$h_n = 2 - \frac{2}{3}(-1)^n - \frac{1}{3}2^n$$

是给定递推关系的解。 □

例子 只由三个字母 a，b，c 组成的长度为 n 的一些单词将在通信信道上传输，满足条件：传输中不得有两个 a 连续出现在任一单词中。确定通信信道允许传输的单词个数。

设 h_n 表示允许传输的长度为 n 的单词个数。我们有 $h_0=1$（空单词）和 $h_1=3$。设 $n\geqslant2$。如果单词的第一个字母是 b 或 c，那么就有 h_{n-1} 种方法构成这个单词。如果单词的第一个字母是 a，那么第二个字母就是 b 或者 c。如果第二个字母是 b，那么就有 h_{n-2} 种方法构成这个单词。如果第二个字母是 c，那么就有 h_{n-2} 种方法构成这个单词。因此，h_n 满足递推关系

$$h_n = 2h_{n-1} + 2h_{n-2} \quad (n \geqslant 2)$$

其特征方程是

$$x^2 - 2x - 2 = 0$$

而特征根是

$$q_1 = 1+\sqrt{3}, \quad q_2 = 1-\sqrt{3}$$

因此，通解是

$$h_n = c_1(1+\sqrt{3})^n + c_2(1-\sqrt{3})^n \quad (n \geqslant 3)$$

为确定 h_n，需要求 c_1 和 c_2，使得初始值满足 $h_0=1$ 和 $h_1=3$。这引出下述方程组

$$\begin{cases} (n=0) & c_1+c_2=1 \\ (n=1) & c_1(1+\sqrt{3})+c_2(1-\sqrt{3})=3 \end{cases}$$

它有解

$$c_1 = \frac{2+\sqrt{3}}{2\sqrt{3}}, \quad c_2 = \frac{-2+\sqrt{3}}{2\sqrt{3}}$$

因此

$$h_n = \frac{2+\sqrt{3}}{2\sqrt{3}}(1+\sqrt{3})^n + \frac{-2+\sqrt{3}}{2\sqrt{3}}(1-\sqrt{3})^n \quad (n \geqslant 0)$$

233

是满足给定限制的可以在通信信道上传输的单词个数。 □

上面所给出的求解常系数线性齐次递推关系的方法可以用生成函数来描述。在这里，牛顿二项式定理起着重要的作用。特别是，这里要使用下面这种情况下的牛顿二项式定理：

如果 n 是正整数，而 r 是非零实数，那么

$$(1-rx)^{-n} = \sum_{k=0}^{\infty} \binom{-n}{k}(-rx)^k$$

或者等价地，

$$\frac{1}{(1-rx)^n} = \sum_{k=0}^{\infty} (-1)^k \binom{-n}{k} r^k x^k \quad \left(|x| < \frac{1}{|r|} \right)$$

我们已经在 5.6 节看到

$$\binom{-n}{k} = (-1)^k \binom{n+k-1}{k}$$

因此，可以把 $1/(1-rx)^n$ 的这一公式写成

$$\frac{1}{(1-rx)^n} = \sum_{k=0}^{\infty} \binom{n+k-1}{k} r^k x^k \quad \left(|x| < \frac{1}{|r|} \right) \tag{7.35}$$

例子 确定下面数列的生成函数。

$$0, 1, 4, \cdots, n^2, \cdots$$

根据 (7.35)，以及 $n=2$，$r=1$，有

$$\frac{1}{(1-x)^2} = 1 + 2x + 3x^2 + \cdots + nx^{n-1} + \cdots$$

因此

$$\frac{x}{(1-x)^2} = x + 2x^2 + 3x^3 + \cdots + nx^n + \cdots$$

把上式微分再乘以 x，我们得到

234

$$\frac{1+x}{(1-x)^3} = 1 + 2^2 x + 3^2 x^2 + \cdots + n^2 x^{n-1} + \cdots$$

和

$$\frac{x(1+x)}{(1-x)^3} = x + 2^2 x^2 + 3^2 x^3 + \cdots + n^2 x^n + \cdots$$

因此，$x(1+x)/(1-x)^3$ 就是所求的生成函数。   □

下一个例子说明如何使用生成函数求解常系数线性齐次递推关系。

例子 求解下面的递推关系

$$h_n = 5h_{n-1} - 6h_{n-2} \quad (n \geqslant 2)$$

其对应的初始条件是 $h_0 = 1$，$h_1 = 2$。

我们把递推关系写成下面这样的形式

$$h_n - 5h_{n-1} + 6h_{n-2} \quad (n \geqslant 2)$$

设 $g(x) = h_0 + h_1 x + h_2 x^2 + \cdots + h_n x^n + \cdots$ 是数列 h_0，h_1，h_2，$\cdots$，h_n，$\cdots$ 的生成函数。则有下面的一些方程，参照原来的递推关系，分别用 $-5x$，$6x^2$ 作为乘数乘以 $g(x)$ 得

$$g(x) = h_0 + \quad h_1 x + \quad h_2 x^2 + \cdots + \quad h_n x^n \quad + \cdots$$
$$-5xg(x) = \quad\quad -5h_0 x - 5h_1 x^2 - \cdots - 5h_{n-1} x^n + \cdots$$
$$6x^2 g(x) = \quad\quad\quad\quad 6h_0 x^2 + \cdots + 6h_{n-2} x^n + \cdots$$

把上面三个方程加起来，我们得到

$$(1-5x+6x^2)g(x) = h_0 + (h_1 - 5h_0)x + (h_2 - 5h_1 + 6h_0)x^2 + \cdots + (h_n - 5h_{n-1} + 6h_{n-2})x^n + \cdots$$

因为 $h_n - 5h_{n-1} + 6h_{n-2} = 0$ $(n \geqslant 2)$，又因为 $h_0 = 1$，$h_1 = -2$，所以有

$$(1-5x+6x^2)g(x) = h_0 + (h_1 - 5h_0)x = 1 - 7x$$

因此，

$$g(x) = \frac{1-7x}{1-5x+6x^2}$$

从最后的这个生成函数 $g(x)$ 的公式，希望能够确定 h_n 的公式。为了得到这样一个公式，我们沿用 (7.35) 的部分分式方法。我们观察到

$$1 - 5x + 6x^2 = (1-2x)(1-3x)$$

因此可以把 $g(x)$ 的表达式的右边写成下面的形式，其中 c_1，c_2 是某些常数：

235

$$\frac{1-7x}{1-5x+6x^2} = \frac{c_1}{1-2x} + \frac{c_2}{1-3x}$$

用 $1-5x+6x^2$ 乘以上面等式的两边，可以确定 c_1 和 c_2：

$$1-7x = (1-3x)c_1 + (1-2x)c_2$$

或者

$$1-7x = (c_1+c_2) + (-3c_1-2c_2)x$$

因此，

$$\begin{cases} c_1 + c_2 = 1 \\ -3c_1 - 2c_2 = -7 \end{cases}$$

求解这个方程组，我们得到 $c_1=5$，$c_2=-4$，因此有

$$g(x) = \frac{1-7x}{1-5x+6x^2} = \frac{5}{1-2x} - \frac{4}{1-3x}$$

根据（7.35），有

$$\frac{1}{1-2x} = 1+2x+2^2x^2+\cdots+2^nx^n+\cdots$$

和

$$\frac{1}{1-3x} = 1+3x+3^2x^2+\cdots+3^nx^n+\cdots$$

因此

$$g(x) = 5(1+2x+2^2x^2+\cdots+2^nx^n+\cdots) - 4(1+3x+3^2x^2+\cdots+3^nx^n+\cdots)$$
$$= 1+(-2)x+(-15)x^2+\cdots+(5\times2^n-4\times3^n)x^n+\cdots$$

因为上面这个函数是数列 h_0，h_1，h_2，$\cdots$，h_n，$\cdots$ 的生成函数，所以得到 $h_n=5\times2^n-4\times3^n$（$n=0$，$1$，$2\cdots$）。　　　　　□

如果特征方程的根 q_1，q_2，$\cdots$，q_k 不是互不相同的，那么在定理 7.4.1 中，下式

$$h_n = c_1q_1^n + c_2q_2^n + \cdots + c_kq_k^n \tag{7.36}$$

就不是原来递推关系的通解。

例子　递推关系

$$h_n = 4h_{n-1} - 4h_{n-2} \quad (n\geqslant2)$$

有特征方程

$$x^2-4x+4 = (x-2)^2 = 0$$

于是，2 是二重特征根。在这种情况下，（7.36）变成

$$h_n = c_12^n + c_22^n = (c_1+c_2)2^n = c2^n$$

236

其中 $c=c_1+c_2$ 是一个新常数。因此，只需选择一个常数满足两个初始条件，而这不总是可以做到的。例如，假设初始值是 $h_0=1$ 和 $h_1=3$。为了满足这些初始值，我们有

$$(n=0)\quad c=1$$
$$(n=1)\quad 2c=3$$

但是，这两个方程是矛盾的。因此，$h_n=c2^n$ 不是给定递推关系的通解。　　　　　□

如果像前面的例子那样，某个特征根是重根，我们就需要寻找与这个根相关的其他解法。这种情况类似于发生在微分方程中的情况。

例子[⊖]　求解

$$y'' - 4y' + 4y = 0$$

我们知道 $y=e^{qx}$ 是解当且仅当

————————————

⊖　对那些没有学过微分方程的人，这个例子同样可以跳过。

$$q^2 e^{qx} - 4q e^{qx} + 4 e^{qx} = 0$$

或等价地,

$$q^2 - 4q + 4 = 0$$

该方程的根为 2,2(2 是二重根),并直接导致只有一个解 $y = e^{2x}$。但在这种情况下,$y = x e^{2x}$ 也是一个解:

$$y' = 2x e^{2x} + e^{2x}$$
$$y'' = 4x e^{2x} + 2 e^{2x} + 2 e^{2x} = 4x e^{2x} + 4 e^{2x}$$
$$y'' - 4y' + 4y = (4x e^{2x} + 4 e^{2x}) - 4(2x e^{2x} + e^{2x}) + 4x e^{2x} = 0$$

因此,$y = e^{2x}$ 和 $y = x e^{2x}$ 两者都是微分方程的解,从而

$$y = c_1 e^{2x} + c_2 x e^{2x} \tag{7.37}$$

也是微分方程的解。

现在验证 (7.37) 是通解。假设指定初始条件是 $y(0) = a$,$y'(0) = b$。为了使 (7.37) 满足这些初始条件,必须有

$$y(0) = a: \quad c_1 = a$$
$$y'(0) = b: \quad 2c_1 + c_2 = b$$

这些方程有唯一解 $c_1 = a$ 和 $c_2 = b - 2a$。因此,可以唯一地选择常数 c_1 和 c_2 来满足任意给定的初始条件,从而我们断言公式 (7.37) 就是通解。 □

例子 求下面递推关系

$$h_n - 4h_{n-1} + 4h_{n-2} = 0 \quad (n \geqslant 2)$$

的通解。

它的特征方程是

$$x^2 - 4x + 4 = (x - 2)^2 = 0$$

并有根 2,2。我们知道 $h_n = 2^n$ 是这个递推关系的一个解。下面证明 $h_n = n 2^n$ 也是一个解。我们有

$$h_n = n 2^n, h_{n-1} = (n-1) 2^{n-1}, h_{n-2} = (n-2) 2^{n-2}$$

从而

$$h_n - 4h_{n-1} + 4h_{n-2} = n 2^n - 4(n-1) 2^{n-1} + 4(n-2) 2^{n-2}$$
$$= 2^{n-2}(4n - 8(n-1) + 4(n-2)) = 2^{n-2}(0) = 0$$

我们现在断言

$$h_n = c_1 2^n + c_2 n 2^n \tag{7.38}$$

对常数 c_1 和 c_2 的每种选择都是一个解。现在施加初始条件

$$h_0 = a \text{ 和 } h_1 = b$$

为使这些条件得以满足,必须有

$$\begin{cases} (n=0) & c_1 = a \\ (n=1) & 2c_1 + 2c_2 = b \end{cases}$$

该方程组有唯一解 $c_1 = a$ 和 $c_2 = (b-2a)/2$。因此,可以唯一选择常数 c_1 和 c_2 来满足这些初始条件,由此我们得到结论:(7.38) 是给定的递推关系的通解。 □

更一般地,如果 q(有可能是复数)是常系数线性齐次递推关系的特征方程的 s 重根,那么可以证明

$$h_n = q^n, h_n = n q^n, h_n = n^2 q_n, \cdots, h_n = n^{s-1} q^n$$

中的每一个都是一个解,从而

$$h_n = c_1 q^n + c_2 n q^n + c_3 n^2 q^n + \cdots + c_s n^{s-1} q^n$$

对常数 c_1，c_2，$\cdots$，c_s 的每一种选择也是一个解。

下面的定理讨论特征方程有多个不同重数的重根的更一般的情况，我们只叙述定理而不给出其证明。 [238]

定理 7.4.2 设 q_1，q_2，$\cdots$，q_t 为常系数线性齐次递推关系

$$h_n = a_1 h_{n-1} + a_2 h_{n-2} + \cdots + a_k h_{n-k}, \quad a_k \neq 0 \quad (n \geqslant k) \tag{7.39}$$

的特征方程的互不相同的根。如果 q_i 是 (7.39) 的特征方程的 s_i 重根，那么这个递推关系的通解中对应于 q_i 的部分是

$$H_n^{(i)} = c_1 q_i^n + c_2 n q_i^n + \cdots + c_{s_i} n^{s_i-1} q_i^n = (c_1 + c_2 n + \cdots + c_{s_i} n^{s_i-1}) q_i^n$$

这个递推关系的通解是

$$h_n = H_n^{(1)} + H_n^{(2)} + \cdots + H_n^{(t)}$$

例子 求递推关系

$$h_n = -h_{n-1} + 3h_{n-2} + 5h_{n-3} + 2h_{n-4} \quad (n \geqslant 4)$$

对应于初始值 $h_0 = 1$，$h_1 = 0$，$h_2 = 1$ 和 $h_3 = 2$ 的解。

这个递推关系的特征方程是

$$x^4 + x^3 - 3x^2 - 5x - 2 = 0$$

它有根 -1，-1，-1，2。于是，通解中对应于根 -1 的部分是

$$H_n^{(1)} = c_1(-1)^n + c_2 n(-1)^n + c_3 n^2(-1)^n$$

而对应于根 2 的部分是

$$H_n^{(2)} = c_4 2^n$$

因此，通解是

$$h_n = H_n^{(1)} + H_n^{(2)} = c_1(-1)^n + c_2 n(-1)^n + c_3 n^2(-1)^n + c_4 2^n$$

我们需要确定 c_1，c_2，c_3 和 c_4，使得初始条件成立。因此，下面的方程

$$\begin{cases} (n=0) & c_1 & & & + c_4 = 1 \\ (n=1) & -c_1 - & c_2 - & c_3 + 2c_4 = 0 \\ (n=2) & c_1 + 2c_2 + & 4c_3 + 4c_4 = 1 \\ (n=3) & -c_1 - 3c_2 - & 9c_3 + 8c_4 = 2 \end{cases}$$

[239]

必须成立。上面这个方程组的唯一解是 $c_1 = \dfrac{7}{9}$，$c_2 = -\dfrac{3}{9}$，$c_3 = 0$，$c_4 = \dfrac{2}{9}$。因此，解是

$$h_n = \frac{7}{9}(-1)^n - \frac{3}{9} n(-1)^n + \frac{2}{9} 2^n \qquad \square$$

本节讨论的方法在实际应用中往往因很难求得多项式的所有根而受到限制。

我们还可以利用生成函数来求解（至少在理论上）任意 k 阶常系数线性齐次递推关系。相应的生成函数是形如 $p(x)/q(x)$ 的函数，其中 $p(x)$ 是次数小于 k 的多项式，而 $q(x)$ 是常数项等于 1 的 k 阶多项式。为了求数列项的生成公式，首先，我们用部分分式法把 $p(x)/q(x)$ 表示成如下形式的代数分式的和

$$\frac{c}{(1-rx)^t}$$

其中 t 是正整数，r 是实数，c 是常数。于是，我们利用 (7.35) 求 $1/(1-rx)^t$ 的幂级数。把这样的项加起来，就得到生成函数的幂级数，于是就可以从这个幂级数中读取数列各项。

例子 设 h_0，h_1，h_2，$\cdots$，h_n，$\cdots$ 是满足下面递推关系的数列：

$$h_n + h_{n-1} - 16h_{n-2} + 20h_{n-3} = 0 \quad (n \geqslant 3)$$

其中 $h_0=0$，$h_1=1$，$h_2=-1$。求 h_n 的通项公式。

设 $g(x)=h_0+h_1x+h_2x^2+\cdots+h_nx^n+\cdots$ 是数列 h_0，h_1，h_2，$\cdots$，h_n，$\cdots$的生成函数。把下面四个方程

$$g(x) = h_0+h_1x+h_2x^2+\quad h_3x^3+\cdots+h_nx^n+\cdots$$
$$xg(x) = \quad h_0x+h_1x^2+\quad h_2x^3+\cdots+h_{n-1}x^n+\cdots$$
$$-16x^2g(x) = \quad\quad -16h_0x^2-\quad 16h_1x^3-\cdots-16h_{n-2}x^n-\cdots$$
$$20x^3g(x) = \quad\quad\quad\quad 20h_0x^3+\cdots+20h_{n-3}x^n+\cdots$$

加起来，我们得到

$$(1+x-16x^2+20x^3)g(x) = h_0+(h_1+h_0)x+(h_2+h_1-16h_0)x^2$$
$$+(h_3+h_2-16h_1+20h_0)x^3+\cdots+(h_n+h_{n-1}-16h_{n-2}+20h_{n-3})x^n+\cdots$$

因为 $h_n+h_{n-1}-16h_{n-2}+20h_{n-3}=0$，$(n\geqslant3)$，又因为 $h_0=0$，$h_1=1$，$h_2=-1$，我们得到

240

$$(1+x-16x^2+20x^3)g(x) = x$$

因此

$$g(x) = \frac{x}{1+x-16x^2+20x^3}$$

我们看到 $(1+x-16x^2+20x^3)=(1-2x)^2(1+5x)$。因此对于某些常数 c_1，c_2，c_3，有

$$\frac{x}{1+x-16x^2+20x^3} = \frac{c_1}{1-2x}+\frac{c_2}{(1-2x)^2}+\frac{c_3}{1+5x}$$

为了确定这些常数，用 $1+x-16x^2+20x^3$ 乘以上面方程的两边，得

$$x = (1-2x)(1+5x)c_1+(1+5x)c_2+(1-2x)^2c_3$$

或者等价地写成

$$x = (c_1+c_2+c_3)+(3c_1+5c_2-4c_3)x+(-10c_1+4c_3)x^2$$

因此

$$\begin{cases} c_1+\ c_2+\ c_3 = 0 \\ 3c_1+5c_2-4c_3 = 1 \\ -10c_1\quad\quad+4c_3 = 0 \end{cases}$$

求解上面的方程组，得

$$c_1 = -\frac{2}{49}, \quad c_2 = \frac{7}{49}, \quad c_3 = -\frac{5}{49}$$

因此

$$g(x) = \frac{x}{1+x-16x^2+20x^3} = -\frac{2/49}{1-2x}+\frac{7/49}{(1-2x)^2}-\frac{5/49}{1+5x}$$

根据（7.35），有

$$\frac{1}{1-2x} = \sum_{k=0}^{\infty}2^kx^k$$

$$\frac{1}{(1-2x)^2} = \sum_{k=0}^{\infty}\binom{k+1}{k}2^kx^k = \sum_{k=0}^{\infty}(k+1)2^kx^k$$

$$\frac{1}{1+5x} = \sum_{k=0}^{\infty}(-5)^kx^k$$

于是有

241

$$g(x) = -\frac{2}{49}\left(\sum_{k=0}^{\infty}2^kx^k\right)+\frac{7}{49}\left(\sum_{k=0}^{\infty}(k+1)2^kx^k\right)-\frac{5}{49}\left(\sum_{k=0}^{\infty}(-5)^kx^k\right)$$

$$= \sum_{k=0}^{\infty} \left[-\frac{2}{49} 2^k + \frac{7}{49} (k+1) 2^k - \frac{5}{49} (-5)^k \right] x^k$$

因为 $g(x)$ 是 h_0，h_1，h_2，$\cdots$，h_n，$\cdots$ 的生成函数，所以有

$$h_n = -\frac{2}{49} 2^n + \frac{7}{49} (n+1) 2^n - \frac{5}{49} (-5)^n \quad (n = 0,1,2,\cdots) \qquad \square$$

上面这个关于 h_n 的公式应该让我们联想到利用特征方程的根求解递推关系的方法。事实上，这个公式表明这个给定的递推关系的特征方程的根是 2，2 和 -5。下面的讨论阐明这两个方法间的关系。

在前面的例子中，我们用下面的分式形式给出了生成函数

$$g(x) = \frac{p(x)}{q(x)}$$

其中

$$q(x) = 1 + x - 16 x^2 + 20 x^3$$

因为递推关系是

$$h_n + h_{n-1} - 16 h_{n-2} + 20 h_{n-3} = 0 \quad (n = 3,4,5,\cdots)$$

因此相关的特征方程是 $r(x) = 0$，其中

$$r(x) = x^3 + x^2 - 16 x + 20$$

如果用 $1/x$ 取代 $r(x)$ 中的 x（这相当于做变量替换 $y = 1/x$），我们得到

$$r(1/x) = \frac{1}{x^3} + \frac{1}{x^2} - 16 \frac{1}{x} + 20$$

或者

$$x^3 r(1/x) = 1 + x - 16 x^2 + 20 x^3 = q(x)$$

特征方程 $r(x) = 0$ 的根是 2，2，-5。而 $r(x) = (x-2)^2 (x+5)$，所以有

$$q(x) = x^3 \left(\frac{1}{x} - 2 \right)^2 \left(\frac{1}{x} + 5 \right) = (1 - 2x)^2 (1 + 5x)$$

这可以检查我们前面的计算。

上面的关系在一般情况下成立。设 h_0，h_1，h_2，$\cdots$，h_n，$\cdots$ 是由下面的 k 阶递推关系定义的数列

$$h_n + a_1 h_{n-1} + \cdots + a_k h_{n-k} = 0 \quad (n \geqslant k)$$

242

其中，递推关系的初始值是 h_0，h_1，$\cdots$，h_{k-1}。回想一下，因为这个递推关系是 k 阶的，且假设 a_k 不等于 0。所以设 $g(x)$ 是这一数列的生成函数。利用例子中的方法，我们知道存在多项式 $p(x)$，$q(x)$，使得

$$g(x) = \frac{p(x)}{q(x)}$$

其中 $q(x)$ 是 k 阶的，$p(x)$ 次数小于 k。事实上，我们有

$$q(x) = 1 + a_1 x + a_2 x^2 + \cdots + a_k x^k$$

和

$$p(x) = h_0 + (h_1 + a_1 h_0) x + (h_2 + a_1 h_1 + a_2 h_0) x^2 + \cdots + (h_{k-1} + a_1 h_{k-2} + \cdots + a_{k-1} h_0) x^{k-1}$$

这个递推关系的特征方程是 $r(x) = 0$，其中

$$r(x) = x^k + a_1 x^{k-1} + a_2 x^{k-2} + \cdots + a_k$$

因此，

$$q(x) = x^k r(1/x)$$

因此，如果 $r(x) = 0$ 的根是 q_1，q_2，$\cdots$，q_k，那么

$$r(x) = (x-q_1)(x-q_2)\cdots(x-q_k)（根是 q_1,q_2,\cdots,q_k）$$

且

$$q(x) = (1-q_1x)(1-q_2x)\cdots(1-q_kx)（根是 1/q_1,1/q_2,\cdots,1/q_k）$$

反过来，如果给定 k 次多项式

$$q(x) = b_0 + b_1x + \cdots + b_kx^k$$

其中 $b_0 \neq 0$，且下面的多项式次数小于 k

$$p(x) = d_0 + d_1x + \cdots + d_{k-1}x^{k-1}$$

利用部分分式和（7.35），可求得幂级数[⊖] $h_0 + h_1x + \cdots + h_nx^n + \cdots$，使得

[243]
$$\frac{p(x)}{q(x)} = h_0 + h_1x + \cdots + h_nx^n + \cdots$$

我们可以把 $p(x) = d_0 + d_1x + \cdots d_{k-1}x^{k-1}$ 写成下面的形式

$$d_0 + d_1x + \cdots + d_{k-1}x^{k-1} = (b_0 + b_1x + \cdots + b_kx^k) \times (h_0 + h_1x + \cdots + h_nx^n + \cdots)$$

把上面这个方程的右边展开，比较两边的系数，我们得到

$$\begin{aligned} b_0h_0 &= d_0 \\ b_0h_1 + b_1h_0 &= d_1 \\ &\vdots \\ b_0h_{k-1} + b_1h_{k-2} + \cdots + b_{k-1}h_0 &= d_{k-1} \end{aligned} \tag{7.40}$$

和

$$b_0h_n + b_1h_{n-1} + \cdots + b_kh_{n-k} = 0 \quad (n \geqslant k) \tag{7.41}$$

因为 $b_0 \neq 0$，所以方程（7.41）还可以写成下面的形式

$$h_n + \frac{b_1}{b_0}h_{n-1} + \cdots + \frac{b_k}{b_0}h_{n-k} = 0 \quad (n \geqslant k)$$

这是一个常系数线性齐次递推关系，它满足 $h_0, h_1, \cdots, h_n\cdots$。通过求解方程组（7.40）可以唯一确定初始值 $h_0, h_1, \cdots, h_{k-1}$，其中 $b_0 \neq 0$。我们把这一讨论概括成下面的定理。

定理 7.4.3　设

$$h_0, h_1, h_2, \cdots, h_n, \cdots$$

是满足

$$h_n + c_1h_{n-1} + \cdots + c_kh_{n-k} = 0, \quad c_k \neq 0 \quad (n \geqslant k) \tag{7.42}$$

的 k 阶常系数齐次递推关系的数列，则它的生成函数 $g(x)$ 是如下形式的函数

$$g(x) = \frac{p(x)}{q(x)} \tag{7.43}$$

其中 $q(x)$ 是常数项不等于 0 的 k 次多项式，而 $p(x)$ 是次数小于 k 的多项式。反之，给定这样的多项式 $p(x)$，$q(x)$，则存在序列 $h_0, h_1, h_2, \cdots, h_n, \cdots$ 满足由（7.42）给出的类型的 k 阶常

[244] 系数线性齐次递推关系，且其生成函数是（7.43）给出的函数。

7.5　非齐次递推关系

通常情况下，非齐次递推关系更难求解，而且通常需要依赖于其非齐次部分（即（7.22）中的 b_n 项）的一些特殊技巧。本节考虑常系数非齐次线性递推关系的几个例子。

我们的第一个例子是个著名的难题。

例子（汉诺塔问题）　有三根柱子，在其中一根柱子上穿有大小递增的 n 个圆盘，最大的圆

⊖　对于满足 $|x| < t$ 的所有 x，这个幂级数收敛于 $p(x)/q(x)$，其中 t 是 $q(x) = 0$ 的根的最小绝对值。因为我们假设 $b_0 \neq 0$，所以 0 不是 $q(x) = 0$ 的根。

盘在底部。现在，要一次一个地将这些圆盘移到另一根柱子上，而且规定任意时刻都不允许将大圆盘放到小圆盘的上面。我们的问题是要确定将圆盘从一根柱子转移到另一根柱子所需的移动次数。

设 h_n 是转移 n 个圆盘所需的移动次数。可以验证 $h_0 = 0$，$h_1 = 1$ 和 $h_2 = 3$。我们能够找出 h_n 满足的递推关系吗？为了把 n 个圆盘转移到另一根柱子上，我们必须首先把一根柱子上顶部的 $n-1$ 个盘子转移到另一根柱子上，然后把最大的圆盘移到空柱子上，然后再把那 $n-1$ 个盘子转移到穿有最大圆盘的那根柱子上。因此，h_n 满足

$$h_n = 2h_{n-1} + 1 \quad (n \geqslant 1)$$
$$h_0 = 0 \tag{7.44}$$

这是一个 1 阶常系数线性递推关系，但却不是齐次的，因为出现了 1 这一项。为了求出 h_n，我们迭代（7.44）式：

$$
\begin{aligned}
h_n &= 2h_{n-1} + 1 \\
&= 2(2h_{n-2} + 1) + 1 = 2^2 h_{n-2} + 2 + 1 \\
&= 2^2(2h_{n-3} + 1) + 2 + 1 = 2^3 h_{n-3} + 2^2 + 2 + 1 \\
&\vdots \\
&= 2^{n-1}(h_0 + 1) + 2^{n-2} + \cdots + 2^2 + 2 + 1 \\
&= 2^{n-1} + \cdots + 2^2 + 2 + 1
\end{aligned}
$$

于是，h_n 是下面的几何序列

$$1, 2, 2^2, \cdots, 2^n, \cdots$$

的部分和，从而它满足

$$h_n = \frac{2^n - 1}{2 - 1} = 2^n - 1 \quad (n \geqslant 0) \tag{7.45}$$

既然我们有了 h_n 的公式，那么利用递推关系（7.44）通过数学归纳法就可以很容易证明它。下面就是证明过程。因为 $h_0 = 0$，所以（7.45）在 $n = 0$ 时成立。假设（7.45）在 n 时也成立。证明用 $n+1$ 代替 n 仍然成立：即

$$h_{n+1} = 2h_n + 1 = 2(2^n - 1) + 1 = 2^{n+1} - 1$$

从而公式（7.45）得证。

如果只有两根柱子和 $n > 1$ 个圆盘，那么就不可能在满足小圆盘从不在大圆盘下面的条件下把这些圆盘从一根柱子移到另一根柱子上。我们看到，使用三根柱子时，最小的移动次数为 $2^n - 1$。在 $k \geqslant 4$ 根柱子的情况下，确定将 n 个不同大小的圆盘在小盘从不在大盘下面的条件下从一根柱子移到另一根柱子所需的最小移动次数的问题尚未解决。$k = 4$ 的情形有时候叫作 Brahma 或 Reve 难题，此难题至今仍没有解决[⊖]。 □

在前面的例子中我们之所以能够取得成功是因为有这样的事实：在迭代递推关系之后，我们得到一个能够计算的和（此例中为 $2^{n-1} + \cdots + 2^2 + 2 + 1$）。在 1.6 节中，我们在确定由 n 个处于一般位置的圆相互交叠而形成的区域数量时，出现过类似的情况。然而，这些都是非常特殊的情形，递推关系的迭代通常并不能带来简单的公式。

我们也可以把生成函数的方法作为求解非齐次递推关系的一个技巧。

例子（回顾汉诺塔问题） 回想一下，h_n 是把 n 个圆盘从一根柱子移到另一根柱子所需的

⊖ 有一个算法，即 Frame-Stewart 算法，在这种情况下，人们猜测它可以使 n 个圆盘的移动次数达到最小。其更详细内容可以在 P. K. Stockmeyer，*Congressus Numerantium*，102（1994），3-12 中的 Variations on the Four-Post Tower of Hanoi Puzzle 一文中找到。

移动次数，且有

$$h_n = 2h_{n-1} + 1 (n \geq 1), \quad h_0 = 0 \tag{7.46}$$

设

$$g(x) = \sum_{n=0}^{\infty} h_n x^n$$

是数列 h_0，h_1，$\cdots$，h_n，$\cdots$的生成函数，于是，我们有

$$g(x) = h_0 + h_1 x + h_2 x^2 + \cdots + h_n x^n + \cdots$$
$$-2xg(x) = 2h_0 x + 2h_1 x^2 + \cdots + 2h_{n-1} x^n + \cdots$$

把上面两个方程相减，并利用（7.46），我们看到

$$(1-2x)g(x) = x + x^2 + \cdots + x^n + \cdots = \frac{x}{1-x}$$

因此，

$$g(x) = \frac{x}{(1-x)(1-2x)}$$

利用部分分式方法，我们得到

$$g(x) = \frac{1}{1-2x} - \frac{1}{1-x} = \sum_{n=0}^{\infty}(2x)^n - \sum_{n=0}^{\infty} x^n = \sum_{n=0}^{\infty}(2^n - 1)x^n$$

这样，我们得到和前面一样的 $h_n = 2^n - 1$。 □

下面讲述求解下述 1 阶常系数线性递推关系的一个技巧，即具有如下形式递推关系的情况

$$h_n = ah_{n-1} + b_n \quad (n \geq 1) \tag{7.47}$$

首先，我们注意到当 $a = 1$ 时，递推关系（7.47）变成

$$h_n = h_{n-1} + b_n \quad (n \geq 1) \tag{7.48}$$

迭代后得

$$h_n = h_0 + (b_1 + b_2 + \cdots + b_n)$$

因此，求解（7.48）就相当于求下面级数的和：

$$b_1 + b_2 + \cdots + b_n$$

所以我们明确假设 $a \neq 1$。

例子　求解

$$h_n = 3h_{n-1} - 4n \quad (n \geq 1)$$
$$h_0 = 2$$

首先，我们考虑相应的齐次递推关系

$$h_n = 3h_{n-1} \quad (n \geq 1)$$

它的特征方程是

$$x - 3 = 0$$

因此，它只有一个特征根 $q = 3$，从而给出下面的通解

$$h_n = c3^n \quad (n \geq 1) \tag{7.49}$$

下面我们要求原来的非齐次递推关系的一个特殊的解

$$h_n = 3h_{n-1} - 4n \quad (n \geq 1) \tag{7.50}$$

对于适当的 r，s，我们尝试着寻找下面形式的一个解

$$h_n = rn + s \tag{7.51}$$

为了使（7.51）满足（7.50），必须有

$$rn + s = 3(r(n-1) + s) - 4n$$

或者等价地有

$$rn + s = (3r - 4)n + (-3r + 3s)$$

令 n 的系数相等且等式两边的常数项相等，我们得到

$$r = 3r - 4 \quad 或等价地，\quad 2r = 4$$
$$s = -3r + 3s \quad 或等价地，\quad 2s = 3r$$

因此，$r = 2$，$s = 3$，且

$$h_n = 2n + 3 \tag{7.52}$$

满足 (7.50)。现在将齐次关系的通解 (7.49) 与非齐次关系的特殊解 (7.52) 合成，得到

$$h_n = c3^n + 2n + 3 \tag{7.53}$$

对 (7.53) 中常数 c 的每一个选择，都有 (7.50) 的一个解。现在，我们尝试着选择某个 c，使得满足初始条件 $h_0 = 2$：

$$(n = 0) \quad 2 = c \times 3^0 + 2 \times 0 + 3$$

于是得 $c = -1$，因此

$$h_n = -3^n + 2n + 3 \quad (n \geqslant 0)$$

是原来问题的解。 □

上面使用的方法是求解非齐次微分方程方法的离散模式。可以总结如下：

(1) 求齐次关系的通解。

(2) 求非齐次关系的一个特殊解。

(3) 将通解和特殊解合成，确定通解中出现的常数值，使得合成的解满足初始条件。 248

主要的困难（除了求解特征方程的根的困难外）是求出步骤 (2) 的特殊解。对于 (7.47) 的某些非齐次部分 b_n，需要尝试着去求特定类型的特殊解[⊖]。这里只叙述其中的两种。

(a) 如果 b_n 是 n 的 k 次多项式，那么寻找也是 n 的 k 次多项式的特殊解 h_n。因此，做如下尝试：

（ⅰ） $h_n = r$(常数) 　　如果 $b_n = d$(常数)

（ⅱ） $h_n = rn + s$ 　　如果 $b_n = dn + e$

（ⅲ） $h_n = rn^2 + sn + t$ 　　如果 $b_n = dn^2 + en + f$

(b) 如果 b_n 是指数形式，那么寻找的特殊解也是指数形式。因此，做如下尝试：

$$h_n = pd^n \quad 如果 \quad b_n = d^n$$

前面的例子是上述类型 (a)（ⅱ）。如下面的例子所示，利用生成函数，我们可以从某种程度上回避求特殊解的问题。

例子 求解

$$h_n = 2h_{n-1} + 3^n \quad (n \geqslant 1)$$
$$h_0 = 2$$

第一种解法：因为齐次关系 $h_n = 2h_{n-1}$ $(n \geqslant 1)$ 只有一个特征根 $q = 2$，因此它的通解是

$$h_n = c2^n \quad (n \geqslant 1)$$

为求 $h_n = 2h_{n-1} + 3^n (n \geqslant 1)$ 的特殊解，我们做下面的尝试：

$$h_n = p3^n$$

要成为一个解，p 必须满足下面这个方程

$$p3^n = 2p3^{n-1} + 3^n$$

化简后，上面方程变成

$$3p = 2p + 3 \quad 或者等价地，\quad p = 3$$

因此，

⊖ 这些解需要去尝试。它们是否可行依赖于特征多项式。

$$h_n = c2^n + 3^{n+1}$$

对于 c 的每一个选择是一个解。现在，我们要确定满足初始条件 $h_0 = 2$ 的 c：
$$(n = 0) \quad c2^0 + 3 = 2$$

于是 $c = -1$，因此问题的解是
$$h_n = -2^n + 3^{n+1} \quad (n \geqslant 0)$$

第二种解法： 下面我们利用生成函数。设
$$g(x) = h_0 + h_1 x + h_2 x^2 + \cdots + h_n x^n + \cdots$$

利用原来的递推关系和 $h_0 = 2$，我们看到
$$g(x) - 2xg(x) = h_0 + (h_1 - 2h_0)x + (h_2 - 2h_1)x^2 + \cdots + (h_n - 2h_{n-1})x^n + \cdots$$
$$= 2 + 3x + 3^2 x^2 + \cdots + 3^n x^n + \cdots = 2 - 1 + (1 + 3x + 3^2 x^2 + \cdots + 3^n x^n + \cdots)$$
$$= 1 + \frac{1}{1 - 3x}$$

因此
$$g(x) = \frac{1}{1 - 2x} + \frac{1}{(1 - 3x)(1 - 2x)}$$

利用部分分式的方法以及 (7.35) 的特殊情况 $r = 3$，$n = 1$，我们得到
$$g(x) = \frac{1}{1 - 2x} + \frac{3}{1 - 3x} - \frac{2}{1 - 2x} = \sum_{n=0}^{\infty} 2^n x^n + \sum_{n=0}^{\infty} 3^{n+1} x^n - \sum_{n=0}^{\infty} 2^{n+1} x^n$$
$$= \sum_{n=0}^{\infty} (2^n + 3^{n+1} - 2^{n+1})x^n = \sum_{n=0}^{\infty} (3^{n+1} - 2^n)x^n$$

这与我们第一种解法的答案相同。 □

例子 求解
$$h_n = h_{n-1} + n^3 \quad (n \geqslant 1)$$

$$h_0 = 0$$

迭代后，我们有
$$h_n = 0^3 + 1^3 + 2^3 + \cdots + n^3$$

这是前 n 个正整数的立方和[⊖]。计算前若干项，得
$$h_0 = 0^3 \qquad = \quad 0 = \quad 0^2 = 0^2$$
$$h_1 = 0 + 1^3 \quad = \quad 1 = \quad 1^2 = (0 + 1)^2$$
$$h_2 = 1 + 2^3 \quad = \quad 9 = \quad 3^3 = (0 + 1 + 2)^2$$
$$h_3 = 9 + 3^3 \quad = \quad 36 = \quad 6^2 = (0 + 1 + 2 + 3)^2$$
$$h_4 = 36 + 4^3 = 100 = \quad 10^2 = (0 + 1 + 2 + 3 + 4)^2$$

一个合理的推测是
$$h_n = (0 + 1 + 2 + 3 + \cdots + n)^2 = \left(\frac{n(n+1)}{2}\right)^2 = \frac{n^2(n+1)^2}{4}$$

下面对 n 施归纳法证明这个公式：假设对于某个整数 n 成立，我们要证明它对于 $n+1$ 也成立：
$$h_{n+1} = h_n + (n+1)^3 = \frac{n^2(n+1)^2}{4} + (n+1)^3 = \frac{(n+1)^2(n^2 + 4(n+1))}{4} = \frac{(n+1)^2(n+2)^2}{4}$$

后面这个公式是用 $n+1$ 取代 n 的公式。因此，根据数学归纳法，有
$$h_n = \frac{n^2(n+1)^2}{4} \quad (n \geqslant 0)$$ □

例子 求解
$$h_n = 3h_{n-1} + 3^n \quad (n \geqslant 1)$$

⊖ 在下一章中，我们将会看到对于每一个正整数 k，如何求前 n 个正整数的 k 次幂的和。

$$h_0 = 2$$

第一种解法：与上面递推关系相应的齐次关系的通解为

$$h_n = c3^n$$

251

我们首先尝试

$$h_n = p3^n$$

作为特殊解。把这个特殊解代入到原来的递推关系中，我们得到

$$p3^n = 3p3^{n-1} + 3^n$$

消去 3^n 后，上面的方程变成

$$p = p + 1$$

这是不可能的。所以我们再做尝试，把下面的形式作为特殊解

$$h_n = pn3^n$$

代入到原来的递推关系中，我们得到

$$pn3^n = 3p(n-1)3^{n-1} + 3^n$$

消去 3^n 后，求解上面的方程得 $p=1$。因此，$h_n = n3^n$ 是一个特殊解，而且

$$h_n = c3^n + n3^n$$

对于 c 的每一个选择都是一个解。为了满足初始条件 $h_0=2$，我们必须选择某个 c，使得

$$(n=0) \quad c(3^0) + 0(3^0) = 2$$

成立。因此得 $c=2$。于是

$$h_n = 2 \times 3^n + n3^n = (2+n)3^n$$

是所求的解。

第二种解法：下面我们利用生成函数。设

$$g(x) = h_0 + h_1 x + h_2 x^2 + \cdots + h_n x^n + \cdots$$

利用给定的递推关系和 $h_0=2$，我们得到

$$
\begin{aligned}
g(x) - 3xg(x) &= h_0 + (h_1 - 3h_0)x + (h_2 - 3h_1)x^2 + \cdots + (h_n - 3h_{n-1})x^n + \cdots \\
&= 2 + 3x + 3^2 x^2 + \cdots + 3^n x^n + \cdots \\
&= 2 - 1 + (1 + 3x + 3^2 x^2 + \cdots + 3^n x^n + \cdots) = 1 + \frac{1}{1-3x}
\end{aligned}
$$

因此

$$g(x) = \frac{1}{1-3x} + \frac{1}{(1-3x)^2}$$

252

利用 (7.35) 的特殊情况 $r=3$，$n=1, 2$，我们得到

$$g(x) = \sum_{n=0}^{\infty} 3^n x^n + \sum_{n=0}^{\infty} (n+1)3^n x^n = \sum_{n=0}^{\infty} (n+2)3^n x^n$$

这个结果与第一种解法结果相同。　　　　　　　　　　　　　　　　□

7.6　一个几何例子

平面或空间中的点集 K 被说成是凸的（convex），指的是对于 K 中任意两点 p 和 q，连接 p 和 q 的线段上的所有点都在 K 内。平面上的三角形区域，圆形区域以及矩形区域都是点的凸集。而另一方面，图 7-1 左边的区域不是凸集，因为对于图中所示的两点 p 和 q，连接 p 和 q 的线段跑到了区域的外面。

图 7-1 中的区域是多边形区域的两个例子，即它们的边界是由有限条称为边（side）的线段组成的，三角形区域和矩形区域都是多边形区域，但圆形区域则不是。多边形区域必须至

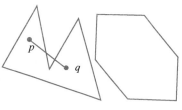

图　7-1

少有三条边。图 7-1 右侧的区域是有六条边的凸多边形区域。

在多边形区域中，边和边相交处的点叫作隅点（corner）（或顶点（vertice））。对角线（diagonal）则是连接两个非邻接顶点的线段。

设 K 是有 n 条边的多边形区域。我们可以这样计数它的对角线个数：每一个隅点通过对角线与其他 $n-3$ 个顶点相连。这样，计数每一顶点处的对角线的条数再求和，我们得到 $n(n-3)$。因为每一条对角线都有两个顶点，在这个和中，每一条对角线都被计算了两次。因此对角线的数目为 $n(n-3)/2$。我们可以用下面的方法间接地得到相同的结果。连接 n 个顶点的线段数量是

$$\binom{n}{2} = \frac{n(n-1)}{2}$$

这些线段中，有 n 条是边，其余的就是对角线了。因此，对角线的条数是

$$\frac{n(n-1)}{2} - n = \frac{n(n-3)}{2}$$

现在，假设 K 是凸集。则 K 的每一条对角线都完全落入 K 内。这样，K 的每一条对角线把 K 分成一个具有 k 条边的凸多边形区域和另一个具有 $n-k+2$ 条边的区域，其中 $k=3,4,\cdots,n-1$。

我们能够画出交于 K 的某个顶点处的 $n-3$ 条对角线，这样一来就把 K 分成 $n-2$ 个三角形区域。但是，还有其他方法可以把这个区域分成三角形区域，即插入 $n-3$ 条对角线，而且其中没有两条是在 K 内相交，图 7-2 给出了 $n=8$ 时的情形。

在下面的定理中，我们要确定通过画出在一个凸多边形内部不相交的对角线而把这个区域分成三角形区域的方法数[一]。为了记法上的方便，我们要处理有 $n+1$ 条边的凸多边形区域，此时，它被 $n-2$ 条对角线分成 $n-1$ 个三角形区域。

图 7-2

定理 7.6.1 设 h_n 表示用下面方法把凸多边形区域分成三角形区域的方法数：在有 $n+1$ 条边的凸多边形区域内通过插入在其中不相交的对角线而把它分成三角形区域。定义 $h_1=1$。则 h_n 满足递推关系

$$h_n = h_1 h_{n-1} + h_2 h_{n-2} + \cdots + h_{n-1} h_1 = \sum_{k=1}^{n-1} h_k h_{n-k} \quad (n \geqslant 2) \tag{7.54}$$

这个递推关系的解是

$$h_n = \frac{1}{n}\binom{2n-2}{n-1} \quad (n=1,2,3,\cdots)$$

证明　我们已经定义了 $h_1=1$，而且把一条线段看作具有两侧而没有内部的多边形区域。我们有 $h_2=1$，这是因为三角形区域没有对角线，不能进一步再分。因为

$$\sum_{k=1}^{2-1} h_k h_{2-k} = \sum_{k=1}^{1} h_k h_{2-k} = h_1 h_1 = 1$$

所以递推关系（7.54）对于 $n=2$ 成立[二]。现在设 $n \geqslant 3$。考虑具有 $n+1 \geqslant 4$ 条边的凸多边形区域 K。我们选出 K 的一条边并把它叫作基边（base）。在把 K 分成三角形区域的每一次划分中，这条基边都是这些三角形区域 T 中的一个三角形区域的边，并且这个三角形区域把 K 的其余

[一] 这种划分又称三角刨分。——译者注
[二] 这就是为什么我们定义 $h_1=1$。

部分分成有 $k+1$ 条边的多边形区域 K_1 和有 $n-k+1$ 条边的多边形区域 K_2，其中 $k=1$，2，$\cdots$，$n-1$（见图 7-3）。

通过分别插入在 K_1 和 K_2 的内部不相交的对角线，把 K_1 和 K_2 划分成三角形区域，从而实现对 K 的进一步划分。因为 K_1 有 $k+1$ 条边，因此，K_1 可以用 h_k 种方法分成三角形区域。而因为 K_2 有 $n-k+1$ 条边，因此，K_2 可以用 h_{n-k} 种方法分成三角形区域。于是，对于三角形区域 T 中包含基边的一个特定的选择，存在 $h_k h_{n-k}$ 种方法利用在 K 内不相交的对角线把它分成三角形区域。因此总共有

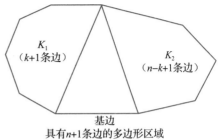

K_1（$k+1$条边）　K_2（$n-k+1$条边）

基边

具有$n+1$条边的多边形区域

图　7-3

$$h_n = \sum_{k=1}^{n-1} h_k h_{n-k}$$

种方法把 K 分成三角形区域。这建立了递推关系（7.54）。 [255]

现在，我们来求有初始条件 $h_1 = 1$ 的（7.54）的解。这个递推关系不是线性的。不仅如此，h_n 并不只是依赖于其前面的固定数目的值，而是依赖于其前面所有的值 h_1，h_2，$\cdots$，h_{n-1}。这样一来，求解递推关系的那些方法就都用不上了。设

$$g(x) = h_1 x + h_2 x^2 + \cdots + h_n x^n + \cdots$$

是数列 h_1，h_2，h_3，$\cdots$，h_n，$\cdots$ 的生成函数。将 $g(x)$ 自乘，我们发现

$$(g(x))^2 = h_1^2 x^2 + (h_1 h_2 + h_2 h_1) x^3 + (h_1 h_3 + h_2 h_2 + h_3 h_1) x^4$$
$$+ \cdots + (h_1 h_{n-1} + h_2 h_{n-2} + \cdots + h_{n-1} h_1) x^n + \cdots$$

利用（7.54）和 $h_1 = h_2 = 1$，我们得到

$$(g(x))^2 = h_1^2 x^2 + h_3 x^3 + h_4 x^4 + \cdots + h_n x^n + \cdots = h_2 x^2 + h_3 x^3 + h_4 x^4 + \cdots + h_n x^n + \cdots$$
$$= g(x) - h_1 x = g(x) - x$$

因此，$g(x)$ 满足方程

$$(g(x))^2 - g(x) + x = 0$$

这是一个关于 $g(x)$ 的二次方程，根据二次公式$^\ominus$，$g(x) = g_1(x)$ 或 $g(x) = g_2(x)$，其中

$$g_1(x) = \frac{1 + \sqrt{1-4x}}{2} \text{ 且 } g_2(x) = \frac{1 - \sqrt{1-4x}}{2}$$

由 $g(x)$ 的定义可知 $g(0) = 0$。因为 $g_1(0) = 1$ 且 $g_2(0) = 0$，因此有结论

$$g(x) = g_2(x) = \frac{1 - \sqrt{1-4x}}{2} = \frac{1}{2} - \frac{1}{2}(1-4x)^{1/2}$$

根据牛顿二项式定理（特别地，见 5.5 节末尾所做的计算）

$$(1+z)^{1/2} = 1 + \sum_{n=1}^{\infty} \frac{(-1)^{n-1}}{n \times 2^{2n-1}} \binom{2n-2}{n-1} z^n \quad (|z| < 1)$$

[256]

如果用$-4x$ 代替 z，则得到

$$(1-4x)^{1/2} = 1 + \sum_{n=1}^{\infty} \frac{(-1)^{n-1}}{n \times 2^{2n-1}} \binom{2n-2}{n-1}(-1)^n 4^n x^n = 1 + \sum_{n=1}^{\infty} (-1)^{2n-1} \frac{2}{n} \binom{2n-2}{n-1} x^n$$

$$= 1 - 2 \sum_{n=1}^{\infty} \frac{1}{n} \binom{2n-2}{n-1} x^n \quad \left(|x| < \frac{1}{4}\right)$$

因此

　$\ominus$　我们省略了某些细节。

$$g(x) = \frac{1}{2} - \frac{1}{2}(1-4x)^{1/2} = \sum_{n=1}^{\infty} \frac{1}{n}\binom{2n-2}{n-1}x^n$$

所以

$$h_n = \frac{1}{n}\binom{2n-2}{n-1} \quad (n \geqslant 1)$$ □

前面定理中的

$$\frac{1}{n}\binom{2n-2}{n-1}$$

是 Catalan 数，我们将在第 8 章对其做深入的研究。

7.7 练习题

1. 设 f_0，f_1，f_2，$\cdots$，f_n，$\cdots$表示斐波那契数列。通过对小 n 值计算下列每一个表达式的值，猜测一般公式，然后用数学归纳法和斐波那契递推公式证明之。

   (a) $f_1 + f_3 + \cdots + f_{2n-1}$

   (b) $f_0 + f_2 + \cdots + f_{2n}$

   (c) $f_0 - f_1 + f_2 - \cdots + (-1)^n f_n$

   (d) $f_0^2 + f_1^2 + \cdots + f_n^2$

2. 证明第 n 个斐波那契数 f_n 是最接近

$$\frac{1}{\sqrt{5}}\left(\frac{1+\sqrt{5}}{2}\right)^n$$

的整数。

3. 证明下列关于斐波那契数的结论。

   (a) f_n 是偶数当且仅当 n 可被 3 整数。

   (b) f_n 能被 3 整除当且仅当 n 可被 4 整除。

   (c) f_n 能被 4 整除当且仅当 n 可被 6 整除。

4. 证明斐波那契数列是下面递推关系

$$a_n = 5a_{n-4} + 3a_{n-5} \quad (n \geqslant 5)$$

   的解，其中，$a_0 = 0$，$a_1 = 1$，$a_2 = 1$，$a_3 = 2$，$a_4 = 3$。然后，利用这个公式证明斐波那契数满足条件：f_n 可被 5 整除当且仅当 n 可被 5 整除。

5. 仔细研究斐波那契数列，并猜测 f_n 什么时候可被 7 整除，然后证明你的猜测。

* 6. 设 m 和 n 是正整数。证明如果 m 能被 n 整除，则 f_m 能被 f_n 整除。

* 7. 设 m 和 n 是正整数，它们的最大公约数是 d。证明斐波那契数 f_m 和 f_n 的最大公约数是斐波那契数 f_d。

8. 考虑 $1 \times n$ 棋盘。假设我们用红和蓝两种颜色中的一种给这个棋盘的每一个方格着色。设 h_n 是使得没有两个着成红色的方格相邻的着色方法数。求出并验证 h_n 满足的递推关系。然后推导出 h_n 的公式。

9. 设 h_n 等于 1 行 n 列棋盘的方格能够用红、白和蓝色着色并使得没有两个着成红色的方格相邻的着色方法数。求出并验证 h_n 满足的递推关系。然后找出 h_n 的公式。

10. 在斐波那契的问题中，假设在年初将两对兔子放进围栏中。求一年后围栏中兔子的对数。更一般地，求出 n 个月后围栏中兔子的对数。

11. Lucas 数 l_0，l_1，l_2，$\cdots$，l_n，$\cdots$是按照与定义斐波那契数相同的递推关系定义的，不过初始条件不同：

$$l_n = l_{n-1} + l_{n-2}(n \geqslant 2), \quad l_0 = 2, \quad l_1 = 1$$

    证明：

    (a) $l_n = f_{n-1} + f_{n+1}$，$n \geqslant 1$。

    (b) $l_0^2 + l_1^2 + \cdots + l_n^2 = l_n l_{n+1} + 2$，$n \geqslant 0$。

12. 设 h_0，h_1，h_2，$\cdots$，h_n，$\cdots$是如下定义的数列：

$$h_n = n^3 \quad (n \geqslant 0)$$

证明 $h_n = h_{n-1} + 3n^2 - 3n + 1$ 是这个数列的递推关系。

13. 确定下面各数列的生成函数。

(a) $c^0 = 1$, c, c^2, $\cdots$, c^n, $\cdots$

(b) 1, -1, 1, -1, $\cdots$, $(-1)^n$, $\cdots$

(c) $\binom{\alpha}{0}$, $-\binom{\alpha}{1}$, $\binom{\alpha}{2}$, $\cdots$, $(-1)^n\binom{\alpha}{n}$, $\cdots$ （α 是实数）

(d) 1, $\dfrac{1}{1!}$, $\dfrac{1}{2!}$, $\cdots$, $\dfrac{1}{n!}$, $\cdots$

(e) 1, $-\dfrac{1}{1!}$, $\dfrac{1}{2!}$, $\cdots$, $(-1)^n\dfrac{1}{n!}$, $\cdots$

14. 设 S 是多重集合 $\{\infty \cdot e_1, \infty \cdot e_2, \infty \cdot e_3, \infty \cdot e_4\}$。确定数列 h_0, h_1, h_2, $\cdots$, h_n, $\cdots$ 的生成函数，其中 h_n 是满足下面各限制的 S 的 n 组合数。

(a) 每个 e_i 出现奇数次。

(b) 每个 e_i 出现的次数是 3 的倍数。

(c) 元素 e_1 不出现，e_2 至多出现一次。

(d) 元素 e_1 出现 1 次，3 次或者 11 次，而元素 e_2 出现 2 次，4 次或者 5 次。

(e) 每个 e_i 至少出现 10 次。

15. 求下面的立方的数列

$$0, 1, 8, \cdots, n^3, \cdots$$

的生成函数。

16. 描述一个组合问题，其生成函数是下面函数。

$$(1 + x + x^2)(1 + x^2 + x^4 + x^6)(1 + x^2 + x^4 + \cdots)(x + x^2 + x^3 + \cdots)$$

17. 确定满足下面条件的果篮数 h_n 的生成函数：果篮中装有苹果、橙子、香蕉和梨，其中要求苹果的个数是偶数，至少有两个橙子，香蕉的个数是 3 的倍数，至多有一个梨。然后，从这个生成函数出发求 h_n 的公式。

18. 确定下面方程的非负整数解的个数 h_n 的生成函数：

$$2e_1 + 5e_2 + e_3 + 7e_4 = n$$

259

19. 设 h_0, h_1, h_2, $\cdots$, h_n, $\cdots$ 是由 $h_n = \binom{n}{2}$ （$n \geqslant 0$）定义的数列。确定这个数列的生成函数。

20. 设 h_0, h_1, h_2, $\cdots$, h_n, $\cdots$ 是由 $h_n = \binom{n}{3}$ （$n \geqslant 0$）定义的数列。确定这个数列的生成函数。

*21. 设 h_n 表示有 $n+2$ 条边的凸多边形被它的对角线分成的区域数，其中假设没有三条对角线共点。定义 $h_0 = 0$。证明

$$h_n = h_{n-1} + \binom{n+1}{3} + n \quad (n \geqslant 1)$$

然后确定这个数列的生成函数，并由此得到 h_n 的公式。

22. 确定阶乘数列 $0!$, $1!$, $2!$, $\cdots$, $n!$, $\cdots$ 的指数生成函数。

23. 设 α 是实数。设数列 h_0, h_1, h_2, $\cdots$, h_n, $\cdots$ 的定义是 $h_0 = 1$, $h_n = \alpha(\alpha-1) \cdots (\alpha-n+1)$, $(n \geqslant 1)$。确定这个数列的指数生成函数。

24. 设 S 表示多重集合 $\{\infty \cdot e_1, \infty \cdot e_2, \cdots, \infty \cdot e_k\}$。确定下面各数列 h_0, h_1, h_2, $\cdots$, h_n, $\cdots$ 的指数生成函数，其中 $h_0 = 1$, $n \geqslant 1$。

(a) h_n 等于 S 的 n 排列中每一个对象出现奇数次的排列的数目。

(b) h_n 等于 S 的 n 排列中每一个对象至少出现 4 次的排列的数目。

(c) h_n 等于 S 的 n 排列中 e_1 至少出现一次，e_2 至少出现两次，$\cdots$，e_k 至少出现 k 次的排列的数目。

(d) h_n 等于 S 的 n 排列中 e_1 至多出现一次，e_2 至多出现两次，$\cdots$，e_k 至多出现 k 次的排列的数目。

25. 设 h_n 表示在满足下面条件之下给 $1 \times n$ 棋盘着色的方法数：用红色、白色、蓝色和绿色着色，其中红

格数是偶数，白格数是奇数。确定这个数列 h_0，h_1，h_2，$\cdots$，h_n，$\cdots$ 的指数生成函数，然后求出 h_n 的一个简单的公式。

26. 确定在满足下面条件之下给 $1 \times n$ 棋盘着色的方法数：用红色、蓝色、绿色和橙色着色，其中红格数是偶数，绿格数也是偶数。

27. 确定这样的 n 位数的个数：每个数的各位数字都是奇数，而且 1 和 3 必须出现且出现偶数次。

28. 确定这样的 n 位数的个数：每个数的各位数字至少是 4，而且 4 和 6 都出现偶数次，5 和 7 至少出现一次，而数字 8 和 9 没有限制。

29. 我们已经利用指数生成函数证明了每个数字都是奇数，而且 1 和 3 出现偶数次的 n 位数的个数 h_n 满足下面的公式

$$h_n = \frac{5^n + 2 \times 3^n + 1}{4} \quad (n \geqslant 0)$$

给出这个公式的另一种导出方法。

30. 我们已经利用指数生成函数证明了用红色、白色和蓝色给 $1 \times n$ 棋盘的着色中，红格数是偶数，且至少有一个蓝格的着色个数满足下面这个公式

$$h_n = \frac{3^n - 2^n + 1}{2} \quad (n \geqslant 1)$$

其中 $h_0 = 1$。通过先求出 h_n 满足的递推关系，然后再求解这个递推关系来给出上面这个公式的另外一种导出方法。

31. 求解初始值为 $h_0 = 0$ 和 $h_1 = 1$ 的递推关系 $h_n = 4h_{n-2}$（$n \geqslant 2$）。

32. 求解初始值为 $h_0 = 2$ 的递推关系 $h_n = (n+2)h_{n-1}$（$n \geqslant 1$）。

33. 求解初始值为 $h_0 = 0$，$h_1 = 1$ 和 $h_2 = 2$ 的递推关系 $h_n = h_{n-1} + 9h_{n-2} - 9h_{n-3}$（$n \geqslant 3$）。

34. 求解初始值为 $h_0 = -1$ 和 $h_1 = 0$ 的递推关系 $h_n = 8h_{n-1} - 16h_{n-2}$（$n \geqslant 2$）。

35. 求解初始值为 $h_0 = 1$，$h_1 = 0$ 和 $h_2 = 0$ 的递推关系 $h_n = 3h_{n-2} - 2h_{n-3}$（$n \geqslant 3$）。

36. 求解初始值为 $h_0 = 0$，$h_1 = 1$，$h_2 = 1$ 和 $h_3 = 2$ 的递推关系 $h_n = 5h_{n-1} - 6h_{n-2} - 4h_{n-3} + 8h_{n-4}$（$n \geqslant 4$）。

37. 确定（由 0，1，2 组成）长度为 n 且不包含两个连续的 0 或两个连续的 1 的三进制串的个数 a_n 的递推关系，然后求出 a_n 的公式。

38. 通过考察公式的前几个值求解下列递推关系，然后用归纳法证明你所猜测的公式。

    (a) $h_n = 3h_{n-1}$（$n \geqslant 1$）；$h_0 = 1$

    (b) $h_n = h_{n-1} - n + 3$（$n \geqslant 1$）；$h_0 = 2$

    (c) $h_n = -h_{n-1} + 1$（$n \geqslant 1$）；$h_0 = 0$

    (d) $h_n = -h_{n-1} + 2$（$n \geqslant 1$）；$h_0 = 1$

    (e) $h_n = 2h_{n-1} + 1$（$n \geqslant 1$）；$h_0 = 1$

39. 设 h_n 表示用单牌和多米诺骨牌以下述方式完美覆盖 $1 \times n$ 棋盘的方法数：任何两张多米诺骨牌都不相邻。找出 h_n 满足的递推关系和初始条件，但不对其求解。

40. 设 a_n 等于由 0，1 和 2 组成的长度为 n 的三进制串的个数，其中这样的子串 00，01，10 和 11 从不出现。证明

$$a_n = a_{n-1} + 2a_{n-2} \quad (n \geqslant 2)$$

其中 $a_0 = 1$ 且 $a_1 = 3$，然后求出 a_n 的公式。

*41. 设在一圆上选出等间隔的 $2n$ 个点。设 h_n 表示将这些点连成对使得所连接的线段不相交的方法数。建立 h_n 的递推关系。

42. 求解非齐次递推关系

$$h_n = 4h_{n-1} + 4^n \quad (n \geqslant 1)$$
$$h_0 = 3$$

43. 求解非齐次递推关系

$$h_n = 4h_{n-1} + 3 \times 2^n \quad (n \geqslant 1)$$
$$h_0 = 1$$

44. 求解非齐次递推关系

$$h_n = 3h_{n-1} - 2 \quad (n \geqslant 1)$$
$$h_0 = 1$$

45. 求解非齐次递推关系

$$h_n = 2h_{n-1} + n \quad (n \geqslant 1)$$
$$h_0 = 1$$

262

46. 求解非齐次递推关系

$$h_n = 6h_{n-1} - 9h_{n-2} + 2n \quad (n \geqslant 2)$$
$$h_0 = 1$$
$$h_1 = 0$$

47. 求解非齐次递推关系

$$h_n = 4h_{n-1} - 4h_{n-2} + 3n + 1 \quad (n \geqslant 2)$$
$$h_0 = 1$$
$$h_1 = 2$$

48. 利用 7.4 节中描述的生成函数的方法求解下列各递推关系。

(a) $h_n = 4h_{n-2} \ (n \geqslant 2)$；$h_0 = 0$，$h_1 = 1$

(b) $h_n = h_{n-1} + h_{n-2} \ (n \geqslant 2)$；$h_0 = 1$，$h_1 = 3$

(c) $h_n = h_{n-1} + 9h_{n-2} - 9h_{n-3} \ (n \geqslant 3)$；$h_0 = 0$，$h_1 = 1$，$h_2 = 2$

(d) $h_n = 8h_{n-1} - 16h_{n-2} \ (n \geqslant 2)$；$h_0 = -1$，$h_1 = 0$

(e) $h_n = 3h_{n-2} - 2h_{n-3} \ (n \geqslant 3)$；$h_0 = 1$，$h_1 = 0$，$h_2 = 0$

(f) $h_n = 5h_{n-1} - 6h_{n-2} - 4h_{n-3} + 8h_{n-4} \ (n \geqslant 4)$；$h_0 = 0$，$h_1 = 1$，$h_2 = 1$，$h_3 = 2$

49. (q 二项式定理) 证明

$$(x+y)(x+qy)(x+q^2 y)\cdots(x+q^{n-1} y) = \sum_{k=0}^{n} \binom{n}{k}_q x^{n-k} y^k$$

其中

$$n!_q = \frac{\prod_{j=1}^{n}(1-q^j)}{(1-q)^n}$$

是 q 阶乘 (参考定理 7.2.1，用 q 取代 (7.14) 中的 x)，而

$$\binom{n}{k}_q = \frac{n!_q}{k!_q (n-k)!_q}$$

是 q 二项式系数。

50. 称集合 $\{1, 2, \cdots, n\}$ 的子集 S 非凡 (extraordinary)，如果它的最小整数等于它的大小：

$$\min\{x : x \in S\} = |S|$$

263

例如，$S = \{3, 7, 8\}$ 是非凡的。设 g_n 是 $\{1, 2, \cdots, n\}$ 的非凡子集的个数。证明

$$g_n = g_{n-1} + g_{n-2} \quad (n \geqslant 3)$$

其中 $g_1 = 1$，$g_2 = 1$。

51. 利用生成函数求解 7.6 节的递推关系

$$h_n = 3h_{n-1} - 4n \quad (n \geqslant 1)$$
$$h_0 = 2$$

52. 求解下面两个递推关系：

(a) $h_n = 2h_{n-1} + 5^n (n \geqslant 1)$；$h_0 = 3$

(b) $h_n = 5h_{n-1} + 5^n (n \geqslant 1)$；$h_0 = 3$

53. 假设你存入账户 500 美元，每年年底得到 6% 的利息 (每年以复利计算)。其后，每年年初你都存入银行 100 美元。设 h_n 是经过 n 年后你账户上的总钱数 (所以 $h_0 = 500$ 美元)。确定生成函数 $g(x) = h_0 + h_1 x + \cdots + h_n x^n + \cdots$，然后求 h_n 的公式。

264

特殊计数序列

我们已经在前几章讨论了几个特殊的计数序列[一]。n 元素集合的排列的计数序列是

$$0!,1!,2!,\cdots,n!,\cdots$$

而 n 元素集合的错位排列的计数序列是

$$D_0,D_1,D_2,\cdots,D_n,\cdots$$

其中，D_n 的值已经在定理 6.3.1 中计算过。此外，我们还考察了斐波那契数列

$$f_0,f_1,f_2,\cdots,f_n,\cdots$$

并在定理 7.1.1 中给出了 f_n 的公式。在这一章，我们主要研究 6 个著名并且重要的计数序列：Catalan 数序列，第一类和第二类 Stirling 数序列，正整数 n 的分拆数的序列和大小 Schröder 数序列。

8.1 Catalan 数

Catalan 数列[二]是序列

$$C_0,C_1,C_2,\cdots,C_n,\cdots$$

其中

$$C_n = \frac{1}{n+1}\binom{2n}{n} \quad (n=0,1,2,\cdots)$$

是第 n 个 Catalan 数。前几个 Catalan 数为

$$\begin{array}{ll} C_0 = 1 & C_5 = 42 \\ C_1 = 1 & C_6 = 132 \\ C_2 = 2 & C_7 = 429 \\ C_3 = 5 & C_8 = 1430 \\ C_4 = 14 & C_9 = 4862 \end{array}$$

Catalan 数

$$C_{n-1} = \frac{1}{n}\binom{2n-2}{n-1}$$

已经在 7.6 节中出现过，它是有 $n+1$ 条边的凸多边形被在其内部不相交的对角线划分成三角形区域的方法数。Catalan 数还出现在表面看来似乎无关的若干计数问题中，本节讨论其中的几个计数问题[三]。

定理 8.1.1　考虑由 n 个 $+1$ 和 n 个 -1 构成的 $2n$ 项序列

[一] 再强调一下，序列和数列都来自于 "sequence"，我们基本上是按中文的习惯翻译的。对于不很具体的数列，我们常译成序列。——译者注

[二] 以 Eugène Catalan（1814—1894）的名字命名。

[三] 参见 R. P. Stanley 的 *Enumerative Combinatorics Volume 2*，Cambridge University Press，Cambridge，1999（pp. 219-229 练习 6.19，pp. 256-265 解），其中有一个有 66 个组合式定义的集合组成的列表，它们都是用 Catalan 数定义的。在那里引入了术语 Catalania 或者 Catalan mania。

$$a_1, a_2, \cdots, a_{2n} \tag{8.1}$$

其部分和总满足

$$a_1 + a_2 + \cdots + a_k \geqslant 0 \quad (k = 1, 2, \cdots, 2n) \tag{8.2}$$

序列的个数等于第 n 个 Catalan 数

$$C_n = \frac{1}{n+1}\binom{2n}{n} \quad (n \geqslant 0)$$

证明 如果由 n 个 $+1$ 和 n 个 -1 组成的序列 (8.1) 满足 (8.2) 式，则称其为可接受的 (acceptable)，否则称为不可接受的 (unacceptable)。设 A_n 是由 n 个 $+1$ 和 n 个 -1 组成的可接受序列的个数，设 U_n 表示不可接受序列的个数。由 n 个 $+1$ 和 n 个 -1 组成的序列总数是

$$\binom{2n}{n} = \frac{(2n)!}{n! n!}$$

这是因为这样的序列可以看成是两类不同对象 ($+1$ 和 -1) 且每种对象都有 n 个对象的排列。因此

$$A_n + U_n = \binom{2n}{n}$$

为了计算 A_n，我们先计算 U_n，然后从 $\binom{2n}{n}$ 中减去 U_n 即可。

考虑由 n 个 $+1$ 和 n 个 -1 组成的不可接受序列 (8.1)。因为序列是不可接受的，所以存在第一个使部分和

$$a_1 + a_2 + \cdots + a_k$$

为负的 k。因为 k 是第一个，所以在 a_k 前面存在相等个数的 $+1$ 和 -1，因此我们有

$$a_1 + a_2 + \cdots + a_{k-1} = 0$$

且

$$a_k = -1$$

特别地，k 是奇整数。现在，我们把前 k 项中每一项的符号都反过来，即对 $i = 1, 2, \cdots, k$，用 $-a_i$ 代替 a_i 并保持剩下的项不变。变化后的序列

$$a'_1, a'_2, \cdots, a'_{2n}$$

是由 $(n+1)$ 个 $+1$ 和 $(n-1)$ 个 -1 组成的序列。这个过程是可逆的：给定一个由 $(n+1)$ 个 $+1$ 和 $(n-1)$ 个 -1 组成的序列，则存在 $+1$ 的个数超过 -1 的个数的第一个实例 (因为 $+1$ 的个数多于 -1 的个数)。颠倒这个实例中的 $+1$ 和 -1 的符号，结果就得到 n 个 $+1$ 和 n 个 -1 的不可接受序列。这样，有多少 $(n+1)$ 个 $+1$ 和 $(n-1)$ 个 -1 组成的序列就有多少个不可接受序列。有 $(n+1)$ 个 $+1$ 和 $(n-1)$ 个 -1 的序列的个数是一种类型对象有 $n+1$ 个对象而另一种类型的对象有 $n-1$ 个对象的两种类型的对象排列数

$$\frac{(2n)!}{(n+1)!(n-1)!}$$

从而，

$$U_n = \frac{(2n)!}{(n+1)!(n-1)!}$$

因此，

$$A_n = \frac{(2n)!}{n! n!} - \frac{(2n)!}{(n+1)!(n-1)!} = \frac{(2n)!}{n!(n-1)!}\left(\frac{1}{n} - \frac{1}{n+1}\right)$$

$$= \frac{(2n)!}{n!(n-1)!}\left(\frac{1}{n(n+1)}\right) = \frac{1}{n+1}\binom{2n}{n} \qquad \square$$

定理 8.1.1 有多种不同的解释。通过下面的例子我们给出其中两种解释。第一个例子是一个非常典型的问题。

例子 $2n$ 个人排成一列进入剧场。入场费为 50 美分[○]。$2n$ 个人中的 n 个人有 50 分一枚的硬币，n 个人有一美元的纸币[○]。剧场售票处机械地用一个空的收银机开始售票。有多少种排队方法使得每当有 1 美元的人买票时，售票处总有 50 分硬币找零？（当所有人都进入剧场后，这台收银机中有 n 张 1 美元纸币。）

首先，假设认为这些人都是"不可区分的"；即有这样一个简单的序列：由 n 个 50 美分和 n 个 1 美元组成的序列，而且谁拿着什么以及他站在队列的什么地方都无关紧要。如果我们把一枚 50 美分看成是 $+1$，1 美元看成是 -1，那么本问题的答案就是

$$C_n = \frac{1}{n+1}\binom{2n}{n}$$

这就是定理 8.1.1 中定义的可接受序列数。现在，假设这些人是"可区分的"，即要考虑谁站在队伍中哪个位置。所以我们有 n 个人手里拿着 50 美分硬币，有 n 个人手里拿着 1 美元。此时，答案是

$$(n!)(n!)\,\frac{1}{n+1}\binom{2n}{n} = \frac{(2n)!}{n+1}$$

因为对于 n 个 50 分币和 n 个 1 美元纸币构成的每一个序列，都存在持 50 分币的人的 $n!$ 种顺序及持 1 美元纸币人的 $n!$ 种顺序。 □

例子 一位都市律师在她住所以北 n 个街区和以东 n 个街区处工作。每天她走 $2n$ 个街区去上班（见下面 $n=4$ 的图）。如果她从不穿越（但可以碰到）从家到办公室的对角线，那么，有多少条可能的道路？

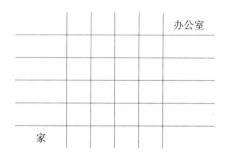

每条可接受的路线不是在对角线的上方就是在对角线的下方。我们求出对角线上方的路线数，并将其乘以 2。每条路线都是向北 n 个街区和向东 n 个街区组成的序列。我们用 $+1$ 标识北，用 -1 标识东。于是，每条路线对应一个 n 个 $+1$ 和 n 个 -1 组成的序列

$$a_1, a_2, \cdots, a_{2n}$$

为了使路线不落到对角线的下方，必须有

$$\sum_{i=1}^{k} a_i \geqslant 0 \quad (k = 1, \cdots, 2n)$$

因此，由定理 8.1.1 可知，在对角线上方的可接受路线数等于第 n 个 Catalan 数，可接受路线的总数为

○ 这个问题展示出题目的年代！
○ 为了这个问题更接近近代的真实情况，门票设为 5 美元，有 n 个人手里拿着 5 美元，而且 n 个人手里拿着 10 美元或许更好些。

$$2C_n = \frac{2}{n+1}\binom{2n}{n} \qquad\qquad \square$$

下面证明 Catalan 数满足特定的 1 阶齐次递推关系（但是其系数不是常数）[⊖]。我们有

$$C_n = \frac{1}{n+1}\binom{2n}{n} = \frac{1}{n+1}\frac{(2n)!}{n!n!}$$

和

$$C_{n-1} = \frac{1}{n}\binom{2n-2}{n-1} = \frac{1}{n}\frac{(2n-2)!}{(n-1)!(n-1)!}$$

将两式相除，我们得到

$$\frac{C_n}{C_{n-1}} = \frac{4n-2}{n+1}$$

因此，Catalan 序列由下面的递推关系和初始条件确定：

$$C_n = \frac{4n-2}{n+1}C_{n-1} \quad (n \geqslant 1)$$
$$C_0 = 1 \tag{8.3}$$

前面已经注意到 $C_9 = 4862$。从递推关系（8.3）导出

$$C_{10} = \frac{38}{11}C_9 = \frac{38}{11}(4862) = 16\ 796$$

现在，定义一个新数列

$$C_1^*, C_2^*, \cdots, C_n^*, \cdots \qquad\qquad \boxed{269}$$

为了提到它们时有个名字称呼起来方便，我们把它们叫作拟 Catalan 数（pseudo-Catalan number）。拟 Catalan 数是按如下方式由 Catalan 数定义的：

$$C_n^* = n!C_{n-1} \quad (n = 1, 2, 3, \cdots)$$

我们有

$$C_1^* = 1!(1) = 1$$

用 $n-1$ 代替 n，由式（8.3）得

$$C_n^* = n!C_{n-1} = n!\frac{4n-6}{n}C_{n-2} = (4n-6)(n-1)!C_{n-2} = (4n-6)C_{n-1}^*$$

这样，拟 Catalan 数由下列递推关系和初始条件确定：

$$C_n^* = (4n-6)C_{n-1}^* \quad (n \geqslant 2)$$
$$C_1^* = 1 \tag{8.4}$$

利用这个递推关系计算前几个拟 Catalan 数，有

$$C_1^* = 1 \qquad\qquad C_4^* = 120$$
$$C_2^* = 2 \qquad\qquad C_5^* = 1680$$
$$C_3^* = 12 \qquad\qquad C_6^* = 30\ 240$$

Catalan 数的定义公式和拟 Catalan 数的定义给出拟 Catalan 数的公式

$$C_n^* = (n-1)!\binom{2n-2}{n-1} = \frac{(2n-2)!}{(n-1)!} \quad (n \geqslant 1)$$

这个公式也可以从递推关系（8.4）得到。

例子 设 $a_1, a_2, \cdots, a_n$ 为 n 个数。我们说这些数的乘法方案是指进行 $a_1, a_2, \cdots, a_n$ 的乘法的方案，一个乘法方案需要 $n-1$ 次两数间的乘法，而这两个数或者是 $a_1, a_2, \cdots, a_n$ 中的

⊖ 这与前面提到的常见形式不同。这里我们从一个公式开始，并利用这个公式得到一个递推关系。

一个，或者是它们的部分乘积。设 h_n 表示 n 个数的乘法方案的数目。因为

$$(a_1 \times a_2) \text{ 和 } (a_2 \times a_1)$$

是两个可能的方案，因此，有 $h_1=1$（这可当作 h_1 的定义）及 $h_2=2$。这个例子表明，在乘法方案中要考虑数的顺序[⊖]。如果 $n=3$，则存在 12 种方案：

$$(a_1 \times (a_2 \times a_3)) \quad (a_2 \times (a_1 \times a_3)) \quad (a_3 \times (a_1 \times a_2))$$
$$((a_2 \times a_3) \times a_1) \quad ((a_1 \times a_3) \times a_2) \quad ((a_1 \times a_2) \times a_3)$$
$$(a_1 \times (a_3 \times a_2)) \quad (a_2 \times (a_3 \times a_1)) \quad (a_3 \times (a_2 \times a_1))$$
$$((a_3 \times a_2) \times a_1) \quad ((a_3 \times a_1) \times a_2) \quad ((a_2 \times a_1) \times a_3)$$

于是，$h_3=12$。3 个数的每一个乘法方案都需要两次乘法，每次乘法又对应一组小括号。元素外面的这些小括号能够使我们把每一次乘法×与一组括号等同起来。一般说来，每一个乘法方案都可以这样得到：先以某种顺序列出 a_1，a_2，$\cdots$，a_n，而后插入 $n-1$ 对括号，使得每一对括号都指定两个因子。但是，为了得出 h_n 的递推关系，我们以递归的方式来考察它。对 a_1，a_2，$\cdots$，a_n 的每一种方案均可从对 a_1，a_2，$\cdots$，a_{n-1} 的方案用下列方法之一得到：

（1）取 a_1，a_2，$\cdots$，a_{n-1} 的一种乘法方案（它有 $n-2$ 次乘法和 $n-2$ 组括号），将 a_n 插入到 $n-2$ 个乘法之一的两个因子中任一因子两侧中的任一侧。于是，$n-1$ 个数的每一种方案就给出 n 个数的 $2 \times 2 \times (n-2) = 4(n-2)$ 种方案。

（2）取 a_1，a_2，$\cdots$，a_{n-1} 的一种乘法方案并用 a_n 乘它的左边或右边。于是，$n-1$ 个数的每一种方案就给出 n 个数的两种方案。

为了说明得更具体些，设 $n=6$ 并考虑 a_1，a_2，a_3，a_4，a_5[⊜]的乘法方案

$$((a_1 \times a_2) \times ((a_3 \times a_4) \times a_5))$$

在这个方案中有 4 次乘法。我们任取其一，比方说 $(a_3 \times a_4)$ 和 a_5 的乘法，并将 a_6 插入到这两个因子之一的任一侧，得到

$$((a_1 \times a_2) \times (((a_6 \times (a_3 \times a_4)) \times a_5))$$
$$((a_1 \times a_2) \times (((a_3 \times a_4) \times a_6) \times a_5))$$
$$((a_1 \times a_2) \times ((a_3 \times a_4) \times (a_6 \times a_5)))$$
$$((a_1 \times a_2) \times ((a_3 \times a_4) \times (a_5 \times a_6)))$$

用这种方法得到 $4 \times 4 = 16$ 种 a_1，a_2，a_3，a_4，a_5，a_6 的乘法方案。除这些方案外，还有两种方案，在这两种方案中 a_6 进行最后一次乘法，即

$$(a_6 \times ((a_1 \times a_2) \times ((a_3 \times a_4) \times a_5))), \quad (((a_1 \times a_2) \times ((a_3 \times a_4) \times a_5)) \times a_6)$$

这样，5 个数的每一种乘法方案给出 6 个数的 18 种方案；我们有 $h_6=18h_5$。

设 $n \geqslant 2$。扩展上述分析，我们看到 $n-1$ 个数的 h_{n-1} 种乘法方案中的每一种方案均给出 n 个数的

$$4(n-2) + 2 = 4n-6$$

种乘法方案。于是，得到递推关系

$$h_n = (4n-6)h_{n-1} \quad (n \geqslant 2)$$

上面这个关系和初始值 $h_1=1$ 一起确定整个序列 h_1，h_2，$\cdots$，h_n，$\cdots$。这一递推关系与满足相同初始值的拟 Catalan 数的递推关系（8.4）相同。因此

⊖ 用更加代数化的语言说，不允许使用交换律（$a \times b$ 不能被 $b \times a$ 取代），也不允许使用结合律（$a \times (b \times c)$ 不能被 $(a \times b) \times c$ 取代）。

⊜ 这一方案中哪个乘法×对应于哪一组括号？

$$h_n = C_n^* = (n-1)!\binom{2n-2}{n-1} \quad (n \geqslant 1) \qquad \qquad \square$$

在前面例子中，假设我们只计数按 a_1，a_2，$\cdots$，a_n 的顺序排列的 n 个数的乘法方案。于是，诸如 $((a_2 \times a_1) \times a_3)$ 就不再计入方案数之中。设 g_n 表示带有这种附加限制的乘法方案数。于是，因为我们只考虑了 $n!$ 种可能顺序中的一种可能顺序，所以有 $h_n = n!g_n$，因此

$$g_n = \frac{h_n}{n!} = \frac{C_n^*}{n!} = \frac{1}{n!}(n-1)!\binom{2n-2}{n-1} = \frac{1}{n}\binom{2n-2}{n-1} = C_{n-1} \quad (n \geqslant 1) \qquad (8.5)$$

这说明 g_n 是第 $(n-1)$ 个 Catalan 数。

我们还可以利用 g_n 的定义导出它的递推关系。在 a_1，a_2，$\cdots$，a_n 的每一个乘法方案中，总存在着最后的一次乘法，它对应着最外面的括号。于是，我们有

$$((a_1,\cdots,a_k \text{ 的乘法方案}) \times (a_{k+1},\cdots,a_n \text{ 的乘法方案}))$$

上式中的 $\times$ 给出了最后一次乘法。我们有 g_k 种方法选择 a_1，$\cdots$，a_k 的乘法方案，而选择 a_{k+1}，$\cdots$，a_n 的乘法方案有 g_{n-k} 种。因为 k 可以是 1，2，$\cdots$，$n-1$ 中的任一个，因此，我们有

$$g_n = g_1 g_{n-1} + g_2 g_{n-2} + \cdots + g_{n-1} g_1 \quad (n \geqslant 2) \qquad (8.6) \quad \boxed{272}$$

这一非线性递推关系和初始条件 $g_1 = 1$ 一起唯一确定计数序列

$$g_1, g_2, g_3, \cdots, g_n, \cdots$$

满足初始条件 $g_1 = 1$ 的递推关系 (8.6) 的解由 (8.5) 给出。因为 $g_n = C_{n-1}$，我们还可以写出

$$C_{n-1} = C_0 C_{n-2} + C_1 C_{n-3} + \cdots + C_{n-2} C_0 \quad (n \geqslant 2)$$

所以有

$$C_n = C_0 C_{n-1} + C_1 C_{n-2} C_1 + \cdots + C_{n-1} C_0$$
$$= \sum_{k=0}^{n-1} C_k C_{n-1-k} \quad (n \geqslant 1) \qquad (8.7)$$

递推关系 (8.6) 与 7.6 节借助对角线将凸多边形区域分成三角形的递推关系是相同的，在那里我们通过分析方法已经证明了这个递推关系的解是 C_{n-1}。因此，我们用纯组合推理方法给出了 7.6 节得到的公式，并得出结论：把有 $n+1$ 条边的凸多边形区域利用插入在区域内部不相交的对角线而划分成三角形区域的方法数等于给定顺序的 n 个数的乘法方案数，这个共同的数值就是第 $(n-1)$ 个 Catalan 数。

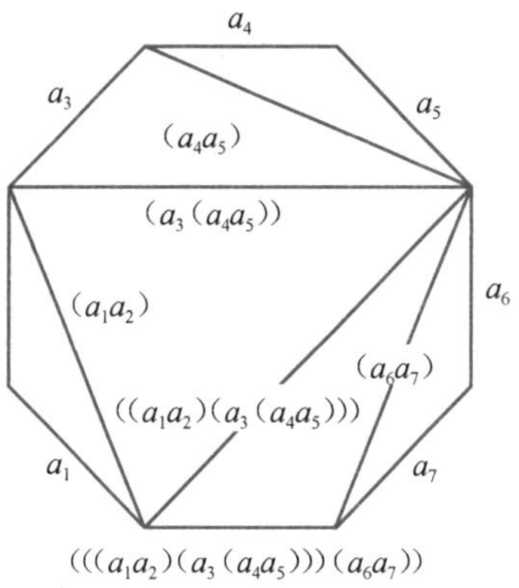

图 8-1 给出 $n=7$ 时 n 个数 a_1，a_2，$\cdots$，a_n 的乘法方案与

图 8-1

$n+1$ 条边的凸多边形三角形化之间的对应关系，在这个图中我们去掉了乘号。每一条角线对应除最后一次乘法外的一个乘法，多边形的底边对应最后一次乘法。 $\boxed{273}$

8.2 差分序列和 Stirling 数

设

$$h_0, h_1, h_2, \cdots, h_n, \cdots \qquad (8.8)$$

是一个序列。我们定义 (8.8) 的 （一阶）差分序列为

$$\Delta h_0, \Delta h_1, \Delta h_2, \cdots, \Delta h_n, \cdots \qquad (8.9)$$

其中

$$\Delta h_n = h_{n+1} - h_n \quad (n \geqslant 0)$$

差分序列 (8.9) 的项是序列 (8.8) 的相邻项的差，我们可以构造 (8.9) 的差分序列，得到原序列的二阶差分序列

$$\Delta^2 h_0, \Delta^2 h_1, \Delta^2 h_2, \cdots, \Delta^2 h_n, \cdots$$

这里

$$\Delta^2 h_n = \Delta(\Delta h_n) = \Delta h_{n+1} - \Delta h_n = (h_{n+2} - h_{n+1}) - (h_{n+1} - h_n) = h_{n+2} - 2h_{n+1} + h_n \quad (n \geqslant 0)$$

更一般地，我们可以通过

$$\Delta^p h_0, \Delta^p h_1, \Delta^p h_2, \cdots, \Delta^p h_n, \cdots \quad (p \geqslant 1)$$

递归地定义（8.8）的 p 阶差分序列，其中

$$\Delta^p h_n = \Delta(\Delta^{p-1} h_n)$$

因此，p 阶差分序列是（$p-1$）阶差分序列的一阶差分序列。我们定义一个序列的 0 阶差分序列就是它自己，就是说

$$\Delta^0 h_n = h_n \quad (n \geqslant 0)$$

序列（8.8）的差分表是通过将每个 $p=0$，1，2，$\cdots$ 阶差分序列列成一行而得到，如下所示：

$$
\begin{array}{ccccccc}
h_0 & h_1 & h_2 & h_3 & h_4 & \cdots \\
\Delta h_0 & \Delta h_1 & \Delta h_2 & \Delta h_3 & \cdots \\
\Delta^2 h_0 & \Delta^2 h_1 & \Delta^2 h_2 & \cdots \\
\Delta^3 h_0 & \Delta^3 h_1 & \cdots \\
\cdots
\end{array}
$$

$\boxed{274}$

p 阶差分在第 p 行上，而序列本身在第 0 行上（因此，从 0 开始数这些行）。

例子 设序列 h_0，h_1，h_2，$\cdots$，h_n，$\cdots$ 为如下序列

$$h_n = 2n^2 + 3n + 1 \quad (n \geqslant 0)$$

这个序列的差分表是

$$
\begin{array}{cccccccc}
1 & 6 & 15 & 28 & 45 & 66 & 91 & \cdots \\
5 & 9 & 13 & 17 & 21 & 25 & \cdots \\
4 & 4 & 4 & 4 & 4 & \cdots \\
0 & 0 & 0 & 0 & \cdots \\
\end{array}
$$

$$\cdots$$

在此例中，三阶差分序列全部由 0 组成，因此所有更高阶的差分序列也都由 0 组成。 □

现在我们指出，如果一个序列的通项是 n 的 p 次多项式，那么（$p+1$）阶差分就都是 0。当这种情况发生时，可以把第一个 0 行后的所有的 0 行删去。

定理 8.2.1 设序列的通项是 n 的 p 次多项式，即

$$h_n = a_p n^p + a_{p-1} n^{p-1} + \cdots + a_1 n + a_0 \quad (n \geqslant 0)$$

则对所有的 $n \geqslant 0$，$\Delta^{p+1} h_n = 0$。

证明 我们对 p 施归纳法来证明本定理。如果 $p=0$，则有

$$h_n = a_0, \text{对所有的 } n \geqslant 0 \text{ 均为一常数}$$

从而

$$\Delta h_n = h_{n+1} - h_n = a_0 - a_0 = 0 \quad (n \geqslant 0)$$

假设 $p \geqslant 1$ 且当通项为 n 的至多 $p-1$ 次多项式时定理成立。我们有

$$\Delta h_n = (a_p(n+1)^p + a_{p-1}(n+1)^{p-1} + \cdots + a_1 n + a_0) - (a_p n^p + a_{p-1} n^{p-1} + \cdots + a_1 n + a_0)$$

由二项式定理知

$\boxed{275}$

$$a_p(n+1)^p - a_p n^p = a_p\left(n^p + \binom{p}{1} n^{p-1} + \cdots + 1\right) - a_p n^p = a_p\binom{p}{1} n^{p-1} + \cdots + a_p$$

从这个计算中我们断定，n 的 p 次幂在 Δh_n 中被消去了，并且，Δh_n 是 n 的至多 $p-1$ 次多项式。根据归纳假设知

$$\Delta^p(\Delta h_n) = 0 \quad (n \geqslant 0)$$

因为 $\Delta^{p+1} h_n = \Delta^p(\Delta h_n)$，因此有

$$\Delta^{p+1} h_n = 0 \quad (n \geqslant 0)$$

因此，根据归纳法定理成立。 □

现在，假设 g_n 和 f_n 分别是两个序列的通项，定义另一个序列如下

$$h_n = g_n + f_n \quad (n \geqslant 0)$$

则

$$\Delta h_n = h_{n+1} - h_n = (g_{n+1} + f_{n+1}) - (g_n + f_n) = (g_{n+1} - g_n) + (f_{n+1} - f_n) = \Delta g_n + \Delta f_n$$

更一般地，可以归纳出

$$\Delta^p h_n = \Delta^p g_n + \Delta^p f_n \quad (p \geqslant 0)$$

如果 c 和 d 是常数，则对每一个整数 $p \geqslant 0$，有

$$\Delta^p(cg_n + df_n) = c\Delta^p g_n + d\Delta^p f_n \quad (n \geqslant 0) \tag{8.10}$$

我们把性质（8.10）叫作差分的线性性⊖。从（8.10）看到，序列 h_n 的差分表可以通过用 c 乘以 g_n 的差分表的项并用 d 乘以 f_n 的差分表的项然后将对应的项相加而得到。

例子 设 $g_n = n^2 + n + 1$，并设 $f_n = n^2 - n - 2$ $(n \geqslant 0)$。g_n 的差分表是

$$
\begin{array}{ccccc}
1 & 3 & 7 & 13 & 21 & \cdots \\
& 2 & 4 & 6 & 8 & \cdots \\
& & 2 & 2 & 2 & \cdots \\
& & & 0 & 0 & \cdots
\end{array}
$$

f_n 的差分表是

$$
\begin{array}{ccccc}
-2 & -2 & 0 & 4 & 10 & \cdots \\
& 0 & 2 & 4 & 6 & \cdots \\
& & 2 & 2 & 2 & \cdots \\
& & & 0 & 0 & \cdots
\end{array}
$$

设

$$h_n = 2g_n + 3f_n = 2(n^2 + n + 1) + 3(n^2 - n - 2) = 5n^2 - n - 4$$

则 h_n 的差分表通过将第一个差分表的各项乘以 2 并将第二个差分表的各项乘以 3 然后再相加对应项而得到。其结果为

$$
\begin{array}{ccccc}
-4 & 0 & 14 & 38 & 72 & \cdots \\
& 4 & 14 & 24 & 34 & \cdots \\
& & 10 & 10 & 10 & \cdots \\
& & & 0 & 0 & \cdots
\end{array}
$$
□

正是由于差分表的定义，序列 $h_0, h_1, h_2, \cdots, h_n, \cdots$ 的差分表由它的第 0 行上的元素确定。接下来我们观察到，差分表也可以由沿左边，即第 0 条对角线上的元素确定，也就是说，沿差分表最左边的对角线上的数

$$h_0 = \Delta^0 h_0, \Delta^1 h_0, \Delta^2 h_0, \Delta^3 h_0, \cdots$$

确定⊖。这个性质是下述事实的推论，即差分表（从左到右）对角线上的元素由前一条对角线上的元素确定。例如，第一条对角线上的元素是

⊖ 用线性代数语言描述，序列的集合形成一个向量空间，而 Δ 是这个向量空间上的线性变换。

⊖ 这一性质是下面事实的离散版本：分析函数（通过它的泰勒展开）由其在 $x = 0$ 处的函数值以及它的导数：$f(0), f'(0), f''(0), \cdots$ 确定。

$$h_1 = \Delta^0 h_1 = \Delta^1 h_0 + \Delta^0 h_0 = \Delta h_0 + h_0$$

$$\Delta h_1 = \Delta^2 h_0 + \Delta h_0$$

$$\Delta^2 h_1 = \Delta^3 h_0 + \Delta^2 h_0$$

$$\cdots \qquad \cdots$$

如果差分表的第 0 条对角线只包含 0，那么整个差分表就只包含 0。下一种最简单的第 0 条对角线是除去一个 1 外只包含 0 的对角线，比如 1 在第 p 行（从而在这个 1 的前面有 p 个 0）。从在第 0 条对角线上的 $p+1$ 行，$p+2$ 行，$\cdots$ 的元素都是 0 的事实显然可知：在 $p+1$ 行，$p+2$ 行，$\cdots$ 的所有元素都等于 0。

例如，设 $p=4$。于是，第 5 行和更大序号的行只含有 0。我们能否找出序列的一般项，使得它的差分表的第 0 条对角线是

$$0,0,0,0,1,0,0,\cdots \tag{8.11}$$

呢？我们用这些左边上的元素确定差分表的三角形部分并得到

$$
\begin{array}{ccccc}
0 & 0 & 0 & 0 & 1 \\
& 0 & 0 & 0 & 1 \\
& & 0 & 0 & 1 \\
& & & 0 & 1 \\
& & & & 1
\end{array}
$$

因为第 5 号行全是 0，所以我们寻找一个序列，它的第 n 项 h_n 是 n 的 4 次多项式。从上面计算出的部分差分表我们看到

$$h_0 = 0, h_1 = 0, h_2 = 0, h_3 = 0 \text{ 以及 } h_4 = 1$$

因此，如果 h_n 是一个 4 次多项式，那么它有根 0，1，2，3，因此对某个常数 c 有

$$h_n = cn(n-1)(n-2)(n-3)$$

因为 $h_4 = 1$，我们必有

$$1 = c(4)(3)(2)(1), \text{等价地,} c = \frac{1}{4!}$$

因此，有通项

$$h_n = \frac{n(n-1)(n-2)(n-3)}{4!} = \binom{n}{4} \quad (n \geqslant 0)$$

的序列有其第 0 条对角线由 (8.11) 给出的差分表。

更一般地，同样的论述表明

$$h_n = \frac{n(n-1)(n-2)\cdots(n-(p-1))}{p!} = \binom{n}{p}$$

是 n 的 p 次多项式，其差分表的第 0 条对角线等于

$$\overset{p}{\overline{0,0,\cdots,0}},1,0,0,\cdots$$

利用差分的线性性和差分表第 0 条对角线确定整个差分表从而确定序列本身的事实，我们得到下列定理。

定理 8.2.2 差分表的第 0 条对角线等于

$$c_0, c_1, c_2, \cdots, c_p, 0, 0, 0, \cdots, \qquad \text{其中 } c_p \neq 0$$

的序列的通项是满足

$$h_n = c_0 \binom{n}{0} + c_1 \binom{n}{1} + c_2 \binom{n}{2} + \cdots + c_p \binom{n}{p} \tag{8.12}$$

的 n 的 p 次多项式。

结合定理 8.2.1 和定理 8.2.2，我们看到，n 的每一个 p 次多项式对于选定的某些常数 c_0，c_1，$\cdots$，c_p 可以表示成 (8.12) 的形式。这些常数是唯一确定的（见练习题 10）。

例子　考虑通项为

$$h_n = n^3 + 3n^2 - 2n + 1 \quad (n \geqslant 0)$$

的序列。计算差分，我们得到

$$
\begin{array}{ccccc}
1 & & 3 & & 17 & & 49 \\
& 2 & & 14 & & 32 \\
& & 12 & & 18 \\
& & & 6
\end{array}
$$

因为 h_n 是 n 的三次多项式，所以它的差分表的第 0 条对角线是

$$1, 2, 12, 6, 0, 0, \cdots$$

因此，根据定理 8.2.2，h_n 的另一种写法是

$$h_n = 1\binom{n}{0} + 2\binom{n}{1} + 12\binom{n}{2} + 6\binom{n}{3} \tag{8.13}$$

为什么要用这种方式表示 h_n 呢？其中一个原因是假设要求部分和

$$\sum_{k=0}^{n} h_k = h_0 + h_1 + \cdots + h_n$$

利用公式 (8.13)，我们看到

$$\sum_{k=0}^{n} h_k = 1\sum_{k=0}^{n}\binom{k}{0} + 2\sum_{k=0}^{n}\binom{k}{1} + 12\sum_{k=0}^{n}\binom{k}{2} + 6\sum_{k=0}^{n}\binom{k}{3} \qquad \boxed{279}$$

由 (5.19) 我们知道

$$\sum_{k=0}^{n}\binom{k}{p} = \binom{n+1}{p+1} \tag{8.14}$$

因此

$$\sum_{k=0}^{n} h_k = 1\binom{n+1}{1} + 2\binom{n+1}{2} + 12\binom{n+1}{3} + 6\binom{n+1}{4}$$

这是一个非常简单的求部分和的公式。 □

上述过程可以用来计算通项为 n 的多项式的任意序列的部分和。

定理 8.2.3　假设序列 h_0，h_1，h_2，$\cdots$，h_n，$\cdots$的差分表的第 0 条对角线等于

$$c_0, c_1, c_2, \cdots, c_p, 0, 0, \cdots$$

则

$$\sum_{k=0}^{n} h_k = c_0\binom{n+1}{1} + c_1\binom{n+1}{2} + \cdots + c_p\binom{n+1}{p+1}$$

证明　由定理 8.2.2，我们有

$$h_n = c_0\binom{n}{0} + c_1\binom{n}{1} + \cdots + c_p\binom{n}{p}$$

利用公式 (8.14)，得

$$
\begin{aligned}
\sum_{k=0}^{n} h_k &= c_0\sum_{k=0}^{n}\binom{k}{0} + c_1\sum_{k=0}^{n}\binom{k}{1} + \cdots + c_k\sum_{k=0}^{n}\binom{k}{p} \\
&= c_0\binom{n+1}{1} + c_1\binom{n+1}{2} + \cdots + c_p\binom{n+1}{p+1}
\end{aligned}
$$

□

例子　求前 n 个正整数的 4 次方的和。

设 $h_n = n^4$。计算差分，得

$$
\begin{array}{ccccc}
0 & 1 & 16 & 81 & 256 \\
1 & 15 & 65 & 175 & \\
14 & 50 & 110 & & \\
36 & 60 & & & \\
24 & & & &
\end{array}
$$

因为 h_n 是一个 4 次多项式，其差分表的第 0 条对角线等于

$$0, 1, 14, 36, 24, 0, 0, \cdots$$

因此

$$1^4 + 2^4 + \cdots + n^4 = \sum_{k=0}^{n} k^4$$

$$= 0\binom{n+1}{1} + 1\binom{n+1}{2} + 14\binom{n+1}{3} + 36\binom{n+1}{4} + 24\binom{n+1}{5} \qquad \Box$$

使用类似的方法，可以通过考虑通项为 $h_n = n^p$ 的序列来计算前 n 个正整数的 p 次幂的和。前面的例子处理的是 $p=4$ 的情形。

出现在差分表第 0 条对角线上的那些数有其组合意义，现在就来讨论它们。

设

$$h_n = n^p$$

根据定理 8.2.1 和定理 8.2.2，h_n 的差分表的第 0 条对角线有如下形式：

$$c(p,0), c(p,1), c(p,2), \cdots, c(p,p), 0, 0, \cdots$$

因此有

$$n^p = c(p,0)\binom{n}{0} + c(p,1)\binom{n}{1} + \cdots + c(p,p)\binom{n}{p} \tag{8.15}$$

如果 $p=0$，则 $h_n = 1$，它是一个常数，而（8.15）则退化为

$$n^0 = 1 = 1\binom{n}{0} = 1$$

特别地

$$c(0,0) = 1$$

因为若 $p \geqslant 1$，则作为 n 的多项式，n^p 有一个等于 0 的常数项，所以

$$c(p,0) = 0 \quad (p \geqslant 1)$$

我们通过引入新的表达式来改写（8.15）式。设

$$[n]_k = \begin{cases} n(n-1)\cdots(n-k+1) & \text{若 } k \geqslant 1 \\ 1 & \text{若 } k = 0 \end{cases}$$

注意，$[n]_k$ 与 $P(n, k)$ 相同，即 n 个不同对象的 k 排列数（见 3.2 节），但是，现在我们希望用不太麻烦的记号 $[n]_k$。我们还注意到

$$[n]_{k+1} = (n-k)[n]_k$$

因为

$$\binom{n}{k} = \frac{n(n-1)\cdots(n-k+1)}{k!} = \frac{[n]_k}{k!}$$

从而得到

$$[n]_k = k! \binom{n}{k}$$

因此，（8.15）可以改写为

$$n^p = c(p,0)\frac{[n]_0}{0!} + c(p,1)\frac{[n]_1}{1!} + \cdots + c(p,p)\frac{[n]_p}{p!} = \sum_{k=0}^{p} c(p,k)\frac{[n]_k}{k!} = \sum_{k=0}^{p}\frac{c(p,k)}{k!}[n]_k$$

现在我们引入

$$S(p,k) = \frac{c(p,k)}{k!} \quad (0 \leqslant k \leqslant p)$$

则公式（8.15）变为

$$n^p = S(p,0)[n]_0 + S(p,1)[n]_1 + \cdots + S(p,p)[n]_p = \sum_{k=0}^{p} S(p,k)[n]_k$$

刚刚引入的数 $S(p,k)$ 叫作第二类$^{\ominus}$Stirling 数$^{\ominus}$。因为

$$S(p,0) = \frac{c(p,0)}{0!} = c(p,0)$$

因此，我们有

$$S(p,0) = \begin{cases} 1 & 若\ p=0 \\ 0 & 若\ p \geqslant 1 \end{cases} \tag{8.16}$$

在（8.15）中，左边 n^p 的系数是 1，而右边系数则为

$$\frac{c(p,p)}{p!}$$

[282]

（（8.15）右边除最后一项外其他项都是次数小于 p 的 n 的多项式，因此只有最后一项才对 n^p 的系数有贡献）。因此，我们有

$$S(p,p) = \frac{c(p,p)}{p!} = 1 \quad (p \geqslant 0) \tag{8.17}$$

现在证明第二类 Stirling 数满足类帕斯卡型（Pascal-like）的递推关系。

定理 8.2.4 如果 $1 \leqslant k \leqslant p-1$，则

$$S(p,k) = kS(p-1,k) + S(p-1,k-1)$$

证明 首先观察，假如不是因为 $S(p-1,k)$ 前面的因子 k，我们就有了帕斯卡递推关系。我们有

$$n^p = \sum_{k=0}^{p} S(p,k)[n]_k \tag{8.18}$$

和

$$n^{p-1} = \sum_{k=0}^{p-1} S(p-1,k)[n]_k$$

因此

$$\begin{aligned}
n^p = n \times n^{p-1} &= n\sum_{k=0}^{p-1} S(p-1,k)[n]_k \\
&= \sum_{k=0}^{p-1} S(p-1,k)n[n]_k \\
&= \sum_{k=0}^{p-1} S(p-1,k)(n-k+k)[n]_k \\
&= \sum_{k=0}^{p-1} S(p-1,k)(n-k)[n]_k + \sum_{k=0}^{p-1} kS(p-1,k)[n]_k \\
&= \sum_{k=0}^{p-1} S(p-1,k)[n]_{k+1} + \sum_{k=1}^{p-1} kS(p-1,k)[n]_k
\end{aligned}$$

$\ominus$ 所以一定有第一类 Stirling 数。我们将在本节的后面讨论它。
$\ominus$ 以 James Stirling（1692—1770）的名字命名。

用 $k-1$ 代替上面最后式子中左边求和中的 k，得到

$$n^p = \sum_{k=1}^{p} S(p-1,k-1)[n]_k + \sum_{k=1}^{p-1} kS(p-1,k)[n]_k$$

$$= S(p-1,p-1)[n]_p + \sum_{k=1}^{p-1} (S(p-1,k-1) + kS(p-1,k))[n]_k$$

对于每一个满足 $1 \leqslant k \leqslant p-1$ 的 k，把上面 n^p 表达式中 $[n]_k$ 的系数与公式（8.18）中 $[n]_k$ 的系数做比较，我们得到

$$S(p,k) = S(p-1,k-1) + kS(p-1,k) \qquad \square$$

定理 8.2.4 中给出的递推关系以及（8.16）和（8.17）给出的初始值

$$S(p,0) = 0 \quad (p \geqslant 1) \text{ 和 } S(p,p) = 1 \quad (p \geqslant 0)$$

确定第二类 Stirling 数 $S(p,k)$ 的序列。正如我们对二项式系数所做的那样，可以构造这些 Stirling 数的类帕斯卡三角形（如图 8-2 所示）。

p \ k	0	1	2	3	4	5	6	7	$\cdots$
0	1								
1	0	1							
2	0	1	1						
3	0	1	3	1					
4	0	1	7	6	1				
5	0	1	15	25	10	1			
6	0	1	31	90	65	15	1		
7	0	1	63	301	350	140	21	1	
$\vdots$	$\vdots$	$\vdots$	$\vdots$	$\vdots$	$\vdots$	$\vdots$	$\vdots$	$\vdots$	$\ddots$

图 8-2 $S(p,k)$ 的三角形

在上面这个三角形中，除了它的垂直边和斜边上的项（这些项是由初始值计算得到的）外，其余每一项 $S(p,k)$ 都是这样得到的：把这一项所处行的直接上方的元素乘以 k，然后再把结果加上该项的直接左边的项。

从第二类 Stirling 数的三角形中，我们看到

$$S(p,1) = 1 \quad (p \geqslant 1)$$

$$S(p,2) = 2^{p-1} - 1 \quad (p \geqslant 2)$$

$$S(p,p-1) = \binom{p}{2} \quad (p \geqslant 1)$$

我们把这些公式的证明留作练习题。利用下一定理中给出的第二类 Stirling 数的组合解释也可以证明这些公式。

定理 8.2.5 第二类 Stirling 数 $S(p,k)$ 计数的是把 p 元素集合划分到 k 个不可区分的盒子且没有空盒子的划分个数。

证明 首先，我们解释在当前情况下不可区分意味着什么。说这些盒子是不可区分的，指的是我们不能说出一个盒子与另一个盒子的差异，它们看起来都一样。例如，如果某个盒子里装的是元素 a，b 和 c，那么它究竟是哪个盒子并不重要。唯一重要的是各个盒子里装的是什么，而不管哪个盒子里装了什么。

设 $S^*(p,k)$ 表示把 p 元素集合划分到 k 个不可区分的盒子且没有空盒子的划分个数。容易看到

$$S^*(p,p) = 1 \quad (p \geqslant 0)$$

因为如果盒子的个数与元素个数相同，那么每一个盒子恰好有一个元素（记住，不能把一个盒子与另一个盒子区分开来），而且

$$S^*(p,0) = 0 \quad (p \geqslant 1)$$

因为如果至少有一个元素而没有盒子，那么不可能存在划分。如果我们能够证明 $S^*(p, k)$ 与第二类 Stirling 数满足相同的递推关系，即，如果能够证明

$$S^*(p,k) = kS^*(p-1,k) + S^*(p-1,k-1) \quad (1 \leqslant k \leqslant p-1)$$

那么就可以断言对所有满足 $0 \leqslant k \leqslant p$ 的 k 和 p，$S^*(p, k) = S(p, k)$。

我们论证如下。考虑将前 p 个正整数 $1, 2, \cdots, p$ 的集合作为要被划分的集合。把 $\{1, 2, \cdots, p\}$ 分到 k 个非空且不可区分的盒子的划分有两种类型：

（1）那些使得 p 自己单独在一个盒子的划分；

（2）那些使得 p 不单独在一个盒子的划分。这样，包含 p 的盒子就至少还包含一个元素。

在第（1）种情况下，如果我们从包含 p 的盒子中拿走 p，那么就得到将 $\{1, 2, \cdots, p-1\}$ 划分到 $k-1$ 个非空且不可区分盒子的划分。因此，存在 $S^*(p-1, k-1)$ 种对 $\{1, 2, \cdots, p\}$ 的第（1）种划分。

现在，考虑第（2）种划分。假设我们从包含 p 的盒子中拿走 p，由于 p 不单独在这个盒子里，因此就得到将 $\{1, 2, \cdots, p-1\}$ 划分到 k 个非空且不可区分盒子的划分 $A_1, A_2, \cdots, A_k$。现在可能会说存在 $S^*(p-1, k)$ 种第（2）种划分，但是事实却并非如此。理由如下：由于 p 的移出而产生的 $\{1, 2, \cdots, p-1\}$ 的划分 $A_1, A_2, \cdots, A_k$ 产生于 $\{1, 2, \cdots, p\}$ 的 k 个不同的划分，即产生于 〔285〕

$$A_1 \bigcup \{p\}, A_2, \cdots, A_k$$
$$A_1, A_2 \bigcup \{p\}, \cdots, A_k$$
$$\vdots$$
$$A_1, A_2, \cdots, A_k \bigcup \{p\}$$

换句话说，在删除 p 之后，我们无法告知它来自哪个盒子；在 p 被取走后所有的盒子仍然是非空的，因此这个盒子可能是 k 个盒子中的任一个。于是，$\{1, 2, \cdots, k\}$ 的第（2）类型的划分有 $kS^*(p-1, k)$ 种。因此

$$S^*(p,k) = kS^*(p-1,k) + S^*(p-1,k-1)$$

定理得证。　　　　　　　　　　　　　　　　　　　　　　　　　　　　□

既然知道 $S(p, k)$ 是把 p 元素集合划分到 k 个不可区分的非空盒子的划分的个数，所以我们不需要在定理 8.2.5 的证明中引入的记号 $S^*(p, k)$。它现在是多余的。

现在，利用对第二类 Stirling 数的组合解释来得到它们的公式。为此，我们首先确定把 $\{1, 2, \cdots, p\}$ 分到 k 个非空且可区分的盒子[一]的划分个数 $S^\#(p, k)$[二]。把盒子看成是着上了一种颜色，如一个着成红色，一个着成蓝色，一个着成绿色，等等。这时，我们不仅要考虑哪些元素一起被放进一个盒子，而且还要考虑它们被放进的是哪个盒子（它是红盒，蓝盒，绿盒，还是…?）一旦知道 k 个盒子的内容，就可以用 $k!$ 种方法给 k 个盒子着色。于是

$$S^\#(p,k) = k!S(p,k) \tag{8.19}$$

从而

$$S(p,k) = \frac{1}{k!}S^\#(p,k)$$

　　[一]　在你刚刚开始习惯于不可区分盒子的时候，我们改变规则，让它们可区分！
　　[二]　我们放弃一种记法，马上又引入另外一种记法。在数学里，记法非常重要。如果能够正确使用这些记法，就可以使内容更加清晰；它的好处不仅仅是简明扼要。

（注意（8.19）表明 $S^{\#}(p,k)$ 等于前面介绍的数 $c(p,k)$。）因此，只需求出 $S^{\#}(p,k)$ 的公式即可。为此，可以利用第 6 章的容斥原理来得到这个公式。在得出公式以前，我们注意到公式（8.19）的证明依赖于每个盒子都非空这一事实。如果这些盒子可以是空的，那么就不能用 $k!$ 乘以 $S(p,k)$ 来得到 $S^{\#}(p,k)$。如果一个划分中有 r 个盒子是空的，那么该划分就仅产生 $\dfrac{k!}{r!}$ 个可区分盒子的划分，因为在它们中间重新排列空盒子不产生任何新划分[⊖]。

定理 8.2.6 对每一个满足 $0 \leqslant k \leqslant p$ 的整数 k，都有

$$S^{\#}(p,k) = \sum_{t=0}^{k} (-1)^t \binom{k}{t} (k-t)^p$$

从而

$$S(p,k) = \frac{1}{k!} \sum_{t=0}^{k} (-1)^t \binom{k}{t} (k-t)^p$$

证明 设 U 是把 $\{1, 2, \cdots, p\}$ 分到 k 个可区分盒子 $B_1, B_2, \cdots, B_k$ 的所有划分的集合。我们定义 k 个性质 $P_1, P_2, \cdots, P_k$，其中 P_i 是第 i 个盒子 B_i 是空盒的性质。设 A_i 表示盒子 B_i 是空盒的那些划分组成的 U 的子集。于是

$$S^{\#}(p,k) = |\overline{A}_1 \cap \overline{A}_2 \cap \cdots \cap \overline{A}_k|$$

我们有

$$|U| = k^p$$

这是因为 p 个元素中的每一个元素都可以被放进 k 个可区分盒子的任意一个中去。设 t 是一个满足 $1 \leqslant t \leqslant k$ 的整数。集合 U 有多少个划分属于交 $A_1 \cap A_2 \cap \cdots \cap A_t$？对于这些划分，盒子 B_1，$B_2, \cdots, B_t$ 是空的，而剩下的盒子 $B_{t+1}, \cdots, B_k$ 可以是空的，也可以不是空的。因此，$|A_1 \cap A_2 \cap \cdots \cap A_t|$ 计数的是把 $\{1, 2, \cdots, p\}$ 划分到 $k-t$ 个可区分盒子的划分个数，因此它等于 $(k-t)^p$。无论假设哪 t 个盒子是空的，都会得到相同的结果；也就是说，对于 $\{1, 2, \cdots, k\}$ 的每一个 t 子集 $\{i_1, i_2, \cdots, i_t\}$，

$$|A_{i_1} \cap A_{i_2} \cap \cdots \cap A_{i_t}| = (k-t)^p$$

因此，根据容斥原理（见公式（6.3）），我们有

$$S^{\#}(p,k) = \sum_{t=0}^{k} (-1)^t \binom{k}{t} (k-t)^p \qquad \square$$

Bell 数[⊖] B_p 是将 p 元素集合分到非空且不可区分盒子的划分个数。这里不指定盒子的数目，但因为盒子都不空，故盒子的个数不可能超过 p。Bell 数正好是第二类 Stirling 数的三角形的一行上的各项的和（见图 8-2），即

$$B_p = S(p,0) + S(p,1) + \cdots + S(p,p)$$

因此，我们有

$$
\begin{array}{ll}
B_0 = 1 & B_4 = 15 \\
B_1 = 1 & B_5 = 52 \\
B_2 = 2 & B_6 = 203 \\
B_3 = 5 & B_7 = 877
\end{array}
$$

Bell 数满足一个递推关系，但却不是常数阶的。

定理 8.2.7 如果 $p \geqslant 1$，则

⊖ 我们实际上有的是同一种类型（空集）的 r 个对象和 $k-r$ 个另一种不同对象（那些非空盒子的内容）的一个多重集合。

⊖ 以 E. T. Bell（1883—1960）的名字命名。

$$B_p = \binom{p-1}{0}B_0 + \binom{p-1}{1}B_1 + \cdots + \binom{p-1}{p-1}B_{p-1}$$

证明 我们把集合 $\{1, 2, \cdots, p\}$ 划分到一些非空且不可区分的盒子。包含 p 的盒子还包含 $\{1, 2, \cdots, p-1\}$ 的子集 X（可能为空）。集合 X 有 t 个元素，其中 t 是 0 到 $p-1$ 间的某个整数。我们可以有 $\binom{p-1}{t}$ 种方式选择大小为 t 的集合 X，并用 B_{p-1-t} 种方式把 $\{1, 2, \cdots, p-1\}$ 中不属于 X 的 $p-1-t$ 个元素划分到一些非空且不可区分的盒子里。因此，有

$$B_p = \sum_{t=0}^{p-1} \binom{p-1}{t} B_{p-1-t}$$

当 t 取值 $0, 1, \cdots, p-1$ 时，$(p-1)-t$ 也取这些值。因此得到

$$B_p = \sum_{t=0}^{p-1} \binom{p-1}{(p-1)-t} B_t = \sum_{t=0}^{p-1} \binom{p-1}{t} B_t \qquad\qquad \square$$

第二类 Stirling 数向我们展示了如何用 $[n]_0$, $[n]_1$, $\cdots$, $[n]_p$ 写出 n^p。而第一类 Stirling 数的作用恰好相反。它告诉我们如何用 n^0, n^1, $\cdots$, n^p 写出 $[n]_p{}^{\ominus}$。根据定义，

$$[n]_p = n(n-1)(n-2)\cdots(n-p+1) = (n-0)(n-1)(n-2)\cdots(n-(p-1)) \quad (8.20)$$

因此
288

(1) $[n]_0 = 1$

(2) $[n]_1 = n$

(3) $[n]_2 = n(n-1) = n^2 - n$

(4) $[n]_3 = n(n-1)(n-2) = n^3 - 3n^2 + 2n$

(5) $[n]_4 = n(n-1)(n-2)(n-3) = n^4 - 6n^3 + 11n^2 - 6n$

一般地，(8.20) 右边的乘积有 p 个因子。将其乘开，我们就得到含有 n 的幂

$$n^p, n^{p-1}, \cdots, n^1, n^0 = 1$$

的多项式，其系数的符号正负相间；也就是说，我们得到形如下面这样的表达式

$$[n]_p = s(p,p)n^p - s(p,p-1)n^{p-1} + \cdots + (-1)^{p-1}s(p,1)n^1 + (-1)^p s(p,0)n^0$$

$$= \sum_{k=0}^{p} (-1)^{p-k} s(p,k) n^k \qquad\qquad (8.21)$$

第一类 Stirling 数就是出现在 (8.21) 中的系数

$$s(p,k) \quad (0 \leqslant k \leqslant p)$$

根据 (8.20) 和 (8.21) 可知

$$s(p,0) = 0 \quad (p \geqslant 1)$$

和

$$s(p,p) = 1 \quad (p \geqslant 0)$$

因此，第一类 Stirling 数与第二类 Stirling 数满足同样的初始条件。但是，它们满足不同的递推关系，其证明与定理 8.2.4 的证明的思路基本相同。

定理 8.2.8 如果 $1 \leqslant k \leqslant p-1$，则

$$s(p,k) = (p-1)s(p-1,k) + s(p-1,k-1)$$

证明 根据 (8.21)，我们有

$$[n]_p = \sum_{k=0}^{p} (-1)^{p-k} s(p,k) n^k \qquad\qquad (8.22)$$

289

$\ominus$　为熟悉线性代数的读者解释如下：有（比如实系数的）最多为 p 次的多项式形成一个 $p+1$ 维的向量空间。1，n，n^2，$\cdots$，n^p 及 $[n]_0 = 1$，$[n]_1$，$\cdots$，$[n]_p$ 都是该空间的基。第一类 Stirling 数和第二类 Stirling 数告诉我们如何用其中的一组基表示另一组基。

在上面这个等式中，用 $p-1$ 代替 p，可得

$$[n]_{p-1} = \sum_{k=0}^{p-1} (-1)^{p-1-k} s(p-1,k) n^k$$

接下来，观察得

$$[n]_p = [n]_{p-1}(n-(p-1))$$

因此，

$$[n]_p = (n-(p-1)) \sum_{k=0}^{p-1} (-1)^{p-1-k} s(p-1,k) n^k$$

把上面这个等式重写成

$$\sum_{k=0}^{p-1} (-1)^{p-1-k} s(p-1,k) n^{k+1} + \sum_{k=0}^{p-1} (-1)^{p-k} (p-1) s(p-1,k) n^k$$

在上面式子中的第一个求和符号中，用 $k-1$ 取代 k，得到

$$[n]_p = \sum_{k=1}^{p} (-1)^{p-k} s(p-1,k-1) n^k + \sum_{k=0}^{p-1} (-1)^{p-k} (p-1) s(p-1,k) n^k$$

把上式中 n^k 的系数与（8.22）中 n^k 的系数做比较，我们得到

$$s(p,k) = s(p-1,k-1) + (p-1) s(p-1,k)$$

上式对于所有满足 $1 \leqslant k \leqslant p-1$ 的每一个 k 都成立。 □

与第二类 Stirling 数同样，第一类 Stirling 数也是对某种事物的计数，下一个定理对此做了解释。它的证明在结构上类似于定理 8.2.5 的证明。

定理 8.2.9 第一类 Stirling 数 $s(p, k)$ 计数的是把 p 个对象排成 k 个非空循环排列的方法数。

证明 我们把定理叙述中的循环排列叫作圆圈（circle）。设 $s^{\#}(p, k)$ 表示把 p 个人排成 k 个非空圆圈的方法数。于是有

$$s^{\#}(p,p) = 1 \quad (p \geqslant 0)$$

因为如果有 p 个人和 p 个圆圈，那么每个圆圈就只含一个人$^{\ominus}$。我们还有

$$s^{\#}(p,0) = 0 \quad (p \geqslant 1)$$

这是因为如果至少有一个人，那么任何的安排都至少包含一个圆圈。因此，数 $s^{\#}(p, k)$ 与第一类 Stirling 数满足相同的初始条件。现在证明它们满足相同的递推关系；也就是说

$$s^{\#}(p,k) = (p-1) s^{\#}(p-1,k) + s^{\#}(p-1,k-1)$$

设人被标上号码 $1, 2, \cdots, p$。将 $1, 2, \cdots, p$ 排成 k 个圆圈有两种类型。第一种排法是在一个圆圈中只有标号为 p 的人自己；这种排法共有 $s^{\#}(p-1, k-1)$ 个。在第二种类型中，p 至少和另一人在一个圆圈中。这些排法可以通过把 $1, 2, \cdots, p-1$ 排成 k 个圆圈并把 p 放在 1，$2, \cdots, p-1$ 任何一人的左边得到。这样，$1, 2, \cdots, p-1$ 的每一种排法都给出了 $1, 2, \cdots, p$ 的 $p-1$ 种排法，因此，第二种类型的排法共有 $(p-1) s^{\#}(p-1, k)$ 种。于是，把 p 个人排成 k 个圆圈的安排方法数是

$$s^{\#}(p,k) = s^{\#}(p-1,k-1) + (p-1) s^{\#}(p-1,k)$$

从而得到 $s(p, k) = s^{\#}(p, k)$。 □

尤其要注意的是，在定理 8.2.9 的证明中我们所做的就是把 $\{1, 2, \cdots, p\}$ 划分到 k 个非空且不可区分的盒子，然后将每个盒子中的元素排成一个循环排列。

8.3 分拆数

正整数 n 的一个分拆是把 n 表示成称为部分（part）的一个或多个正整数的无序和的一种表

―――――――――――――

$\ominus$ 每一个人的右手握着同一个人的左手！

示。因为部分的顺序不重要，因此总可以排列这些部分使得它们被排列成从最大到最小的顺序。下面分别是 1，2，3，4 和 5 对应的分拆 (partition)：

$$1$$
$$2,\ 1+1$$
$$3,\ 2+1,\ 1+1+1$$
$$4,\ 3+1,\ 2+2,\ 2+1+1,\ 1+1+1+1$$
$$5,\ 4+1,\ 3+2,\ 3+1+1,\ 2+2+1,\ 2+1+1+1,\ 1+1+1+1+1$$

n 的分拆有时候写成

$$\lambda = n^{a_n} \cdots 2^{a_2} \cdots 1^{a_1} \tag{8.23}$$

其中 a_i 为非负整数，该数等于值为 i 的部分的个数（这个表达式是纯符号表示；它的项既不是指数式，表达式也不是一个乘积）。一个正整数被写成 (8.23) 的形式时，若 $a_i=0$，则项 i^{a_i} 通常 $\boxed{291}$ 被省略。使用这个记法，5 的分拆为

$$5^1,\ 4^1 1^1,\ 3^1 2^1,\ 3^1 1^2,\ 2^2 1^1,\ 2^1 1^3,\ 1^5$$

设 p_n 表示正整数 n 的不同分拆的数目。为方便起见，令 $p_0=1$。分拆序列 (partition sequence) 是这样的数列

$$p_0, p_1, \cdots, p_n, \cdots$$

根据前面的讨论，有 $p_0=1$，$p_1=1$，$p_2=2$，$p_3=3$，$p_4=5$ 以及 $p_5=7$。简单观察（参见公式 (8.23)）可知，p_n 等于下面方程

$$n a_n + \cdots + 2a_2 + 1a_1 = n$$

的非负整数解 $a_n, \cdots, a_2, a_1$ 的个数。

设 λ 是 n 的分拆 $n = n_1 + n_2 + \cdots + n_k$，其中 $n_1 \geqslant n_2 \geqslant \cdots \geqslant n_k > 0$。$\lambda$ 的 Ferrers 图，或简称为图 (diagram)，是一个左对齐的点组，该组有 k 行，且第 $i(1 \leqslant i \leqslant k)$ 行有 n_i 个点。例如，10 的分拆 $10 = 4+2+2+1+1$ 的图为

上面这个分拆的 Ferrers 图展示了一个分拆的几何图示，它有助于在不同类型的分拆数量等方面具体而形象地展示它们的特性。

定理 8.3.1 设 n 和 r 是正整数且 $r \leqslant n$。设 $p_n(r)$ 是最大部分为 r 的 n 的分拆数量，并设 $q_n(r)$ 是满足分拆各部分不大于 r 的 $n-r$ 的分拆数量。这时

$$p_n(r) = q_n(r)$$

证明 我们没有定理中所陈述的两种类型的分拆数量的公式，但是可以证明它们的数量相同，方法就是在这两种类型的分拆之间建立一个一一对应。而做到这一点却相当容易：取 n 的一个最大部分为 r 的分拆，并去掉一个等于 r 的部分，我们得到一个 $n-r$ 的分拆，这个分拆的任何部分都不大于 r。反过来操作，取 $n-r$ 的一个分拆，其任何部分都不大于 r，插入一个等于 r 的部分，从而得到一个 n 的分拆，其最大部分等于 r。（如果用 Ferrers 图来说明的话，对于第一个操作，就是去掉 n 的这个分拆图的第一行（包含 r 个点）。而对于第二个操作，就是在 $n-r$ 的分拆图的第一行之上加入有 r $\boxed{292}$ 个点的新行。）因此，我们有这两种类型分拆之间的一一对应，从而证明了其数量相等。 $\square$

n 的分拆 λ 的共轭分拆 (conjugate partition) 是分拆 λ^*，它的图可以通过把分拆 λ 的图的行和列交换而得到（沿着从左上角到右下角的对角线反转 λ 的图）。例如，10 的分拆 $10 = 4+2+2+1+1$ 的

共轭分拆的图是

$$\begin{matrix} \bullet & \bullet & \bullet & \bullet & \bullet \\ \bullet & \bullet & \bullet \\ \bullet \\ \bullet \end{matrix}$$

因此，这个共轭分拆是 $10=5+3+1+1$。分拆 λ 的共轭分拆的部分数等于 λ 的最大部分。显然，分拆 λ 的共轭的共轭是它本身，即 $(\lambda^*)^*=\lambda$。

设 λ 是 n 的分拆 $n=n_1+n_2+\cdots+n_k$。形式上，λ 的共轭分拆 λ^* 是 n 的分拆 $n=n_1^*+n_2^*+\cdots+n_l^*$（$l=n_1$），其中 n_i^* 是至少等于 i 的 λ 的部分数：

$$n_i^* = |\{j:n_j \geqslant i\}| \quad (i=1,2,\cdots,l)$$

例子 设 λ 是 12 的分拆 $12=4+4+2+2$，它的图是

$$\begin{matrix} \bullet & \bullet & \bullet & \bullet \\ \bullet & \bullet & \bullet & \bullet \\ \bullet & \bullet \\ \bullet & \bullet \end{matrix}$$

这个分拆的共轭分拆也是 $12=4+4+2+2$，这表明 $\lambda=\lambda^*$。   □

一个分拆 λ 是自共轭分拆，如前面例子那样，$\lambda=\lambda^*$。另一个自共轭分拆是 $10=5+2+1+1+1$。自共轭分拆的图关于其起始于左上角的对角线对称；关于这条对角线作反射时，在图上不发生变化。

定理 8.3.2 设 n 是正整数。设 p_n^s 等于 n 的自共轭分拆数，而 p_n^t 等于分拆成互不相同的奇数个部分的分拆数，则有

$$p_n^s = p_n^t$$

证明 如定理 8.3.1 的证明那样，我们建立这两种类型的分拆之间的一一对应，从而证明它们的个数相等。这种对应使用它们的 Ferrers 图来说明最容易。取 n 的一个自共轭分拆。则这个分拆图中的第一行和第一列上的点的个数是奇数；拿走这些点并把它们合并到一起形成一个新图的第一行。（注意在除去第一行和第一列的点后，剩下的图是另一个自共轭分拆的图。）图中剩下的第二行和第二列上的点数是一个更小的奇数，把它们拿走并合并起来形成上面新图的第二行。一直这样做下去，直到原图中的所有点都被拿走并都被放在新图中。这个新图是把 n 分成不同奇数部分的一个分拆的 Ferrers 图。例如，考虑 15 的自共轭分拆 $15=5+4+3+2+1$，则上面的转换是

$$\begin{matrix} \bullet & \bullet & \bullet & \bullet & \bullet \\ \bullet & \bullet & \bullet & \bullet \\ \bullet & \bullet & \bullet & & \longrightarrow & & \bullet & \bullet & \bullet & \bullet & \bullet & \bullet & \bullet \\ \bullet & \bullet & & & & & \bullet & \bullet & \bullet & \bullet & \bullet \\ \bullet & & & & & & \bullet & \bullet & \bullet \end{matrix}$$

接下来我们取 n 的任意一个分成不同奇数部分的分拆，可以这样把上面的转换反过来做：在这个分拆图的中间把它弯曲过来，然后把这些被弯曲的行插入到另外一行里形成一个 n 的自共轭分拆（在上面的例子中，就是调转箭头的方向）。因此，我们有一个一一对应，从而证明了 $p_n^s=p_n^t$。 □

关于分拆的另一个著名的恒等式就是下面的欧拉恒等式。

定理 8.3.3 设 n 是正整数。设 p_n^o 是把 n 分成奇数个部分的分拆个数，设 p_n^d 是把 n 分成不同部分的分拆个数。则

$$p_n^o = p_n^d$$

证明　我们建立这两种类型分拆之间的一一对应。考虑把 n 分成奇数个部分的一个分拆。如果这些部分互不相同（不存在两个相同的部分），那么我们就得到了把 n 分成不同部分的一个分拆。如果存在两个相同的部分，比如说 k 和 k，那么我们把这两部分合并成一个部分 $2k$。持续这样做直到所有部分都互不相同。因为我们每一次合并两个部分时，都相应地减少了部分的数量，所以这个过程最终会终止，得到 n 的分成不同部分的一个分拆[⊖]。

接下来要说明的是我们可以把上面这个过程反过来，最终得到 n 的分成奇数部分的分拆。考虑 n 的一个分成不同部分的分拆。如果这个分拆的所有部分都是奇数，我们就得到了 n 的分成奇数部分的一个分拆。否则至少存在一个偶数的部分，那么就把每一个偶数部分分成两个相同的部分。如果此时这些部分都是奇数，我们的工作就完成了。否则，我们取新生成的所有偶数部分，再把它们一分为二。每一次这样做，都得到两个更小的部分，因此这个过程最终会终止，最后我们得到 n 的所有部分都是奇数的分拆。因此，我们建立了把 n 分成奇数部分的分拆与把 n 分成不同部分的分拆之间的一一对应。　□

下面我们具体说明定理 8.3.3 的证明中的一一对应。考虑下面给出的 32 的分拆：

$$32 = 7 + 5 + 5 + 5 + 3 + 3 + 1 + 1 + 1 + 1$$

把 32 分成不同部分的相应分拆是这样得到的：

$$7 + 5 + 5 + 5 + 3 + 3 + 1 + 1 + 1 + 1 \rightarrow 7 + 10 + 5 + 6 + 2 + 2$$
$$\rightarrow 7 + 10 + 5 + 6 + 4$$

反之，下面给出的把 32 分成不同部分的分拆

$$32 = 11 + 9 + 6 + 4 + 2$$

对应到把 32 分成奇数部分的分拆的做法如下：

$$11 + 9 + 6 + 4 + 2 \rightarrow 11 + 9 + 3 + 3 + 2 + 2 + 1 + 1$$
$$\rightarrow 11 + 9 + 3 + 3 + 1 + 1 + 1 + 1 + 1 + 1$$

现在，我们得到了无限积形式的分拆数序列生成函数的表达式。

定理 8.3.4

$$\sum_{n=0}^{\infty} p_n x^n = \prod_{k=1}^{\infty} (1 - x^k)^{-1}$$

证明　上式右边的表达式等于乘积

$$(1 + x + \cdots + x^{1a_1} + \cdots)(1 + x^2 + \cdots + x^{2a_2} + \cdots)(1 + x^3 + \cdots + x^{3a_3} + \cdots)\cdots$$

这个乘积的 x^n 项是这样产生的：从第一个因子选择项 x^{1a_1}，从第二个因子选择项 x^{2a_2}，从第三个因子选择项 x^{3a_3}，依此类推，并将它们乘起来，其中，$1a_1 + 2a_2 + 3a_3 + \cdots = n$。（当然，除了有限数目的 a_i 之外，其余的都等于 0；也就是说，除有限个因子外，其余因子都选择项 1。）因此，n 的每一个分拆都使 x^n 的系数增 1，而 x^n 的系数等于 n 的分拆个数 p_n。　□

设 $\mathcal{P}_n$ 表示正整数 n 的所有分拆的集合。有一种很自然的方法给 $\mathcal{P}_n$ 中的所有分拆建立偏序。（在这一定义之下，为方便起见，允许有 0 的部分，这样一来，在我们比较两个分拆时，它们有相同数量的部分。）设

$$\lambda : n = n_1 + n_2 + \cdots + n_k \quad (n_1 \geqslant n_2 \geqslant \cdots \geqslant n_k \geqslant 0)$$

和

$$\mu : n = m_1 + m_2 + \cdots + m_k \quad (m_1 \geqslant m_2 \geqslant \cdots \geqslant m_k \geqslant 0)$$

⊖　注意：（1）当合并两个相等部分时，我们得到一个偶部分；（2）如果相等的部分有几对，无论合并它们的顺序如何，我们都可以做一个"大规模"合并，一步合并每一对。一般情况下，这将带来更多相等的部分，这样我们就再做一次大规模合并，如此这般。

是 n 的两个分拆。我们说 λ 被 μ 优超（或 μ 优超（majorize） λ），并记为

$$\lambda \leqslant \mu$$

如果关于 λ 的部分和至多等于 μ 对应的部分和：

$$n_1 + \cdots + n_i \leqslant m_1 + \cdots + m_i \quad (i = 1, 2, \cdots, k)$$

直接验证可知，优超关系是自反、反对称且传递的，因此它是 $\mathcal{P}_n$ 上的偏序。

例子 考虑 9 的三个分拆：

$$\lambda : 9 = 5+1+1+1+1; \mu : 9 = 4+2+2+1; \nu : 9 = 4+4+1$$

为了比较所有这三个分拆，我们在 μ 和 ν 后添加一些 0 并把 μ 看成是 $9 = 4+2+2+1+0$，把 ν 看成是 $9 = 4+4+1+0+0$。我们有 $\mu \leqslant \nu$，因为

$$4 \leqslant 4$$
$$4+2 \leqslant 4+4$$
$$4+2+2 \leqslant 4+4+1$$
$$4+2+2+1 \leqslant 4+4+1+0$$

另一方面，λ 和 μ 是不可比较的，因为 $4 < 5$ 但 $4+2+2 > 5+1+1$。类似地，λ 和 ν 也是不可比较的。 □

在 4.3 节中，我们讨论了 0 和 1 组成的 n 元组的字典序。这个字典序也可以用在分拆上以产生 $\mathcal{P}_n$ 上的一个全序，它实际上是优超偏序的线性扩展。设 $\lambda : n = n_1 + n_2 + \cdots + n_k (n_1 \geqslant n_2 \geqslant \cdots \geqslant n_k)$ 和 $\mu : n = m_1 + m_2 + \cdots + m_k (m_1 \geqslant m_2 \geqslant \cdots \geqslant m_k)$ 是 n 的两个不同分拆。如果存在一个整数 i，使得对于 $j < i$ 有 $n_j = m_j$ 且 $n_i < m_i$，则称在字典序[一]之下 λ 先于 μ。例如，分拆 $12 = 4+3+2+2+1$ 先于分拆 $12 = 4+3+3+1+1$，因为从左到右读则发现，$4 = 4$，$3 = 3$，但是 $2 < 3$。可以简单地证明字典序是 $\mathcal{P}_n$ 上的偏序。

|296|

定理 8.3.5 字典序是正整数 n 的分拆集 $\mathcal{P}_n$ 上优超偏序的线性扩展。

证明 从字典序的定义立即可知，字典序是全序（n 的每两个分拆都是可比较的）。我们继续使用定理叙述之前的记号。令 λ 和 μ 是 n 的两个不同分拆，且 λ 被 μ 所优超。选取第一个整数 i 使其满足对于 $j < i$ 有 $n_j = m_j$，但 $n_i \neq m_i$。因为

$$n_1 + \cdots + n_{i-1} + n_i \leqslant m_1 + \cdots + m_{i-1} + m_i$$

我们得出结论：$n_i < m_i$，因此，在字典序之下 λ 先于 μ。 □

作为本节的结束，我们再给出另一个欧拉的著名的分拆性质，称为欧拉五角形数定理，但只给出其内容而不给出其证明[二]。

定理 8.3.6 设 n 是正整数。设 p'_n 是把 n 分成偶数个不同部分的分拆数量，而 p''_n 是把 n 分成奇数个不同部分的分拆数量。这时有

$$p'_n = p''_n + e_n$$

其中 e_n 是误差项，如果 n 是形如 $j(3j \pm 1)/2$ 的整数则 $e_n = (-1)^j$，否则 $e_n = 0$。

例子 设 $n = 8$。于是把 8 分成偶数个不同部分的分拆是

$$7+1, 6+2, 5+3$$

而把 8 分成奇数个不同部分的分拆是

$$8, 5+2+1, 4+3+1$$

因此，$p'_8 = p''_8 = 3$。现在设 $n = 7$。于是把 7 分成偶数个不同部分的分拆是

[一] 字母表是一些整数，表中小的整数位于大的整数的前面。还有，就像在 0 和 1 的 n 元组的字典序中那样，我们从左到右读"单词"。

[二] 有一个证明，可以参见 G. E. Andrews and K. Eriksson, *Integer Partitions*, Cambridge University Press Cambridge, 2004.

$$6+1, 5+2, 4+3$$

而把 7 分成奇数个不同部分的分拆是

$$7, 4+2+1$$

于是，$p_7'=3=2+1=p_7''+1$。我们注意到 $7=2(3 \cdot 2+1)/2$，所以 $e_7=(-1)^2=1$。 □ 297

8.4 一个几何问题

本节将得到上限（upper argument）等于 n 的前 $k+1$ 个二项式系数的和

$$h_n^{(k)} = \binom{n}{0} + \binom{n}{1} + \cdots + \binom{n}{k} \quad (0 \leqslant k \leqslant n) \tag{8.24}$$

即帕斯卡三角形第 n 行上前 $k+1$ 个数的和的组合推理的几何解释。对于每一个固定的 k，我们都得到一个序列

$$h_0^{(k)}, h_1^{(k)}, h_2^{(k)}, \cdots, h_n^{(k)}, \cdots \tag{8.25}$$

如果 $k=0$，我们有

$$h_n^{(0)} = \binom{n}{0} = 1$$

而此时（8.25）是所有项都是 1 的序列。如果 $k=1$，则得到

$$h_n^{(1)} = \binom{n}{0} + \binom{n}{1} = n+1$$

如果 $k=2$，我们有

$$h_n^{(2)} = \binom{n}{0} + \binom{n}{1} + \binom{n}{2} = 1+n+\frac{n(n-1)}{2} = \frac{n^2+n+2}{2}$$

我们还注意到对于所有的 k，$h_0^{(k)}=1$。用帕斯卡公式确定（8.25）的差分：

$$\Delta h_n^{(k)} = h_{n+1}^{(k)} - h_n^{(k)}$$

$$= \binom{n+1}{0} + \binom{n+1}{1} + \cdots + \binom{n+1}{k} - \binom{n}{0} - \binom{n}{1} - \cdots - \binom{n}{k}$$

$$= \left[\binom{n+1}{1} - \binom{n}{1} \right] + \cdots + \left[\binom{n+1}{k} - \binom{n}{k} \right]$$

$$= \binom{n}{0} + \cdots + \binom{n}{k-1}$$

因此

$$\Delta h_n^{(k)} = h_n^{(k-1)} \tag{8.26}$$

下面是（8.26）的推论：为了得到序列

$$h_0^{(k)}, h_1^{(k)}, h_2^{(k)}, \cdots, h_n^{(k)}, \cdots \tag{8.27}$$ 298

的差分表，我们可以在下面序列

$$h_0^{(k-1)}, h_1^{(k-1)}, h_2^{(k-1)}, \cdots, h_n^{(k-1)}, \cdots$$

的差分表的最上边一行插入（8.27）作为新的一行，从而得到（8.27）的差分表。

数 $h_n^{(k)}$ 计数的是 n 元素集合的至多有 k 个元素的子集的个数。现在我们指出，$h_n^{(k)}$ 还可以解释为一个几何问题的计数函数：

$h_n^{(k)}$ 计数的是用 n 个一般位置上的 $(k-1)$ 维超平面分割 k 维空间所生成的区域数。

我们需要解释上面这个论断中的一些术语。

我们从 $k=1$ 开始。考虑 1 维空间，即一条直线。0 维空间是点，而一般位置上的 n 个点是指这些点互不相同。如果在直线上插入 n 个互不相同的点，那么直线就被分成 $n+1$ 个叫作区域的部分（如图 8-3 所示，其中 4 个点把直线分成 5 个区域）。

图 8-3

这个结果与 (8.24) 中给出的 $h_n^{(1)}$ 的定义是一致的。

现在，设 $k=2$，并考虑在平面上一般位置上的 n 条直线。在这种情况下，一般位置指的是这些直线互不相同且不平行（从而每一对直线正好有一个交点），并且交点全不相同，也就是说，没有三条直线相交于同一点。对于平面上一般位置上的 n 条直线，因为每一对直线都给出不同的交点，所以交点的个数是 $\binom{n}{2}$。下面的表给出 $n=0$ 到 5 时，平面被一般位置上的 n 条直线所分成的区域的个数。

直线	区域
0	1
1	2
2	4
3	7
4	11
5	16

[299]

这个表很容易验证。

现在，我们进行递归推理。假设有处于一般位置上的 n 条直线，然后插入一条新直线，使得有 $n+1$ 条直线处于一般位置。前 n 条直线与新直线相交于 n 个不同的点。正如我们已经证明过的，这 n 个点把新直线分成

$$h_n^{(1)} = n+1$$

个部分。这 $h_n^{(1)}=n+1$ 个部分中的每一部分都把由前 n 条直线所形成的区域一分为二（参见图 8-4 所示 $n=3$ 的情形，其中的新直线是虚线）。因此，在从 n 条直线增加到 $n+1$ 条直线时，区域数量增加了 $h_n^{(1)}=n+1$。这恰恰是 $k=2$ 时 (8.26) 式所表达的关系：

$$\Delta h_n^{(2)} = h_{n+1}^{(2)} - h_n^{(2)} = h_n^{(1)} = n+1$$

因为 $h_0^{(2)}=1$，我们断言

$$h_n^{(2)} = \binom{n}{0} + \binom{n}{1} + \binom{n}{2}$$

是由平面上处于一般位置上的 n 条直线形成的区域的个数。

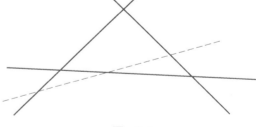

图 8-4

$k=3$ 的情形类似。考虑 3 维空间中处于一般位置的 n 个平面。此时"一般位置"指的是每两个平面（但没有三个平面）相交于一条直线，而每三个平面（但没有四个平面）相交于一点。现在插入一个新平面，使得所得到的 $n+1$ 个平面的集合还处在一般位置。前 n 个平面与新平面相交成处于一般位置的 n 条直线（因为这些平面都处在一般位置上）。这 n 条直线把新平面分成

[300] $h_n^{(2)}$ 个平面区域，正如我们在上面对 $k=2$ 所确定的那样。这 $h_n^{(2)}$ 个平面区域中的每一个又把前 n 个平面形成的空间区域一分为二。因此，在从 n 个平面增加到 $n+1$ 个平面时，空间区域的数量增加了 $h_n^{(2)}$。这恰好是 $k=3$ 时 (8.26) 式所表达的关系：

$$\Delta h_n^{(3)} = h_{n+1}^{(3)} - h_n^{(3)} = h_n^{(2)}$$

因为 $h_0^{(3)} = 1$（零个平面把空间分成 1 个区域，即整个空间），因此我们断言

$$h_n^{(3)} = \binom{n}{0} + \binom{n}{1} + \binom{n}{2} + \binom{n}{3}$$

是空间被 3 维空间中处于一般位置的 n 个平面所分成的区域数。

把这样的推理用到更高维的空间。处于一般位置的 n 个 $(k-1)$ 维超平面把 k 维空间分成的区域数等于

$$h_n^{(k)} = \binom{n}{0} + \binom{n}{1} + \cdots + \binom{n}{k}$$

最后考虑 $k=n$ 的情形。根据定义 (8.24)，我们得到

$$h_n^{(n)} = \binom{n}{0} + \binom{n}{1} + \cdots + \binom{n}{n} = 2^n$$

在这种情况下，我们的几何论断是 n 维空间中处于一般位置的 n 个超平面把 n 维空间分成 2^n 个区域。因为此时只有 n 个 $(n-1)$ 维超平面，因此现在的处于一般位置指的是这 n 个超平面恰好有一个公共点。这个事实至少在 $k=1$，2 和 3 的情况是我们熟知的。考虑 3 维空间 $k=3$ 的情况。我们通过给 3 维空间中的每一个点指定一个三元组 (x_1, x_2, x_3) 而把这个空间坐标化。三个坐标平面 $x_1=0$，$x_2=0$ 和 $x_3=0$ 把空间分成 $2^3=8$ 个卦限（每个卦限是由每个 x_1，x_2，x_3 的正负号来确定的）。更一般地，n 维空间通过使 n 元组 $(x_1, x_2, \cdots, x_n)$ 与每一点相关联而被坐标化。n 个坐标平面，即由 $x_1=0$，$x_2=0$，$\cdots$，$x_n=0$ 确定的坐标平面把 n 维空间分成 2^n 个"卦限"，它们通过给每个 x_1，x_2，$\cdots$，x_n 指定一个正负符号来确定。其中一个这样的卦限就是所谓的非负卦限，即，$x_1 \geqslant 0$，$x_2 \geqslant 0$，$\cdots$，$x_n \geqslant 0$。

8.5 格路径和 Schröder 数

在这一节，我们把格路径的概念形式化，这个概念在第 3 章的一些练习题和 8.1 节的一个例子中遇到过。

考虑坐标平面上具有整数坐标的点的整格（integral lattice）。给定 2 个这样的点 (p, q) 和 (r, s)，其中 $p \geqslant r$ 且 $q \geqslant s$，从 (r, s) 到 (p, q) 的矩形格路径（rectangular lattice path）是这样一条路径：从 (r, s) 到 (p, q) 由水平步（horizontal step）$H=(1, 0)$ 和垂直步（vertical step）$V=(0, 1)$ 组成。于是，从 (r, s) 到 (p, q) 的矩形格路径起始于 (r, s) 并使用水平单位线段和垂直单位线段最终到达 (p, q)。

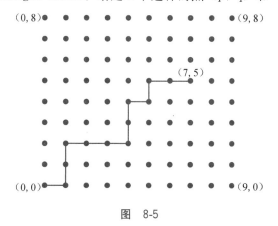

301

例子 在图 8-5 中，我们给出了一条从 $(0, 0)$ 到 $(7, 5)$ 的矩形格路径，它由 7 个水平步和 5 个垂直步组成。给定的这条路径始于 $(0, 0)$，由 7 个 H 和 5 个 V 的序列

图 8-5

$$H, V, V, H, H, H, V, V, H, V, H, H$$

唯一确定。 □

定理 8.5.1 从 (r, s) 到 (p, q) 的矩形格路径的数目等于二项式系数

$$\binom{p-r+q-s}{p-r} = \binom{p-r+q-s}{q-s}$$

证明 定理叙述中的两个二项式系数是相等的。从 (r, s) 到 (p, q) 的矩形格路径由它的 $p-r$ 个水平步 H 和 $q-s$ 个垂直步 V 的序列唯一确定，且每一个这样的序列都确定一条从 (r, s) 到 (p, q) 的矩形格路径。因此，路径的条数等于 $p-r+q-s$ 个对象的排列数，在这些对象中 $p-r$ 个是 H 而 $q-s$ 个是 V。从 3.4 节我们知道，这个数目是二项式系数

$$\binom{p-r+q-s}{p-r} \qquad \square$$

考虑从 (r, s) 到 (p, q) 的矩形格路径，其中 $p \geqslant r$ 且 $q \geqslant s$。这样的路径恰好使用了 $(p-r)+(q-s)$ 步，不失一般性，可假设 $(r, s)=(0, 0)$。这是因为可以通过简单变换把 (r, s) 变回到 $(0, 0)$，而把 (p, q) 变回到 $(p-r, q-s)$，于是在从 (r, s) 到 (p, q) 的矩形格路径和从 $(0, 0)$ 到 $(p-r, q-s)$ 的矩形格路径之间是一一对应的。根据定理 8.5.1，如果 $p \geqslant 0$ 且 $q \geqslant 0$，则从 $(0, 0)$ 到 (p, q) 的矩形格路径数目等于

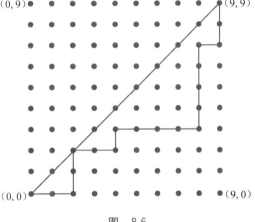

$$\binom{p+q}{p} = \binom{p+q}{q}$$

现在，考虑从 $(0, 0)$ 到 (p, q) 的矩形格路径，我们限制路径在坐标平面的直线 $y=x$ 上方或下方。我们称这样的路径为下对角线矩形格路径（subdiagonal rectangular lattice path）。图 8-6 给出了一条从 $(0, 0)$ 到 $(9, 9)$ 的下对角线矩形格路径。

[302]

图 8-6

在 8.1 节，我们已经证明了下面的定理。

定理 8.5.2 设 n 是非负整数，则从 $(0, 0)$ 到 (n, n) 的下对角线矩形格路径的数目等于第 n 个 Catalan 数

$$C_n = \frac{1}{n+1}\binom{2n}{n}$$

更一般地，只要 $p \geqslant q$，就可以计算从 $(0, 0)$ 到 (p, q) 的下对角线矩形格路径的数目。当然，如果 $q > p$，则不可能存在从 $(0, 0)$ 到 (p, q) 的下对角线矩形格路径，因为这样的格路径必须穿过对角线。

定理 8.5.3 设 p 和 q 是正整数且 $p \geqslant q$，则从 $(0, 0)$ 到 (p, q) 的下对角线矩形格路径的数目等于

$$\frac{p-q+1}{p+1}\binom{p+q}{q}$$

证明 为了证明这一定理，我们扩展 8.1 节给出的证明，特别是定理 8.1.1 的证明，该证明指出，Catalan 数 C_n 计数的是从 $(0, 0)$ 到 (n, n) 的下对角线矩形格路径的数目。为了得到本定理的结论，我们来确定从 $(0, 0)$ 到 (p, q) 穿过对角线的矩形格路径 γ 的数目 $l(p, q)$，然后从 $(0, 0)$ 到 (p, q) 的矩形格路径的总数目 $\binom{p+q}{q}$ 减去 $l(p, q)$。$l(p, q)$ 与从 $(0, -1)$ 到 $(p, q-1)$ 触及（很可能穿过）对角线 $y=x$ 的矩形格路径 γ' 的数目相同。这是因为把路径下移一个单位，从而将路径 γ 平行移动到路径 γ' 上，这样就在这两种类型的路径之间建立了一一对应。

[303]

考虑从 $(0, -1)$ 到 $(p, q-1)$ 触及对角线 $y=x$ 的路径 γ'。令 γ'_1 是 γ' 的子路径，它是从 $(0, -1)$ 到 γ' 触及的第一个对角线点 (d, d)。设 γ'_2 是 γ' 从 (d, d) 到 $(p, q-1)$ 的子路径。

将 γ_1' 关于直线 $y=x$ 反射，得到从 $(-1,0)$ 到 (d,d) 的路径 γ_1^*。把 γ_2' 与 γ_1^* 连接起来，得到从 $(-1,0)$ 到 $(p,q-1)$ 的路径 γ^*。此构造的说明如图 8-7 所示。

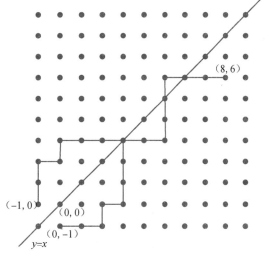

图 8-7

现在，每一条从 $(-1,0)$ 到 $(p,q-1)$ 的矩形格路径 θ 都必然穿过对角线 $y=x$，这是因为 $(-1,0)$ 在对角线上方而 $(p,q-1)$ 在对角线下方。如果将 θ 的从 $(-1,0)$ 到第一个穿越点的部分反射，则得到从 $(0,-1)$ 到 $(p,q-1)$ 且触及直线 $y=x$ 的一条路径。这表明 γ' 到 γ^* 之间一一对应，从而 $l(p,q)$ 等于从 $(-1,0)$ 到 $(p,q-1)$ 的矩形格路径的数目。由定理 8.5.1，我们有

$$l(p,q) = \binom{p+1+q-1}{q-1}$$
$$= \binom{p+q}{q-1}$$

因此，从 $(0,0)$ 到 (p,q) 的下对角线矩形格路径的数目等于

$$\binom{p+q}{q} - l(p,q) = \binom{p+q}{q} - \binom{p+q}{q-1} = \frac{(p+q)!}{p!q!} - \frac{(p+q)!}{(q-1)!(p+1)!}$$

化简得

$$\frac{p-q+1}{p+1}\binom{p+q}{q} \qquad\qquad \square \quad \boxed{304}$$

现在，考虑除了允许水平步 $H=(1,0)$ 和垂直步 $V=(0,1)$ 外，还允许对角步（diagonal step）$D=(1,1)$ 的格路径。我们称这样的路径 HVD 为格路径（lattice path）。设 p 和 q 是非负整数，并设 $K(p,q)$ 为从 $(0,0)$ 到 (p,q) 的 HVD 格路径的数目，再设 $K(p,q:rD)$ 是正好使用了 r 个对角步 D 的路径的数目。于是，$K(p,q:0D)$ 等于从 $(0,0)$ 到 (p,q) 的矩形格路径的数目；因此，由定理 8.5.1，我们有

$$K(p,q:0D) = \binom{p+q}{p}$$

如果 $r>\min\{p,q\}$，则还有 $K(p,q:rD)=0$。

定理 8.5.4 设 $r\leqslant\min\{p,q\}$，则

$$K(p,q:rD) = \binom{\quad p+q-r\quad}{p-r\quad q-r\quad r} = \frac{(p+q-r)!}{(p-r)!(q-r)!r!}$$

及

$$K(p,q) = \sum_{r=0}^{\min\{p,q\}} \frac{(p+q-r)!}{(p-r)!(q-r)!r!} \qquad\qquad \boxed{305}$$

证明 一条从 $(0,0)$ 到 (p,q) 使用了 r 个对角步 D 的 HVD 路径必然用了 $p-r$ 个水平步 H 和 $q-r$ 个垂直步 V，并被 $p-r$ 个 H，$q-r$ 个 V 以及 r 个 D 的序列唯一确定。于是，这样的路径的数目就是多重集合

$$\{(p-r)\cdot H,(q-r)\cdot V,r\cdot D\}$$

的排列数。从第 2 章我们知道，这个排列数为定理叙述中的多项式数。如果不指定对角步数 r，那么从 $r=0$ 到 $r=\min\{p,q\}$ 将 $K(p,q:rD)$ 求和，可得到定理中所给出的 $K(p,q)$。 $\square$

现在，设 $p\geqslant q$ 并设 $R(p,q)$ 为从 $(0,0)$ 到 (p,q) 的下对角线 HVD 格路径的数目。另

外，设 $R(p,q:rD)$ 是从 $(0,0)$ 到 (p,q) 正好使用了 r 个对角步 D 的下对角线 HVD 格路径的数目。我们有

306

$$R(p,q) = \sum_{r=0}^{q} R(p,q:rD)$$

定理 8.5.5 设 p 和 q 是正整数且 $p \geq q$，并设 r 是满足 $r \leq q$ 的非负整数。则有

$$R(p,q:rD) = \frac{p-q+1}{p-r+1} \frac{(p+q-r)!}{r!(p-r)!(q-r)!} = \frac{p-q+1}{p-r+1} \binom{p+q-r}{r \quad (p-r) \quad (q-r)}$$

及

$$R(p,q) = \sum_{r=0}^{q} \frac{p-q+1}{p-r+1} \frac{(p+q-r)!}{r!(p-r)!(q-r)!}$$

证明 从 $(0,0)$ 到 (p,q) 使用了 r 个对角步 D 的下对角线 HVD 格路径 γ 在除去 r 个对角步 D 后变成从 $(0,0)$ 到 $(p-r,q-r)$ 的下对角线矩形格路径 π。反之，$(0,0)$ 到 $(p-r,q-r)$ 的下对角线矩形格路径 π 通过在其水平步和垂直步的前面，中间以及后面的共 $p+q-2r+1$ 个地方中的任意地方插入 r 个对角步之后，就变成了从 $(0,0)$ 到 (p,q) 有 r 个对角步的下对角线 HVD 格路径。在 π 中插入对角步 D 的方法数等于方程

$$x_1 + x_2 + \cdots + x_{p+q-2r+1} = r$$

的非负整数解的个数，由 3.5 节，我们知道这个数是

$$\binom{p+q-2r+1+r-1}{r} = \binom{p+q-r}{r} \tag{8.28}$$

这样，对于每一条从 $(0,0)$ 到 $(p-r,q-r)$ 的下对角线矩形格路径，都存在从 $(0,0)$ 到 (p,q) 且有 r 个对角步的一些下对角线 HVD 格路径与之对应，且路径的数目由 (8.28) 给出。因此，

$$R(p,q:rD) = \binom{p+q-r}{r} R(p-r,q-r:0D)$$

利用定理 8.5.3，我们可以得到

$$R(p,q:rD) = \binom{p+q-r}{r} \frac{p-q+1}{p-r+1} \binom{p+q-2r}{q-r}$$

化简得

307

$$\frac{p-q+1}{p-r+1} \frac{(p+q-r)!}{r!(p-r)!(q-r)!} = \frac{p-q+1}{p-r+1} \binom{p+q-r}{r \quad (p-r) \quad (q-r)}$$

于是，从 $r=0$ 到 q 将 $R(p,q:rD)$ 求和，我们就得到定理中给出的 $R(p,q)$ 的公式。 □

注意，在定理 8.5.5 中，如果我们取 $r=0$，就可得到定理 8.5.3。

现在，假设 $p=q=n$。称从 $(0,0)$ 到 (n,n) 的下对角线 HVD 格路径为 Schröder 路径 (Schröder path)[⊖]。大 Schröder 数 R_n 是从 $(0,0)$ 到 (n,n) 的 Schröder 路径的数目。于是，根据定理 8.5.5，有

$$R_n = R(n,n) = \sum_{r=0}^{n} \frac{1}{n-r+1} \frac{(2n-r)!}{r!((n-r)!)^2}$$

大 Schröder 数的序列 $R_0, R_1, R_2, \cdots, R_n, \cdots$ 的前若干项如下所示：

$$1,2,6,22,90,394,1806,\cdots$$

⊖ 名称取自 Friedrich Wilhelm Karl Ernst Schröder (1841—1902)。见 R. P. Stanley, Hipparchus, Plutarch, Schröder, and Hough, *American Mathematical Monthly*, 104 (1997), 344-350。也见 L. W. Shapiro and R. A. Sulanke, Bijections for Schröder numbers, *Mathematics Magazine*, 73 (2000), 369-376。这一节主要参考的是这两篇文章。

现在，我们转而讨论小 Schröder 数，它由称为加括号（bracketing）的结构定义。设 $n \geqslant 1$ 并设 a_1，a_2，$\cdots$，a_n 是 n 个符号的序列，我们把 8.2 节描述的 a_1，a_2，$\cdots$，a_n 的乘法方案的概念扩展到序列 a_1，a_2，$\cdots$，a_n 加括号的概念。对于乘法方案，我们有二元运算"$\times$"，它把两个量结合到一起，一个乘法方案就是把 $n-1$ 套括号加到序列 a_1，a_2，$\cdots$，a_n 之中，使得每一套括号对应两个量的一次乘法的方法。在加括号的操作中，一套括号可以括入任意多个符号。为简明起见，现在将放弃符号"$\times$"，因为它的使用会引起某种歧义。在给出加括号的正式定义之前，我们分别列出当 $n=1$，2，3，4时加括号的方法，同时介绍一些出于简化的目的而采用的简化记法。

例子　如果 $n=1$，则只存在一种加括号的方法，即 a_1。准确地说，应该把它写成 (a_1)，不过为了简明起见，我们将除去单个元素两边的括号，让括号呈隐式状态。当 $n=2$ 时，只有一种加括号的方法，即 $(a_1 a_2)$，或更简单地写成 $a_1 a_2$。一般来说，我们略去配给剩余符号的最后一次所要加的一对括号。当 $n=3$ 时，有三种加括号的方法：

$$a_1 a_2 a_3, (a_1 a_2) a_3, a_1 (a_2 a_3)^{\ominus}$$

308

对于 $n=4$，有 11 种加括号的方法：

$$a_1 a_2 a_3 a_4, (a_1 a_2) a_3 a_4, (a_1 a_2 a_3) a_4, a_1 (a_2 a_3) a_4, a_1 (a_2 a_3 a_4), a_1 a_2 (a_3 a_4)$$

和

$$((a_1 a_2) a_3) a_4, (a_1 (a_2 a_3)) a_4, a_1 ((a_2 a_3) a_4), a_1 (a_2 (a_3 a_4)), (a_1 a_2)(a_3 a_4)^{\ominus}$$ □

现在，我们给出给序列 a_1，a_2，$\cdots$，a_n 加括号的正式递归定义。每个符号 a_i 本身是一种加括号方式；任意两个或多个加括号序列被一对括号括起来仍是一种加括号。于是，与 8.2 节的乘法方案不同的是，一对括号未必对应两个符号的一次乘法。利用这个定义，我们可以用所有可能的方法利用下面给出的递归算法构造出序列 a_1，a_2，$\cdots$，a_n 的所有加括号的方式。

构造加括号的算法

从序列 a_1，a_2，$\cdots$，a_n 开始。

（1）设 γ 等于 $a_1 a_2 \cdots a_n$。

（2）当 γ 至少含有 3 个符号时，做下列工作：
  （a）添加一套括号，把任意 $k \geqslant 2$ 个连续符号括起来，比如 $a_i a_{i+1} \cdots a_{i+k-1}$，形成一个新的符号 $(a_i a_{i+1} \cdots a_{i+k-1})$。
  （b）用这样的表达式替换 γ，其中 $(a_i a_{i+1} \cdots a_{i+k-1})$ 当作是一个符号$^{\ominus\ominus\ominus}$。

（3）输出当前的表达式。

a_1，a_2，$\cdots$，a_n 的乘法方案是二元加括号（binary bracketing）操作，即每一套括号插入两个符号的加括号。

例子　下面我们给出这个算法应用的一个例子。设 $n=9$，于是从 $a_1 a_2 a_3 a_4 a_5 a_6 a_7 a_8 a_9$ 开始。进行下列选择而完成一次加括号操作：

$$
\begin{aligned}
a_1 a_2 a_3 a_4 a_5 a_6 a_7 a_8 a_9 &\rightarrow a_1 a_2 a_3 (a_4 a_5 a_6) a_7 a_8 a_9 \\
&\rightarrow (a_1 a_2) a_3 (a_4 a_5 a_6) a_7 a_8 a_9 \\
&\rightarrow (a_1 a_2) a_3 ((a_4 a_5 a_6) a_7 a_8) a_9 \\
&\rightarrow (a_1 a_2)(a_3 ((a_4 a_5 a_6) a_7 a_8) a_9)
\end{aligned}
$$

309

⊖　不作任何简化，这些加括号的方法可以写成 $(a_1 \times a_2 \times a_3)$，$((a_1 \times a_2) \times a_3)$，$(a_1 \times (a_2 \times a_3))$。最后两个是乘法方案，因为它们中的每一对括号对应两个量的一次乘法。第一个括号不是乘法方案，因为一套括号括起来 3 个数。

⊜　只有最后 5 个是乘法方案。

⊜　不过要记住，如果我们选择整个符号序列，则不添加括号，因为 $k \geqslant 2$ 时不再将一个符号用括号括起来。

这种加括号的操作不是二元加括号操作，因为有一套括号括入多于两个的符号；例如，$(a_4 a_5 a_6)$，$((a_4 a_5 a_6) a_7 a_8)$ 也是这样（它括起来 3 个符号：$(a_4 a_5 a_6)$，a_7 和 a_8），$(a_3 ((a_4 a_5 a_6) a_7 a_8) a_9)$ 也一样（它括起来的 3 个符号为 a_3，$((a_4 a_5 a_6) a_7 a_8)$ 和 a_9）。 □

对于 $n \geqslant 1$，小 Schröder 数 s_n 定义为给 n 个符号 a_1，a_2，$\cdots$，a_n 的序列添加括号的方法数。我们已经看到，$s_1 = 1$，$s_2 = 1$，$s_3 = 3$ 和 $s_4 = 11$。事实上，序列 $(s_n : n = 1, 2, 3, \cdots)$ 的前几项是：

$$1, 1, 3, 11, 45, 197, 903, \cdots$$

将它和大 Schröder 数比较得到一个尚未验证的结论：对 $n \geqslant 1$ 且 $R_0 = 1$，$R_n = 2 s_{n+1}$。下面我们通过计算出大、小 Schröder 数的生成函数来给出这个结论的证明。

定理 8.5.6 小 Schröder 数序列 $(s_n : n \geqslant 1)$ 的生成函数是

$$\sum_{n=1}^{\infty} s_n x^n = \frac{1}{4}(1 + x - \sqrt{x^2 - 6x + 1})$$

证明 设 $g(x) = \sum_{n=1}^{\infty} s_n x^n$ 是小 Schröder 数序列的生成函数，加括号的递归定义意味着

$$g(x) = x + g(x)^2 + g(x)^3 + g(x)^4 + \cdots = x + g(x)^2 (1 + g(x) + g(x)^2 + \cdots) = x + \frac{g(x)^2}{1 - g(x)}$$

这给出

$$(1 - g(x)) g(x) = (1 - g(x)) x + g(x)^2$$

于是，有

$$2 g(x)^2 - (1 + x) g(x) + x = 0$$

因此，$g(x)$ 是二次方程

$$2 y^2 - (1 + x) y + x = 0$$

的解。该方程的两个解是

| 310 |

$$y_1(x) = \frac{(1 + x) + \sqrt{(1 + x)^2 - 8x}}{4}$$

和

$$y_2(x) = \frac{(1 + x) - \sqrt{(1 + x)^2 - 8x}}{4}$$

因为 $g(0) = 0$，$y_1(0) = 1/2$ 且 $y_2(0) = 0$，于是，我们有

$$g(x) = y_2(x) = \frac{1 + x - \sqrt{x^2 - 6x + 1}}{4}$$ □

正如在定理 8.5.6 中计算的那样，生成函数 $g(x) = \sum_{n=1}^{\infty} s_n x^n$ 可以用来得到对计算很有用的小 Schröder 数的递推关系。我们回到在定理 8.5.6 的证明中出现的二次方程

$$2 y^2 - (1 + x) y + x = 0 \tag{8.29}$$

如果对该方程两边关于 x 微分[⊖]，则得到

$$4 y \frac{\mathrm{d}y}{\mathrm{d}x} - y - (1 + x) \frac{\mathrm{d}y}{\mathrm{d}x} + 1 = 0$$

因此，有

$$\frac{\mathrm{d}y}{\mathrm{d}x} = \frac{y - 1}{4y - 1 - x} = \frac{(x - 3) y - x + 1}{x^2 - 6x + 1}$$

⊖ 请记住 y 是 x 的函数。

上式最后的等式可以通过交叉相乘然后利用二次方程 $2y_2 - (1+x)y + x = 0$ 而得到证明。现在我们有

$$(x^2 - 6x + 1)\frac{dy}{dx} - (x - 3)y + x - 1 = 0 \tag{8.30}$$

把 $y = g(x) = \sum_{n=1}^{\infty} s_n x^n$ 代入到 (8.30) 之中，然后简化，我们得到

$$\sum_{n=1}^{\infty}(n-1)s_n x^{n+1} - 3\sum_{n=1}^{\infty}(2n-1)s_n x^n + \sum_{n=1}^{\infty} n s_n x^{n-1} + x - 1 = 0$$

可以把上式重写成

$$\sum_{n=1}^{\infty}(n-1)s_n x^{n+1} - 3\sum_{n=0}^{\infty}(2n+1)s_{n+1} x^{n+1} + \sum_{n=-1}^{\infty}(n+2)s_{n+2} x^{n+1} = -x + 1 \quad \boxed{311}$$

令这个方程左边表达式中 x^{n+1} 的系数等于 0，其中 $n \geqslant 1$，我们得到

$$(n+2)s_{n+2} - 3(2n+1)s_{n+1} + (n-1)s_n = 0 \quad (n \geqslant 1) \tag{8.31}$$

递推关系 (8.31) 是非常数系数的 2 阶齐次线性递推关系。

现在，我们回到大 Schröder 数，并在下面的定理中计算它们的生成函数。

定理 8.5.7 大 Schröder 数序列 $(R_n : n \geqslant 0)$ 的生成函数是

$$\sum_{n=0}^{\infty} R_n x^n = \frac{1}{2x}\left(-(x-1) - \sqrt{x^2 - 6x + 1}\right)$$

证明 设 $h(x) = \sum_{n=0}^{\infty} R_n x^n$ 是大 Schröder 数的生成函数。从 $(0, 0)$ 到 (n, n) 的下对角线格路径是：

(1) 空路径（若 $n = 0$）；

(2) 从一个对角步 D 开始；

(3) 从一个水平步 H 开始。

类型 (2) 的路径数目等于从 $(1, 1)$ 到 (n, n) 的下对角线 HVD 格路径数目，从而等于 R_{n-1}。类型 (3) 的路径从一个水平步 H 开始，然后跟着一条从 $(1, 0)$ 到 (n, n) 的路径 γ，这条路径不超过连接 $(1, 1)$ 到 (n, n) 的对角线。因为 γ 终止于对角线上的点 (n, n)，因此存在 γ 在对角线上的第一个点 (k, k)，其中 $1 \leqslant k \leqslant n$。因为 (k, k) 是 γ 在对角线上的第一个点，因此 γ 通过一个垂直步进 V 从点 $(k, k-1)$ 到达 (k, k)。γ 在从 $(1, 0)$ 到 $(k, k-1)$ 的部分上是一条格路径 γ_1，这条路径不会到连接 $(1, 0)$ 到 $(k, k-1)$ 的对角线的上面去。γ 在从 (k, k) 到 (n, n) 的部分上是格路径 γ_2，它不会到连接 (k, k) 到 (n, n) 的对角线的上面去。γ_1 存在 R_{k-1} 个选择，而 γ_2 存在 R_{n-k} 个选择，从而类型 (3) 的格路径数目等于 $R_{k-1}R_{n-k}$。求和，我们得到递推关系

$$R_n = R_{n-1} + \sum_{k=1}^{n} R_{k-1}R_{n-k} \quad (n \geqslant 1)$$

或等价地，

$$R_n = R_{n-1} + \sum_{k=0}^{n-1} R_k R_{n-1-k} \quad (n \geqslant 1) \tag{8.32} \quad \boxed{312}$$

其中 $R_0 = 1$。于是，有

$$x^n R_n = x(x^{n-1}R_{n-1}) + x\left(\sum_{k=0}^{n-1} x^k R_k x^{n-1-k}R_{n-1-k}\right) \quad (n \geqslant 1)$$

因为 $R_0 = 1$，因此前面的方程意味着大 Schröder 数的生成函数 $h(x)$ 满足

$$h(x) = 1 + xh(x) + xh(x)^2$$

因此，$h(x)$ 是二次方程

$$xy^2 + (x-1)y + 1 = 0$$

的解。这个二次方程的两个解是

$$y_1(x) = \frac{-(x-1) + \sqrt{x^2 - 6x + 1}}{2x}$$

和

$$y_2(x) = \frac{-(x-1) - \sqrt{x^2 - 6x + 1}}{2x}$$

其中，第一个解不可能是大 Schröder 数的生成函数，因为它不给出非负整数。于是有

$$h(x) = y_2(x) = \frac{1 - x - \sqrt{x^2 - 6x + 1}}{2x} \qquad \square$$

比较大、小 Schröder 数的生成函数，我们可以得到下列推论。

推论 8.5.8　大、小 Schröder 数的生成函数之间的关系是

$$R_n = 2s_{n+1} \quad (n \geqslant 1)$$

在 7.6 节和 8.1 节中，我们考虑过借助于在其区域内部不相交的对角线将一个凸多边形划分成一个个的三角形的方法。我们还证明了把有 $n+1$ 条边的凸多边形区域如此三角形化的方法数等于按特定顺序给出的 n 个数的乘法方案数，它们都等于 Catalan 数

$$C_{n-1} = \frac{1}{n}\binom{2n-2}{n-1}$$

这样，第 n 个 Catalan 数 C_n 等于把有 $n+2$ 条边的凸多边形区域三角形化的方法数。现在我们给加括号赋予一种组合式几何解释，以此来结束本节的讨论。

313

考虑有 $n+1$ 条边的凸多边形区域 Π_{n+1} 及序列 a_1，a_2，$\cdots$，a_n。Π_{n+1} 的基边标记为 base，而其余的 n 条边分别标记为 a_1，a_2，$\cdots$，a_n，方法是从基边的左侧标记为 a_1 的边开始按顺时针顺序进行标记。对 a_1，a_2，$\cdots$，a_n 添加括号的操作与 Π_{n+1} 的剖分（dissection）方式一一对应，其中，我们说 Π_{n+1} 的剖分指的是通过插入在区域内部不相交的对角线而得到的将 Π_{n+1} 分成若干区域的划分。与三角形化不同，在 Π_{n+1} 这样的划分中区域不一定是三角形。

我们在图 8-8 中解释了这种对应，其中用算法构造的加括号的例子给出了具体的解释：

$$a_1a_2a_3a_4a_5a_6a_7a_8a_9 \rightarrow a_1a_2a_3(a_4a_5a_6)a_7a_8a_9$$
$$\rightarrow (a_1a_2)a_3(a_4a_5a_6)a_7a_8a_9$$
$$\rightarrow (a_1a_2)a_3((a_4a_5a_6)a_7a_8)a_9$$
$$\rightarrow (a_1a_2)(a_3((a_4a_5a_6)a_7a_8)a_9)$$

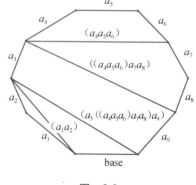

图 8-8

这个对应是成立的，它在加括号操作和剖分之间建立了一一对应，而且还证明了下面的定理。我们约定有两条边的多边形区域是一条线段而且它恰好有一个剖分（即空剖分）。

314

定理 8.5.9　设 n 为正整数，则有 $n+1$ 条边的凸多边形区域的剖分数等于小 Schröder 数 s_n。

如下使用多边形区域 Π_{n+1} 为 n 个符号的序列构造加括号的算法是显而易见的。

构造 Π_{n+1} 的剖分的算法

从凸多边形区域 Π_{n+1} 开始，将它的边按照顺时针方向标记为

$$\text{base},a_1,a_2,\cdots,a_n$$

1. 设 $\Gamma=\Pi_{n+1}$。

（a）当 Γ 有多于 3 条边时，插入 Γ 的一条对角线，由此将 Γ 划分成两个部分。（这里，我们允许选择基边作为对角线，在这一情况下，这两部分是 Γ 和由这个基边给出的有两条边的多边形区域。）

（b）用包含基边的部分代替 Γ（这部分将至少少一条边，而且如果在（a）中选择了基边，则它就是基边本身）。

2. 输出完全剖分的多边形区域 Π_{n+1}。

当基边被选择作为对角线时，这个算法终止，这时 Γ 被由这个基边给出的有两条边的多边形区域取代。

8.6　练习题

1. 设在圆上选择 $2n$ 个（等间隔的）点。证明将这些点成对连接起来得到 n 条不相交线段的方法数等于第 n 个 Catalan 数 C_n。

2. 证明：由 1，2，$\cdots$，$2n$ 构成且满足

$$x_{11} < x_{12} < \cdots < x_{1n}$$
$$x_{21} < x_{22} < \cdots < x_{2n}$$

以及

$$x_{11} < x_{21}, x_{12} < x_{22}, \cdots, x_{1n} < x_{2n}$$

的 2 行 n 列数组

$$\begin{bmatrix} x_{11} & x_{12} & \cdots & x_{1n} \\ x_{21} & x_{22} & \cdots & x_{2n} \end{bmatrix}$$

的个数等于第 n 个 Catalan 数 C_n。

315

3. 写出 4 个数的所有乘法方案以及与之对应的凸五边形的三角形划分。

4. 确定与下列乘法方案对应的凸多边形区域的三角形划分：

（a）$(a_1 \times (((a_2 \times a_3) \times (a_4 \times a_5)) \times a_6))$

（b）$(((a_1 \times a_2) \times (a_3 \times (a_4 \times a_5))) \times ((a_6 \times a_7) \times a_8))$

*5. 设 m 和 n 是非负整数且 $n \geqslant m$。有 $m+n$ 个人站成一排要进入剧院，入场费为 50 美分。这 $m+n$ 个人中 n 个人有 50 美分硬币，而 m 个人只有 1 美元钞票。售票处开门时使用一个空的收银机。证明：这些人以某个方式排列使得在需要的时候总有零钱可找的这些列队的数目是

$$\frac{n-m+1}{n+1}\binom{m+n}{m}$$

（$m=n$ 的情况已在 8.1 节讨论过。）

6. 设序列 h_0，h_1，$\cdots$，h_n，$\cdots$ 是由 $h_n=2n^2-n+3(n \geqslant 0)$ 定义的。确定其差分表，并求出 $\sum\limits_{k=0}^{n} h_k$ 的公式。

7. 序列 h_n 的一般项是 n 的一个 3 次多项式。如果其差分表的第 0 行的前 4 个数是 1，-1，3，10，确定 h_n 和 $\sum\limits_{k=0}^{n} h_k$ 的公式。

8. 求前 n 个正整数的 5 次幂的和。

9. 证明序列 h_0，h_1，$\cdots$，h_n，$\cdots$ 的 k 阶差分公式：

$$\Delta^k h_n = \sum_{j=0}^{k} (-1)^{k-j} \binom{k}{j} h_{n+j}$$

10. 如果 h_n 是 n 的 m 次多项式，证明能够唯一确定常数 c_0，c_1，$\cdots$，c_m，使得

$$h_n = c_0 \binom{n}{0} + c_1 \binom{n}{1} + \cdots + c_m \binom{n}{m}$$

成立（参照定理 8.2.2）。

11. 计算第二类 Stirling 数 $S(8, k)$，$(k=0, 1, \cdots, 8)$。

12. 证明第二类 Stirling 数满足以下关系：

316

    (a) $S(n, 1)=1$ $(n \geqslant 1)$

    (b) $S(n, 2)=2^{n-1}-1$ $(n \geqslant 2)$

    (c) $S(n, n-1)=\binom{n}{2}$ $(n \geqslant 1)$

    (d) $S(n, n-2)=\binom{n}{3}+3\binom{n}{4}$ $(n \geqslant 2)$

13. 设 X 是 p 元素集合而 Y 是 k 元素集合。证明：把 X 映射到 Y 的到上函数 $f: X \rightarrow Y$ 的个数等于

$$k! S(p, k) = S^{\sharp}(p, k)$$

*14. 求出并验证

$$\sum_{k=0}^{n} k^p$$

的涉及第二类 Stirling 数的通项公式。

15. 把 n 元素集合划分成不可区分的 k 个盒子（其中一些可能是空盒）的划分的个数是 k^n。通过用不同的方式计数来证明

$$k^n = \binom{k}{1} 1! S(n,1) + \binom{k}{2} 2! S(n,2) + \cdots + \binom{k}{n} k! S(n,n)$$

（如果 $k>n$，定义 $S(n, k)$ 为 0。）

16. 计算 Bell 数 B_8（参见练习题 11）。

17. 计算直到 $n=7$ 的第一类 Stirling 数 $s(n, k)$ 的三角形。

18. 把 $[n]_k$ 写成 n 的多项式，其中 $k=5, 6, 7$。

19. 证明第一类 Stirling 数满足下面的公式：

    (a) $s(n, 1)=(n-1)!$ $(n \geqslant 1)$

    (b) $s(n, n-1)=\binom{n}{2}$ $(n \geqslant 1)$

20. 证明 $[n]_n = n!$，并用第一类 Stirling 数把 $n!$ 写成 n 的多项式。明确给出 $n=6$ 时的多项式。

21. 对每一个整数 $n=1, 2, 3, 4, 5$，构造通过优超确定偏序的 n 的分拆集 $\mathcal{P}_n$ 的图。

22. (a) 计算分拆数 p_6 并构造通过优超确定偏序的集合 $\mathcal{P}_6$ 的图。

317

    (b) 计算分拆数 p_7 并构造通过优超确定偏序的集合 $\mathcal{P}_7$ 的图。

23. 有限集上的全序有唯一的极大元（最大的元素）和唯一的极小元（最小的元素）。在字典序之下，P_n 的最大分拆和最小分拆是什么？

24. 有限集上的偏序可能有多个极大元和极小元。在以优超确定偏序的 n 的分拆集 $\mathcal{P}_n$ 中，证明存在唯一的极大元和唯一的极小元。

25. 设 $t_1, t_2, \cdots, t_m$ 是互不相同的正整数，并设

$$q_n = q_n(t_1, t_2, \cdots, t_m)$$

等于 n 的所有部分取自 $t_1, t_2, \cdots, t_m$ 的分拆数。定义 $q_0=1$。证明 $q_0, q_1, \cdots, q_n, \cdots$ 的生成函数是

$$\prod_{k=1}^{m} (1 - x^{t_k})^{-1}$$

26. 确定下列分拆的共轭分拆：

    (a) $12=5+4+2+1$

    (b) $15=6+4+3+1+1$

    (c) $20=6+6+4+4$

(d) $21 = 6 + 5 + 4 + 3 + 2 + 1$

(e) $29 = 8 + 6 + 6 + 4 + 3 + 2$

27. 对每个整数 $n > 2$，确定一个 n 的至少有两个部分的自共轭分拆。

28. 证明共轭将倒转优超的顺序；也就是说，如果 λ 和 μ 是 n 的两个分拆并且 λ 被 μ 优超，则 μ^* 被 λ^* 优超。

29. 证明把正整数 n 分拆成每一部分至多是 2 的分拆数等于 $\lfloor n/2 \rfloor + 1$。（备注：把 n 分拆每一个部分至多是 3 的分拆数有一个公式，即最接近 $\dfrac{(n+3)^2}{12}$ 的整数，但其证明更加困难，还存在任何部分不超过 4 的分拆个数的公式，这个公式更加复杂，证明起来也更加困难。） 318

30. 证明分拆函数满足

$$p_n > p_{n-1} \quad (n \geqslant 2)$$

31. 计算 $h_{k-1}^{(k)}$，这是用处于一般位置的 $k-1$ 个超平面划分 k 维空间时所得区域的个数。

32. 利用递推关系（8.31）计算小 Schröder 数 s_8 和 s_9。

33. 利用递推关系（8.32）计算大 Schröder 数 R_7 和 R_8。验证 $R_7 = 2s_8$，$R_8 = 2s_9$，如推论 8.5.8 所述。

34. 利用大 Schröder 数的生成函数计算前几个大 Schröder 数。

35. 利用小 Schröder 数的生成函数计算前几个小 Schröder 数。

36. 证明 Catalan 数 C_n 等于满足下面条件的格路径数：从 $(0, 0)$ 开始到 $(2n, 0)$ 且仅仅使用上行步 $(1, 1)$ 和下行步 $(1, -1)$，并从不走到水平轴上方的格路径（所以，上行步数等于下行步数）。（有时把这样的格路径称为 Dyck 路径。）

*37. 大 Schröder 数 R_n 计数的是从 $(0, 0)$ 到 (n, n) 的下对角线 HVD 格路径数。小 Schröder 数计数的是有 $n+1$ 条边的凸多边形的区域剖分数。因为对 $n \geqslant 1$，有 $R_n = 2s_{n+1}$，因此从 $(0, 0)$ 到 (n, n) 的下对角线 HVD 格路径数等于有 $n+1$ 条边的凸多边形区域的剖分数。求出这些格路径和这些剖分之间的一一对应。 319 ～ 320

相异代表系

这短短的一章是基本计数的各章（第 2 章以及第 4 章到第 8 章）与本书剩余章节之间的一个间歇。我们以下面三个问题开始本章的内容。

问题 1 考虑 $m \times n$ 棋盘，其中某些格子禁止落子而其他格子是自由的。能够放置到这个棋盘自由位置上的非攻击型车的最多个数是多少？

在前面章节中，我们考虑了把 n 个非攻击型车放到 $n \times n$ 棋盘上的方法数的计数问题。我们默认这个数是正的；即有可能把 n 个非攻击型车放到这张棋盘上。现在，我们不仅关心有没有可能把 n 个非攻击型车放到棋盘上，而且更一般地，还关心能够放到棋盘上的非攻击型车的最大个数的问题。

问题 2 还是考虑 $m \times n$ 棋盘，其中某些格子禁止落子而其他格子是自由的。把多米诺骨牌放到这张棋盘上使得每一张牌都能覆盖两个自由格且没有两张牌交叠（覆盖同一个格子），满足这样放置条件的多米诺骨牌的最大张数是多少？

在第 1 章，我们考虑过这个问题的特殊情况，它涉及的问题是这样一张有禁止落子方格的棋盘什么时候有完美覆盖。对于完美覆盖，我们还必须额外要求每一个自由格都要被一张多米诺骨牌盖住。如果 p 是自由格总数，那么存在一个完美覆盖当且仅当 p 是偶数，而问题 2 的答案是 $p/2$。在通常情况下，某些自由格可能不被任一张多米诺骨牌覆盖。

问题 3 一家公司有 n 项工作空缺，每项工作需要符合一定资格条件的人承担。今有 m 个人申请这 n 项工作。如果一项工作空缺只能由一名满足该工作资格条件的人填补，那么从这 m 个申请人中能够填补的工作的最大项数是多少？

前两个问题是娱乐性质的。然而，第三个问题显然具有更严肃和实用的特点。实际上，问题 1 和问题 3 是同一个抽象问题的不同表述，而问题 2 则是其特殊情况。在这一章，我们要解决这个抽象问题，从而解决问题 1、问题 2 和问题 3。当然，对于问题 3，我们不仅要知道符合条件的人填补工作的最大项数，而且还要知道指派最多申请人去做他们申请的工作时的特定指派（对问题 1 和问题 2 也类似）。我们将在第 13 章中针对这一问题的不同模型进行相关讨论。

9.1 问题表述

问题 1、2 和 3 有一个共同的抽象描述，下面我们将加以讨论。

设 Y 是一个有限集合，而 $A = (A_1, A_1, \cdots, A_n)$ 是 Y 的 n 个子集族$^{\ominus}$。Y 的元素的一个族 $(e_1, e_2, \cdots, e_n)$ 称为 A 的一个**代表系**（system of representative），简记为 SR，如果它满足

$$e_1 \text{ 在 } A_1 \text{ 中}, e_2 \text{ 在 } A_2 \text{ 中}, \cdots, e_n \text{ 在 } A_n \text{ 中}$$

在一个代表系中，元素 e_i 属于 A_i，因此是子集 A_i 的"代表"。如果在一个代表系内，元素 e_1，e_2，$\cdots$，e_n 都是不同的，那么 $(e_1, e_2, \cdots, e_n)$ 称为**相异代表系**（system of distinct representative），简记为 SDR。注意，即使 A_1 和 A_2 是相同的集合，它们在 SDR 中也必须有不同的代表，因为它们是这个族的不同项。

$\ominus$ 这里所说的族实际上是作为序列来使用，但是它不是数列。这个序列的项是集合。与数列一样，不同的项可以相等；因此，族里的某些集合可以相同。

例子 设 (A_1, A_2, A_3, A_4) 是集合 $Y=\{a, b, c, d\}$ 的子集族，其定义分别为

$$A_1=\{a,b,c\}, \quad A_2=\{b,d\}, \quad A_3=\{a,b,d\}, \quad A_4=\{b,d\}$$

则 (a, b, b, d) 是一个 SR，(c, b, a, d) 是一个 SDR。 □

非空集合的族 $A=(A_1, A_2, \cdots, A_n)$ 总有 SR。我们只需在每一个集合 $A_1, A_2, \cdots, A_n$ 中任选一个元素就可生成一个 SR。然而，这个族却不一定总有 SDR，即使这个族的所有集合都是非空的。例如，如果在一个族中存在两个集合，比如说是 A_1 和 A_2，每一个集合只包含一个元素，且 A_1 中的元素与 A_2 中的元素一样，即

$$A_1=\{x\}, \quad A_2=\{x\}$$

则这个族 A 没有 SDR。这是因为在任何一个 SR 中，x 必须同时代表 A_1 和 A_2，因此不存在 SDR（无论 $A_3, \cdots, A_n$ 是什么）。但是，这不是一个族没有 SDR 的唯一方式。

322

例子 设族 $A=(A_1, A_2, A_3, A_4)$ 的定义如下：

$$A_1=\{a,b\}, \quad A_2=\{a,b\}, \quad A_3=\{a,b\}, \quad A_4=\{a,b,c,d\}$$

于是 A 没有 SDR，因为在任何代表系中，A_1 必须由 a 或者 b 代表，A_2 也必须由 a 或者 b 代表，A_3 必须由 a 或者 b 代表。所以我们从这些集合（即 A_1, A_2, A_3）的代表中取出两个元素，即 a 和 b。根据鸽巢原理，三集合 A_1, A_2, A_3 中有两个必须由相同的元素代表。因此没有 SDR。 □

例子 选择一个 4×5 棋盘，其中的禁止落子方格如图 9-1 所示，考虑在这张棋盘上放置非攻击型车的问题。这些车必须放到自由方格上。在图 9-1 中，每一行以 A_1, A_2, A_3, A_4 之一为标签，每一列以 1，2，3，4，5 之一为标签。在这张棋盘中，这些标签表明我们要考虑 $Y=\{1, 2, 3, 4, 5\}$ 的子集的族 $A=(A_1, A_2, A_3, A_4)$，其中 A_i 是自由格在第 i 行上的各列组成的集合；因此

$$A_1=\{1,3,4,5\}, \quad A_2=\{1,2,4\}, \quad A_3=\{2,4\}, \quad A_4=\{2,3,4,5\}$$

可以在这张棋盘上放置 4 个非攻击型车当且仅当这个相关的族 A 有 SDR。例如，图 9-2 所示的 4 个非攻击型车就对应着 A 的这样一个 SDR $(4, 1, 2, 5)^{\ominus}$。 □

323

	1	2	3	4	5
A_1		×			
A_2			×		×
A_3	×		×		
A_4	×				

图 9-1

	1	2	3	4	5
A_1		×		⊗	
A_2	⊗		×		×
A_3	×	⊗	×		
A_4	×				⊗

图 9-2

前面例子中所进行的讨论具有一般性，可以运用于所有关于把非攻击型车放置到有禁止位置的棋盘上的问题。更精确地说，对于任何一个有禁止位置的 $m\times n$ 棋盘 B，我们给它匹配集合 $Y=\{1, 2, \cdots, n\}$ 的一个子集族 $A=(A_1, A_2, \cdots, A_m)$，称为这张棋盘的车族，其中

$$A_i=\{k: 第\ i\ 行上的第\ k\ 个方格是自由的\} \quad (i=1,2,\cdots,m)$$

是第 i 行上有自由格的列的集合。我们能够把 m 个非攻击型车放置在这张棋盘的自由格上当且仅

$\ominus$ 描述这个 4×5 棋盘的另一种方法就是利用一个 4×5 的位矩阵或者关联矩阵。这个 4×5 的矩阵是

$$\begin{bmatrix} 1 & 0 & 1 & \mathbf{1} & 1 \\ \mathbf{1} & 1 & 0 & 1 & 0 \\ 0 & \mathbf{1} & 0 & 1 & 0 \\ 0 & 1 & 1 & 1 & \mathbf{1} \end{bmatrix}$$

如果它的第 i 行第 j 列所对应的棋盘的相应位置是禁止位置，则第 i 行第 j 列上有一个 0；如果对应棋盘的位置是自由位置，则这个矩阵上这个位置有一个 1。把一个非攻击型车放置到棋盘上相当于取出一串 1，其中没有两个来自同一行，没有两个来自同一列。上面矩阵中的黑体 1 对应于图 9-2 上的车的放置位置。

当车族 A 有 SDR。更一般地，如果 k 是整数[⊖]，那么能够把 k 个非攻击型车放置到这张棋盘上当且仅当存在有 k 个集合的子族（subfamily）[⊖] $A(i_1, i_2, \cdots, i_k)=(A_{i_1}, A_{i_2}, \cdots, A_{i_k})$，其中 $1\leqslant i_1\leqslant i_2\leqslant\cdots\leqslant i_k\leqslant m$ 且该子族有 SDR。这些车将进入行 $i_1, i_2, \cdots, i_k$ 及这个 SDR 给出的代表列。

事实上，这完全是可逆的，n 元素集合 $Y=\{1, 2, \cdots, n\}$ 的 m 个子集组成的任何一个族 $A=(A_1, A_2, \cdots, A_m)$ 是某个有禁止方格的 $m\times n$ 棋盘的车族，其中 SDR 对应于在这张棋盘的自由格上的 m 个非攻击型车。我们可以简单地构造 $m\times n$ 棋盘，使其在 i 行 j 列上有自由格当且仅当 j 属于 A_i，否则是禁止方格。

例子 考虑 4×5 棋盘，它的方格被着成黑色或者白色，其中有一些方格是禁止格。为了容易区分，我们把自由白格标为 w_1,
[324] $w_2, \cdots, w_7$，而把自由黑格标为 $b_1, b_2\cdots, b_7$，见图 9-3。

w_1	×	w_2	b_1	w_3
b_2	w_4	×	w_5	b_3
×	b_4	×	b_5	×
×	w_6	b_6	w_7	b_7

图 9-3

我们给这张棋盘匹配一个黑格集合的子集族 $A=(A_1, A_2, A_3, A_4, A_5, A_6, A_7)$，对每一个白格有一个子集。令 A_i 为与白格 $w_i(i=1, 2, 3, 4, 5, 6, 7)$ 有一条公共边的所有黑格的集合。因此

$$A_1=\{b_2\}, \quad A_2=\{b_1\}, \quad A_3=\{b_1,b_3\}, \quad A_4=\{b_2,b_4\}, \quad A_5=\{b_1,b_3,b_5\},$$
$$A_6=\{b_4,b_6\}, \quad A_7=\{b_5,b_6,b_7\}$$

如果一张多米诺骨牌被放置到这张棋盘上，并覆盖方格 w_i，那么它必然覆盖 A_i 的一个黑格。因此，A_i 是由覆盖白格 w_i 的多米诺骨牌覆盖的黑格组成的。我们看到这张 4×5 棋盘有完美覆盖当且仅当 A 有 SDR。 □

前面例子中所进行的讨论可以运用于任何多米诺骨牌的覆盖问题。我们以某种顺序列出自由白格 $w_1, w_2, \cdots, w_m$，并以某种顺序列出自由黑格 $b_1, b_2, \cdots, b_n$（如果存在完美覆盖，则白格数 m 必然等于黑格数 n，但是我们没有必要做这样的限制），并构造出一个族 $A=(A_1, A_2, \cdots, A_m)$，每个自由白格对应一个集合，其中 A_i 是与白格 $w_i(i=1, 2\cdots, m)$ 有一条公共边的黑格的集合。族 A 称为该棋盘的多米诺族。假设 $m=n$，棋盘上有一个完美覆盖当且仅当多米诺族 A 有 SDR。一般地，如果 k 是整数，那么可以把 k 个不交叠的多米诺骨牌放置到棋盘上当且仅当存在有 SDR 的 k 个集合的子族 $A(i_1, i_2, \cdots, i_k)=(A_{i_1}, A_{i_2}, \cdots, A_{i_k})$，其中 $1\leqslant i_1<i_2<\cdots i_k\leqslant m$。多米诺骨牌被放置到白格 $w_{i_1}, w_{i_2}, \cdots, w_{i_k}$ 及对应于这个 SDR 的代表的黑格上。

到此，本章一开始介绍的给申请人分配他们有资格申请的工作的问题 3 应该很清楚了，它就是一个一般的 SDR 问题。设工作被标为 $p_1, p_2, \cdots, p_n$，于是对于第 i 个申请人，我们给他匹配一个他有资格申请的工作集合 A_i。给人分配能够承担的工作的分配就相当于寻找族 $A=(A_1, A_2, \cdots, A_n)$ 的 SDR 或者它的一个子族的 SDR。

现在，可以描述我们的一般问题了。

设 $A=(A_1, A_2, \cdots, A_n)$ 是有限集合 Y 的子集族。确定什么时候 A 存在 SDR。如果 A 没有
[325] SDR，那么存在 SDR 的子族 $A(i_1, i_2, \cdots, i_t)=(A_{i_1}, A_{i_2}, \cdots, A_{i_t})$ 中子集的最大数目是多少？

解决了这个问题就解决了本章开头介绍的问题 1、2 和 3。

9.2 SDR 的存在性

我们首先讨论确定 SDR 存在的一般必要条件。

设 $A=(A_1, A_2, \cdots, A_n)$ 是一个集合族。设 k 是满足 $1\leqslant k\leqslant n$ 的整数。为了使 A 有一个 SDR，族 A 的每 k 个集合的并集必须至少包含 k 个元素。为什么要这样呢？假设不是这样，即存

⊖ 这里的 k 不同于 A_i 定义中的 k。——译者注
⊖ 一个族是一个集合序列；一个子族就是这个序列的子序列。

在 k 个集合，比如说是 A_1，A_2，$\cdots$，A_k，它们合起来包含的元素个数小于 k，即

$$A_1 \bigcup A_2 \bigcup \cdots \bigcup A_k = F, \text{其中} |F| < k$$

这时，这 k 个集合 A_1，A_2，$\cdots$，A_k 中的每一个集合的代表一定来自集合 F 的元素。因为 F 的元素个数小于 k，因此，根据鸽巢定理，这 k 个集合 A_1，A_2，$\cdots$，A_k 中至少有两个集合有相同的代表。因此，不可能存在 SDR。我们用下面的引理描述这个必要条件。

引理 9.2.1 族 $A = (A_1, A_2, \cdots, A_n)$ 存在 SDR 的必要条件是下面条件成立：

(MC)：对于每一个 $k = 1, 2, \cdots, n$ 和取自于 $\{1, 2, \cdots, n\}$ 的下标 i_1，i_2，$\cdots$，i_k 的每一种选择，都有

$$|A_{i_1} \bigcup A_{i_2} \bigcup \cdots \bigcup A_{i_k}| \geqslant k \tag{9.1}$$

简言之，这个族的每 k 个子集的并集至少包含 k 个元素。

引理 9.2.1 中的条件 MC 通常称为婚姻条件（marriage condition）。之所以这样称呼是来自于下面这个相异代表系问题的有趣又经典的表述。

例子（婚姻问题） 有 n 位男士和 m 位女士，所有男士都渴望结婚。如果对他与谁结婚没有限制，为了让这些男士都结婚，只需要女士的人数 m 至少等于男士的人数 n。但是我们希望每一位男士和每一位女士双方都比较满意，因此，排除某些女士成为某位男士的潜在配偶的可能。因此，每一位男士应该处于从可选择的女士当中选出的某个合意的女士集合[○]之中。设 $(A_1, A_2, \cdots, A_n)$ 是女士子集族，其中 A_i 表示第 $i (i = 1, \cdots, n)$ 位男士的合意集合。于是，所有男士都能结婚对应于 $(A_1, A_2, \cdots, A_n)$ 有一个 SDR $(w_1, w_2, \cdots, w_n)$。这个对应是第 i 位男士与第 $w_i (i = 1, 2, \cdots, n)$ 位女士结婚。因为 w_i 在 A_i 之中，所以 w_i 是合第 i 位男士意的女士。因为 $(w_1, w_2, \cdots, w_n)$ 是一个相异代表系，所以没有两位男士会向同一位女士求婚[○]。在这个例子的环境之下，MC 断定任意 k 位男士的合意列表中至少含有 k 位女士，因此，这就是所有男士都能够与一位合意的女士结婚的必要条件。□

婚姻条件（9.1）不仅是 SDR 存在的必要条件而且还是充分条件。因此，它给出了 SDR 存在的一个特征。

定理 9.2.2 集合 Y 的子集族 $A = (A_1, A_2, \cdots, A_n)$ 有 SDR 当且仅当婚姻条件 MC 成立。

证明 根据引理 9.2.1，我们知道如果 A 有 SDR，则婚姻条件成立。现在，假设婚姻条件成立，要证明 A 有 SDR。我们通过对族 A 的集合个数 n 施归纳法进行证明。

如果 $n = 1$，即 $A = (A_1)$，则 MC 说 $|A_1| \geqslant 1$。因此，选择 A_1 中的任意一个元素，我们就得到此种情况下 A 的一个 SDR。

现在假设 $n \geqslant 2$。这时需要考虑两种情况，我们把这两种情况分别称为严格空间情况和空闲空间情况。

严格空间情况：存在满足 $1 \leqslant k \leqslant n-1$ 的整数 k 及 A 中有 k 个集合的子族，这 k 个集合的并集正好包含 k 个元素。（根据 MC，这个并集包含的元素个数不能小于 k，所以我们的空间是严格的。）为了记法上的简单，让我们假设[○]这 k 个集合就是前 k 个集合 A_1，A_2，$\cdots$，A_k。所以，设 $E = A_1 \bigcup A_2 \bigcup \cdots \bigcup A_k$，我们有

$$|E| = k$$

因为 A 满足 MC，于是它的子族 $(A_1, A_2, \cdots, A_k)$ 也满足 MC。因为 $k < n$，根据归纳假设，$(A_1, A_2, \cdots, A_k)$ 有一个 SDR $(e_1, e_2, \cdots, e_k)$。因为 $E = A_1 \bigcup A_2 \bigcup \cdots \bigcup A_k$，$|E| = k$，

○ 这听起来像是给求职者分配工作的问题，不是吗？女士是"工作"，某位男士合意的女士们则是这位男士申请的工作。

○ 我们忘记说没有女士被允许有两位配偶。

○ 实际上，用不同顺序列出这个族中的集合既不会影响 MC 也不会影响 SDR 的存在。

且 e_1，e_2，$\cdots$，e_k 互不相同，所以我们有 $E=\{e_1, e_2, \cdots, e_k\}$。因此，假如 A 有 SDR，那么在剩余的子族（A_{k+1}，A_{k+2}，$\cdots$，A_n）中的任何一个集合都不能有取自于 E 的代表元。

所以，我们考虑这样的族

$$\mathcal{A}^* = (A_{k+1} \setminus E, A_{k+2} \setminus E, \cdots, A_n \setminus E)$$

它们是从集合 A_{k+1}，A_{k+2}，$\cdots$，A_n 中分别减去 E 的元素而得到的 $n-k$ 个集合。因为 $k \geqslant 1$，所以 $n-k<n$。因此如果能够证明 $\mathcal{A}^*$ 满足 MC，那么就可以利用归纳假设得出结论说它有 SDR（f_{k+1}，f_{k+2}，$\cdots$，f_n），其中，任意下标的 f 都不等于任意下标的 e，所以（e_1，e_2，$\cdots$，e_k，f_{k+1}，f_{k+2}，$\cdots$，f_n）是 A 的一个 SDR，于是完成归纳证明。

下面证明 $\mathcal{A}^*$ 满足 MC。取 $\mathcal{A}^*$ 的任意 l 个集合

$$A_{j_1} \setminus E, A_{j_2} \setminus E, \cdots, A_{j_l} \setminus E$$

其中，$k+1 \leqslant j_1 < j_2 < \cdots < j_l \leqslant n$。考虑族 A 的如下 $k+l$ 个集合

$$A_1, A_2, \cdots, A_k, A_{j_1}, A_{j_2}, \cdots, A_{j_l}$$

因为对于 A，MC 成立，所以通过初等计算，我们有

$$|A_1 \cup A_2 \cup \cdots \cup A_k \cup A_{j_1} \cup A_{j_2} \cup \cdots \cup A_{j_l}| \geqslant k+l$$

$$|E \cup A_{j_1} \cup A_{j_2} \cup \cdots \cup A_{j_l}| \geqslant k+l$$

$$|E| + |(A_{j_1} \setminus E) \cup (A_{j_2} \setminus E) \cup \cdots \cup (A_{j_l} \setminus E)| \geqslant k+l$$

$$k + |(A_{j_1} \setminus E) \cup (A_{j_2} \setminus E) \cup \cdots \cup (A_{j_l} \setminus E)| \geqslant k+l$$

$$|(A_{j_1} \setminus E) \cup (A_{j_2} \setminus E) \cup \cdots \cup (A_{j_l} \setminus E)| \geqslant l$$

因此，$\mathcal{A}^*$ 满足 MC，所以它有 SDR，这也表明 A 有 SDR。

空闲空间情况：对于每一个满足 $1 \leqslant k \leqslant n-1$ 的整数 k 和 A 中每一个 k 个集合的子族，其并集至少包含 $k+1$ 个元素。（所以其并集包含的元素数量超过了 MC 的要求，因此我们有空闲的空间。）对于空闲的空间，其证明应该更简单些。族 A 的每一个集合至少包含一个元素，实际上是两个，因为空间有空闲。所以取 A_n 和它包含的元素 e_n。考虑这样的一个族 $A' = (A'_1, A'_2, \cdots, A'_{n-1})$，它是由 A_1，A_2，$\cdots$，A_{n-1} 中每一个包含 e_n 的集合删除 e_n 而得到的。我们说 A' 满足 MC。事实上，因为有空闲空间，而且只从 A_1，A_2，$\cdots$，A_n 中删除一个元素，所以对于每一个满足 $1 \leqslant k \leqslant n-1$ 的整数 k 及满足 $1 \leqslant i_1 < i_2 < \cdots < i_k \leqslant n-1$ 的每一种下标选择 i_1，i_2，$\cdots$，i_k，我们有

$$|A'_{i_1} \cup A'_{i_2} \cup \cdots \cup A'_{i_k}| \geqslant |A_{i_1} \cup A_{i_2} \cup \cdots \cup A_{i_k}| - 1 \geqslant (k+1) - 1 = k$$

因此，A' 满足 MC，所以根据归纳假设 A' 有 SDR（e_1，e_2，$\cdots$，e_{n-1}）。因为这些元素都不等于 e_n，所以（e_1，e_2，$\cdots$，e_{n-1}，e_n）是 A 的 SDR。因此，由归纳法知定理成立。□

如果婚姻条件不成立，则不存在 SDR，那么我们希望知道在拥有 SDR 的子族中集合的最大数量是多少。为了回答这个问题，我们先证明下面的定理。

定理 9.2.3 设 $A = (A_1, A_2, \cdots, A_n)$ 是有限集合 Y 的子集族。设 t 是满足 $0 \leqslant t \leqslant n$ 的整数。那么存在 A 的有 SDR 的 t 集合的子族当且仅当

$$|A_{i_1} \cup A_{i_2} \cup \cdots \cup A_{i_k}| \geqslant k - (n-t) \tag{9.2}$$

对于所有满足 $k \geqslant n-t$ 的 k 及取自 $\{1, 2, \cdots, n\}$ 的 k 个不同下标 i_1，i_2，$\cdots$，i_k 的所有选择都成立[○]。

证明 注意定理 9.2.2 是 $t=n$ 时的特殊情况，我们实际上要从定理 9.2.2 推导出本定理。设 F 是一个与 Y 完全不相交的 $n-t$ 个元素集合：$F \cap Y = \varnothing$，我们这样定义 $F \cup Y$ 的子集族 $A^* =$

○ 如果 $k<n-t$，则 $k-(n-t)<0$，于是（9.2）当然成立，所以不需要在（9.2）中包括它。

$(A_1^*,\ A_2^*,\ \cdots,\ A_n^*)$，即把 F 的所有元素都放入 A 的所有集合中：

$$A_i^* = A_i \bigcup F \quad (i = 1,2,\cdots,n)$$

我们证明 A 拥有有 SDR 的 t 集合族当且仅当 A^* 有 SDR。首先假设 A^* 有 SDR。因为 $|F|=k$，于是在这个 SDR 中至多有 k 个元素取自于 F，因此至少有 $n-k$ 个元素取自于 Y，所以，形成至少有族 A 的 $n-k$ 个集合的 SDR。反之，假设 A 拥有有 SDR 的 t 集合子族。为了记法上的方便，设这 t 个集合是 $A_1,\ A_2,\ \cdots,\ A_t$，并设它的 SDR 是 $(y_1,\ y_2,\ \cdots,\ y_t)$。设 F 的 $n-t$ 个元素是 $f_{t+1},\ f_{t+2},\ \cdots,\ f_n$。于是

$$(y_1,y_2,\cdots,y_t,f_{t+1},f_{t+2},\cdots,f_n)$$

是 A^* 的一个 SDR。因此结论成立。

现在，我们把定理 9.2.2 运用于 A^*。根据这个定理，A^* 有 SDR 当且仅当对于每一个 $k=1$，2，$\cdots$，n 和取自于 $\{1,\ 2,\ \cdots n\}$ 的不同下标 i_1，i_2，$\cdots$，i_k 的每一种选择，有

$$|A_{i_1}^* \bigcup A_{i_2}^* \bigcup \cdots \bigcup A_{i_k}^*| \geqslant k \tag{9.3}$$

因为

$$A_{i_1}^* \bigcup A_{i_2}^* \bigcup \cdots \bigcup A_{i_k}^* = (A_{i_1} \bigcup A_{i_2} \bigcup \cdots \bigcup A_{i_k}) \bigcup F$$

而且又因为

$$|A_{i_1} \bigcup A_{i_2} \bigcup \cdots \bigcup A_{i_k} \bigcup F| = |(A_{i_1} \bigcup A_{i_2} \bigcup \cdots \bigcup A_{i_k})| + |F|$$
$$= |A_{i_1} \bigcup A_{i_2} \bigcup \cdots \bigcup A_{i_k}| + n - t$$

我们看到条件（9.3）等价于条件（9.2）。因此根据定理 9.2.2，定理 9.2.3 成立。 □

作为一个推论，我们得到拥有 SDR 的子族中集合的最大数量的表达式。 |329|

推论 9.2.4 设 $A=(A_1,\ A_2,\ \cdots,\ A_n)$ 是有限集合 Y 的子集族。拥有 SDR 的子族中集合的最大数目为表达式

$$|A_{i_1} \bigcup A_{i_2} \bigcup \cdots \bigcup A_{i_k}| + n - k \tag{9.4}$$

对所有 $k=1$，2，$\cdots$，n 和满足 $1 \leqslant i_1 < i_2 < \cdots < i_k \leqslant n$ 的 k 个下标 i_1，i_2，$\cdots$，i_k 的所有选择的最小值。

证明 子族中集合的最大数目等于对于所有满足 $k \geqslant n-t$ 的 k 及取自于 $\{1,\ 2,\ \cdots,\ n\}$ 的 k 个不同的下标 i_1，i_2，$\cdots$，i_k 的所有选择使（9.2）成立的最大整数 t。因为（9.2）可以重写为

$$|A_{i_1} \bigcup A_{i_2} \bigcup \cdots \bigcup A_{i_k}| + (n-k) \geqslant t$$

所以推论成立；我们只需选择下式

$$|A_{i_1} \bigcup A_{i_2} \bigcup \cdots \bigcup A_{i_k}| + (n-k)$$

的最小值来找到符合要求的最大的 t。 □

例子 集合 $\{a,\ b,\ c,\ d,\ e,\ f\}$ 的子集族 $A=(A_1,\ A_2,\ A_3,\ A_4,\ A_5,\ A_6)$ 定义如下：

$$A_1 = \{a,b,c\}, \quad A_2 = \{b,c\}, \quad A_3 = \{b,c\}$$
$$A_4 = \{b,c\}, \quad A_5 = \{c\}, \quad A_6 = \{a,b,c,d\}$$

我们有

$$|A_2 \bigcup A_3 \bigcup A_4 \bigcup A_5| = |\{b,c\}| = 2$$

因此

$$|A_2 \bigcup A_3 \bigcup A_4 \bigcup A_5| + 6 - 4 = 2 + 6 - 4 = 4$$

因此，$n=6$，$k=4$，根据推论 9.2.4，我们知道从 A 中至多可以选择 4 个集合使得它们有 SDR。因为 $(A_1,\ A_2,\ A_5,\ A_6)$ 以 $(a,\ b,\ c,\ d)$ 作为 SDR，所以 4 是有 SDR 的集合的最大数目。用婚姻的话来说，如果每一位绅士要与一位合意的女士结婚的话，4 是能够最终结婚的绅士的最大数目。 □

9.3 稳定婚姻

[330] 本节[一]考虑前一节讨论的婚姻问题的一种变形。

在一个社区里有 n 位女士和 n 位男士。每位女士按照其对每位男士作为配偶的偏爱程度给每位男士排名次。不允许并列名次出现，因此，即使在一位女士在两位男士之间分不出差别时，我们还是要求她表示出某种偏爱。这种偏爱应是绝对顺序，这样每位女士将这些男士排成顺序 1，2，$\cdots$，n。类似地，每位男士也将这些女士排成顺序 1，2，$\cdots$，n，使这些男士和女士配成完美婚姻（complete marriage）的方式有 $n!$ 种。如果存在两位女士 A 和 B 及两位男士 a 和 b，使得

（1）A 和 a 结婚；

（2）B 和 b 结婚；

（3）A 更偏爱 b（名次更优先）而非 a；

（4）b 更偏爱 A 而非 B。

那么我们说这个完美婚姻是不稳定（unstable）的。在不稳定的完美婚姻中，A 和 b 可能抛弃各自的家庭而相伴私奔，因为他俩都认为，与当前配偶比起来每人都更偏爱各自的新伴侣。因此，在一男一女以对他们双方都有利的方式共同行动而打乱婚姻的意义之下，这种完美婚姻是"不稳定的"。如果完美婚姻不是不稳定的，则称其为稳定（stable）的。由此产生的第一个问题是：是否总存在稳定的完美婚姻？

我们为这个问题而使用的数学模型是优先排名矩阵（preferential ranking matrix）。这一矩阵是一个 n 行 n 列的 $n \times n$ 数组，其中 n 行中的每一行对应于一位女士 w_1，w_2，$\cdots$，w_n，n 列中的每一列对应于一位男士 m_1，m_2，$\cdots$，m_n。在第 i 行和第 j 列交叉位置处，我们放置数对 p，q，这一对数分别代表 w_i 给 m_j 排的名次和 m_j 给 w_i 排的名次。一个完美婚姻对应于这个矩阵上 n 个位置的集合，这个集合恰好包含每一行的一个位置及每一列的一个位置[二]。

例子 设 $n=2$，并设优先排名矩阵为

$$
\begin{array}{cc}
 & m_1 \quad m_2 \\
\begin{array}{c} w_1 \\ w_2 \end{array} & \left[\begin{array}{cc} 1,2 & 2,2 \\ 2,1 & 1,1 \end{array} \right]
\end{array}
$$

于是，第一行第一列处的项 1，2 指的是 w_1 已将 m_1 放在她的备选配偶列表的第一位，而 m_1 则将 w_1 放在他的表中的第二位。存在两个可能的完美婚姻：

[331]
$$（1）w_1 \longleftrightarrow m_1, w_2 \longleftrightarrow m_2,$$

$$（2）w_1 \longleftrightarrow m_2, w_2 \longleftrightarrow m_1$$

容易看出，第一个完美婚姻是稳定的。第二个婚姻是不稳定婚姻，因为 w_2 更偏爱 m_2 而非她现在的配偶 m_1，类似地，m_2 更偏爱 w_2 而非他现在的配偶 w_1。 □

例子 设 $n=3$，并设优先排名矩阵是

$$
\left[\begin{array}{ccc} 1,3 & 2,2 & 3,1 \\ 3,1 & 1,3 & 2,2 \\ 2,2 & 3,1 & 1,3 \end{array} \right] \tag{9.5}
$$

存在 3! ＝6 种可能的完美婚姻。其中一种是

[一] 本节某种程度上是以下面这篇文章为蓝本的："College Admissions and the Stability of Marriage" by D. Gale and L. S. Shapel, *American Mathematical Monthly*，69（1962），9-15. 对此问题更为全面的解释我们认为可以参考下面这本书：D. Gusfiedl and R. W. Irving, *The Stable Marriage Problem: Structure and Algorithms*，The MIT Press, Cambridge（1989）。

[二] 毫无疑问，机敏的读者会注意到一个完美婚姻对应于 n 个非攻击型车，其中我们把 $n \times n$ 矩阵当作 $n \times n$ 棋盘处理。

$$w_1 \longleftrightarrow m_1, w_2 \longleftrightarrow m_2, w_3 \longleftrightarrow m_3$$

由于每一位女士都得到她的第一选择,这个完美婚姻是稳定的,即使每一位男士得到的都是他们最后的选择。另一种稳定的完美婚姻还可以通过使每一位男士都得到他的第一选择而得到。但是要注意,一般不存在这样的完美婚姻,使其中的每一位男士(或每一位女士)均得到各自的第一选择。例如,当所有的女士有相同的第一选择,同时所有的男士也有相同的第一选择时就会发生这种情况。　　　　　　　　　　　　　　　　　　　　　　　　　　　　　　□

现在,我们证明稳定的完美婚姻总是存在的,并在证明的同时得到确定稳定完美婚姻的算法,从而完全避免一团糟的情况!

定理 9.3.1　对于每一个优先排名矩阵,都存在稳定的完美婚姻。

证明　我们定义一种确定完美婚姻的算法——延迟认可算法 (deferred acceptance algorithm)⊖:

延迟认可算法

从每一位女士被标记为被拒绝开始。

当存在被拒绝女士时,执行如下操作:

(1) 每一位被标记为被拒绝的女士在所有尚未拒绝她的男士中选择一位被她排名最高位的男士。

(2) 每一位男士在所有选择他并且他尚未拒绝的女士中挑选被他排名最高位的女士,对她推迟做决定(并移除她的拒绝状态),与此同时拒绝其余女士。

于是,在算法执行期间⊜,女士向男士求婚,一些男女订婚,但是,如果收到更好的求婚,男士可以悔婚。一旦男士订婚,他就在算法执行中始终保持订婚状态,但是他的未婚妻可以改变;在他看来这种改变总是一种改进。然而,女士则在算法执行期间可以订婚若干次;每一次新的订婚对她来说都将导致更不理想的伴侣。从算法的描述得出,只要不存在被拒绝的女士,那么每一位男士就恰好与一位女士订婚,并且因为男女人数相同,每一位女士也恰好与一位男士订婚。现在将每一位男士与他订婚的女士配成一对并得到一种完美婚姻。现在我们证明这个婚姻是稳定的。

考虑女士 A 和 B 及男士 a 和 b,使 A 与 a 配对,B 与 b 配对,但是 A 更偏爱 b 而不是 a。我们证明 b 不可能较之 B 更偏爱 A。因为较之 a,A 更喜欢 b,在算法执行到某个阶段 A 选择了 b,但是 A 被 b 为了排名更高的女士而拒绝了。但是在算法进行中,最终与 b 结合成对的女士至少与他拒绝过的任何女士排序相同。因为 A 被 b 拒绝,所以 b 较之 A 更喜欢 B。因此,不存在不稳定的配对,所以这个婚姻是稳定的。　　　　　　　　　　　　　　　　　　　□

例子　我们把延迟认可算法运用于 (9.5) 的优先排名矩阵,分别指定女士为 A,B,C,男士是 a,b,c⊜。在 (1) 中,A 选择 a,B 选择 b,C 选择 c。没有拒绝事件发生,算法停止,A 与 a 结婚,B 与 b 结婚,C 与 c 结婚,从此他们过上了幸福的生活。　　　　□

例子　我们将延迟认可算法用于优先排名矩阵,

$$
\begin{array}{c}
A \\ B \\ C \\ D
\end{array}
\begin{bmatrix}
1,2 & 2,1 & 3,2 & 4,1 \\
2,4 & 1,2 & 3,1 & 4,2 \\
2,1 & 3,3 & 4,3 & 1,4 \\
1,3 & 4,4 & 3,4 & 2,3
\end{bmatrix}
\qquad (9.6)
$$

（上方列标题为 a b c d）

这个算法的结果如下:

⊖　也叫作 Gale-Shapley 算法。
⊜　注意我们已经颠覆了男人要先求婚的传统。
⊜　大写者对应于小写者。

（1）A 选择 a，B 选择 b，C 选择 d，D 选择 a；a 拒绝 D。

（2）D 选择 d；d 拒绝 C。

（3）C 选择 a；a 拒绝 A。

333（4）A 选择 b；b 拒绝 B。

（5）B 选择 a；a 拒绝 B。

（6）B 选择 c。

（6）中不产生拒绝，

$$A \longleftrightarrow b, B \longleftrightarrow c, C \longleftrightarrow a, D \longleftrightarrow d$$

是稳定的完美婚姻。　　　　　　　　　　　　　　　　　　　　　　　　　□

在延迟认可算法中，如果交换男女的角色，让男士按照他们排列的优先级别选择女士，那么我们得到一个稳定的完美婚姻，这一婚姻可能不同于让女士选择男士所得到的稳定完美婚姻，但是也不一定。

例子　将延迟认可算法用于式（9.6）中的优先排名矩阵，其中男士选择女士。结果如下：

（1）a 选择 C，b 选择 A，c 选择 B，d 选择 A；A 拒绝 d。

（2）d 选择 B；B 拒绝 d。

（3）d 选择 D。

完美婚姻

$$a \longleftrightarrow C, b \longleftrightarrow A, c \longleftrightarrow B, d \longleftrightarrow D$$

是稳定的。这是以相反的方式利用该算法所得到的相同的完美婚姻。　　　　　□

例子　把延迟认可算法用于式（9.5）中的优先排名矩阵，其中男士选择女士。结果如下：

（1）a 选择 B，b 选择 C，c 选择 A。

因为不存在拒绝，因此所得的稳定的完美婚姻是

$$a \longleftrightarrow B, b \longleftrightarrow C, c \longleftrightarrow A$$

这不同于以相反的方式应用该算法得到的完美婚姻。　　　　　　　　　　　□

在一个稳定的完美婚姻中，如果一位女士得到的配偶在其排序列表中的排名与她在其他稳定完美婚姻得到的配偶排名相同或更高，那么，这个稳定的完美婚姻叫作对该女士是最优的。

334换句话说，不存在这样的稳定完美婚姻，使得这位女士得到的配偶在她的列表中排名更高。如果一个稳定的完美婚姻对每一位女士都是最优的，则称该完美婚姻是女士最优的。我们用类似的方法定义男士最优的稳定完美婚姻。然而，女士最优和男士最优的稳定完美婚姻的存在却不是显然的。事实上，如果每一位女士独立地得到所有稳定完美婚姻中最好的伴侣，这时是否导致一次男女配对也不是显然的（可以想象用这种方法的结果有可能会导致两位女士得到相同的男士）。显然，只可能存在一种女士最优的完美婚姻和一种男士最优的完美婚姻。

定理 9.3.2　通过延迟认可算法，用女士选择男士得到的稳定完美婚姻是女士最优的。如果在延迟认可算法中男士选择女士，则所得完美婚姻是男士最优的。

证明　如果存在某个稳定完美婚姻，男士 M 是女士 W 的配偶，则称男士 M 对女士 W 是合适的（feasible）。我们将通过归纳法证明，使用延迟认可算法所得到的完美婚姻具有这样的性质：拒绝了特定女士的那些男士对该女士都是不合适的。由于算法的这一性质，这意味着每一位女士得到对她合适的所有男士中排名最高的男士作为配偶，从而这个完美婚姻是女士最优的。

归纳法是对算法的轮数进行的。为开始进行归纳，我们证明在第一轮的末尾没有女士被对她合适的男士拒绝。设女士 A 和 B 都选择了男士 a，而 a 拒绝 A 偏向 B。此时任何使 A 与 a 配对

的完美婚姻都不是稳定的，因为 a 偏爱 B，且 B 和与其实际上配对的任何男士比较都更偏爱 a。

现在继续归纳，并假设在某 $k \geqslant 1$ 轮终了时没有女士被对她合适的男士所拒绝。假设在第 $k+1$ 轮终了时男士 a 拒绝了女士 A 而偏向女士 B。则 B 在所有至今还没有拒绝她的男士当中最喜欢 a。根据归纳假设，在已经拒绝 B 的男士当中没有哪位男士在前 k 轮中适合 B，所以 B 与其中某位男士结合的完美婚姻不是稳定的。因此，在任何稳定婚姻中，与 B 配对的男士，他在她的列表中的排序不会高过 a。

现在，假设存在一个稳定的完美婚姻，其中 A 与 a 结合。那么，a 较之 A 更喜欢 B，而且由上段最后的结论，B 较之与她配对的任何人都更喜欢 a。这个结论与这个婚姻是稳定的相矛盾。至此，归纳步骤完成，我们得出结论说由延迟认可算法而得到的稳定完美婚姻是女士最优的。□

现在，我们证明在女士优先完美婚姻中，每一位男士的伴侣比他在任何稳定完美婚姻中的伴侣都差。 |335|

推论 9.3.3 在女士最优的稳定完美婚姻中，每一位男士与一位他在稳定完美婚姻中所有对他合适的伴侣中排名最低的女士结合。

证明 设男士 a 与女士 A 在女士最优稳定完美婚姻中配对。根据定理 9.3.2，对于在稳定完美婚姻中对她合适的所有男士来说，A 更偏爱 a。假设有一稳定完美婚姻，a 与女士 B 配对，其中 a 把 B 排列 A 的后面。在这个稳定婚姻中，A 与另外一位 a 之外的某男士 b 配对，而这位男士排序低于 a。但此时 A 更偏爱 a，且 a 更偏爱 A，从而该完美婚姻不稳定，与假设矛盾。因此，不存在稳定的完美婚姻使得 a 得到比 A 更差的伴侣。□

假设男士最优和女士最优稳定完美婚姻是相同的。则由推论 9.3.3 可知，在女士最优完美婚姻中，每一位男士的配偶在所有稳定完美婚姻中既是最好的又是最差的伴侣（类似的结论对女士同样成立）。因此，在这种情况下，恰好存在一个稳定的完美婚姻。当然，反过来也成立：如果存在唯一的稳定完美婚姻，那么男士最优和女士最优稳定完美婚姻是同一个完美婚姻。

自 1952 年以来，延迟认可算法就一直用于匹配美国的居民区和医院[⊖]。我们可以把医院当作是女士而把居民区看作是男士。但是，由于现在一所医院一般坐落于若干居民区，因此允许一位女士可以有多个配偶的一妻多夫制。

我们用类似问题的讨论来结束本节，这时，不再保证稳定婚姻存在。

例子 假设偶数 $2n$ 个姑娘想要配对作为同室室友。每一个姑娘将其他姑娘排成偏爱顺序 1，2，$\cdots$，$2n-1$。在这种情况下的完美婚姻是把这些姑娘配成 n 对。如果存在两个姑娘，她们不是室友但较之当前的室友更偏爱对方，那么这个完美婚姻是不稳定的。如果完美婚姻不是不稳定的，那么它就是稳定的。稳定的完美婚姻总是存在的吗？

考虑 4 个姑娘 A，B，C，D 的情况，其中 A 将 B 排在第一，B 将 C 排在第一，C 将 A 排在第一，而且 A，B，C 都把 D 排在最后。此时，不论其余次序怎样排，都不存在稳定的完美婚姻，如下述论证所示。设 A 和 D 是室友。则 B 和 C 也是室友。但是 C 更偏爱 A 而不是 B，由于 A 将 D 排在最后，A 更偏爱 C 而不是 D。因此，该完美婚姻是不稳定的。如果 B 和 D 是室友或 C 和 D 是室友，则类似的结论仍然成立。由于 D 有一个室友，因此不存在稳定的完美婚姻。□ |336|

9.4 练习题

1. 考虑如图 9-4 所示带有禁止落子位置的棋盘 B。构造这个棋盘的 $\{1，2，3，4，5，6\}$ 的子集族 $A=$

⊖ 这一方法也用于把学生与大学匹配，等等。

$(A_1，A_2，A_3，A_4，A_5，A_6)$。在这张棋盘上为 6 个非攻击型车寻找 6 个位置，并求出A的相对应的 SDR。

2. 考虑图 9-4 中的棋盘 B 中匹配给白格的黑格的子集的多米诺骨牌族A。（认为左上角的这个方格是白色的。）确定这张棋盘的一个完美覆盖以及相应的A的 SDR。

3. 给出一个集合族A的例子，它不是任何棋盘的多米诺骨牌族。

4. 考虑 $m \times n$ 棋盘，其中 m 和 n 都是奇数。这张棋盘中一种颜色比另外一种颜色多一个方格，比如说，黑色比白色多一格。证明如果在这张棋盘上正好有一个黑格是禁止格，那么这张棋盘有多米诺骨牌的完美覆盖。

5. 考虑 $m \times n$ 棋盘，其中 m 和 n 至少有一个是偶数。这张棋盘黑白格数量相等。证明如果 m 和 n 至少为 2，而且如果正好一个白格和一个黑格是禁止格，那么最终的棋盘有多米诺骨牌的完美覆盖。

图 9-4

6. 一家公司有 7 个工作空缺 $y_1，y_2，\cdots，y_7$ 和 10 位申请人 $x_1，x_2，\cdots，x_{10}$。每位申请人有资格从事的空缺工作的集合分别是 $\{y_1，y_2，y_6\}$，$\{y_2，y_6，y_7\}$，$\{y_3，y_4\}$，$\{y_1，y_5\}$，$\{y_6，y_7\}$，$\{y_3\}$，$\{y_2，y_3\}$，$\{y_1，y_3\}$，$\{y_1\}$，$\{y_5\}$。确定能够被有资格的申请人填补的空缺的最大数目，并证明你答案的正确性。

7. 设$A＝(A_1，A_2，A_3，A_4，A_5，A_6)$，其中

$$A_1 = \{a,b,c\}，\quad A_2 = \{a,b,c,d,e\}，\quad A_3 = \{a,b\}，$$
$$A_4 = \{b,c\}，\quad A_5 = \{a\}，\quad A_6 = \{a,c,e\}$$

族A有 SDR 吗？如果没有，族中有 SDR 的集合的最大个数是多少？

8. 设$A＝(A_1，A_2，A_3，A_4，A_5，A_6)$，其中

$$A_1 = \{1,2\}，\quad A_2 = \{2,3\}，\quad A_3 = \{3,4\}，$$
$$A_4 = \{4,5\}，\quad A_5 = \{5,6\}，\quad A_6 = \{6,1\}$$

确定A拥有的不同 SDR 的个数。把这个结论推广到 n 个集合的情况。

9. 设$A＝(A_1，A_2，\cdots，A_n)$是有 SDR 的集合族。设 x 是 A_1 的元素。证明：存在含有 x 的 SDR，并通过例子证明可能找不出使得 x 代表 A_1 的 SDR。

10. 设$A＝(A_1，A_2，\cdots，A_n)$是"过于满足"婚姻条件的集合的族。更准确地说，设

$$|A_{i_1} \cup A_{i_2} \cup \cdots \cup A_{i_k}| \geqslant k+1$$

对每一个 $k＝1，2，\cdots，n$ 和 k 个不同的指标 $i_1，i_2，\cdots，i_k$ 的每一种选择成立。设 x 是 A_1 的一个元素。证明：A 有 SDR，其中 x 代表 A_1。

11. 设 $n > 1$，并设$A＝(A_1，A_2，\cdots，A_n)$ 为 $\{1，2，\cdots，n\}$ 的子集族，其中

$$A_i = \{1,2,\cdots,n\} - \{i\} \quad (i = 1,2,\cdots,n)$$

证明：A有 SDR 并且 SDR 的个数为第 n 个错位排列数 D_n。

12. 考虑带有禁止落子位置的棋盘，它具有如下性质：如果一个方格是禁止落子位置，那么这个方格所在行中它右边的每一个方格都是禁止位置，而且它所在列中它下方的每一个方格也是禁止位置。证明该棋盘有多米诺骨牌的完美覆盖当且仅当允许落子的白方格的个数等于允许落子的黑方格的个数。

*13. 设 A 是有 n 列的矩阵，其项是取自集合 $S＝\{1，2，\cdots，k\}$ 的整数。设在 S 中每个整数 i 恰好在 A 中出现 nr_i 次，其中，r_i 为一整数。证明：能够排列 A 的每一行上的项得到矩阵 B，在这个矩阵 B 中 S 的每一个整数 i 在每一列中出现 r_i 次[⊖]。

14. 设$A＝(A_1，A_2，\cdots，A_m)$是集合 $Y＝\{y_1，y_2，\cdots，y_n\}$ 的子集族。假设存在正整数 p 使得A的每一个集合至少包含 p 个元素，而 Y 中的每一个元素至多包含在A的 p 个集合中。通过使用两种不同的计数方法来证明 $n \geqslant m$。

15. 设 p 是正整数，并设$A＝(A_1，A_2，\cdots，A_n)$是 n 元素集合 $Y＝\{y_1，y_2，\cdots y_n\}$ 的 n 个子集的族。假

⊖ E. Kramer, S. Magliveras, T. van Trung, and Q. Wu, Some Perpendicular Arrays for Arbitrary Large t, *Discrete Math*, 96（1991），101-110。

设 A 中每一个集合 A_i 恰好包含 Y 中的 p 个元素，而且 Y 中的每一个元素 y_i 恰好在 A 的 p 个集合中。证明 A 有 SDR。用一张带有禁止位置棋盘上的非攻击型车重述这个问题。

16. 寻找其两个完美婚姻都稳定的 2×2 优先排名矩阵。

17. 考虑这样的优先排名矩阵，其中女士 A 把男士 a 排在第一位，男士 a 将 A 排在第一位。证明在每一个稳定婚姻中 A 都与 a 配对。

18. 考虑下面这个优先排名矩阵

$$\begin{bmatrix} 1,n & 2,n-1 & 3,n-2 & \cdots & n,1 \\ n,1 & 1,n & 2,n-1 & \cdots & n-1,2 \\ n-1,2 & n,1 & 1,n & \cdots & n-2,3 \\ \vdots & \vdots & \vdots & \ddots & \vdots \\ 3,n-2 & 4,n-3 & 5,n-4 & \cdots & 2,n-1 \\ 2,n-1 & 3,n-2 & 4,n-3 & \cdots & 1,n \end{bmatrix}$$

证明：对每一个 $k=1,2,\cdots,n$，使每一位女士得到她的第 k 个选择的完美婚姻是稳定的。

19. 使用延迟认可算法求得下面优先排名矩阵的女士最优和男士最优的稳定完美婚姻。

$$\begin{array}{c} \\ A \\ B \\ C \\ D \end{array} \begin{array}{cccc} a & b & c & d \\ \begin{bmatrix} 1,3 & 2,3 & 3,2 & 4,3 \\ 1,4 & 4,1 & 3,3 & 2,2 \\ 2,2 & 1,4 & 3,4 & 4,1 \\ 4,1 & 2,2 & 3,1 & 1,4 \end{bmatrix} \end{array}$$

对于这个给定的优先排名矩阵推断只存在一个稳定的完美婚姻。

20. 证明：在每次将延迟认可算法应用于 n 位女士和 n 位男士时，至多存在 n^2-n+1 种求婚方案。

*21. 将延迟认可算法扩展到男士多于女士的情形。在这样的情形下，不是所有的男士都能得到伴侣。 339

22. 利用练习题 19 证明，有可能在完美婚姻中没有人得到其第一选择。

23. 应用延迟认可算法得出下面优先排名矩阵的稳定完美婚姻。

$$\begin{array}{c} \\ A \\ B \\ C \\ D \end{array} \begin{array}{cccc} a & b & c & d \\ \begin{bmatrix} 1,3 & 2,2 & 3,1 & 4,3 \\ 1,4 & 2,3 & 3,2 & 4,4 \\ 3,1 & 1,4 & 2,3 & 4,2 \\ 2,2 & 3,1 & 1,4 & 4,1 \end{bmatrix} \end{array}$$

24. 考虑 $n\times n$ 棋盘，在其上第 i 行第 j 列（$1\leqslant i,j\leqslant n$）的方格内有一个非负数 a_{ij}。设每一行和每一列上的数的和等于 1。证明：我们可以把 n 个非攻击型车放到棋盘被正数所占据的位置上。

25. 运用延迟认可算法得到下面优先排名矩阵的一个稳定婚姻，

$$\begin{bmatrix} 1,4 & 2,3 & 3,6 & 4,2 & 5,5 & 6,1 \\ 3,1 & 5,2 & 6,5 & 2,6 & 1,3 & 4,4 \\ 5,5 & 3,6 & 6,1 & 4,4 & 2,2 & 1,3 \\ 6,6 & 5,5 & 4,4 & 3,3 & 2,1 & 1,2 \\ 1,3 & 3,1 & 5,2 & 2,5 & 4,4 & 6,6 \\ 4,2 & 5,4 & 6,3 & 1,1 & 2,6 & 3,4 \end{bmatrix}$$

其中行对应于 A,B,C,D,E,F，而列对应于 a,b,c,d,e,f。 340

组 合 设 计

组合设计，简称设计，是将集合的元素分成满足某些性质的子集的一种布局方法。这是非常一般的定义，它包含大量的组合学理论。第 1 章介绍的许多例子都可以看成组合设计：（1）有禁止位置棋盘的多米诺骨牌完美覆盖，其中，我们把允许放子的方格排成对，使每一对方格可以被一张多米诺骨牌覆盖；（2）幻方，其中，我们把 1 到 n^2 的整数排成 n 行 n 列的数组，使某些和相等；（3）拉丁方，其中，我们把 1 到 n 的整数排成 n 行 n 列的数组，使每一个整数都在每一行出现一次同时在每一列出现一次。本章将更彻底地讨论第 1 章扼要介绍的拉丁方和正交性概念。

组合设计领域已得到高度发展，但仍然有许多有趣和基础性的问题还没有解决。许多结构设计的方法仍然依赖于被称为有限域的代数结构以及更一般的算术体系。在 10.1 节，我们大致介绍一下这些"有限算术"，它们主要涉及的是模算术。我们的讨论不追求面面俱到，但是应足以使得在这些体系内能方便地做这些算术。

10.1 模运算

设 Z 表示整数的集合，

$$\{\cdots,-2,-1,0,1,2,\cdots\}$$

并设＋和×表示通常的整数加法和乘法。之所以如此谨慎地指出通常加法和乘法的记号在于，我们即将引入整数集 Z 的某些子集上的新的加法和乘法，而不希望读者把它们与通常的加法和乘法混淆起来。

设 n 是满足 $n \geqslant 2$ 的正整数，设

$$Z_n = \{0,1,\cdots,n-1\}$$

是小于 n 的非负整数集。我们可以把 Z_n 中的整数看成是任意整数除以 n 后而得到的可能余数：

如果 m 是整数，那么存在唯一的整数 q（商）和 r（余数），使得

$$m = q \times n + r, \quad 0 \leqslant r \leqslant n-1$$

记住上面的定义，我们如下定义集合 Z_n 上的加法⊕和乘法⊗：

对于 Z_n 的任意两个整数 a 和 b，$a \oplus b$ 是通常的和 $a+b$ 除以 n 后所得的（唯一）余数，而 $a \otimes b$ 则是通常的乘积 $a \times b$ 除以 n 后所得的（唯一）余数。

这种加法和乘法依赖于整数 n 的选择，我们本应像 $\oplus_n$ 和 $\otimes_n$ 这样记之，但是这样的记号有些麻烦⊖。因此，我们只是告诫读者⊕和⊗依赖于 n，并且称之为 mod n（模 n）加法和 mod n（模 n）乘法，用这种加法和乘法得到模 n 的整数系统⊜。通常用于表示其元素集合的相同的记号 Z_n 来表示模 n 整数运算系统。

⊖ 在读者熟悉这些新的加法和乘法以后，就要用通常的记号＋和×来代替记号⊕和⊗，并在计算前冠以短语：它们以 mod n 进行。

⊜ mod 是 modulo 的缩写，意为关于模数（一个量，这里指的是量 n）。例如，为了计算 $a \otimes b$，先进行通常的乘法 $a \times b$，然后为得到 Z_n 中的整数，从 $a \times b$ 减去 n 的足够大的倍数。后者有时称为"模掉"（modding out）n。

例子 最简单的情形是 $n=2$。我们有 $Z_2=\{0,1\}$，而模 2 的加法和乘法由下表给出：

$\oplus$	0	1
0	0	1
1	1	0

$\oplus$	0	1
0	0	0
1	0	1

注意，除 $1\oplus 1=0$ 外，模 2 运算就像通常的运算。这是因为 $1+1=2$ 再减去 2 便回到 0 落入 Z_2。 □ 342

例子 整数模 3 的加法和乘法计算表是：

$\oplus$	0	1	2
0	0	1	2
1	1	2	0
2	2	0	1

$\oplus$	0	1	2
0	0	0	0
1	0	1	2
2	0	2	1

特别地，$2\otimes 2=1$，因为 $2\times 2=4$ 而 $4=1\times 3+1$。 □

例子 模 6 整数系统的加法和乘法的某些实例如下：

$$4\oplus 5=3$$
$$2\oplus 3=5$$
$$2\otimes 2=4$$
$$3\otimes 5=3$$
$$3\otimes 2=0$$
$$5\otimes 5=1$$

□

正如这些例子所展示的那样，有时候模 n 的加法或乘法像通常的加法或乘法（这发生在通常的运算结果为 Z_n 中的整数的时候）。另外一些时候，模 n 的加法或乘法则明显不同于通常的加法和乘法，其结果看起来相当奇怪。如上例所显示的，在模 6 整数下，有 $5\otimes 5=1$，它指出 5 的倒数就是它自己；即用 5 乘得到 1 的数就是 5 本身！在模 6 整数下，还有 $3\otimes 2=0$，它至少提醒我们要小心，因为在通常的乘法下，两个非零的数相乘绝不会得出 0。

在继续讨论之前，我们回忆一下在模 n 整数体系之下，算术和代数的一些基本概念。首先，我们观察[一]到，模 n 的加法和乘法满足通常的交换律、结合律和分配律。Z_n 中的整数 a 的加法逆元（additive inverse）是 Z_n 中使 $a\oplus b=0$ 的整数 b。存在 a 的加法逆元：如果 $a=0$，则其逆元为 0；如果 $a\neq 0$，那么，$n-a$ 在 1 和 $n-1$ 之间，从而 $n-a$ 是 a 的加法逆元，这是因为

$$a+(n-a)=n=1\times n+0 \text{ 意味着 } a\oplus(n-a)=0$$

在各种情况下，加法逆元都是唯一确定的。按照通常的习惯，a 的加法逆元记作 $-a$，但是我们要记住 $-a$ 表示[二]的是 $\{0,1,2,\cdots,n-1\}$ 中的一个整数。Z_n 中所有整数都有加法逆元表明我们总可以在 Z_n 中作减法，这是因为 $a-b$ 等于 $-b$ 加上 a：$a\ominus b=a\oplus(-b)$。 343

Z_n 中的整数 a 的乘法逆元（multiplicative inverse）是 Z_n 中满足 $a\otimes b=1$ 的整数 b。与加法逆元不同的是不存在 a 的显然的乘法逆元。事实上，某些非零的 a 可能没有乘法逆元，这并不奇怪。在整数系统 Z 中，由于不存在整数 b 使得 $2\times b=1$[三]，因此，整数 2 没有乘法逆元。实际上，在 Z 中有乘法逆元的仅有的整数是 1 和 -1。按照通常的习惯，**如果存在的话，**

[一] 实际上，这不仅仅是观察，如果不觉冗长乏味，验证这些性质成立是一些初等的运算。观察这个词的含义在于，我们不想为检验这些性质增添麻烦。以前从未做过这种工作的学生恐怕至少要验证其中的某些性质。

[二] 假如我们遵循上述的记号，a 的加法逆元应该用 $\ominus a$ 表示。

[三] 当然，2 在有理数系中有一个乘法逆元，即 $1/2$，但 $1/2$ 不是整数。

用 a^{-1} 表示 Z_n 中整数 a 的乘法逆元。

例子 在模 10 的整数中，加法逆元如下：

$$-0=0, -1=9, -2=8, -3=7, -4=6$$
$$-5=5, -9=1, -8=2, -7=3, -6=4$$

注意，我们得到一种特殊的情况 $-5=5$，但要记住，-5 表示 Z_{10} 中的整数，将其加到 5 上 (mod 10) 结果为 0，而 5 确实具有性质：$5 \oplus 5=0$。还要注意，如果 $-a=b$，则 $-b=a$；换句话说，$-(-a)=a$。

通过简单地验证所有可能的情况，我们可以看到，Z_{10} 中乘法逆元的情况如下：

$$1^{-1}=1 \quad (1 \text{ 的乘法逆元总是 } 1)$$
$$3^{-1}=7 \quad (3 \otimes 7=1)$$
$$7^{-1}=3 \quad (7 \otimes 3=1)$$
$$9^{-1}=9 \quad (9 \otimes 9=1)$$

0，2，4，5，6 和 8 在 Z_{10} 中均无乘法逆元。于是，在 Z_{10} 中 4 个整数有乘法逆元，而另外 6 个整数没有乘法逆元。 □

一般地，Z_n 中的整数可能有也可能没有乘法逆元。当然，因为对 Z_n 中所有的 b 都有 $0 \times b=0$，所以 0 不可能有乘法逆元。定理 10.1.2 刻画了 Z_n 中有乘法逆元的那些整数的特征，当这一特征条件满足时，定理证明就给出了求乘法逆元的方法。这个方法依赖于下列计算两个正整数 a 和 b 的最大公因数（GCD）的简单算法。

计算 a 和 b 的 GCD 算法

令 $A=a$ 和 $B=b$。

344

当 $A \times B \neq 0$ 时，反复做下列操作：

> 如果 $A \geqslant B$，则用 $A-B$ 替换 A；
>
> 否则，用 $B-A$ 替换 B。

令 GCD$=B$。

用语言叙述，该算法就是要从当前的 A 和 B 中的大数减去小数，反复进行，直到 A 和 B 中的一个为 0（为 0 的将是 A，因为在二者相同的情况下从 A 减去 B）。此时令 GCD 等于 B 的终值。在下面引理中，我们证明算法会终止并正确算出 a 和 b 的 GCD。

引理 10.1.1 上述算法会终止并正确算出 a 和 b 的 GCD。

证明 我们首先观察到这个算法的确在 A 的值等于 0 时终止。之所以如此是因为 A 和 B 总是非负整数，并且在每一步它们当中都要有一个在减少。因为当 $A=B$ 时，从 A 减去 B，因此，在 B 成为 0 之前，A 将达到 0 值。下面观察到，给定两个正整数 m 和 n 且 $m \geqslant n$，我们有

$$\text{GCD}\{m,n\} = \text{GCD}\{m-n,n\}$$

这是因为 m 和 n 的任一公因子也是 $m-n$ 和 n 的公因子（如果 p 能整除 m 及 n，则 p 也能整除它们的差 $m-n$）；反过来，$m-n$ 和 n 的任一公因子也是 m 和 n 的公因子（如果 p 能整除 $m-n$ 及 n，则 p 也能整除它们的和 $(m-n)+n=m$）。因此，整个算法中虽然 A 和 B 的值在变化，但是它们的 GCD 却是一个常数 d。因为初始值为 $A=a$ 和 $B=b$，因此 d 就是 a 和 b 的 GCD。在算法终止时有 $A=0$ 和 $B>0$。因为两个整数当其中一个为 0，而另一个为正时，它们的 GCD 就是这个正整数，因此在终止时 a 和 b 的 GCD 就是 B 的值。 □

这个 GCD 算法对于计算两个非负整数 a 和 b 的 GCD 是非常简单的算法，它只不过是重复进行减法。正如在下个例子中说明的那样，这个算法的一个推论是 a 和 b 的 GCD 为 d，可以写成 a 和 b 的整系数的线性组合：即存在整数 x 和 y 满足

$$d = a \times x + b \times y$$

例子 计算 48 和 126 的 GCD。

我们应用该算法，并用下面的表格形式给出其结果：

A	B
48	126
48	78
48	30
18	30
18	12
6	12
6	6
0	6

我们得到 48 和 126 的 GCD 为 B 的终值 $d = 6$。

正如上面例子中出现的那样，在运用这个算法去计算两个正整数 a 和 b 的 GCD 时，如果连续若干次用 B 减去 A 或者连续若干次用 A 减去 B，则我们可以将这些连续的步骤合并起来并把它们当作一次除法来处理$^{\ominus}$。当使用该算法手算 GCD 时，一般以这种方式运用该算法更为有效。计算 48 和 126 的 GCD 的结果见下表。

A	B	
48	126	$126 = 2 \times 48 + 30$
48	30	$48 = 1 \times 30 + 18$
30	18	$30 = 1 \times 18 + 12$
12	18	$18 = 1 \times 12 + 6$
12	6	$12 = 2 \times 6 + 0$
0	6	$d = 6$

这些除法最后的非零余数就是 48 和 126 的 GCD $d = 6$。

现在，我们使用上表中的等式把 6 写成 48 和 126 的线性组合：

$$6 = 18 - 1 \times 12$$
$$6 = 18 - 1 \times (30 - 1 \times 18) = 2 \times 18 - 1 \times 30$$
$$6 = 2 \times (48 - 1 \times 30) - 1 \times 30 = 2 \times 48 - 3 \times 30$$
$$6 = 2 \times 48 - 3 \times (126 - 2 \times 48) = 8 \times 48 - 3 \times 126$$

最后的等式 $6 = 8 \times 48 - 3 \times 126$ 把 6 表示为 48 和 126 的线性组合。 □

接下来，我们阐述如何确定 Z_n 中哪些整数具有乘法逆元。

定理 10.1.2 设 n 是整数且 $n \geqslant 2$，并设 a 是 $Z_n = \{0, 1, \cdots, n-1\}$ 中的非零整数。则 a 在 Z_n 中有乘法逆元当且仅当 a 和 n 的最大公因数（GCD）是 1。如果 a 有乘法逆元，则这个逆元是唯一的。

证明 我们首先证明，Z_n 中的整数 a 最多有一个乘法逆元。利用我们已经指出的 mod n 的加法和乘法的法则，即交换律和结合律。设 b 和 c 都是 a 的乘法逆元，我们证明 $b = c$。这时，设 $a \otimes b = 1$ 和 $a \otimes c = 1$。于是

$$c \otimes (a \otimes b) = c \otimes 1 = c$$

$\ominus$ 一个正整数被另一个正整数所除，最终就是连续的减法。例如，当用 5 除 23 时得到商 4 和余数 3。这可以被表示为 $23 = 4 \times 5 + 3$，它的含义为：能够从 23 减去 4（且不能再多）个 5 而不致得出负的数。

$$c \otimes (a \otimes b) = (c \otimes a) \otimes b = 1 \otimes b = b$$

这样得到 $b=c$，从而 Z_n 中的每个整数 a 最多有一个乘法逆元。

下面证明，如果 a 和 n 的 GCD 不是 1，则 a 没有乘法逆元。设 $m>1$ 是 a 和 n 的 GCD。于是 n/m 为 Z_n 中的非零整数，因为 $a\times(n/m)$ 是 n 的一个倍数（因为在 a 中存在因子 m），因此，我们有

$$a \otimes (n/m) = 0$$

假设存在乘法逆元 a^{-1}。此时，再次使用结合律$^\ominus$，得到

$$a^{-1} \otimes (a \otimes (n/m)) = a^{-1} \otimes 0 = 0$$
$$a^{-1} \otimes (a \otimes (n/m)) = (a^{-1} \otimes a) \otimes (n/m) = 1 \otimes n/m = n/m$$

因此，我们有 $n/m=0$，但由于 $1 \leqslant n/m < n$，所以这是不可能的。因此 a 没有乘法逆元。

最后，我们假设 a 和 n 的 GCD 是 1，并证明 a 有乘法逆元。上述 GCD 算法的一个推论是：在 Z 中存在整数 x 和 y，满足

$$a \times x + n \times y = 1 \tag{10.1}$$

整数 x 不可能是 n 的倍数，否则上述方程意味着 1 是 n 的倍数，与假设 $n \geqslant 2$ 矛盾。因此 x 被 n 除就有一个非零余数。就是说，存在整数 q 和 r，$1 \leqslant r \leqslant n-1$，满足

$$x = q \times n + r$$

把上式代入方程（10.1），得到

$$a \times (q \times n + r) + n \times y = 1$$

重写之后变为

$$a \times r = 1 - (a \times q + y) \times n$$

因此，$a \times r$ 与 1 相差 n 的一个倍数，从而

$$a \otimes r = 1$$

所以 r 是 a（根据已经证明的结果是唯一的）在 Z_n 中的乘法逆元。 □

推论 10.1.3 设 n 是素数。则 Z_n 中每一个非零整数都有乘法逆元。

证明 因为 n 是素数，因此 n 与 1 到 $n-1$ 间的任意整数 a 的 GCD 都是 1，此时再应用定理 10.1.2 即可完成证明。 □

通常把其 GCD 是 1 的两个整数叫作是互素的（relatively prime）。因此，由定理 10.1.2 可知，Z_n 中有乘法逆元的整数个数等于 1 到 $n-1$ 之间与 n 互素的整数的个数。

将计算两个数的 GCD 的算法用到 Z_n 中的非零整数 a 和 n 本身，我们就得到一个算法，这个算法可以确定 a 在 Z_n 中是否存在乘法逆元。根据定理 10.1.2，a 有乘法逆元当且仅当这个 GCD 等于 1。像定理 10.1.2 的证明中那样，我们可以使用这个算法的结果确定 a 的乘法逆元。我们将在下面的例子中叙述这种方法。

例子 确定 11 是否在 Z_{30} 中有乘法逆元，如果有，计算出这个乘法逆元。

我们将计算 GCD 的算法用于 11 和 $n=30$，并把结果列在下表中。

A	B	
30	11	$30 = 2 \times 11 + 8$
8	11	$11 = 1 \times 8 + 3$
8	3	$8 = 2 \times 3 + 2$
2	3	$3 = 1 \times 2 + 1$
2	1	$2 = 2 \times 1 + 0$
0	1	$d = 1$

$\ominus$ 对于那些认为算术结合律没有什么了不起或许甚至认为有些讨厌的学生，现在已经看到了它的两个重要应用。而且还有更多的应用会出现！

因此，11 和 30 的 GCD 为 $d=1$，由定理 10.1.2 可知，11 在 Z_{30} 中有乘法逆元。为了得到定理 10.1.2 的证明中形如（10.1）的等式，我们如下使用上表中的等式：

$$1 = 3 - 1 \times 2$$
$$1 = 3 - 1 \times (8 - 2 \times 3) = 3 \times 3 - 1 \times 8$$
$$1 = 3 \times (11 - 1 \times 8) - 1 \times 8 = 3 \times 11 - 4 \times 8$$
$$1 = 3 \times 11 - 4 \times (30 - 2 \times 11) = 11 \times 11 - 4 \times 30$$

最后的等式把 GCD 1 表示成 11 和 30 的线性组合，即

$$1 = 11 \times 11 - 4 \times 30$$

它告诉我们，在 Z_{30} 中，

$$1 = 11 \otimes 11$$

从而

$$11^{-1} = 11$$

当然，在知道 11 存在逆元的事实后，我们可以验证：$11 \times 11 = 121$，而 121 被 30 所除余数为 1。 □

例子 求 16 在 Z_{45} 中的乘法逆元。

我们把计算过程列在下表中：

A	B	
45	16	$45 = 2 \times 16 + 13$
13	16	$16 = 1 \times 13 + 3$
13	3	$13 = 4 \times 3 + 1$
1	3	$3 = 3 \times 1 + 0$
1	0	$d = 1$

注意，与计算 GCD 的算法规则不同，我们让 B 等于 0。之前这样建立算法的原因是为了（使计算机程序）知道到哪里去寻找 GCD。但是，如果用手工计算，那么既可以使 A 等于 0 也可以使 B 等于 0（从而选择另一个数作为 GCD）。

因为 GCD 是 1，因此我们断定 16 在 Z_{45} 中有乘法逆元。最终的等式满足：

$$1 = 13 - 4 \times 3$$
$$1 = 13 - 4 \times (16 - 1 \times 13) = 5 \times 13 - 4 \times 16$$
$$1 = 5 \times (45 - 2 \times 16) - 4 \times 16 = 5 \times 45 - 14 \times 16$$

得到在 Z_{45} 中 $16^{-1} = -14 = 31$。 □

设 n 是素数。由推论 10.1.3，在 Z_n 中每个非零整数都有乘法逆元。这意味着不仅能够在 Z_n 中进行加、减、乘，还能够用 Z_n 中的非零整数去做除法：

$$a \div b = a \times b^{-1} \quad (b \neq 0)$$

此外，乘法逆元意味着如果 n 是素数，则下列性质在 Z_n 中成立：

（1）（消去法则 1）$a \otimes b = 0$ 蕴涵 $a = 0$ 或 $b = 0$。

［如果 $a \neq 0$ 则用 a^{-1} 相乘，得到

$$0 = a^{-1} \otimes (a \otimes b) = (a^{-1} \otimes a) \otimes b = 1 \otimes b = b］$$

（2）（消去法则 2）$a \otimes b = a \otimes c$，$a \neq 0$ 蕴涵 $b = c$。

［我们应用消去法则 1 于 $a \otimes (b - c) = 0$ 即可。］

（3）（线性方程组的解）如果 $a \neq 0$，则方程

$$a \otimes x = b$$

有唯一的解 $x=a^{-1}\otimes b$。

[用 a^{-1} 乘以方程，再使用结合律证明仅有的可能解是 $x=a^{-1}\otimes b$，那么将 $x=a^{-1}\otimes b$ 代入方程，我们看到

$$a\otimes(a^{-1}\otimes b)=(a^{-1}\otimes a)\otimes b=1\otimes b=b]$$

我们得到的结论是，如果 n 是素数，那么在实数或有理数运算系统中我们习惯于认为理所当然的法则对于 Z_n 也成立。如果 n 不是素数，则正如我们已经看到的，许多但不是所有的法则仍然在 Z_n 中成立。例如，如果 n 有非平凡分解 $n=a\times b(1<a, b<n)$，那么在 Z_n 中 $a\otimes b=0$，a 和 b 都没有乘法逆元。这些运算系统的特殊之处在于它们都只有有限多个元素（不同于有理数、实数和复数的无限多元素）。

现在，我们停止使用 mod n 加法和乘法的麻烦记号 $\oplus$ 和 $\otimes$，而是相应地改用 $+$ 和 $\times$。

然而，还是存在其他方法得到满足我们习惯的一些运算法则的有限算术系统。这些与 n 为素数时的 Z_n 类似的系统称为域（field）⊖。方法则是从实数得到复数的方法的扩展，将其概括如下：

回想一下，多项式 x^2+1（具有实系数）在实数系中没有根⊖。复数通常由实数"添加" $x^2+1=0$ 的一个根而得到，这个根通常记为 i。复数系由所有形如 $a+bi$ 的数组成，其中 a 和 b 是实数，此时通常的运算法则成立，并且 $i^2+1=0$，即 $i^2=-1$。例如，

$$(2+3i)\times(4+i)=8+2i+12i+3i^2=8+14i-3=5+14i$$

对于每一个素数 p 和整数 $k\geqslant 2$，用添加元素这种方法可以从域 Z_p 出发构造出具有 p^k 个元素的域。我们通过分别构造有 4 个和 27 个元素的域来具体说明这种方法。

例子（构造有 4 个元素的域） 从 Z_2 及以 Z_2 的元素为系数的多项式 x^2+x+1 开始。这个多项式仅可能取的两个值是 0 和 1，而 $0^2+0+1=1$ 和 $1^2+1+1=1$，因此，它在 Z_2 中没有根。因为这个多项式是二次的，所以断定它不能以任何非平凡的方式被分解。我们把该多项式的一个根⊜加到 Z_2 中去，得到 $i^2+i+1=0$，或等价地，

$$i^2=-i-1=i+1$$

（回忆在 Z_2 中我们有 $-1=1$）所得的域中的元素是 4 个元素

$$\{0,1,i,1+i\}$$

其加法表和乘法表给出如下：

+	0	1	i	1+i
0	0	1	i	1+i
1	1	0	1+i	i
i	i	1+i	0	1
1+i	1+i	i	1	0

×	0	1	i	1+i
0	0	0	0	0
1	0	1	i	1+i
i	0	i	1+i	1
1+i	0	1+i	1	i

⊖ 使运算系统成为域而必须满足的那些性质可以在大多数抽象代数书中找到。
⊖ 因为实数的平方不可能是 -1。这就指出，这并不是我们通常使用的算律之一。例如，在 Z_5 中有 $2^2=4=-1$；事实上，在这里，负数的概念不重要，因为 $-1=4$，$-2=3$，$-3=2$ 而 $-4=1$。不应该把加法逆元看作是负数！
⊜ 为了强调与复数的类似，我们用 i 作为这个根的符号。这里 $i^2=-1$ 并不成立。

这样，因为 i×(1+i) ＝i+i²＝i+ (1+i) ＝1，因此 i⁻¹＝1+i。　　　　　　　□

例子（构造有 $3^3＝27$ 个元素的域）　从 mod 3 的整数集 $Z_3＝\{0,1,2\}$ 开始。寻找一个系数在 Z_3 中且不能用非平凡的方法分解的 3 次多项式。一个 3 次多项式有这种性质当且仅当它在 Z_3 中没有根[○]。多项式 x^3+2x+1 的系数在 Z_3 中但在 Z_3 中没有根（只需验证 Z_3 中的 3 个元素 ⎡351⎤ 0，1 和 2 即可）。于是，我们把这个方程的一个根 i 添加进来，得到 $i^3+2i+1=0$，或等价地，

$$i^3=-1-2i=2+i$$

（回忆在 Z_3 中我们有 $-1=2$ 和 $-2=1$。）现在使用通常的运算法则，不过，只要有 i^3 出现就用 $2+i$ 代替它。所得到的域是 27 个元素的集合

$$\{a+bi+ci^2: a,b \text{ 和 } c \text{ 在 } Z_3 \text{ 中}\}$$

因为有 27 个元素，要把加法表和乘法表都写出来就不再现实了。但是，我们可以叙述该系统中的某些运算如下：

$$(2+i+2i^2)+(1+i+i^2)=(2+1)+(1+1)i+(2+1)i^2=0+2i+0i^2=2i$$
$$(1+i)(2+i^2)=1×2+i^2+2i+i×i^2=1+i^2$$
$$(1+2i^2)(1+i+2i^2)=1+i+2i^2+2i^2+2i^3+2×2i^4$$
$$=1+i+2i^2+2i^2+2(2+i)+(i×i^3)$$
$$=1+i+i^2+(1+2i)+i×(2+i)$$
$$=1+i+i^2+1+2i+2i+i^2$$
$$=2+2i+2i^2$$

直接验证得到

$$i^{-1}=1+2i^2 \text{ 和 } (2+i+2i^2)^{-1}=1+i^2 \qquad\qquad □$$

我们用下面的批注结束本节。对于每一个素数 p 和每一个整数 $k\geqslant2$，存在系数在 Z_p 中且没有非平凡分解的 k 次多项式。于是，可以用上面两个例子中所表述的方式构造有 p^k 个元素的域。反之，可以证明，如果存在有限 m 个元素的域，即满足通常运算法则的有限系统，则对某个正整数 k 和素数 p，$m=p^k$ 成立，并且它可以以 Z_p 为基础利用上面描述的方式得到（如果 $k=1$ 则是 Z_p）。因此，只存在元素个数为素数幂的有限域。 ⎡352⎤

10.2　区组设计

从本节开始，我们先介绍来自为统计分析而设计的试验中的一个简化且具有启发性的例子。

例子　假设一个产品有 7 种样品用来测试消费者的接受程度。制造商计划请一些随机（或典型）的顾客来比较不同的样品。其中一个做法是让每一位参与试验的顾客进行全面的测试：比较所有 7 种样品。但是，制造商清楚地意识到比较所耗费的时间以及参与测试的个人耐性这一问题，因此，他决定让每一位顾客进行非全面的测试：只比较其中的某些样品。于是，制造商要求每一个人比较 3 件样品。为了能够得出基于结果的统计分析有意义的结论，测试要具有这样的性质：7 种样品中的每一对样品恰被一人比较。能否设计这样一种测试试验呢？

我们把这 7 种样品标记为 0，1，2，3，4，5 和 6[○]。这 7 种样品总共配有 $\binom{7}{2}=21$ 对。每个

○　这并不是一个一般的法则。如果一个 2 次或 3 次多项式被非平凡地分解，那么其中就有一个因子是线性的，从而多项式有一个根。但是，例如 4 次多项式有可能被分解成两个二次多项式，而它们都没有根。

○　当然，可以随便用任何方式来标记这些样品。我们选择 0，1，2，3，4，5，6 的原因在于可以把这些样品看作是 Z_7 中的数，即 mod 7 的整数。

测试人得到 3 种样品，进行 $\binom{3}{2}=3$ 次比较。因为每一对恰被比较一次，故测试者的人数为

$$\frac{21}{3} = 7$$

因此，在这种情况下，参与试验的人数与被测样品数相同。幸好，上面的商是一个整数，否则我们就不得不说，不能用所给的限制设计出一个试验。现在要寻找的是这 7 种样品的 7 个（每一位参与测试的人一个）子集 B_1，B_2，…，B_7，我们称之为区组（block），它们有这样的性质：每一对样品恰好在一个区组中。下面是这样的 7 个区组的集合：

$$B_1 = \{0,1,3\}, B_2 = \{1,2,4\}, B_3 = \{2,3,5\}, B_4 = \{3,4,6\},$$
$$B_5 = \{0,4,5\}, B_6 = \{1,5,6\}, B_7 = \{0,2,6\}$$

描述这样的试验设计的另一种方式是用如下数组给出：在这个数组中，对于这 7 种样品的每一种都有一列与之对应，对于 7 个区组的每一个都有一行与之对应。i 行 j 列（$i=1$，2，…，7；$j=0$，1，…，6）上的 1 意味着样品 j 属于区组 B_i，0 意味着样品 j 不属于区组 B_i。每个区组含有 3 个样品的事实在表中通过每一行含有 3 个 1 反映出来。每一对样品同在一个区组等价于表中每两列恰在一个共同行上同时有 1 的性质。

	0	1	2	3	4	5	6
B_1	1	1	0	1	0	0	0
B_2	0	1	1	0	1	0	0
B_3	0	0	1	1	0	1	0
B_4	0	0	0	1	1	0	1
B_5	1	0	0	0	1	1	0
B_6	0	1	0	0	0	1	1
B_7	1	0	1	0	0	0	1

从这个数组我们可以清楚地看到，每一种样品均出现在 3 个区组中。这个数组是试验设计的关联阵列。

在讨论更多例子之前，我们先来定义某些术语并讨论设计的一些初等性质。设 k，λ 和 v 为正整数，且

$$2 \leqslant k \leqslant v$$

设 X 是 v 个叫作样品（variety）的元素组成的集合，而设 $\mathcal{B}$ 为 X 的 k 元素子集 B_1，B_2，…，B_b 组成的集合，这些子集叫作区组⊖。如果 X 的每一对元素恰好同时出现在 λ 个区组中，则称 $\mathcal{B}$ 是 X 上的一个平衡区组设计（balanced block design）。数 λ 叫作设计指数（index of the design）。前面假设 k 至少为 2 的目的是为了防止出现平凡解：如果 $k=1$，那么区组不含有元素对且 $\lambda=0$。

设 $\mathcal{B}$ 是一个平衡区组设计。如果 $k=v$（即样品的整个集合存在于每一个区组中），则设计 $\mathcal{B}$ 叫作完全区组设计。如果 $k<v$，则设计 $\mathcal{B}$ 是一个平衡不完全区组设计（balanced incomplete block design），简称为 BIBD⊜。完全区组设计对应于每个人都要比较每一对样品的测试试验。从组合学的观点来看，完全设计是平凡的，因为形成了一个全都等于 X 的集合的集合，今后，我们处理不完全区组设计，即处理那些 $k<v$ 的设计。

设 $\mathcal{B}$ 是 X 上的 BIBD。如在上例所看到的，我们把 $\mathcal{B}$ 与一个关联矩阵（incidence matrix）或关联数

⊖ 虽然找出所有区组都是不同的设计更具挑战性，但我们并不排除某些区组相等的可能性。因此，区组的集合一般是一个多重集合。

⊜ BIBD 由 F. Yates 引入：Complex experiments (with discussion)，*J. Royal Statistical Society*，Suppl. 2，(1935)，181-247。

组（incidence array）A 联系起来。数组 A 有 b 行和 v 列，其中每一行对应于一个区组 B_1，B_2，$\cdots$，B_b，而每一列对应于 X 中的一个样品 x_1，x_2，$\cdots$，x_v。位于 i 行 j 列交叉处的项 a_{ij} 是 0 或 1：

$$a_{ij} = 1, 若 x_j 在 B_i 中$$
$$a_{ij} = 0, 若 x_j 不在 B_i 中$$

354

尽管关联矩阵 B 依赖于我们排列区组的顺序和排列样品的顺序，我们还是称其为关联矩阵。关联矩阵的行展示出包含于每个区组中的样品，关联矩阵的列展示出包含每个样品的区组。除了对样品和区组的标识之外，关联矩阵还包含关于 BIBD 的全部信息。因为每个区组包含 k 个样品，所以关联矩阵 A 的每一行均含有 k 个 1。因为有 b 个区组，因此 A 中 1 的总数等于 bk。现在我们证明每个样品均包含于相同个数的区组中，即 A 的每一列都含有相同个数的 1。

引理 10.2.1 在一个 BIBD 中每个样品包含于

$$r = \frac{\lambda(v-1)}{k-1}$$

个区组中。

证明 下面使用用两种方法计数然后再使得这两个结果相等这一非常重要的技巧。设 x_i 是任意样品，并假设 x_i 包含于 r 个区组

$$B_{i_1}, B_{i_2}, \cdots, B_{i_r} \tag{10.2}$$

之中。因为每个区组含有 k 个元素，因此这些区组中的每一个都含有 $k-1$ 个不同于 x_i 的样品。现在，我们考虑 $v-1$ 对 $\{x_i, y\}$ 中的每一对，其中，y 是不同于 x_i 的样品，对每一个这样的对，我们计数包含这两个样品的区组数。每一对 $\{x_i, y\}$ 均包含于 λ 个区组中（这些区组必然是式 (10.2) 中的 λ 个分组，因为它们是包含 x_i 的全部区组）。取和，我们得到

$$\lambda(v-1)$$

另一方面，式 (10.2) 中的每个区组均含有 $k-1$ 个其中一个元素为 x_i 的元素对。取和，我们得到

$$(k-1)r$$

使这两个计数相等，得

$$\lambda(v-1) = (k-1)r$$

因此，x_i 包含于 $\lambda(v-1)/(k-1)$ 个区组中。这对于每个样品 x_i 都成立，因此，每个样品均包含于 $r=\lambda(v-1)/(k-1)$ 个区组中。 □

推论 10.2.2 在 BIBD 中，我们有

$$bk = vr$$

355

证明 我们已经观察到，如果按行计数，BIBD 的关联矩阵 A 中 1 的个数为 bk。根据引理 10.2.1，我们知道，A 的每一列含有 r 个 1。因此，如果按列计数，则 A 中 1 的个数等于 vr。令这两数相等，得到 $bk=vr$。 □

推论 10.2.3 在 BIBD 中，我们有

$$\lambda < r$$

证明 根据定义，在 BIBD 中，$k<v$，从而 $k-1<v-1$。利用引理 10.2.1，我们断定 $\lambda<r$。 □

作为引理 10.2.1 的一个结果，与一个 BIBD 相关联，我们得到 5 个不完全独立的参数：

b：区组数；

v：样品数；

k：每个区组中样品的个数；

r：包含每个样品的区组的个数；

λ：包含每对样品的区组的个数。

我们称 b，v，k，r，λ 为 BIBD 的参数（parameter）。前面介绍的例子中，设计的参数是：$b=7$，$v=7$，$k=3$，$r=3$，$\lambda=1$。

例子 是否存在参数为 $b=12$，$k=4$，$v=16$ 及 $r=3$（不指定参数 λ）的 BIBD？

推论 10.2.2 中的方程 $bk=vr$ 两边的值都为 48，所以方程 $bk=vr$ 成立。根据引理 10.2.1，如果存在这样的设计，那么它的指数 λ 应该满足

$$\lambda = \frac{r(k-1)}{v-1} = \frac{3(3)}{15} = \frac{9}{15}$$

因为这个数不是整数，所以，不可能存在给定 4 个参数的设计。 □

例子 在本例中，我们给出一个参数分别是 $b=12$，$v=9$，$k=3$，$r=4$ 以及 $\lambda=1$ 的设计。

356 最方便的方法是用 12 行 9 列的关联矩阵定义这个设计：

$$A = \begin{bmatrix} 1 & 1 & 1 & 0 & 0 & 0 & 0 & 0 & 0 \\ 0 & 0 & 0 & 1 & 1 & 1 & 0 & 0 & 0 \\ 0 & 0 & 0 & 0 & 0 & 0 & 1 & 1 & 1 \\ 1 & 0 & 0 & 1 & 0 & 0 & 1 & 0 & 0 \\ 0 & 1 & 0 & 0 & 1 & 0 & 0 & 1 & 0 \\ 0 & 0 & 1 & 0 & 0 & 1 & 0 & 0 & 1 \\ 1 & 0 & 0 & 0 & 1 & 0 & 0 & 0 & 1 \\ 0 & 0 & 1 & 1 & 0 & 0 & 0 & 1 & 0 \\ 0 & 1 & 0 & 0 & 0 & 1 & 1 & 0 & 0 \\ 1 & 0 & 0 & 0 & 0 & 1 & 0 & 1 & 0 \\ 0 & 1 & 0 & 1 & 0 & 0 & 0 & 0 & 1 \\ 0 & 0 & 1 & 0 & 1 & 0 & 1 & 0 & 0 \end{bmatrix}$$

直接验证可知，这个矩阵定义了所给参数的 BIBD。 □

例子 考虑 4×4 棋盘上的方格，如下所示：

设样品为棋盘上的 16 个方格。定义区组如下：对于每个给定的方格，我们取与其在同一行或在同一列上的 6 个方格（但不包括该方格本身）$^\ominus$。因此，棋盘上的这 16 个方格中的每一个方格都以这种方式确定一个区组。于是，有 $b=16$，$v=16$ 以及 $k=6$。因为每个方格都与其他 3 个方格在同一行并与另外 3 个方格在同一列，因此，每个方格属于 6 个区组。这样我们又有 $r=6$。但是，我们尚未证明有一个 BIBD。因此，取一对方格 x 和 y。存在三种可能性：

（1）x 和 y 在同一行。那么 x 和 y 都在它们所在行的其他两个方格所确定的两个区组中。

（2）x 和 y 在同一列。那么 x 和 y 都在它们所在列的其他两个方格所确定的两个区组中。

（3）x 和 y 位于不同行和不同列。此时 x 和 y 同在两个区组中，其中一个区组由 x 所在行和 y 所在列交叉处的方格确定，另一个区组由 x 所在列和 y 所在行交叉处的方格确定。下面的

$\ominus$ 我们可以把样品看作 4 行 4 列棋盘上的一个车，并把区组看作是棋盘上的车能够攻击到的所有的方格。

数组给出具体说明，其中这些区组由标有星号的方格确定。 357

*	x	
y	*	

因为每一对样品同在 2 个区组中，因此，得到一个 $\lambda=2$ 的 BIBD。 □

在下一个定理中所给出的设计的基本性质说的是在一个 BIBD 中，区组的数目必须至少等于样品的数目，该性质称为 Fisher 不等式[一]。

定理 10.2.4 在 BIBD 中，$b \geqslant v$。

证明 对熟悉线性代数的读者，我们概述这个线性代数证明的思路。设 A 是 BIBD 的 b 行 v 列关联矩阵。因为每个样品在 r 个区组中，每一对样品在 λ 个区组中，因此，用 A 乘以[二]A 的转置[三]矩阵 A^{T} 所得到的 v 行 v 列矩阵 $A^{\mathrm{T}}A$ 的主对角线上的每个元素均等于 r，主对角线外的每个元素均等于 λ：

$$A^{\mathrm{T}}A = \begin{bmatrix} r & \lambda & \cdots & \lambda \\ \lambda & r & \cdots & \lambda \\ \vdots & \vdots & \ddots & \vdots \\ \lambda & \lambda & \cdots & r \end{bmatrix}$$

根据推论 10.2.3 知 $\lambda < r$，可以证明矩阵 $A^{\mathrm{T}}A$ 的行列式不等于零[四]，从而该矩阵是可逆的。因此，$A^{\mathrm{T}}A$ 的秩等于 v。因此，A 的秩至少是 v。因为 A 是一个 b 行 v 列矩阵，我们得到 $b \geqslant v$[五]。 □

使定理 10.2.4 等号成立的 BIBD，即区组个数 b 等于样品个数 v 的 BIBD 称为是对称的[六]，并简记为 SBIBD。因为 BIBD 满足 $bk = vr$，因此，通过对 SBIBD 两边消项，得到 $k = r$。根据引 358 理 10.2.1，SBIBD 的指数 λ 通过

$$\lambda = \frac{k(k-1)}{v-1} \tag{10.3}$$

由 v 和 k 确定。因此，与 SBIBD 有关的参数是：

v：区组个数；

v：样品个数；

k：在每个区组中的样品个数；

k：包含每个样品的区组个数；

λ：包含每一对样品的区组个数，其中 λ 由式（10.3）给出。

上面的某些例子就是 SBIBD。

现在，我们讨论构造 SBIBD 的方法，该方法用到整数 mod n 的运算。在这种方法中，样品

[一] R. A. Fisher：An Examination of the Different Possible Solutions of a Problem in Incomplete Blocks，*Annals of Eugenics*，10 (1940)，52-75。

[二] 具有通项 x_{ij} 的 m 行 n 列矩阵 X 与具有通项 y_{jk} 的 n 行 p 列矩阵 Y 的乘积为 m 行 p 列矩阵 Z，其通项为 $z_{ik} = \sum_{j=1}^{n} x_{ij} y_{jk}$。

[三] m 行 n 列矩阵 X 的转置矩阵 X^{T} 是通过将 X 的行"变成" X^{T} 的列并将 X 的列"变成" X^{T} 的行而得到的 n 行 m 列矩阵。如在本定理证明中的矩阵 A，如果 X 的元素是 0 或 1，那么，在 $X^{\mathrm{T}}X$ 的 i 行 j 列上的通项（根据定义，它由 X 的第 i 列和第 j 列所确定）等于其 i 列和 j 列都有 1 的行的数目。

[四] 该行列式的值为 $(r-\lambda)^{v-1}$ $(r+(v-1)\lambda)$，由推论 10.2.3，这个值不是零。

[五] 如果你从未学过初等线性代数而不明白这个证明，那么我希望你现在就学。只有到那时你才能够理解刚刚展示给你的是多么优美和简单的证明！

[六] 如下面几行所示，这个对称与满足 $b=v$，$k=r$ 的参数有关。

是 Z_n 中的整数,所以,为了与我们的记法一致,这里使用 v 而不使用 n。

于是,设 $v \geqslant 2$ 为一整数,考虑 mod v 的整数集:

$$Z_v = \{0, 1, 2, \cdots, v-1\}$$

注意,Z_v 中的加法和乘法标记为通常的记号＋和×。设 $B = \{i_1, i_2, \cdots, i_k\}$ 是由 k 个整数组成的 Z_v 的子集。对于 Z_v 中每一个整数 j,我们定义

$$B + j = \{i_1 + j, i_2 + j, \cdots, i_k + j\}$$

是把整数 j 以 mod v 的方式加到 B 的每一个整数而得到的 Z_v 的子集。集合 $B+j$ 也包含 k 个整数。这是因为,如果

$$i_p + j = i_q + j (在 Z_v 中)$$

消去 j(通过在两边加上加法逆元 $-j$),我们得到 $i_p = i_q$。这样得到的 v 个集合

$$B = B+0, B+1, \cdots, B+v-1$$

叫作由区组 B 发展起来的区组,而 B 叫作初始区组(starter block)。

例子 设 $v=7$,考虑

$$Z_7 = \{0, 1, 2, 3, 4, 5, 6\}$$

考虑初始区组

$$B = \{0, 1, 3\}$$

此时我们有

$$B + 0 = \{0, 1, 3\}$$
$$B + 1 = \{1, 2, 4\}$$
$$B + 2 = \{2, 3, 5\}$$
$$B + 3 = \{3, 4, 6\}$$
$$B + 4 = \{4, 5, 0\}$$
$$B + 5 = \{5, 6, 1\}$$
$$B + 6 = \{6, 0, 2\}$$

(上面列表中除了第一个集合之外,每一个集合都是由其前面的集合加 1 模 7 而得到的。另外,这个列表中的第一个集合 B 可以由最后一个集合加 1 得到。)这就是一个 BIBD,事实上,这就是本节介绍的例子,因为 $b=v$,所以我们有一个 SBIBD,其中 $b=v=7$,$k=r=3$,$\lambda=1$。 □

例子 同上例,设 $v=7$,但现在初始区组是

$$B = \{0, 1, 4\}$$

此时,我们有

$$B + 0 = \{0, 1, 4\}$$
$$B + 1 = \{1, 2, 5\}$$
$$B + 2 = \{2, 3, 6\}$$
$$B + 3 = \{3, 4, 0\}$$
$$B + 4 = \{4, 5, 1\}$$
$$B + 5 = \{5, 6, 2\}$$
$$B + 6 = \{6, 0, 3\}$$

在这种情况下,我们得不到 BIBD,因为样品 1 和 2 同时出现在一个区组中,而样品 1 和 5 却同时出现在两个区组中。 □

从这两个例子可以得出,从初始区组发展起来的区组有时是 SBIBD 的区组,但不总是

SBIBD 的区组。用这种方法得到一个 SBIBD 所需的性质包含在下面定义中。设 B 是 Z_v 中 k 个整数的子集。如果 Z_v 中每个非零整数在 B 中不同元素间的 $k(k-1)$ 个差分（均以两种顺序）

$$x-y(x,y \text{ 在 } B \text{ 中};x \neq y)$$

之中都出现相同次数 λ，则 B 叫作 mod v 差分集。因为 Z_v 中存在 $v-1$ 个非零整数，因此，作为差分集中的差分，Z_v 中每个非零整数必然出现

$$\lambda = \frac{k(k-1)}{v-1}$$

次。

360

例子 设 $v=7$ 和 $k=3$，考虑 $B=\{0,1,3\}$。计算 B 中整数的减法表，忽略对角线位置上的那些 0：

$-$	0	1	3
0	0	6	4
1	1	0	5
3	3	2	0

考察该表，我们发现 Z_7 中每个非零整数 1，2，3，4，5，6 在非对角线位置上恰好出现一次，从而作为差分恰好出现一次。因此，B 是 mod 7 的差分集。 □

例子 再设 $v=7$，$k=3$，但现在设 $B=\{0,1,4\}$。计算减法表，得到：

$-$	0	1	4
0	0	6	3
1	1	0	4
4	4	3	0

我们看到，作为差分，1 和 6 各出现一次，3 和 4 各出现两次，而 2 和 5 根本不出现。因此，在这种情况下 B 不是差分集。 □

定理 10.2.5 设 B 为 Z_v 中的 $k<v$ 个元素的子集，它形成 mod v 的差分集。则以 B 为初始区组发展起来的区组形成一个 SBIBD，其指数为

$$\lambda = \frac{k(k-1)}{v-1}$$

证明 由于 $k<v$，故这些区组不是完全的。每个区组包含 k 个元素。此外，区组的个数与样品的个数 v 相同。因此，剩下只需证明 Z_v 的每一对元素同时属于相同个数的区组即可。由于 B 是差分集，因此，Z_v 中每个非零整数作为差分恰好出现 $\lambda = k(k-1)/(v-1)$ 次。我们证明 Z_v 的每一对元素在 λ 个区组中，因而 λ 是 SBIBD 的指数。

设 p 和 q 是 Z_v 中互不相同的整数。则 $p-q \neq 0$，因为 B 是 mod v 的差分集，从而方程

$$x-y=p-q$$

有 λ 个解，其中 x 和 y 均在 B 中。对每一个这样的解 x 和 y，设 $j=p-x$。于是

$$p=x+j \text{ 及 } q=y-x+p=y+j$$

这样，对于 λ 个 j 中的每一个 j，p 和 q 同在区组 $B+j$ 中。因此，p 和 q 同在 λ 个区组中。因为

$$v(v-1)\lambda = v(v-1)\frac{k(k-1)}{v-1} = vk(k-1)$$

361

因此 Z_v 中每一对不同的整数恰好同在 λ 个区组中。 □

例子 求 Z_{11} 中大小为 5 的差分集，并用它作为初始区组构造一个 SBIBD。

我们证明 $B=\{0,2,3,4,8\}$ 是 $\lambda=2$ 的差分集。计算减法表得到：

—	0	2	3	4	8
0	0	9	8	7	3
2	2	0	10	9	5
3	3	1	0	10	6
4	4	2	1	0	7
8	8	6	5	4	0

检查所有非对角线上的位置，我们看到，Z_{11} 中每个非零整数作为差分皆出现两次，从而 B 是差分集。将 B 用作初始区组得到下面的 SBIBD 的区组，其参数是 $b=v=11$，$k=r=5$ 和 $\lambda=2$：

$$B+0 = \{0,2,3,4,8\}$$
$$B+1 = \{1,3,4,5,9\}$$
$$B+2 = \{2,4,5,6,10\}$$
$$B+3 = \{0,3,5,6,7\}$$
$$B+4 = \{1,4,6,7,8\}$$
$$B+5 = \{2,5,7,8,9\}$$
$$B+6 = \{3,6,8,9,10\}$$
$$B+7 = \{0,4,7,9,10\}$$
$$B+8 = \{0,1,5,8,10\}$$
$$B+9 = \{0,1,2,6,9\}$$
$$B+10 = \{1,2,3,7,10\}$$

□

10.3　Steiner 三元系

设 $\mathcal{B}$ 是平衡非完全区组设计，其参数是 b，v，k，r，λ。由于它是非完全的，根据定义有 $k<v$；即每个区组中的样品数小于样品总数。假设 $k=2$。则 $\mathcal{B}$ 中每个区组恰好包含两个样品。为了使每对样品出现在 $\mathcal{B}$ 的相同 λ 个区组中，必须每 2 个样品的子集作为一个区组恰好出现 λ 次。因此，对于 $k=2$ 的 BIBD，只能取每个 2 样品子集并且把它写 λ 次。

例子　一个 $v=6$，$k=2$ 和 $\lambda=1$ 的 BIBD 由

$$\{0,1\} \quad \{0,2\} \quad \{0,3\}$$
$$\{0,4\} \quad \{0,5\} \quad \{1,2\}$$
$$\{1,3\} \quad \{1,4\} \quad \{1,5\}$$
$$\{2,3\} \quad \{2,4\} \quad \{2,5\}$$
$$\{3,4\} \quad \{3,5\} \quad \{4,5\}$$

给出。为得到 $\lambda=2$ 的 BIBD，只要将上面的每个区组取两次。为得到 $\lambda=3$ 的 BIBD，将每个区组取 3 次。

□

因此，区组大小为 2 的 BIBD 是平凡的。最小的（按区组大小来说）有趣情况是 $k=3$ 的时候。区组大小为 $k=3$ 的平衡区组设计叫作 Steiner 三元系（Steiner triple system）[⊖]。10.2 节给出的第一个例子是一个 Steiner 三元系。它有 7 个样品和 7 个大小为 3 的区组，每一对样品包含于 $\lambda=1$ 个区组中。这是形成 SBIBD 的 Steiner 三元系的仅有实例，即对该 SBIBD 而言，区组个数等于样品的个数。

⊖　以 J. Steiner 命名，他是最初考虑它们的人之一：Combinatorische Aufgabe, *Journal für die reine und ange-wandte Mathematik*，45（1853），181-182。

Steiner 三元系的另一个例子通过取 $v=3$ 个样品 0，1 和 2 以及区组 {0，1，2} 而得到。这样，我们有 $b=1$，显然每一对样品包含在 $\lambda=1$ 个区组中。这个 Steiner 系统不是非完全的设计，因为 $v=k=3$。[⊖] 其他的 Steiner 三元系都是 BIBD。

例子 下面是具有 9 个样品以及指数 $\lambda=1$ 的 Steiner 三元系：

$$\{0,1,2\} \quad \{3,4,5\} \quad \{6,7,8\}$$
$$\{0,3,6\} \quad \{1,4,7\} \quad \{2,5,8\}$$
$$\{0,4,8\} \quad \{2,3,7\} \quad \{1,5,6\}$$
$$\{0,5,7\} \quad \{1,3,8\} \quad \{2,4,6\} \qquad \square$$

在下面的定理中，我们得到 Steiner 三元系的参数间必须成立的某些关系。

定理 10.3.1 设 $\mathcal{B}$ 是 Steiner 三元系，其参数为 b，v，$k=3$，r，λ。则

$$r = \frac{\lambda(v-1)}{2} \qquad (10.4)$$

且

$$b = \frac{\lambda v(v-1)}{6} \qquad (10.5)$$

363

如果指数 $\lambda=1$，则存在非负整数 n，使得 $v=6n+1$ 或 $v=6n+3$ 成立。

证明 根据定理 10.2.1，对于任意的 BIBD，我们有

$$r = \frac{\lambda(v-1)}{k-1}$$

因为 Steiner 三元系是 $k=3$ 的 BIBD，因此得到式（10.4）。根据推论 10.2.2，对于 BIBD，我们还有

$$bk = vr$$

代入式（10.4）所给出的 r 的值，再利用 $k=3$，得到式（10.5）。

等式（10.4）和式（10.5）告诉我们，如果存在有 v 个样品且指数为 λ 的 Steiner 三元系，则 $\lambda(v-1)$ 是偶数并且 $\lambda v(v-1)$ 能被 6 整除。现在假设 $\lambda=1$，则 $v-1$ 是偶数而 v 是奇数，$v(v-1)$ 可被 6 整除。后者意味着 v 或 $v-1$ 能被 3 整除。首先，假设 v 可被 3 整除。由于 v 是奇数，这就是说 v 是 3 乘以一个奇数：

$$v = 3 \times (2n+1) = 6n+3$$

现在假设 $v-1$ 能被 3 整除。由于 v 是奇数，因而 $v-1$ 是偶数，我们推得 $v-1$ 是 3 乘以一个偶数：

$$v-1 = 3 \times (2n) = 6n, \text{从而 } v = 6n+1 \qquad \square$$

在本节的其余部分，我们只考虑指数 $\lambda=1$ 的 Steiner 三元系。根据定理 10.3.1，在指数 $\lambda=1$ 的 Steiner 三元系中，样品的个数或者是 $v=6n+1$ 或者是 $v=6n+3$，其中，n 是一个非负整数。这就产生这样一个问题，就是说是否对所有非负整数 n 都存在有 $v=6n+1$ 和 $v=6n+3$ 个样品的 Steiner 三元系呢？$n=0$ 和 $v=6n+1$ 的情形必须排除，因为在这种情况下 $v=1$，从而不可能存在三元组。对于所有其他情况，T. P. Kirkman[⊖] 证明了 Steiner 三元系是可以构造出来的。该证明已超出本书范围。我们将只给出由两个已知的较小阶（也可能相同）的 Steiner 系统出发构造 Steiner 三元系的一种方法。

⊖ 由于我们将要用它构造不完全设计的 Steiner 三元系，因此，有理由把它看成一个 Steiner 三元系。

⊖ T. P. Kirkman，On a problem in combinations，*Cambridge and Dublin Mathematics Journal*，2（1847），191-204。该问题后来也被 J. Steiner 提出，但他不知道 Kirkman 的工作，只是后来 Kirkman 的工作才为人们所知，而这要比 Steiner（而不是 Kirkman）三元系的名字开始流行晚很多。

定理 10.3.2 如果分别存在有 v 个样品和 w 个样品的指数 $\lambda=1$ 的两个 Steiner 三元系，则存在有 vw 个样品且指数 $\lambda=1$ 的 Steiner 三元系。

证明 设 $\mathcal{B}_1$ 是有 v 个样品 a_1，a_2，$\cdots$，a_v，指数 $\lambda=1$ 的 Steiner 三元系，并设 $\mathcal{B}_2$ 是有 w 个样品 b_1，b_2，$\cdots$，b_w，指数 $\lambda=1$ 的 Steiner 三元系。我们考虑有 vw 个样品 c_{ij} 的集合 X（$i=1$，$\cdots$，v；$j=1$，$\cdots$，w），把这些样品看成 v 行 w 列矩阵的项（或位置），矩阵的行对应 a_1，a_2，$\cdots$，a_v，矩阵的列对应 b_1，b_2，$\cdots$，b_w，如下所示$^\ominus$：

$$
\begin{array}{c}
\begin{array}{cccc} \quad b_1 & \quad b_2 & \cdots & \quad b_w \end{array} \\
\begin{array}{c} a_1 \\ a_2 \\ \vdots \\ a_v \end{array}
\left[
\begin{array}{cccc}
c_{11} & c_{12} & \cdots & c_{1w} \\
c_{21} & c_{22} & \cdots & c_{2w} \\
\vdots & \vdots & \ddots & \vdots \\
c_{v1} & c_{v2} & \cdots & c_{vw}
\end{array}
\right]
\end{array}
\tag{10.6}
$$

我们定义由 X 的元素组成的三元组集合 $\mathcal{B}$。设 $\{c_{ir}，c_{js}，c_{kt}\}$ 为 X 的 3 个元素的集合。则 $\{c_{ir}，c_{js}，c_{kt}\}$ 是 $\mathcal{B}$ 中的一个三元组当且仅当下述命题之一成立：

（1）$r=s=t$，且 $\{a_i，a_j，a_k\}$ 是 $\mathcal{B}_1$ 的一个三元组。换句话说，c_{ir}，c_{js} 和 c_{kt} 在矩阵（10.6）的同一列上，且它们所在的行对应于 $\mathcal{B}_1$ 的一个三元组。

（2）$i=j=k$，且 $\{b_r，b_s，b_t\}$ 是 $\mathcal{B}_2$ 的一个三元组。换句话说，c_{ir}，c_{js} 和 c_{kt} 在矩阵（10.6）的同一行上，且它们所在的列对应于 $\mathcal{B}_2$ 的一个三元组。

（3）i，j，k 互不相同且 $\{a_i，a_j，a_k\}$ 是 $\mathcal{B}_1$ 的三元组，而 r，s，t 互不相同且 $\{b_r，b_s，b_t\}$ 是 $\mathcal{B}_2$ 的三元组。换句话说，元素 c_{ir}，c_{js} 和 c_{kt} 在矩阵（10.6）的 3 个不同的行和 3 个不同的列上，而它们所在的行对应 $\mathcal{B}_1$ 的一个三元组，它们所在的列对应 $\mathcal{B}_2$ 的一个三元组。

为了完成证明的其余部分，我们将使用下面的事实作为证明的背景：没有 $\mathcal{B}$ 的三元组恰好位于矩阵（10.6）的两行或者恰好位于矩阵（10.6）的两列上。现在我们证明，X 的三元组集合 $\mathcal{B}$ 定义了一个指数 $\lambda=1$ 的 Steiner 三元系。为此，设 c_{ir}，c_{js} 为 X 的一对不同的元素。我们需要证明恰好存在一个三元组 $\mathcal{B}$，它既包含 c_{ir} 又包含 c_{js}；即我们需要证明恰好存在 X 的一个元素 c_{kt}，使得 $\{c_{ir}，c_{js}，c_{kt}\}$ 是 $\mathcal{B}$ 的一个三元组。我们考虑三种情况：

情形 1：$r=s$ 因而 $i\neq j$。在这种情形下，一对元素是位于矩阵（10.6）的矩阵的同一列上的 c_{ir}，c_{jr}。因为 $\mathcal{B}_1$ 是指数 $\lambda=1$ 的 Steiner 三元系，因此，存在唯一包含互不相同的对 a_i，a_j 的三元组 $\{a_i，a_j，a_k\}$。从而，$\{c_{ir}，c_{jr}，c_{kr}\}$ 是唯一包含元素对 c_{ir}，c_{jr} 的三元组。

情形 2：$i=j$ 因而 $r\neq s$。此时元素对是位于矩阵（10.6）的矩阵的同一行上的 c_{ir}，c_{is}。因为 $\mathcal{B}_2$ 是指数 $\lambda=1$ 的 Steiner 三元系，因此存在唯一包含互不相同对 b_r，b_s 的三元组 $\{b_r，b_s，b_t\}$。从而，$\{c_{ir}，c_{is}，c_{it}\}$ 是唯一包含元素对 c_{ir}，c_{is} 的三元组。

情形 3：$i\neq j$ 且 $r\neq s$。存在 $\mathcal{B}_1$ 的包含互不相同对 a_i，a_j 的唯一三元组 $\{a_i，a_j，a_k\}$ 和 $\mathcal{B}_2$ 的包含互不相同对 b_r，b_s 的唯一三元组 $\{b_r，b_s，b_t\}$。因此，三元组 $\{c_{ir}，c_{js}，c_{kt}\}$ 是唯一包含元素对 c_{ir}，c_{js} 的三元组。

到此，我们已经证明了 $\mathcal{B}$ 是有 vw 个样品且指数 $\lambda=1$ 的 Steiner 三元系。 □

例子 应用定理 10.3.2 的最简单例子是通过选择 $\mathcal{B}_1$ 和 $\mathcal{B}_2$ 为有 3 个样品的 Steiner 三元系而得到的情形。其结果应是有 $3\times3=9$ 个样品的 Steiner 三元系。

设 $\mathcal{B}_1$ 是有 3 个样品 a_1，a_2，a_3 和唯一三元组 $\{a_1，a_2，a_3\}$ 的 Steiner 三元系，$\mathcal{B}_2$ 是有 3 个样品 b_1，b_2，b_3 和唯一三元组 $\{b_1，b_2，b_3\}$ 的 Steiner 三元系。我们考虑 9 个样品的集合 X，它

$\ominus$ 我们可以把 c_{ij} 看成序偶 $(a_i，b_j)$，但是由于要讨论无序的序偶和三元组，因此发明新的记号 c_{ij} 似乎更不至于引起混乱。

包含下列矩阵的项：

$$
\begin{array}{c}
\quad\quad b_1 \quad\ b_2 \quad\ b_3 \\
\begin{array}{c} a_1 \\ a_2 \\ a_3 \end{array}
\left[\begin{array}{ccc}
c_{11} & c_{12} & c_{13} \\
c_{21} & c_{22} & c_{23} \\
c_{31} & c_{32} & c_{33}
\end{array}\right]
\end{array}
$$

根据定理 10.3.2 证明中的构造方法，我们得到下面有 12 个三元组的集合，它组成有 9 个样品及指数为 1 的 Steiner 三元系：

（1）三行中每行的项如下：

$$\{c_{11},c_{12},c_{13}\},\{c_{21},c_{22},c_{23}\},\{c_{31},c_{32},c_{33}\}$$

（2）三列中每列的元素如下：

$$\{c_{11},c_{21},c_{31}\},\{c_{12},c_{22},c_{32}\},\{c_{13},c_{23},c_{33}\}$$

（3）没有两个在同一行或同一列的 3 个元素如下[⊖]：

$$\{c_{11},c_{22},c_{33}\},\{c_{12},c_{23},c_{31}\},\{c_{13},c_{21},c_{32}\}$$
$$\{c_{13},c_{22},c_{31}\},\{c_{12},c_{21},c_{33}\},\{c_{11},c_{23},c_{32}\}$$

|366|

如果用 0，1，2，3，4，5，6，7，8 分别代替 c_{11}，c_{21}，c_{31}，c_{12}，c_{22}，c_{32}，c_{13}，c_{23}，c_{33}，则得到本节前面给出的有 9 个元素的 Steiner 三元系：

$$
\begin{array}{llll}
\{0,1,2\} & \{0,3,6\} & \{0,4,8\} & \{2,4,6\} \\
\{3,4,5\} & \{1,4,7\} & \{2,3,7\} & \{1,3,8\} \quad\quad (10.7) \\
\{6,7,8\} & \{2,5,8\} & \{1,5,6\} & \{0,5,7\} \quad\quad\square
\end{array}
$$

式（10.7）的列把 B 的三元组划分成一些部分，使得每一个样品恰好出现在每一部分的一个三元组中。具有这个性质且指数 $\lambda=1$ 的 Steiner 三元系称为可解的（resolvable），而每一部分叫作可解类（resolvability class）。注意，每一个可解类就是把样品集分成三元组的一个划分。Steiner 三元系的可解性概念首先产生于下列由 Kirkman 提出的问题[⊖]。

Kirkman 女学生问题：一名女教师带领她班上 15 个女孩进行日常操练。这些女孩被排成 5 行，每行有 3 个女生，因此每个女孩有两个队友。能否计划连续操练 7 天，使得没有女孩与她的同学在三人组中操练超过一次？

这个问题的解由 15 个女孩的 $7\times5=35$ 个三元组组成，其中，每一对女孩恰好同在一个三元组中。此外，应该能够把这 35 个三元组分成 7 群，每群 5 个三元组，使得在每群中每个女孩恰好出现在一个三元组中。现在，有 $v=15$ 个样品且指数 $\lambda=1$ 的 Steiner 三元系的三元组的个数为

$$b=\frac{v(v-1)}{6}=35$$

这样，Kirkman 女学生问题就是求解有 $v=15$ 个样品且指数 $\lambda=1$ 的可解 Steiner 三元系。前面的例子包含了 9 个女孩情况下 Kirkman 女学生问题的解。在这个问题中，共有 9 个女孩并安排她们 4 天日常操练，每个女孩在所有 4 天中要有不同的队友。

例子（Kirkman 女学生问题的解）　我们所需要的就是有 $v=15$ 个样品且指数 $\lambda=1$ 的可解 Steiner 三元系。这样的 Steiner 系统与将它分成的 7 个部分（每个部分对应 7 天中的一天）表示 |367| 如下：

$$\{0,1,2\}\quad\{0,3,4\}\quad\{0,5,6\}\quad\{0,7,8\}$$

⊖ 把该矩阵看作 3 行 3 列的棋盘，则这些元素对应棋盘上 3 个非攻击型车的位置。

⊖ T. P. Kirkman, Note on an Unanswered Prize Question, *Cambridge and Dublin Mathematics Journal*, 5 (1850), 255-262, 以及 Query VI, *Lady's and Gentleman's Diary* No. 147, 48。

$$\{3,7,11\} \quad \{1,7,9\} \quad \{1,8,10\} \quad \{1,11,13\}$$
$$\{4,9,14\} \quad \{2,12,13\} \quad \{2,11,14\} \quad \{2,4,5\}$$
$$\{5,10,12\} \quad \{5,8,14\} \quad \{3,9,13\} \quad \{3,10,14\}$$
$$\{6,8,13\} \quad \{6,10,11\} \quad \{4,7,12\} \quad \{6,9,12\}$$

$$\{0,9,10\} \quad \{0,11,12\} \quad \{0,13,14\}$$
$$\{1,12,14\} \quad \{1,3,5\} \quad \{1,4,6\}$$
$$\{2,3,6\} \quad \{2,8,9\} \quad \{2,7,10\}$$
$$\{4,8,11\} \quad \{4,10,13\} \quad \{3,8,12\}$$
$$\{5,7,13\} \quad \{6,7,10\} \quad \{5,9,11\} \qquad\qquad \square$$

指数 $\lambda=1$ 的可解 Steiner 三元系也叫作 Kirkman 三元系。假设 $\mathcal{B}$ 是有 v 个样品的 Kirkman 三元系。因为我们必须能够把 v 个样品分成一些三元组，所以必须使 v 能够被 3 整除。因此，根据定理 10.3.1，为使有 v 个样品的 Kirkman 系统存在，v 必须是 $6n+3$ 的形式。因此，Kirkman 系统的参数为

$$v = 6n+3$$
$$b = v(v-1)/6 = (2n+1)(3n+1)$$
$$k = 3$$
$$r = (v-1)/2 = 3n+1$$
$$\lambda = 1$$

在每个可解类中，三元组的个数为

$$\frac{v}{3} = 2n+1$$

幸好上面这个数是一个整数（假如这个数对某个 n 不是整数，那么只能断定对这样的 n，有 $v=6n+3$ 个样品的 Kirkman 三元系不可能存在）。一百多年以来，没人知道对于每个非负整数 n 是否存在有 $v=6n+3$ 个样品的 Kirkman 三元系，直到 1971 年，Ray Chaudhuri 和 Wilson[⊖] 才展示了如何对所有的 n 构造这样的系统。

10.4 拉丁方

我们已经在 1.4 节介绍过拉丁方以及相关的欧拉 36 军官问题，读者可能需要在深入讨论之前复习一下该节的内容。下面是拉丁方的正式定义：设 n 为正整数，并设 S 为 n 个不同元素的集合。在集合 S 上的 n 阶拉丁方是一个 n 行 n 列的数组，它的每一项是 S 的元素，使得 S 的 n 个元素的每一个元素在每一行上出现一次（因此正好一次）在每一列上出现一次。因此，拉丁方的每一行和每一列都是 S 的元素的一个排列。由鸽巢原理可知，可用两种方法检查 n 个元素集合 S 的 n 行 n 列数组是否是拉丁方：(1) 检查 S 的每一个元素至少在每一行出现一次并且至少在每一列出现一次；(2) 检查没有 S 的元素在每一行出现多于一次且没有 S 的元素在每一列出现多于一次。

S 的元素的具体性质是不重要的，通常把 S 取为 $Z_n = \{0,1,\cdots,n-1\}$。此时，我们将拉丁方的行列计数为 $0,1,\cdots,n-1$，而不是更传统的 $1,2,\cdots,n$。1 行 1 列的数组总是只有一个元素组成的集合的拉丁方。其他拉丁方例子如下：

⊖ D. K. Ray-Chaudhuri and R. M. Wilson, Solution of Kirkman's Schoolgirl Problem, *American Mathematical Society Proceedings*, *Symposium on Pure Mathematics*, 19 (1971), 187-204。

$$\begin{bmatrix} 0 & 1 \\ 1 & 0 \end{bmatrix}, \begin{bmatrix} 0 & 1 & 2 \\ 1 & 2 & 0 \\ 2 & 0 & 1 \end{bmatrix}, \begin{bmatrix} 0 & 1 & 2 & 3 \\ 1 & 2 & 3 & 0 \\ 2 & 3 & 0 & 1 \\ 3 & 0 & 1 & 2 \end{bmatrix} \qquad (10.8)$$

作为上面规则的验证,最后一个方阵的第 0 行是排列 0,1,2,3,而第 2 行是排列 2,3,0,1。

考虑 Z_n 上的 n 阶拉丁方 A,并设 k 为 Z_n 的任意元素。那么 k 在 A 中出现 n 次,在每一行出现一次且在每一列出现一次。如果把这个 n 行 n 列的数组看成是 n 行 n 列的棋盘,则由 k 占据的那些位置就是这个 n 行 n 列棋盘上 n 个非攻击型车的位置。设 $A(k)$ 是 $k(k=0,1,\cdots,n-1)$ 所占据的位置的集合。则 $A(0),A(1),\cdots,A(n-1)$ 是棋盘上 n^2 个位置的集合的一个划分。因此,n 阶拉丁方对应于将 n 行 n 列数组的位置分成下面 n 个集合的划分:
$$A(0),A(1),\cdots,A(n-1)$$
其中,每一个集合均由 n 个非攻击型车的位置组成。这个观察结果容易从上面的例子得到验证。注意,如果在拉丁方中用 2 代替所有的 1 并用 1 代替所有的 2,其结果仍是一个拉丁方。上述结果的划分除集合 $A(1)$ 变成 $A(2)$ 并且 $A(2)$ 变成 $A(1)$ 外没有变化。更一般地,可以任意交换 $A(0),A(1),\cdots,A(n-1)$,结果仍然是拉丁方。用这种方法可以产生 $n!$ 个拉丁方。例如,考虑式 (10.8) 中的 4 行 4 列拉丁方 A,我们有
$$A(0)=\{(0,0),(1,3),(2,2),(3,1)\} \quad A(1)=\{(0,1),(1,0),(2,3),(3,2)\}$$
$$A(2)=\{(0,2),(1,1),(2,0),(3,3)\} \quad A(3)=\{(0,3),(1,2),(2,1),(3,0)\}$$

[369]

设
$$A'(0)=A(2),A'(1)=A(3),A'(2)=A(0),A'(3)=A(1)$$
那么我们得到一个新的拉丁方 A'。该结果为

$$A'=\begin{bmatrix} 2 & 3 & 0 & 1 \\ 3 & 0 & 1 & 2 \\ 0 & 1 & 2 & 3 \\ 1 & 2 & 3 & 0 \end{bmatrix}$$

交换各元素 0,1,$\cdots$,$n-1$ 所占的位置,总可以把拉丁方化成标准型 (standard form),即在第 0 行上,整数 0,1,$\cdots$,$n-1$ 以其自然顺序出现。式 (10.8) 中的 3 个拉丁方均为标准型。

式 (10.8) 中的 3 个拉丁方是建立在整数 mod n 加法表上的 n 阶拉丁方一般结构的具体例子。

定理 10.4.1 设 n 是正整数。设 A 为 n 行 n 列数组,它位于 i 行 j 列上的项 a_{ij} 是
$$a_{ij}=i+j(\text{mod } n \text{ 加法}) \quad (i,j=0,1,\cdots,n-1)$$
则 A 是建立在 Z_n 上的 n 阶拉丁方。

证明 这个数组的拉丁性质是 Z_n 中加法性质的推论。假设对于这个数组的某行 i,其 i 行 j 列上的元素与 i 行 k 列上的元素相等,即
$$i+j=i+k$$
于是,在上式两边加上 i 在 Z_n 中的加法负元 $-i$,我们得到 $j=k$,这就证明了在 i 行不存在重复的元素。用类似的方法可以证明,在任一列上也不存在重复的元素。 □

定理 10.4.1 中构造的 n 阶拉丁方就是 Z_n 中的加法表。存在使用 mod n 整数的更一般的构造方法,它能够构造更广泛的拉丁方。这依赖于 Z_n 中某些元素的乘法逆元的存在性(见定理 10.1.2)。

例子 考虑 Z_5,即 mod 5 的整数集。根据定理 10.1.2,在 Z_5 中 3 有乘法逆元;事实上,在 Z_5 中,$3\times2=1$。用 Z_5 中的运算构造一个 5 行 5 列数组,它的 i 行 j 列上的元素是 $a_{ij}=3\times i+j$。其结果是 [370]

$$
\begin{array}{c}
\begin{array}{ccccc} 0 & 1 & 2 & 3 & 4 \end{array} \\
\begin{array}{c} 0 \\ 1 \\ 2 \\ 3 \\ 4 \end{array}
\left[
\begin{array}{ccccc}
0 & 1 & 2 & 3 & 4 \\
3 & 4 & 0 & 1 & 2 \\
1 & 2 & 3 & 4 & 0 \\
4 & 0 & 1 & 2 & 3 \\
2 & 3 & 4 & 0 & 1
\end{array}
\right]
\end{array}
\tag{10.9}
$$

检验可知，我们得到一个 5 阶拉丁方。   □

定理 10.4.2　设 n 是正整数，r 是 Z_n 中的非零整数，使得 r 和 n 的 GCD 为 1。设 A 为 n 行 n 列数组，其 i 行 j 列上的元素是

$$
a_{ij} = r \times i + j \pmod{n \text{ 运算}} \quad (i, j = 0, 1, \cdots, n-1)
$$

则 A 是 Z_n 上的 n 阶拉丁方。

证明　这个数组的拉丁性质由 Z_n 中的加法和乘法性质得出。假设对于这个数组的某行 i，位于位置 (i, j) 和 (i, k) 上的元素相等，即

$$
r \times i + j = r \times i + k
$$

类似于定理 10.4.1 的证明，在上式两边加上 $r \times i$ 的加法逆元，我们得到 $j = k$，从而在行 i 上不存在重复元素。为证明在任一列上不存在重复元素，我们还需要用到 r 和 n 的 GCD 为 1 的事实。根据定理 10.1.2，r 在 Z_n 中有一个乘法逆元 r^{-1}。设 i 行 j 列与 k 行 j 列上的元素相等，即

$$
r \times i + j = r \times k + j
$$

从两边减去 j 后并重写，我们得到

$$
r \times (i - k) = 0
$$

乘以 r^{-1}，我们得到 $i = k$，这就是说在 j 列上不存在重复元素。因此，A 是拉丁方。   □

定理 10.4.1 是定理 10.4.2 在 $r = 1$ 时的特殊情形。

371 在定理 10.4.2 中，用 Z_n 中有乘法逆元的整数 r 所构造的 n 阶拉丁方记为 L_n^r。因此，(10.9) 中的拉丁方是 L_5^3。如果 r 没有乘法逆元，那么所得到的数组 L_n^r 不是拉丁方（见练习题 39）。

还有其他考虑拉丁方的拉丁性质的方法。设

$$
R_n =
\left[
\begin{array}{cccc}
0 & 0 & \cdots & 0 \\
1 & 1 & \cdots & 1 \\
\vdots & \vdots & \cdots & \vdots \\
n-1 & n-1 & \cdots & n-1
\end{array}
\right]
\tag{10.10}
$$

和

$$
S_n =
\left[
\begin{array}{cccc}
0 & 1 & \cdots & n-1 \\
0 & 1 & \cdots & n-1 \\
\vdots & \vdots & \vdots & \vdots \\
0 & 1 & \cdots & n-1
\end{array}
\right]
\tag{10.11}
$$

是建立在 Z_n 上的 n 行 n 列数组，如上所示分别具有相同的行和列。设 A 是建立在 Z_n 上的 n 行 n 列数组。则 A 是拉丁方当且仅当下列条件满足：

(1) 当数组 R_n 和 A 并置[⊖]形成数组 $R_n \times A$ 时，由此而得到的序偶的集合等于用 Z_n 的元素能够形成的所有序偶 (i, j) 的集合。

―――――――――――

　　⊖ 对应项并排放置。

(2) 当数组 S_n 和 A 并置形成数组 $S_n \times A$ 时，由此而得到的序偶的集合等于用 Z_n 的元素而形成的所有序偶 (i, j) 的集合。

因为并置数组有 n^2 个序偶，而它恰好是用 Z_n 的元素所能够形成的序偶的个数，根据鸽巢原理可知，上述性质可以表述为：$R_n \times A$ 中的序偶彼此互不相同，而且 $S_n \times A$ 中的序偶也彼此互不相同。

例子 用 3 阶拉丁方具体说明上面的讨论：

$$\begin{bmatrix} 0 & 0 & 0 \\ 1 & 1 & 1 \\ 2 & 2 & 2 \end{bmatrix}, \begin{bmatrix} 0 & 1 & 2 \\ 1 & 2 & 0 \\ 2 & 0 & 1 \end{bmatrix} \rightarrow \begin{bmatrix} (0,0) & (0,1) & (0,2) \\ (1,1) & (1,2) & (1,0) \\ (2,2) & (2,0) & (2,1) \end{bmatrix}$$

$$\begin{bmatrix} 0 & 1 & 2 \\ 0 & 1 & 2 \\ 0 & 1 & 2 \end{bmatrix}, \begin{bmatrix} 0 & 1 & 2 \\ 1 & 2 & 0 \\ 2 & 0 & 1 \end{bmatrix} \rightarrow \begin{bmatrix} (0,0) & (1,1) & (2,2) \\ (0,1) & (1,2) & (2,0) \\ (0,2) & (1,0) & (2,1) \end{bmatrix}$$

在上面两个并置数组中，每个序偶恰好出现一次。 □ |372|

现在，我们把上述构想用于两个拉丁方。设 A 和 B 是两个建立在 Z_n 上的整数拉丁方[⊖]。在并置数组 $A \times B$ 中，如果 Z_n 中整数的每一个序偶 (i, j) 恰好出现一次，则称 A 和 B 是正交的[⊖]。我们已经在 1.5 节欧拉的 36 军官问题中介绍过正交这个概念，当时给出了两个 3 阶正交拉丁方。不难验证，不存在正交的 2 阶拉丁方。

例子 通过考察并置数组可以看出，下面两个 4 阶拉丁方是正交的：

$$\begin{bmatrix} 0 & 1 & 2 & 3 \\ 1 & 0 & 3 & 2 \\ 2 & 3 & 0 & 1 \\ 3 & 2 & 1 & 0 \end{bmatrix}, \begin{bmatrix} 0 & 1 & 2 & 3 \\ 3 & 2 & 1 & 0 \\ 1 & 0 & 3 & 2 \\ 2 & 3 & 0 & 1 \end{bmatrix} \rightarrow \begin{bmatrix} (0,0) & (1,1) & (2,2) & (3,3) \\ (1,3) & (0,2) & (3,1) & (2,0) \\ (2,1) & (3,0) & (0,3) & (1,2) \\ (3,2) & (2,3) & (1,0) & (0,1) \end{bmatrix}$$

□

正交拉丁方可以用于这样一类试验设计，为了能够得到有意义的结论，其中的变差（variational difference）需要保持在最小值。我们用农业方面的例子具体说明它们的应用。

例子 我们要测试不同水量和不同类型（或数量）的肥料对某类土壤上小麦产量的影响。设要测试的水量有 n 种，肥料的类型也有 n 种，因此存在水和肥料的 n^2 种可能组合。我们有一块矩形田地供使用，把这块地分成 n^2 个小地块，它们对应 n^2 种可能的水肥组合。没有理由期望整个田地土壤的肥力都是相同的。很有可能第一行的地块肥力很高，因此，小麦的产量也会较高，而这并不单单是由于施于其上的水量和肥料的种类所致。如果我们坚持在任一行和任一列上每一种水量出现不多于一次，类似地，在任一行和任一列上每一种肥料出现也不多于一次，那么就有可能把土壤肥力对小麦产量的影响降低到最低。这样，n 种水量用到 n^2 个地块上应该确定一个 n 阶拉丁方 A，n 种肥料的使用也应该确定一个 n 阶拉丁方 B。因为所有 n^2 种水—肥组合要被处理，因此，当把这两个拉丁方 A 和 B 并置时，所有 n^2 种组合就应该各出现一次。这样，拉丁方 A 和 B 应该是正交的。于是，这两个 n 阶正交拉丁方确定测试水和肥料对小麦产量影响的一个试验设计，其中一个拉丁方用于 n 种水量，而另一个用于 n 种类型的肥料。在前面例子中的两个 4 阶正交拉丁方为我们提供 4 种水量（标为 0，1，2 和 3）及 4 种肥料（也标为 0，1，2 和 3）的设计。 □ |373|

现在，我们把正交的概念从两个拉丁方扩展到任意个拉丁方上去。设 A_1，A_2，$\cdots$，A_k 均为 n 阶拉丁方。不失一般性，假设这些拉丁方都是基于 Z_n 的。我们称 A_1，A_2，$\cdots$，A_k 是互相正交

⊖ 没有必要两个拉丁方都基于同一个元素集合。这个选择只为便于论述。
⊖ 根据鸽巢原理，我们也可以说每个序偶至多出现一次。

的，如果它们中的每一对 A_i，$A_j(i \neq j)$ 是正交的。我们将互相正交的拉丁方记作 MOLS（mutually orthogonal Latin square）。在 n 是素数的情况下，可以构造 $n-1$ 个 n 阶 MOLS。

定理 10.4.3 设 n 是素数。则 L_n^1，L_n^2，$\cdots$，L_n^{n-1} 是 $n-1$ 个 n 阶 MOLS。

证明 根据推论 10.1.3，因为 n 是素数，因此，Z_n 中每一非零整数均有乘法逆元。根据定理 10.4.2 可知，数组 L_n^1，L_n^2，$\cdots$，L_n^{n-1} 皆为 n 阶拉丁方。设 r 和 s 为 Z_n 中互不相同的非零整数。我们证明 L_n^r 和 L_n^s 是正交的。假设在并置数组 $L_n^r \times L_n^s$ 中某个序偶出现两次，比如，i 行 j 列上的序偶与 k 行 l 列上的序偶相同。回忆拉丁方 L_n^r 和 L_n^s 的定义，这意味着

$$r \times i + j = r \times k + l \text{ 及 } s \times i + j = s \times k + l$$

改写这两个等式得到

$$r \times (i-k) = (l-j) \text{ 及 } s \times (i-k) = (l-j)$$

从而

$$r \times (i-k) = s \times (i-k)$$

假设 $i \neq k$。于是 $(i-k) \neq 0$，从而它在 Z_n 中有乘法逆元。用 $(i-k)^{-1}$ 乘以上面的等式，消去 $(i-k)$，我们得到一个矛盾：$r=s$。因此必然有 $i=k$，代入第一个等式中，得到 $j=l$。由此推出，在 $L_n^r \times L_n^s$ 中两个位置能够含有相同序偶的唯一方法是这两个位置是同一个位置！这意味着 L_n^r 和 L_n^s 对所有的 $r \neq s$ 都是正交的，因此，L_n^1，L_n^2，$\cdots$，L_n^{n-1} 是 MOLS。 □

在 10.1 节末尾，我们简要讨论了称为域的算术系统，它满足通常的运算法则。我们曾提到，对于每一个素数 p 和每一个正整数 k，总存在有 p^k 个元素的域（而有限域中元素的个数总是一个素数的幂）。定理 10.4.2 和定理 10.4.3 可以扩展到任意有限域。现在我们就来简要地讨论这个问题。

设 F 为有 $n=p^k$ 个元素的有限域，其中，p 是某个素数而 k 为正整数。设

[374]
$$\alpha_0 = 0, \alpha_1, \cdots, \alpha_{n-1}$$

是 F 的元素，且把 α_0 记作 F 的零元。考虑 F 的任意非零元素 $\alpha_r(r \neq 0)$，并定义 n 行 n 列阵列如下：A 的 i 行 j 列上的元素 a_{ij} 是

$$\alpha_{ij} = \alpha_r \times \alpha_i + \alpha_j \quad (i, j = 0, 1, \cdots, n-1)$$

其中的运算是域 F 中的运算。于是，使用类似于定理 10.4.2 的证明可证（在那个证明中用到的只是通常的算律，因为 F 是域，所以满足这些算律）A 是基于 F 的元素的 n 阶拉丁方。用 $L_n^{\alpha_r}$ 表示用这种方法构造的拉丁方 A。然后遵照定理 10.4.3[⊖] 的证明，我们得到

$$L_n^{\alpha_1}, L_n^{\alpha_2}, \cdots, L_n^{\alpha_{n-1}} \tag{10.12}$$

是 $n-1$ 个 n 阶 MOLS。我们把这些事实概括为下面的定理。

定理 10.4.4 设 $n=p^k$ 是素数 p 的幂的整数。则存在 $n-1$ 个 n 阶 MOLS。事实上，从 $n=p^k$ 个元素的有限域出发构造出的 $n-1$ 个 n 阶拉丁方（10.12）是 $n-1$ 个 n 阶 MOLS。 □

例子 下面通过得出 3 个 4 阶拉丁方来具体解释上面的构造。在 10.1 节，我们构造了有 4 个元素的域。该域的元素是

$$\alpha_0 = 0, \alpha_1 = 1, \alpha_2 = i, \alpha_3 = 1+i$$

利用这个域的算术（其加法表和乘法表在 10.1 节给出），我们得到下列拉丁方：

$$L_4^1 = \begin{bmatrix} 0 & 1 & i & 1+i \\ 1 & 0 & 1+i & i \\ i & 1+i & 0 & 1 \\ 1+i & i & 1 & 0 \end{bmatrix}$$

⊖ 再次强调，只用到通常的算律。

$$L_4^i = \begin{bmatrix} 0 & 1 & i & 1+i \\ i & 1+i & 0 & 1 \\ 1+i & i & 1 & 0 \\ 1 & 0 & 1+i & i \end{bmatrix}$$

$$L_4^{1+i} = \begin{bmatrix} 0 & 1 & i & 1+i \\ 1+i & i & 1 & 0 \\ 1 & 0 & 1+i & i \\ i & 1+i & 0 & 1 \end{bmatrix}$$

[375]

L_4^1 就是 F 的加法表。直接验证可知，L_4^1，L_4^i，L_4^{1+i} 是建立在 F 上的 3 个 4 阶 MOLS。 □

根据定理 10.4.4 可知，只要 n 是素数的幂，就存在 $n-1$ 个 n 阶 MOLS。是否有可能找到多于 $n-1$ 个的 n 阶 MOLS 呢？这个问题的否定答案在下面的定理中给出。

定理 10.4.5 设 $n \geqslant 2$ 是正整数，并设 A_1，A_2，$\cdots$，A_k 是 k 个 n 阶 MOLS。则 $k \leqslant n-1$；即 n 阶 MOLS 的最大个数最多是 $n-1$。

证明 不失一般性，假设所给的拉丁方都是基于 Z_n 的元素。首先我们观察到下面的事实：每一个拉丁方 A_1，A_2，$\cdots$，A_k 都可以化成标准型，而且这并不影响它们的相互正交性。后者容易验证：因为如果把两个拉丁方化成标准型后的并置数组有重复的序偶，则并置数组在一开始就必然有重复的序偶。这样，可以假设每个拉丁方 A_1，A_2，$\cdots$，A_k 都是标准型。于是，对于每对 A_i，A_j，并置数组 $A_i \times A_j$ 的第一行为 $(0, 0)$，$(1, 1)$，$\cdots$，$(n-1, n-1)$。现在考虑每个 A_i 的 1 行 0 列上的项。这些元素都不能等于 0，因为 0 已经出现在 0 列该元素直接上方的位置上。因此，每个 A_1，A_2，$\cdots$，A_k 的 1 行 0 列上的元素为 1，2，$\cdots$，$n-1$ 之一。不仅如此，A_1，A_2，$\cdots$，A_k 中没有两个在该位置上有相同整数。因为，如果 A_i 和 A_j 都在这个位置上为 r，则并置阵列 $A_i \times A_j$ 就会含有数对 (r, r) 两次，因为它已经出现在 0 行上。因此，每个 A_1，A_2，$\cdots$，A_k 在 1 行 0 列上均含有整数 1，2，$\cdots$，$n-1$ 之一，而且 A_1，A_2，$\cdots$，A_k 在这个位置上不含相同整数。根据鸽巢原理，有 $k \leqslant n-1$，定理得证。 □

对正整数 n，设 $N(n)$ 表示 n 阶 MOLS 的最大个数。因为 1 阶拉丁方与它自己正交[一]，所以我们有 $N(1) = 2$。因为没有两个 2 阶拉丁方正交，因此有 $N(2) = 1$。根据定理 10.4.4 和定理 10.4.5，我们得出

$$N(n) = n-1, \text{如果 } n \text{ 是素数的幂}$$

自然想要知道对所有整数 $n \geqslant 2$ 是否 $N(n) = n-1$ 都成立。不幸的是，$N(n)$ 可能会小于 $n-1$（根据定理 10.4.4，如果出现小于 $n-1$ 的情况，那么 n 就不可能是素数的幂）。不是素数幂的最小整数是 $n = 6$，我们不仅有 $N(6) \neq 5$，更有 $N(6) = 1$；就是说，甚至不存在两个 6 阶的正交拉丁方！这是由 Tarry[二]约在 1900 年前后验证的[三]。我们可以用 mod n 的整数证明，对于每个奇整数 n 存在一对 n 阶 MOLS。 [376]

定理 10.4.6 对于每一个奇整数 n，$N(n) \geqslant 2$。

证明 令 n 为一奇整数。我们将证明，Z_n 的加法表 A 和减法表 B 是 MOLS。A 的 i 行 j 列上的项 a_{ij} 是 $a_{ij} = i+j$（mod n 的加法），而且根据定理 10.4.1，我们知道 A 是一个 n 阶拉丁方。B 的 i 行 j 列上的项 b_{ij} 是 $b_{ij} = i-j$（mod n 的减法），我们首先证明 B 是一个拉丁方。这一证明很简

[一] $n \geqslant 2$ 阶拉丁方从不与它自己正交。

[二] G. Tarry，Le problème de 36 officiers，*Comptes Rendu de l'Association FranÇaise pour l'Avancement de Science Naturel*，1 (1900)，122-123and 2 (1901)，170-230。

[三] 这的确不是一个显然的验证。

单，类似于定理 10.4.1 的证明。假设 B 的 i 行上 j 列和 k 列的整数相同。这就是说

$$i - j = i - k$$

两边加上 $-i$ 得到 $-j = -k$，从而 $j = k$。因此，在一行上不存在重复的元素，类似地可以证明，在一列上也不存在重复的元素。于是，B 是一个拉丁方。

现在，我们证明 A 和 B 正交。假设在它们的并置数组 $A \times B$ 中，某个序偶出现两次，比方说

$$(a_{ij}, b_{ij}) = (a_{kl}, b_{kl})$$

这意味着

$$i + j = k + l \text{ 和 } i - j = k - l$$

将这两个方程相加并相减得到

$$2i = 2k \text{ 和 } 2j = 2l$$

记住，n 是奇数，我们观察到，2 和 n 的 GCD 为 1，由定理 10.1.2 可知，2 在 Z_n 中有乘法逆元 2^{-1}。于是，消去上面等式中的 2 得到 $i = k$ 和 $j = l$。因此，$A \times B$ 能够在两个位置上有相同序偶的唯一方法是这两个位置相同。因而我们得到 A 和 B 是正交的结论。 □

得到更大阶数的 MOLS 的一种方法就是把 MOLS 组合起来。不过执行和验证这种构造的记法有些麻烦，因为必须处理序偶的序偶。但是，构造的想法却非常简单。我们具体说明这一想法如下：从两个 3 阶 MOLS 和两个 4 阶 MOLS 得出两个 12 阶 MOLS。考虑如下给出的两个 3 阶 MOLS：

377

$$A_1 = \begin{bmatrix} 0 & 1 & 2 \\ 1 & 2 & 0 \\ 2 & 0 & 1 \end{bmatrix} \quad A_2 = \begin{bmatrix} 0 & 2 & 1 \\ 1 & 0 & 2 \\ 2 & 1 & 0 \end{bmatrix}$$

它们分别对应 Z_3 的加法表和减法表。再考虑如下给出的两个 4 阶 MOLS：

$$B_1 = \begin{bmatrix} 0 & 1 & 2 & 3 \\ 1 & 0 & 3 & 2 \\ 2 & 3 & 0 & 1 \\ 3 & 2 & 1 & 0 \end{bmatrix} \quad B_2 = \begin{bmatrix} 0 & 1 & 2 & 3 \\ 2 & 3 & 0 & 1 \\ 3 & 2 & 1 & 0 \\ 1 & 0 & 3 & 2 \end{bmatrix}$$

它们是在定理 10.4.4 之后构造的前两个 MOLS 中分别用 2 代替 i 并用 3 代替 $1+i$ 而得到的。现在，我们构造 12 行 12 列的数组 $A_1 \otimes B_1$ 和 $A_2 \otimes B_2$，它们定义如下：首先用下面 4 行 4 列的数组代替 A_1 中的每一项 a_{ij}^1：

$$(a_{ij}^1, B_1) = \begin{bmatrix} (a_{ij}^1, b_{00}^1) & (a_{ij}^1, b_{01}^1) & (a_{ij}^1, b_{02}^1) & (a_{ij}^1, b_{03}^1) \\ (a_{ij}^1, b_{10}^1) & (a_{ij}^1, b_{11}^1) & (a_{ij}^1, b_{12}^1) & (a_{ij}^1, b_{13}^1) \\ (a_{ij}^1, b_{20}^1) & (a_{ij}^1, b_{21}^1) & (a_{ij}^1, b_{22}^1) & (a_{ij}^1, b_{23}^1) \\ (a_{ij}^1, b_{30}^1) & (a_{ij}^1, b_{31}^1) & (a_{ij}^1, b_{32}^1) & (a_{ij}^1, b_{33}^1) \end{bmatrix}$$

其结果是基于 12 个整数序偶 (p, q) 的 12 行 12 列数组 $A_1 \otimes B_1$，其中 p 在 Z_3 中，q 在 Z_4 中。以类似的方法从 A_2 和 B_2 得到 12 行 12 列的数组 $A_2 \otimes B_2$。经过初等验证可知，$A_1 \otimes B_1$ 和 $A_2 \otimes B_2$ 是基于 12 个序偶的集合的拉丁方且它们是正交的。我们把验证工作留作练习。现在，为了使这些 12 行 12 列数组基于 $Z_{12}{}^{\ominus}$，我们建立 Z_{12} 和序偶 (p, q) 之间的一一对应。一共有 12! 种对应方式，其中任意一种都可以实现这种对应。其中的一个对应是（其方法是取字典序下的序偶）：

$$(0,0) \to 0, (0,1) \to 1, (0,2) \to 2, (0,3) \to 3$$

⊖ 当然，这是不必要的。这么做只是为了避免使拉丁方变成元素为序偶的集合。

$$(1,0) \to 4, (1,1) \to 5, (1,2) \to 6, (1,3) \to 7$$
$$(2,0) \to 8, (2,1) \to 9, (2,2) \to 10, (2,3) \to 11$$

378

用这种方法得到的两个 12 阶 MOLS 如下所示:

$$
\begin{bmatrix}
0 & 1 & 2 & 3 & 4 & 5 & 6 & 7 & 8 & 9 & 10 & 11 \\
1 & 0 & 3 & 2 & 5 & 4 & 7 & 6 & 9 & 8 & 11 & 10 \\
2 & 3 & 0 & 1 & 6 & 7 & 4 & 5 & 10 & 11 & 8 & 9 \\
3 & 2 & 1 & 0 & 7 & 6 & 5 & 4 & 11 & 10 & 9 & 8 \\
4 & 5 & 6 & 7 & 8 & 9 & 10 & 11 & 0 & 1 & 2 & 3 \\
5 & 4 & 7 & 6 & 9 & 8 & 11 & 10 & 1 & 0 & 3 & 2 \\
6 & 7 & 4 & 5 & 10 & 11 & 8 & 9 & 2 & 3 & 0 & 1 \\
7 & 6 & 5 & 4 & 11 & 10 & 9 & 8 & 3 & 2 & 1 & 0 \\
8 & 9 & 10 & 11 & 0 & 1 & 2 & 3 & 4 & 5 & 6 & 7 \\
9 & 8 & 11 & 10 & 1 & 0 & 3 & 2 & 5 & 4 & 7 & 6 \\
10 & 11 & 8 & 9 & 2 & 3 & 0 & 1 & 6 & 7 & 4 & 5 \\
11 & 10 & 9 & 8 & 3 & 2 & 1 & 0 & 7 & 6 & 5 & 4 \\
\end{bmatrix}
$$

$$
\begin{bmatrix}
0 & 1 & 2 & 3 & 8 & 9 & 10 & 11 & 4 & 5 & 6 & 7 \\
2 & 3 & 0 & 1 & 10 & 11 & 8 & 9 & 6 & 7 & 4 & 5 \\
3 & 2 & 1 & 0 & 11 & 10 & 9 & 8 & 7 & 6 & 5 & 4 \\
1 & 0 & 3 & 2 & 9 & 8 & 11 & 10 & 5 & 4 & 7 & 6 \\
4 & 5 & 6 & 7 & 0 & 1 & 2 & 3 & 8 & 9 & 10 & 11 \\
6 & 7 & 4 & 5 & 2 & 3 & 0 & 1 & 10 & 11 & 8 & 9 \\
7 & 6 & 5 & 4 & 3 & 2 & 1 & 0 & 11 & 10 & 9 & 8 \\
5 & 4 & 7 & 6 & 1 & 0 & 3 & 2 & 9 & 8 & 11 & 10 \\
8 & 9 & 10 & 11 & 4 & 5 & 6 & 7 & 0 & 1 & 2 & 3 \\
10 & 11 & 8 & 9 & 6 & 7 & 4 & 5 & 2 & 3 & 0 & 1 \\
11 & 10 & 9 & 8 & 7 & 6 & 5 & 4 & 3 & 2 & 1 & 0 \\
9 & 8 & 11 & 10 & 5 & 4 & 7 & 6 & 1 & 0 & 3 & 2 \\
\end{bmatrix}
$$

将上面构造过程一般化,产生如下结果。

定理 10.4.7　如果存在一对 m 阶 MOLS 和一对 k 阶 MOLS,则存在一对 mk 阶 MOLS。更一般地,

$$N(mk) \geqslant \min\{N(m), N(k)\} \qquad \square$$

结合定理 10.4.7 与定理 10.4.4 得到如下结果。

定理 10.4.8　设 $n \geqslant 2$ 是整数,并设

$$n = p_1^{e_1} \times p_2^{e_2} \times \cdots \times p_k^{e_k}$$

是将 n 分解为互不相同素数 p_1, p_2, $\cdots$, p_k 的素因子分解。则

$$N(n) \geqslant \min\{p_i^{e_i} - 1 : i = 1, 2, \cdots, k\}$$

379

证明　应用定理 10.4.7,并对 n 的互不相同的素数因子个数 k 作简单归纳,我们得到

$$N(n) \geqslant \min\{N(p_i^{e_i}) : i = 1, 2, \cdots, k\}$$

再根据定理 10.4.4,我们有

$$N(p_i^{e_i}) = p_i^{e_i} - 1$$

定理得证。 $\qquad \square$

推论 10.4.9　设 $n \geqslant 2$ 是整数,但不是奇数的两倍。则存在一对正交的 n 阶拉丁方。

证明 如果 p 是素数且 e 是正整数，则只要不是 $p=2$ 和 $e=1$，我们就有 $p^e-1 \geq 2$。因此，如果 n 的素因子分解不是恰好含有一个 2，就是说，如果 n 不是奇数的两倍，则由定理 10.4.8，我们有 $N(n) \geq 2$。 □

推论 10.4.9 不保证一定存在一对 n 阶 MOLS 的整数 n 为

$$2,6,10,14,18,\cdots,4k+2,\cdots \tag{10.13}$$

我们曾提到过不存在 2 阶 MOLS 对和 6 阶 MOLS 对。于是，无法确定其存在性的第一个整数是 $n=10$。欧拉在 1782 年猜测，对于序列（10.13）中的整数 n，均不存在 n 阶 MOLS 对。但是，在 Bose、Shrikhande 和 Parker[一] 的共同努力之下，他们成功地证明了欧拉猜想只对 $n=2$ 和 $n=6$ 成立；也就是说，除 2 和 6 外，对于序列（10.13）中的每一个整数 n 均存在一对 n 阶 MOLS。我们不证明这个结果，但是下面给出由 Parker[二] 在 1959 年构造的一对 10 阶 MOLS：

$$\begin{bmatrix}
0 & 6 & 5 & 4 & 7 & 8 & 9 & 1 & 2 & 3 \\
9 & 1 & 0 & 6 & 5 & 7 & 8 & 2 & 3 & 4 \\
8 & 9 & 2 & 1 & 0 & 6 & 7 & 3 & 4 & 5 \\
7 & 8 & 9 & 3 & 2 & 1 & 0 & 4 & 5 & 6 \\
1 & 7 & 8 & 9 & 4 & 3 & 2 & 5 & 6 & 0 \\
3 & 2 & 7 & 8 & 9 & 5 & 4 & 6 & 0 & 1 \\
5 & 4 & 3 & 7 & 8 & 9 & 6 & 0 & 1 & 2 \\
2 & 3 & 4 & 5 & 6 & 0 & 1 & 7 & 8 & 9 \\
4 & 5 & 6 & 0 & 1 & 2 & 3 & 9 & 7 & 8 \\
6 & 0 & 1 & 2 & 3 & 4 & 5 & 8 & 9 & 7
\end{bmatrix}$$

$$\begin{bmatrix}
0 & 9 & 8 & 7 & 1 & 3 & 5 & 2 & 4 & 6 \\
6 & 1 & 9 & 8 & 7 & 2 & 4 & 3 & 5 & 0 \\
5 & 0 & 2 & 9 & 8 & 7 & 3 & 4 & 6 & 1 \\
4 & 6 & 1 & 3 & 9 & 8 & 7 & 5 & 0 & 2 \\
7 & 5 & 0 & 2 & 4 & 9 & 8 & 6 & 1 & 3 \\
8 & 7 & 6 & 1 & 3 & 5 & 9 & 0 & 2 & 4 \\
9 & 8 & 7 & 0 & 2 & 4 & 6 & 1 & 3 & 5 \\
1 & 2 & 3 & 4 & 5 & 6 & 0 & 7 & 8 & 9 \\
2 & 3 & 4 & 5 & 6 & 0 & 1 & 8 & 9 & 7 \\
3 & 4 & 5 & 6 & 0 & 1 & 2 & 9 & 7 & 8
\end{bmatrix}$$

大约近 200 年来，10 是欧拉猜想的最小的未确定情况。

根据定理 10.4.5，对每一个整数 $n \geq 2$，我们有 $N(n) \leq n-1$，根据定理 10.4.4，如果 n 是素数的幂，则这个不等式就变成等式。除此之外，不存其他使得 $N(n)=n-1$ 成立的 n 值。下面我们建立 $n-1$ 个 n 阶 MOLS 与 10.2 节的区组设计之间的联系。设 $A_1, A_2, \cdots, A_{n-1}$ 表示 $n-1$ 个 n 阶 MOLS。我们使用下面 $n+1$ 个数组

$$R_n, S_n, A_1, A_2, \cdots, A_{n-1} \tag{10.14}$$

来构造参数为

[一] R. C. Bose，S. S. Shrikhande，and E. T. Parker：Further Results on the Construction of Mutually Orthogonal Latin Squares and the Falsity of Euler's Conjecture，*Canadian J. Math.*，12（1960），189-203。也可参见由 Martin Gardner 撰写的发表在 *Scientific American*（November，1959）的 Mathematical Games 专栏上的报道。

[二] E. T. Parker：Orthogonal Latin Squares，*Proc. Nat. Acad. Sciences*，45（1959），859-862。

$$b = n^2 + n, v = n^2, k = n, r = n+1, \lambda = 1$$

的区组设计$\mathcal{B}$，其中，R_n 和 S_n 由式（10.10）和式（10.11）定义。回想一下，$A_i(k)$ 表示的是 A_i 中被 $k(k=0，1，\cdots，n-1)$ 占据的位置的集合。因为 A_i 是拉丁方，所以 $A_i(k)$ 包含每一行上的一个位置和每一列上的一个位置，特别地，$A_i(k)$ 中没有属于同一行或同一列的两个位置。我们对 R_n 和 S_n 也使用相同记法。例如，$R_n(0)$ 表示 R_n 中被 0 占据的位置的集合，并且这个集合是 0 行的位置的集合，$S_n(1)$ 表示 S_n 中被 1 占据的位置的集合，并且是 1 列的位置的集合。

我们将样品集合 X 取作 n 行 n 列数组的 $v = n^2$ 个位置的集合；即

$$X = \{(i,j): i = 0,1,\cdots,n-1; j = 0,1,\cdots,n-1\}$$

数组（10.14）中的每一个数组都确定 n 个区组：

$$R_n(0)R_n(1)\cdots R_n(n-1) \tag{10.15}$$

$$S_n(0)S_n(1)\cdots S_n(n-1) \tag{10.16}$$

$$\begin{array}{cccc} A_1(0) & A_1(1) & \cdots & A_1(n-1) \\ \vdots & \vdots & \cdots & \vdots \\ A_{n-1}(0) & A_{n-1}(1) & \cdots & A_{n-1}(n-1) \end{array} \tag{10.17}$$

这样我们有 $b = n \times (n+1) = n^2 + n$ 个区组，每个区组含有 $k = n$ 个样品。设$\mathcal{B}$表示这些区组的集合。为了能够断定$\mathcal{B}$是有给定参数的 BIBD，只需验证每一对样品恰好在 $\lambda = 1$ 个区组中同时出现。我们要考虑三种可能情况：

（1）在同一行的两个样品：它们恰好同在区组（10.15）中的一个之中，但不在其他区组中。

（2）在同一列的两个样品：它们恰好同在区组（10.16）中的一个之中，但不在其他区组中。

（3）两个样品 (i, j) 和 (p, q) 属于不同的行与不同的列：这两个样品不会同时存在于区组（10.15）和区组（10.16）中的任一个区组中。事实上，假设它们同时存在于区组 $A_r(e)$ 和 $A_s(f)$ 中。这意味着 A_r 的 i 行 j 列的位置和 p 行 q 列的位置存在一个元素 e，并且，在 A_s 的同样位置上存在一个元素 f。如果 $r \neq s$，那么，在并置数组 $A_r \times A_s$ 中序偶 (e, f) 出现两次，这与 A_r 和 A_s 正交矛盾。因此，$r = s$，这表明在 A_r 的 i 行 j 列的位置上以及 p 行 q 列的位置上，同时有 e 和 f 存在。我们得到 $e = f$ 的结论。因此，$A_r(e)$ 和 $A_s(f)$ 是同一区组，从而得出 (i, j) 和 (p, q) 至多同在一个区组的结论。

到此，我们知道，每一对样品至多同在一个区组中，这足以使我们断定每一对样品恰好同在一个区组中。通过类似于 10.2 节我们曾做过的计数论证得到：共有 n^2 个样品，可以把它们分成 $n^2(n^2-1)/2$ 对，我们知道每一对至多在 $n^2 + n$ 个区组中的一个区组中。每个区组有 n 个样品，因此每个区组有 $n(n-1)/2$ 个对。对于所有的区组共有

$$(n^2 + n) \times \frac{n(n-1)}{2} = \frac{n^2(n^2-1)}{2}$$

对，而上面这个数恰好又是样品的总对数。因此，根据鸽巢原理，每一对样品必然恰在一个区组中。因此，$\mathcal{B}$是指数 $\lambda = 1$ 的 BIBD。

注意，上面构造出的设计$\mathcal{B}$在讨论 Steiner 系统的 10.2 节意义下是可解的（resolvable）。$n^2 + n$ 个区组的集合分成 $n+1$ 个部分（可解类），每个部分有 n 个区组（见区组（10.15），区组（10.16）和区组（10.17）），而每个可解类均是 n^2 个样品的一个划分。

例子 下面我们用两个 3 阶拉丁方具体说明前述的构造 BIBD 的方法：

$$A_1 = \begin{bmatrix} 0 & 1 & 2 \\ 1 & 2 & 0 \\ 2 & 0 & 1 \end{bmatrix} \quad A_2 = \begin{bmatrix} 0 & 2 & 1 \\ 1 & 0 & 2 \\ 2 & 1 & 0 \end{bmatrix}$$

样品是 9 行 9 列数组上的 9 个位置，而区组则由下面的可解类的几何图示表示：

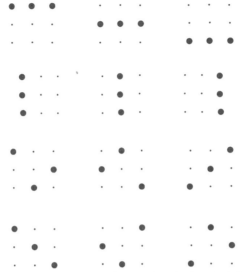

如果把样品看作点，把区组看作线，并如通常那样当两条线没有公共点时称这两条线平行，那么上面图示中的每一个（可解类）均由 3 条平行线组成。恰好同属于一个区组的每一对样品变成恰好确定一条线的两点。设计的可解性也变为如下性质：给定一条线和不在其上的一点，恰好存在一条平行于前一条包含给定点的线的线。这就是所谓的欧几里得几何的平行公设（parallel postulate）。

定理 10.4.10 设 $n \geqslant 2$ 是整数。如果存在 $n-1$ 个 n 阶 MOLS，则存在有参数

$$b = n^2 + n, v = n^2, k = n, r = n+1, \lambda = 1 \tag{10.18}$$

[383] 的可解 BIBD。反之，如果存在参数（10.18）的可解 BIBD，则存在 $n-1$ 个 n 阶 MOLS。

证明 前面已经指出如何从 $n-1$ 个 n 阶 MOLS 构造有参数（10.18）的可解 BIBD。这个过程是可逆的。我们概述如何进行，并把其中的一些细节留作练习题去验证。假设存在有参数（10.18）的可解 BIBD。因为存在 n^2 个样品，并且每个区组含有 n 个样品，因此每个可解类包含 n 个区组。不仅如此，因为存在 $n^2 + n$ 个区组，因此存在 $n+1$ 个可解类

$$\mathcal{B}_1, \mathcal{B}_2, \cdots, \mathcal{B}_{n+1}$$

为了将这些样品"坐标化"，我们使用两个可解类 $\mathcal{B}_n$ 和 $\mathcal{B}_{n+1}$。设 $\mathcal{B}_n$ 中的区组是

$$H_0, H_1, \cdots, H_{n-1}$$

而 $\mathcal{B}_{n+1}$ 中的区组是

$$V_0, V_1, \cdots, V_{n-1}$$

（H 表示水平而 V 表示垂直）。给定任意样品 x，在 0 和 $n-1$ 之间存在唯一的 i，使得 x 在 H_i 中，同时在 0 和 $n-1$ 之间存在唯一的 j，使得 x 在 V_j 中。这样就给每一个样品 x 指定一个有序对坐标 (i, j)。而且，因为指数 λ 等于 1，所以两个不同的样品不会得到相同的坐标（如果 x 和 y 都有坐标 (i, j)，那么 x 和 y 就会同时落入两个区组 H_i 和 V_j 中）。于是，我们就可以把样品集 X 看成是坐标对[⊖]：

$$X = \{(i, j) : i = 0, 1, \cdots, n-1; j = 0, 1, \cdots, n-1\}$$

现在考虑另一个任意的可解类 $\mathcal{B}_p$，（$p = 0, 1, \cdots, n-1$）。设 $\mathcal{B}_p$ 中的区组标记为

$$A_p(0), A_p(1), \cdots, A_p(n-1)$$

这些区组把 X 划分成 n 个大小为 n 的集合。正如标记所提示的那样，设 A_p 是这样的一个 n 行 n 列的数组，即在 $A_p(k)$ 的每个位置上有一个 k。例如，若在 A_p 的 i 行有两个 k，就意味着有两个

⊖ 我们在解析几何中做类似的标识，给平面上的点赋予坐标，因此坐标"变成了"点。

样品 (i, a) 和 (i, b) 既在区组 H_i 又在区组 $A_i(k)$ 中。因此，A_p 是一个拉丁方。此外，对于 $p \neq q$，A_p 与 A_q 正交：即如果并置数组 $A_p \times A_q$ 在 i 行 j 列的位置上和在 u 行 v 列的位置上含有相同的序偶，那么这两个样品 (i, j) 和 (u, v) 就会在两个区组中。因此，A_1，A_2，$\cdots$，A_{n-1} 是 n 阶 MOLS。

下面以人们在构造拉丁方的过程中自然产生的一些问题结束本节的内容。

构造 n 阶拉丁方有三种自然的方法：

(1) 逐行构造

(2) 逐列构造

(3) 逐个元素构造

前两种方法非常相似，我们只考虑第一种。

逐行构造拉丁方指的是一次得出完整的一行。于是，我们如下构造一个 3 阶拉丁方：首先选择 $\{0, 1, 2\}$ 的一个排列作为第 0 行，比如 2，1，0 作为第 0 行，然后再选一个排列作为第 1 行，比如 0，2，1 作为第 1 行（但在其任一列的位置上不能出现重复的整数），然后选择一个排列作为第 2 行，比如 1，0，2 作为第 2 行（实际上，如果我们只是不知道拉丁方的最后一行而其余各行都知道的话，那么最后一行可以唯一地填入，这是因为必须在每一列的位置上写入该列尚未出现的整数）。其结果是

$$\begin{bmatrix} 2 & 1 & 0 \\ 0 & 2 & 1 \\ 1 & 0 & 2 \end{bmatrix}$$

如果用这种方法构造拉丁方，即在每一步都要为下一行选择一个允许的排列，那么我们是否会被迫半途终止呢？

逐个元素构造拉丁方指的是一次一个元素地插入每个元素出现的所有位置。于是，我们可以这样构造上面的 3 阶拉丁方：首先选择 3 个 0 的位置（三个非攻击型车的位置），然后选择 3 个 1 的位置，最后是 2 的 3 个位置（像逐行构造一样，这里的最后一步也是唯一确定的）。如果我们用这种方法构造拉丁方，即在每一步都要为下一个整数选择一些位置，那么我们是否会被迫半途终止呢？

第 9 章的定理 9.2.2 能为我们回答这两个问题⊖。首先我们给出一个与第一个问题相关的定义。

设 m 和 n 为整数且 $m \leqslant n$。基于 Z_n 中的整数的拉丁矩形 (Latin rectangle) 是一个 m 行 n 列的数组，使得在任一行和任一列上没有整数重复出现。m 行 n 列拉丁矩形的每一行都是 $\{0, 1, \cdots, n-1\}$ 的一个排列，而且没有列包含重复的整数。如果 $m = n$，则对拉丁矩形的定义等价于拉丁方的定义⊜。下面是 3 行 5 列拉丁矩形的一个例子：

$$\begin{bmatrix} 0 & 1 & 2 & 3 & 4 \\ 3 & 4 & 0 & 1 & 2 \\ 4 & 0 & 3 & 2 & 1 \end{bmatrix}$$

我们说 m 行 n 列拉丁矩形 L 可以完备化，如果能够添加 $n-m$ 行到 L 上并得到一个 n 阶拉丁方 L^*。这样的拉丁方 L^* 叫作 L 的完备化 (completion)。例如，上面的拉丁矩形 L 的一个完备化是

$$\begin{bmatrix} 0 & 1 & 2 & 3 & 4 \\ 3 & 4 & 0 & 1 & 2 \\ 4 & 0 & 3 & 2 & 1 \\ 2 & 3 & 1 & 4 & 0 \\ 1 & 2 & 4 & 0 & 3 \end{bmatrix}$$

⊖ 让"猫出袋子"，我们从不会半途终止。

⊜ 又是鸽巢原理！

第一个问题的答案是下述定理的一个必然结果。

定理 10.4.11 设 L 为基于 Z_n 的 m 行 n 列拉丁矩形，且 $m<n$，则 L 有完备化。

证明 只需证明能够添加一个新行到 L 中以得到 $(m+1)$ 行 n 列拉丁矩形即可，这是因为接下来可以递归地进行下去直到得到一个拉丁方为止。我们这样定义集合 $Z_n=\{0,1,\cdots,n-1\}$ 的子集的族 $A=(A_1,A_2,\cdots A_n)$：每一个 A_i 是 Z_n 中没有第 i 列上出现的整数的集合。因为 L 是一个 m 行 n 列拉丁矩形，所以每一个 A_i 正好包含 $n-m$ 个元素。另外，因为 Z_n 中的每一个整数正好在 L 的 m 行的每一行出现一次，且出现在不同的列上，所以 Z_n 中的每一个整数正好在 A 的 $n-m$ 个集合中出现。

假设 A 存在一个 SDR $(a_1,a_2,\cdots,a_n)$。则 $a_1,a_2,\cdots,a_n$ 是 $0,1,\cdots,n-1$ 中以某种顺序出现的整数，又因为对于每一个 i，a_i 在 A_i 中，所以 a_i 不可能出现在 L 的第 i 列上。于是，我们就可以把 $a_1,a_2,\cdots,a_n$ 作为新行加入 L 中成为第 $m+1$ 行，因此就如期得到一个 $(m+1)$ 行 n 列的拉丁矩形。所以只需证明 A 的确存在一个 SDR 即可。根据定理 9.2.2，只需证明 A 满足婚姻条件 MC（参见第 9 章练习题 15）即可。

考虑取自于 $\{1,2,\cdots,n\}$ 中的 k 个不同整数，并设

$$q=|A_{i_1}\cup A_{i_2}\cup\cdots\cup A_{i_k}|$$

我们有两种方法计算

$$\alpha=|A_{i_1}|+|A_{i_2}|+\cdots+|A_{i_k}|$$

一方面，因为 A 中每一个集合正好包含 $n-m$ 个整数，所以 $\alpha=k(n-m)$。另一方面，Z_n 中每一个整数正好在 A 中的 $n-m$ 个集合中出现，因此 $A_{i_1}\cup A_{i_2}\cup\cdots\cup A_{i_k}$ 中的 q 个整数中的每一个整数至多在 $A_{i_1},A_{i_2},\cdots,A_{i_k}$ 中的 $n-m$ 个集合中出现。因此 $\alpha\leqslant q(n-m)$。因此，我们有

$$k(n-m)=\alpha\leqslant q(n-m)$$

消去 $n-m\geqslant1$，我们得到 $k\leqslant q$，即

386

$$|A_{i_1}\cup A_{i_2}\cup\cdots\cup A_{i_k}|\geqslant k$$

因此，MC 条件得到满足，A 有 SDR，所以拉丁矩形 L 有完备化。 □

下面的定义与我们的第二个问题相关。考虑一个 n 行 n 列的数组 L，在 L 中有些位置尚未有元素占据，其余位置则被 $\{0,1,\cdots,n-1\}$ 中的整数占据。假设如果一个整数 k 在 L 中出现，那么它出现 n 次并且没有两个 k 在同一行或同一列上。此时我们称 L 为**半拉丁方**（semi-Latin square）。如果 m 个不同的整数出现在 L 中，那么我们就说 L 有**指数**（index）m。下面的例子是指数为 3 的 5 阶半拉丁方：

1		0		2
	2	1		0
0	1		2	
2	0		1	
		2	0	1

可以把这个例子看成是 5 行 5 列棋盘（我们已经这样具体解释过），棋盘上有 5 个红非攻击型车（0），5 个白非攻击型车（1）以及 5 个蓝非攻击型车（2）。我们要寻找的是这张棋盘上的 5 个绿非攻击型车和 5 个黄非攻击型车的位置。如果把 3 看作是绿非攻击型车而把 4 看作是黄非攻击型车，则解可由下面的半拉丁方给出：

$$\begin{bmatrix} 1 & 4 & 0 & 3 & 2 \\ 3 & 2 & 1 & 4 & 0 \\ 0 & 1 & 4 & 2 & 3 \\ 2 & 0 & 3 & 1 & 4 \\ 4 & 3 & 2 & 0 & 1 \end{bmatrix}$$

我们说一个 n 阶半拉丁方 L 可以被完备化成拉丁方是指能够将元素填入空白位置而得到一个 n 阶拉丁方 $L^{\#}$。得到的这个拉丁方 $L^{\#}$ 叫作 L 的完备化。我们第二个问题的答案是本章最后一个定理的推论。

定理 10.4.12 设 L 为 n 阶半拉丁方并且其指数 $m < n$，则 L 有完备化。

证明 假设在 L 中出现的整数为 $0, 1, \cdots, m-1$。下面只需证明能够找到 n 个空白位置并将 m 填入以得到指数为 $m+1$ 的 n 阶拉丁方即可，因为如果能够做到这一点，接下来就可以递归地继续下去。

类似于定理 10.4.11 的证明，集合 $Z_n = \{0, 1, \cdots, n-1\}$ 的子集族 $A = (A_1, A_2, \cdots, A_n)$ 定义为对于每一个 i，A_i 是由第 i 行中被占据的位置 j 组成的。于是，对于每一个 i，有 $|A_i| = n-m$，且 Z_n 中的每一个整数正好在 A 中的 $n-m$ 个集合中出现。如在定理 10.4.11 的证明中那样，这个族 A 有 SDR。这个 SDR 告诉我们把整数 $m+1$ 放在每一行的哪个位置上才能得到一个指数为 m 的半拉丁方。 □

定理 10.4.11 和定理 10.4.12 之间的相似性不是偶然的。因为 m 行 n 列拉丁矩形与指数为 m 的 n 阶半拉丁方之间存在一一对应，从而可以把定理 10.4.11 的证明转化成为定理 10.4.12 的证明，反之亦然。其中的一一对应如下：设 L 是一个（基于 Z_n 的）m 行 n 列拉丁矩形，并设位于 i 行 j 列处的项记作 a_{ij}。我们这样定义一个 $n \times n$ 的数组 B：令位于 i 行 j 列上的项 b_{ij} 是 k，只要 i 在 L 的 k 行 j 列上出现。因此

$$b_{ij} = k \text{ 当且仅当 } a_{kj} = i$$

B 中的某些位置没有被占据，因为如果 $m < n$，有些整数就不会在 L 的列上出现。我们把下面这个问题留作练习题，证明从 L 中如此这般构造出的数组 B 是一个指数为 m 的半拉丁方。

例子 考虑 3×5 拉丁矩形

$$A = \begin{bmatrix} 0 & 1 & 2 & 3 & 4 \\ 3 & 4 & 1 & 0 & 2 \\ 1 & 0 & 4 & 2 & 3 \end{bmatrix}$$

于是，根据前面的构造方法，我们得到一个指数为 3 的 5 阶半拉丁方 B

$$B = \begin{array}{|c|c|c|c|c|} \hline 0 & 2 & & 1 & \\ \hline 2 & 0 & 1 & & \\ \hline & & 0 & 2 & 1 \\ \hline 1 & & & 0 & 2 \\ \hline & 1 & 2 & & 0 \\ \hline \end{array}$$

□

10.5 练习题

1. 计算整数 mod 4 的加法表和乘法表。

2. 计算整数 mod 4 的减法表并将其与练习题 1 算出的加法表做比较。

3. 计算整数 mod 5 的加法表和乘法表。

4. 计算整数 mod 5 的减法表并将其与练习题 3 算出的加法表做比较。

5. 证明：在 Z_n 的 mod n 运算中没有两个整数有相同的加法逆元。通过鸽巢原理得出

$$\{-0, -1, -2, \cdots, -(n-1)\} = \{0, 1, 2, \cdots, n-1\}$$

的结论。（记住，$-a$ 是在 Z_n 中与 a 相加时结果为 0 的整数。）

6. 证明：Z_n 的减法表的列是 Z_n 的加法表的列的重排（参见练习题 2 和练习题 4）。

7. 计算整数 mod 6 的加法表和乘法表。

8. 利用 mod 8 的算术，确定 Z_8 中的整数的加法逆元。

9. 确定整数 mod 20 中的 3，7，8 和 19 的加法逆元。

10. 确定 Z_{12} 中哪些整数有乘法逆元，并在乘法逆元存在时将它们求出。

11. 对 Z_{24} 中的下列每一个整数，如果其乘法逆元存在，确定其乘法逆元：
$$4,9,11,15,17,23$$

12. 证明：$n-1$ 在 Z_n 中总有乘法逆元（$n \geq 2$）。

13. 设 $n=2m+1$ 是一个奇整数，且 $m \geq 2$。证明：$m+1$ 在 Z_n 中的乘法逆元是 2。

14. 应用 10.1 节中的算法求出下列整数对的 GCD：

(a) 12 和 31

(b) 24 和 82

(c) 26 和 97

(d) 186 和 334

(e) 423 和 618

15. 对于练习题 14 中的每一对整数，设 m 表示数对的第一个整数，n 表示数对的第二个整数。当 m 在 Z_n 中存在乘法逆元时，确定该乘法逆元。

16. 将 10.1 节计算 GCD 的算法应用于 15 和 46，然后用这个结果去确定 15 在 Z_{46} 中的乘法逆元。

17. 从域 Z_2 出发，证明 x^3+x+1 不能以非平凡的方式分解（变成以 Z_2 中元素为系数的多项式的乘积），然后利用该多项式构造有 $2^3=8$ 个元素的域。设 i 是该多项式添加到 Z_2 中的根，然后做下列计算：

(a) $(1+i)+(1+i+i^2)$

(b) $(1+i^2)+(1+i^2)$

(c) i^{-1}

(d) $i^2 \times (1+i+i^2)$

(e) $(1+i)(1+i+i^2)$

(f) $(1+i)^{-1}$

18. 存在参数为 $b=10$，$v=8$，$r=5$ 和 $k=4$ 的 BIBD 吗？

19. 存在参数满足 $b=20$，$v=18$，$k=9$ 及 $r=10$ 的 BIBD 吗？

20. 设 $\mathcal{B}$ 是参数为 b，v，k，r，λ 的 BIBD，其样品集为 $X=\{x_1, x_2, \cdots, x_v\}$，它的区组是 B_1，B_2，$\cdots$，B_b。对于每一个区组 B_i，设 $\overline{B_i}$ 表示那些不属于 B_i 的样品的集合。设 $\mathcal{B}^c$ 为 X 的子集 $\overline{B_1}$，$\overline{B_2}$，$\cdots$，$\overline{B_b}$ 的集合。证明：如果我们有 $b-2r+\lambda > 0$，则 $\mathcal{B}^c$ 是参数为
$$b' = b, v' = v, k' = v-k, r' = b-r, \lambda' = b-2r+\lambda$$
的区组设计。BIBD $\mathcal{B}^c$ 叫作 $\mathcal{B}$ 的补设计（complementary design）。

21. 确定有 10.2 节中给出的参数 $b=v=7$，$k=r=3$，$\lambda=1$ 的 BIBD 的补设计。

22. 确定有 10.2 节中给出的参数 $b=v=16$，$k=r=6$，$\lambda=2$ 的 BIBD 的补设计。

23. BIBD 和它的补的关联矩阵有何关系？

24. 证明：有 v 个样品且其区组大小 k 等于 $v-1$ 的 BIBD 没有补设计。

25. 证明：带有参数 b，v，k，r，λ 的 BIBD 有补设计当且仅当 $2 \leq k \leq v-2$（见练习题 20 和练习题 24）。

26. 设 B 为 Z_n 中的差分集。证明：对于 Z_n 中的每个整数 k，$B+k$ 也是差分集（这意味着，不失一般性，我们总能够假设差分集包含 0，因为如果不包含 0，则可以用 $B+k$ 代替之，其中 k 是 B 中任意整数的加法逆元）。

27. 证明：Z_v 本身是 Z_v 中的一个差分集（它们是平凡的差分集）。

28. 证明：$B=\{0, 1, 3, 9\}$ 是 Z_{13} 中的差分集，并用该差分集作为初始区组构造一个 SBIBD。确定这个区组设计的各参数。

29. $B=\{0, 2, 5, 11\}$ 是 Z_{12} 中的差分集吗？

30. 证明：$B=\{0, 2, 3, 4, 8\}$ 是 Z_{11} 中的差分集。由 B 发展出来的 SBIBD 的参数是什么？

31. 证明：$B=\{0，3，4，9，11\}$ 是 Z_{21} 中的差分集。

32. 用定理 10.3.2 构造一个指数为 1 且有 21 个样品的 Steiner 三元系。

33. 设 t 是正整数。用定理 10.3.2 证明，存在指数为 1 且有 3^t 个样品的 Steiner 三元系。

34. 设 t 是正整数。证明：如果存在指数为 1 且有 v 个样品的 Steiner 三元系，那么存在有 v^t 个样品的 Steiner 三元系（见练习题 33）。

35. 假设存在一个 Steiner 三元系，其参数是 $b，v，k，r，\lambda$，其中 $k=3$。设 a 是 λ 除以 6 后的余数。用定理 10.3.1 证明下列结论：

    (1) 如果 $a=1$ 或 5，则 v 被 6 除的余数为 1 或 3。

    (2) 如果 $a=2$ 或 4，则 v 被 3 除的余数为 0 或 1。

    (3) 如果 $a=3$，则 v 是奇数。

36. 验证下列构造指数为 1 且有 13 个样品的 Steiner 三元系的三个步骤。（我们从 Z_{13} 开始。）

    (1) 整数 1，3，4，9，10，12 中的每一个作为 $B_1=\{0，1，4\}$ 中两个整数的差分恰好出现一次。

    (2) 整数 2，5，6，7，8，11 中的每一个作为 $B_2=\{0，2，7\}$ 中两个整数的差分恰好出现一次。

    (3) 从 B_1 发展出来的 12 个区组与从 B_2 发展出来的 12 个区组都是指数为 1 且有 13 个样品的 Steiner 三元系的区组。

37. 证明：以任意方式交换拉丁方的行并以任意方式交换拉丁方的列，其结果总是拉丁方。

38. 利用定理 10.4.2 及 $n=6$ 和 $r=5$ 构造 6 阶拉丁方。　391

39. 设 n 是正整数，且设 r 为 Z_n 中的非零整数，使得 r 和 n 的 GCD 不是 1。证明：使用定理 10.4.2 中的描述构造出的数组不是拉丁方。

40. 设 n 是正整数，而设 r 和 r' 为 Z_n 中互不相同的非零整数，使得 r 和 n 的 GCD 是 1 且 r' 和 n 的 GCD 也是 1。证明：使用定理 10.4.2 构造出的两个拉丁方未必正交。

41. 用定理 10.4.2 及 $n=8$ 和 $r=3$ 构造一个 8 阶拉丁方。

42. 构造 4 个 5 阶 MOLS。

43. 构造 3 个 7 阶 MOLS。

44. 构造 2 个 9 阶 MOLS。

45. 构造 2 个 15 阶 MOLS。

46. 构造 2 个 8 阶 MOLS。

47. 令 A 为 n 阶拉丁方，并存在 n 阶拉丁方 B，使 A 和 B 正交。B 叫作 A 的正交配偶（orthogonal mate）。把 A 中的 0 当作红车，1 当作白车，2 当作蓝车，等等。证明：在 A 中存在 n 个非攻击型车，它们当中没有两个有相同的颜色。再证明，整个 n^2 个车的集合可以划分成 n 个集合，每个集合由 n 个非攻击型车组成，并且在同一集合中没有两个车有相同的颜色。

48. 证明：Z_4 的加法表是一个没有正交配偶的拉丁方（见练习题 47）。

49. 首先构造 4 个 5 阶 MOLS，然后如定理 10.4.10 所示，构造这 4 个 MOLS 对应的可解 BIBD。

50. 设 A_1 和 A_2 是 m 阶 MOLS，并设 B_1 和 B_2 是 n 阶 MOLS。证明：$A_1 \otimes B_1$ 和 $A_2 \otimes B_2$ 是 mn 阶的 MOLS。

51. 补充定理 10.4.10 证明中的细节。

52. 构造 3 行 6 列拉丁矩形

$$\begin{bmatrix} 0 & 1 & 2 & 3 & 4 & 5 \\ 4 & 3 & 1 & 5 & 2 & 0 \\ 5 & 4 & 3 & 0 & 1 & 2 \end{bmatrix}$$

的一个完备化。　392

53. 构造 3 行 7 列拉丁矩形

$$\begin{bmatrix} 0 & 1 & 2 & 3 & 4 & 5 & 6 \\ 2 & 3 & 0 & 6 & 5 & 4 & 1 \\ 1 & 4 & 6 & 0 & 2 & 3 & 5 \end{bmatrix}$$

的一个完备化。

54. 有多少个第一行等于

$$0 \quad 1 \quad 2 \quad \cdots \quad n-1$$

的 2 行 n 列拉丁矩形？

55. 构造半拉丁方

$$\begin{bmatrix} & 2 & 0 & & & 1 \\ 2 & 0 & & & 1 & \\ 0 & & 2 & 1 & & \\ & & 1 & 2 & & 0 \\ & 1 & & & 0 & 2 \\ 1 & & & 0 & 2 & \end{bmatrix}$$

的一个完备化。

56. 构造半拉丁方

$$\begin{bmatrix} 0 & 2 & 1 & & & & 3 \\ 2 & 0 & & 1 & & 3 & \\ 3 & & 0 & 2 & 1 & & \\ & 3 & 2 & 0 & & 1 & \\ & & 3 & & 0 & 2 & 1 \\ 1 & & & & 3 & 0 & 2 \\ 1 & & 3 & 2 & & & 0 \end{bmatrix}$$

的一个完备化。

57. 设 $n \geqslant 2$ 是整数。证明：$n-2$ 行 n 列拉丁矩形至少有两个完备化，找出一个恰好有两个完备化的例子。

58. n 阶拉丁方 A 称作是对称的，如果对所有的 $i \neq j$，其 i 行 j 列上的元素 a_{ij} 等于 j 列 i 行上的元素 a_{ji}。证明：Z_n 的加法表是对称拉丁方。

59. n 阶（基于 Z_n 的）拉丁方 A 是幂等的（idempotent），如果其从左上到右下的对角线上的项是 0，1，2，$\cdots$，$n-1$。

    (1) 构造一个 5 阶幂等拉丁方。

    (2) 构造一个 5 阶对称幂等拉丁方。

60. 证明：对称幂等拉丁方有奇数的阶。

61. 设 $n = 2m+1$，其中 m 是正整数。证明：i 行 j 列上的项 a_{ij} 满足

$$a_{ij} = (m+1) \times (i+j) (\bmod n \text{ 的运算})$$

的 n 行 n 列数组 A 是对称幂等的 n 阶拉丁方（注：整数 $m+1$ 是 2 在 Z_n 中的乘法逆元。因此我们对 a_{ij} 的描述是对于"平均的" i 和 j 进行）。

62. 设 L 是（基于 Z_n 的）m 行 n 列拉丁矩形，并设其 i 行 j 列上的元素用 a_{ij} 表示。我们定义 n 行 n 列数组 B，其 i 行 j 列位置上的项 b_{ij} 满足

$$b_{ij} = k, \text{ 若 } a_{kj} = i$$

否则，b_{ij} 就是空白。证明：B 是指数为 m 的 n 阶半拉丁方。特别地，如果 A 是 n 阶拉丁方，那么，B 也是 n 阶拉丁方。

图 论 导 引

拿着你最喜爱的城市[⊖]的街道图，在所有两条或多条街道的汇合处或一条街道的尽头都画上一个黑点，这样你就有了一个所谓的（组合学中的）图的例子。极有可能的是，在你喜爱的这个城市中，某些街道是单行道，只允许单向行驶，在每一条单行道上画一个箭头→，表示允许行驶的方向。在所有的双行道上画一个双箭头↔，这样你就有了一个所谓的有向图。现在，考虑你所喜爱的这个城市里的居民，在一对彼此相爱的人之间连上一条线，你就得到了另一个图的例子。但你要承认这样的事实：有时一个人对另一个人的爱，并不总是能够得到对方的回报，所以就像你刚才对街道所做的那样，可能还得在这些线上画上箭头，其结果又是一个有向图。现在再以你喜爱的化学分子[⊜]为例，分子由某些原子组成，其中的一些从化学的角度看受到其他原子的约束。这样你就又得到了另外一个图，其中的键担当着街道或是线的角色。最后，考虑栖息在你喜爱城市里的所有不同种类的动物、昆虫和植物，如果一个物种捕食另一个物种，就在它们之间画上一个箭头，这样你又得到了一个有向图。由于两类不同的物种可能同时捕食同一类物种，在这样的两类物种之间画上一条线，这样你就得到了一个表示物种之间竞争的图。

上面的讨论表明，图和有向图为相关对象或以某种方式相互约束的对象集合提供了一种数学模型。有关图论的第一篇文章由著名的瑞士数学家 Leonhard Euler（欧拉）写于 1736 年，这篇文章讨论的是著名的哥尼斯堡七桥问题。图论在智力难题和游戏方面有着其历史根源，但今天它为许多学科（如网络、化学、心理学、社会科学、生态学以及遗传学等）的研究，都提供了一种自然同时又非常重要的语言和框架。图在计算机科学中也是一种极为有用的模型，因为在计算机科学中出现的许多问题，都能够很容易地通过图的算法去表达、去研究、去解决。我们将在这一章研究图而在第 13 章研究有向图。

11.1 基本性质

一个图 G（也叫作简单图）是由两类对象构成的。它有一个被称为顶点（有时也叫作结点）的元素的有限集合

$$V = \{a, b, c, \cdots\}$$

和一个被称为边的不同顶点对的有限集合 E，我们用

$$G = (V, E)$$

来表示顶点集为 V、边集为 E 的图。集合 V 中顶点的个数 n 叫做图 G 的阶。如果

$$\alpha = \{x, y\} = \{y, x\}$$

是 G 的一条边，就说 α 连接（join）x 和 y，也说 x 和 y 是邻接（adjacent）的；我们也称 x 和 α、y 和 α 是关联的，并把 x, y 叫作边 α 的顶点。根据定义，图是一个抽象的数学实体，但是如果我们把图用平面上的图形来表示的话，也可以把它看成是一个几何实体。我们给每一个顶点 x 取一个不同的点即顶点点（用该顶点标记顶点点），两个顶点点之间能够由一条简单的曲线[⊜]连

⊖ 我最喜爱的城市是威斯康星州的麦迪逊市。

⊜ 假设你确实有一个喜爱的化学分子，尝试一下！

⊜ 一条非自交的曲线。

接起来当且仅当所对应的顶点对确定 G 的一条边 α。我们称这样的一条曲线为边曲线，用 α 来标记。在我们的图示中，我们必须注意：一条边曲线 α 通过一个顶点点 x，仅当 x 是边 α 的一个顶点，否则的话我们的图形将含混不清。

例子　一个 5 阶图 G 定义为

$$V = \{a,b,c,d,e\}$$

及

$$E = \{\{a,b\}, \{b,c\}, \{c,d\} \{d,a\}, \{e,a\}, \{e,b\}, \{e,d\}\}$$

[396] 这个图的几何图示如图 11-1 所示。□

如果改变一下图的定义，允许顶点对之间形成多条边，那么这样的结构就称为多重图。在多重图 $G=(V, E)$ 中，E 是一个多重集合。边 $\alpha=\{x, y\}$ 在 E 中出现的次数，叫作它的重数，用 $m\{x, y\}$ 表示。更一般地，若允许图中有环，即允许有形如 $\{x, x\}$ 的边，使一个顶点自邻接[一]，则这样的图叫作一般图。

一个 n 阶图被称为完全的，如果每一对不同的顶点构成一条边。因此，在一个完全图中，每一个顶点与其他每一个顶点邻接。一个 n 阶完全图有 $n(n-1)/2$ 条边，记作 K_n。我们已经在 2.3 节关于拉姆齐数的讨论中用过这个记法。

例子　在图 11-2 中，我们已经画出了有 9 条边的 4 阶多重图。在图 11-3 中，我们给出了有 [397] 21 条边的 13 阶一般图，这个图被叫作 GraphBuster（小鬼图）[二]。□

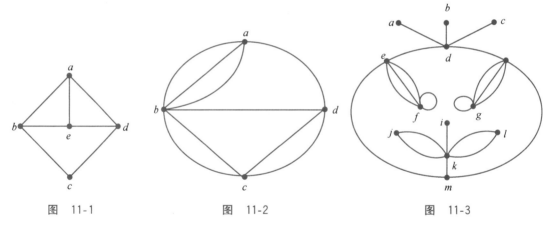

图　11-1　　　　　图　11-2　　　　　图　11-3

有时候，在画出一个图（多重图、一般图等）的几何表示时，我们可能不得不画出与另一条曲线相交的曲线[三]。

例子　图 11-4 给出完全图 K_1，K_2，K_3，K_4，K_5 的图形。不难确信，在 K_5 的每一种画法中，至少有两条边相交于一个非顶点的点。K_5 的另一种画法是用一个内接五角星的五边形来表示。□

一般图 G 被称为平面的，如果能在平面上画出它的图形，使其任意两条边仅在顶点点处相交。这样的图形也叫作平面图，或叫作图 G 的平面图表示。在图 11-4 中，K_1，K_2，K_3，[398] K_4 的图形是平面的，因此，这些图都是平面图。K_5 的图形不是平面的，因为它有两条边相交于一个非顶点的点，事实上，K_5 的确不是平面图。在第 13 章，我们将对平面图进行更详细的讨论。

⊖　因此，一个环是由一个顶点重复两次而构成的多重集合。
⊜　"你在叫谁?" GraphBuster!（小鬼图，又叫做捉鬼图，Ghostbuster。）
⊜　但要记住我们的规则，一条边曲线 α 不允许含顶点点 x，除非 x 与 α 是关联的。

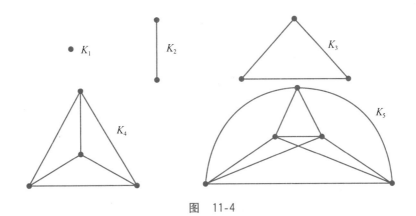

图　11-4

在一般图 G 中，与顶点 x 相关联的边的数目叫做该顶点的度数（或次数），记作 $\deg(x)$。如果 $\alpha=\{x,x\}$ 是 x 的一个环，则 α 对 x 的度数的贡献是 $2^{\ominus}$。对任意一个一般图 G，我们给它配置下面这样一个数列，即以递减顺序给出的其顶点度数的数列：

$$(d_1,d_2,\cdots,d_n),\quad d_1\geqslant d_2\geqslant\cdots\geqslant d_n\geqslant 0$$

我们把这个序列称为 G 的度序列。

在图 11-3 中，一般图的度序列是

$$(6,5,5,5,5,5,3,2,2,1,1,1,1)$$

完全图 K_n 的度序列为

$$(n-1,n-1,\cdots,n-1)\quad(n\text{个}n-1)$$

定理 11.1 陈述的结果出现在欧拉的第一篇关于图论的文章中。

定理 11.1.1　若 G 是一般图，则其所有顶点的度数之和

$$d_1+d_2+\cdots+d_n$$

是一个偶数，从而，其奇度数的顶点的个数也必为偶数。

证明　G 的每条边对顶点度数之和的贡献是 2，对这条边的两个顶点的度数各贡献 1，或者对一个环的顶点度数贡献 2。如果整数的和是偶数，那么其中奇数的个数也必为偶数。　□

例子　在一个聚会上，客人之间相互握手。试说明：在聚会结束时，与奇数个客人握过手的人数是偶数。

聚会握手可以用多重图来表示，用顶点代表客人，每当两个客人握手时，我们就在相应的两个顶点之间连上一条边，其结果就是一个多重图，对这个多重图，我们可以应用定理 11.1.1。□

给定两个一般图 $G=(V,E)$ 和 $G'=(V',E')$，如果它们的顶点集之间存在一个一一对应

$$\theta:V\to V'$$

使得对 V 中每一对顶点 x 和 y，G 中连接 x 和 y 的边的条数等于 G' 中连接 $\theta(x)$ 和 $\theta(y)$ 的边的条数，则称 G 和 G' 是同构的，一一对应 θ 称为 G 和 G' 的一个同构。同构的概念就是一种"相同性"，两个一般图是同构的，当且仅当除了顶点的标记外，它们是相同的$^{\ominus}$。若 G 和 G' 是图，我们可以给出如下事实：如果 G 和 G' 的顶点集之间存在着一个一一对应，使得 V 中的两个顶点在 G 中邻接，当且仅当与它们相对应的顶点在 G' 中邻接，那么我们就可以断言 G 和 G' 是同构的，这是因为图中的任意两个顶点，或者由一条边连接，或者由 0 条边连接。

例子　同构的图有相同的阶和相同数目的边，但有相同的阶和相同数目的边却不能保证两

399

⊖　因为 $\alpha=\{x,x\}$ 的两个顶点均为 x，所以 α 与 x 邻接两次。

⊖　换句话说，两个一般图是同构的，如果其中的一个是另一个的伪装。一一对应 θ 使 G' "去掉伪装"，从而揭示出 G' 实际上就是 G：如果 $\theta(x)=x'$，则在此伪装下 x' 的背后是 x。

个图同构。

首先，考虑图 11-5 中给出的两个图 G 和 G'，这两个图是同构的，因为它们都是 4 阶图且每一对不同的顶点都是邻接的，因此它们都是 4 阶完全图。此例说明了这样一个事实：一个图可能有多种画法（如本例，一种画法是平面图，而另一种则不是），但从同构的角度来看，两种画法并没有本质的区别，重要的是两个顶点之间是否是邻接的（或者，在一般图的情况下，每对顶点之间有多少条边连接）。 □

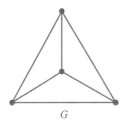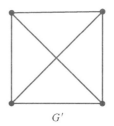

图 11-5

下面我们考虑图 11-6 中给出的两个图 G 和 G'，这两个图是否同构呢？它们是同阶的，并有相同数目的边，但图 G 中含有一个 1 度的顶点，而图 G' 中却没有，这种现象不会发生在两个同构的图中。这是因为，假如在图 G 和 G' 中存在一个同构 θ，那么对 G 的每一个顶点 x，G' 的顶点 $\theta(x)$ 应与 x 具有相同的度数。特别地，如果一个数作为 G 中一个顶点的度数出现，则该数也必然作为 G' 中一个顶点的度数而出现。综上所述，我们得出 G 和 G' 不是同构的。同理，我们可以得到更一般的结论：两个同构的图必有相同的度序列。 □

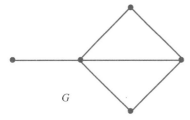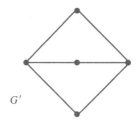

图 11-6

例子 在本例中，我们要说明的是：即使两个图具有相同的度序列，它们也可能不同构。考虑图 11-7 中给出的两个图，它们的度序列均为 (3，3，3，3，3，3)，然而这两个图不是同构的。这可以从下面的事实中看出：在第一个图 G 中，有三个顶点 x，y，z 是彼此邻接的[⊖]。而在第二个图 G' 中，没有哪三个顶点具有这样的性质。如果 θ 是这两个图之间的一个同构，那么 $\theta(x)$，$\theta(y)$，$\theta(z)$ 也应是 G' 中的三个顶点，从而也应该彼此邻接，因此，我们断定 G 和 G' 不是同构的。 □

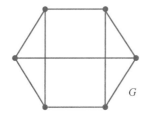

图 11-7

我们用下面的定理来总结上面的观察。

⊖ 它们构成 K_3。

定理 11.1.2　两个同构的一般图具有相同的度序列，但具有相同度序列的图不一定同构。

在上面的例子中，我们用到了两个图同构的另一个必要条件。在叙述该条件之前，先引入一些更基本的概念。

设 $G=(V, E)$ 是一般图。形如

$$\{x_0, x_1\}, \{x_1, x_2\}, \cdots, \{x_{m-1}, x_m\} \tag{11.1}$$

的 m 个边的序列称为长度为 m 的一个途径（walk），且这个途径连接顶点 x_0 和 x_m。我们还可以把途径（11.1）表示为

$$x_0 - x_1 - x_2 - \cdots - x_m \tag{11.2}$$

401

途径（11.2）是闭的还是开的，取决于 $x_0=x_m$ 还是 $x_0 \neq x_m$。一条途径中可能有重复的边[⊖]。如果途径中边都不相同，就称它是一条迹（trail）[⊖]。此外，如果一条途径中顶点都不相同（除了可能的 $x_0=x_m$ 之外），则称这条途径是一条路径（path）。封闭的路径称为圈（cycle）。容易证明连接顶点 x_0 和 x_m 的迹中的边可以被如此划分，使得该划分的一部分确定一条连接 x_0 和 x_m 的路径，其他部分确定的是若干个圈，我们将其证明留作练习题。特别地，一条闭迹的边可以被划分成若干个圈。图中的圈的长度至少是 3。在一般图中，由一个环构成的圈，其长度为 1，重数 $m \geqslant 2$ 的边 $\{a, b\}$ 确定一个长度为 2 的圈 $\{a, b\}, \{b, a\}$（或 $a-b-a$）。

例子　考虑图 11-3 中给出的小鬼图，对于这个一般图我们有下面的陈述：

(1) $a-d-b-d-c-d-h-g-h-m-k-i$ 是一条连接顶点 a 和 i 的长度为 11 的途径，但它不是迹。

(2) $a-d-e-f-e-m-k-l-k-i$ 是一条连接 a 和 i 的长度为 9 的迹，但它不是一条路径。

(3) $a-d-e-m-k-i$ 是一条连接 a 和 i 的长度为 5 的路径。

(4) $d-e-f-e-m-h-d$ 是一条长度为 6 的闭迹，但不是圈。

(5) $f-f$，$e-f-e$ 和 $d-e-m-h-d$ 都是圈。　□

如果对于一般图 G 的任意一对顶点 x, y，都存在连接 x, y 的途径（或等价地，存在连接 x, y 的路径），则称图 G 是连通的。否则称 G 是非连通的。在非连通的一般图中，至少存在一对顶点 x 和 y，使得无法沿着 G 中的边从 x "走到" y（或从 y 走到 x）。在多数情况下，我们只要考虑连通图就够了。在连通图中，$d(x, y)$ 表示连接顶点 x 和 y 的途径的最短长度，并称其为 x 和 y 之间的距离。对任意顶点 x，我们规定 $d(x, x)=0$。很明显，连接 x 和 y 的距离为 $d(x, y)$ 的途径是一条路径。

402

例子　图 11-8 中给出的图是非连通的，因为从顶点 a 到顶点 d 没有途径。本例说明了这样一个事实：非连通的图总能够（且应该总能够）被画成含有两个不相交的部分的几何实体。在本例中，该图的另一种画法如图 11-9 所示，但这种画法是不明智的。总而言之，我们画图时应尽量揭示出图的结构。　□

设 $G=(V, E)$ 是一般图，U 是 V 的子集，F 是 E 的多重子集，使得 F 中每条边的顶点都属

⊖　处理的是一般图而不是简单图时，这句话需要进一步解释。在一般图 G 中，每条边的重数都可能大于 1，如果一条边在一条途径中出现的次数不超过其重数，我们就不把它看作重复边，只有当一条边在一条途径中出现的次数大于它在 G 中 "复制" 的个数时，这条边才是重复边。当你考虑 G 的图形时，这种说法是非常合理的，因为如果一条边 $\alpha = \{a, b\}$ 的重数是 5，则在图形中就有 5 条不同的边曲线连接顶点点 a 和 b。

⊖　因此，在一条迹中，一条边出现的次数不能超过它的重数。

于 U，则 $G'=(U,F)$ 也是一般图，叫作 G 的一般子图[注]。如果 F 包含了 G 中连接 U 中顶点的所有边，则称 G' 为 G 的一般导出子图，记为 G_U。当 U 是 G 的整个顶点集 V 时，称 G' 为 G 的生成子图。因此，G 的一般导出子图可以通过选择 G 的某些顶点和 G 中连接这些顶点的所有边而获得。而 G 的一般生成子图则可以通过选择 G 的所有顶点和 G 的某些（也可能是全部）边而获得。

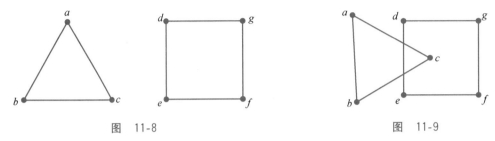

图 11-8　　　　　　　　　　　图 11-9

例子　设 G 是图 11-3 中的一般图 GraphBuster，对图 11-10 中给出的三个图，有：

（ⅰ）是 G 的一般子图，但它既不是 G 的导出子图也不是 G 的生成子图。

403

（ⅱ）是 G 的一般导出子图，但不是 G 的生成子图。

（ⅲ）是 G 的一般生成子图（恰好是一个简单图），但它不是 G 的一般导出子图。　□

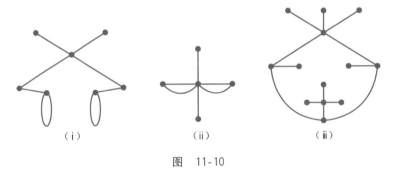

（ⅰ）　　　　　　　（ⅱ）　　　　　　　（ⅲ）

图　11-10

下面的定理非常直观地陈述了这样一个事实：一般图是由一个或多个连通的一般图构成的。我们将其形式证明留作练习题。

定理 11.1.3　设 $G=(V,E)$ 是一般图，则其顶点集 V 可以被唯一地划分为非空子集 V_1，V_2，$\cdots$，V_k，使得下面的条件成立：

（1）分别由 V_1，V_2，$\cdots$，V_k 导出的一般子图 $G_1=(V_1,E_1)$，$G_2=(V_2,E_2)$，$\cdots$，$G_k=(V_k,E_k)$ 都是连通的。

（2）对每一个 $i\neq j$，V_i 中顶点 x 与 V_j 中顶点 y 组成的每一对顶点之间，不存在连接它们的途径。

在定理 11.1.3 中，一般图 G_1，G_2，$\cdots$，G_k 叫作 G 的连通分量（connected component）。此定理的部分（1）说明这些连通分量的确都是连通的；部分（2）强调这些连通分量都是最大的连通一般导出子图。也就是说，对每一个 i 和每一个顶点集合 U 使得当 V_i 包含于 U 且 $V_i\neq U$ 时，由 U 导出的一般子图是不连通的。

在下一个定理中，我们陈述一般图之间同构的另外一些必要条件。此定理的证明应该是很明显的，其形式证明留作练习题。

　　　[注]　如果 G 是一个图（或多重图），则 G' 也是一个图（多重图），并称它为子图（多重子图）。像所有这样的定义，我们今后在涉及图的时候，将在"图"前面省去修饰词"一般"。

定理 11.1.4 设 G 和 G' 是一般图，则 G 和 G' 同构的必要条件有：

(1) 如果 G 是简单图，则 G' 也是简单图。

(2) 如果 G 是连通图，则 G' 也是连通图。更一般地，G 和 G' 具有相同数目的连通分量。

(3) 如果 G 有长度为某整数 k 的圈，则 G' 也有长度为 k 的圈。

404

(4) 如果 G 有一个 m 阶完全图 K_m 是它的一般（导出）子图，则 G' 也有一个这样的一般子图。

图 11-7 中的图 G 和 G' 不同构，因为 G 有一个长度为 3 的圈（一个与 K_3 同构的子图），而 G' 却没有。

最后，我们说明一般图也可以用元素为非负整数的矩阵来表示，并以此来结束本节的内容。

设 G 是 n 阶一般图，并令其顶点 a_1，a_2，$\cdots$，a_n 按某种顺序排列。设 A 是一个 $n \times n$ 矩阵，其第 i 行第 j 列元素 a_{ij} 等于连接顶点 a_i 和 a_j 的边的数目（$1 \leqslant i$，$j \leqslant n$）。于是，我们总有$^{\ominus}$ $a_{ij} = a_{ji}$，而且 a_{ii} 等于顶点 a_i 处的环的个数，这样的矩阵 A 叫作 G 的邻接矩阵（adjacency matrix）。当 G 是简单图时，A 是一个由 0 和 1 所构成的矩阵，项 a_{ij} 等于 1 当且仅当 a_i 和 a_j 在 G 中是邻接的。

例子 图 11-11 给出了一个 6 阶一般图，其 6×6 邻接矩阵为：

$$
\begin{bmatrix}
0 & 1 & 2 & 0 & 1 & 0 \\
1 & 1 & 0 & 0 & 2 & 0 \\
2 & 0 & 0 & 1 & 1 & 1 \\
0 & 0 & 1 & 1 & 2 & 2 \\
1 & 2 & 1 & 2 & 0 & 0 \\
0 & 0 & 1 & 2 & 0 & 0
\end{bmatrix}
$$

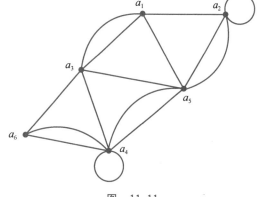

图 11-11

我们可以从一般图出发建立它的邻接矩阵，也可以从邻接矩阵出发建立它的一般图。 □

邻接矩阵除了行和列的顺序之外，可以由一般图唯一确定。这是因为在建立邻接矩阵之前，必须先将一般图中的顶点按某种顺序排列。反之，一般图的邻接矩阵可以唯一地确定一个与它同构的一般图，即任意两个具有相同邻接矩阵的一般图是同构的。

405

11.2 欧拉迹

1736 年，欧拉在他发表的图论文章中解决了著名的哥尼斯堡七桥问题：

在东普鲁士，古老的哥尼斯堡城位于普雷格尔河畔，河中有两个岛，城区的四个部分通过七座桥连接起来，如图 11-12 所示。每到星期日，哥尼斯堡城的居民将会环城散步，由此提出了这样一个问题：能否以一种方法环绕全城，使每座桥都被走过且只被走过一次？

欧拉把哥尼斯堡地图改画成了一个一般图，如图 11-13 所示。就这个一般图 G 而言，用我们已介绍过的术语来叙述的话，上述问题就是要确定 G 中是否存在一条闭迹，使它包含 G 的所有边。

406

例子 设想一个邮递员$^{\ominus}$从邮局出发，他要将信件投递到指定街道的住户家中，并在结束一天的工作后返回邮局，那么该邮递员应采取什么样的路线，才能投递出所有的信件而不必重复已走过的街道呢？我们能帮他想出办法吗？

———————————————
$\ominus$ 这一矩阵是对称的。

$\ominus$ 把邮递员改成清洁工或扫雪机驾驶员，就可以得到同一个数学问题的不同叙述。

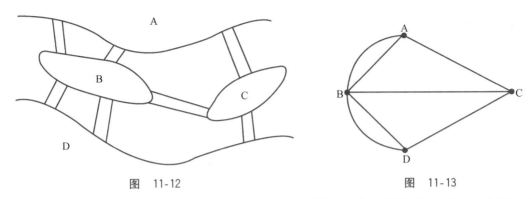

图 11-12   图 11-13

我们也许能，也许不能，但我们应该肯定地认识到他的这个问题是图论中的一个问题。设 G 是一个与城市街道图有关的一般图（见本章的引言部分），G' 是 G 的一个一般子图，它是由 G 中与邮递员的指定街道有关的那些顶点和边构成的，邮递员期望的是 G' 中的一条闭迹，该闭迹包含 G' 的所有边一次且恰好一次。这样，我们就得到了一个与 200 多年前哥尼斯堡城居民提出过的同样的数学问题，只不过对应的是不同的一般图罢了。   □

受这些问题的启发，我们给出一些定义。一般图 G 中的一条迹叫作欧拉迹，如果它包含了 G 中所有的边。回想迹在一般图中的定义，迹中包含每条边最多一次，我们对此的解释是：一条边在迹中重复的次数不得超过它的重数。无论是哥尼斯堡城的居民还是那个邮递员，都是在寻找一条欧拉闭迹。可以很容易地发现，图 11-13 所表示的哥尼斯堡七桥问题的一般图中，不存在欧拉闭迹，其理由如下：假想我们真的漫步在一般图中的一条欧拉闭迹上，除了你第一次离开的那个顶点，也就是你起始的那个顶点外，你每次都会进入一个顶点并离开它（而到一条新边，即你还未走过的边），当你漫游结束时，你回到起始的那个顶点，但不再离开。这就意味着：与一个给定顶点相关联的边是成对出现的，其中的一条用于进入该顶点，另一条则用于离开该顶点[⊖]。如果与一个顶点相关联的边能够成对出现的话，那也就意味着在这个顶点处边的数目必然是偶数。因此，我们得到在一般图中存在欧拉闭迹的一个必要条件，即每个顶点的度数是偶数。由于在哥尼斯堡七桥问题的一般图中，四个顶点的度数都是奇数，所以该图中不存在欧拉闭迹。

下面的定理 11.2.2 强调：对于连通的一般图，上面导出的关于欧拉闭迹的必要条件也是充分的。在证明它之前，先建立一个引理，该引理本身也具有独立的意义。

引理 11.2.1 设 $G=(V, E)$ 是一般图，如果它的每个顶点的度数都是偶数，则 G 的每条边[407]都属于一条闭迹，因而也属于一个圈。

证明 利用下面的算法，我们可以找到一条包含任意指定边 $\alpha_1=\{x_0, x_1\}$ 的闭迹。在该算法中，我们要构造一个顶点集 W 和一个边集 F。

求闭迹的算法

(1) 令 $i=1$。

(2) 令 $W=\{x_0, x_1\}$。

(3) 令 $F=\{\alpha_1\}$。

(4) 当 $x_i \neq x_0$ 时，执行下面的操作：

    (a) 找出一个不在 F 中的边 $\alpha_{i+1}=\{x_i, x_{i+1}\}$。

    (b) 将 x_{i+1} 放入 W 中（也许 x_{i+1} 已在 W 中）。

⊖ 如果设想我们是从一个桥的"中间"开始漫游的话，那就不需要区别起始顶点了：每次我们都进入一个顶点并离开它。

(c) 将 α_{i+1} 放入 F 中。

(d) 令 $i=i+1$。

这样，经过（1）～（3）步的初始化以后，在算法的每一阶段，我们都要找到一条与最后一次放入 W 中的顶点 x_i 邻接的新边⊖$\alpha_{i+1}=\{x_i,x_{i+1}\}$，将 x_{i+1} 和 α_{i+1} 分别放入 W 和 F 中，并使 i 的值增 1。重复这个过程，直到最终又到达 x_0 为止。

假设只要 $x_i\neq x_0$，则满足（4）(a) 的边 α_{i+1} 总存在。设 i 的终值为 k，所产生的顶点集为 $W=\{x_0,x_1,\cdots,x_k\}$，边的多重集合为 $F=\{\alpha_1,\cdots,\alpha_k\}$。那么，根据算法得到的

$$\alpha_1,\cdots,\alpha_k \tag{11.3}$$

就是包含初始边 α_1 的一条闭迹。因此，我们只需证明：如果 $x_i\neq x_0$，那么就有一条不在 F 中的边与 x_i 邻接。正是在这里，我们用到了偶度数顶点的假设。

容易看到：算法中每当走到 (4)(d) 结束时，一般图 $H=(W,F)$ 的每个顶点都有偶度数，只有顶点 x_0（它起始于奇度数 1）和最新加入的顶点 x_i（它的度数刚刚增加了 1）可能除外。此外，x_0 和 x_i 具有偶度数当且仅当 $x_0=x_i$，因此，如果 $x_i\neq x_0$，则 x_i 在一般图 H 中就具有奇度数。由于 x_i 在 G 中有偶度数，则一定存在还不属于 F 的边 $\alpha_{i+1}=\{x_i,x_{i+1}\}$ 与 x_i 邻接。所以，算法结束时必有 $x_k=x_0$，从而（11.3）是一条闭迹。

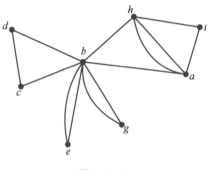

图 11-14

因为一条闭迹中的边可以被划分为圈，所以我们完成了引理的证明。 □ 408

例子 我们应用算法，求图 11-14 中所给图 G 的一条闭迹。下表给出了算法⊖的一种执行方式，其初始边为 $\{a,b\}$：

i	x_i	α_i	W	F
1	b	$\{a,b\}$	a,b	$\{a,b\}$
2	c	$\{b,c\}$	a,b,c	$\{a,b\},\{b,c\}$
3	d	$\{c,d\}$	a,b,c,d	$\{a,b\},\{b,c\},\{c,d\}$
4	b	$\{d,b\}$	a,b,c,d	$\{a,b\},\{b,c\},\{c,d\},\{d,b\}$
5	h	$\{b,h\}$	a,b,c,d,h	$\{a,b\},\{b,c\},\{c,d\},\{d,b\}\ \{b,h\}$
6	a	$\{h,a\}$	a,b,c,d,h	$\{a,b\},\{b,c\},\{c,d\},\{d,b\}\ \{h,b\},\{h,a\}$

因此，我们得到了一条包含边 $\{a,b\}$ 的闭迹

$$\{a,b\},\{b,c\},\{c,d\},\{d,b\},\{b,h\},\{h,a\}$$

和包含边 $\{a,b\}$ 的圈

$$\{a,b\},\{b,h\},\{h,a\}$$ □

定理 11.2.2 设 G 是一般连通图，则 G 中存在欧拉闭迹当且仅当 G 中每个顶点的度数是偶数。

证明 我们已经观察到，如果 G 中有一条欧拉闭迹，则 G 的每个顶点都有偶度数。

现在设 $G_1=(V,E_1)$ 是图 G。我们选定 G_1 的任意一条边 α_1，并应用引理 11.2.1 证明中给出的求闭迹的算法，求得一条包含边 α_1 的闭迹 γ_1。令 $G_2=(V,E_2)$ 是去掉 E_1 中属于闭迹 γ_1 的边后得到的一般图，则 G_2 的所有顶点都有偶度数。如果 E_2 中至少含有一条边，则因为 G_1 是连通的，G_2 中至少有一条边 α_2 与闭迹 γ_1 中的某个顶点 z_1 邻接，我们对 G_2 和边 α_2 应用求闭迹的算 409

⊖ 更确切地说，是一条在 F 中的重数小于它在图 G 的边集 E 中的重数的新边。

⊖ 因为在算法的每一阶段，可能存在多种方式来选择新边，所以一般而言，执行该算法时也将会有多种执行方式。

法，得到一条包含边 α_2 的闭迹 γ_2。现在我们把 γ_1 和 γ_2 在顶点 z_1 处拼接⊖在一起，得到一条包含 γ_1 和 γ_2 的所有边的闭迹 $\gamma_1 \overset{z_1}{*} \gamma_2$。令 $G_3 = (V, E_3)$ 是 E_2 中去掉 γ_2 的边后得到的一般图，如果 E_3 中至少含有一条边，则它必有一条边 α_3 与闭迹 $\gamma_1 \overset{z_1}{*} \gamma_2$ 中的某个顶点 z_2 邻接，再对 G_3 和边 α_3 应用求闭迹的算法，求得一条包含边 α_3 的闭迹 γ_3，又将 $\gamma_1 \overset{z_1}{*} \gamma_2$ 和 γ_3 在顶点 z_2 处拼接，得到一条包含 γ_1，γ_2 和 γ_3 的所有边的闭迹 $\gamma_1 \overset{z_1}{*} \gamma_2 \overset{z_2}{*} \gamma_3$，它⊖包含 γ_1，γ_2，γ_3 的所有边。重复上述过程，直到所有的边都包含在一条闭迹 $\gamma_1 \overset{z_1}{*} \gamma_2 \overset{z_2}{*} \cdots \overset{z_{k-1}}{*} \gamma_k$ 中为止。因此，重复调用求闭迹的算法，就得到了一条在连通且每个顶点均为偶度数的一般图中构造出一条欧拉闭迹的算法。 □

例子 继续前面的例子，利用定理 11.2.2 证明中的算法，求图 11-14 中一般图 G 的一条欧拉闭迹。因为算法中要求我们做出一些选择，所以我们可以用多种方式来执行算法。下面给出了一种可能的执行结果：

$$\gamma_1 = a - b - c - d - b - h - a$$
$$\gamma_2 = b - e - b (z_1 = b)$$
$$\gamma_1 \overset{b}{*} \gamma_2 = a - b - e - b - c - d - b - h - a$$
$$\gamma_3 = b - g - b (z_2 = b)$$
$$\gamma_1 \overset{b}{*} \gamma_2 \overset{b}{*} \gamma_3 = a - b - g - b - e - b - c - d - b - h - a$$
$$\gamma_4 = h - i - a - h (z_3 = h)$$
$$\gamma_1 \overset{b}{*} \gamma_2 \overset{b}{*} \gamma_3 \overset{h}{*} \gamma_4 = a - b - g - b - e - b - c - d - b - h - i - a - h - a$$ □

410

定理 11.2.2 及其证明给出了具有欧拉闭迹的一般图的特性，并给出了在欧拉闭迹存在时，如何构造出它的一个算法。关于欧拉开迹，我们有下述结果。

定理 11.2.3 设 G 是一般连通图，则 G 中存在一条欧拉开迹当且仅当 G 中恰好有两个奇度数顶点 u 和 v。此外，G 中每一条欧拉开迹均连接 u 和 v。

证明 首先，由定理 11.1.1，G 中奇度数顶点的个数必为偶数。如果 G 中存在一条欧拉开迹，则它必连接 G 中的两个奇度数顶点 u 和 v，而 G 中的其他顶点必是偶度数的（因为欧拉迹每次进入并离开一个不同于 u 和 v 的顶点 x 时，将与 x 邻接的边配对）。现在设 G 是连通的，且 G 恰好有两个奇度数顶点 u 和 v。令 G' 是通过对 G 增加一条连接 u 和 v 的新边 $\{u, v\}$ 而得到的一般图，则 G' 是连通的，且此时 G' 的所有顶点都是偶度数的，因此，根据定理 11.2.2，G' 中存在一条欧拉迹 γ'。我们可以把 γ' 看作起始于顶点 v，其第一条边是连接 u 和 v 的新边 $\{u, v\}$ 的欧拉闭迹，从 γ' 中去掉这条边，我们就得到了一条 G 中连接 u 和 v 且起始于顶点 u 的欧拉开迹 γ。我们可以利用求 G' 的一条欧拉闭迹的算法，得到求 G 的一个欧拉开迹的算法。 □

下一个定理是对上述定理的进一步扩展，我们把它的证明留作练习题。

定理 11.2.4 设 G 是一般连通图，并设 G 中奇度数顶点的个数 $m > 0$，则 G 的边可以被划分为 $m/2$ 个开迹，但不能被划分为少于 $m/2$ 个开迹。

411

例子 考虑图 11-15、图 11-16 和图 11-17 中所给出的图，你能用笔画出这些平面图而不使笔从纸上移开吗？

⊖ 我们遍历（traverse）γ_1，直到第一次到达顶点 z_1，完全遍历 γ_2，并在顶点 z_1 处结束，然后完成对 γ_1 的遍历。
⊖ 这种记法不太确切，你知道为什么吗？

能一笔画出一个平面图而不使笔从纸上移开，其充分必要条件是：图中存在一条闭的或开的欧拉迹。在图 11-15 中，图的顶点度数均为 4，因此，由定理 11.2.2，该图可以一笔画出。在图 11-16 中，图中有两个奇度数顶点，根据定理 11.2.3 知，该图存在一条连接这两个奇度数顶点的欧拉开迹。在图 11-17 中，图中有 4 个奇度数顶点，根据定理 11.2.3，它不能被一笔画出，但从定理 11.2.4 知，如果允许将笔从纸上移开一次，则该图还是能被画出的。当平面图的一笔画存在时，定理 11.2.2 的证明中包含了求它的算法。 □

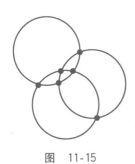

图 11-15

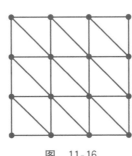

图 11-16

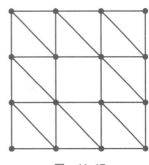

图 11-17

根据定理 11.2.4 可知，如果一般图 G 有 $m>0$ 个奇度数顶点，则 G 的边可以被划分为 $m/2$ 条开迹，且每条开迹连接两个奇度数顶点。如果你要像上面的例子中所讨论的那样画出 G 的话，则需将笔从纸上至少移开 $(m/2)-1$ 次。在画图 G 时，移开笔并不是一件难事，但如果 G 代表的是邮递员送信的路线的话（正如我们在本节开头的例子中讨论的那样），他就必须步行于相当于 G 的边的每条街道，那他该怎么办？难道说让他飞吗？如果邮递员的路线不包含一条欧拉闭迹，那么，他要想把所有该送的信送出后又回到邮局，他就不得不重走某些已走过的街道。我们应该如何帮助邮递员最大限度地减少已经走过但又要重走的街道的数目呢？这个问题就是著名的中国邮递员问题[⊖]，其准确的叙述如下：

中国邮递员问题：设 G 是一般连通图，求使用 G 的每一条边至少一次的一条最短的途径[⊖]。

我们就中国邮递员问题的解给出一个简单的观察，并以此结束本节内容。

定理 11.2.5 设 G 是有 K 条边的一般连通图，则 G 中存在一条长度为 $2K$ 的闭途径，在该途径中，每条边的使用次数等于它的重数的 2 倍。

证明 设 G^* 是通过把 G 中每条边的重数都增加 1 倍后得到的一般图，则 G^* 是有 $2K$ 条边的连通图。此外，G^* 中每个顶点的度数为偶数（每个顶点的度数都是它在 G 中度数的 2 倍），对 G^* 应用定理 11.2.2 可知，G^* 中存在一条欧拉闭迹，该闭迹就是所求的 G 中的一条闭途径。 □

例子 考虑有 n 个顶点 1，2，…，n 和 $n-1$ 条边 {1, 2}，{2, 3}，…，{$n-1$, n} 的图 G，则 G 的边构成一条连接顶点 1 到 n 的路径。因为 G 中任何一条包含每一条边的闭途径必包含每条边至少两次，所以，如果邮局设在顶点 k，那么我们的邮递员最好的走法是步行到顶点 1、顺原路折回邮局、再步行到顶点 n、然后再顺原路折回邮局。这样一条途径的长度为 $2(n-1)$，即边数的 2 倍。该图 G 是树的一个简单实例，我们将在 11.5 节和 11.7 节研究树。对树而言，包含每一条边至少一次的最短闭途径是边数的 2 倍（见练习题 78）。 □

读者或许已经注意到：从纯数学角度而言，我们所描述的中国邮递员问题可能是个挺有意

412

⊖ 并不是这个问题与中国有着什么特别的关系，而是因为该问题是由中国数学家管梅谷在他的文章中引入的：Graphic Programming Using Odd or Even Points, *Chinese Math.*，1 (1962)，273-277。

⊖ 该问题的一个解法是在 J. Edmonds 和 E. L. Johnson 的文章中给出的：Matching, Euler Tours and the Chinese Postman，*Math. Programming*，5 (1973)，88-124。

思的问题，但它却没有太大的实际意义。因为在这个问题中，我们没有考虑街道的长度。某些街道可能很长，而另一些则可能很短。如果邮递员不得不重走某些街道的话，显然选取越短的街道越好。为使该问题具有实际意义，我们应在每条边上都加上一个非负的权，于是，衡量途径时不再用它的长度（即途径中边的数目），而是用它的总权数（即途径中每条边的权数之和，某个边在途径中重复几次，该边的权就要累计几次）来衡量。实用的中国邮递员问题就是要确定一条包含每条边至少一次且总权数最小的途径，该问题从算法的角度而言也已经得到了圆满的解决[一]。

〔413〕

11.3 哈密顿路径和哈密顿圈

19 世纪，William Rowan Hamilton（哈密顿）爵士发明了一个智力游戏，其目标是在一个十二面体[二]的边上找出一条路线，该路线起始于某个顶角，并途经其他每个顶角恰好一次之后，又回到起始的那个顶角。一个十二面体的顶角和边确定一个有 20 个顶点（因此阶为 20）30 条边的图，该图如图 11-18 所示。目前已经发现了很多哈密顿游戏[三]的解。

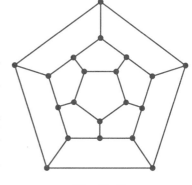

图　11-18

哈密顿游戏适用于任意的简单图：

设 G 是简单图，能否沿着 G 的边确定一条路线，使得它从 G 的某一顶点出发、在访问其他每一个顶点正好一次之后，又返回到起始顶点？

今天，我们把图 G 中一个哈密顿游戏的解叫作一个哈密顿圈。更确切地说，n 阶图 G 的一个哈密顿圈是 G 中一个长度为 n 的圈。因此，n 阶图 G 中的一个哈密顿圈是一个长度为 n 的圈

〔414〕

$$x_1 - x_2 - \cdots - x_n - x_1$$

其中 x_1，x_2，$\cdots$，x_n 是 G 的以某种顺序排列的 n 个顶点。连接 G 的顶点 a 和 b 的长度为 $n-1$ 的路径

$$a = x_1 - x_2 - \cdots - x_n = b$$

叫作 G 中的一条哈密顿路径。因此，G 中的一条哈密顿路径是 G 的 n 个顶点的一个排列，在该排列中，相邻两个顶点之间由 G 的一条边连接。哈密顿路径连接这个排列中的第一个顶点直到最后一个顶点。哈密顿路径中的边与哈密顿圈中的边是有区别的。

我们也可以在一般图中考虑哈密顿路径和哈密顿圈，但边的重数并不影响哈密顿路径和圈的存在性，哈密顿路径和圈的存在与否只与某些顶点对之间是否有边连接有关，而与连接这些顶点对之间的边的重数无关。正是由于这个原因，本节只考虑简单图，而不考虑一般图。

例子 阶数 $n \geqslant 3$ 的完全图 K_n 中存在哈密顿圈。事实上，因为 K_n 的每一对不同顶点之间形成一条边，所以 K_n 的 n 个顶点的每一个排列都是一条哈密顿路径。又因为路径中的第一个顶点与最后一个顶点之间有一条边，所以每一条哈密顿路径都可以扩展成一个哈密顿圈。由此可知，K_n 中有 $n!$ 条哈密顿路径，也有 $n!$ 个哈密顿圈（对应长度为 n 的循环排列）。

□

〔一〕 出处同上一页脚注〔一〕。
〔二〕 该十二面体是一种规则的立体，它是由 12 个规则的五边形所围成的，构成 30 条边、20 个顶角。
〔三〕 这也许是对为什么哈密顿游戏不是商业上的一个巨大成功的解释！

例子　确定图 11-19 所示的两个图中是否存在哈密顿路径或哈密顿圈。

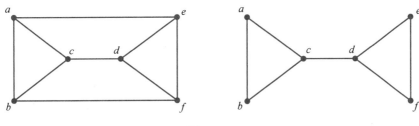

图　11-19

首先考虑左边的那个图：显然，$a-b-c-d-f-e-a$ 是一个哈密顿圈，因此 $a-b-c-d-f-e$ 是一条哈密顿路径。另一条哈密顿路径是 $a-b-c-d-e-f$，但这条路径不能扩展为一个哈密顿圈，因为 a 和 f 之间不能通过一条边连接起来。

现在考虑右边的那个"哑铃"图：它的一条哈密顿路径是 $a-b-c-d-e-f$，但这个图不存在哈密顿圈，其原因是：哈密顿圈是闭路径，因此，它必须经过这个哑铃的"把儿"两次才行，但这在哈密顿圈中是不允许的。　　　　　　　　　　　　　　　　　□ 　415

乍看起来，图中哈密顿圈的存在性问题似乎类似于图中欧拉闭迹的存在性问题。对于后者，我们是寻求一条包含每一条边恰好一次的闭迹，而对于前者，我们是寻求一条包含每一条边恰好一次的闭路径。除了表面上的这种相似之外，这两个问题却完全不同。在定理 11.1.1 中，我们给出了有欧拉闭迹的（一般）图的一个容易验证的特性，并且得到了当那些条件满足时构造欧拉闭迹的满意算法。而对有哈密顿圈的图来说，它不具有这样的特征，而且即使哈密顿圈存在，也没有在一个图中构建哈密顿圈的满意算法。图中哈密顿圈（和路径）的存在性及算法构造问题至今仍然是图论广泛研究的问题，也仍然是一个主要研究问题。

尽管我们不能刻画存在哈密顿圈的图的特性（即找出图中存在哈密顿圈的充分必要条件），但如果能分别找到存在的充分条件（即确保图中存在哈密顿圈）和存在的必要条件（即如果不满足，则确保图中不存在哈密顿圈）的话，那我们也只能就此满足。哈密顿圈存在的一个明显的必要条件是：图必须是连通的。另一个不太明显的必要条件隐藏在我们对图 11-19 中那个哑铃图的分析中。

连通图的一条边叫作一个桥，如果将其删除后，得到的是一个不连通的图。从某种意义上说，带有桥的连通图仅仅是连着的，若删掉一个桥，则图就被"分割"了。在图 11-19 中，哑铃图的把儿就是一个桥。

定理 11.3.1　带有桥的阶 $n \geqslant 3$ 的连通图不存在哈密顿圈[⊖]。

证明　设 $\alpha = \{x, y\}$ 是连通图 G 的一个桥，设 G' 是由 G 通过删除边 α 但不删除任何顶点后得到的图。因为 G 是连通的，所以 G' 具有两个连通分量[⊜]。假设 G 中有一个哈密顿圈 γ，那么 γ 将会起始于 G' 中的一个分量，最终经过边 α 渡过到 G' 中的另一个分量，然后，还得经过边 α 返回到起始的那个分量，但此时 γ 已不再是一个哈密顿圈了，因为它已经包含一条边 α 两次（事实上，G 甚至没有欧拉圈）。　　　　　　　　　　　　　　　　□

现在，我们讨论一般图中存在哈密顿圈的一个简单的充分条件，该充分条件归功于 Ore[⊜]。

设 G 是 n 阶简单图，考虑下面的性质，G 可能满足这个性质，也可能不满足。　　415

⊖　尽管可能存在一条哈密顿路径。
⊜　如果 G' 有两个以上的连通分量，因为边 α 只能将其中的两个连通分量组合在一起，所以将 α 放回原处后，其结果的图（也就是 G）是不连通的，与假设矛盾。
⊜　O. Ore, A Note on Hamilton Circuits, *Amer. Math. Monthly*, 67 (1960), 55.

Ore 性质：对所有不邻接的不同顶点 x, y 的对，有

$$\deg(x) + \deg(y) \geqslant n$$

一个简单图如果满足 Ore 性质将意味着什么呢？首先，在一个简单图中，如果所有顶点都具有"大"度数[⊖]，则图中必有很多的边，而且这些边还比较均匀地分布在图中，我们期望这样的图中存在哈密顿圈[⊖]。例如，现在假设 G 是一个顶点数 $n=50$ 的简单图并满足 Ore 性质，如果 G 中有一个小度数的顶点 x，比方说 x 的度数为 4，这就意味着 G 中有 45 个不同于 x 的顶点与 x 不邻接，根据 Ore 性质，在这 45 个顶点中，每一个顶点的度数至少都是 46。由此可看出，Ore 性质意味着：要么所有顶点都具有大度数，要么有若干个顶点有小度数，而且有大度数的顶点很多。所以，Ore 性质通过迫使许多顶点具有很大的度数（这一点可能会使一个图存在哈密顿圈）来补偿小度数顶点（这一点可能会使一个图不存在哈密顿圈）存在的可能。

定理 11.3.2 设 G 是满足 Ore 性质且阶数 $n \geqslant 3$ 的简单图，则 G 中存在哈密顿圈。

证明 假设 G 是不连通的，下面我们证明 G 不可能满足 Ore 性质。因为 G 是非连通的，所以它的顶点可以被划分为两个子集 U 和 W，使得 G 中不存在任何一条连接 U 中一个顶点和 W 中一个顶点的边。设 U 中的顶点数为 r，W 中的顶点数为 s，则有 $r+s=n$，并且 U 中任意顶点度数的最大值为 $r-1$，W 中任意顶点度数的最大值为 $s-1$。令 x 为 U 中的任意一个顶点，y 为 W 中的任意一个顶点，于是，x 和 y 是不邻接的，但它们的度数之和的最大值为

$$(r-1) + (s-1) = r+s-2 = n-2$$

这与 Ore 性质矛盾，因此，G 是连通的。

为完成定理的证明，我们给出一个算法[⊜]，用来构造满足 Ore 性质的图中的哈密顿圈。

求哈密顿圈的算法

（1）从任意一个顶点开始，在它的任意一端邻接一个顶点，构造一条越来越长的路径，直到不能再加长为止。设这条路径是

417

$$\gamma: y_1 - y_2 - \cdots - y_m$$

（2）检查 y_1 和 y_m 是否邻接。

（ⅰ）如果 y_1 和 y_m 不邻接，则转到（3）；否则，y_1 和 y_m 邻接，转到（ⅱ）。

（ⅱ）如果 $m=n$，则停止构造并输出哈密顿圈

$$y_1 - y_2 - \cdots - y_m - y_1$$

否则，y_1 和 y_m 是邻接的且 $m<n$，转到（ⅲ）。

（ⅲ）找出一个不在 γ 上的顶点 z 和在 γ 上的顶点 y_k，使得 z 和 y_k 邻接，将 γ 用下面的长度为 $m+1$ 的路径替代

$$z - y_k - \cdots - y_m - y_1 - \cdots - y_{k-1}$$

并转回到（2）。

（3）找出一个顶点 $y_k (1<k<m)$，使得 y_1 和 y_k 邻接，且 y_{k-1} 和 y_m 邻接，将 γ 用下面的路径替代

$$y_1 - \cdots - y_{k-1} - y_m - \cdots - y_k$$

这条路径的两个端点 y_1 和 y_k 是邻接的，转回到（2）（ⅱ）。

为证明该算法在 Ore 性质成立时，确实能构造出一个哈密顿圈，我们必须证明在第（2）

⊖ 我们将在推论 11.3.3 中给出准确描述。

⊖ 如果使很多边都能很好地分布在图中还不能保证哈密顿圈存在的话，那我们还能有什么机会找到确保哈密顿圈存在的条件呢？

⊜ Ore 定理 11.3.2 的初始证明中没有明确给出这一算法，后来由 M. O. Albertson 明确地表示了出来。

（ⅲ）步，确实能找到一个特定的顶点 z，在第（3）步，确实能找到一个特定的顶点 y_k。

首先考虑第（2）（ⅲ）步：我们有 $m<n$。因为我们已经指出过，Ore 性质意味着 G 是连通的，所以必存在一个不在 γ 路径上的顶点 z，它与 y_1，…，y_m 中的某个顶点邻接。

现在考虑第（3）步：我们知道 y_1 和 y_m 不是邻接的。设 y_1 的度数为 r，y_m 的度数为 s，根据 Ore 性质，$r+s \geqslant n$。因为从（1）中得到的 γ 是一条最长的路径，所以 y_1 只能与 γ 上的顶点邻接，即与 y_2，…，y_{m-1} 中的 r 个顶点邻接。同理，y_m 与 y_2，…，y_{m-1} 中的 s 个顶点邻接，与 y_1 邻接的 r 个顶点中的每一个顶点都位于 γ 路径上某个顶点的前面，且在这些顶点中，必有一个与 y_m 邻接，否则的话，y_m 最多与 $(m-1)-r$ 个顶点邻接，所以 $s \leqslant m-1-r$，也即

$$r+s \leqslant m-1 \leqslant n-1$$

这与 Ore 性质矛盾。因此，存在一个顶点 y_k，满足 y_1 与 y_k 邻接，且 y_m 与 y_{k-1} 邻接。因此，算法在 G 中构造出了一条哈密顿圈后停止。□ ~~418~~

确保一个简单图具有 Ore 性质的一种办法是：假定所有顶点的度数都大于或等于图的阶数的一半。该结论出现在 Dirac[一] 的一个定理中，尽管这个结论是在定理 11.3.2 出现之前的 1952 年证明的，但它仍是定理 11.3.2 的一个推论。

推论 11.3.3 在阶数 $n \geqslant 3$ 的简单图中，如果每个顶点的度数至少为 $n/2$，则图中必存在哈密顿圈。

下面的定理给出了简单图中存在哈密顿圈的另一个充分条件，其证明及算法的构造均类似于定理 11.3.2，我们把它的证明留作练习题。

定理 11.3.4 在一个 n 阶简单图中，如果每对不邻接顶点的度数之和至少是 $n-1$，则图中存在哈密顿路径。

例子（旅行商问题） 考虑一个旅行商正在计划一次商业旅行，他要去他的某些客户所居住的城市，然后返回到他出发时所在的城市。在他要前往的城市中，有些城市之间有直达航班，而有些则没有，他能否做出这样的旅行计划，使他到达每个城市恰好一次？

设他要前往的城市包括他居住的城市一共有 n 个，我们假定这些城市是一个 n 阶简单图 G 的顶点，其中，任意两个城市之间只要有直达航班，就有一条边连接。于是，这位商人要寻求的就是 G 中的一个哈密顿圈。如果 G 有 Ore 性质，那么，由定理 11.3.2 可知，G 中存在一个哈密顿圈，且在定理的证明中给出了一个构造它的好方法。但在一般情况下，并不存在已知的能为这位商人构造出一个哈密顿圈的好算法，或告知这位商人图中根本就不存在哈密顿圈。然而，上述问题并不是这位商人真正要面对的实际问题，这是因为他要去的那些城市之间的距离往往是不同的，因而他需要的是这样的一个哈密顿圈：他所旅行的距离越短越好[二]。□

11.4 二分多重图

设 $G=(V, E)$ 是一个多重图，如果顶点集 V 可以被划分为两个子集 X 和 Y，使得 G 的每一条边都有一个顶点在 X 中且另一个顶点在 Y 中，则称 G 是二分的，具有这种性质的一对 X，Y 称为 G 的（也称为顶点集 V 的）一个二分划。二分划中属于同一子集的顶点之间不邻接。我们 ~~419~~ 通常这样来画一个二分多重图的图形：将 X 中的顶点画在左边（因此也称为左顶点），将 Y 中的顶点画在右边（因此也称为右顶点）[三]。注意：二分多重图中不存在任何环，二分多重图的子图

[一] G. A. Dirac, Some Theorems on Abstract Graphs, *Proc. London Math. Soc.*, 2 (1952)，69-81。
[二] 另一方面，他可能需要一个使旅行总费用最少的哈密顿圈。从数学的角度而言，这并没有什么区别，因为我们在每条边上加的权，可以不代表它所连接的城市之间的距离，而是代表旅行费用。在这两种情况下，我们都是在寻找这样的一个哈密顿圈：圈中的边权之和最小。

[三] 当然，左、右是可以互换的。

及与二分多重图同构的多重图也是二分图。

例子 图 11-20 给出了一个具有二分划 X, Y 的二分多重图，其中 $X=\{a, b, c, d\}$, $Y=\{u, v, w\}$。 □

例子 考虑图 11-21 中给出的简单图 G。尽管从表面上看不是一个二分图，但实际上它确实是一个二分图，因为我们也可以把 G 画成图 11-22 所示的图形，该图揭示了 G 中存在一个二分划 $X=\{a, c, g, h, j, k\}$, $Y=\{b, d, e, f, i\}$。 □

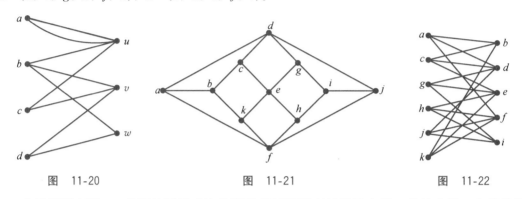

图 11-20   图 11-21   图 11-22

上述例子表明：二分图的图示或边的序列有时不能直接揭示出其二分的本性，在简单图中对边的描述或许能揭示其顶点的二分性质。

[420]

例子 设 G 是一个简单图，其顶点分别是从 1 到 20 的整数，两个顶点之间有边当且仅当它们的差是一个奇数。我们把 G 的顶点自然地划分为偶数和奇数两部分。因为两个奇数顶点之差是一个偶数，两个偶数顶点之差也是偶数，所以 G 的两个顶点是邻接的当且仅当其中的一个是奇数，而另一个是偶数。因此，G 是一个二分图，其二分划为 $X=\{1, 3, \cdots, 17, 19\}$, $Y=\{2, 4, \cdots, 18, 20\}$。 □

一个有二分划 X, Y 的二分图$^{\ominus}$$G$ 称为完全的，如果 X 中的每一个顶点与 Y 中的每一个顶点都邻接。因此，如果 X 中有 m 个顶点，Y 中有 n 个顶点，则 G 中有 $m \times n$ 条边。有 m 个左顶点、n 个右顶点的完全二分图记为 $K_{m,n}$，上面例子中的图 G 是 $K_{10,10}$。

因为多重图的二分性仅从图的表达形式上看可能是不明显的，所以我们希望有其他方法来认识二分多重图。

定理 11.4.1 一个多重图是二分的当且仅当它的每一个圈的长度都是偶数。

证明 首先，设 G 是有二分划 X, Y 的二分多重图，则 G 中一条途径上的顶点必交替取自 X 和 Y。因为圈是闭途径，这就意味着一个圈中包含的左、右顶点数相同，所以，每一个圈的长度都是偶数。

现在，假设 G 中每一个圈的长度都是偶数。首先，假设 G 是连通的，设 x 是 G 的任意一个顶点。设 X 是由那些到 x 的距离为偶数的顶点构成的集合、Y 是由那些到 x 的距离为奇数的顶点构成的集合。因为假设 G 是连通的，所以 X, Y 是 G 的顶点的一个划分。我们下面来证明 X, Y 是一个二分划，即 X 中的任意两个顶点不邻接、Y 中的任意两个顶点也不邻接。假设反之，即存在一条边 $\{a, b\}$，使 a, b 均属于 X，令

[421]

$$\alpha : x - \cdots - a \text{ 和 } \beta : x - \cdots - b \tag{11.4}$$

分别是从 x 到 a 和从 x 到 b 的长度最短的途径。因为这两条途径中的第一个顶点都是 x，所以存在一个顶点 z，它是这两条途径中最后一个相同的顶点，从而，式（11.4）中的途径可以写成如

$\ominus$ 不是二分多重图。

下形式：

$$\alpha : x - \cdots - z - \cdots - a \text{ 和 } \beta : x - \cdots - z - \cdots - b \tag{11.5}$$

我们把其中的每一条途径都分成更小的途径：

$$\alpha_1 : x - \cdots - z \text{ 和 } \alpha_2 : z - \cdots - a$$

以及

$$\beta_1 : x - \cdots - z \text{ 和 } \beta_2 : z - \cdots - b$$

途径 α_2 和 β_2 中除了 z 以外，再无相同的顶点。又因为在 (11.5) 中，途径 α 是从 x 到 a，而 β 是从 x 到 b 的，它们都是最短途径，所以，α_1 和 β_1 一定有相同的长度。例如，如果 α_1 的长度小于 β_1，那么我们就可以把 α_1 和 β_2 接起来形成一个从 x 到 b 长度小于 β 的途径，矛盾。因此，两条途径 α_2 和 β_2 的长度要么都是奇数，要么都是偶数。这时，边 $\{a, b\}$ 的存在意味着图中有一个长度为奇数的圈

$$z - \cdots - a - b - \cdots - z$$

这与假设矛盾。所以，不可能存在一条边连接 X 中的两个顶点。同理可证明，也不可能存在一条边连接 Y 中的两个顶点。因此，G 是二分的。

如果 G 是不连通的，我们将上面的讨论用于 G 的每一个连通分量，即得到每一个分量都是二分的，这也就意味着 G 是二分的。 □

在 11.7 节，我们将给出一个简单算法：确定从连通图的一个指定顶点 x 到其他任意顶点的距离。这个算法与定理 11.4.1 的证明有联系，如果图 G 是二分的，它将确定 G 的一个二分划。

例子 设 n 是正整数，把由 0 和 1 构成的所有 n 元组的集合作为简单图 Q_n 的顶点，存在一条边连接两个顶点当且仅当这两个顶点仅有一个坐标不同。比如，若 $x = (x_1, \cdots, x_n)$ 和 $y = (y_1, \cdots, y_n)$ 之间有一条边，则 y 中 1 的个数比 x 中 1 的个数多 1 或少 1。设 X 是由那些有偶数个 1 的 n 元组构成的，Y 是由那些有奇数个 1 的 n 元组构成的，则 X 中两个不同的顶点之间至少有两个坐标不同，因此是不邻接的。同理，Y 中的两个不同顶点也是不邻接的，所以 Q_n 是一个具有二分划 X，Y 的二分图。

Q_n 是由 n 维立体的顶点和边构成的图，在图 4-1～图 4-3 中，我们曾给出过 Q_1，Q_2，Q_3 的图形，但在某种程度上，这些图形并不能自动地揭示出它们二分的本质，图 11-23 给出了揭示它们二分本质的图形。在 4.3 节中，我们所构造的反射 Gray 码是图 Q_n 中的哈密顿圈。因此，寻找 | 422 | 一个生成 n 元集的所有组合的方法，使得该 n 元集的连续组合变化最小（一个新元素进，或一个老元素出）与在一个 n 维立体图 Q_n 中寻找一个哈密顿圈是相同的。 □

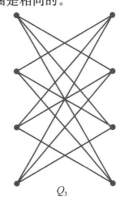

图 11-23

例子　考虑 8×8 棋盘。定义一个图 $B_8^{\ominus}$，其顶点为棋盘的 64 个棋格，两个棋格之间有一条边当且仅当它们有一条公共边[二]。等价地说，两个方格是邻接的当且仅当它们可以同时被一张多米诺骨牌覆盖。如果我们将棋盘中的棋格看作是黑白相间的，那么任意两个黑格或白格之间都不邻接，因此，对一个棋盘的普通着色就确定了顶点的一个二分划，分成黑格和白格两部分，因此这个图是二分图。这个图称为棋盘的多米诺骨牌二分图，我们可以给任意一张带有禁止格的棋盘匹配一个这样的图。回想一下第 1 章练习题 3 提出的问题：能否从一个 8×8 棋盘的一角，经过每个棋格恰好一次走到它的对角？现在我们知道，这个问题相当于问图 B_8 中是否存在一条哈密顿路径。现在 B_8 是一个有 32 个白（或左）顶点、32 个黑（或右）顶点的二分图，所求的哈密顿路径应该起始和终止于同一种颜色（比如说黑色）的顶点，因为 B_8 是二分图，顶点的颜色在路径中必须是交替的，所以不可能存在一条从一角到达其对角且包含所有顶点的哈密顿路径，因为这样的路径中黑格的个数必须比白格的个数多 1。

用类似的方法，对于一个有禁止格的 $m \times n$ 棋盘，我们可以给它匹配一个多米诺骨牌二分图，其顶点是棋盘的自由格。　　　　　　　　　　　　　　　　　　　　　□

423　　使用类似于上述例子的推理，我们给出下面的基本结论。

定理 11.4.2　设 G 是有二分划 X，Y 的二分图，如果 $|X| \neq |Y|$，则 G 中不存在哈密顿圈。如果 $|X| = |Y|$，则 G 中不存在起始于 X 中的顶点又终止于 X 中的顶点的哈密顿路径。如果 X 和 Y 相差至少两个顶点，则 G 中不存在哈密顿路径。如果 $|X| = |Y| + 1$，则 G 中不存在起始于 X 终止于 Y 的哈密顿路径；反之亦然。

注意定理 11.4.2 中没有正面的结论。其中的每一个推断只排除了哈密顿路径或哈密顿圈存在的可能性。

在结束本节内容之前，再讨论一个古老的游戏问题[三]，该问题用现代语言描述的话，仍是在给定的图中寻找哈密顿圈的问题。

例子（跳马问题）　考虑 8×8 棋盘及其上的一枚棋子：国际象棋中的马。马从当前位置通过向垂直方向移动 2 格、水平方向移动 1 格，或向垂直方向移动 1 格、水平方向移动 2 格的方式移动，那么，是否存在这样的可能：让马能够落在棋盘的每一格上恰好一次，而又不违反规则呢？这样的走法称为跳马路线（也称骑士周游）。我们可以求具有这样性质的跳马路线：从最后一个格移到第一个格时仍是一步合法的马步。具有这种性质的跳马路线称为重复路线（reentrant）。

这个问题的一种解法归功于欧拉，其方法如下面表格所示。

58	43	60	37	52	41	62	35
49	46	57	42	61	36	53	40
44	59	48	51	38	55	34	63
47	50	45	56	33	64	39	54
22	7	32	1	24	13	18	15
31	2	23	6	19	16	27	12
8	21	4	29	10	25	14	17
3	30	9	20	5	28	11	26

□

在表格中，棋格中的数字代表马到达该棋格的次序，特别地，数字为 1 的棋格表示马的初始

[一]　原文分别为 $n \times n$ 棋盘和图 B_n，但整个例子讲的都是 8×8 棋盘和图 B_8，故译文中改为 8×8 棋盘和图 B_8。——译者注
[二]　即两个棋格作为顶点是邻接的，当且仅当它们在棋盘上是相邻的。
[三]　该问题是由印度棋手在大约公元前 200 年时直观地提出并解决的。

位置，数字为 64 的棋格代表马的最后位置。因为从 1 到 64 的移动是一步合法的马移动，所以该跳马路线是一个重复路线。注意：在这个跳马路线中，马首先跳过棋盘下半部分的全部棋格后才进入上半部分。

跳马问题可以适用于任何 $m \times n$ 棋盘，我们将其视为图中哈密顿路径的存在性问题。把 $m \times n$ 棋盘中的棋格看作图 $K_{m,n}$ 的顶点，其中两个棋格之间有一条边当且仅当从其中一个棋格移到另一个棋格是一步合法的马步。$K_{m,n}$ 中的一条哈密顿路径代表 $m \times n$ 棋盘上的一个跳马路线，一个哈密顿圈代表一个重复路线。像以往一样，考虑棋盘上黑白相间的棋格，我们看到马总是从一种颜色的棋格移到另一种颜色的棋格，因此，$K_{m,n}$ 是一个 $m \times n$ 阶的二分图。如果 m 和 n 都是奇数，则一种颜色的棋格数比另一种颜色的棋格数多 1，因此，根据定理 11.4.2，不存在重复路线。如果 m 和 n 中至少有一个是偶数，则黑白棋格数相同，因此，有可能存在重复路线。

在 $1 \times n$ 棋盘上，马根本就无法移动。在 $2 \times n$ 棋盘上，对于四个角上的每一个棋格，马只能从某一个棋格到达，这意味着：在图 $K_{2,n}$[一]中，角上的每个棋格的度数均为 1，因此，不存在跳马路线。3×3 棋盘又如何呢？在这样的棋盘上，马从任何一个棋格都不可能到达中间那个棋格。因此，在 $K_{3,3}$ 中，中间那个棋格的度数为 0，不可能存在跳马路线。不要失望，3×4 棋盘上的马有一个非重复的跳马路线：

1	4	7	10
12	9	2	5
3	6	11	8

使用 $n \times n$ 棋盘上的跳马路线从 1 到 n^2 为棋格标号，产生一个数字方阵，在这个方阵中，1 到 n^2 中的每个数字恰好出现一次。对幻方[二]感兴趣的人可能会问是否存在结果是一个幻方的跳马路线，即魔幻跳马路线[三]。目前已经知道，当 n 是奇数时不存在魔幻跳马路线，而当 $n=4k$ 且 $k>2$ 时，存在魔幻跳马路线。通过计算机穷举搜索，我们已经证明在 8×8 棋盘上不存在魔幻跳马路线。在下面的意义之下存在很多半魔幻跳马路线，即除了对角线之外，每一行和每一列上的整数之和相同。下面是一个古老的例子[四]。

1	30	47	52	5	28	43	54
48	51	2	29	44	53	6	27
31	46	49	4	25	8	55	42
50	3	32	45	56	41	26	7
33	62	15	20	9	24	39	58
16	19	34	61	40	57	10	23
63	14	17	36	21	12	59	38
18	35	64	13	60	37	22	11

□

11.5 树

假设我们要建立一个 n 阶连通图，要求是使用最少数目的边"刚好能够做到"[五]。一个简单的构造方法是：选择一个顶点，将它与其他 $n-1$ 个顶点之间都连上一条边，其结果得到一个完全二分图 $K_{1,n-1}$，我们把它叫作星。星 $K_{1,n-1}$ 是连通的，且有 $n-1$ 条边。如果从中去掉任何

[一] 原书为 $K_{m,n}$，但这里讨论的是 $2 \times n$ 棋盘的情况，因此 m 应为 2。——译者注
[二] 参见 1.3 节。
[三] 参见 H. E. Dudeney, *Amusements in Mathematics*, Dover Publishing Co., New York, 1958。
[四] W. Beverley, *Philos. Mag.*, p. 102, April 1848。
[五] 例如，用最少数目的道路来连接 n 个城市，使得人们可以从任意一个城市到达任意其他城市。

一条边，则得到一个非连通图，其中的一个顶点不和任何边连接。另一个简单的构造方法是：用一条路径接 n 个顶点，其结果也是一个连通图，有 $n-1$ 条边，如果从中去掉任意一条边，也将得到一个非连通图。那么，我们能构造出有 n 个顶点且少于 $n-1$ 条边的连通图吗？

假设我们有一个 n 阶连通图 G。试想一个一个地把边放入 G 中，这样我们是从有 n 个顶点、没有边因而有 n 个连通分量的图开始，每放入一条边，就最多减少一个连通分量：如果新边连接的两个顶点已在同一个连通分量中，则连通分量的数目保持不变；如果新边连接的两个顶点不在同一个分量中，则这两个分量变成一个连通分量，而其余分量保持不变。因为我们起始于 n 个分量，而一条边最多只能减少一个连通分量，所以至少需要 $n-1$ 条边才能将连通分量的数目减少到 1，即得到一个连通图。因此，我们证明了下面的基本结论。

定理 11.5.1 n 阶连通图至少有 $n-1$ 条边。此外，对每一个正整数 n，存在恰好有 $n-1$ 条边的连通图。从恰好有 $n-1$ 条边的 n 阶连通图中去掉任意一条边，得到一个非连通图，因此，每条边都是一个桥。

树定义为这样一个连通图，去掉其任意一条边后就不再连通。因此，树是一个连通图，其每条边都是桥，即每条边对图的连通性都是必不可少的。下面我们证明：通过简单地计数图中边的数目就能确认一个连通图是否为树。

定理 11.5.2 $n \geqslant 1$ 阶的连通图是树，当且仅当它恰好有 $n-1$ 条边。

证明 根据定理 11.5.1，恰好有 $n-1$ 条边的 n 阶连通图是树，因为其每一条边都是桥。反之，我们通过对 n 施归纳法证明：n 阶树 G 恰好有 $n-1$ 条边。如果 $n=1$，则 G 没有边，所以结论显然成立。设 $n \geqslant 2$，令 α 是 G 的任意一条边，G' 是从 G 中去掉边 α 后得到的图，因为 α 是桥，所以 G' 有两个连通分量 G'_1 和 G'_2，设它们分别有 k 和 l 个顶点，其中 k 和 l 是正整数，且 $k+l=n$。G'_1 的每一条边都是 G'_1 的桥，否则将其从 G 中去掉后，显然留下一个连通图，与我们的假设 G 是树矛盾。同理，G'_2 的每一条边也都是 G'_2 的桥。因此，G'_1 和 G'_2 都是树，由归纳假设，G'_1 有 $k-1$ 条边，G'_2 有 $l-1$ 条边，所以 G 有 $(k-1)+(l-1)+1=n-1$ 条边，这就证明了我们的结论。 □

下面的定理给出了树的另一个特征，但我们先证明一个引理。

引理 11.5.3 设 G 是连通图，$\alpha=\{x, y\}$ 是 G 的一条边，则 α 是桥当且仅当 G 的任何圈都不包含 α。

证明 先假设 α 是桥，则 G 是由 α 连接到一起的两个连通分量组成的，所以任何圈中都不可能包含 $\alpha^{\ominus}$。现在假设 α 不是桥，则从 G 中去掉 α 后，留下一个连通图 G'，因此，在 G' 中，当然也是在 G 中，有一条不包含边 α 的路径

$$x - \cdots - y$$

连接 x 和 y，于是

$$x - \cdots - y - x$$

是一个包含边 α 的圈。 □

定理 11.5.4 设 G 是 n 阶连通图，则 G 是树当且仅当 G 中不存在圈。

证明 我们知道，树的每一条边都是桥，因此根据引理 11.5.3，树中不存在圈，因此，如果 G 是树，则 G 中不存在圈。现在假设 G 中不存在圈，再由引理 11.5.3，G 的每一条边都是桥，因此，G 是一棵树。 □

定理 11.5.4 暗示了树的另一个特性。

$\ominus$ 牢记：圈中没有相同的边。

定理 11.5.5 图 G 是树当且仅当每一对不同的顶点 x 和 y 之间都有唯一的一条路径，且这条路径必是连接 x 和 y 的最短的路径，即长度为 $d(x, y)$ 的路径。

证明 首先，假设 G 是树。因为 G 是连通的，所以每一对不同的顶点一定被某条路径连接着。如果某对顶点被两条不同的路径连接着，则 G 中有圈[⊖]，这与定理 11.5.4 矛盾。

现在，假设 G 中每一对不同的顶点被唯一的一条路径连接着，于是 G 是连通的。因为圈中的每一对顶点都由两个不同的路径连接，所以 G 中不存在圈，再根据定理 11.5.4，G 是树。□

设 G 是图，G 中度数为 1 的顶点叫作 G 的悬挂顶点 (pendent vertex)，因此，悬挂顶点只与一条边邻接，任何一条与悬挂顶点邻接的边叫作悬边（pendent edge）。

例子 在图 11-24 中，阶为 $n=7$ 的图 G 有三个悬挂顶点，即 a，b，g，还有三条悬边。该图不是树，因为边 $\{c, d\}$ 不是桥，或因为它有 7>6 条边（参看定理 11.5.2），或因为它有一个圈（参看定理 11.5.4）。□

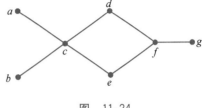

图 11-24

定理 11.5.6 设 G 是阶 $n \geqslant 2$ 的树，则 G 中至少有 2 个悬挂顶点。

证明 设 G 中顶点的度数分别为 d_1，d_2，$\cdots$，d_n。因为 G 有 $n-1$ 条边，根据定理 11.1.1，有

$$d_1 + d_2 + \cdots + d_n = 2(n-1)$$

如果其中最多有一个 d_i 等于 1，则有

$$d_1 + d_2 + \cdots + d_n \geqslant 1 + 2(n-1)$$

矛盾。因此，其中至少有 2 个 d_i 等于 1，即至少有 2 个悬挂顶点。□

例子 在阶 $n \geqslant 2$ 的树 G 中最多能有多少个悬挂顶点？最少能有多少个悬挂顶点？

2 阶树的两个顶点都是悬挂的。现在假设 $n \geqslant 3$，如果树的所有顶点都是悬挂的，那么树将是不连通的（事实上，这时 n 必是偶数，且任意两条边都不邻接），星 $K_{1,n-1}$ 有 $n-1$ 个悬挂顶点，因此，$n-1$ 是阶 $n \geqslant 3$ 的树中悬挂顶点的最大数目。其边被排列成一条路径的树正好有 2 个悬挂顶点，因此，根据定理 11.5.6，2 是阶 $n \geqslant 2$ 的树中悬挂顶点的最少数目。□

例子（如何构造树） 根据定理 11.5.6，树有悬挂顶点，因此必有悬边，如果从树 G 中去掉一条边，则得到一个具有两个连通分量的图，且每个分量仍然是树。如果去掉的边是一条悬边，则较小的那个树仅由一个顶点构成，另一个则是 $n-1$ 阶的树 G'。反之，如果有一个 $n-1$ 阶的树 G'，那么，选择一个新的顶点 u，将其与 G' 中的一个顶点 x 连成一条边 $\{u, x\}$，则得到树 G，其中 u 是 G 的一个悬挂顶点，这意味着每一个树都能按如下方法来构造：从一个顶点开始，反复选择一个新的顶点，在新顶点与老顶点之间连一条边。图 11-25 中的 5 阶树就是用这种方法构造出来的。□

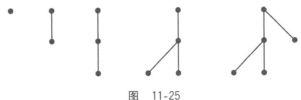

图 11-25

⊖ 假设从 x 到 y 存在两条不同的路径 γ_1 和 γ_2。这两个部分都起始于 x，而且因为它们不相同所以在某点 u 处分开。因为两个部分都结束于 y，所以它们一定会第一次与某点 v 汇合。于是，我们有一个圈：从 u 起沿着 γ_1 向 v 前进，然后再从 v 起以相反的方向沿着 γ_2 向 u 前进。

利用上述例子中的构造方法，不难证明，n 阶非同构的树的数量 t_n 满足：$t_1=1$，$t_2=1$，$t_3=1$，$t_4=2$，$t_5=3$ 及 $t_6=6$。图 11-26 给出了 6 个顶点的所有不同构的树。

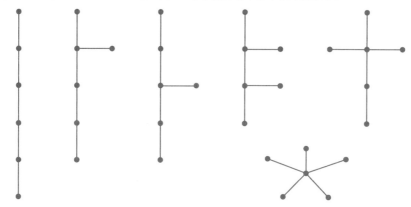

图　11-26

我们已经定义了树是一个连通图，其每一条边都是桥。因此，如果连通图 G 不是树，那么它必有一个不是桥的边，即去掉这条边将不会把图分割。如果反复去掉不是桥的边，直到剩余的图中每条边都是桥为止，那么就得到了一棵树，其顶点集与 G 的顶点集相同，其边是 G 中的某些边；也就是说，得到了 G 的一个是树的生成子图。如果图 G 的生成子图是树的话，则称该树为 G 的生成树。

429

定理 11.5.7　每一个连通图都有生成树。

证明　上段话中包含了一个算法形式的证明，现在我们给出这个算法的更为准确的描述。回忆一下引理 11.3.1，连通图的一条边是桥当且仅当这条边不包含在任意圈中。

求生成树的算法

设 $G=(V, E)$ 是 n 阶连通图。

（ⅰ）令 F 等于 E。

（ⅱ）当 F 中的一条边 α 不是图 $T=(V, F)$ 的桥时，从 F 中去掉 α。

最终的图 $T=(V, F)$ 是 G 的一个生成树。

与我们前面的讨论类似，最终的图 $T=(V, F)$ 是连通的且没有任何桥，所以是树。　□

注意，定理 11.5.7 中对图的限制是没有必要的，如果 G 是一般图，那么可以去掉 G 中所有的环及所有的重复边，然后再应用定理 11.5.7 及其证明中的算法。因此，任何一般连通图也都有一棵生成树。

例子　设 G 是如图 11-27 中左边那个图所示的 7 阶连通图。这个图恰好有一个桥，即边 $\{2, 3\}$；因此，我们可以执行求生成树的算法：去掉其中任意一条不是桥的边，比如边 $\{1, 2\}$。此时，边 $\{1, 4\}$，$\{4, 5\}$，$\{2, 5\}$ 及 $\{2, 3\}$ 都变成了桥，因此，它们不能再被去掉。再去掉边 $\{6, 7\}$ 后，就留下了右边那个生成树。　□

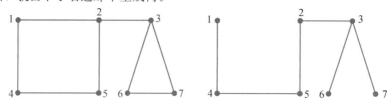

图　11-27

我们以生成树的两个性质来结束本节内容，这两个性质将用于本章后面各节。

定理 11.5.8 设 T 是连通图 G 的一棵生成树。设 $\alpha = \{a, b\}$ 是 G 的一条边，但不是 T 的边。则 T 中存在一条边 β，满足：通过向 T 中加入边 α，并去掉边 β 后，得到的图 T' 仍是 G 的生成树。

430

证明 设图 G 有 n 个顶点，从而图 T 也有 n 个顶点。首先，考虑往 T 中插入给定的边 α 后得到的图 T'。因为 T' 不是树，所以根据定理 11.5.4 可知，它有一个圈 γ，这个圈至少包含 T 的一条边。根据引理 11.3.1，γ 的每一条边都不是 T' 的桥。设 β 是 γ 中不同于 α 的任意一条边，从 T' 中去掉 β 后，就得到一个有 n 个顶点、$n-1$ 条边的连通图，因此，它是树。□

定理 11.5.9 设 T_1 和 T_2 是连通图 G 的两棵生成树。设 β 是 T_1 的一条边。则 T_2 中必有一条边 α，使得在 T_1 中加入 α 而去掉 β 后，得到的图仍是 G 的一棵生成树。

证明 首先说一下定理 11.5.8 和定理 11.5.9 的区别。在定理 11.5.8 中，给定的是一棵生成树 T 和某个不属于 T 的边 α，我们要做的是向 T 中加入 α 并去掉 T 中的某条边 β，使得操作后仍是一棵生成树。而在定理 11.5.9 中，给定的是一棵生成树 T_1，我们是要从 T_1 中去掉特定的一条边 β，而加入 T_2 中的一条边，使得操作后仍是一棵生成树。

为证明这个定理，首先，从 G 的生成树 T_1 中去掉边 β，结果得到一个有两个连通分量 T_1' 和 T_1''（二者必都是树）的图。因为 T_2 也是 G 的生成树，所以 T_2 是连通的且与 T_1 有相同顶点集，因而 T_2 中必有一条边 α 连接 T_1' 的一个顶点和 T_1'' 的一个顶点。通过向 T_1 中加入边 α 并去掉边 β 后得到的图是一个有 $n-1$ 条边的连通图；因此，它是一个树。（我们注意到，如果 β 不是 T_2 的一条边，则 α 也不是 T_1 的一条边，否则将得到一个有 n 个顶点、少于 $n-1$ 条边的连通图。）□

我们自然要问：一个连通图能有多少个生成树呢？任何连通图的生成树的个数可以通过一个代数公式⊖计算出来，但这样的公式已经超出了本书的范围。

例子 如图 11-28 所示的 4 阶图（一个长度为 4 的圈）的生成树的个数为 4，其中的每一个生成树都是长度为 3 的路径，因此，它们都是同构的。□

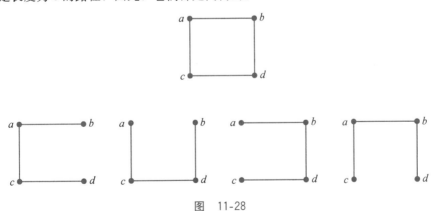

图 11-28

Cayley 的一个著名公式断言：完全图 K_n 的生成树的个数是 n^{n-2}，真是一个令人惊讶的简单公式。正如上例所述，生成树中的许多树之间彼此可能是同构的，因此，在 K_n 的生成树中，每一个 n 阶树都可能出现了很多次（只是顶点的标号不同），所以 n^{n-2} 并不代表 n 阶非同构树的个数，这个数量是 n 的一个更为复杂的函数。

431

⊖ 它是一个图的 $n-1$ 阶普拉斯矩阵的任意子矩阵的行列式的绝对值。

11.6 Shannon 开关游戏

本节讨论一个能在任何多重图上进行的游戏，它是由 C. Shannon[一]发明的，而其漂亮的解法则是由 A. Lehman[二]发现的。本书后面的内容与本节内容无关。

Shannon 游戏要由两个人来进行，在这里我们就称他们为正方选手 P 和反方选手 N，在游戏中，正、反两方选手轮流出着[三]。设 $G = (V, E)$ 是一个多重图，u 和 v 是两个指定的顶点，因此，该"游戏盘"是由标出了两个指定顶点的多重图构成的。正方选手的目标是：在两个不同顶点 u 和 v 之间建起一条路径。反方选手的目标是：不让正方选手达到目的，即破坏 u 和 v 之间所有的路径。游戏的玩法按如下方法进行：当轮到 N 走时，N 要破坏某个边，在该边上画一个负号"－"[四]。当轮到 P 走时，P 要在 G 的某个边上画一个正号"＋"，此后 N 就不能再破坏这条边了。这样，直到一方达到目的时游戏结束：

（1）如果 u 和 v 之间有一条全是正号"＋"的路径，则正方选手获胜。

（2）在 G 中，如果 u 和 v 之间的每一条路径上至少有一条边上画有负号"－"，说明 N 已破坏了 u 和 v 之间所有的路径，这时反方选手获胜。

很明显，当多重图 G 的每条边都被走过之后（即在其上或者有"＋"号或者有"－"号），将恰好有一方获胜。特别强调的是，游戏不可能以平局结束。如果 G 是不连通的，而 u 和 v 又分布在 G 的两个不同的连通分量中，我们可以立即宣布 N 获胜[五]。

我们考虑下面的问题：

（1）有没有 P 能遵循的策略，使得无论 N 玩得多么好，P 一定能获胜？如果有，确定这样一个能使 P 获胜的策略。

（2）有没有 N 能遵循的策略，使得无论 P 玩得多么好，N 一定能获胜？如果有，确定这样一个能使 N 获胜的策略。

对上述问题的回答有时取决于正方选手和反方选手到底谁先走。

例子 首先，考虑图 11-29 中左边的多重图，指定的顶点 u 和 v 如图所示，在这个游戏中，正方选手 P 将获胜，无论他是先走还是后走，这是因为"＋"号无论在哪个边上，都确定了 u 和 v 之间的一条路径。现在考虑图 11-29 中间那个图，在这个游戏中反方选手 N 将获胜，无论他是先走还是后走，这是因为"－"号无论在哪个边上，都破坏 u 和 v 之间所有的路径。最后，考虑图 11-29 中右边那个图，在这个游戏中，谁先走，谁就拥有了图中唯一的边，因而谁就获得胜利。□

受上面例子的启发，我们做如下定义：一个游戏叫作**正方游戏**，如果正方选手有获胜策略，无论他是先走还是后走。一个游戏叫作**反方游戏**，如果反方选手有获胜策略，无论他是先走还是后走。一个游

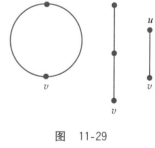

图　11-29

戏叫做**先方游戏**，如果先走的一方有获胜策略。我们注意到：如果正方选手后走时有获胜策略，那么他先走时也有获胜策略，这是因为正方选手可以忽略他的第一着[六]，然后按后走的方式遵循

[一] Claude Shannon（1916—2001）被公认为是现代通信理论的创始人。

[二] A. Lehman, A Solution of the Shannon Switching Game, *J. Society Industrial and Applied Mathematics*，12（1964），687-725。我们对该游戏及其解法的描述是基于作者文章中的第 3 节：Networks and the Shannon Switching Game, *Delta*，4（1974），1-23。

[三] 我们称正方选手和反方选手分别为建设选手和破坏选手。

[四] 如果游戏是用铅笔在纸上画 G 的方式来进行的话，则 N 可以用擦掉一条边的方式来破坏一条边。

[五] 而 P 对陷入这样一个让他无法取胜的游戏中肯定会感到非常困扰。

[六] 但反方选手是不可以的。

获胜策略来走，如果获胜策略要求正方在一个边上画一个"＋"号，而那个边上已有了"＋"号，那么他就可以有一个"自由运动"，即在任意一条可用的边上画上一个"＋"号。类似地，如果反方选手后走时有获胜策略，那么他先走时也有获胜策略。

例子 考虑图 11-30 中左边那个图所确定的游戏，其指定顶点 u 和 v 如图所示。假设 P 先走，并在边 e 上画个"＋"号，我们把剩下的边配成对：a 和 b 一对，c 和 d 一对。如果 P 对 N 所走的边进行这样的反击：走 N 所走那对边的另一条边，那么 P 肯定获胜。因此，如果 P 先走，则 P 获胜。现在假设 N 先走，并在边 e 上画个"－"号，这次我们把剩下的边这样配对：a 和 c 一对，b 和 d 一对。如果 N 对 P 所走的边进行这样的反击：走 P 所走那对边的另一条边，那么 N 肯定获胜。因此，如果 N 先走，则 N 获胜。因此我们断定：由图 11-30 所确定的游戏是一个先方游戏。

现在，假设我们增加了一条新边 f，它连接指定顶点 u 和 v，其结果如图 11-30 中右边那个图所示。在这个新游戏中，假设反方先走，如果 N 不在新边 f 上画个"－"号，则正方选手会在其上加上"＋"号，因此而获胜。如果 N 确实在 f 上画了"－"号，则剩下的游戏和前面那个游戏相同，即相当于 P 先走，从而 P 获胜，因此，P 作为后走的一方具有获胜策略，所以该游戏是一个正方游戏。 □

上述例子所阐述的原理具有一般性。

定理 11.6.1 如果在先方游戏的多重图中加入连接两个指定顶点 u 和 v 的新边，则这个游戏变成正方游戏。

下面的定理给出正方游戏的一个特性。回想一下：如果 $G=(V, E)$ 是多重图，U 是顶点集 V 的子集，则 G_U 表示 G 的由 U 导出的多重子图，即以 U 为顶点集、以 G 中所有连接 U 中两顶点的边为边的多重图。换句话说，G_U 是通过从 G 中去掉所有 $\overline{U}=V-U$ 中的顶点，并去掉至少与 $\overline{U}$ 中的一个顶点邻接的所有边后得到的。 |434|

定理 11.6.2 由有两个指定顶点 u 和 v 的多重图 $G=(V, E)$ 所确定的游戏是一个正方游戏，当且仅当存在包含 u 和 v 的顶点集 V 的子集 U，使得导出多重子图 G_U 中存在两个没有共同边的生成树 T_1 和 T_2。

定理的另一种叙述是：一个游戏是正方游戏，当且仅当 G 中有两棵树 T_1 和 T_2，满足：T_1 和 T_2 有相同的顶点集且 T_1 和 T_2 没有共同的边。在图 11-30 中，右边那个图所确定的游戏已被证明是一个正方游戏。我们可以把图 11-31 中的两棵树分别作为 T_1 和 T_2。在这个例子中，T_1 和 T_2 是 G 的生成树（即 $U=V$），但这并不是必需的，有时集合 U 可能仅包含 V 的部分顶点。

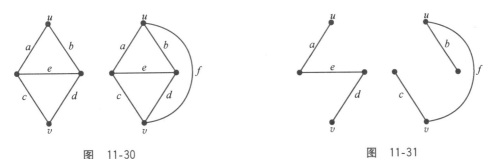

图 11-30   图 11-31

我们不给出定理 11.6.2 的完整证明，只是给出如何利用一对树 T_1 和 T_2 为正方选手 P 制定一个反方选手 N 先走时的获胜策略。在比赛的每一个回合之后，即反方选手走完一步，紧跟着该正方选手走的时候，我们都要构造出 G_U 的一对新的生成树，它比原来的一对生成树多一条公共边。开始时，我们有 G_U 的没有公共边的生成树 T_1 和 T_2，我们把这两个树记作

$$T_1^{(0)} = T_1 \text{ 和 } T_2^{(0)} = T_2$$

比赛的第一回合

反方选手 N 先走，并在某个边 β 上画个"—"号，我们考虑两种情况。

情况 1：β 是树 $T_1^{(0)}$ 或 $T_2^{(0)}$ 的一条边，不妨设是 $T_1^{(0)}$ 的边。因为 $T_1^{(0)}$ 和 $T_2^{(0)}$ 是 G_U 的生成树，因此根据定理 11.5.9，存在 $T_2^{(0)}$ 的边 α，使得通过向 $T_1^{(0)}$ 中加入边 α 并去掉边 β 后，所得的图 $T_1^{(1)}$ 仍是 G_U 的生成树。我们给 P 的指示是：在边 α 上画个"＋"号。令 $T_2^{(1)}=T_2^{(0)}$，则树 $T_1^{(1)}$ 和 $T_2^{(1)}$ 恰好有一条公共边，即带有"＋"号的边 α。

情况 2：β 既不是 $T_1^{(0)}$ 的边，也不是 $T_2^{(0)}$ 的边。

这时我们给 P 的指示是：在 $T_1^{(0)}$ 或 $T_2^{(0)}$ 的任意一条边 α 上画个"＋"号，不妨设是 $T_1^{(0)}$ [⊖] 的边。因为 $T_2^{(0)}$ 是 G_U 的生成树，且 α 是 G_U 的边，根据定理 11.5.9，存在 $T_2^{(0)}$ 的一条边 γ，使得通过向 $T_2^{(0)}$ 中加入边 α 并去掉边 γ 后，所得的图 $T_2^{(1)}$ 仍是 G_U 的生成树，令 $T_1^{(1)}=T_1^{(0)}$，则树 $T_1^{(1)}$ 和 $T_2^{(1)}$ 恰好有一条公共边，即带有"＋"号的边 α。

我们得出结论：在比赛的第一回合结束时，G_U 有两个恰好有一条公共边的生成树 $T_1^{(1)}$ 和 $T_2^{(1)}$，公共边就是被 P 画上"＋"号的边。

比赛的第二回合

反方选手 N 在 G 的第二条边 δ 上画一个"—"号，我们为 P 寻找一个反击策略。确定 P 要画"＋"号的一条边 ρ 与比赛第一回合中的方法非常类似，在我们的叙述中，将会更简要一些。

情况 1：δ 是树 $T_1^{(1)}$ 或 $T_2^{(1)}$ 的一条边，不妨设是 $T_2^{(1)}$ 的边。则存在 $T_1^{(1)}$ 的边 ρ，使得通过向 $T_1^{(1)}$ 中加入边 δ 并去掉边 ρ 后，所得的图 $T_1^{(2)}$ 仍是 G_U 的生成树。我们指示 P：在边 ρ 上画一个"＋"号。令 $T_2^{(2)}=T_2^{(1)}$。

情况 2：δ 既不是 $T_1^{(1)}$ 的边，也不是 $T_2^{(1)}$ 的边。

我们指示 P：在 $T_1^{(1)}$ 或 $T_2^{(1)}$ 的任意一条可用的边 ρ [⊖] 上画一个"＋"号，不妨设是 $T_1^{(1)}$ 的边。存在 $T_2^{(1)}$ 的一条边 ε，使得通过向 $T_2^{(1)}$ 中加入边 ρ 去掉边 ε 后，所得的图 $T_2^{(2)}$ 仍是 G_U 的生成树。令 $T_1^{(2)}=T_1^{(1)}$。

我们得出结论：在比赛的第二回合结束时，G_U 有两个生成树 $T_1^{(2)}$ 和 $T_2^{(2)}$，它们恰好有两条公共边，即被 P 画上"＋"号的那两条边。

后面对 P 的策略的描述非常类似于比赛的第一回合与第二回合，在比赛的第 k 回合结束时，得到 G_U 的两个生成树 $T_1^{(k)}$ 和 $T_2^{(k)}$，它们恰好有 k 条公共边，即此时已被 P 画上"＋"号的那 k 条边。设 U 中的顶点数是 m，则在比赛的第 $(m-1)$ 回合结束时，G_U 的生成树 $T_1^{(m-1)}$ 和 $T_2^{(m-1)}$ 恰好有 $m-1$ 条共同的边，因为具有 m 个顶点的树只有 $m-1$ 条边，这意味着 $T_1^{(m-1)}$ 和 $T_2^{(m-1)}$ 是同一棵树，所以画有"＋"号的边是 G_U 的一个生成树的所有边。因为顶点 u 和 v 属于 U，且有一条由带"＋"号的边所构成的路径连接这两个指定的顶点，因此我们得出结论：如果正方选手 P 遵循我们的指示，那么当比赛到第 $(m-1)$ 回合结束时，他将会得到一个画有"＋"号的边集，构成一条连接 u 和 v 的路径，所以他在比赛中获胜，否则他在此之前就会获胜。我们给 P 的指示是一个使他获胜的获胜策略。　□

定理 11.6.2 可以用来对先方游戏和反方游戏进行分类，方法如下：设 $G=(V,E)$ 是有指定顶点 u 和 v 的多重图，G^* 是通过向 G 中增加一条连接 u 和 v 的新边后得到的多重图，则下面结论成立：

⊖ 在这种情况下，N 已经"浪费"了一招，而 P 获得了在树 $T_1^{(0)}$ 和 $T_2^{(0)}$ 上的一个自由运动。

⊖ 即在一条还没有被标记过的边上。

1. 关于 G，u 和 v 的游戏是先方游戏当且仅当它不是正方游戏，但关于 G^*，u 和 v 的游戏是正方游戏。

2. 关于 G，u 和 v 的游戏是反方游戏当且仅当关于 G，u 和 v 的游戏和关于 G^*，u 和 v 的游戏都不是正方游戏。

因此，根据定理 11.6.2 可知，关于 G，u 和 v 的游戏是先方游戏当且仅当 G 中不包含两个分离的、具有相同顶点的且包含 u 和 v 的树，但通过增加一条连接 u 和 v 的新边，就可以找到这样的两个树。关于 G，u 和 v 的游戏是反方游戏当且仅当即使在 G 中增加一条连接 u 和 v 的新边，也找不到这样的两棵树。在先方游戏 G 中，如果正方选手先走，则他能获胜，因为此时的游戏就像是在 G^* 中进行的那样：N 先走且 N 的第一步是在连接 u 和 v 的那个新边上画一个 "－" 号。一般而言，对于反方游戏中 N 后走或先方游戏中 N 先走的情况，很难为 P 制定出一个获胜的策略。 |437|

11.7 再论树

在定理 11.5.7 的证明中，我们曾给出过一个求连通图的生成树的算法，回顾这个算法我们发现，它的 "破坏性" 比其建设性更大：我们总是在当前的图中反复寻找圈中的边，即不是桥的边，并去掉或 "删掉" 它。但在该算法中，隐含着某种寻找不是桥的边的子算法，在 11.5 节中，我们也曾叙述过一个构造 n 个顶点的任意树的过程，这个过程相当于构造 n 阶完全图 K_n 的任意一个生成树，我们可以把它提炼成应用于构造任意图⊖的所有生成树的算法，下面是提炼后的最终算法，该算法不要求初始图 G 连通，因此该算法的一个副产品就是确定一个图是否连通的算法。

构造生成树的算法

设 $G=(V, E)$ 是 n 阶图，u 是它的任意一个顶点。

(1) 令 $U=\{u\}$ 及 $F=\varnothing$。

(2) 当存在一个 U 中的顶点 x 和一个非 U 中的顶点 y，使得 $\alpha=\{x, y\}$ 是 G 的边时，

（ⅰ）将顶点 y 放入 U 中。

（ⅱ）将边 α 放入 F 中。

(3) 令 $T=(U, F)$。

在步骤 (2) 中，一般情况下，顶点对 x 和 y 有多种选择方法，因此，我们执行算法时将有相当大的自由度。在下一个定理之后，我们给出选择 x 和 y 的两条特殊而重要的规则。

定理 11.7.1 设 $G=(V, E)$ 是图，则 G 是连通的当且仅当通过执行上面的算法构造出的图 $T=(U, F)$ 是 G 的一棵生成树。

证明 如果 T 是 G 的一棵生成树，显然 G 是连通的。现在假设 G 是连通的，开始时的 T 只有一个顶点、没有边，因此 T 是连通的。每一次执行步骤 (2) 时，U 中都增加一个顶点，F 中都增加一条连接一个新顶点和一个老顶点的边，由递推性，在算法中的每一阶段，当前的 |438| $T=(U, F)$ 是连通的，且 $|F|=|U|-1$，所以 T 是树。假如算法结束时 $U \neq V$，因为 G 是连通的，则必有一条边连接 U 中的某个顶点和不在 U 中的某个顶点，这与算法已经结束是矛盾的。因此，在算法结束时，我们有 $U=V$，且 $T=(U, F)$ 是 G 的一棵生成树。□

⊖ 本节只考虑简单图并不失一般性。如果给我们的是一般图，可以立即去掉所有的环和重边中所有重复的边，再对所得的图利用本节的结果和算法。

我们应该明确：连通图的任意一棵生成树都可以通过在执行该算法时，正确地选择 x 和 y 而构造出来。现在给出一棵选择顶点的方法来构造一棵有特殊性质的生成树。这个算法的叙述在本段之后，它构造的是一棵所谓的广度优先生成树，该树以指定的顶点为根，即集合 U 中的初始顶点 u。在一般情况下，一个连通图 G 具有许多根为顶点 u 的广度优先生成树 T，它们的共同性质是：对每一个顶点 x，x 与 u 在 G 中的距离等于 x 与 u 在 T 中的距离。为方便起见，我们称广度优先生成树为 BFS 树。在下面的算法中，对每个顶点 x 附加两个值，一个叫做它的广度优先数，记为 $bf(x)$，用来表示顶点 x 加入 BFS 树中的次序；另一个值表示 BFS 树中 u 和 x 之间的距离，记为 $D(x)^{\ominus}$。

BF 算法：构造以 u 为根的 BFS 树

设 $G=(V, E)$ 是 n 阶图，u 是它的任意一个顶点。

(1) 令 $i=1$，$U=\{u\}$，$D(u)=0$，$bf(u)=1$，$F=\varnothing$ 及 $T=(U, F)$。

(2) 如果 G 中已没有连接 U 中的一个顶点 x 和非 U 中的一个顶点 y 的边，则算法停止。否则，确定一条边 $\alpha=\{x, y\}$，其中 x 属于 U，而 y 不属于 U，使得 x 具有最小的广度优先数 $bf(x)$，并执行：

（ⅰ）令 $bf(y)=i+1$。
（ⅱ）令 $D(y)=D(x)+1$。
（ⅲ）将顶点 y 放入 U。
（ⅳ）将边 $\alpha=\{x, y\}$ 放入 F。
（ⅴ）令 $T=(U, F)$。
（ⅵ）把 i 增加 1 并返回到 (2)。

定理 11.7.2 设 $G=(V, E)$ 是图，u 是 G 的任意顶点，则 G 是连通的当且仅当通过执行上述 BF 算法构造出的图 $T=(U, F)$ 是 G 的一棵生成树。如果 G 是连通的，则对 G 的每一个顶点 y，u 和 y 之间的距离 $D(y)$ 与在 T 中 u 和 y 之间的距离相等。

证明 BF 算法只是构造生成树一般算法的一种特殊执行方式，因此，根据定理 11.7.1，G 是连通的当且仅当最终的图 $T=(U, F)$ 是一棵生成树。

现在假设 G 是连通的，则在算法结束时，$T=(U, F)$ 是 G 的一棵生成树。在算法中我们应该明确：$D(y)$ 等于树 T 中 u 和 y 之间的距离，在平凡情况下，$D(u)=0$ 代表在 G 中 u 到自身的距离。假如存在某个顶点 y，使得 $D(y)=l$ 大于在 G 中 u 和 y 之间的距离 k。那么我们可以假设 k 是具有这种性质的最小的数，于是，G 中存在一个连接 u 和 y 的路径

$$\gamma: u = x_0 - x_1 - \cdots - x_{k-1} - x_k = y$$

其长度 k 满足

$$k < l = D(y)$$

因为 u 与 γ 中的顶点 x_{k-1} 之间的距离最多是 $k-1$，因此，根据 k 的最小性，有 $D(x_{k-1}) \leqslant k-1$。又因为 $y=x_k$ 与 x_{k-1} 邻接，根据 BF 算法，应令 $D(y)=k$，除非 $D(y)$ 已被指定了一个更小的数，所以 $D(y) \leqslant k < l$，矛盾。因此，函数 D 给出了 G 中（以及 T 中）u 到每个顶点的距离。 □

例子 完全图 K_n 的每一棵 BFS 树是一个星 $K_{1,n-1}$。在图 11-32 中，左边那个长度为 6 的圈的一棵 BFS 树是右边那个树。图 11-33 给出了以三维立方图（回忆 11.4 节：该图的顶点是由 0 和 1 所构成的三元组，且两个顶点邻接，当且仅当它们恰有一个坐标不同）的顶点和边构成的图

$\ominus$ $D(x)$ 取决于根 u 的选择，除此之外它仅取决于 G，而与以 u 为根的特定 BFS 树无关。$bf(x)$ 则与 BFS 树有关。

Q_3 的一棵 BFS 树。在两种情形下，广度优先数都标在了树中顶点的旁边，这些距离 $D(x)$ 也很容易确定。 □ |440|

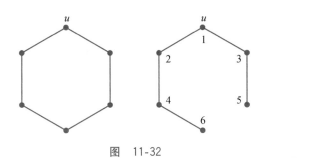

图 11-32

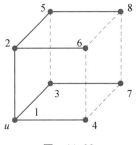

图 11-33

连通图 G 的以 u 为根的广度优先生成树是一棵尽可能"宽广"的生成树，即每个顶点在 G 允许的条件下尽量离根最近。求 BFS 树的算法可以看作是一种不重复地搜索（或列举）G 的所有顶点的系统方法。根据这种算法，人们首先访问离根最近的顶点（广度优先于深度）。下面给出构造生成树算法的另一种执行方式：产生一棵尽可能深的生成树。由这种算法产生的生成树叫作以 u 为根的深度优先生成树，简记为 DFS 树，在这种情况下，深度优先于广度。在该算法中，我们对每个顶点 x 附加一个值，称为它的深度优先数，并记为 $df(x)$。深度优先算法也叫作回溯算法，在回溯算法中，我们尽可能朝着向前的方向走；当不能再向前走时，后退到第一个可以向前走的顶点。

DF 算法：构造以 u 为根的 DFS 树

设 $G=(V, E)$ 是 n 阶图，u 是它的任意一个顶点。

(1) 令 $i=1$，$U=\{u\}$，$df(u)=1$，$F=\varnothing$ 及 $T=(U, F)$。

(2) 如果 G 中已没有连接 U 中的一个顶点 x 和非 U 中的一个顶点 y 的边，则算法停止。否则，确定一条边 $\alpha=\{x, y\}$，其中 x 属于 U，而 y 不属于 U，使得 x 具有最大的深度优先数 $df(x)$，并执行下面操作：

  （i）令 $df(y)=i+1$。

  （ii）将顶点 y 放入 U。

  （iii）将边 $\alpha=\{x, y\}$ 放入 F。

  （iv）令 $T=(U, F)$。

  （v）i 增加 1 并返回到（2）。

定理 11.7.3 设 $G=(V, E)$ 是图，u 是 G 的任一顶点，则 G 是连通的，当且仅当通过上述 DF 算法构造的图 $T=(U, F)$ 是 G 的一棵生成树。 |441|

证明 DF 算法只是构造生成树一般算法中的一种特殊执行方式，因此，根据定理 11.7.1，G 是连通的当且仅当最终的图 $T=(U, F)$ 是一棵生成树。 □

例子 完全图 K_n 的每一个 DFS 树是一个路径。任何长度的圈的 DFS 树也是一个路径。图 11-34 给出了以三维立方图的顶点和边构成的图 Q_3 的一棵 DFS 树。在每种情形下，深度优先数都标在了树中顶点的旁边。 □

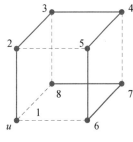

图 11-34

例子 如果 G 是树，则 G 的每一棵 BFS 树和 DFS 树都是它本身，其顶点的次序是它们被访问的次序。在这种情况下，人们通常把它们分别说成是对 G 的广度优先搜索和深度优先搜索。树 G 可以代表计算机文件中的一种数据结构，在这种结构中，信息存放在相应于 G 中顶点的位置上。为了找到一条特定的信息，人们需要"搜索"树的每一个顶点，直到找到所需的信息为止。无论是广度优先搜索还是深度优先搜索，都提供了搜索每个顶点至多一次的算法。如果我们把一棵树看成是连接各个城市的公路系统，那么，G 的深度优先搜索可以想象成沿着 G 的边行走，其间每个顶点至少被访问一次[⊖]。我们从根 u 出发，尽可能向前走，然后沿线返回，直到发现可以继续再向前走的顶点。图 11-35 给出了这样一条途径，在那里，我们已经返回到根 u（所以该途径是一条闭途径，我们经过每条边恰好两次）。

□

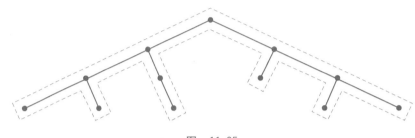

图 11-35

根据定理 11.7.2，由广度优先算法从某个顶点 u 开始算起的值 $D(x)$ 等于连通图中从 u 到 x 的距离。但是，在模拟各种实际情况的图中，某些边要比其他边更"昂贵"。一条边可能代表连接两个城市之间的一条路，如果这个图需要提供准确的模型，则两个城市之间的实际距离就要考虑在内。一条边也可能代表两个城市之间一条正在筹划的新路，那么修建这条路的费用就必须考虑在内。这两种情形促使我们考虑这样一些图：每一条边上都附加一个权[⊜]。

设 $G=(V, E)$ 是图，对其每条边 $\alpha=\{x, y\}$，存在一个与其相关的非负的数 $c(\alpha)=c\{x, y\}$，称其为该边的权，我们称带有权函数 c 的图 G 为带权图（weighted graph）。G 中一个途径

$$\gamma: \{x_0, x_1\}, \{x_1, x_2\}, \cdots, \{x_{k-1}, x_k\}$$

的权定义为

$$c(\gamma) = c\{x_0, x_1\} + c\{x_1, x_2\} + \cdots + c\{x_{k-1}, x_k\}$$

即 γ 中的各边权之和。G 中一对顶点 x 和 y 之间的带权距离（weighted distance）$d_c(x, y)$ 是所有连接 x 和 y 的途径的权中的最小值。如果 x 和 y 之间没有途径，则规定 $d_c(x, y)=\infty$。对每个顶点 x，我们也规定 $d_c(x, x)=0$。因为所有的权都是非负的，所以，如果 $d_c(x, y)\neq\infty$，则必存在一个连接不同顶点对 x 和 y 的权为 $d_c(x, y)$ 的路径。我们下面来说明如何从连通图 G 中的一个顶点 u 开始，对每个顶点 x 计算 $d_c(u, x)$，以及如何构造一棵以 u 为根的生成树，使得 u 与每个顶点 x 之间的带权距离等于 $d_c(u, x)$。我们称这样的一棵生成树为 u 的距离树。下面给出的算法通常叫作 Dijkstra 算法[⊜]，可以认为这个算法是 BF 算法的带权化。

求 u 的距离树的算法

设 $G=(V, E)$ 是 n 阶带权图，u 是它的任意一个顶点。

(1) 令 $U=\{u\}$，$D(u)=0$，$F=\varnothing$ 及 $T=(U, F)$。

(2) 如果 G 中已没有连接 U 中的一个顶点 x 和非 U 中的一个顶点 y 的边，则算法停止。否

⊖ 但我们对每个顶点的搜索只发生在第一次访问它的时候。

⊜ 权的物理意义与我们所解决的数学问题没有关系。但是，权拥有的物理意义往往会导致所获数学结果的重要应用。

⊜ E. W. Dijkstra，A Note on Two Problems in Connection with Graphs，*Numerische Math.*，1（1959），285-292。

则，确定一条边 $\alpha = \{x, y\}$，其中 x 属于 U，而 y 不属于 U，使得 $D(x) + c\{x, y\}$ 尽可能小，并执行下面操作：

（ⅰ）将顶点 y 放入 U。

（ⅱ）将边 $\alpha = \{x, y\}$ 放入 F。

（ⅲ）令 $D(y) = D(x) + c\{x, y\}$，并返回到（2）。

定理 11.7.4 设 $G = (V, E)$ 是一个带权图，u 是 G 的任一顶点，则 G 是连通的当且仅当通过上述算法构造出的图 $T = (U, F)$ 是 G 的一棵生成树。如果 G 是连通的，则对 G 的每一个顶点 y，u 和 y 之间的带权距离等于 $D(y)$，它等于带权树 T 中 u 和 y 之间的带权距离。

证明 求距离树的算法只是构造生成树一般算法中的一种特殊执行方式，因此，根据定理 11.7.1，G 是连通的当且仅当最终的图 $T = (U, F)$ 是一棵生成树，即当且仅当 U 的最终结果是 V。

现在，假设 G 是连通的，所以在算法结束时，$U = V$，且 $T = (U, F)$ 是 G 的一棵生成树。根据算法，$D(y)$ 等于在树 T 中 u 和 y 之间的距离。平凡情况下，$D(u) = 0$ 表示 G 中 u 到自身的距离。假设结论不成立，即存在某个顶点 y，$D(y)$ 大于 G 中 u 和 y 之间的距离 d。这时，我们可以假设 y 是第一个被放入 U 中的具有这种性质的顶点。于是，G 中存在一条连接 u 和 y 的路径

$$\gamma : u = x_0 - x_1 - \cdots - x_k = y$$

它的权为 $d < D(y)$。设 x_j 是在 y 之前放入 U 中的 γ 的最后一个顶点（因为 u 是第一个放入 U 中的顶点，所以存在这样的 x_j），则根据我们对 y 的选择，$D(x_j)$ 等于 G 中从 u 到 x_j 的带权距离。所以 γ 的子路径

$$\gamma' : u = x_0 - x_1 - \cdots - x_j - x_{j+1}$$

的权满足

$$D(x_j) + c\{x_j, x_{j+1}\} \leqslant d < D(y)$$

因此，根据算法，x_{j+1} 是在 y 之前放入 U 中的，这与我们对 x_j 的选择矛盾，这个矛盾意味着对所有顶点 y，$D(y)$ 是 u 和 y 之间的带权距离。□ 444

例子 设 G 是图 11-36 中所示的带权图，其中，每条边旁边的数值代表它的权，如果我们执行算法求 $u = a$ 的一棵距离树，则得到的树如图 11-37 所示，所选顶点和边的顺序分别为：

顶点：a, b, d, c, e, f

边：$\{a, b\}, \{b, d\}, \{a, c\}, \{d, e\}, \{c, f\}$ □

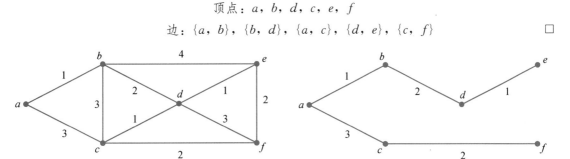

图 11-36   图 11-37

最后，我们讨论另外一个实际问题，即最小连接问题（minimum connector problem），并以此结束本节内容。下面的例子说明这个问题的实用性。

例子 有 n 个城市 $A_1, A_2, \cdots, A_n$，我们要在这些城市之间修建一些公路，使得每一个城市都能从其他城市到达。在 A_i 和 A_j 之间修建一条直达公路的费用预计为 $c\{A_i, A_j\}$，为使总修

建费用最少，确定应在哪些城市之间修建直达公路。

因为我们要使总修建费用最少，所以这个问题的解对应于这样的一棵树[一]：其顶点是 A_1，A_2，$\cdots$，A_n，两个顶点 A_i 和 A_j 之间有边当且仅当要在 A_i 和 A_j 之间修建一条直达公路。事实上，在该问题中，如果考虑有 n 个顶点 A_1，A_2，$\cdots$，A_n 的完全图 K_n，以修建费用给它的边赋权，那么，我们是要寻找一个边的权之和尽可能小的生成树。后面我们将给出两个用来求解带权连通图的"最小权生成树问题"的算法。   □

设 $G=(V，E)$ 是带权连通图，其权函数为 c。我们定义 G 的子图 H 的权为 H 的边的权之和：

$$c(H) = \sum_{\{\alpha \text{是} H \text{的边}\}} c(\alpha)$$

在 G 的所有生成树中，权最小的生成树叫作 G 的最小权生成树。如果 G 的所有边的权都相同，则 G 的每一棵生成树都是最小权生成树。对任意给定的连通图，通过适当地指定它的边的权，我们可以使它的任意一棵生成树成为唯一的一棵最小权生成树。现在，我们给出 Kruskal 算法[二]，这个算法称为贪心算法，因为在算法中的每一阶段，我们总是选择一条符合算法要求的权最小的边，使得当算法结束时，所选的这些边就是一棵生成树的全部边。这里，符合算法要求是指我们从不去选择构成圈的边。

求最小权生成树的贪心算法

设 $G=(V，E)$ 是带权连通图，其权函数为 c。

(1) 令 $F=\varnothing$。

(2) 当存在一条不属于 F 的边 α，使得 $F \cup \{\alpha\}$ 中不含 G 中的圈时，确定这样的一个权最小的边 α，并将它放入 F 中。

(3) 令 $T=(V，F)$。

定理 11.7.5 设 $G=(V，E)$ 是一棵带权连通图，其权函数为 c。上述贪心算法构造 G 的一棵最小权生成树 $T=(V，F)$。

证明 在贪心算法中，我们从 $n=|V|$ 个顶点、没有边（初始时 $F=\varnothing$）开始，即从一个有 n 个连通分量的生成图 $(V，F)$ 开始。选择一条不产生圈的边 α，意味着 α 连接 $(V，F)$ 中不同分量中的顶点，所以，将 α 放入 F 中，就使 $(V，F)$ 连通分量的数目减少 1。当算法结束时，F 中有 $n-1$ 条边，因此，$T=(V，F)$ 是一棵生成树。我们下面证明 T 是一棵最小权生成树。

设 F 中 $n-1$ 条边是 α_1，α_2，$\cdots$，α_{n-1}，并以这样的顺序放入 F 中。令 $T^* = (V，F^*)$ 是一个与 T 有着最多公共边的最小权生成树。因此，不存在这样的最小权生成树，它与 F 的公共边多于 F^* 与 F 的公共边，如果我们能证明 $F^* = F$，则 F 就是一棵最小权生成树。假如不然，即 $F^* \neq F$，设 α_k 是 F 中第一个不是 F^* 中的边，则边 α_1，α_2，$\cdots$，α_{k-1} 均属于 F^*，由定理 11.5.8，T^* 中存在一条边 β，使得加入边 α_k 并去掉边 β 后，所得的图 T^{**} 是 G 的一个生成树。β 是通过向 T^* 中加入边 α_k 后所产生的圈中的一条边；因为 T 是树，该圈中至少有一条边不属于 T，因此我们选择这样的一条边 β。对此，有

$$c(T^{**}) = c(T^*) - c(\beta) + c(\alpha_k) \tag{11.6}$$

因为 T^* 是一棵最小权生成树，所以有

$$c(\alpha_k) \geqslant c(\beta) \tag{11.7}$$

[一] 如果没有树，我们可以在不破坏连通性的前提下，删去一条或多条公路，以降低费用。

[二] J. B. Kruskal, Jr., On the Shortest Spanning Subtree of a Graph and the Traveling Salesman *Problem*, *Proc. Amer. Math. Soc.*, 7 (1956)，48-50。

又因为 $L=\{\alpha_1,\ \alpha_2,\ \cdots,\ \alpha_{k-1},\ \beta\}$ 是 T^* 中边的子集，所以不可能存在一个圈，使其所有的边均在 L 中，因此，用贪心算法确定要向 F 中加入第 k 条边时，β 是一个合理的选择。因此，由式 (11.7) 有

$$c(\alpha_k) = c(\beta)$$

再由定理 11.7.5，T^{**} 也是一棵最小权生成树。因为 T^{**} 与 T 的公共边数比 T^* 与 T 的公共边数多 1[⊖]，这与我们对 T^* 的选择矛盾，因此定理得证。 □

例子 设 G 是 7 阶带权图，如图 11-38 所示，其中边旁边的值是边的权。在应用贪心算法确定 G 的一个最小权生成树时，我们对下一条边经常有多种选择方法，下面就是应用贪心算法时对图 11-38 中带权图的边的一种选择方法，其边的顺序为

$$\{a,b\},\{c,d\},\{e,f\},\{d,g\},\{e,g\},\{a,g\}$$

所得生成树 T 的权为

$$C(T) = 1+1+2+3+4+4 = 15$$

注意，用该算法构造树 T 的方法与以前所用的方法是不同的。

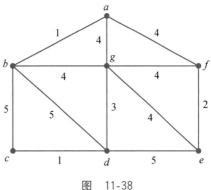

图 11-38

□ 447

执行贪心算法的最好方法是：按从权最小到最大的次序排列边，并反复选择不产生圈的第一条边[⊜]。贪心算法的一个缺陷是：当一个新边产生圈时，你必须能够识别出来，从而不选择它。Prim[⊜]通过展示一棵最小权生成树的生长过程，对贪心算法进行了修改，这样该算法就不必涉及圈的问题。

求最小权生成树的 Prim 算法

设 $G=(V,\ E)$ 是带权连通图，其权函数为 c，并设 u 是 G 的任意一个顶点。

(1) 令 $i=1$，$U_1=\{u\}$，$F_1=\varnothing$ 及 $T_1=(U_1,\ F_1)$。

(2) 对于 $i=1,\ 2,\ \cdots,\ n-1$，执行下列操作：

（i）确定一条有最小权的边 $\alpha_i=\{x,\ y\}$，使得 x 在 U_i 中，而 y 不在 U_i 中。

（ii）令 $U_{i+1}=U_i\bigcup\{y\}$，$F_{i+1}=F_i\bigcup\{\alpha_{i+1}\}$ 及 $T_{i+1}=(U_{i+1},\ F_{i+1})$。

（iii）i 的值增到 $i+1$。

(3) 输出 $T_{n-1}=(U_{n-1},\ F_{n-1})$（这里 $U_{n-1}=V$）。

定理 11.7.6 设 $G=(V,\ E)$ 是带权图，其权函数为 c，则 Prim 算法构造 G 的一个最小权生成树 $T=(V,\ F)$。

448

证明 该定理的证明方法类似于定理 11.7.5，我们在证明中也使用相同的记号，并且也只进行简单的证明。在算法的每一个阶段结束时，得到一个 G 的顶点子集上的树。定理断言：在算法结束时，$T=T_{n-1}=(V,\ F_{n-1})$ 是一棵最小权生成树。在 G 的所有最小权生成树中，设 $T^*=(V,\ F^*)$ 是其中的一个，使得 k 是边 $\alpha_1,\ \alpha_2,\ \cdots,\ \alpha_{k-1}$ 属于 T^* 的最大数。假设 $k\ne n$，即 $T^*\ne T$，则 α_k 不在 F^* 中，这时 α_k 连接 U_k 中的一个顶点和它的补集 $\overline{U_k}$ 中的一个顶点。因为 T^* 是生成树，所以 T^* 中存在一条边 β，它连接 U_k 中的一个顶点和 $\overline{U_k}$ 中的一个顶点，使得通过向

⊖ 边 α_k。

⊜ 这就是这个算法的贪心特性。

⊜ R. C. Prim，Shortest Connection Networks and Some Generalizations，*Bell Systems Tech. J.*，36 (1957)，1389-1401。

T^* 中加入边 α_k 并去掉边 β 后，得到一棵生成树 T^{**}，我们有 $c(\beta) \leqslant c(\alpha_k)$。又因为在所有连接 U_k 的顶点和 $\overline{U_k}$ 的顶点的边中，α_k 具有最小权，由此得 $c(\beta) = c(\alpha_k)$，且 T^{**} 是一个最小权生成树，它与 T 又多了 1 条公共边。 □

例子　在图 11-38 中，我们对带权图 G 应用 Prim 算法，初始顶点为 a。该算法的一种执行方式所产生的边（以它们被选择的次序）是：

$$\{a,b\}, \{a,f\}, \{f,e\}, \{e,g\}, \{g,d\}, \{d,c\}$$

这是一棵权为 15 的生成树。与贪心算法相比，Prim 算法的优越性在于：在每一步，我们只需确定一条连接已经到达的顶点和还没有到达的顶点的权最小的边。相比之下，该算法自动避免了圈的产生，而贪心算法则必须明确地加以避免。 □

11.8 练习题

1. 有多少个非同构的 1 阶图？2 阶图？3 阶图？解释为什么上述问题的答案对一般图而言都是 ∞。

2. 确定 4 阶图中所有 11 个非同构的图，并对其中的每一个给出平面图形表示。

3. 是否存在度序列为 $(4, 4, 3, 2, 2)$ 的 5 阶图？

4. 是否存在度序列为 $(4, 4, 4, 2, 2)$ 的 5 阶图？如果是多重图呢？

5. 利用鸽巢原理证明：$n \geqslant 2$ 阶图中总有两个度数相同的顶点。对多重图而言结论是否成立？

449 6. 设 $(d_1, d_2, \cdots, d_n)$ 是 n 个非负偶数组成的序列，证明：存在以上述序列为度序列的一般图。

7. 设 $(d_1, d_2, \cdots, d_n)$ 是 n 个非负整数组成的序列，其和 $d_1 + d_2 + \cdots + d_n$ 是偶数，证明：存在以上述序列为度序列的一般图。设计一个构造这样的一般图的算法。

8. 设 G 是图，其度序列为 $(d_1, d_2, \cdots, d_n)$，证明：对每个 k $(0 < k < n)$，有：

$$\sum_{i=1}^{k} d_i \leqslant k(k-1) + \sum_{i=k+1}^{n} \min\{k, d_i\}$$

9. 画一个连通图，使其度序列为：

$$(5, 4, 3, 3, 3, 3, 3, 2, 2)$$

10. 证明：任意两个有度序列 $(2, 2, \cdots, 2)$ 的 n 阶连通图同构。

11. 在图 11-39 中，确定哪对一般图是同构的，如果同构，找出它们之间的一个同构。

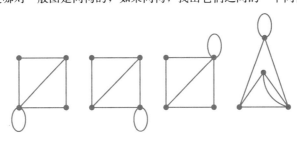

图　11-39

12. 在图 11-40 中，确定哪对多重图是同构的，如果同构，找出它们之间的一个同构。

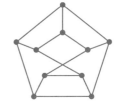

图　11-40

13. 证明：在一般图中，如果有一条途径连接两个顶点，则必有一条路径连接它们。 $\boxed{450}$

14. 设 x 和 y 是一般图中的两个顶点，假设有一条闭途径包含 x 和 y，是否必有一条闭迹包含 x 和 y？

15. 设 x 和 y 是一般图中的两个顶点，假设有一条闭迹包含 x 和 y，是否必有一个圈包含 x 和 y？

16. 设 G 是 6 阶连通图，其度序列为 (2, 2, 2, 2, 2, 2)。
    (a) 确定 G 的所有非同构的导出子图。
    (b) 确定 G 的所有非同构的生成子图。
    (c) 确定 G 的所有非同构的 6 阶子图。

17. 首先，证明度序列是 (4, 4, 4) 的任意两个 3 阶多重图 G 是同构的，然后
    (a) 确定 G 的所有非同构的导出子图。
    (b) 确定 G 的所有非同构的生成子图。
    (c) 确定 G 的所有非同构的 3 阶子图。

18. 设 γ 是一般图中连接顶点 x 和 y 的迹。证明 γ 的边可以被划分，使得这个划分的一部分确定一个连接 x 和 y 的路径，另外一部分确定若干个圈。

19. 设 G 是一般图，G' 是通过从 G 中去掉所有环而且对于重数大于 1 的每一条边只保留其中一条边而删除其他边后得到的图，证明 G 是连通的当且仅当 G' 是连通的。再证明 G 是平面图当且仅当 G' 是平面图。

20. 证明：至少有 $\frac{(n-1)(n-2)}{2}+1$ 条边的 n 阶图是连通的，给出一个减少一条边后的 n 阶非连通图的例子。

21. 设 G 是恰好有两个奇度顶点 x 和 y 的一般图，G^* 是通过向 G 中加入一条连接 x 和 y 的新边 $\{x, y\}$ 后得到的图，证明：G 是连通的当且仅当 G^* 是连通的。

22. (本题及下面两个题给出定理 11.1.3 的证明) 设 $G=(V, E)$ 是一般图。如果 x 和 y 都在 V 中，则用 $x \sim y$ 来表示：要么 $x=y$，要么 x 和 y 之间有一条途径。证明对所有顶点 x, y 和 z，有
    (a) $x \sim x$。 $\boxed{451}$
    (b) $x \sim y$，当且仅当 $y \sim x$。
    (c) 如果 $x \sim y$ 且 $y \sim z$，则 $x \sim z$。

23. (续 22 题) 对每个顶点 x，令
    $$C(x) = \{z : x \sim z\}$$
    证明：
    （ⅰ）对所有顶点 x 和 y，要么 $C(x)=C(y)$，要么 $C(x) \bigcap C(y)=\varnothing$，换句话说，集合 $C(x)$ 和 $C(y)$ 不相交，除非它们相等。
    （ⅱ）如果 $C(x) \bigcap C(y)=\varnothing$，则不存在连接 $C(x)$ 中的顶点和 $C(y)$ 中的顶点的边。

24. (续 23 题) 设 V_1, V_2, $\cdots$, V_k 是出现在各 $C(x)$ 的不同集合，证明：
    （ⅰ）V_1, V_2, $\cdots$, V_k 构成 G 的顶点集 V 的一个划分。
    （ⅱ）由 V_1, V_2, $\cdots$, V_k 分别导出的 G 的一般子图 $G_1=(V_1, E_1)$, $G_2=(V_2, E_2)$, $\cdots$, $G_k=(V_k, E_k)$ 是连通的。
    导出子图 G_1, G_2, $\cdots$, G_k 是 G 的连通分量。

25. 证明定理 11.1.4。

26. 确定图 11-39 中第一个和第二个一般图的邻接矩阵。

27. 确定图 11-40 中第一个和第二个图的邻接矩阵。

28. 设 A 和 B 是两个 $n \times n$ 矩阵，它们的通项分别用 a_{ij} 和 b_{ij} （$1 \leqslant i, j \leqslant n$）表示。定义乘积 $A \times B$ 为矩阵 C，其第 i 行第 j 列的项 c_{ij} 由下式给出：
    $$c_{ij} = \sum_{p=1}^{n} a_{ip} b_{pj} \quad (1 \leqslant i, j \leqslant n)$$
    如果 k 是一个正整数，定义
    $$A^k = A \times A \times \cdots \times A \quad (k \text{ 个 } A)$$
    现在设 A 表示顶点为 a_1, a_2, $\cdots$, a_n 的 n 阶一般图的邻接矩阵，证明：A^k 的第 i 行第 j 列上的项等于

452 G 中连接顶点 a_i 和 a_j 的长度为 k 的途径数。

29. 确定图 11-41 中的多重图是否具有欧拉迹（闭的或开的）。如果有，利用我们的算法构造之。

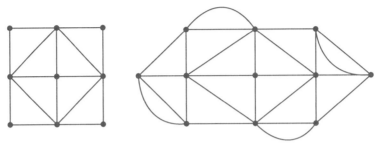

图 11-41

30. 什么样的完全图 K_n 具有欧拉闭迹？欧拉开迹？

31. 证明定理 11.2.4。

32. GraphBuster（小鬼图）的边最少可以划分成多少个开迹？

33. 说明怎样才能在笔移开纸张的次数最少的前提下画出图 11-15、图 11-16 和图 11-17 中的平面图形。

34. 确定有一条欧拉闭迹且阶不超过 6 的所有非同构图。

35. 说明怎样才能在笔移开纸张的次数最少的前提下画出图 11-18 所示的正十二面体的图形。

36. 设 G 是连通图，γ 是包含 G 的每条边至少一次的闭途径，G^* 是通过让 G 的每条边的重数从 1 增加到该 边在 γ 中出现的次数后得到的图。证明：γ 在 G^* 中是一条欧拉闭迹。反之，假设我们增加 G 中某些边 的重数，得到一个顶点度数均为偶数的 m 条边的多重图。证明：G 中存在一条长度为 m 的闭途径，该 途径中包含 G 的每条边至少一次。本练习题说明：关于 G 的中国邮递员问题等价于确定满足下面条件 的 G 中的某些边重复的最小数目，即 G 中的某些边就是为了得到一个所有顶点的度数都是偶数的多重 图而要向 G 中插入的那些边。

37. 对完全图 K_6 求解中国邮递员问题。

453 38. 对从 K_6 中去掉任意一条边后得到的图求解中国邮递员问题。

39. 如果一个图中每个顶点的度数均为 3，则称该图为一个立方图，完全图 K_4 是最小的立方图实例，找出 一个连通的立方图实例，其中不存在哈密顿路径。

* 40. 设 G 是至少有

$$\frac{(n-1)(n-2)}{2}+2$$

条边的 n 阶图，证明 G 中存在哈密顿圈。给出一个边数少 1 且不含哈密顿圈的 n 阶图。

41. 设 $n \geqslant 3$ 是整数。设 G_n 是这样的图：其顶点是 $\{1, 2, \cdots, n\}$ 的 $n!$ 个排列，其中，两个排列之间有 一条边连接当且仅当一个排列可以通过另一个排列交换两个数的位置（任意一种交换）而得到。根据 4.1 节的结果，推断 G_n 中存在哈密顿圈。

42. 证明定理 11.3.4。

43. 设计一个类似于求哈密顿圈的算法：在满足定理 11.3.4 所给条件的图中构造一个哈密顿路径。

44. 哪些完全二分图 $K_{m,n}$ 中存在哈密顿圈？哪些存在哈密顿路径？

45. 证明：多重图是二分的当且仅当它的每一个连通分量都是二分的。

46. 证明：$K_{m,n}$ 和 $K_{n,m}$ 同构。

47. 证明：有奇数个顶点的二分多重图中不存在哈密顿圈。

48. GraphBuster 图是二分图吗？如果是，找出其顶点的一个二分划。去掉环后又如何呢？

49. 设 $V = \{1, 2, \cdots, 20\}$ 是前 20 个正整数的集合，考虑顶点集为 V、边集如下定义的图，对于每一个 图，考察：（ⅰ）是否连通（如果不连通，求其连通分量），（ⅱ）是否是二分的，（ⅲ）是否存在欧拉 迹，（ⅳ）是否存在哈密顿路径。

(a) $\{a, b\}$ 是边，当且仅当 $a+b$ 是偶数。

(b) $\{a, b\}$ 是边，当且仅当 $a+b$ 是奇数。

454

(c) $\{a, b\}$ 是边，当且仅当 $a\times b$ 是偶数。

(d) $\{a, b\}$ 是边，当且仅当 $a\times b$ 是奇数。

(e) $\{a, b\}$ 是边，当且仅当 $a\times b$ 是一个完全平方数。

(f) $\{a, b\}$ 是边，当且仅当 $a-b$ 能被 3 整除。

50. 从 K_5 中最少去掉几条边就可以使剩下的图是二分图？

51. 对于下面棋盘，求一个跳马路线：

(a) 5×5。

(b) 6×6。

(c) 7×7。

*52. 证明：4×4 棋盘不存在跳马路线。

53. 证明：一个图是树，当且仅当这个图中不包含任何圈，且当加入任意一条新边时，恰好产生一个圈。

54. 什么样的树中存在欧拉路径？

55. 什么样的树中存在哈密顿路径？

56. 构造所有非同构的 7 阶树。

57. 设 $(d_1, d_2, \cdots, d_n)$ 是整数的序列。

(a) 证明：存在以此为度序列的 n 阶树当且仅当 $d_1, d_2, \cdots, d_n$ 是正整数，且和 $d_1+d_2+\cdots+d_n=2(n-1)$。

(b) 写出一个算法，起始于正整数的序列 $(d_1, d_2, \cdots, d_n)$，构造一个以该序列为度序列的树，或给出不可能实现的结论。

58. 森林是一个图，其所有连通分量都是树。特别地，树是森林。证明：一个图是森林当且仅当它不包含任何圈。

59. 证明：从一棵树中去掉一条边，得到一个有两棵树的森林。

60. 设 G 是有 k 棵树的森林，最少需要向 G 中加入多少条边，才能得到一棵树？

61. 求 GraphBuster 图的一棵生成树。

62. 证明：如果树中有一个顶点的度数是 p，则它至少有 p 个悬挂顶点。

455

63. 求图 11-15、图 11-16 和图 11-17 的生成树。

64. 对任意整数 $n\geqslant 3$ 和任意整数 k $(2\leqslant k\leqslant n-1)$，构造一个恰有 k 棵悬挂顶点的 n 阶树。

65. 利用 11.5 节中求生成树的算法，构造一个十二面体图的生成树。

66. 有 n 条边的 n 阶连通图中有多少个圈？

67. 设 G 是 n 阶图，它不一定是连通的。森林的定义见练习题 58。G 的生成森林是一个森林，它是由 G 的每一个连通分量的一个生成树构成的。修改 11.5 节所给的求生成树的算法，使其能构造 G 的一个生成森林。

68. 确定在图 11-42 上进行的 Shannon 开关游戏是正方游戏、反方游戏还是先方游戏。

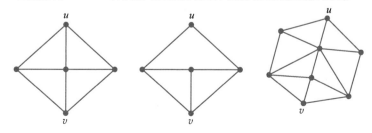

图 11-42

69. 设 G 是连通多重图。G 的一个边割集是边的集合 F，去掉这些边时会使 G 变成非连通图。边割集 F 是极小边割集，如果除了 F 本身外，F 的子集都不是边割集。证明：桥总是一个极小边割集，并推断：树仅有的极小边割集是由一条边所构成的集合。

70. 设 G 是有一个 k 度顶点的连通多重图，证明：G 有极小边割集 F，其中 $|F| \leqslant k$。

71. 设 F 是连通多重图 $G = (V, E)$ 的一个极小边割集，证明：存在 V 的子集 U，使得 F 恰好是这样一些边的集合：这些边连接 U 中的顶点和 U 的补集 $\bar{U}$ 中的顶点。

72. 456 （续 71 题）证明：连通多重图的生成树包含每个边割集中至少一条边。

73. 利用 11.7 节中构造生成树的算法，构造 GraphBuster 图的一棵生成树（注意：GraphBuster 是一般图，它有环和重数大于 1 的边，环可以忽略，重边只计一条）。

74. 利用构造生成树的算法，构造正十二面体图的一棵生成树。

75. 应用 11.7 节中的 BF 算法，求下列图的 BFS 树：
    (a) 正十二面体图（根任意）。
    (b) GraphBuster 图（根任意）。
    (c) 边排成一个圈的 n 阶图（根任意）。
    (d) 完全图 K_n（根任意）。
    (e) 完全二分图 $K_{m,n}$（一个以左顶点为根，另一个以右顶点为根）。
    在上述各题中，求广度优先数及每一个顶点到所选根的距离。

76. 应用 11.7 节中的 DF 算法求练习题 75 中 (a)、(b)、(c)、(d) 和 (e) 的 DFS 树，并求上述各题的深度优先数。

77. 设 G 是简单图，图中有一个连接顶点 u 和 v 的哈密顿路径，该哈密顿路径是关于 G 以 u 为根的 DFS 树吗？是否可能有其他 DFS 树？

78. 457 （关于树的中国邮递员问题的解）设 G 是 n 阶树，证明：包含 G 的每条边至少一次的最短途径的长度是 $2(n-1)$，说明用深度优先算法如何找到一个长度为 $2(n-1)$ 的途径，该途径包含每条边恰好两次。

79. 在图 11-43 所示的带权图中，利用 Dijkstra 算法构造一个关于 u 的距离树，指定的顶点 u 如图所示。

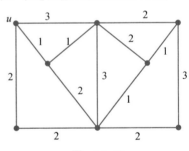

图 11-43

80. 考虑完全图 K_n，其顶点标号分别为 $1, 2, \cdots, n$，其中，对所有的 $i \neq j$，连接两顶点 i 和 j 的边的权为 $c\{i, j\} = i + j$。对下面各阶完全图，利用 Dijkstra 算法构造以 $u = 1$ 为根的距离树：
    (a) K_4。
    (b) K_6。
    (c) K_8。

81. 考虑完全图 K_n，其顶点标号分别为 $1, 2, \cdots, n$，其中，对所有的 $i \neq j$，权函数 $c\{i, j\} = |i - j|$。对下面各阶完全图，利用 Dijkstra 算法构造以 $u = 1$ 为根的距离树：
    (a) K_4。
    (b) K_6。
    (c) K_8。

82. 考虑完全图 K_n，其边的权与练习题 80 相同。对下面各阶完全图，应用贪心算法求最小权生成树：
    (a) K_4。
    (b) K_6。
    (c) K_8。

83. 考虑完全图 K_n，其边的权与练习题 81 相同。对下面各阶完全图，应用贪心算法求其最小权生成树：
    (a) K_4。
    (b) K_6。
    (c) K_8。

84. 与练习题 82 相同，将贪心算法改为 Prim 算法。

85. 与练习题 83 相同，将贪心算法改为 Prim 算法。

86. 设 G 是带权连通图，其所有边的权均不相同，证明：图中只存在一棵最小权生成树。

87. 定义一棵毛虫树（caterpillar）为有一条路径 γ 的树 T，使得 T 的每一条边或者是 γ 的一条边或者有一个顶点在 γ 上。

（a）证明所有有 6 个或更少顶点的树都是毛虫树。

（b）设 T_7 是有 7 个顶点和 3 条长度为 2 且相交于中心顶点 c 的路径的树。证明 T_7 是 7 个顶点的树中唯一一棵不是毛虫树的树。

（c）证明一棵树是毛虫树当且仅当它不以 T_7 为生成子树。

458

88. 设 d_1，d_2，$\cdots$，d_n 是正整数。证明存在以（d_1，d_2，$\cdots$，d_n）为度序列的毛虫树当且仅当 $d_1 + d_2 + \cdots + d_n = 2(n-1)$。与练习题 57 进行比较。

89. 顶点集合是 V 且有 m 条边的图 G 的优美标号（graceful labeling）是一个单射函数 $g: V \rightarrow \{0, 1, 2, \cdots, m\}$，使得与 G 的 m 条边 $\{x, y\}$ 对应的标号 $|g(x) - g(y)|$ 是某一顺序之下的 1，2，$\cdots$，m。Kotzig 和 Ringel（1964）推测每一棵树都有优美标号。求上一个练习题中的 T_7 的一个优美标号，以及任意路径和图 $K_{1,n}$ 的优美标号。

90. 证明长度为 5 和 6 的圈没有优美标号。求长度为 7 和 8 的圈的优美标号。

91. 设 G 是有 n 个顶点 x_1，x_2，$\cdots$，x_n 的图。设 r_i 是 x_i 到 G 中其余各顶点的最大距离。于是分别把
$$d(G) = \max\{r_1, r_2, \cdots, r_n\} \text{ 和 } r(G) = \min\{r_1, r_2, \cdots, r_n\}$$
称为 G 的直径和半径。G 的中心（center）是由满足 $r_i = r(G)$ 的那些顶点 x_i 的集合导出的子图，完成下列工作：

（a）确定完全二分图 $K_{m,n}$ 的半径、直径和中心。

（b）确定循环图 C_n 的半径、直径和中心。

（c）确定有 n 个顶点的路径的半径、直径和中心。

（d）确定对应于 n 维立方体的顶点和边的图 Q_n 的半径、直径和中心。

92. 证明下面的论断：

（a）一棵树的中心或者是单一顶点，或者是由一条边连接的两个顶点（提示：对顶点数 n 施归纳法）。

（b）设 G 是图，$\overline{G}$ 是通过下面的方法由 G 得到的补图（complement graph）：如果 G 中的两个顶点之间没有边，则在这两个顶点之间加一条边，然后去掉 G 的所有边。证明：如果 $d(G) \geqslant 3$，则 $d(\overline{G}) \leqslant 3$。

459
~
460

再 论 图 论

本章我们学习与图有关的一些基本的数值，其中最为著名的是与四色问题有关的色数。100多年来，如下问题曾经一直未得到解决[一]：考虑画在平面或球面上使其中的各国是连通区域的一张地图。我们想要用一种颜色着色一个区域，使得相邻区域的颜色不同，那么以这种方式用 4 种颜色是否足以对任何地图进行着色呢？简短的回答是肯定的，但详细的回答需要[二]严格的论证。实质上，要借助计算机来进行计算。四色问题可按照图论的方式重新描述：在每个国家内部各选一个顶点点，每当两个国家享有一条公共边界[三]时，就用一条边连接这两个顶点点。这样，我们就得到一个平面图（因此也是一个平面的图），称这个平面图为该地图的对偶图（dual graph）。着色一张地图上的各个区域使得相邻区域的颜色不同等价于着色它的对偶图的各个顶点[四]使得两个相邻顶点的颜色不同。因此，四色问题也可陈述为：每一个平面图是 4 可着色的。在这一章中我们将证明每一个平面图是 5 可着色的，并更广泛地探讨图的着色问题以及有关的其他图参数。

[461]

12.1 色数

本节只考虑简单图，因为连接一对不同的顶点，无论出现一条以上的边还是圈，对所考虑的这类问题都没有实质性的影响。

设 $G=(V, E)$ 是一个图，G 的顶点着色就是对 G 的每个顶点指定一种颜色，使得相邻顶点有不同的颜色。如果这些颜色选自于一个有 k 种颜色的集合，那么这样的顶点着色称为 k 顶点着色，或简称为 k 着色，而不管 k 种颜色是否都用到。如果 G 有一个 k 着色，那么称 G 是 k 可着色的。使得 G 是 k 可着色的最小的 k 称为 G 的色数，用 $\chi(G)$ 表示。这些颜色本身的性质[五]并不重要，因此，有时将这些颜色描述为红、蓝、绿、⋯，而有时又简单地用整数 1，2，3，⋯来指定颜色。同构图具有相同的色数。

将没有任何边的图定义为零图（null graph）[六]。n 阶的零图用 N_n 表示。

定理 12.1.1 设 G 是 n 阶图，其中 $n \geqslant 1$，则

$$1 \leqslant \chi(G) \leqslant n$$

而且，$\chi(G)=n$ 当且仅当 G 为完全图，$\chi(G)=1$ 当且仅当 G 为零图。

证明 因为至少有一个顶点的图至少需要一种颜色，并且，将 n 种不同颜色任意分派到 G

[一] 100 多年未得到解决的问题不是自动就会出名。四色问题如此著名的原因在于该问题叙述简单并且几乎所有人都能理解。除此之外，这个问题还非常具有吸引力！

[二] 至少当前所知的证明如此。但是，证明 4 种颜色足够超出了非专业人员的能力。人们曾经尝试过一些初等方法但都以失败告终！关于四色问题的简明历史见 1.4 节。

[三] 只有一个（一般是有限多个）公共点的两个国家不能认为具有公共的边界。

[四] 更准确地说，看成是对顶点指定颜色。

[五] 我们是不是应该说颜色？

[六] 零图未必就是空图，因为它可能有顶点。空图是没有顶点的图。因此，图 $G=(V, E)$ 是零图当且仅当 $E=\varnothing$，而 G 是空图当且仅当 $V=\varnothing$（从而 $E=\varnothing$）。空图是非常特殊的零图，即 0 阶零图。感觉混乱吗？别担心，只需记住零图没有边。

的顶点上是一个顶点着色，所以定理中的不等式显然成立。在 K_n 的任何顶点着色中，没有任何两个顶点能指定为相同的颜色，因此，$\chi(K_n)=n$。假设 G 不是完全图，那么存在两个不相邻接的顶点 x 与 y，将 x 与 y 指定为相同的颜色，而将剩余的 $n-2$ 个顶点指定为不同的颜色，得到 G 的一个 $(n-1)$ 着色，所以，$\chi(G)\leqslant n-1$。将 N_n 的所有顶点指定为相同的颜色是一个顶点着色，因此，$\chi(N_n)=1$。假设 G 不是零图，那么存在邻接的顶点 x 与 y，并且，对于 G 的任何顶点着色，x 与 y 都不能被指定为同一种颜色。所以，$\chi(G)\geqslant 2$。 □

推论 12.1.2　设 G 是图，H 是 G 的子图，那么 $\chi(G)\geqslant\chi(H)$。如果 G 有等于 p 阶完全图 K_p 的子图[⊖]，则

$$\chi(G)\geqslant p$$ 462

证明　按照色数的定义，如果 H 为 G 的子图，那么 $\chi(G)\geqslant\chi(H)$，利用定理 12.1.1，则有 $\chi(G)\geqslant\chi(K_p)=p$。 □

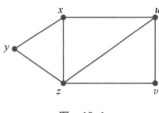

图　12-1

例子　设 G 为图 12-1 所示的图。因为 G 有一个等同于 K_3 的子图，故 G 的色数至少为 3。现将顶点 x 和 v 着红色，将顶点 u 和 y 着蓝色，将顶点 z 着绿色，我们得到 G 的一个 3 着色，所以 $\chi(G)=3$。 □

设 $G=(V,E)$ 是使用颜色为 $1,2,3,\cdots,k$ 的 k 着色图。令 V_i 表示被指定为颜色 $i(i=1,2,\cdots,k)$ 的所有顶点的子集，于是，$V_1,V_2,\cdots,V_k$ 是 V 的一个划分，称作 G 的一个色划分 (color partition)，而且所导出的子图 $G_{V_1},G_{V_2},\cdots,G_{V_k}$ 都为零图。反之，如果我们把这些顶点划分为 k 个部分，每一部分导出一个零图，那么色数最多为 k。因此，描述 G 的色数的另一个方式是色数 $\chi(G)$ 是使得 G 的顶点可划分为 k 个子集且每个子集导出一个零图的最小整数 k。在图 12-1 所描述的图的着色中，色划分为：$\{x,v\}$（红色顶点），$\{u,y\}$（蓝色顶点），$\{z\}$（绿色顶点）。运用这些概念，我们可以得到关于图的色数的另一个下界。

推论 12.1.3　设 $G=(V,E)$ 是 n 阶图，q 是 G 的等于零图 N_q 的导出子图的最大阶数，则

$$\chi(G)\geqslant\left\lceil\frac{n}{q}\right\rceil$$

证明　设 $\chi(G)=k$，令 $V_1,V_2,\cdots,V_k$ 为 G 的一个色划分，则对于每一个 i 有 $|V_i|\leqslant q$，而且有

$$n=|V|=\sum_{i=1}^{k}|V_i|\leqslant\sum_{i=1}^{k}q=k\times q$$

因此

$$\chi(G)=k\geqslant\frac{n}{q}$$ 463

因为 $\chi(G)$ 为一整数，故推论成立。 □

例子　继续考虑图 12-1，对该图验证可得导出零子图的最大阶数为 $q=2$（即每三个顶点中，至少有两个为相邻顶点），因此，根据推论 12.1.3，再次得到：

$$\chi(G)\geqslant\left\lceil\frac{5}{2}\right\rceil=3$$ □

根据定理 12.1.1，色数为 1 的图是零图。于是很自然要对色数为 2 的图的特性进行探索。色

⊖　这个子图必然是导出子图。

数为 2 的图有一个含有两个集合的色划分,这使我们想起了二分图。

定理 12.1.4 设图 G 至少有一条边,那么 $\chi(G) = 2$ 当且仅当 G 为二分图。

证明 至少有一条边的图的色数至少为 2。如果 G 是一个二分图,那么将左边顶点着红色,右边顶点着蓝色⊖,我们便得到图 G 的一个 2 着色。反之,由 2 着色而得到的色划分即为 G 的一个二分划,于是,G 是二分图。 □

根据定理 11.4.1 和定理 12.1.4 得到:非零图的色数为 2 当且仅当每个圈有偶数长度。色数为 3 的图可能有非常复杂的结构并且不具有简单的特性。

例子(调度问题) 许多调度问题可用公式化为求解图的色数问题(但经常满足于一个不比色数大很多的数)。其基本思想是:我们给一个调度问题关联一个图,这个图的顶点是要调度的"任务",每当两个任务间发生冲突时就在它们中间画一条边,这样两个任务就不会被安排在同一时间进行。G 的一个色划分提供了一个没有任何冲突的调度表,这样,图的色数就等于在不产生冲突的情况下调度表中时间间隙的最小数。

例如,假设我们要调度 9 项任务 a,b,c,d,e,f,g,h,i,这里每项任务与任务清单中紧随其后的任务发生冲突,而且 i 与 a 相冲突。在这种情况下,冲突图 G 是一个阶数为 9 的图,其边被安排在长度为 9 的一个圈中。这个图的任意 5 个顶点中,至少有 2 个是相邻接的。因此,在推论 12.1.3 中的 q 值最大为 4,从而,$\chi(G) \geqslant 3$。容易找到一个 3 着色,因此 $\chi(G) = 3$,所以这个调度问题需要 3 个时间间隙。 □

求出一个图的色数是一个难题,对此至今没有一个已知的好算法⊜。因此,对图的色数进行估计以及寻找在使用的颜色数"不太大"的情形下的某些顶点着色方法还是非常有意义的。在推论 12.1.2 和推论 12.1.3 中,我们已给出了色数的两个下界。定理 12.1.1 包含一个上界,即对于 n 阶非完全图其上界为 $n-1$,不过该界值没有多大的意义。人们希望做得更好。实际上,我们将证明从顶点的度中会得到更好的界值,而且还存在一个不超过这种界值的求顶点着色的简单算法。这个算法是贪心算法⊜的另一个实例。贪心算法是按顺序取第一个可用的颜色而忽略对以后的选择可能产生的后果。我们使用正整数对顶点着色,因此,可以说一种颜色小于另一种颜色了。

顶点着色的贪心算法

设 G 是图,它的顶点按某一顺序记为 x_1,x_2,$\cdots$,x_n。

(1)对顶点 x_1 指定颜色 1。

(2)对每个 $i = 2, 3, \cdots, n$,令 p 是与 x_i 邻接的顶点 x_1,x_2,$\cdots$,x_{i-1} 中任何顶点都不被着色成 p 的最小颜色,并对 x_i 指定颜色 p。

定理 12.1.5 设 G 是图,其顶点的最大度为 Δ。于是,贪心算法产生 G 的顶点的一个($\Delta + 1$)着色⊛,因此

$$\chi(G) \leqslant \Delta + 1$$

证明 用语言描述贪心算法就是依次考虑每一个顶点,并将尚未指定给与其邻接的顶点的

⊖ 当然,把左和右用作两种颜色,我们可以说"给左顶点着色左而给右顶点着色右"。

⊜ 这里的好算法是指其所需的步数与图的阶数的某个多项式成正比。大多数专家认为不存在好算法。

⊜ 最小权生成树的贪心算法在 11.7 节给出。不同于构造最小权生成树的贪心算法,这里的算法只给出色数的一个上界。

㉂ 要注意,($\Delta + 1$)着色并不意味着所有 $\Delta + 1$ 种颜色都真的用到。

最小颜色指定给这个顶点。特别地，从不给两个邻接顶点指定相同的颜色，因此贪心算法确实产生一个顶点着色。最多存在 Δ 个顶点与顶点 x_i 邻接，于是，x_1，x_2，$\cdots$，x_{i-1} 中最多有 Δ 个与 x_i 邻接。所以，当我们考虑算法第（2）步中的顶点 x_i 时，在颜色 1，2，$\cdots$，$\Delta+1$ 中至少有一种 $\boxed{465}$ 颜色尚未指定给予 x_i 邻接的顶点，而且算法将这些颜色中最小的指定给 x_i。因此，贪心算法产生图 G 的顶点的一个（$\Delta+1$）着色。 □

　　贪心算法可能只是用最少的即 $\chi(G)$ 种颜色对 G 的顶点着色。其好坏取决于使用贪心算法之前各顶点的顺序。令 V_1，V_2，$\cdots$，$V_{\chi(G)}$ 是用 $\chi(G)$ 种颜色[一]给顶点着色产生的一个色划分。假设我们首先列出 V_1 的顶点，随后列出 V_2 的顶点，$\cdots\cdots$，最后是 $V_{\chi(G)}$ 的顶点[二]。容易看到贪心算法用颜色 1 给 V_1 中的顶点着色，用颜色 1 或 2 给 V_2 中的顶点着色，$\cdots\cdots$，用颜色 1，2，$\cdots$，$\chi(G)$ 中之一给 $V_{\chi(G)}$ 中的顶点着色。因此，在这样列出顶点的情况下，贪心算法用最少的颜色给所有的顶点着色。

　　例子　考虑完全二分图 $K_{1,n}$，其顶点的最大度为 $\Delta=n$。于是，根据定理 12.1.5，贪心算法产生一个（$n+1$）着色。事实上，贪心算法会做得更好。不管各顶点怎样列出的，贪心算法仅用两种颜色即最少可能的颜色给各顶点着色。因此，贪心算法有时能给出比定理 12.1.5 好得多的着色。 □

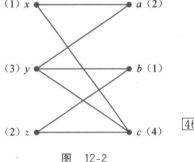

　　现在，考虑图 12-2 所示的二分图，并按 x，a，b，y，z，c 的顺序列出顶点。用贪心算法对这些顶点指定的颜色分别为 1，2，1，3，2，4。于是贪心算法产生一个 4 着色，然而，该图的着色数却为 2。 □

　　除两类图外，由定理 12.1.5 给出的色数的上界是可以改进的。这两类图为完全图 K_n（对它而言，$\Delta=n-1$ 且 $\chi(G)=n$）以及边被排在一个（奇数长度的）圈中且阶数为奇数 n 的图 C_n（对它而言，$\Delta=2$ 且 $\chi(G)=3$）。本书省略下面的 Brooks[三]定理的证明。

图　12-2

$\boxed{466}$

　　定理 12.1.6　设 G 是连通图，其顶点的最大度为 Δ。如果 G 既不是完全图 K_n 也不是奇数阶循环图 C_n，则 $\chi(G)\leqslant\Delta$。

　　从我们对色数的讨论中得到的结论之一是：要用最少的颜色数对图的顶点进行着色（使邻接顶点的颜色不同）是很困难的。现在我们放弃颜色数目为最少的限制，而考虑一个更为困难的问题：已知一个图 G 和 k 种颜色的集合 $\{1,2,\cdots,k\}$，那么图 G 有多少 k 着色呢？如果已知 $\chi(G)>k$，那么问题很简单，答案为 0[四]。

　　对于每个非负整数 k，图 G 顶点的 k 着色数用

$$p_G(k)$$

表示。如果 $\chi(G)>k$，那么 $p_G(k)=0$。例如，对于完全图有

$$p_{K_n}(k)=k(k-1)\cdots(k-(n-1))=[k]_n$$

　　[一]　当然，知道这些表明我们已经知道了 $\chi(G)$。我们的观点是，如果我们很幸运地这样列出了这个图的顶点，那么贪心算法就能够用最少数量的颜色产生一种着色。
　　[二]　我们要做的只不过是将相同颜色的顶点分在一起。
　　[三]　R. L. Brooks, On Coloring the Nodes of a Network, *Proc. Cambridge Philos. Soc.*, 37（1941），194-197。
　　[四]　如果 $\chi(G)>k$，但我们没有这一信息，那么这一问题要困难得多。这是因为回答它时我们隐含着要确定是否确有 $\chi(G)\leqslant k$：$\chi(G)\leqslant k$ 当且仅当用 k 种颜色给 G 着色的方法数不为 0。

这是因为每一个顶点具有不同的颜色[负]。对于零图而言，有

$$P_{N_n}(k) = k^n$$

这是因为我们可以对每个顶点任意指定颜色[负]。

例子　我们来确定图 12-1 中图 G 的 $p_G(k)$。首先对 x，y，z 进行着色。因为每个顶点必须接受不同的颜色，所以对这些顶点共有

$$k(k-1)(k-2)$$

种着色方案。然后对 u 着色，并保证它必须接受与 x 和 z 不同的颜色，因此有 $k-2$ 种方法对 u 着色。最后 v 可接受 u 和 z 的颜色之外的任意颜色，因此有 $k-2$ 种方法对 v 着色，所以

$$p_G(k) = k(k-1)(k-2) \times (k-2) \times (k-2) = k(k-1)(k-2)^3 \qquad \square$$

不难计算出关于树的顶点的着色方法数。令人惊奇的是：对于每个 k，树的 k 着色数只取决于树的顶点个数，而与所考虑的是哪棵树无关！

定理 12.1.7　设 T 是 n 阶树。则

$$p_T(k) = k(k-1)^{n-1}$$

证明　像 11.5 节所描述的那样生成 T，并对各顶点进行着色。开始的顶点可以用 k 种颜色中的任意一种着色。添加的每一个新顶点 y 仅与前面唯一一个顶点 x 相邻。于是，y 可用与 x 不同的 $k-1$ 种颜色中的任意一种着色。所以，除了第一个顶点外，其余 $n-1$ 个顶点的每一个可有 $k-1$ 种方法着色，因此公式成立。 $\qquad \square$

细心的读者将会注意到，至今为止，所得到的每一个计算图的顶点着色方法数的公式都是颜色数 k 的多项式函数。事实上，这并非偶然，而是一种普遍现象：$p_G(k)$ 总是 k 的多项式函数。现在我们证明这一事实。根据这一性质，把 $p_G(k)$ 叫作图 G 的色多项式。求 G 的色多项式在 k 的值就是给出 G 的 k 着色数。G 的色数为不是色多项式根的最小非负整数。

通过简单的观察可知 $p_G(k)$ 是一个多项式。设 x，y 为图 G 的两个邻接顶点，G_1 为从 G 中去掉连接 x 和 y 的边 $\{x, y\}$ 后而得到的图。G_1 的 k 着色可划分为两个部分 $C(k)$ 和 $D(k)$。第一个部分 $C(k)$ 是 x 和 y 着色相同的 G_1 的 k 着色，第二个部分 $D(k)$ 是 x 和 y 着色不同的 G_1 的 k 着色，因此，

$$p_{G_1}(k) = |C(k)| + |D(k)|$$

因为在 G 中 x 和 y 是邻接的，所以 x 和 y 被指定不同颜色的 G_1 的 k 着色与 G 的 k 着色之间存在一一对应。因此有

$$p_G(k) = |D(k)|$$

设 G_2 是在 G 中把顶点 x 和 y 看成同一顶点后得到的图。这意味着我们删除了边 $\{x, y\}$，用一个新顶点 $\overline{xy}$ 替换 x 和 y，并且连接 $\overline{xy}$ 到 G 中与 x 或 y 相连的所有顶点[负]。G_2 的 k 着色与 x 和 y 被指定相同颜色的 G_1 的 k 着色之间存在一一对应，因此，

$$p_{G_2}(k) = |C(k)|$$

结合前面的三个方程得

$$p_{G_1}(k) = p_G(k) + p_{G_2}(k)$$

因此，

$$p_G(k) = p_{G_1}(k) - p_{G_2}(k) \qquad (12.1)$$

⊖ $[k]_n$ 是 8.2 节引入的计数 k 个不同对象的集合的 n 排列数的函数。在这里，k 个对象是 k 种颜色，n 排列是每一种颜色指定给 K_n 中 n 个顶点中的一个，因为每对顶点在 K_n 中都是邻接的，所有的顶点有不同的着色。

⊜ 回顾第 2 章，k^n 是对象可以无限制重复时 k 个对象（这里是 k 种颜色）集合中的 n 排列数。因为 N_n 中没有任何顶点是邻接的，所以我们可以自由地重复使用颜色。

⊜ 我们可以想成把 x 和 y 移到一起，直到它们恰好重合。这可能产生多重边，此时我们删除其中一个拷贝。

换句话说，G 的 k 着色数等于 G_1 的 k 着色数（删除边 $\{x, y\}$ 使得 x 和 y 被指定相同的颜色成为可能）减去 G_2 的 k 着色数（视顶点 x 和 y 为同一顶点，使得它们必然着成相同颜色）。这是一个十分有用的观察，为什么？

G_1 与 G 的阶相同且比 G 少一条边。G_2 比 G 少一阶且至少少一条边。换句话说，G_1 和 G_2 比 G 更接近零图（按照边的数量说）。这就向我们提供了一种求 G 的 k 着色数的算法：不断地删除边并合并顶点直到得到零图为止。根据（12.1）知，G 的 k 着色数可以用每个零图的 k 着色数来表示。而我们又知道 p 阶零图的 k 着色数等于 k^p。因此，我们可以通过加减这些零图的 k 着色数而得到 G 的 k 着色数 $^\ominus$。此外，因为 k^p 是 k 的多项式（实际上是一个单项式），所以，G 的 k 着色数就是这样一些单项式或多项式之和，从而它是 k 的多项式，即 G 的色多项式确实是一个多项式！在正式描述上面这一讨论之前，我们考虑一个例子。

例子 设 G 是 5 阶循环图 C_5，它的边排列成一个圈。任选 G 的一条边，并运用（12.1），我们看到

$$p_G(k) = p_{G_1}(k) - p_{G_2}(k)$$

469

其中，G_1 是一棵 5 阶树，它的边被排列成一条路径，G_2 是一个 4 阶循环图 C_4。根据定理 12.1.7 得 $p_{G_1}(k) = k(k-1)^{4\,\ominus}$。对 G_2 继续使用上述方法得

$$p_{G_2}(k) = k(k-1)^3 - p_{G_3}(k)$$

其中，G_3 是 3 阶循环图 C_3。因为 G_3 是完全图 K_3，有 $p_{G_3}(k) = k(k-1)(k-2)$，所以我们得到

$$p_G(k) = k(k-1)^4 - (k(k-1)^3 - k(k-1)(k-2))$$

把上式化简得

$$p_G(k) = k(k-1)(k-2)(k^2 - 2k + 2)$$

注意，$p_G(0)=0$，$p_G(1)=0$，$p_G(2)=0$ 且 $p_G(3)>0$。因此，$\chi(G)=3$，这是一个可以直接得到的显然结果。 □

设 G 是图，$\alpha = \{x, y\}$ 是图 G 的一条边。我们将边 α 从图 G 中删除后得到的图记作 $G_{\ominus \alpha}$。而把（如上面定义所述）合并顶点 x 和 y 后得到的图记作 $G_{\otimes \alpha}$。我们说 $G_{\otimes \alpha}$ 是 G 合并边 α 后得到的图。因此，（12.1）可重写为

$$p_G(k) = p_{G_{\ominus \alpha}}(k) - p_{G_{\otimes \alpha}}(k) \tag{12.2}$$

正如前面提到的那样，通过反复使用删除和合并我们得到一个求 $p_G(k)$ 的算法。在下面的算法中，我们考虑对象 $(\pm, H)$，其中 H 是一个图。就这个算法的目的而言，我们称这样的对象为带符号图（signed graph），这是一个带有"＋"号或"－"号的图。

求一个图的色多项式的算法

设 $G = (V, E)$ 是一个图。

(1) 取 $\mathcal{G} = \{(+, G)\}$。

(2) 当 $\mathcal{G}$ 中含有不是零图的带符号图时，执行下面操作：

（ⅰ）在 $\mathcal{G}$ 中选择一个非零带符号图 (ε, H) 和 H 的一条边 α。

（ⅱ）将 (ε, H) 从 $\mathcal{G}$ 中删除，然后加入另外两个带符号图 $(\varepsilon, H_{\ominus \alpha})$ 和 $(-\varepsilon, H_{\otimes \alpha})$。

(3) 取 $p_G(k) = \sum \varepsilon k^p$，其中求和对 $\mathcal{G}$ 中的所有带符号图 (ε, H) 进行，p 是 H 的阶数。

470

换句话说，首先，我们从 G 开始，并在它的前面加一个"＋"号。不断对图作删除和合并处理以减小图 G，直到最终所有图都是零图为止，并在这一过程中跟踪反复运用（12.2）而确定的关

$\ominus$ 零图也许是无用的，但正像我们刚才所看到的那样，它们在图着色中起着重要的作用。

$\ominus$ 这一过程展示了一个关键点，即如果我们得到了一个色多项式已知的图，那么就想法利用这一信息。我们不一定要把所有图都归约到零图。

联符号。当所有图都没有边时，我们计算如此获得的每个零图的阶 p，形成单项式 $\pm k^p$，即它的（经过符号调整的）色多项式。重复使用（12.2），对所有这些多项式求和便得到 G 的色多项式。特别地，因为单项式的和是多项式，所以我们得到的是一个多项式。经过删除和合并的处理过程，只有一个图是与 G 有相同阶的零图。该图是通过把 G 中所有的边一个一个删除，不做任何合并而得到的结果，且对色多项式贡献一个带"＋"号的单项式 k^n。所有其他图的顶点数都小于 n，因此所确定的单项式的次数严格小于 n。因此，我们证明了下面的定理。

定理 12.1.8　设 G 是阶为 $n \geqslant 1$ 的图。则 G 的 k 着色数是 k 的一个 n 阶多项式（首项系数 1），并且该多项式即 G 的色多项式可通过上面的算法正确计算。

显而易见，如果图 G 是非连通的，那么图 G 的色多项式是它的连通分量的色多项式的积，特别地，它的色数是它的连通分量的色数中的最大值。下一个定理扩展这一结论。最终得到的公式有时用来减少计算图的色多项式的计算量。

设图 $G=(V, E)$ 是连通图，U 是 G 的顶点的子集。如果由不在 U 中的顶点导出[⊖]的子图 G_{V-U} 是非连通的，那么称 U 为 G 的一个关节集（articulation set）。如果 G 不是完全图，那么 G 含有两个非邻接的顶点 a 和 b，因此 $U=V-\{a,b\}$ 是一个关节集。完全图没有关节集。所以，连通图有关节集当且仅当它是非完全图。

引理 12.1.9　设 G 是图并且假设 G 含有等于完全图 K_r 的子图 H，那么 G 的色多项式可以被 K_r 的色多项式 $[k]_r$ 整除。

证明　在 G 的任何 k 着色中，H 的所有顶点都着不同的颜色，而且，对于 H 中顶点的每一种颜色的选择都可以扩展到对 G 的剩余顶点的 $q(k)$ 种着色，这些着色数是相同的。因此，[471] $p_G(k)=[k]_r q(k)$。　□

定理 12.1.10　设 U 是 G 的一个关节集，且假设导出子图 G_U 是完全图 K_r。设 G_{V-U} 的连通分量是导出子图 $G_{U_1}, \cdots, G_{U_t}$。令 $H_i=G_{U \cup U_i}(i=1, \cdots, t)$ 是由 $U \cup U_i$ 导出的 G 的子图，则

$$p_G(k) = \frac{p_{H_1}(k) \times \cdots \times p_{H_t}(k)}{\cdot \, ([k]_r)^{t-1}}$$

特别地，G 的色数是 $H_1, \cdots, H_t$ 的色数中的最大值。

证明　图 $H_1, \cdots, H_t$ 都包含 U 中的所有顶点，但除此之外彼此两两不相交。G 的每种 k 着色能通过如下方法获得：首先选择 H_1 的一种 k 着色（这种着色有 $p_{H_1}(k)$ 个，并且对 U 的所有顶点都进行了着色），然后完成每一个 $H_i(i=2, \cdots, t)$ 的着色（由引理 12.1.9 可知，每一个可用 $p_{H_i}(k)/[k]_r$ 种方法着色）。　□

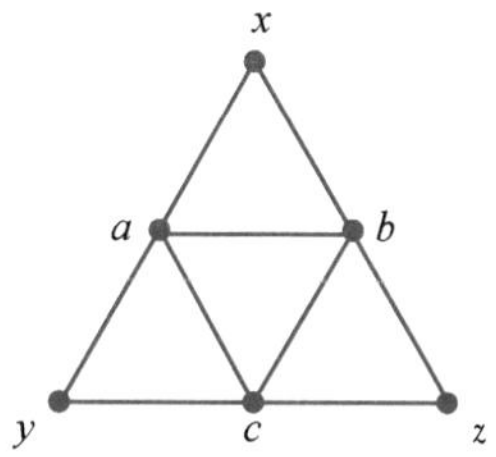

例子　设 G 是图 12-3 所示的图。$U=\{a, b, c\}$，应用定理 12.1.10，我们得到

图　12-3

$$p_G(k) = \frac{(q(k))^3}{(k(k-1)(k-2))^2}$$

$q(k)$ 是比 4 阶完全图少一条边的 G' 的色多项式，通过简单计算（事实上，再使用定理 12.1.10）$q(k)=k(k-1)(k-2)^2$，所以

$$p_G(k) = k(k-1)(k-2)^4 \qquad\qquad □$$

12.2　平面和平面图

设 $G=(V, G)$ 是一般平面图，G' 是 G 的一个平面表示。因此，G' 是一个平面图，并且，G' 是

⊖　回顾一下，该子图的顶点是 $V-U$ 中的那些顶点，且在 G_{V-U} 中两顶点邻接当且仅当在 G 中它们邻接。

由平面上的点的集合和曲线的集合组成的。G' 的点称为顶点点（vertex-point），因为它们对应于 G 的顶点，曲线称为边曲线（edge-curve），因为它们对应于 G 的边。同样，一条边曲线 α 是通过顶点点 x 的一条简单曲线当且仅当 G 的顶点 x 与 G 的边 α 关联⊖。边曲线只能共用端点。

平面图 G' 把平面分为若干个由一条或多条边曲线围成的区域⊜。其中只有一个区域可以扩展到无穷远。

例子　图 12-4 所示的平面图有 10 个顶点点、14 条边曲线和 6 个区域，每个区域是由某些边曲线所围成的，但是我们应该十分小心如何计数边曲线。区域 R_2，R_3，R_5 和 R_6 分别是由 1 条、2 条、6 条和 2 条边曲线所围成的。区域 R_4 是由 10 条边曲线（而不是 4 条或 7 条）所围成的，这是因为当我们沿着 R_4 的边界行进时，其中有 3 条边曲线经过了两次（见图 12-4 的虚线部分）。区域 R_1 是由 7 条边曲线所围成的⊜。总之，当我们在计数所围区域的边曲线时，每条边曲线被计数两次，或者是因为它是两个不同区域的公共边界，或者是因为它两次作为同一区域的边界。　□

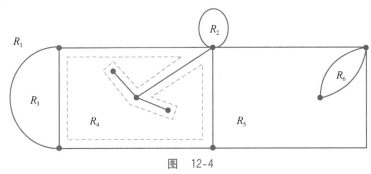

图　12-4

设 G' 是有 n 个顶点点、e 条边曲线，r 个区域的平面图。设围成各区域的边曲线数分别是：

$$f_1, f_2, \cdots, f_r$$

则根据上面的例子的规定，我们可以得到以下关系：

$$f_1 + f_2 + \cdots + f_r = 2e \tag{12.3}$$

现在，我们导出 n，e 和 r 之间的一种关系，这一关系指出，n，e 和 r 三个数中任意两个决定第三个数。这种关系称为欧拉公式。

定理 12.2.1　设 G 是有 e 条边曲线的 n 阶平面图且是连通的。那么 G 把平面分割成的区域数 r 满足

$$r = e - n + 2 \tag{12.4}$$

证明　首先假设 G 是树。则 $e = n - 1$ 且 $r = 1$（这唯一的区域就是无穷区域，它被每条边曲线围绕两次），因此（12.4）成立。现在，假设 G 不是树，因为 G 是连通的，所以 G 有生成树 T，T 的顶点数为 $n' = n$，边数为 $e' = n - 1$，区域数为 $r' = 1$ 且满足 $r' = e' - n' + 2$。我们可以设想，从 T 的一条边曲线开始，然后每次添加一条新的边曲线，直到得到 G。我们每次插入一条新的边曲线，就把已经存在的区域分割成两个区域。因此，我们每次插入一条边曲线时，e' 增加 1，r' 增加 1，n' 不变（n' 总是 n）。所以，生成树从 $r' = e' - n' + 2$ 开始，在我们添加所有余下的边曲线过程中，该关系始终成立。定理证毕。　□

欧拉公式对（没有环和多重边的）平面图有一个重要的推论。

⊖　回顾一下，我们用相同的标签标记顶点和它对应的顶点点，且用相同的标签标记边和与它对应的边曲线。

⊜　因此，一个平面图有点和曲线，现在又有了区域。

⊜　R_1 也许看起来没有被任何边曲线所围，因为它可以在所有方向扩展到无穷远。然而，画在平面上的几何图形也可以看成是画在一个球上，粗略地讲，我们把一个巨大的球放在图形的上面，然后用平面"包"住球，那么无穷区域现在就是球面上北极附近的某个有限区域。还要注意，一个区域还可能有"内"边界曲线，例如 R_4 就是如此。

定理 12.2.2 设 G 是连通的平面图。那么 G 有一个度至多为 5 的顶点。

证明 设 G' 是 G 的一个平面表示。因为图没有环，所以 G' 中任何区域都不能只以一条边曲线为边界。类似地，既然图中没有多重边，所以任何区域都不可能只以两条边曲线为边界（除非 G 只有一条边）。因此 (12.3) 中的每个 f_i 满足 $f_i \geq 3$，且

$$3r \leq 2e; \quad 或等价地， \quad \frac{2e}{3} \geq r$$

通过该不等式，欧拉公式可以化为

$$\frac{2e}{3} \geq r = e - n + 2, 或等价地，e \leq 3n - 6 \tag{12.5}$$

设 d_1，d_2，$\cdots$，d_n 为 G 中顶点的度。根据定理 11.1.1，我们得到

474

$$d_1 + d_2 + \cdots + d_n = 2e$$

因此，G 中顶点的平均度满足

$$\frac{d_1 + d_2 + \cdots + d_n}{n} = \frac{2e}{n} \leq \frac{6n - 12}{n} < 6$$

既然顶点的平均度小于 6，所以必然有些顶点的度不大于 5。 $\square$

如果图 G 中有不是平面图的子图，那么 G 就不是平面图。因此，在尝试描述平面图时，令人感兴趣的是寻找这样的非平面图 G：除它本身外，每个子图都是平面图。

例子 完全图 K_n 是平面图当且仅当 $n \leq 4$。

如果 $n \leq 4$，那么 K_n 是平面的。现在考虑 K_5。如定理 12.2.2 证明中所表明的那样，平面图的顶点数 n 和边数 e 满足 $e \leq 3n - 6$。因为 K_5 有 $n = 5$ 个顶点和 $e = 10$ 条边，所以 K_5 不是平面图。既然 K_5 不是平面图，所有对于 $n \geq 5$，K_n 不是平面图。 $\square$

例子 完全二分图 $K_{p,q}$ 是平面图当且仅当 $p \leq 2$ 或 $q \leq 2$。

当 $p \leq 2$ 或 $q \leq 2$ 时，很容易画出 $K_{p,q}$ 的平面图表示。现在考虑 $K_{3,3}$。因为二分图没有任何长度为 3 的圈，所以在平面二分图的平面图表示中，每个区域至少被 4 条边曲线所围。按证明定理 12.2.2 那样进行论证，可以得到 $r \leq e/2$。应用欧拉公式得

$$\frac{e}{2} \geq e - n + 2; \quad 或等价地， \quad 2n - 4 \geq e$$

因为 $K_{3,3}$ 中有 $n = 6$ 个顶点和 $e = 9$ 条边，所以 $K_{3,3}$ 不是平面图，从而当 $p \geq 3$ 和 $q \geq 3$ 时，$K_{p,q}$ 不是平面图。 $\square$

设 $G = (V, E)$ 是非平面图，$\{x, y\}$ 为 G 中的任意一条边。设 G' 可从 G 中按下述方法得到：选择一个不属于 V 的新顶点 z，用两条边 $\{x, z\}$ 和 $\{z, y\}$ 取代 $\{x, y\}$。那么我们说 G' 是从 G 中通过细分边 $\{x, y\}$ 而得到的。如果 G 不是平面的，则 G' 显然也不是平面的⊖。如果图 H

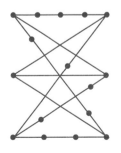 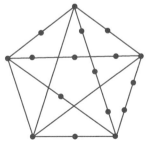

图 12-5

⊖ 如果存在 G' 的一个平面表示，则通过"删去"顶点 z，我们得到 G 的一个平面表示。

能从 G 中通过连续地细分边而获得，那么称 H 是图 G 的一个细分（subdivision）。如果 H 是 G 的一个细分，那么可以把 H 看成是通过在 G 中的每条边上插入若干个新顶点（也可能没有）而得到的。例如，图 12-5 中的图分别是 $K_{3,3}$ 和 K_5 的细分。可以看出，这些图都不是平面图。

平面图不可能包含 K_5 或 $K_{3,3}$ 的细分。Kuratowski$^{\ominus}$ 的一个著名定理就是该结论的逆也成立，下面我们不加证明地陈述该定理。

定理 12.2.3　图 G 是平面的当且仅当 G 不含 $K_{3,3}$ 或 K_5 的细分的子图。

粗略地说，定理 12.2.3 说的是非平面图一定包含像 $K_{3,3}$ 或 K_5 那样的子图。因此，图 $K_{3,3}$ 和 K_5 是唯一两个可平面化的障碍。Wagner$^{\ominus}$、Harary 和 Tutte$^{\oplus}$ 提出平面图也可以用边的收缩的概念代替边的细分来刻画。如果图 H 可以从 G 出发通过连续收缩边而获得，那么 H 是图 G 的一个收缩。

定理 12.2.4　图 G 是平面的当且仅当 G 不含收缩到 $K_{3,3}$ 或 K_5 的子图。

12.3　五色定理

本节证明平面图的色数至多是 5。1890 年 P. J. Heawood 发现了 A. Kempe 在 1879 年发表的一个"证明"（在这篇文章里，他提出平面图的色数至多是 4）中存在的错误之后，第一个证明了这一结论。尽管 A. Kempe 的证明是错误的，但是其证明中却有一个很好的想法，Heawood 利用这个想法证明了他的五色定理。正如本节和 1.4 节所介绍的那样，今天人们已经完成了平面图的色数不超过 4 的证明，但是这一证明依赖于计算机的大量检验。

利用定理 12.2.2，我们很容易证明一个平面图 G 的色数至多是 6。事实上，假设存在一个平面图 G，它的色数不小于 6 且是这种平面图中顶点数最少的图。根据定理 12.2.2，我们知道 G 有一个顶点 x 的度至多是 5。从图 G 中去掉 x（以及与其关联的边）得到少一个顶点的平面图 G'，由 G 中顶点数是最少的假设可知图 G' 有一个 6 着色。因为 G 中与顶点 x 邻接的顶点数不超过 5，所以我们可以取 G' 的一个 6 着色，并且给 x 指定一种颜色，使得产生 G 的一个 6 着色，于是推出一个矛盾。从而得到每个平面图的色数不超过 6。要证明一个平面图可用 5 色着色就更难了，但是还是可以做到的。然而，从 5 色进至 4 色则变得相当困难。

在证明 5 种颜色足以对任何平面图的顶点进行着色之前，我们先做一些分析。上一节已经证明了 5 阶完全图 K_5 不是平面的，因此，平面图不能包含每对顶点都邻接的 5 个顶点。由此并不能得出每一个平面图有 5 着色的结论。例如，用 3 代替 5，5 阶循环图 C_5 没有 K_3 作为子图，然而它的色数是 3 且没有 2 着色。所以，这样说是不充分的：不存在 5 个顶点使得每个顶点被指定不同的颜色，由此，5 着色是可能的。

下面的定理在五色定理的证明中是非常重要的一步，它可应用于非平面图及平面图中。

定理 12.3.1　设图 $H=(U,F)$ 的顶点存在给定的 k 着色。设其中两种颜色是红色和蓝色，W 是 U 中被指定为红色或蓝色的顶点组成的子集。设 $H_{r,b}$ 是由 W 中顶点导出的 H 的子图，$C_{r,b}$ 是 $H_{r,b}$ 的一个连通分量。把 $C_{r,b}$ 中给顶点指定的红色和蓝色互换，我们得到 H 的另一个 k 着色。

证明　假设在 $C_{r,b}$ 中交换红色和蓝色之后 H 中存在两个有相同着色的邻接顶点。那么这一颜色一定是红色或蓝色，比如说是红色。如果 x 和 y 是 $C_{r,b}$ 中的两个顶点，那么在我们交换颜色之前，x 和 y 都被着上蓝色，这是不可能的。如果 x 和 y 都不是 $C_{r,b}$ 中的顶点，那么它们的颜色没有改变，于是它们开始时就是红色，这又是不可能的。因此，x 和 y 中有一个是 $C_{r,b}$ 中的顶点而

$\ominus$　K. Kuratowski, Sur le problème des courbes gauches en topologie, *Fund. Math.* 15 (1930), 271-283。

$\ominus$　K. Wagner, Über eine Eigenschaft der ebenen Komplexe, *Math. Ann.*, 114 (1937), 570-590。

$\oplus$　F. Harary and W. T. Tutte, A Dual Form of Kuratowski's Theorem, *Canadian Math. Bull.*, 8 (1965), 17-20。

另一个不是，比如说 x 属于 $C_{r,b}$ 而 y 不属于 $C_{r,b}$。所以开始时 x 是蓝色，而 y 是红色。因为 x 和 y 是邻接的，一个被指定为红色，另一个被指定为蓝色，所以它们一定是在 $H_{r,b}$ 的同一个连通分量中，这与 x 属于 $H_{r,b}$ 的 $C_{r,b}$ 而 y 不属于矛盾。 □

[477] **定理 12.3.2** 平面图的色数至多是 5。

证明 设 G 是 n 阶平面图。如果 $n \leqslant 5$，那么 $\chi(G) \leqslant 5$。现在设 $n > 5$，并且对 n 施归纳法证明定理结论。我们假设把 G 作为一个平面图画在平面上，根据定理 12.2.2 知，存在一个顶点 x，它的度至多是 5。设 H 是 G 的不同于 x 的顶点导出的 $n-1$ 阶子图。根据归纳假设 H 有一个 5 着色。如果 x 的度等于或小于 4，那么我们能够给 x 指定一种颜色，这一颜色不同于与 x 邻接的顶点颜色，并得到 G 的一个 5 着色[⊖]。现在假设 x 的度为 5，那么有 5 个顶点与 x 邻接。如果这些顶点中有两个被指定为相同色，那么如前面一样，存在一种指定给 x 的颜色，使得我们获得 G 的一个 5 着色。因此，我们可以进一步假设与 x 邻接的每个顶点 y_1，y_2，y_3，y_4，y_5 被指定为不同颜色。设像图 12-6 所示的那样，围绕顶点 x 按顺序标号顶点为 y_1，y_2，y_3，y_4，y_5，而颜色分别是 1，2，3，4，5，且 y_j 的着色为 $j (j=1,2,3,4,5)$。

我们考虑由颜色为 1 和 3 的顶点导出的 H 的子图 $H_{1,3}$。如果 y_1 和 y_3 属于 $H_{1,3}$ 的不同连通分量，那么在 H 上运用定理 12.3.1，我们得到一个 y_1 和 y_3 有相同着色的 5 着色。这样我们就为 x 留出了一种颜色并因此获得 G 的 5 着色。现在假设 y_1 和 y_3 属于 $H_{1,3}$ 的同一个连通分量。那么在 H 中存在一条连接 y_1 和 y_3 的路径，使得这条路径上的顶点的颜色是 1 和 3 交替出现的。沿着连接 x 与 y_1 和 x 与 y_3 边曲线的路径确定一条闭曲线 γ。与 x 邻接的其余三个顶点 y_2，y_4，y_5 当中，一个在 γ 之内另外两个在 γ 之外，或者反之（两个在 γ 之内，一个在 γ 之外）。参见图 12-7，在这个图中，y_4 和 y_5 在外面。现在，我们考虑颜色 2 和 4 的顶点导出的 H 的子图 $H_{2,4}$。顶点

[478] y_2 和 y_4（见图 12-7）不可能属于 $H_{2,4}$ 的同一连通分量，因为 y_2 在一条简单闭曲线的内部，而 y_4 却在这条曲线的外部。在 $H_{2,4}$ 中含有 y_2 的连通分量中，交换顶点颜色 2 和 4，根据引理 12.1.1，我们得到 H 的一个 5 着色，在这一着色中与 x 邻接的顶点都不被指定为颜色 2。现在我们指定 x 为颜色 2 而得到 G 的一个 5 着色。 □

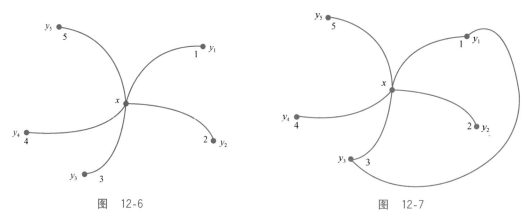

图 12-6　　　　　　　　　　　　图 12-7

1943 年，Hadwiger[⊖] 提出了一个关于图的色数的猜想，除少数几种情况外，这一猜想至今没有得到解决。这不足为奇，因为这一猜想的一个实例的真实性等价于平面图 4 着色的存在性。这一猜想断言：色数满足 $\chi(G) \geqslant p$ 的连通图 G 能收缩到 K_p。等价地，如果 G 不能收缩到 K_p，那么

⊖ 这正如我们证明 6 种颜色足以给平面图的顶点着色一样。但对于 5 着色，我们还没有完成证明，因为现在必须讨论 x 的度为 5 的情况。

⊖ H. Hadwiger, Über eine Klassifikation der Streckenkomplexe, *Vierteljschr. Naturforsch. Ges.*, *Zurich*, 88 (1943), 133-142。

$\chi(G) < p$。该猜想的逆命题为假，即存在可以收缩到 K_p 且色数小于 p 的平面图。例如，把其边排成一个圈的 4 阶图有色数 2，然而这个图本身通过收缩一条边能收缩到 K_3。

定理 12.3.3 Hadwiger 猜想对于 $p=5$ 成立当且仅当每个平面图有 4 着色。

部分证明 我们只证明，如果 Hadwiger 猜想对 $p=5$ 成立，那么每个平面图 G 有 4 着色。设 G 是平面图并且假设 G 能收缩到 K_5，因为平面图的收缩还是平面图，这就推出 K_5 是平面图，从而得到一条假命题，因此 G 不能收缩到 K_5，所以 Hadwiger 猜想对于 $p=5$ 为真推出 $\chi(G) \leq 4$。 □

我们已经知道，Hadwiger 猜想对于 $p \leq 4$ 和 $p=6$ 为真。下面的定理证明 Hadwiger 猜想对于 $p=2, 3$ 的情形，至于 $p=4$ 的情形留作练习。

479

定理 12.3.4 设 $p \leq 3$。如果 G 是色数满足 $\chi(G) \geq p$ 的连通图，那么 G 能收缩到 K_p。

证明 如果 $p=1$，那么通过每条边的收缩，我们得到 K_1。如果 $p=2$，那么 G 至少有一条边 α，除 α 外收缩所有边，我们得到 K_2。现在假设 $p=3$，$\chi(G) \geq 3$。因为 $\chi(G) \geq 3$，所以 G 不是二分图，根据定理 11.4.1 可知，G 有一条长度为奇数的圈。设 γ 是 G 中一条长度最小的奇数圈。则只有连接 γ 中顶点的边才是 γ 的边，否则我们能找一条长度比 γ 更短的奇数圈，除 γ 中的边外，收缩 G 中所有的边而得到 γ。我们可以进一步收缩边，直到获得 K_3。 □

12.4 独立数和团数

设 $G = (V, E)$ 是 n 阶图。称 G 中的顶点集合 U 是独立集[⊖]，如果 U 中的任意两点都不邻接。这等价于由 U 中的顶点导出的 G 的子集 G_U 是一个零图。因此，色数 $\chi(G)$ 等于使得 G 的顶点能被分成 k 个独立集的最小整数 k。独立集的子集也是独立集，因而我们寻求大的独立集。独立集中顶点的最大个数称为图 G 的独立数，用 $\alpha(G)$ 表示。独立数是在 G 的顶点着色之下，有相同着色的顶点的最大个数。推论 12.1.3 可以重新表示为

$$\chi(G) \geq \left\lceil \frac{n}{\alpha(G)} \right\rceil$$

对于零图 N_n、完全图 K_n 和完全二分图 $K_{m,n}$，我们分别有

$$\alpha(N_n) = n, \quad \alpha(K_n) = 1, \quad \alpha(K_{m,n}) = \max\{m,n\}$$

一般来说，求一个图的独立数是一个非常难的计算问题。

例子 设图 G 是如图 12-8 所示的图。对此，$\{a, e\}$ 是一个独立集，它不是任何一个更大的独立集的子集。同样，$\{b, c, d\}$ 是具有相同性质的独立集。任意 4 个顶点中有两个是邻接的，因此，$\alpha(G) = 3$。 □

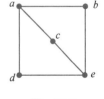

图 12-8

480

例子 某动物园希望把各种动物放在同一个围栏里，显然，如果一种动物捕食另一种动物，那么两者不应该放在同一个围栏里。问能放在一个围栏里的最大的动物种数是多少？

我们建一个动物园图 G，它的顶点是动物园里的不同种类的动物，在两种动物之间放一条边当且仅当它们当中一种捕食另一种。能放在同一个围栏里的动物最大种数等于 G 的独立数 $\alpha(G)$。为了容纳所有种类的动物，需要多少围栏？答案是 G 的色数 $\chi(G)$。 □

例子（8 王后问题） 考虑 8×8 棋盘和作为王后的棋子。在下棋时，王后能攻击位于它所在行和所在列，以及包含它的两条对角线之一上的任何一个棋子。如果 9 个王后放在这张棋盘上，则必然有两个王后位于同一行上因此而互相攻击。问有可能把 8 个王后放在棋盘上使得没

⊖ 有时也称稳定的。

有王后之间相互攻击吗?

设 G 是棋盘的王后图,G 的顶点就是棋盘上的方格,两个方格邻接当且仅当放在这两个方格之一处的王后可以攻击放在另外一个方格处的王后。因此,我们的问题是问王后图的独立数是否等于 8。事实上,$\alpha(G)=8$ 并且存在 92 种把 8 个非攻击王后放在棋盘上的不同方案。方案之一如图 12-9 所示。 □

设 $G=(V,\ E)$ 是图,U 是顶点的独立集,并且不是任何更大独立集的子集。因此,U 中任何两个顶点都不邻接。不在 U 中的每个顶点至少与 U 中一个顶点邻接 ⊖。具有后面这种性质的顶点集合称为控制集。严格地说,设 W 是 G 的一个顶点集,如果不在 W 中的每个顶点至少与 W 中的一个顶点邻接,则称 W 为一个控制集。W 中的顶点可以邻接也可以不邻接。显然,如果 W 是控制集,则包含 W 的任何顶点集也是控制集。现在的问题是找控制集中最小的顶点数。控制集中最小的顶点数称为 G 的控制数,用 $\mathrm{dom}(G)$ 表示。

例子 考虑一栋建筑物,它也许是收藏艺术品的美术馆,由许多复杂的走廊构成。我们希望在整个建筑物安排若干保安,使得建筑物的每个部分都在保安的可视范围内,从而至少得到一名保安的监视。问需要雇用多少保安来监视这个建筑物?

我们构造一个图 G,它的顶点是两个或两个以上走廊的结合处或者一个走廊的端点,而这个图 G 的边对应走廊。例如,我们也许有如图 12-10 所示的走廊图。能监视这座建筑物的最少看守人数等于 G 的控制数 $\mathrm{dom}(G)$。对于图 12-10 中的图 G,不难验证 $\mathrm{dom}(G)=2$,$\{a,\ b\}$ 是 2 个顶点的控制集。 □

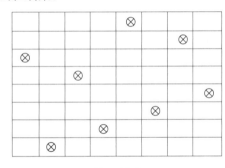

图 12-9

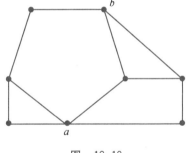

图 12-10

对于零图、完全图和完全二分图,我们分别有

$$\mathrm{dom}(N_n)=n,\quad \mathrm{dom}(K_n)=1,\quad \mathrm{dom}(K_{m,n})=2,\quad \text{如果 } m,n\geqslant 2$$

在一般情况下,计算一个图的控制数是非常困难的。非连通图的控制数显然是它的连通分量的控制数的和。对于连通图,我们有一个简单的不等式。

定理 12.4.1 设 G 是阶为 $n\geqslant 2$ 的连通图。则

$$\mathrm{dom}(G)\leqslant\left\lfloor\frac{n}{2}\right\rfloor$$

证明 设 T 是 G 的一棵生成树。则

$$\mathrm{dom}(G)\leqslant\mathrm{dom}(T)$$

因此,对 $n\geqslant 2$ 阶树证明不等式就足够了。我们对 n 施归纳法证明。如果 $n=2$,则 T 的每个顶点都是一个控制集,因此,$\mathrm{dom}(T)=1=\lfloor 2/2\rfloor$。现在假设 $n\geqslant 3$,令 y 是与一个悬挂顶点 x 邻接的顶点。T^* 是从 T 中删除顶点 y 和所有与 y 关联的边而获得的图。T^* 的连通分量是树且在这些树中至少有一棵树的阶为 1。设 T_1,…,T_k 是阶至少为 2 的树,它们的阶分别为 $n_1\geqslant 2$,…,

---

⊖ 否则可以扩大 U,所以它不是最大的。

$n_k \geqslant 2$，此时 $n_1 + \cdots + n_k \leqslant n-2$。由归纳假设，每个 T_i 有一个大小至多为 $\lfloor n_i/2 \rfloor$ 的控制集，这些控制集与 y 的并给出了一个 T 的大小至多为

$$1 + \left\lfloor \frac{n_1}{2} \right\rfloor + \cdots + \left\lfloor \frac{n_k}{2} \right\rfloor \leqslant 1 + \left\lfloor \frac{n_1 + \cdots + n_k}{2} \right\rfloor \leqslant 1 + \left\lfloor \frac{n-2}{2} \right\rfloor = \left\lfloor \frac{n}{2} \right\rfloor$$

的控制集。 □

图 G 中的一个团是顶点的子集 U，其中的每一对顶点邻接，这等价于由 U 导出的子图是完全图。团中顶点的最大数目称为 G 的团数，记为 $\omega(G)$。对于零图、完全图和完全二分图，我们分别有

$$\omega(N_n) = 1, \quad \omega(K_n) = n, \quad \omega(K_{m,n}) = 2$$

在一个图中，团的概念在下述意义下与独立集是"互补的"。设 $\overline{G} = (V, \overline{E})$ 是 G 的补图。回顾一下，G 的补图与 G 有相同的顶点集并且 $\overline{G}$ 中两个顶点邻接当且仅当它们在 G 中不邻接。从定义可知，对于 V 的子集 U，U 是 G 的独立集当且仅当 U 是 $\overline{G}$ 的团，U 是 G 的团当且仅当 U 是 $\overline{G}$ 的独立集。特别地，我们有

$$\alpha(G) = \omega(\overline{G}), \quad \omega(G) = \alpha(\overline{G})$$

色数和团数的关系由下述不等式给出（参见定理 12.1.2）：

$$\chi(G) \geqslant \omega(G) \tag{12.6}$$

至少有一条边的二分图满足 $\chi(G) = \omega(G) = 2$。阶为 $n > 3$ 的奇数且在一条圈里有 n 条边的循环图 C_n 满足 $\chi(C_n) = 3 > 2 = \omega(C_n)$。

因为独立集与团是互补的概念，又因为一个顶点着色是把图的顶点划分成独立集的一个划分，所以很自然要考虑与顶点着色互补的概念。在顶点着色的定义中用团取代独立集，则得到如下概念。图 G 的一个团划分就是它的顶点被划分成团的一个划分。G 的团划分中最小的团数定义为 G 的团划分数，用 $\theta(G)$ 表示。因此，我们有

$$\chi(G) = \theta(\overline{G}), \quad \theta(G) = \chi(\overline{G})$$

式（12.6）的不等式的"补式"是

$$\theta(G) \geqslant \alpha(G) \tag{12.7}$$

该不等式成立是因为两个非邻接顶点不能在同一个团里。

很自然，我们要考察使（12.6）的等号（图的色数等于它的团数）成立的那些图以及使（12.7）的等号（图的团划分数等于它的独立数）成立的那些图。对于这两个不等式等号成立的图也不一定太特殊。例如，设 H 是色数等于 p 的任意图（因此，$\omega(H) \leqslant p$）。设 G 是有两个连通分量的图，一个分量是 H，另一个分量是 K_P。那么，$\chi(G) = p, \omega(G) = p$，因此，不管 H 的结构如何，（12.6）的等号都成立。要求式（12.6）不仅对 G 成立，而且对 G 的每个导出子图成立，则可以强加某些结构。

如果对于图 G 的每个导出子图 H 有 $\chi(H) = \omega(H)$，则称图 G 是 χ 完美的。如果对于图 G 的每个导出子图 H 有 $\theta(H) = \alpha(H)$，则称图 G 是 θ 完美的。1961 年 Berge[⊖] 提出了一个猜想：只存在一种完美性。1972 年 Lovász[⊖] 给出了它的证明。我们陈述该定理而不加证明。

定理 12.4.2 图 G 是 χ 完美的当且仅当它是 θ 完美的。等价地，G 是 χ 完美的当且仅当 $\overline{G}$ 是 χ 完美的。

作为该定理的结果，我们现在考察完美图并且指出一大类完美图的存在性。

⊖ C. Berge, Färbung von Graphen, deren sämtliche bzw. deren ungerade Kreise starr sind, *Wiss. Z. Martin-Luther-Univ.*, *Halle-Wittenberg Math.-Natur*, *Reihe*, (1961), 114-115。

⊖ L. Lovász, Normal Hypergraphs and the Perfect Graph Conjecture, *Discrete Math.*, 2 (1972), 253-267。

设 $G=(V,E)$ 是图。G 中一个圈的弦是连接这个圈上两个非连续顶点的一条边。因此，一条弦是连接圈的两个顶点的一条边，但其自身不是圈的边。长度为 3 的圈不可能有任何弦。如果长度比 3 大的每个圈都有一条弦，那么称该图为弦图。一个弦图没有任何无弦圈。一个弦图的导出子图也是弦图。

484

例子　因为完全图的导出子图是完全图，而且二分图的导出子图也是二分图，所以完全图和所有二分图是完美的。完全图 K_n 是弦图，树也是$^{\ominus}$。完全二分图 $K_{m,n}(m \geq 2，n \geq 2)$ 不是弦图，因为这种图有一条长度为 4 的无弦圈。从完全图 K_n 中删除一条边而获得的图是弦图，因为 K_n 中每一条长度大于 3 的圈至少有两条弦。　□

考虑由直线上的区间产生的一类特殊的弦图。实直线上的一个闭区间可记作

$$[a,b] = \{x : a \leq x \leq b\}$$

设

$$I_1 = [a_1,b_1], I_2 = [a_2,b_2], \cdots, I_n = [a_n,b_n] \tag{12.8}$$

是一个闭区间族。设 G 是一个图，它的顶点集合为 $\{I_1，I_2，\cdots，I_n\}$，其中，两个区间 I_i 和 I_j 邻接当且仅当 $I_i \cap I_j \neq \varnothing$，这种图 G 称为区间图，并且与区间图同构的所有图也称为区间图。因此，区间图的顶点能看成是区间，两个顶点邻接当且仅当相应的区间至少有一个公共点。

例子　完全图 K_n 是区间。我们如下选择 (12.8) 中的区间：

$$a_1 < a_2 < \cdots < a_n < b_n < \cdots < b_2 < b_1$$

如果 $i \neq j$ 且 $i < j$，则 $I_j \subset I_i$，因此，$I_i \cap I_j \neq \varnothing$。因此，这一区间图是完全图。

现在设 G 是从 K_4 中删除一条边而获得的 4 阶图，如下选择 (12.8) 中的区间 ($n=4$)：

$$a_4 < a_1 < a_3 < b_4 < a_2 < b_1 < b_2 < b_3$$

除区间 I_2 和 I_4 外，每一对区间有一个非空交集。　□

定理 12.4.3　每个区间图都是弦图。

证明　设 G 是有 (12.8) 给出的区间 I_1，I_2，$\cdots$，I_n 的区间图。假设 $k > 3$，并设

485
$$I_{j_1} - I_{j_2} - \cdots - I_{j_k} - I_{j_1}$$

是一个长度为 k 的圈。我们要证明这个圈中至少存在一个区间与圈中相隔两个区间远的区间有非空交集。假定该结论不成立，那么将会得到一个矛盾。假设 I_m，I_p，I_q，I_r 是上述圈中四个连续区间，满足 $I_m \cap I_q = \varnothing$，$I_p \cap I_r = \varnothing$，使得没有连接 I_m 和 I_q 的弦，也没有连接 I_p 和 I_r 的弦。那么

$$I_m \cap I_p \neq \varnothing，\quad I_p \cap I_q \neq \varnothing，\quad I_q \cap I_r \neq \varnothing，\quad I_m \cap I_q = \varnothing，\quad I_p \cap I_r = \varnothing$$

如果 $a_q < a_p$，$b_p < b_q$，则 $I_p \subset I_q$，因此有 $\varnothing \neq I_m \cap I_p \subset I_m \cap I_q$，矛盾。因此有 $a_p \leq a_q$ 或者 $b_q \leq b_p$。如果 $a_p \leq a_q$，那么 $a_q \leq a_r$。如果 $b_q \leq b_p$，则 $b_r \leq b_q$。因此，对圈上三个连续的区间 I_p，I_q，I_r，有

$$a_p \leq a_q \leq a_r \text{ 或者 } b_r \leq b_q \leq b_p \tag{12.9}$$

现在，设 $p=j_1$，并先假设 $a_{j_1} \leq a_{j_2}$。重复使用式 (12.9)，我们得到

$$a_{j_1} \leq a_{j_2} \leq \cdots \leq a_{j_k} \leq a_{j_1}$$

于是，我们得出所有的区间有相同左端点的结论。如果 $b_{j_2} \leq b_{j_1}$，那么用类似的方法可以得出所有区间有相同右端点的结论。不论是哪一种情况，圈中的所有区间都有一个公共点，这与圈中相隔两个的区间没有公共点的假设相矛盾，该矛盾就证明了定理的正确性。　□

作为本节的结束，我们证明弦图，从而区间图是完美的。为了证明这个定理我们需要一个引理。回想一下，图 $G=(V,E)$ 的顶点子集 U，如果由不在 U 中的顶点导出的子图 G_{V-U} 是非连通的，那么子集 U 是一个关节集。下面的引理证明一个图的色数等于它的团数，如果特定更小的

$\ominus$　如果图中没有任何圈，则它不可能有无弦圈。

导出图具有这种性质。

引理 12.4.4　设 $G=(V,E)$ 是连通图，U 是它的关节集，且由 U 导出的子图 G_U 是一个完全图。设导出子图 G_{V-U} 中的连通分量是 $G_1=(U_1,E_1)$，$\cdots$，$G_t=(U_t,E_t)$。假设导出子图 $G_{U_i \cup U}$ 满足

$$\chi(G_{U_i \cup U}) = \omega(G_{U_i \cup U}) \quad (i=1,2,\cdots,t)$$

那么

$$\chi(G) = \omega(G)$$

证明　设 $k=\omega(G)$。因为 $G_{U_i \cup U}$ 的每一个团也是 G 的团，所以

$$\omega(G_{U_i \cup U}) \leqslant k \quad (i=1,2,\cdots,t)$$

486

因为在不同的 U_i 中的顶点是不相邻接的，对于 G 的每一个团，存在 j，使得它也是 $G_{U_j \cup U}$ 的团，因此，至少存在一个 j 满足

$$\omega(G_{U_j \cup U}) = k$$

根据假设和定理12.1.10 得

$$\chi(G) = \max\{\chi(G_{U_1 \cup U}),\cdots,\chi(G_{U_t \cup U})\} = \max\{\omega(G_{U_1 \cup U}),\cdots,\omega(G_{U_t \cup U})\} = k = \omega(G) \qquad \square$$

假如对关节集 U 的所有 $W \neq U$ 的子集 $W \subseteq U$，W 不是关节集，那么 U 是一个极小关节集。在下一个定理中，我们将证明弦图中的极小关节集将导出一个完全子图。

定理 12.4.5　设 $G=(V,E)$ 是连通的弦图，U 是 G 的一个极小关节集。那么由 U 导出的子图 G_U 是一个完全图。

证明　假设该结论不成立，即 G_U 不是完全图，那么我们将得到一个矛盾。设 a 和 b 是 U 中两个不邻接的顶点。因为 U 是关节集，所以图 G_{V-U} 至少有两个连通分量 $G_1=(U_1,E_1)$ 和 $G_2=(U_2,E_2)$。如果 a 不与 G_1 中任何顶点邻接，那么得到 $U-\{a\}$ 也是一个关节集，而 U 已经是极小关节集了，所以，a 必定至少与 U_1 中的一个顶点邻接。类似地，我们可证明 a 至少与 U_2 中的一个顶点邻接。对 b 也有同样的结论：b 至少与 U_1 中的一个顶点邻接且至少与 U_2 中的一个顶点邻接。因为 G_1 和 G_2 是连通的，所以，存在一条连接 a 到 b 的路径 γ_1，该路径中不同于 a 和 b 的所有顶点属于 U_1，同样存在一条连接 b 到 a 的路径 γ_2，该路径中不同于 a 和 b 的所有顶点属于 U_2，我们可以选择 γ_1 和 γ_2，使其长度最短，由此，把 γ_2 接在 γ_1 后面，

$$\gamma = \gamma_1, \gamma_2$$

它是 G 中的一个圈而且长度至少等于 4。此外，因为我们选择的 γ_1 和 γ_2 具有最短的长度，所以，γ 的弦只可能是连接 a 和 b 的边，因为选择的 a 和 b 是非邻接的，所以，我们得出 $\gamma=\gamma_1,\gamma_2$ 没有弦的结论，这与 G 是弦图矛盾。证毕。　　　　　　　　　$\square$

现在我们来证明弦图是完美的。

定理 12.4.6　每个弦图都是完美的。

487

证明　因为弦图的导出子图还是弦图，所以只需证明对于弦图 G 有 $\chi(G)=\omega(G)$ 即可。

设 G 是 n 阶弦图。对 n 施归纳法证明：

$$\chi(G) = \omega(G)$$

因为完全图是完美的，所以我们假设 G 不是完全图。这样 G 就应该有一个极小关节集 U，由定理12.4.5 知 G_U 是一个完全图。设 $G_1=(U_1,E_1)$，$\cdots$，$G_t=(U_t,E_t)$ 是 G_{V-U} 的连通分量。根据归纳假设，每个图 $G_{U_i \cup U}$ 满足

$$\chi(G_{U_i \cup U}) = \omega(G_{U_i \cup U}) \quad (i=1,2,\cdots,t)$$

应用引理 12.4.4，我们得到 $\chi(G)=\omega(G)$。　　　　　　　　　　　　　　$\square$

根据定理 12.4.3 和定理 12.4.6，我们立即获得下面的推论。

推论 12.4.7 每个区间图都是完美的。 □

人们在试图刻画完美图的特征方面已做了大量的尝试工作。这些尝试大都是直接针对解决下列 Berge⊖ 猜想的：

图 G 是完美的当且仅当 G 及它的补图 $\overline{G}$ 都不含这样的导出子图：它是长度大于 3 的奇数的圈并且没有任何弦。

这一猜想已经在最近得到正面的答案⊜。我们将其证明留作练习题，即证明如果图 G 或者其补图 $\overline{G}$ 有一个奇数长度且大于 3 的无弦圈的导出子图，那么 G 不是完美的。

12.5　匹配数

对于我们本节的讨论，我们只考虑简单图。

设 $G=(V,E)$ 是图。我们针对边，考虑一个类似于顶点的独立概念。回想一下，V 中的顶点集合 U 是独立的，指的是 U 中任意两个顶点都不被一条边连接。E 中的边的集合 M 是匹配的指的是 M 中没有两条边有公共顶点⊜。因为边含有两个顶点，所以如果 G 有 n 个顶点，那么一个匹配 M 至多有 $n/2$ 条边。匹配 M 与顶点 x 相遇指的是它的一条边（从而唯一一条边）包含这个顶点 x。G 的一个匹配 M 如果与 G 的每一个顶点相遇，则称 M 是 G 的完美匹配。完美匹配也称为 G 的 1 因子。图 G 的匹配数是 G 的匹配中最大的边数，记作 $\rho(G)$。

例子 很容易证明，完全图 K_n 有完美匹配当且仅当 n 是偶数。事实上，如果 n 是偶数，我们可以通过这样的方法得到一个完美匹配：反复地选出与前面的任何选择都没有公共顶点的边。一般地，我们有 $\rho(K_n)=\lfloor n/2 \rfloor$。$n$ 个顶点的圈 C_n 有完美匹配当且仅当 n 是偶数；事实上，当 n 是偶数时，C_n 正好有两个完美匹配。我们同样有 $\rho(C_n)=\lfloor n/2 \rfloor$。对于 n 个顶点的路径 P_n 也同样有 $\rho(P_n)=\lfloor n/2 \rfloor$。完全二分图 $K_{m,n}$ 有完美匹配当且仅当 $m=n$；这是因为完美匹配一定将左顶点与右顶点配对。一般地，我们有 $\rho(K_{m,n})=\min\{m,n\}$。 □

我们首先考虑二分图的匹配。事实上，我们已经在第 9 章以另一种形式做了这一工作。设 $G=(V,E)$ 是有二分划 X,Y 的二分图。因此，G 的每一条边都是在 X 中有一个顶点，在 Y 中有一个顶点。如下列出 X 和 Y 的顶点：

$$X：x_1,x_2,\cdots,x_n,\quad Y：y_1,y_2,\cdots,y_m$$

图 G 是完全二分图 $K_{m,n}$ 的子图，且有二分划 X,Y。对于这个二分图，我们关联一个 Y 的子集族 $\mathcal{A}_G=(A_1,A_2,\cdots,A_n)$ 如下：

$$A_i=\{y_j：\{x_i,y_j\} \text{ 是 } G \text{ 的一条边}\}\quad(i=1,2,\cdots n)$$

因此 A_i 是由与 x_i 有一条边连接着的所有顶点组成的。显然，在给定 Y 的子集族 A 之后，这个结构是可逆的，即我们可以构造出一个二分图 G，使得 $A=\mathcal{A}_G$。所以非正式地说，集合族和二分图是同一个数学思想的两种不同表示方式。

⊖ C. Berge，Färbung von Graphen, deren sämtliche bzw. deren ungerade Kreise starr sind, *Wiss. Z. Martin-Luther-Univ.*, *Halle-Wittenberg Math.-Natur*, *Reihe*, (1961), 114-115。

⊜ M. Chudnovsky, N. Robertson, P. Seymour, and R. Thomas, The Strong Perfect Graph Theorem, *Ann. of Math.* (2) 164 (2006), 51-229。

⊜ 为什么这样设定边的"独立性"？取图 $G=(V,E)$，如下形成一个新图 $L(G)=(E,S)$，它以 G 的边作为新顶点，它的边是 G 中有公共顶点的一对边。于是 $L(G)$ 的顶点集合（即 G 的边集合）是独立的，只要没有两个顶点被 $L(G)$ 中的一条边连接（即在 G 中没有公共顶点，所以形成 G 中的一个匹配）。图 $L(G)$ 称为 G 的线图。画出 G 的线图的一个好方法是取 G 的一个图形，然后在其每一条边上插入一个新顶点，如果两个顶点所在边有公共顶点则连接这两个新顶点（然后擦掉原来的所有顶点和边，或者使用不同的颜色区分新旧两种顶点和边，使得你自己不会忘记你要从哪个图开始）。以你喜欢的图尝试一下，例如图 K_3 的线图是什么样的？图 $K_{1,3}$ 和 K_4 的线图是什么样的？

假设 $(e_1, e_2, \cdots, e_n)$ 是族 A_G 的相异代表系（SDR）。那么对于每一个 i，e_i 是 A_i 的元素，且元素 $e_1, e_2, \cdots, e_n$ 互不相同。这表明

$$M = \{\{x_1, e_1\}, \{x_2, e_2\}, \cdots, \{x_n, e_n\}\}$$

是 G 的 n 条边的一个集合，M 中的任意两条边都没有公共顶点。因此 M 是 G 的 n 条边的一个匹配。反之，从 G 的 n 条边的一个匹配出发，我们可以得到 A_G 的一个 SDR。类似的讨论给出下面的结论。

定理 12.5.1 设 G 是有二分划 X，Y 的二分图，且有相关的 Y 的子集族 A_G。设 t 是正整数。则从下面的子族

$$\text{有 SDR}(e_{i_1}, e_{i_2}, \cdots, e_{i_t}) \text{ 的 } A_G \text{ 的 } t \text{ 个集合} (A_{i_1}, A_{i_2}, \cdots, A_{i_t}) \tag{12.10}$$

出发，我们可以得到一个匹配

$$G \text{ 的 } t \text{ 条边} \{x_{i_1}, e_{i_1}\}, \{x_{i_2}, e_{i_2}\}, \cdots, \{x_{i_t}, e_{i_t}\} \tag{12.11}$$

反之，从 G 的 t 条边的匹配 (12.11) 出发，我们可以得到有 SDR$(e_{i_1}, e_{i_2}, \cdots, e_{i_t})$ 的 t 个集合的 A_G 的子族 (12.10)。

因此，拥有 SDR 的 A_G 的子族中集合的最大数量等于 G 的匹配数 $\rho(G)$。

根据推论 9.2.3，拥有 SDR 的 A_G 的子族中集合的最大数量等于

$$\min\{|A_{i_1} \bigcup A_{i_2} \bigcup \cdots \bigcup A_{i_k}| + n - k\} \tag{12.12}$$

上式中的 min 是对 $k=1, 2, \cdots, n$ 的所有选择以及满足 $1 \leqslant i_1 < i_2 < \cdots < i_k$ 的 k 个下标 $i_1, i_2, \cdots i_k$ 的所有选择取最小值。因此，上式给出二分图 G 的匹配数的一个表达式（最小值）。下面，我们用一种更简洁的形式给出关于图 G 的这个表达式。

如果一个图的顶点集合 V 的子集 W 满足每一条边至少有一个顶点在 W 中，则称 W 是 G 的一个边覆盖，简称为 G 的覆盖。完全图 K_n 的一个覆盖可以省去至多一个顶点，因为在完全图中每两个顶点之间都有一条边连接。有二分划 X，Y 的二分图 G 的两个自然的覆盖是 X 和 Y。G 的覆盖中顶点的最小数量记作 $c(G)$。

引理 12.5.2 设 $G=(V, E)$ 是图。那么顶点集合 V 的子集 W 是覆盖当且仅当顶点的补集 $V \setminus W$ 是独立集。

证明 首先，我们假设 W 是一个覆盖。于是每一条边至少有一个顶点在 W 中，所以任意一条边都不可能两个顶点都在 $V \setminus W$ 中。因此，$V \setminus W$ 是一个独立集。反之，假设 U 是 V 的顶点集合的独立集。于是，任意一条边都不可能两个顶点都在 U 中，所以每一条边至少有一个顶点在 $V \setminus U$ 之中。 $\square$

下面的定理是所谓的 König-Egerváry[⊖] 定理。

定理 12.5.3 设 $G=(V, E)$ 是二分图。则

$$\rho(G) = c(G) \tag{12.13}$$

即匹配中边的最大数量等于覆盖中顶点的最小数量。

证明 设 X，Y 是 G 的二分划，设 A_G 是相关联的 Y 的子集族。首先设 M 是满足 $|M| = \rho(G)$ 的匹配。因为 M 中任意两条边都没有公共顶点，所以覆盖 M 中的边恰好需要 $|M|$ 个顶点。因此我们至少需要这么多个顶点来覆盖 G 的所有边，因此有 $c(G) \geqslant |M| = \rho(G)$。

现在我们证明 $c(G) \leqslant \rho(G)$。根据定理 12.5.1 和式 (12.12)，我们有

$$\rho(G) = \min\{|A_{i_1} \bigcup A_{i_2} \bigcup \cdots \bigcup A_{i_k}| + n - k\} \tag{12.14}$$

从 $1, 2, \cdots, n$ 中选出 l 和满足 $1 \leqslant i_1 < i_2 < \cdots < i_l \leqslant n$ 的下标 $i_1, i_2, \cdots i_l$，使得它们给出

⊖ D. König: Graphen und Matrizen, *Mat. Lapok*, 38 (1931), 116-119；E. Egerváry: On Combinatorial Properties of Matrices (Hungarian with German summary)，*Mat. Lapok*，38 (1931)，16-28。

（12.14）中的最小值：

$$\rho(G) = |A_{i_1} \bigcup A_{i_2} \bigcup \cdots \bigcup_{A_{i_l}}| + n - l$$

设 $\{j_1, j_2, \cdots, j_{n-l}\} = \{1, 2, \cdots, n\} \setminus \{i_1, i_2, \cdots, i_l\}$，这是不同于 i_1，i_2，$\cdots$，i_l 的下标的集合。设 $X' = \{x_{j_1}, x_{j_2}, \cdots, x_{j_{n-l}}\}$ 是对应于下标 $\{j_1, j_2, \cdots, j_{n-l}\}$ 的 X 的顶点的子集，而 $Y' = Y \setminus (A_{i_1} \bigcup A_{i_2} \bigcup \cdots \bigcup A_{i_l})$ 是不在 $A_{i_1}, A_{i_2}, \cdots, A_{i_l}$ 的任意集合中的那些 Y 的顶点的子集。于是 $W = X' \bigcup Y'$ 是 G 的一个覆盖。这是因为不存在从任意的 x_{i_t} 到 $Y \setminus Y'$ 中任意顶点的边，因为如果存在这样的一条边，则与 Y' 的定义矛盾。因此，$X' \bigcup Y'$ 是大小为

$$|X'| + |Y'| = n - l + |A_{i_1} \bigcup A_{i_2} \bigcup \cdots \bigcup A_{i_l}| = \rho(G)$$

的一个覆盖。因为我们有一个满足 $|W| = \rho(G)$ 的 G 的覆盖 W，所以得出 $c(G) \leqslant \rho(G)$。把不等式 $c(G) \leqslant \rho(G)$ 和 $\rho(G) \leqslant c(G)$ 结合起来，得 $c(G) = \rho(G)$。 □

例子 考虑 n 个顶点的完全图 K_n。于是 $c(K_n) = n - 1$，因为每一对顶点都有一条边连接。
491但是我们已经提过 $\rho(K_n) = \lfloor n/2 \rfloor$。所以如果 $n \geqslant 3$，则 $c(G) > \rho(G)$；事实上，$c(K_n)$ 与 $\rho(K_n)$ 之间的差是 $\lfloor (n-1)/2 \rfloor$，当 n 增大时，这个值会无穷增大。因此，定理 12.5.3 并非对于所有图都成立。另一方面，通过向 K_3 添加三条新边，即由 K_3 的每一个顶点到新顶点的边而形成的有六个顶点的非二分图 G 满足 $\rho(G) = 3$（这三条新边形成一个匹配），且 $c(G) = 3$（原来三个顶点形成一个覆盖）。 □

正如前面的例子所说的那样，图 G 可能满足 $c(G) = \rho(G)$，也可能不满足。然而，有一个关于 $\rho(G)$ 的公式，它与定理 12.5.3 在下面意义下有相同的性质，即 $\rho(G)$（匹配中边的最大数量）等于另一个表达式的最小值（对于二分图来说，它是覆盖中顶点的最小数量）。下面，我们不加证明地描述一个定理：对于任意图 G，把 $\rho(G)$ 表示成特定表达式的最小值。在此之前，我们需要一些新的概念。

设 $G = (V, E)$ 是图，U 是顶点的一个子集，而 $G_{V \setminus U} = (V \setminus U, F)$ 是不在 U 中的顶点导出的子图。于是，$G_{V \setminus U}$ 是这样得到的：从 G 中删除 U 中的所有顶点以及至少有一个顶点在 U 中的每一条边。即使图 G 是连通的，$G_{V \setminus U}$ 也不可能是，所以它有多个连通分量。其中一些连通分量可能有奇数个顶点，而另外一些连通分量可能有偶数个顶点。实际上，我们需要考虑的是有奇数个顶点的 $G_{V \setminus U}$ 的连通分量。我们称有奇数个顶点的连通分量为奇分量。设 $oc(G_{V \setminus U})$ 表示 $G_{V \setminus U}$ 的奇连通分量的个数。下面的定理刻画了有完美匹配的图[注]。

定理 12.5.4 设 $G = (V, E)$ 是图。则 G 有完美匹配当且仅当

$$对于每一个 U \subseteq V, oc(G_{V \setminus U}) \leqslant |U| \tag{12.15}$$

即删除一个顶点集合创造出的奇连通分量的个数不会超过删除的顶点数。

注意，在（12.15）中取 $U = \varnothing$，我们得到 $oc(G) \leqslant 0$，即 G 没有奇连通分量，这表明 G 的每一个连通分量的顶点数量是偶数，所以 G 本身也有偶数个顶点。

我们只证明条件（12.15）是图 G 有完美匹配的必要条件。现在，假设 $U \neq \varnothing$，且设 $G_{V \setminus U}$ 的奇连通分量是 G_{U_1}，G_{U_2}，$\cdots$，G_{U_k}。因为 $|U_i|$ 是奇数，所以在 G 的一个完美匹配 M 中，一定至少存在一条边，它连接 U_i 中某个顶点和 U 中某个顶点 z_i。这对每一个 $i = 1$，2，$\cdots$，k 都成立，且因为 M 是完美匹配，所以顶点 z_1，z_2，$\cdots$，z_k 互不相同。因此，
492$|U| \geqslant k = oc(G_{V \setminus U})$。

与定理 12.5.3 类似，存在图 G 的匹配数 $\rho(G)$ 的公式，这个公式称为 Berge-Tutte 公式。

⊖ 这个定理是由 W. T. Tutte 于 1947 年首先证明的；The Factorization of Linear Graphs, *J. London Math. Soc.*, 22（1947），107-111；还可以在数学文献中找到更多的初等证明，例如，D. S. West：*Introduction to Graph Theory*, 2nd edition, Prentice Hall, 2001, 136-138。

定理 12.5.5　设 $G(V,E)$ 是有 n 个顶点的图。于是

$$\rho(G) = \min\{n-(oc(G_{V \setminus U})-|U|)\}$$

上式中的 min 对所有 $U \subseteq V$ 取最小值。

从定理 12.5.4 出发推导定理 12.5.5 不是很困难。首先，我们证明对于每一个顶点子集 U 有 $\rho(G) \leqslant n-(oc(G_{V \setminus U})-|U|)$。接着，通过引入一个有 $d=\max\{oc(G_{V \setminus U})-|U|\}$ 个新顶点的完全图 K_d 并连接每一个新顶点到 G 的所有顶点来证明这个上界是可以达到的。

12.6　连通性

图要么是连通的要么是不连通的。但是，显然有些连通图比其他的连通图更加 "连通"。

例子　我们可以通过判断使一个图非连通的难易程度来判断它的连通程度。但是，如何判断使一个图非连通的难易程度呢？有两种自然方法。例如，考虑形成一个路径的 $n \geqslant 3$ 阶的树。如果我们取一个不是这个路径的两端的顶点并且删除它（当然要删除两个关联的边），结果得到一个非连通图。事实上，在树中，这种情况的路径并不是特殊的。对于任何树，删除一个非悬挂顶点都将得到一个非连通图。因此，树不是非常连通的，为了使它成为非连通图只需删除它的一个顶点即可。如果不是删除顶点（及其关联的边）而是边（不删除任何顶点），那么树仍然几乎是非连通的，即删除任何一条边都将得到一个非连通图。相反，对 n 阶完全图 K_n，删除顶点从不能使它非连通，因为删除顶点总是留下一个更小的完全图。如果我们删除的是边而不是顶点，那么可以使 K_n 不连通：如果删除与一个特定顶点相关联的所有 $n-1$ 条边，那么得到一个非连通图 [⊖]。经过简单的计算便知删除的边数少于 $n-1$ 时，K_n 仍是连通的。因此，通过两种计算方法中的任意一种方法 [⊜] 都可得知完全图 K_n 是非常连通的，而树不是非常连通的。本节的主要目的是正式给出这两种连通性的概念，并讨论它们的含义。　　□　493

为了简化我们的说明，本节余下部分都假设所有图的阶为 $n \geqslant 2$。因此，我们不处理只有一个顶点的平凡图。

设 $G=(V,E)$ 是 n 阶图。如果 G 是完全图 K_n，那么我们定义它的顶点连通度为

$$\kappa(K_n) = n-1$$

否则，定义它的顶点连通度为

$$\kappa(G) = \min\{|U| : G_{V \setminus U} \text{ 是非连通的}\}$$

即使剩下的图非连通所需删除的最少顶点数。等价地，非完全图的连通度等于关节集（如 12.1 节定义）的最小元素个数。非完全图中存在一对非邻接顶点 a 和 b。将图中 a 和 b 之外的顶点全部删除，便得到一个非连通图，因此，如果 G 是 n 阶非完全图，则 $\kappa(G) \leqslant n-2$。非连通图的连通度显然为 0，因此，我们有如下基本结论。

定理 12.6.1　设 G 是 n 阶图，则

$$0 \leqslant \kappa(G) \leqslant n-1$$

左边的等号成立当且仅当 G 非连通，右边的等号成立当且仅当 G 是完全图。

图 G 的边连通度（edge-connectivity）定义为从图 G 中删除边而使 G 非连通的最小边数，记作 $\lambda(G)$。非连通图 G 的边连通度满足 $\lambda(G)=0$。连通图 G 的边连通度为 1 当且仅当它有桥。完全图 K_n 的边连通度为 $n-1$。如果删除一个图中与某个特定顶点 x 相关联的所有边，显然我们得到一个非连通图。因此，图 G 的边连通度满足 $\lambda(G) \leqslant \delta(G)$，其中，$\delta(G)$ 表示 G 中顶点的最小

⊖　事实上，从它分离出一个 K_{n-1} 和一个顶点。

⊜　而且，正如我们期望的，对于任何基于图的连通程度的合理度量方法，完全图 K_n 都是非常连通的。

度。下面的定理描述了边连通度和顶点连通度之间的基本关系[一]。

定理 12.6.2 对每个图 G，有

$$\kappa(G) \leqslant \lambda(G) \leqslant \delta(G)$$

证明 前面我们已经证明了上面不等式的后半部分，现在我们证明前半部分。设 G 为 n 阶图。如果 G 是完全图 K_n，则 $\kappa(G)=\lambda(G)=n-1$。下面假设 G 不是完全图，如果 G 是非连通的，因为 $\kappa(G)=\lambda(G)=0$，所以不等式成立。所以我们假设 G 是连通的。设 F 为 $\lambda(G)$ 条边组成的集合，删除这些边将得到一个非连通图 H。于是 H 含有两个连通分量[二]，分别有顶点集 V_1 和 V_2，其中，$|V_1|+|V_2|=n$。如果 F 是由连接 V_1 中顶点与 V_2 中顶点的所有边构成的，那么 $|F| \geqslant n-1$，因此，$\lambda(G) \geqslant n-1$，这意味着 $\lambda(G)=n-1$，得到 G 是完全图，与假设矛盾。所以在 V_1 中存在顶点 a，V_2 中存在顶点 b，使得 a 和 b 在 G 中不邻接。对 F 中每条边 α，我们这样选择一个顶点：如果 a 是 α 的一个顶点，那么选择 α 的另一个顶点（在 V_2 中的那一个），否则选择 α 在 V_1 中的顶点。这样得到的顶点集 U 满足 $|U| \leqslant |F|$。另外，从 G 中删除顶点集 U 将得到一个非连通图，因为不可能存在从 a 到 b 的路径。因此

$$\kappa(G) \leqslant |U| \leqslant |F| = \lambda(G)$$

证毕。 □

例子 假设某通信系统内有 n 个工作站[三]，某些工作站是通过直接通信线路相连的。我们假设该系统是连通的，即每个工作站能通过中间的通信链路与其他每个工作站通信。因此，我们很自然就得到一个 n 阶连通图 G（顶点对应工作站，边对应直接连接），其中连接可能出现错误而失败，工作站也有可能关闭，这都将影响通信。G 的顶点连通度和边连通度与系统的可靠性密切相关。事实上，多达 $\kappa(G)-1$ 个工作站可以被关闭，而剩下的工作站仍然可以正常通信。多达 $\lambda(G)-1$ 个链接可能出现错误而所有的工作站仍然能够互相通信。 □

设 G 是图，那么 G 是连通的当且仅当它的顶点连通度满足 $\kappa(G) \geqslant 1$。如果 k 是一个整数且 $\kappa(G) \geqslant k$，则称 G 为 k 连通的。因此，1 连通图是连通图。注意，如果图是 k 连通的，那么它也是 $(k-1)$ 连通的。图的顶点连通度等于使图为 k 连通的最大整数 k。在本节的剩下部分我们将研究 2 连通图的结构，特别是证明图的边（一般不是顶点）将被自然分成"2 连通分量"[四]。我们定义图 G 的关节顶点（articulation vertex）为这样的顶点 a，删除它使得图 G 不连通，即它是使 $\{a\}$ 是关节集的顶点。

定理 12.6.3 设 G 是 $n \geqslant 3$ 阶图。则下面三个论断等价：

(1) G 是 2 连通的。

(2) G 是连通的且没有关节顶点。

(3) 对每三个顶点 a，b，c，都存在一条连接 a 和 b 且不含 c 的路径。

证明 如果 $\kappa(G) \geqslant 2$，则 G 是连通的且没有关节顶点。反之，因为 $n \geqslant 3$，如果 G 是连通的且没有关节顶点，那么 $\kappa(G) \geqslant 2$，因此断言（1）和（2）是等价的。

现在假设（2）成立。设 a，b，c 为三个顶点。因为 G 没有关节顶点，那么删除 c 不会使 G 不连通，所以存在连接 a 和 b 而不含 c 的路径，从而断言（3）成立。反之，假设（3）成立，显

[一] 该定理首先由 H. Whitney 证明：Congruent Graphs and the Connectivity of Graphs，*American J. Math.*，54 (1932)，150-168. 下面给出的证明源自 R. A. Brualdi and J. Csima，A note on Vertex-and Edge-Connectivity，*Bulletin of the Institute of Combinatorics and Its Applications*，2 (1991)，67-70.

[二] 假如有多于两个的分量，那么就能通过移去更少的边而使 G 不连通。

[三] 或者，我们可以在一台计算机中有 n 个芯片。

[四] 由于 1 连通的含义就是连通，因此我们知道，一个图的顶点及它的边自然被划分成 1 连通部分，即连通分量。当考虑 2 连通部分时，我们只得到边的一个自然划分。

然 G 是连通的。假设 c 是 G 的关节顶点，删除 c 将导致 G 不连通，于是，可以从不同的连通分量中选择 a 和 b，这与（3）矛盾。因此 G 没有关节顶点，即（2）成立，从而证明了（2）和（3）是等价的。 □

定理 12.6.3 之所以假设 $n \geqslant 3$ 是因为完全图 K_2 是连通的，它没有关节顶点，即满足（2），但不满足（1），因为我们有 $\kappa(K_2)=1$。

设 $G=\{V, E\}$ 是 $n \geqslant 2$ 阶连通图。我们定义 G 的块为连通的且没有任何关节顶点的 G 的极大导出子图。更精确地讲，令 U 为 G 的顶点集的一个子集。如果 G_U 是连通的且没有任何关节顶点，并且对 G 的所有满足 $U \subseteq W$，$W \neq U$ 的顶点子集 W，导出子图 G_W 非连通或者有关节顶点，那么导出子图 G_U 就是 G 的一个块。从定理 12.6.3 得到 G 的块要么是完全图 K_2 要么是 2 连通的。

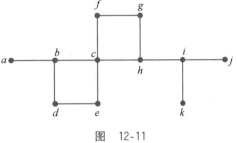

图 12-11

例子 设 G 是如图 12-11 所示的图，则块是由下面的 U

$$\{a, b\}, \{b, c, d, e\}, \{c, f, g, h\}, \{h, i\}, \{i, j\}, \{i, k\}$$

导出的子图 G_U。四个块是 K_2，另外两个块是 2 连通的。注意，某些块可能含有公共顶点，但 G 的每条边只属于某一个块。 □ 496

定理 12.6.4 设 $G=\{V, E\}$ 是 $n \geqslant 2$ 阶连通图，并令

$$G_{U_1} = (U_1, E_1), G_{U_2} = (U_2, E_2), \cdots, G_{U_r} = (U_r, E_r)$$

是 G 的块。则 E_1，E_2，$\cdots$，E_r 是 G 的边集合 E 的一个划分[⊖]，并且每一对块至多有一个公共顶点。

证明 因为一个块可以是 K_2，所以 G 的每条边都属于某个块。一个是 K_2 的块不可能与其他块有公共边，所以与其他块至多有一个公共顶点。因此，我们只需考虑阶至少为 3 且 2 连通的块 G_{U_i} 和 G_{U_j}（$i \neq j$）。如果我们能证明这些块最多有一个公共顶点，那么就推出一条边不可能属于两个不同的块。

假设 $U_i \cap U_j$ 至少含有 2 个顶点。因为 U_i 和 U_j 的交集非空，那么导出图 $G_{U_i \cup U_j}$ 是连通的。令 x 是 $U_i \cup U_j$ 的任意一个顶点。因为 G_{U_i}，G_{U_j} 是 2 连通的，所以 $G_{U_i - \{x\}}$ 和 $G_{U_j - \{x\}}$ 是连通图。此外，因为 U_i 和 U_j 有 2 个公共顶点，所以，$G_{U_i \cup U_j - \{x\}}$ 是连通的，于是，导出图 $G_{U_i \cup U_j}$ 是 2 连通的，从而我们得到了一个更大的 2 连通的导出子图，这与 G_{U_i}，G_{U_j} 是块（最大的 2 连通导出子图）的假设矛盾。所以两个不同的块最多只能有一个公共顶点。 □

最后我们给出 2 连通图的另一个特征。

定理 12.6.5 设 G 是 $n \geqslant 3$ 阶图。那么 G 是 2 连通的当且仅当对于每两个不同顶点对 a 和 b 都存在一个包含 a 和 b 的圈。

证明 如果 G 的每两个不同的顶点对都在一个圈中，那么 G 肯定是连通的而且没有任何关节顶点。根据定理 12.6.3 可知 G 是 2 连通的。

现在假设 G 是 2 连通的。设 a 和 b 是 G 中的不同顶点。设 U 是所有不同于 a 的顶点 x 的集合，使得对顶点 x 存在一个包含顶点 a 和 x 的圈。我们先证明 $U \neq \varnothing$，即至少一个圈含有顶点 497 a。设 $\{a, y\}$ 是包含 a 的任意一条边。由定理 12.6.1，$\lambda(G) \geqslant \kappa(G) \geqslant 2$，因此，删除边 $\{a, y\}$，G 还是连通的。于是有一条连接 a 和 y 的路径，但它并没有使用边 $\{a, y\}$，从而存在一个包含 a 和 y 的圈，故 $U \neq \varnothing$。

⊖ 因此，G 的每边恰好属于一个块。

如果我们要证明的结论不成立，假设 b 不属于 U。设 z 是 U 中离顶点 b 距离为 p 的最近的顶点，而 γ 是一条从 z 到 b 长度为 p 的路径。因为 z 属于 U，所以存在一个含有 a 和 z 的圈 γ_1。圈 γ_1 含有连接 a 和 z 的两条路径 γ_1' 和 γ_1''。因为 G 是 2 连通的，根据定理 12.6.2 可知存在连接 a 和 b 但不包含顶点 z 的路径 γ_2。令 u 是 γ 中第一个属于 γ_2 的顶点[一]。令 v 是属于 γ_2 的同时也属于 γ_1 的最后一个顶点[二]。顶点 v 要么属于 γ_1' 要么属于 γ_1''。假设它属于 γ_1'。那么 a 沿 γ_1' 到 v，v 沿 γ_2 到 u，u 沿 γ 到 z，z 沿 γ_1'' 回到 a，这样我们构造了一个含有 a 和 u 的圈。因此，u 属于 U。但是 u 比 z 更加接近 b，这与我们对 z 的选择相矛盾。从而推出 b 属于 U，所以存在一个包含 a 和 b 的圈。   □

下面的推论给出了定理 12.6.5 中 2 连通图特征的另一种表述。

推论 12.6.6   设 G 是 $n \geqslant 3$ 阶图，那么 G 是 2 连通的当且仅当对每两个不同顶点对 a 和 b 都存在两条连接 a 和 b 的路径，并且这两条路径只有 a 和 b 两个公共点。

这一推论是 Menger[三]定理的一个特例。Menger 定理对任意的 k，描述 k 连通图的特征。我们给出这个定理但不给出其证明，它是 13.2 节给出的有向图的 Menger 定理的"无向图版本"。

定理 12.6.7   设 k 是正整数，G 是阶为 $n \geqslant k+1$ 的图。则 G 是 k 连通的当且仅当对于每两个不同顶点对 a 和 b 都存在连接 a 和 b 的 k 条路径，使得每对路径只有 a 和 b 两个公共点。

如果 $k=1$，那么定理简化为：一个图是 1 连通的（即是连通的）当且仅当每对顶点都有一条路径连接。

12.7　练习题

1. 证明同构图有相同的色数和色多项式。

2. 证明非连通图的色数是它的连通分量的最大色数。

3. 证明非连通图的色多项式等于它的连通分量的色多项式的积。

4. 证明长度为奇数的循环图 C_n 的色数等于 3。

5. 求下列各图的色数：

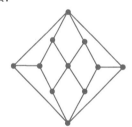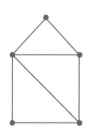

6. 证明色数为 k 的图至少有 $\binom{k}{2}$ 条边。

7. 证明贪心算法对于 $K_{m,n}(m, n \geqslant 1)$ 总是产生两种颜色的顶点着色。

8. 设 G 是具有色多项式 $p_G(k)$ 的 $n \geqslant 1$ 阶图。

　(a) 证明 $p_G(k)$ 的常数项等于 0。

　(b) 证明在 $p_G(k)$ 中 k 的系数是非零的当且仅当 G 是连通的。

　(c) 证明在 $p_G(k)$ 中，k^{n-1} 的系数等于 $-m$，其中 m 是 G 的边数。

9. 设 G 是色多项式为 $p_G(k)=k(k-1)^{n-1}$ 的 n 阶图（即 G 的色多项式与 n 阶树的一样），证明 G 是树。

10. 从 K_n 中删除一条边而获得的图的色数是多少？

11. 证明从 K_n 中删除一条边而获得的图的色多项式为

[一]　这样的顶点存在，因为 b 是 γ 的顶点，也是 γ_2 的顶点。

[二]　这样的顶点存在，因为 a 是 γ_2 的顶点，也是 γ_1 的顶点。

[三]　K. Menger，Zur allgemeinen Kurventheorie，*Fund. Math.*，10 (1927)，95-115。

$$[k]_n + [k]_{n-1}$$

12. 从 K_n 中删除有一个公共顶点的两条边而获得的图的色数是多少？ $\boxed{499}$

13. 从 K_n 中删除没有公共顶点的两条边而获得的图的色数是多少？

14. 证明循环图 C_n 的色多项式为

$$(k-1)^n + (-1)^n (k-1)$$

15. 某图恰好有一个长度为奇数的圈，证明该图的色数等于 3。

16. 证明多项式 $k^4 - 4k^3 + 3k^2$ 不是任意图的色多项式。

17. 利用定理 12.1.10 求下面图的色数。

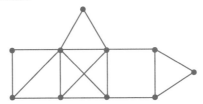

18. 利用计算图的色多项式的算法，求三维立方体顶点和边的图 Q_3 的色多项式。

19. 找出具有两个不同平面表示的一个平面图，使得对某个整数 f，一个表示由 f 条边曲线所围的区域，而另一个则没有这样的区域。

20. 给出一个色数为 4 且不包含导出子图 K_4 的平面图例子。

21. 一个平面被有限条直线分成若干区域。证明这些区域能用两种颜色着色，使得有公共边界的区域着不同的颜色。

22. 用圆取代直线，重复练习题 21。

23. 设 G 是有 $e = 3n - 6$ 条边的 n 阶连通平面图。证明在 G 的任意平面表示中，每个区域恰好由 3 条边曲线围成。

24. 证明连通图总能收缩到单一顶点。

25. 证明平面图的收缩还是平面的。 $\boxed{500}$

26. 设 G 是每个顶点有相同度 k 的 n 阶平面图，证明 $k \leqslant 5$。

27. 设 G 是 $n \geqslant 2$ 阶平面图。证明 G 至少有两个顶点，其度数最多是 5。

28. 如果一个图通过删除一个顶点而获得的每个子图都有更少的色数，那么称该图为色临界图。设 $G = (V, E)$ 是色临界图，证明：

(a) 对每一个顶点 x，$\chi(G_{V-\{x\}}) = \chi(G) - 1$。

(b) G 是连通的。

(c) G 的每个顶点的度数至少等于 $\chi(G) - 1$。

(d) G 没有使 G_U 是完全图的关节集 U。

(e) 每个图 H 有一个导出子图 G，使得 $\chi(G) = \chi(H)$ 且 G 是色临界图。

29. 设 $p \geqslant 3$ 是整数。证明每个顶点的度数至少是 $p-1$ 的图包含一个长度大于或为 p 的圈。然后利用练习题 28 证明色数为 p 的图包含一个长度至少为 p 的圈。

*30. 设 G 是没有任何关节顶点且每个顶点的度至少为 3 的图。证明：G 包含一个能收缩到 K_4 的子图。（提示：从一个最大长度 p 的圈开始，由练习题 29 得 $p \geqslant 4$。再利用练习题 28 得到 Hadwiger 猜想对于 $p = 4$ 的一个证明。）

31. 设 G 是连通图，T 是 G 的生成树。证明 T 包含生成子树 T'，使得对于每一个顶点 v，v 在 G 中的度数和 v 在 T' 中的度数模 2 相等。

32. 对于 8 王后问题，找出一种不同于图 12-9 中给出的解答。

33. 证明 n 阶树的独立数至少是 $\lceil n/2 \rceil$。

34. 证明非连通图的补是连通图。

35. 设 H 是图 G 的一个生成子图，证明 $dom(G) \leqslant dom(H)$。

36. 对每个整数 $n \geqslant 2$，求一个控制数等于 $\lfloor n/2 \rfloor$ 的 n 阶树。

37. 求三维立方体边和顶点的图 Q_3 的控制数。

38. 求循环图 C_n 的控制数。

39. 对于 $n = 5$ 和 6，通过找 3 个方格，把王后放在这些方格上，使得其他每个方格至少受到一个王后的攻击，证明 $n \times n$ 棋盘的王后图的控制数最多是 3。

40. 证明 7×7 棋盘的王后图的控制数最多是 4。

*41. 证明 8×8 棋盘的王后图的控制数最多是 5。

42. 证明区间图的导出子图是区间图。

43. 证明弦图的导出子图是弦图。

44. 证明是弦图的连通二分图只有树。

45. 证明所有的二分图都是完美的。

46. 设 G 是图，使得或者 G 或者它的补 $\overline{G}$ 有一个导出子图，该子图有一个长度大于 3 的奇数的无弦圈，证明 G 不是完美的。

47. 设 k 是正整数，且 G 是每个顶点的度数等于 k 的二分图。
   (a) 证明 G 有完美匹配。
   (b) 证明 G 的边可以划分成 k 个完美匹配。

48. 考虑 n 维体的顶点和边的图 Q_n。使用归纳法证明：
   (a) 对每一个 $n \geqslant 1$，Q_n 有完美匹配。
   (b) Q_n 至少有 $2^{2^{n-2}}$ 个完美匹配。

49. 证明：如果树有完美匹配，则它恰好有一个完美匹配。

50. 利用定理 12.5.4 证明 Petersen (1891) 定理：每一个顶点的度数是 3 且边连通度至少是 2 的图有完美匹配。

51. Petersen 图 $\mathcal{P}$ 是一个图，其顶点是集合 $\{1, 2, 3, 4, 5\}$ 的 10 个 2 子集，而两个顶点被一条边连接当且仅当这两个顶点的 2 子集不相交。
   (a) 画出这个 Petersen 图的图示。（它可以被画成一个五角形，其内部是一个分离的五角星形，有 10 个顶点和 10 条边，还有额外五条边把五角形的每一个顶点与对应的五角星形的顶点连接起来。）
   (b) 证明对于 $\mathcal{P}$ 的每一对没有边连接起来的顶点，总是存在通过一条边与它们二者相连的顶点。
   (c) 证明 $\mathcal{P}$ 的一个圈的最小长度是 5。

52. 证明 K_n 的边连通度等于 $n-1$。

53. 给出一个满足 $\kappa(G) = \lambda(G)$ 的不同于完全图的图 G 的例子。

54. 给出一个满足 $\kappa(G) < \lambda(G)$ 的图 G 的例子。

55. 给出一个满足 $\kappa(G) < \lambda(G) < \delta(G)$ 的图 G 的例子。

56. 求完全二分图 $K_{m,n}$ 的边连通度。

57. 设 G 是 n 阶图且其顶点的度为 $d_1, d_2, \cdots, d_n$。假设经过调整，这些度满足 $d_1 \leqslant d_2 \leqslant \cdots \leqslant d_n$。证明：如果对于所有的 $k \leqslant n - d_n - 1$ 有 $d_k \geqslant k$，那么 G 是连通图。

58. 设 G 是 n 阶图，每个顶点的度均为 d。
   (a) 为了保证 G 是连通的，d 必须多大？
   (b) 为了保证 G 是 2 连通的，d 必须多大？

59. 确定图 12-12 给出的图的块。

60. 证明树的块都是 K_2。

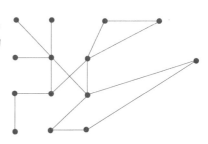

图 12-12

61. 设 G 是连通图。证明 G 的一条边是一个桥当且仅当它是等于 K_2 的块的边。 503

62. 设 G 是图。证明 G 是 2 连通的当且仅当对于每个顶点 x 和每条边 α，都存在既包含顶点 x 又包含边 α 的圈。

63. 设 G 是图，它的每个顶点都有正度数。证明 G 是 2 连通的当且仅当对于每对边 α_1 和 α_2，总存在包含 α_1 和 α_2 的圈。

64. 证明阶为 $n \geqslant 2$ 的连通图至少有两个非关节顶点（提示：取一条最长路径的两个端顶点）。 504

有向图和网络

本章简要讨论有方向的图（简称有向图）。正如我们在第 11 章一开始所指出的那样，有向图类似于无向图，它们的区别是：在有向图中，边是有方向的，并叫作弧。因此，有向图用来模拟非对称的关系，同理，无向图用来模拟对称的关系。我们将要证明的许多结论都是在无向图中已证明过的结论的有向图版本。

网络是带有两个不同顶点 s 和 t 的有向图，其中，每条弧都带有一个非负的权，叫作这条边的容量。如果把每条弧都想象成一个管道，其中流动着某种物质，而把弧的容量（比方说）看成是单位时间内流过该管道的流量，这里，一个重要的问题就是：在所给容量的限制下，找出从"源" s 到"目标" t 的最大可能的流量。对此问题的回答以及随之产生的构造最大流量的算法，是由所谓的最大流最小分割（max-flow min-cut）定理给出的。然后，我们利用最大流最小分割定理给出基本结果（即定理 12.5.3）的另外一个证明，定理 12.5.3 是关于二分图匹配问题的。

13.1 有向图

有向图 $D=(V, A)$ 有一个叫作顶点的元素的集合 V 和一个叫作弧的有序顶点对（两顶点可以相同）的集合 A，其中，弧的形式为

$$\alpha = (a,b) \tag{13.1}$$

其中 a 和 b 是顶点，我们把弧 α 看作是离开 a 并进入 b 的，即从 a 指向 b。

与无向图不同，(a, b) 和 (b, a) 是不同的。今后我们将使用与无向图类似的术语，但这是有区别的，这些术语只用于有向图，而不用于无向图。比如，(13.1) 中的弧 α 有起始顶点（initial vertex）$\iota(\alpha)=a$ 和终止顶点（terminal vertex）$\tau(\alpha)=b$。在有向图中，既可能同时包含弧 (a, b) 和弧 (b, a)，也可能包含形如 (a, a) 的环，环 (a, a) 进入和离开的是同一个顶点 a。我们可以将有向图一般化，使其成为允许有多重弧的一般有向图[⊖]。画一般有向图的图形与画无向图的图形一样，但对有向图，必须在每条边上画个箭头，以表示它的方向。

例子 图 13-1 给出的是一个一般有向图，而不是一个简单有向图，因为其中某些弧的重数大于 1。□

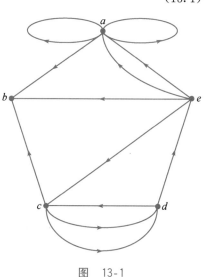

图　13-1

一般有向图 $D=(V, A)$ 的一个顶点 x 有两种度数。x 的出度（outdegree）是起始于顶点 x 的弧的个数：

$$|\{\alpha \mid \iota(\alpha) = x\}|$$

x 的入度（indegree）是终止于顶点 x 的弧的个数：

⊖　弧的个数，即使包括重数在内，也应该是有限的。

$$|\{\alpha|\tau(\alpha)=x\}|$$

环 (x,x) 对 x 的入度和出度的贡献均为 1。与定理 11.1.1 的证明非常类似，我们建立下面的基本结论。

定理 13.1.1 在一般有向图中，顶点的入度之和等于出度之和，且都等于图中弧的个数。 506

例子 在图 13-1 给出的一般有向图中，顶点 a,b,c,d,e 的入度分别是

$$4,3,2,2,1$$

它们的出度分别是

$$3,0,3,2,4$$

在两种情况下，和都是 12，都等于弧的个数。 □

对于任意一般图 $G=(V,E)$，可以通过对 E 的每条边 $\{a,b\}$ 指定一个方向，即通过用 (a,b) 或 (b,a) 来代替 $\{a,b\}$[一]，得到一个一般有向图 $D=(V,A)$，这样的有向图 D 叫做 G 的一个定向（orientation），一个一般图具有很多不同的定向。反之，对给定的一般有向图 $D=(V,A)$，我们可以通过去掉弧的方向，而得到一个一般图 $G=(V,E)$，这样的图叫作 G 的基础一般图，一个一般有向图只有一个基础一般图。

例子 图 13-2 给出了图 13-1 中一般有向图的基础一般图。 □

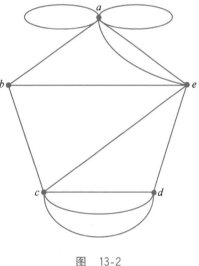

n 阶完全图 K_n 的定向叫作竞赛图。它是有向图且每一个不同顶点对之间只有一条弧连接。这条弧有两个可能的方向。竞赛图可以被看作是选手们的比赛记录，它记录每个选手在一次循环赛中战胜过哪些对手，其中，在一次循环赛中每两个选手只比赛一次，且没有平局。最好的竞赛图是这样的一种图[二]，即它能把选手按一种次序

$$p_1,p_2,\cdots,p_n$$

排列，使得每一位选手都可打败这一排列中排在他后面的所有选手，这样的竞赛图叫作可传递竞赛图（transitive tournament），在可传递竞赛图中，存在着选手的相容排名。

图 13-2

507

我们对一般图中的途径、路径和圈的定义进行修改，以获得一般有向图的类似概念。设 $D=(V,A)$ 是一般有向图，形如

$$(x_0,x_1),(x_1,x_2),\cdots,(x_{m-1},x_m) \tag{13.2}$$

的 m 个弧的序列称为从顶点 x_0 到 x_m 的长度为 m 的一条有向途径，途径（13.2）的起始顶点是 x_0，终止顶点是 x_m。当 $x_0=x_m$ 时，有向途径是闭的，否则有向途径是开的。我们也可以把途径（13.2）表示为

$$x_0 \rightarrow x_1 \rightarrow x_2 \rightarrow \cdots \rightarrow x_m$$

如果途径中的弧都是不同的，则称该途径是有向迹；如果有向迹中的顶点也都不相同（$x_0=x_m$ 的情况除外），则称它为路径[三]；封闭的路径叫作有向圈。

例子 考虑图 13-1 中给出的 5 阶一般有向图。则

(1) $d\rightarrow e\rightarrow c\rightarrow d\rightarrow e$ 是一条有向途径；

[一] 如果 $\{a,b\}$ 的重数大于 1，则 $\{a,b\}$ 中的一些重边可以用 (a,b) 来代替，其他重边可以用 (b,a) 来代替。

[二] 这是从选手们比赛完之后的排名的角度看的。

[三] 与途径和圈不同，我们用路径而不用有向路径。

（2）$c \rightarrow d \rightarrow e \rightarrow c \rightarrow b$ 是一条有向迹；

（3）$c \rightarrow d \rightarrow e \rightarrow a \rightarrow b$ 是一条路径；

508 （4）$c \rightarrow d \rightarrow e \rightarrow c$，$c \rightarrow d \rightarrow c$，$a \rightarrow a$ 都是有向圈。 □

一般有向图是连通的，如果它的基础一般图是连通的。一般有向图是强连通的，如果对于每一对不同的顶点 a 和 b，都存在从 a 到 b 和从 b 到 a 的有向途径[⊖]。如果把一般有向图想象为市区中连接不同区域的单向行驶的公路网，我们看到强连通性意味着：你可以沿着街道指定的方向，从市区的任何一个地方到达其他任何地方。

例子 图 13-1 中给出的有向图是连通的，但它不是强连通的。仅从顶点 b 的出度为 0 这一点，就能很容易发现它不是强连通的。因此，无法从 b 离开。 □

在一般有向图 D 中，有向迹叫作欧拉迹，如果它包含了 D 的全部弧。哈密顿路径是包含了全部顶点的路径。有向哈密顿圈是包含了全部顶点的有向圈。

下面两个定理是定理 11.2.2 和定理 11.2.3 的有向图版本。因为其证明也类似，因此，我们省去它们的证明。

定理 13.1.2 设 D 是有向连通图。则 D 中存在有向欧拉闭迹当且仅当其每个顶点的入度都等于它的出度。

定理 13.1.3 设 D 是有向连通图，x 和 y 是 D 的不同顶点。则 D 中存在从 x 到 y 的有向欧拉迹当且仅当

（ⅰ）x 的出度比其入度大 1；

（ⅱ）y 的入度比其出度大 1；

（ⅲ）对每一个顶点 $z \neq x$，y，z 的入度与出度相等。

Ghouila-Houri[⊜] 给出了定理 11.3.2 的一个有向图版本的结果，它给出了有向哈密顿圈存在的充分条件，但是其证明却相当困难。下面我们只简单地陈述定理的内容。在这个定理中，D 是一个没有环的有向图（不是一般有向图）[⊜]。

定理 13.1.4 设 D 是没有任何环的有向强连通图。如果对任意顶点 x，都有

$$（x \text{ 的入度}）+（x \text{ 的出度}）\geqslant n$$

509 则 D 中存在有向哈密顿圈。

下面证明竞赛图中总存在哈密顿路径。这表明总能使选手按下面的顺序排列：

$$p_1, p_2, \cdots, p_n \tag{13.3}$$

使得 p_1 胜 p_2，p_2 胜 p_3，$\cdots$，p_{n-1} 胜 p_n。因为我们并没有强调每个选手必须胜他后面的所有选手，所以这个排列并不意味着我们有选手之间的相容排名。实际上，竞赛图中甚至可能存在有向哈密顿圈，这意味着：对于每一位选手，都可能存在一个（13.3）的排列，他在其中是第一名！

定理 13.1.5 每一个竞赛图中都存在哈密顿路径。

证明 设 D 是 n 阶竞赛图。令

$$\gamma: x_1 \rightarrow x_2 \rightarrow \cdots \rightarrow x_p \tag{13.4}$$

是 D 中一条最长的路径。我们通过证明如果 $p < n$，那么就能找到一条更长的路径，来证明最长的路径（13.4）就是一条哈密顿路径。假如 $p < n$，使得不在路径（13.4）中的顶点集 U 非空。

⊖ 因此，是一条路径。

⊜ A. Ghouila-Houri, Une condition suffisante d'existence d'un circuit hamiltonien, *C. R. Acad. Sci.*，251（1960），494。

⊜ 从一个顶点到另一个顶点有多于一条的弧，不仅对寻找有向哈密顿圈没有任何帮助，对寻找任何环也没有帮助。

设 u 是 U 中的任意一个顶点，如果存在一条从 u 到 x_1 或从 x_p 到 u 的弧，那我们就找到了一条更长的路径。因此，假设 x_1 和 u 之间的弧以 u 为终止顶点，类似地，假设 x_p 和 u 之间的弧以 u 为起始顶点。我们如此考察顶点 u 与序列 x_1，x_2，$\cdots$，x_p 中各顶点之间的弧，路径 γ 一定存在连续的顶点 x_k 和 x_{k+1}，使得 x_k 和 u 之间的弧以 u 为终止顶点，x_{k+1} 与 u 之间的弧以 u 为起始顶点，但这时，

$$x_1 \rightarrow \cdots \rightarrow x_k \rightarrow u \rightarrow x_{k+1} \rightarrow \cdots \rightarrow x_p$$

是一条比 γ 还长的路径。我们现在留一个练习题：利用这个证明设计一个在竞赛图中求哈密顿路径的算法。□

下面通过两个具有某种实际意义的定理来结束这段简短的引言。第一个定理是由 Robbins[⊖] 给出的，这个定理给出了具有强连通定向的一般图的特性。比如，此定理可以告诉没有单行线的城市的交通工程师是否能够（及如何）把所有街道改成单行道，从而使人们能从市区中任何一个地方到达另外任何一个地方[⊖]。

定理 13.1.6 设 $G=(V，E)$ 是连通图，则 G 有强连通定向当且仅当 G 中没有桥。 |510|

证明 首先，假设 G 有桥 a。从 G 中去掉 a 后，得到一个具有两个连通分量 $G_1=(V_1，E_1)$ 和 $G_2=(V_2，E_2)$ 的非连通图。如果规定 a 从 G_1 指向 G_2，那么就不存在从 G_2 的顶点到达 G_1 的顶点的有向途径。如果规定 a 从 G_2 指向 G_1，那么就不存在从 G_1 的顶点到达 G_2 的顶点的有向途径。因此，G 不存在强连通定向。

现在假设 G 中没有桥。根据引理 11.5.3，G 的每一条边都包含在某个圈中。下面的算法确定 G 的一个强连通定向。

求无桥连通图的强连通定向的算法

设 $G=(V，E)$ 是没有桥的连通图。

(1) 令 $U=\varnothing$。

(2) 找出 G 的一个圈 γ。

　　（ⅰ）指定 γ 中边的方向，使其成为一个有向圈。

　　（ⅱ）将 γ 中的顶点放入 U。

(3) 当 $U \neq V$ 时，执行下面操作：

　　（ⅰ）找出连接 U 中一个顶点 x 和非 U 中顶点 y 的边 $\alpha=\{x，y\}$。

　　（ⅱ）找出一个包含边 α 的圈 γ。

　　（ⅲ）指定边 α 的方向从 x 到 y，并继续指定 γ 中边的方向，就好像要使它成为一个有向圈一样，直到到达 U 中的一个顶点 z 为止。

　　（ⅳ）将 γ 中从 x 到 z 的顶点全部放入 U。

(4) 对还没有指定方向的每一条边指定任意一个方向。

我们注意到在（3）（ⅱ）步中，包含边 $\alpha=\{x，y\}$ 的圈可以通过在去掉边 α 后得到的图中找到一个连接 x 和 y 的路径（比如，一条最短的路径）而得到。我们还应该明确：假如步骤（3）结束，即假如集合 U 确实获得了值 V，则由上述算法得到的有向图就是 G 的一个强连通定向。但如果 $U \neq V$，则由 G 的连通性，必存在一条边 α，连接 U 中的一个顶点和非 U 中的一个顶点。又因为 G 的每一条边都在一个圈中，所以顶点 y 被放入 U 中。因此，U 的终值是 V。□

⊖ H. E. Robbins，A Theorem on Graphs，with an Application to a Problem in Traffic Control，*Amer. Math. Monthly*，46 (1939)，281-283。

⊖ 如果该交通工程师没能获得成功，其后果是可想而知的！

例子（交易问题）[⊖] 设有 n 个交易商 t_1，t_2，$\cdots$，t_n，他们每人都带着不可分割的商品[⊜]到
市场来进行交易。为了简单起见，我们假定对每个交易商来说，他只能交易到一种商品，除了这
个假定之外，商品可以自由地在交易商之间交换。每个交易商都把大家带到市场的 n 件商品（包
括他自己的商品）按照他对商品的偏爱程度进行排列。排列顺序不能有并列，因此，每个人对商
品的排列都是从 1 到 n。市场活动的作用就是要在这 n 个交易商之间重新分配（或交换）商品的
所有权。这样的一个交换叫作分配。我们把分配看作是一个一对一的函数

$$\rho: \{t_1, t_2, \cdots, t_n\} \rightarrow \{t_1, t_2, \cdots, t_n\}$$

其中，$\rho(t_i)=t_j$ 的意思是：在分配中，交易商 t_i 接受了交易商 t_j 的商品。分配 ρ 叫作核心分配
（core allocation），如果它满足下面的性质：不存在少于 n 个交易商的子集 S，使得他们在这个子
集中交易时，每个人都能获得比他在分配 ρ 中排位还高的商品[⊜]。例如，假设 $n=5$，交易商的偏
爱顺序由下表给定：

	t_1	t_2	t_3	t_4	t_5
t_1	4	3	1	2	5
t_2	4	3	1	2	5
t_3	4	3	5	1	2
t_4	1	4	3	5	2
t_5	4	5	2	1	3

$$(13.5)$$

上面表格的第一行是 t_1 给出的商品排列。因此，t_1 认为 t_3 的商品最有价值，其余的商品顺序依
次是 t_4，t_2，t_1，t_5。表中其他行的意思类似。一种可能的分配 ρ 是

$$\rho(t_1) = t_2, \quad \rho(t_2) = t_3, \quad \rho(t_3) = t_1, \quad \rho(t_4) = t_5, \quad \rho(t_5) = t_4$$

这一分配不是核心分配，因为

$$\rho'(t_1) = t_4, \quad \rho'(t_4) = t_1$$

对交易商 t_1，t_4 定义了一个分配，在这一分配中，他们每人都得到了比他们在分配 ρ 中得到的价
值还高的商品。在这个例子中，一个核心分配是 ρ^*：

$$\rho^*(t_1) = t_3, \quad \rho^*(t_2) = t_2, \quad \rho^*(t_3) = t_4, \quad \rho^*(t_4) = t_1, \quad \rho^*(t_5) = t_5$$

是否每一个交易问题都存在核心分配？在本节剩下的内容中，我们将回答这个问题[⊛]。 □

有向图为交易问题提供了一个方便的数学模型。我们考虑有向图 $D=(V, A)$，其中的顶点
代表 n 个交易商。从每一个顶点向其他顶点画一个弧，包括向它自身也画一个弧[⊛]。因此，每个
顶点的入度为 n，且出度也为 n，这样的有向图 D 叫作 n 阶完全有向图。对每个顶点 t_i，把 1，
2，$\cdots$，n 标记在（或赋权给）离开它的每条弧上，以与 t_i 的偏爱相一致。一个分配相当于把顶
点划分成多个有向圈。这一结论是下面引理的一个推论，该引理的意思是：从一个集合到它自身
的一对一的函数可以被看作由一个或多个没有公共顶点的有向圈组成的有向图。

引理 13.1.7 设 D 是有向图，其中每个顶点的出度至少是 1，则 D 中存在有向圈。

证明 构造有向圈的算法如下：

求有向圈的算法

设 u 是任意顶点。

⊖ 这个例子及其随后的分析中，有一部分内容基于文章 "On Cores and Indivisibility"，由 L. Shapely 和 H. Scarf 发
表于 *Studies in Optimization*（MAA Studies in Mathematics，vol. 10），1974，Mathematical Association of
America，Washington，D. C.，104-123。

⊜ 例如一辆车或一座房子。

⊜ 换句话说，不存在少于 n 个交易商的子集 S 和他们之间的一个分配 ρ'，使得对于 S 中的每一位交易商 t_i，t_i 把
$\rho'(t_i)$ 的商品置于高于 $\rho(t_i)$ 的位置上。

⊛ 给出肯定的答案。

⊛ 因此，在每个顶点处都形成一个环。

（1）令 $i=1$ 和 $x_1=u$。

（2）如果 x_i 与已经选过的某个顶点 $x_j(j<i)$ 相同，则转到（4），否则转到（3）。

（3）执行如下操作：

　　（ⅰ）选择一个离开 x_i 的弧 (x_i, x_{i+1})。

　　（ⅱ）把 i 增加 1。

　　（ⅲ）转到（2）。

（4）输出有向圈

$$x_j \rightarrow x_{j+1} \rightarrow \cdots \rightarrow x_{i-1} \rightarrow x_i = x_j$$

因为每个顶点都是至少一条弧的起始顶点，又由于我们一旦获得了一个重复顶点就马上结束，所以算法输出的确实是一个有向圈。　　　　　　　　　　　　　　　　　　　□

推论 13.1.8　设 X 是 n 个元素的集合，$f: X \rightarrow X$ 是一对一的函数，$D_f = (X, A_f)$ 是有向图，其弧的集合 A_f 为

$$A_f = \{(x, f(x)) : x \text{ 在 } X \text{ 中}\}$$

则 D_f 的弧可以被划分为有向圈，且每个顶点恰好属于一个有向圈。　　　　　　　513

证明　因为函数 f 是一一对应的，由鸽巢原理的推论，f 也是到上的映射。现在由弧集合 A_f 的定义可知，D_f 的每个顶点的入度和出度均为 1。根据引理 13.1.7，D_f 中存在有向圈 γ。如果每个顶点都是 γ 中的顶点，则在这种情况下，我们的划分只包含一个 γ；否则去掉 γ（包括它的顶点和弧），在剩下的图中，每个顶点的入度和出度仍为 1。继续去掉有向圈，直到用完所有的顶点为止，这就得到了我们所需要的划分。　　　　　　　　　　　　　　　　　　　□

例子　对应于"交易问题"的例子中所定义的分配 ρ 和 ρ^*，有向图 D_ρ 和 D_{ρ^*} 所给出的有向圈划分分别如图 13-3 和图 13-4 所示。　　　　　　　　　　　　　　　　□

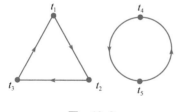

图　13-3

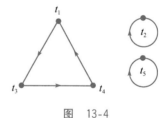

图　13-4

核心分配的存在性问题可以被看作是 9.3 节中所描述的稳定婚姻问题（stable marriage problem）的有向图版本。下面，我们利用有向图模型来回答核心分配的存在性问题。

定理 13.1.9　每一个交易问题都存在核心分配。

证明　本定理的证明说明如何连续使用引理 13.1.7 的证明中所给出的求有向圈的算法，产生一个核心分配。

设交易商的集合为 $V = \{t_1, t_2, \cdots, t_n\}$。考虑偏爱有向图 $D^1 = (V, A^1)$，其中，从 t_i 到 t_j 存在弧 (t_i, t_j)，当且仅当 t_i 在所有的商品中最喜欢 t_j 的商品。该有向图中每个顶点的出度均为 1，因此，根据引理 13.1.7，D^1 中存在一个有向圈 γ_1。令 V^1 是 γ_1 中顶点的集合，设 $D^2 = (V - V^1, A^2)$ 是具有顶点集 $V - V^1$ 的偏爱有向图$^\ominus$，其中，从 t_i 到 t_j 存在弧 (t_i, t_j)，当且仅当在所有 $V - V^1$ 中的交易商的商品中，t_i 最喜欢 t_j 的商品。该有向图 D^2 中每个顶点的出度仍然是 1，再次根据引理 13.1.7，我们可以求得一个有向圈 γ_2。令 V^2 是 γ_2 中顶点的集合，并考虑偏爱有向图 $D^3 = (V - (V^1 \cup V^2), A^3)$。一直继续下去，我们得到 $k \geqslant 1$ 个具有顶点集 $V^1, V^2, \cdots, V^k$　514

$\ominus$　充分注意：D^2 的顶点集只是交易商的子集。

的有向圈 $\Gamma=\{\gamma_1,\gamma_2,\cdots,\gamma_k\}$，其中，$V^1$，$V^2$，$\cdots$，$V^k$ 是交易商集合 V 的一个划分。圈集 Γ 确定了一个分配 ρ：每个交易商 t_p 恰好是 Γ 中一个有向圈的顶点，在该有向圈中，存在从 t_p 到某个 t_q 的弧。定义 $\rho(t_p)=t_q$，就得到了一个分配。

下面证明分配 ρ 是一个核心分配。设 U 是少于 n 个交易商的任意子集，j 是满足 $U\cap V^j\neq\varnothing$ 的最小整数，则

$$U\subseteq V^j\bigcup\cdots\bigcup V^k=V-(V^1\bigcup\cdots\bigcup V^{j-1})$$

且 U 是有向图 D^j 中顶点的子集。设 t_s 是 $U\cap V^j$ 中的任意一个交易商。则在分配 ρ 中，t_s 得到的商品是他在 $V-(V^1\bigcup\cdots\bigcup V^{j-1})$ 中所有交易商的商品中排位最高的商品，因而也是 U 中所有交易商的商品中排位最高的商品。所以，在与 U 中成员的交易中，t_s 不能得到比他在 ρ 中排位还高的商品，因此，ρ 是一个核心分配。□

例子 考虑由表（13.5）所确定的交易问题。其偏爱有向图 D^1 如图 13-5 所示，该有向图中只有一个有向圈，即

$$t_1\rightarrow t_3\rightarrow t_4\rightarrow t_1$$

其偏爱有向图 D^2 如图 13-6 所示，它由两个不相交的有向圈构成，即

515

$$t_2\rightarrow t_2\ \text{和}\ t_5\rightarrow t_5$$

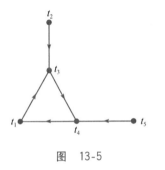

图 13-5

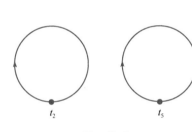

图 13-6

我们可以剔除其中的任意一个，则另外一个就是偏爱有向图 $D^{3\ominus}$。于是我们问题的一个核心分配是：

$$\rho(t_1)=t_3,\quad \rho(t_3)=t_4,\quad \rho(t_4)=t_1,\quad \rho(t_2)=t_2,\quad \rho(t_5)=t_5$$ □

13.2 网络

网络是指定了两个顶点源 s 和目标 t 的有向图 (V,A)，这里 $s\neq t$，且在图中，每条弧 α 都有一个非负的权 $c(\alpha)$，叫作该弧的容量（capacity）。用 $N=(V,A,s,t,c)$ 来表示网络。

网络中要处理的一个基本问题就是：在有向图中所给定的弧及其所给定弧的容量限制下，把一种物质从源移到目标。正式地说，网络 N 中的流（flow）定义为一个函数 f，它为每条弧 α 赋予一个实数 $f(\alpha)$，满足下列条件限制：

（1）$0\leqslant f(\alpha)\leqslant c(\alpha)$（通过一条弧的流是非负的，且不超过弧的容量）。

（2）对每个顶点 $x\neq s$，t，$\sum\limits_{\iota(\alpha)=x}f(\alpha)=\sum\limits_{\tau(\alpha)=x}f(\alpha)$（对每个不同于源和目标的顶点 x，进入 x 的流量等于流出 x 的流量）。

为了说明流出源的净流量

$$\sum_{\iota(\alpha)=s}f(\alpha)-\sum_{\tau(\alpha)=s}f(\alpha)$$

⊖ 一般而言，如果一个偏爱有向图是由两两互不相交的有向圈构成的话，则由定理 13.1.9 的证明中构造的核心分配 ρ 也就确定了。

等于进入目标的净流量

$$\sum_{\tau(\alpha)=t} f(\alpha) - \sum_{\iota(\alpha)=t} f(\alpha)$$

（其共同值为从源到目标的流量），我们来证明下面的结论。对任意顶点集 U，令

$$\vec{U} = \{\alpha : \iota(\alpha) \text{ 在 } U \text{ 中}, \tau(\alpha) \text{ 不在 } U \text{ 中}\}$$

和

$$\overleftarrow{U} = \{\alpha : \iota(\alpha) \text{ 不在 } U \text{ 中}, \tau(\alpha) \text{ 在 } U \text{ 中}\}$$

引理 13.2.1 设 f 是网络 $N = (V, A, s, t, c)$ 中的流，U 是包含源 s 但不包含目标 t 的顶点集。则

$$\sum_{\alpha \in \vec{U}} f(\alpha) - \sum_{\alpha \in \overleftarrow{U}} f(\alpha) = \sum_{\iota(\alpha)=s} f(\alpha) - \sum_{\tau(\alpha)=s} f(\alpha)$$

证明 用两种方法来求下面这个和式：

$$\sum_{\alpha \in U} \left(\sum_{\iota(\alpha)=x} f(\alpha) - \sum_{\tau(\alpha)=x} f(\alpha) \right) \tag{13.6}$$

一方面，根据流的定义可知：除了与顶点 s 有关的项之外，在外层和号中的所有项均为零。因此，和式的值为

$$\sum_{\iota(\alpha)=s} f(\alpha) - \sum_{\tau(\alpha)=s} f(\alpha) \tag{13.7}$$

另一方面，我们可以改写（13.6）成为

$$\sum_{x \in U} \sum_{\iota(\alpha)=x} f(\alpha) - \sum_{x=U} \sum_{\tau(\alpha)=x} f(\alpha)$$

或等价地写成

$$\sum_{\iota(\alpha) \in U} f(\alpha) - \sum_{\tau(\alpha) \in U} f(\alpha) \tag{13.8}$$

由于起始顶点与终止顶点均在 U 中的弧 α 对于和（13.8）的净增值是 $f(\alpha) - f(\alpha) = 0$，因此，和（13.8）等于

$$\sum_{\alpha \in \vec{U}} f(\alpha) - \sum_{\alpha \in \overleftarrow{U}} f(\alpha)$$

所以，引理中陈述的等式成立。 □

在引理 13.2.1 中，取 $U = V - \{t\}$。则 $\vec{U}$ 是以 t 为终止顶点的所有弧的集合，$\overleftarrow{U}$ 是以 t 为起始顶点的所有弧的集合，因此

$$\sum_{\iota(\alpha)=s} f(\alpha) - \sum_{\tau(\alpha)=s} f(\alpha) = \sum_{\tau(\alpha)=t} f(\alpha) - \sum_{\iota(\alpha)=t} f(\alpha) \tag{13.9}$$

在（13.9）中，两个表达式的共同值叫作流 f 的值，记作 $\mathrm{val}(f)$。

给定网络 $N = (V, A, s, t, c)$，N 中的一个流是最大流，如果在 N 的所有流中，它的值最大。最大流的值（流的最大值）等于与网络相关的另一个量的最小值。我们将仅在容量函数为整数值⊖的情况下，证明这一重要事实。在证明该事实的过程中，我们得到了一个构造最大流的算法。

网络 $N = (V, A, s, t, c)$ 中的割集（cut）是弧的集合 C，它满足：从源 s 到目标 t 的每条路径至少包含 C 中的一条弧⊜。割集 C 的容量 $\mathrm{cap}(C)$ 是 C 中所有弧的容量之和。一个割集是最小割集（minimum cut），如果它在 N 的所有割集中容量最小。

一个割集是极小割集（minimal cut），如果从 C 中删除任意一条弧而得到的集合都不是割集⊜。

⊖ 由此可知，通过对所有有理数选择一个共同的分母，对值均为有理数的容量函数也是成立的。在容量函数的值不都是有理数的情况下，我们不得不采取一个极限过程。

⊜ 所以不经过 C 中的弧不可能从 s 到达 t。

⊜ 因此，最小割集是从算术量的角度定义的，而极小割集是从集合论的角度定义的，如果所有弧的容量都是正的，则最小割集就是极小割集。

（这表明对于 C 中的每一条弧 α，总存在一条从 s 到 t 的包含 α 的路径，但不包含 C 中的其他弧。）

我们首先证明任意一个极小割集是对某个包含 s 但不包含 t 的顶点集合 U 来说，形如 $\vec{U}$ 的割集。这表明割集的最小容量可以通过这种形式 $\vec{U}$ 的割集而达到。

引理 13.2.2 设 $N=(V,A,s,t,c)$ 是以 C 为极小割集的网络，U 是所有这样的顶点 x 的集合：存在从源 s 到 x 且不含 C 中的弧的路径。则 $\vec{U}$ 是割集，且 $C=\vec{U}$。

证明 我们注意到 s 在 U 中，这是因为只由顶点 s 构成的路径是一条平凡的路径，该路径中不含 C 中的弧。因为 C 是割集，所以目标 t 不在 U 中。因此，$\vec{U}$ 是割集。$\vec{U}$ 中的每条弧 (x,y) 必须都在 C 中，否则将存在一条从 s 到 y 的路径：该路径不含 U 中的弧，且 y 会在 U 中。因此 $\vec{U}\subseteq C$。

[518] 现在设 $\alpha=(a,b)$ 是 C 中任意一条弧。因为 C 是一个极小割集，所以存在从 s 到 t 且包含 α 但不含 C 中的其他弧的路径 γ。这意味着：α 的起始顶点 a 在 U 中。假如存在一条从 s 到 b 且不含 C 中的弧的路径 γ'，则 γ' 连上 γ 中从 b 到 t 的部分，将是一条从 s 到 t 的路径，该路径中不含 C 中的弧。由此可知，α 的终止顶点 b 不在 U 中，所以，α 属于 $\vec{U}$，且 $C\subseteq\vec{U}$。因此，$C=\vec{U}$。 □

下面我们来证明非常重要的最大流最小割集定理。

定理 13.2.3 设 $N=(V,A,s,t,c)$ 是网络，则 N 中流的最大值等于 N 中割集的最小容量。换句话说，最大流的值等于最小割集的容量。如果所有弧的容量都是整数，则存在所有值也都是整数的最大流。

证明 我们仅限在容量值都是整数的假定下来证明这个定理。整个定理的证明可以借助极限来论证。

证明中的第一部分并没有用到容量函数的整数性质。我们首先证明：对于任意的流 f 和任意的割集 C，有

$$\mathrm{val}(f)\leqslant\mathrm{cap}(C) \tag{13.10}$$

根据引理 13.2.2 可知，只要证明对形如 $\vec{U}$ 的割集这个不等式成立就可以了，其中 U 是 s 在 U 中且 t 不在 U 中的顶点集。根据引理 13.2.1 及流的值非负的事实，有

$$\mathrm{val}(f)=\sum_{a\in\vec{U}}f(\alpha)-\sum_{a\in\vec{U}}f(\alpha)\leqslant\sum_{a\in\vec{U}}f(\alpha)\leqslant\sum_{a\in\vec{U}}c(\alpha)=\mathrm{cap}\vec{U}$$

剩下的就是要证明：存在只有整数值的流 $\hat{f}$ 和割集 $\hat{C}$，使得 $\mathrm{val}(\hat{f})=\mathrm{cap}(\hat{C})$。这样的流 $\hat{f}$ 就是一个最大流，而这样的割集 $\hat{C}$ 就是一个极小割集。

我们从 N 上任意一个整数值的流 f 开始。所有流的值都为零的零流满足这一要求，尽管一般来说，就当前的问题而言，通过反复试验，我们可以找到一个合理的整数值的流。下面我们叙

[519] 述一个算法，该算法将导致以下两种可能之一：

突破（breakthrough）：找到一个满足 $\mathrm{val}(f')=\mathrm{val}(f)+1$ 的整数值的流 f'。对于这种情况，我们用 $f=f'$ 来重复此算法。

非突破（non breakthrough）：突破没有发生。对于这种情况，我们给出一个割集，其容量等于流 f 的值。这个割集就是我们所期望的最小割集，而该流 f 就是我们所期望的最大流。

<h3 align="center">基本流算法</h3>

从网络 $N=(V,A,s,t,c)$ 的任意一个整数值的流 f 开始。

(0) 令 $U=\{s\}$。

(1) 当存在满足两个端顶点之一在 U 中而另一个不在 U 中的弧 $\alpha=(x,y)$ 时[⊖]：

[⊖] 为了使算法更易理解，对此处文字做了较大修改。——译者注

第 13 章 有向图和网络 · 319

(a) 若 x 在 U 中而 y 不在 U 中，且 $f(\alpha)<c(\alpha)$，则把 y 放入 U。

(b) 若 x 不在 U 中而 y 在 U 中，且 $f(\alpha)>0$，则把 x 放入 U。

(2) 输出 U。

这样，在这个算法中，我们做下面的两件事之一：(a) 寻找 $\vec{U}$ 中的一条弧（从 s 流向 t），其流量值小于其容量值（并通过把弧的终止顶点放入 U 来修改 U）；(b) 寻找 $\overleftarrow{U}$ 中的一条弧（从 t 流向 s），其流量值是正的（并通过把弧的起始顶点放入 U 来修改 U）。当网络中再没有这样的弧时，算法结束，于是输出当前的集合 U。

我们根据目标 t 是否在 U 中来考虑下面的两种情况。我们将会看到，这两种情况分别对应于突破和非突破。

情况 1　目标 t 在 U 中。

根据算法，对某个整数 m，存在不同顶点的序列

$$x_0=s, x_1, x_2, \cdots, x_{m-1}, x_m=t$$

使得对任意的 $j=0,1,2,\cdots,m-1$，必发生下面两种情况之一：

(a) $\alpha_j=(x_j,\ x_{j+1})$ 是网络的一条弧，满足 $f(\alpha_j)<c(\alpha_j)$；

(b) $\alpha_j=(x_{j+1},\ x_j)$ 是网络的一条弧，满足 $f(\alpha_j)>0$。 520

我们按如下方式在弧的集合 A 上定义一个整数值函数 f'：

$$f'(\alpha)=\begin{cases} f(\alpha)+1 & \text{如果 } \alpha \text{ 是上述 (a) 中的弧 } \alpha_j \text{ 之一} \\ f(\alpha)-1 & \text{如果 } \alpha \text{ 是上述 (b) 中的弧 } \alpha_j \text{ 之一} \\ f(\alpha) & \text{其他情况} \end{cases}$$

由 f' 的定义及所有容量和流 f 的值都是整数的假设，有 $0\leq f'(\alpha)\leq c(\alpha)$。这样的 f' 是一个流，因为对于每一个顶点 $x_j(j=1,2,\cdots,m-1)$，进入 x_j 的总流量等于流出 x_j 的总流量（例如，如果 $(x_{j-1},\ x_j)$ 和 $(x_{j+1},\ x_j)$ 都是弧，则流量在 x_j 的净变化为：$+1-1=0$）。流 f' 的值 $\text{val}(f')$ 等于 $\text{val}(f)+1$，因为或者 $(s,\ x_1)=(x_0,\ x_1)$ 是弧，这时流出 s 的流量增加 1；或者 $(x_1,\ s)=(x_1,\ x_0)$ 是弧，这时流入 s 的流量减少 1。无论是哪种情况，从 s 处流出的流的净增量为 1。

情况 2　目标 t 不在 U 中。

在这种情况下，$\vec{U}$ 是一个割集，根据该算法有

(a) 对 $\vec{U}$ 中的每条弧 α，有 $f(\alpha)=c(\alpha)$；

(b) 对 $\overleftarrow{U}$ 中的每条弧，有 $f(\alpha)=0$。

因此，

$$\text{val}(f)=\sum_{\alpha\in\vec{U}}f(\alpha)-\sum_{\alpha\in\overleftarrow{U}}f(\alpha)=\sum_{\alpha\in\vec{U}}c(\alpha)=\text{cap}\vec{U}$$

所以，$\hat{f}=f$ 是一个最大流，而 $\hat{C}=\vec{U}$ 是一个最小割集。　□

作为本节的结束，我们利用最大流最小割集定理推导两个重要的组合学结论，包括第 12 章的定理 12.5.3。

例子　设 $D=(V,\ A)$ 是一个模拟通信网络的有向图。顶点代表网络中的结点（中继点），弧代表有向（单向）通信线路。考虑对应于 V 中的顶点 s 和 t 的两个结点。通过铺设有向线路，我们希望建立一个从 s 到 t 的通信线路。因为通信线路可能会发生故障，为了在发生某种故障的情况下也能从 s 向 t 发送信息，因此在有向图中存有富余是有必要的，也就是说，即使某些弧有 521故障也仍能使信息从 s 到达 t。我们在 D 的弧中定义 st 分离集 S 为 D 的弧的集合，使得从 s 到 t

的任意一条路径至少使用 S 中的一条弧。只有当 st 分离集中的所有弧都发生故障时，才不能从 s 向 t 发送信息。下面的 Menger 定理刻画了具有最少弧数量的 st 分离集的特性。 □

定理 13.2.4 设 s 和 t 是有向图 $D=(V, A)$ 中的不同顶点，则从 s 到 t 的逐对弧不相交的路径的最多数目等于 st 分离集中弧的最少数目。

证明 设 $N=(V, A, s, t, c)$ 是每条弧的容量均为 1 的网络，则 N 中的割集是 D 中的 st 分离集（反之亦然），且割集的容量等于割集中弧的个数。

考虑 N 中的整数值流 f，令 $\mathrm{val}(f)=p$。因为所有容量值为 1，所以 f 的取值只能是 0 和 1：对每条弧 α，f 或"选取"α（当 $f(\alpha)=1$ 时），或不选取 α（当 $f(\alpha)=0$ 时）。通过对 p 施归纳法，证明存在从 s 到 t 的 p 条逐对弧不相交的路径，这些路径由 f 所选择的弧组成。当 $p=0$ 时，是一种平凡情况。假设 $p \geqslant 1$，则存在从 s 到 t 的路径 γ；否则，如果 U 是从 s 能够沿一条路径到达的顶点集，则 $\vec{U}=\varnothing$ 是 N 中容量为零的割集，与 $p \geqslant 1$ 矛盾。设 f' 是通过 f 对 γ 的弧流的值减 1 而得到的值为 $p-1$ 的整数流，则根据归纳法，存在从 s 到 t 的 $p-1$ 条逐对弧不相交的路径，它们由 f' 所选择的弧组成。这 $p-1$ 条路径与 γ 一起就是 p 条逐对弧不相交的路径，它们由 f 所选择的弧组成。

反之，如果存在从 s 到 t 的 p 条逐对弧不相交的路径，则显然 N 中存在值为 p 的整数流。根据最大流最小割集定理 13.2.3，定理得证。 □

回顾一下第 11 章和第 12 章的一些事实。二分图 G 是一个简单图，其顶点可以被划分为这样的两个集合 X 和 Y：每一条边都连接 X 中的一个顶点和 Y 中的一个顶点。集合对 X, Y 叫作 G 的一个二分划。G 中的匹配是逐对顶点不相交的边的集合；G 的覆盖是满足下述条件的顶点集合 C：G 的每一条边至少有一个顶点在 C 中。G 的匹配中边的最多数目记作 $\rho(G)$，覆盖中顶点的最少数目记作 $c(G)$。下面我们说明如何从 Menger 定理 13.2.4 导出定理 12.5.3。

定理 13.2.5 设 G 是二分图，则 $\rho(G)=c(G)$。

证明 设 X, Y 是 G 的二分划。我们先构造一个有向图 $D=(X \cup Y \cup \{s, t\}, A)$，其中 s 和 t 是不属于 $X \cup Y$ 的不同元素。D 中的弧是如下得到的：

(1) 对每一个 x 属于 X，(s, x)（是从源 s 到 X 中每一个顶点的弧）；

(2) 对 G 中的每一条边 $\{x, y\}$，(x, y)（因此，N 中所有的弧都是从 X 到 Y 的）；

(3) 对每一个 y 属于 Y，(y, t)（Y 中的每一个顶点到目标 t 的弧）。

设 $\gamma_1, \cdots, \gamma_p$ 是 D 中从 s 到 t 的逐对弧不相交的路径的集合。每条路径 γ_i 都形如 $s \rightarrow x_i \rightarrow y_i \rightarrow t$，其中 x_i 是 X 中的顶点而 y_i 是 Y 中的顶点，而且边 $\{x_1, y_1\}, \cdots, \{x_p, y_p\}$ 构成 G 的大小为 p 的匹配。反之，从 G 中一个大小为 p 的匹配出发可以构造出 D 中的 p 条逐对弧不相交的路径。因此，$\rho(G)$ 等于 D 中从 s 到 t 逐对弧不相交的路径的最大数目。

现在，设 $C=X' \cup Y'$ 是 G 的覆盖，其中 $X' \subseteq X$，$Y' \subseteq Y$。因为 D 中从 s 到 t 的每条路径都使用一条形如 (x, y) 的弧，其中 $\{x, y\}$ 是 G 的一条边，所以

$$S=\{(s, x') \mid x' \text{ 属于 } X'\} \cup \{(y', t) \mid y' \text{ 属于 } Y'\} \tag{13.11}$$

是 D 中的 st 分离集，其中 $|C|=|S|$。反之，如果 S 是 D 中形如 (13.11) 式的 st 分离集，则由 $C=X' \cup Y'$ 定义的集合 C 是 G 的覆盖。现在假设 T 是 D 中任意一个 st 分离集，则将 T 中形如 (x, y) 的弧（x 属于 X，y 属于 Y）用弧 (s, x) 代替，所得到的集合 $\hat{T}$ 也是 st 分离集。此外，对某个 $X' \subseteq X$ 及 $Y' \subseteq Y$，$\hat{T}$ 具有式 (13.11) 的形式，且 $|\hat{T}| \leqslant |T|$（这是因为，比如 T 中可能存在多条形如 $(x, \cdot)$ 的弧），并且 $X' \cup Y'$ 是 G 的覆盖。所以 $c(G)$ 等于 D 的 st 分离集中弧的最少数目。因此，由定理 13.2.4，有 $\rho(G)=c(G)$。 □

下一节描述一个基本流算法的特化，用于求拥有最大边数的二分图匹配。

13.3　回顾二分图匹配

设 G 是有二分划 X，Y 的二分图，且匹配数为 $\rho(G)$。每一个匹配 M 满足 $|M| \leqslant \rho(G)$。满足 $|M| = \rho(G)$ 的匹配称为最大匹配（max-matching）。如果我们已知 $\rho(G)$，那么就可以判定任意一个匹配 M 是否是最大匹配，方法是计算 M 中的边数 $|M|$ 并查看 $|M| = \rho(G)$ 是否成立。

例子　考虑图 13-7 所示的二分图 G。边 $\{x_1, y_2\}$ 和 $\{x_2, y_1\}$ 是大小为 2 的匹配，因为 $\rho(G)$ 不可能大于 2，所以我们有 $\rho(G) = 2$。边 $\{x_1, y_1\}$ 确定只有一条边的匹配 M。此外，不存在满足 $M \subseteq M'$ 且 $|M'| = 2$ 的匹配 M'，所以我们无法下结论说：如果我们知道不可能把一个匹配增大使其包含更多的边，则这个匹配就是一个最大匹配。　□　$\boxed{523}$

下面我们讨论在事先不知道 $\rho(G)$ 的情况下，如何去确认一个匹配是否是最大匹配。一旦我们有了一个最大匹配 M，则就可以通过 $\rho(G) = |M|$ 确定 $\rho(G)$。

设 M 是二分图 G 的匹配，$\overline{M}$ 是 M 在 G 中的补，即所有不属于 M 的 G 的边的集合。设 u 和 v 是顶点，它们中的一个属于 X，一个属于 Y。连接 u 和 v 的路径 γ 是相对于匹配 M 的交错路径（alternating path with respect to the matching M，简称 M 交错路径），如果下面的性质成立：

（1）γ 的第一条、第三条、第五条、…边不属于匹配 M（因此它们属于 $\overline{M}$）。

（2）γ 的第二条、第四条、第六条、…边属于匹配 M。

（3）u 和 v 都不与匹配 M 的边相遇。

注意，M 交错路径 γ 的长度是奇数 $2k+1$，其中 $k \geqslant 0$，且 γ 的 $k+1$ 条边是 $\overline{M}$ 的边，而 γ 的 k 条边是 M 的边。下面我们引入一些记法。

M_γ 表示 γ 中属于 M 的那些边，$\overline{M}_\gamma$ 表示 γ 中不属于 M 的那些边。

因此，我们有 $|\overline{M}_\gamma| = |M_\gamma| + 1$。

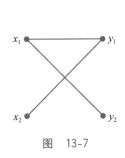

图　13-7

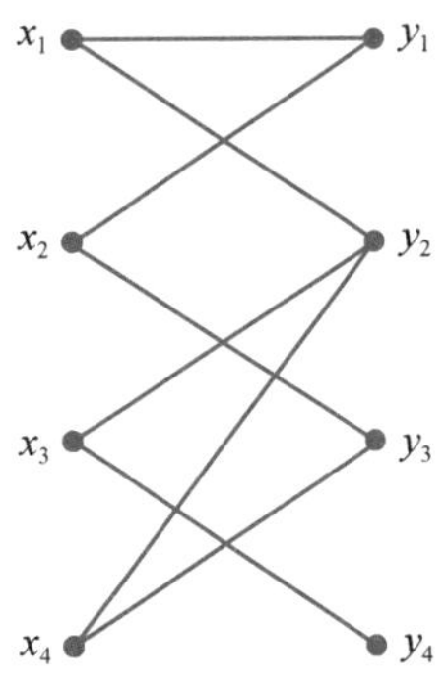

图　13-8

例子　考虑图 13-8 所示的二分图 G。集合

$$M = \{\{x_1, y_1\}, \{x_2, y_3\}, \{x_3, y_4\}\}$$

是一个有三条边的匹配。路径

$$\gamma : u = x_4, y_3, x_2, y_1, x_1, y_2 = v$$

是一条 M 交错路径。我们有

$$M_\gamma = \{\{x_2, y_3\}, \{x_1, y_1\}\}, \quad \overline{M}_\gamma = \{\{x_4, y_3\}, \{x_2, y_1\}, \{x_1, y_2\}\}$$
$\boxed{524}$

如果我们从 M 中删除 M_γ 的边，并用 $\overline{M}_\gamma$ 的边取代它们，就得到下面有四条边的匹配：

$$M' = (M \setminus M_\gamma) \bigcup \overline{M}_\gamma = \{\{x_3, y_4\}, \{x_4, y_3\}, \{x_2, y_1\}, \{x_1, y_2\}\}$$
□

正如前面的例子所阐述的那样，如果 M 是匹配，且有一条 M 交错路径 γ，则

$$(M \setminus M_\gamma) \bigcup \overline{M}_\gamma$$

是边数比 M 多 1 的匹配，因此 M 不是最大匹配。下面，我们证明这一结论的反面也成立，即使 M 不是最大匹配的唯一方法是存在 M 交错路径。

定理 13.3.1 设 M 是二分图 G 中的匹配，则 M 是最大匹配当且仅当不存在 M 交错路径。

证明 一个 M 交错路径会产生一个边数大于 M 的匹配。因此，如果 M 是最大匹配，则不可能存在 M 交错路径。

为了证明充分性，假设 M 不是最大匹配，由此证明存在 M 交错路径。设 M' 是一个满足下面条件的匹配：

$$|M'| > |M|$$

我们考虑一个与 G 有相同二分划但是其边在 $(M \setminus M') \bigcup (M' \setminus M)$ 中的二分图 G^*。于是 G^* 的边或者在 M 中或者在 M' 之中，但不能同时在二者之中。因为 $|M'| > |M|$，所以我们有

525

$$|M' \setminus M| > |M \setminus M'| \tag{13.12}$$

二分图 G^* 具有这样的性质，即它的每一个顶点的度至多等于 2（每一个顶点至多与 $M \setminus M'$ 的一条边相遇，至多与 $M' \setminus M$ 的一条边相遇）。这意味着 G^* 的边集合可以划分成路径和圈。在这个划分的每一条路径和圈中，边交错地在 $M \setminus M'$ 和 $M' \setminus M$ 中出现。这个划分中的路径具有这样的性质，即它的第一个顶点和最后一个顶点都只能与 G^* 的一条边相遇。这样的路径和圈有下面四种类型：

类型 1 第一条边和最后一条边都在 $M' \setminus M$ 中的路径（参见图 13-9，本图及其他各图中粗线表示的是 M 的边）。这种路径的长度是奇数，且其在 M' 中的边数比在 M 中的边数多 1。只有一条 $M' \setminus M$ 的边组成的路径也属于类型 1。

类型 2 第一条边和最后一条边都在 $M \setminus M'$ 中的路径（参见图 13-10）。这种路径也有奇长度，但是它们在 M 中的边数比在 M' 中的边数多 1。

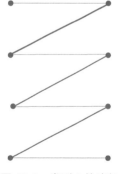

图 13-9 类型 1 的路径

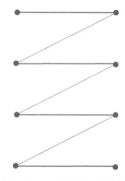

图 13-10 类型 2 的路径

类型 3 第一条边在 $M \setminus M'$ 中，而最后一条边在 $M' \setminus M$ 中（或者反过来）（参见图 13-11）。

526 这些路径的长度是偶数，而且在 M 和 M' 中的边数相同。

类型 4 圈（参见图 13-12）。这些圈的长度是偶数，且在 M 和 M' 中的边数相同。

图 13-11 类型 3 的路径

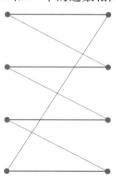

图 13-12 类型 4 的圈

　　在类型 2 的路径中，$M \setminus M'$ 中的边数比 $M' \setminus M$ 中的边数多，而在类型 3 的路径和类型 4 的圈中，$M \setminus M'$ 中的边数等于 $M' \setminus M$ 中的边数。在类型 1 的路径中，$M' \setminus M$ 中的边数比 $M \setminus M'$ 中的边数多。因为根据（13.12），$M' \setminus M$ 中的边数比 $M \setminus M'$ 中的边数多，所以至少存在一条类型 1 的路径。根据定义，类型 1 的路径是 M 交错路径。因此，如果匹配 M 不是最大匹配，那么存在 M 交错路径。　　□

　　定理 13.3.1 刻画了二分图的所有匹配中最大匹配的特征。此定理之强大在于对于给定的匹配 M，为了确定 M 是否是最大匹配，我们只需寻找一个 M 交错路径 γ 即可。如果我们能够寻找这样一条路径 γ，那么从 M 中删除 γ 中属于 M 的那些边，并用 γ 中那些不属于 M 的边取代它们，就可以得到一个匹配 M'，这个 M' 比 M 的边多。如果我们不能找到这样的 M 交错路径 γ，那么根据定理 13.3.1，M 就是最大匹配。

　　上面的描述也暴露了定理 13.3.1 的弱点。在寻找 M 交错路径且没有找到之后，我们需要知道是因为根本就不存在这样的路径才没有找到，而不是因为没有尽力去找。我们不可能去一一检验所有可能的路径来确定其中是否存在 M 交错路径。一般来说，这样的工作需要过多的时间和努力。我们需要寻找验证一个匹配是否是最大匹配的较容易的方法。换句话说，我们需要一个较容易的验证标准来验证一个匹配是最大匹配。事实上，覆盖数 $c(G)$ 给出了这样一个标准。我们称覆盖 S 是最小覆盖，如果有 $|S| = c(G)$。

　　假设已经找到了二分图 G 的一个我们猜测可能是最大匹配的匹配 M。如果我们能够找到一个满足 $|S| = |M|$ 的覆盖 S，则 M 是最大匹配，而 S 是最小覆盖。这是因为有

$$c(G) \leqslant |S| = |M| \leqslant \rho(G) \leqslant c(G) \tag{13.13}$$

上式表明 $|M| = \rho(G)$（即 M 是最大匹配）且 $|S| = c(G)$（即 S 是最小覆盖）。因此，S 可以充当一个评判标准来判定不存在边数大于 M 的匹配。

　　例子　考虑图 13-13 所示的二分图。我们看到

$$M = \{\{x_1, y_1\}, \{x_2, y_2\}, \{x_3, y_3\}\}$$

是有三条边的匹配。因为集合 $S = \{x_1, x_3, y_2\}$ 是有三个顶点的覆盖。因此

$$3 = |M| \leqslant \rho(G) = c(G) \leqslant |S| = 3$$

我们得到一个等式，因此 M 是最大匹配，而 S 是最小覆盖，且 $\rho(G) = c(G) = 3$。　　□

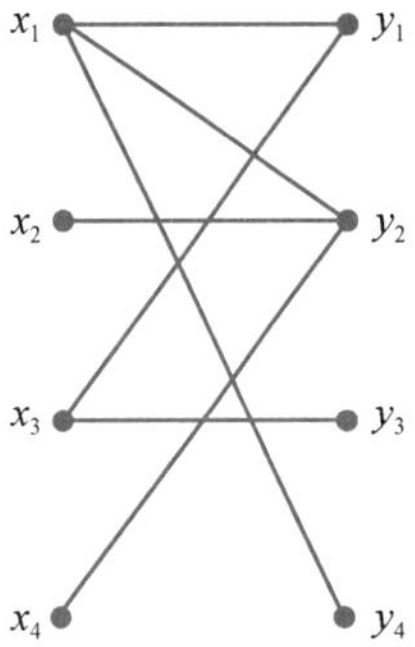

图　13-13

　　下面，我们描述运用于确定一个二分图的最大匹配问题的基本流算法。从任意已知的一个匹配 M 开始，这个算法系统地寻找一个 M 交错路径。其结果是：（1）这个算法产生了一条 M 交错路径，然后我们运用定理 13.3.1 的证明得到比 M 多一条边的匹配；（2）这个算法没有找到 M 交错路径，但是正如我们将看到的那样，它产生一个满足 $|M| = |S|$ 的覆盖 S，因此我们得到 M 是最大匹配，而 S 就是 M 的验证的结论（因此，这个算法不产生 M 交错路径，因为不存在这样的路径）。

匹 配 算 法

　　设 G 是有二分划 X，Y 的二分图，其中 $X = \{x_1, x_2, \cdots, x_m\}$，$Y = \{y_1, y_2, \cdots, y_n\}$，$M$ 是 G 的任意匹配。

　　（0）用（*）标注 X 中所有不与 M 中任意边相遇的顶点，并称这样的顶点为未扫描。转（1）。

　　（1）如果在上一步中，没有给 X 中的顶点标注新标签，那么算法停止⊖。（这意味着 X 中的每一个顶点都与 M 中的某条边相遇。因此 $|X| \leqslant |M|$。因为 $|M|$ 不可能超过 $|X|$，因此这表明 M 已经是最大匹配。）否则进入（2）。

_____

　　⊖　起初，只有当没有顶点有标签（*）时，发生这种情况。

（2）当 X 存在已标注但未扫描的顶点时，选择一个这样的顶点，比如说 x_i，用标签（x_i）标注 Y 中所有与 x_i 有一条不属于 M 的边连接且之前没有被标注的顶点。此时，顶点 x_i 是已扫描的。如果不存在已标注且未扫描的顶点时，进入（3）。

（3）如果在步骤（2）中，Y 中没有新的顶点被标注，则算法停止。否则进入（4）。

（4）当 Y 中存在已标注但未扫描的顶点时，找到一个这样的顶点，比如说 y_j，用标签（y_j）标注 X 中所有与 y_j 有一条属于 M 的边连接且之前没有被标注的顶点。此时，顶点 y_j 是已扫描的。如果不存在已标注但未扫描的顶点，进入（1）。

因为每一个顶点至多被标注一次，而每一个顶点又至多被扫描一次，所以匹配算法经过有限步骤之后会停止。有下面两种可能情况需要考虑：

突破：Y 有一个已标注但不与 M 中任意边相遇的顶点。

非突破：算法停止，突破没有出现，即 Y 中的每一个已标注顶点与 M 中的某条边相遇。

对于突破的情况，匹配算法成功地找到了一条 M 交错路径 γ。γ 的一个端顶点是 Y 中的顶点 v，这个顶点已被标注但不与 M 中的任意边相遇。γ 的另一个端顶点是 X 中的顶点 u，被标注上标签（*）（因此 u 不与 M 中任意一条边相遇）。这条 M 交错路径 γ 可以这样构造：从 v 开始，向后寻找直到遇到一个标有（*）的顶点 u。在这样的情况下，我们利用 γ 得到（如定理 13.3.1 的证明）一个比 M 多一条边的匹配。

对于非突破的情况，我们证明这是因为 M 是最大匹配，即根据定理 13.3.1，因为不存在 M 交错路径。因此，只有当 M 不是最大匹配时突破才正好发生，而当突破发生时，我们就有方法找到一条 M 交错路径，从而找到一个比 M 多一条边的匹配。

定理 13.3.2　假设在匹配算法中非突破发生。设 X^{un} 是由 X 中所有没有被标注的顶点组成的，Y^{lab} 是由 Y 中所有已标注顶点组成的，且令 $S = X^{un} \bigcup Y^{lab}$。则下面两个结论都成立：

（ⅰ）S 是二分图 G 的最小覆盖。

（ⅱ）$|M| = |S|$ 且 M 是最大匹配。

证明　我们首先证明 S 是覆盖：假设存在一条边 $e = \{x, y\}$，它的任何顶点都不属于 S，由此得到一个矛盾。

因此，假设 x 在 $X \setminus X^{un}$ 中，而 y 在 $Y \setminus Y^{lab}$ 之中，且 $e = \{x, y\}$ 是一条边。因为 x 不属于 X^{un}，所以 x 被标注；又因为 y 不在 Y^{lab} 之中，所以 y 没有被标注。e 或者属于 M 或者不属于 M。如果 e 不属于 M，那么运用算法的步骤（2），y 将得到一个标签（x），矛盾。现在假设 e 属于 M。因为 x 与 M 的边 e 相遇，所以根据步骤（0）可知，x 的标签不是（*）。又因为 x 已被标注，所以根据算法可知，x 被标注为（y）（参见步骤（4））。再根据算法，只有当 y 已被标注时，它才可能给 X 的某个顶点赋标签（y）。因为 y 没有被标注，所以我们又得到一个矛盾。因为以上两种可能都导出矛盾，所以我们说 S 是覆盖。

下面我们通过证明 $|M| = |S|$ 来完成整个证明。正如我们已经说明过的那样，这个等式意味着 S 是最小覆盖，而 M 是最大匹配。下面我们建立 S 中的顶点与 M 中的边之间的一个一一对应，由此来证明 $|M| = |S|$。设 y 是 Y^{lab} 中已经被标注的顶点。因为没有发生突破，所以 y 与 M 中的某条边相遇，因此正好存在 M 的一条边，比如说是边 $\{x, y\}$ 与 y 对应。根据算法步骤（4），x 得到标签（y），因此 x 不在 X^{un} 中。Y^{lab} 中的每一个顶点都与 M 中的一条另一个顶点属于 $X - X^{un}$ 的边相遇。现在考虑 X^{un} 中的顶点 x'。因为 x' 没有被标注，所以根据算法步骤（0）可知，x' 与 M 的一条边相遇（否则 x' 将会被标注为（*）），因此正好存在 M 的一条边，比如说是 $\{x', y'\}$，与 x' 相遇。顶点 y' 不在 Y^{lab} 中，因为我们前面已经说过与 Y^{lab} 中某个顶点相遇的 M 的唯一一条边的另一个顶点在 $X - X^{un}$ 中。至此我们证明了对于 $X^{un} \bigcup Y^{lab}$ 中的每一个顶点，总存在唯一一条 M 的边包含它，且所有这些边都不相同。因此有

$$|S| = |X^{un} \bigcup Y^{lab}| \leqslant |M|$$

所以我们得到 $|S| = |M|$。 □

注意，定理 13.3.2 的证明本质上给出了关系式 $\rho(G) = c(G)$ 的另一个证明。

这一匹配算法也可以运用于求二分图的最大匹配：首先用贪心算法选出一个匹配，我们先挑出任意一条边 e_1，然后任意选出不与 e_1 相交的边 e_2，再任意选出不与 e_1 和 e_2 相交的边 e_3，如此进行下去，直到用尽了所有的边[⊖]。把最终得到的匹配称为 M^1，对这个匹配运用匹配算法。如果非突破出现了，那么根据定理 13.3.2 可知，M^1 是最大匹配。如果突破出现了，那么我们得到一个匹配 M^2，它的边数比 M^1 多。此时，我们对 M^2 运用匹配算法。这样，我们就得到一个匹配序列 M^1，M^2，$\cdots$，其中每一个匹配都比它前面的匹配的边多。经过有限次运用匹配算法之后，我们得到一个匹配 M^k，对于这个匹配 M^k，运用匹配算法出现了非突破，因此 M^k 是最大匹配。

例子 下面我们求图 13-14 所示的二分图 G 的最大匹配。选择边 $\{x_2, y_2\}$，$\{x_3, y_3\}$，$\{x_4, y_4\}$，并得到一个大小为 3 的匹配 M^1。M^1 的边如图中粗线所示。现在，我们对 M^1 用匹配算法，图 13-14 给出的结果如下：

(1) 步骤（0）：对不与 M^1 中的边相遇的顶点 x_1，x_5，x_6 标注（∗）。

(2) 步骤（2）：依次检查 x_1，x_5，x_6，并对 y_3 标注（x_1），对 y_4 标注（x_5）。因为所有连接到 x_6 的顶点都已经被标注，所以 Y 中没有顶点被标注（x_6）。

(3) 步骤（4）：检查顶点 y_3，y_4，它们在（2）被标注，对 x_3 标注（y_3），对 x_4 标注（y_4）。

(4) 步骤（2）：检查顶点 x_3，x_4，它们在（3）被标注，对 y_2 标注（x_3）。 [531]

(5) 步骤（4）：检查顶点 y_2，它在（4）被标注，对 x_2 标注（y_2）。

(6) 步骤（2）：检查顶点 x_2，它在（5）被标注，对 y_1，y_5，y_6 标注（x_2）。

(7) 步骤（4）：检查顶点 y_1，y_5 和 y_6，它们在（6）被标注，至此发现没有新标签可标注。

这个算法第一阶段到此结束，因为我们标识了 Y 中不与 M^1 中的边相遇的一个顶点（事实上，y_1，y_5，y_6 这三个顶点有这一性质），我们已经达到了突破[⊖]。以标签作为向导，从 y_1 出发往回寻找，我们就找到一条 M^1 交错路径：

$$\gamma: y_1, x_2, y_2, x_3, y_3, x_1$$

我们有

$$M_\gamma^1 = \{\{x_2, y_2\}, \{x_3, y_3\}\}$$

和

$$\overline{M}_\gamma^1 = \{\{y_1, x_2\}, \{y_2, x_3\}, \{y_3, x_1\}\}$$

于是

$$M^2 = (M^1 - M_\gamma^1) \bigcup (\overline{M}_\gamma^1) = \{\{x_4, y_4\}, \{y_1, x_2\}, \{y_2, x_3\}, \{y_3, x_1\}\}$$

是一个四条边的匹配。 [532]

现在，我们对 M^2 运用匹配算法。最终的标签情况如图 13-15 所示。在这一情况下，突破没有出现。根据定理 13.3.2，M^2 是一个大小为 4 的最大匹配，且集合

$$S = \{x_2, x_3, y_3, y_4\}$$

⊖ 或者，因为不存在更多明显的选择而停止。

⊖ 算法可以在达到突破时立刻停止。

是一个大小为 4 的最小覆盖，它是由 X 中未标注的顶点和 Y 中已经标注的顶点组成的。　　　　□

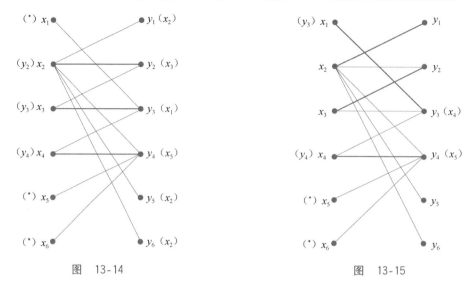

图 13-14　　　　　　　　　　　　　　　　　图 13-15

13.4　练习题

1. 证明定理 13.1.2。

2. 证明定理 13.1.3。

3. 证明：K_n 的一个定向是可传递竞赛图当且仅当它不含任何长度为 3 的有向圈。

4. 给出一个有向图的例子，它不含有向欧拉闭迹，但它的基础一般图含欧拉闭迹。

5. 证明：有向图中不存在有向圈当且仅当可以从 1 到 n 标注它的顶点，使得每条弧的终止顶点比其起始顶点的标签大。

6. 证明：一个有向图是强连通的，当且仅当存在一个闭的有向途径，它包含每个顶点至少一次。

7. 设 T 是任意竞赛图。证明：为了获得一个带有有向哈密顿圈的竞赛图，最多改变一个弧的方向就可以了。

8. 利用定理 13.1.5 的证明，写出一个算法，用来确定竞赛图中的一条哈密顿路径。

9. 证明：竞赛图是强连通的当且仅当图中存在有向哈密顿圈。

10. 证明每一个竞赛图包含一个顶点 u，使得对于每一个不同于 u 的顶点 x，存在一条从 u 到 x 的长度至多为 2 的路径。

11. 证明每一个图都有这样的性质，即对于每一个顶点 x，可以定向它的每一条边使得 x 的入度数与出度数之差至多为 1。

*12. 设计一个在强连通竞赛图中构造有向哈密顿圈的算法。

13. 利用 13.1 节中的算法，确定图 11-15 到图 11-18 所示图的强连通定向。

14. 证明定理 13.1.6 的下面扩展：设 G 是连通图。当每个桥 $\{a, b\}$ 都用两个弧 (a, b) 和 (b, a) 代替后，即每个方向都有一个弧，就可以给出 G 的剩余边的一个定向，使得所产生的有向图是强连通的。

15. 修改构造无桥连通图的强连通定向算法，使其适用于练习题 14 的情形。

16. 考虑这样一个交易问题：交易商 t_1 把他自己的商品排在第一位。证明：在任何核心分配中，t_1 总是持有他自己的商品。

17. 构造一个具有如下性质的交易问题的例子：有 n 个交易商，且在每一个核心分配中，恰好只有一人能得到他排位第一的商品。

18. 证明：由下面的偏爱表给出的交易问题恰好有两个核心分配。

	t_1	t_2	t_3
t_1	2	1	3
t_2	3	2	1
t_3	1	3	2

这两个结果中哪一个是应用定理 13.1.9 的构造性证明得到的？ 　　534

19. 在一个交易问题中，假设一个交易商把他自己的商品排了在第 k 位。证明：在任意一个核心分配中，这位交易商获得的商品排位不会低于 k (因此，一个交易商是不会拿走他认为不如他交易的商品值钱的商品)。

20. 证明：在利用定理 13.1.9 的构造性证明得到的核心分配中，至少有一个参与者得到他排位为 1 的商品。通过例子说明：可能存在这样的核心分配，其中任何一个参与者都得不到他的首选商品。

21. 证明：在一个交易问题中，存在一个核心分配，使得每个交易商都得到他排位第 1 的商品，当且仅当用定理 13.1.9 的证明构造出的有向图 D^1 是由两两没有公共顶点的有向圈构成的。

22. 在如下偏爱表所示的交易问题中构造一个核心分配：

	t_1	t_2	t_3	t_4	t_5	t_6	t_7
t_1	2	3	1	4	7	5	6
t_2	1	6	4	3	2	7	5
t_3	2	7	3	5	1	4	6
t_4	3	4	2	7	1	6	5
t_5	1	3	4	2	5	7	6
t_6	2	4	1	5	3	7	6
t_7	7	3	4	2	1	6	5

23. 确切地写出定理 13.1.9 中所隐含的求核心分配的算法。

24. 对于图 13-16 中的每个网络 $N=(V, A, s, t, c)$，确定一个最大流和一个最小割集（弧边上的数是该弧的容量）。

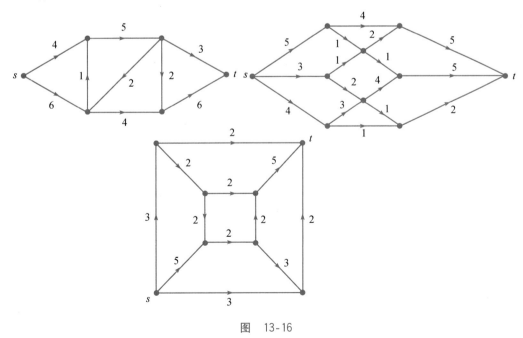

图　13-16

25. 在练习题 24 所给出网络的有向图中，确定从 s 到 t 的逐对弧不相交路径的最大数目。通过列举出一个具有相同弧数的 st 分离集来证明该数目是最大数目（参看定理 13.2.4）。

26. 考虑图 13-17 所示的网络，其中有三个代表某种商品的源 s_1，s_2 和 s_3，以及三个目标 t_1，t_2 和 t_3。每个源都有该种商品的特定供给量，而每个目标有对该商品特定需求量。供给量和需求量由相应顶点旁边括号里的数值给出。商品要在每条弧的容量限制下从源流向目标。在现有的供给量下，确定是否所有需求都能同时满足（处理此问题的一个可能方法是：引入一个辅助的源 s 和一个辅助的目标 t，从 s 到每个 s_i 的弧的容量等于 s_i 的供给量，且从每个 t_j 到 t 的弧的容量等于 t_j 的需求量，然后，在这个扩展的网络上，找出从 s 到 t 的一个最大流，并检查是否所有需求都已满足）。

27. 在练习题 26 中，将 s_1，s_2 和 s_3 处的供给量分别改为 a，b 和 c，再确定在现有的供给量下，是否所有需求都能同时满足。

*28. 建立并证明一个定理，在带有多重源和多重目标的网络中，给出存在一个流，使得在给定的供给量下同时满足所有需求量的充分必要条件。

29. 利用匹配算法求图 13-18 所示的二分图中的匹配 M 的最大边数。对于每一种情况，求满足 $|S| = |M|$ 的覆盖 S。

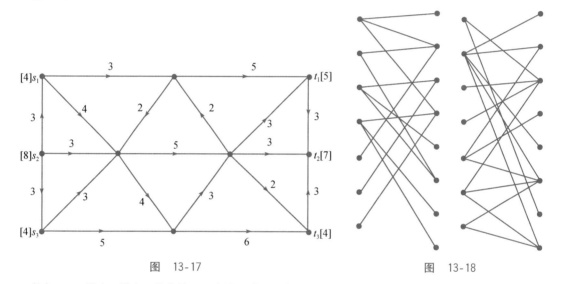

图 13-17   图 13-18

30. 考虑 $m \times n$ 棋盘，棋盘上的方格已经交错地着成黑色和白色，而且其中有些方格是禁止方格。在第 9 章中，我们给每一个自由白格（自由格）关联一个与它有一条公共边的自由黑格集合。这样的集合族称为这张棋盘的多米诺族。我们还可以给这张棋盘关联一个有二分划 X，Y 的二分图 G（即这张棋盘的多米诺二分图），其中 X 是自由白格的集合，Y 是自由黑格的集合。存在一条连接自由白格和自由黑格的边当且仅当这两个方格有一条公共边。G 的一个匹配 M 对应于这张棋盘上互不相交的 $|M|$ 张多米诺骨牌的一个放置。利用匹配算法求下图所示棋盘可以放置的不重叠多米诺骨牌的最大数目（即求 $\rho(G)$）并证明为什么可以通过 $c(G)$ 去求这个最大数目。

				×			
	×		×		×		×
			×	×	×		
	×					×	
×			×				×
	×				×		
			×	×			
		×			×		

31. 考虑长度为 n 的 2^n 个二进制序列的集合 A。这个练习考虑是否存在一个 2^n 个 0 和 1 的循环排列 γ_n，使得 γ_n 的 n 个连续位的 2^n 个序列给出整个 A，即它们都是不同的。这样的循环排列称为 de Bruijn 循环。

例如，如果 $n=2$，循环排列 0，0，1，1（把第一个 0 看成后面紧跟着最后一个 1）给出了 0，0；0，1；1，1；1，0。当 $n=3$ 时，0，0，0，1，0，1，1，1（看成是循环的）是一个 de Bruijn 循环。定义一个有向图 Γ_n，其顶点是长度为 $n-1$ 的 2^{n-1} 个二进制序列。给定两个这样的二进制序列 x 和 y，如果 x 的后面 $n-2$ 个位与 y 的前面 $n-2$ 个位相同，则放置一条从 x 到 y 的弧 e，同时在 e 上以 x 的第一位上的数字进行标注。

(a) 证明 Γ_n 的每一个顶点的入度数和出度数都等于 2。因此 Γ_n 一共有 $2 \cdot 2^{n-1} = 2^n$ 条弧。

(b) 证明 Γ_n 是强连通的，因此 Γ_n 有一条（长度为 2^n 的）有向欧拉闭迹。

(c) 设 b_1，b_2，$\cdots$，b_{2^n} 是我们遍历 Γ_n 的一条有向欧拉迹时的那些弧的标签（可以看成是一个循环排列）。证明 b_1，b_2，$\cdots$，b_{2^n} 是一个 de Bruijn 循环。

(d) 证明对于给定的有向图 Γ_n 的任意两个顶点 x，y，总存在一条从 x 到 y 其长度至多等于 $n-1$ 的路径。

538
~
540

Pólya 计数

假如你要用红、蓝两种颜色给一个正四面体的四个顶点着色，试问存在多少种不同的着色方案？因为一个四面体有 4 个顶点，每个顶点可用 2 种颜色之一着色，于是，得到该问题的一个答案为 $2^4 = 16$。但我们能认为这 16 种着色是不同的吗？若四面体在空间是固定的，则各顶点可通过它的位置而彼此区分，所以每个顶点得到哪种颜色是问题的关键。因此，在这种情形下的 16 种着色是不同的。现在，假设四面体是可转动的，那么由于四面体有非常好的对称性质，因此哪个顶点被着成红色、哪个顶点被着成蓝色不是问题的关键。区分两种着色的唯一途径是每种颜色的顶点数。故全部顶点为红色的着色有 1 种，三个顶点为红色的着色有 1 种，两个顶点为红色的着色有 1 种，一个顶点为红色的着色有 1 种及没有顶点为红色的着色有 1 种，共给出 5 种不同的着色。

假如用红、蓝两种颜色给正方形的四个顶点着色，我们再次得到，在正方形位置固定的条件下有 16 种不同的着色。如果允许正方形转动，问存在多少种不同的着色方案？尽管正方形不具有四面体的完全对称性，但它仍有很强的对称性。如图 14-1 所示，全部顶点为红色的着色有 1 种，三个顶点为红色的着色有 1 种，两个顶点为红色的着色有 2 种（这两个红色顶点可以邻接，也可以被一个蓝色顶点隔开），一个顶点为红色的着色有 1 种及没有顶点为红色的着色有 1 种，共有 6 种不同的着色。

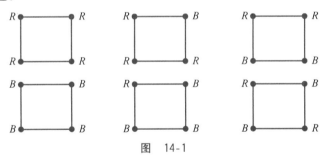

图　14-1

如果允许四面体和正方形自由转动，那么给顶点着色的 $2^4 = 16$ 种方法被分成一些部分，使得同一部分中的两种着色被视为相同（着色是等价的），而不同部分中的两种着色为不同的（着色是不等价的）。因此，不等价的着色个数就是不同部分的个数。本章的目的在于建立和阐明在对称情形下计算不等价着色的技术。

14.1　置换群与对称群

设 X 是有限集。不失一般性，我们取 X 为由前 n 个正整数组成的集合 $\{1, 2, \cdots, n\}$。X 的置换 $i_1, i_2, \cdots, i_n$ 可以看成是 X 到其自身的一对一函数，其定义为

$$f : X \to X$$

其中

$$f(1) = i_1, f(2) = i_2, \cdots, f(n) = i_n$$

根据鸽巢原理，一对一的函数 $f : X \to X$ 是满射[⊖]。为了强调置换可视为函数，我们也用 $2 \times n$ 阵列

⊖　因此，从 X 到 Y 的一对一函数是一一对应。

$$\begin{pmatrix} 1 & 2 & \cdots & n \\ i_1 & i_2 & \cdots & i_n \end{pmatrix} \tag{14.1}$$

来表示这个置换。在 (14.1) 中，这个函数在整数 k 处的值 i_k 写在 k 的下面。

例子　把 $\{1, 2, 3\}$ 的 3! ＝6 个置换看成函数时如下所示：

$$\begin{pmatrix} 1 & 2 & 3 \\ 1 & 2 & 3 \end{pmatrix},\ \begin{pmatrix} 1 & 2 & 3 \\ 1 & 3 & 2 \end{pmatrix},\ \begin{pmatrix} 1 & 2 & 3 \\ 2 & 1 & 3 \end{pmatrix},\ \begin{pmatrix} 1 & 2 & 3 \\ 2 & 3 & 1 \end{pmatrix},\ \begin{pmatrix} 1 & 2 & 3 \\ 3 & 1 & 2 \end{pmatrix},\ \begin{pmatrix} 1 & 2 & 3 \\ 3 & 2 & 1 \end{pmatrix} \qquad \square$$

542

我们把 $\{1, 2, \cdots, n\}$ 的所有 $n!$ 个置换构成的集合记为 S_n。于是，S_3 是由上例所列出的 6 个置换构成的。既然置换为函数，那么它们就可以合成（使用合成运算，即一个跟在另一后面）。如果

$$f = \begin{pmatrix} 1 & 2 & \cdots & n \\ i_1 & i_2 & \cdots & i_n \end{pmatrix}$$

且

$$g = \begin{pmatrix} 1 & 2 & \cdots & n \\ j_1 & j_2 & \cdots & j_n \end{pmatrix}$$

是 $\{1, 2, \cdots, n\}$ 的两个置换，则它们的合成（composition）按照先 f 后 g 的顺序放置得到一个新置换：

$$g \circ f = \begin{pmatrix} 1 & 2 & \cdots & n \\ j_1 & j_2 & \cdots & j_n \end{pmatrix} \circ \begin{pmatrix} 1 & 2 & \cdots & n \\ i_1 & i_2 & \cdots & i_n \end{pmatrix}$$

其中

$$(g \circ f)(k) = g(f(k)) = j_{i_k}$$

函数的合成定义了 S_n 上的一个二元运算：如果 f 和 g 均属于 S_n，则 $g \circ f$ 也属于 S_n。

例子　设 S_4 中的置换 f 和 g 为

$$f = \begin{pmatrix} 1 & 2 & 3 & 4 \\ 3 & 2 & 4 & 1 \end{pmatrix} \qquad g = \begin{pmatrix} 1 & 2 & 3 & 4 \\ 2 & 4 & 3 & 1 \end{pmatrix}$$

则

$$(g \circ f)(1) = 3,\quad (g \circ f)(2) = 4,\quad (g \circ f)(3) = 1,\quad (g \circ f)(4) = 2$$

因此

$$g \circ f = \begin{pmatrix} 1 & 2 & 3 & 4 \\ 3 & 4 & 1 & 2 \end{pmatrix}$$

而且

$$f \circ g = \begin{pmatrix} 1 & 2 & 3 & 4 \\ 2 & 1 & 4 & 3 \end{pmatrix} \qquad \square$$

S_n 中置换的合成这一二元运算 "$\circ$" 满足结合律⊖

$$(f \circ g) \circ h = f \circ (g \circ h)$$

543

但如前面的例子所示，这个二元运算不满足交换律。尽管在某些情况下，下面的等式可能成立，但通常情况下

$$f \circ g \neq g \circ f$$

我们用通常的幂符号来表示一个置换与它自身的合成：

$$f^1 = f,\quad f^2 = f \circ f,\quad f^3 = f \circ f \circ f, \cdots, f^k = f \circ f \circ \cdots \circ f (k \text{个} f)$$

恒等置换就是各整数对应到它自身的 $\{1, 2, \cdots, n\}$ 的置换 ι：

$$\iota(k) = k, \text{对所有的 } k = 1, 2, \cdots, n$$

⊖　函数的合成总是满足结合律的。

它等价于

$$\iota = \begin{pmatrix} 1 & 2 & \cdots & n \\ 1 & 2 & \cdots & n \end{pmatrix}$$

显然

$$\iota \circ f = f \circ \iota = f$$

对 S_n 中的所有置换 f 成立。由于 S_n 中的每个置换是一对一的函数,所以存在逆函数 $f^{-1} \in S_n$ 满足:

$$如果\ f(s) = k, 那么\ f^{-1}(k) = s$$

通过交换 f 的 $2 \times n$ 矩阵的第一行与第二行,并重新排列各列使得第一行的整数以自然顺序 $1, 2, \cdots, n$ 出现,便得到了 f^{-1} 的 $2 \times n$ 阵列。对每个置换 f,我们定义 $f^0 = \iota$。于是,恒等置换的逆是它自身: $\iota^{-1} = \iota$。

例子 考虑 S_6 中的置换

$$f = \begin{pmatrix} 1 & 2 & 3 & 4 & 5 & 6 \\ 5 & 6 & 3 & 1 & 2 & 4 \end{pmatrix}$$

交换第一行与第二行,得

$$\begin{pmatrix} 5 & 6 & 3 & 1 & 2 & 4 \\ 1 & 2 & 3 & 4 & 5 & 6 \end{pmatrix}$$

再重新排列列,得

|544|
$$f^{-1} = \begin{pmatrix} 1 & 2 & 3 & 4 & 5 & 6 \\ 4 & 5 & 3 & 6 & 1 & 2 \end{pmatrix}$$
□

逆的定义表明对于 S_n 的所有 f,我们有

$$f \circ f^{-1} = f^{-1} \circ f = \iota$$

如果 S_n 中的置换的非空子集 G 满足如下三条性质,则定义它为 X 的置换的群(简称置换群):

(1) 合成运算的封闭性:对 G 中所有的置换 f 与 g,$f \circ g$ 也属于 G。

(2) 单位元:S_n 中的恒等置换 ι 属于 G。

(3) 逆元的封闭性:对 G 中的每一个置换 f,它的逆 f^{-1} 也属于 G。

$X = \{1, 2, \cdots, n\}$ 的所有置换的集合 S_n 是一个置换群,称它为 n 阶对称群。特别地,仅含恒等置换的集合 $G = \{\iota\}$ 是一个置换群。

每一个置换群满足消去律:

$$f \circ g = f \circ h\ 意味着\ g = h$$

因为用 f^{-1} 左乘等式两端,并根据结合律,便得

$$f^{-1} \circ (f \circ g) = f^{-1} \circ (f \circ h)$$
$$(f^{-1} \circ f) \circ g = (f^{-1} \circ f) \circ g$$
$$\iota \circ g = \iota \circ h$$
$$g = h$$

例子 设 n 是正整数,ρ_n 表示如下定义的 $\{1, 2, \cdots, n\}$ 的置换:

|545|
$$\rho_n = \begin{pmatrix} 1 & 2 & 3 & \cdots & n-1 & n \\ 2 & 3 & 4 & \cdots & n & 1 \end{pmatrix}$$

因此,对于 $i = 1, 2, \cdots, n-1$,有 $\rho_n(i) = i+1$ 且 $\rho_n(n) = 1$。考虑把 1 到 n 的整数均等地放到圆周上或正 n 角形的 n 个顶点上,当 $n=8$ 时,如图 14-2 所示。那么 ρ_n 按顺时针方向将各整数送到它后面的整数。实际上,可将 ρ_n 视为圆的 $360/n$ 度的旋转,置换 ρ_n^2 为圆的 $2 \times (360/n)$ 度的旋转,更一般地,对非负整数 k,ρ_n^k 为圆的 $k \times (360/n)$ 度的旋转,从而推出

$$\rho_n^k = \begin{pmatrix} 1 & 2 & \cdots & n-k & n-k+1 & \cdots & n \\ k+1 & k+2 & \cdots & n & 1 & \cdots & k \end{pmatrix}$$

特别是，当 $r=k \bmod n$ 时，有 $\rho_n^r=\rho_n^k$。因此，仅有 ρ_n 的 n 个不同的幂，即

$$\rho_n^0 = \iota, \quad \rho_n, \quad \rho_n^2, \quad \cdots, \quad \rho_n^{n-1}$$

并且

$$\rho_n^{-1} = \rho_n^{n-1}$$

更一般地

$$(\rho_n^k)^{-1} = \rho_n^{n-k}, \quad k=0,1,\cdots,n-1$$

从而得到

$$C_n = \{\rho_n^0 = \iota, \quad \rho_n, \quad \rho_n^2, \quad \cdots, \quad \rho_n^{n-1}\}$$

是一个置换群$^\ominus$。它是 n 阶循环群的一个例子。读者可以看到，该群隐含了可用于计算把 n 个不同的对象安置到一个圆周上的方法数。下面将做更详细介绍。　　　　　　　　　　　　　　　□

设 Ω 是一个几何图形，Ω 到它自身的一个（几何）运动或全等称为 Ω 的一个对称。我们要考虑的几何图形，如正方形、四面体、立方体，是由角点（或顶点）、边及三维情形下的面（或侧面）所构成的。因此每个对称可看作是顶点、边及三维情形下的面的一个置换。Ω 的一个对称后跟着另一个对称得到另一个对称，即两个对称的合成仍得一个对称。类似地，一个对称的逆也是一个对称。最后，使所有对象固定不动的运动$^\ominus$也是一个对称，即恒等对称。于是，我们推出 Ω 的对称就是它的角点上的置换群 G_C、边上的置换群 G_E 以及 Ω 是三维情形下的面上的置换群 $G_F$$^\ominus$。因此由图形的所有对称决定的置换集合自然是一个置换群，从而得到了角点对称群、边对称群、面对称群等。[546]

例子　考虑如图 14-3 所示的正方形 Ω，它的角点标以 1、2、3、4，边标以 a、b、c、d，那么存在 8 个 Ω 的对称，并只有两种类型。有围绕正方形中心的 0°、90°、180°、270°角的 4 个旋转。这 4 个对称的运动出现在包含 Ω 的平面上，它们构成了 Ω 的平面对称。平面对称本身形成一个群。其他对称是关于 Ω 的对角点的连线和对边中点的连线的 4 个反射。这些对称的运动是在空间进行的，因为"翻转"正方形需要离开它所在的平面。

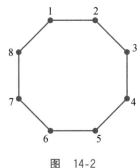

图　14-2

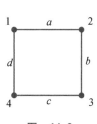

图　14-3

作用在角点上的旋转产生 4 个置换

$\ominus$　更正式的叙述是，置换群 C_n 同构于整数 $\bmod\ n$ 的加法群，见 10.1 节的讨论。
$\ominus$　因此，在这个运动中实际上没有任何运动！
$\ominus$　这里涉及群的抽象概念，它被定义为具有二元运算的非空集合，满足结合律以及（ⅰ）对合成运算是封闭的，（ⅱ）单位元存在，（ⅲ）对求逆元运算是封闭的。由于对函数的合成运算结合律自然成立，因此置换群是群。图形 Ω 的对称在该定义下形成群，但正如正文所指出的那样，这些对称能够作为其角点的置换、其边的置换群等。

$$\rho_4^0 = \iota = \begin{pmatrix} 1 & 2 & 3 & 4 \\ 1 & 2 & 3 & 4 \end{pmatrix} \quad \rho_4 = \begin{pmatrix} 1 & 2 & 3 & 4 \\ 2 & 3 & 4 & 1 \end{pmatrix}$$

$$\rho_4^2 = \begin{pmatrix} 1 & 2 & 3 & 4 \\ 3 & 4 & 1 & 2 \end{pmatrix} \quad \rho_4^3 = \begin{pmatrix} 1 & 2 & 3 & 4 \\ 4 & 1 & 2 & 3 \end{pmatrix}$$

547

作用在角点上的反射产生 4 个置换[⊖]

$$\tau_1 = \begin{pmatrix} 1 & 2 & 3 & 4 \\ 1 & 4 & 3 & 2 \end{pmatrix} \quad \tau_2 = \begin{pmatrix} 1 & 2 & 3 & 4 \\ 3 & 2 & 1 & 4 \end{pmatrix}$$

$$\tau_3 = \begin{pmatrix} 1 & 2 & 3 & 4 \\ 2 & 1 & 4 & 3 \end{pmatrix} \quad \tau_4 = \begin{pmatrix} 1 & 2 & 3 & 4 \\ 4 & 3 & 2 & 1 \end{pmatrix}$$

故正方形的角点对称群是

$$G_C = \{\rho_4^0 = \iota, \rho_4, \rho_4^2, \rho_4^3, \tau_1, \tau_2, \tau_3, \tau_4\}$$

我们可以验证

$$\tau_3 = \rho_4 \circ \tau_1, \tau_2 = \rho_4^2 \circ \tau_1 \text{ 和 } \tau_4 = \rho_4^3 \circ \tau_1$$

因此，我们又得到

$$G_C = \{\rho_4^0 = \iota, \rho_4, \rho_4^2, \rho_4^3, \tau_1, \rho_4 \circ \tau_1, \rho_4^2 \circ \tau_1, \rho_4^3 \circ \tau_1\}$$

考虑图 14-3 所示中标为 a、b、c、d 的 Ω 的边。Ω 的边对称群 G_E 是让 Ω 的对称作用于边上而得到的。例如，关于连接顶点 2 和 4 的连线的反射给出了下面的边置换：

$$\begin{pmatrix} a & b & c & d \\ b & a & d & c \end{pmatrix}$$

G_C 中其他边置换也可以用类似的方法得到。 □

用类似的方法，我们可以得到对于任意的 $n \geqslant 3$ 的正 n 角形的对称群。除 n 个旋转 $\rho_0 n = \iota$，$\rho, \cdots, \rho_n^{n-1}$ 外，我们还有 n 个反射 $\tau_1, \tau_2, \cdots, \tau_n$。如果 n 为偶数，则有 $n/2$ 个关于对角点的反射和 $n/2$ 个关于对边中点连线的反射。如果 n 为奇数，则有 n 个关于角点与其对边的连线的反射。关于 $\{1, 2, \cdots, n\}$ 的 $2n$ 个置换形成的群

$$D_n = \{\rho_n^0 = \iota, \rho, \cdots, \rho_n^{n-1}, \tau_1, \tau_2, \cdots, \tau_n\}$$

就是一个阶为 $2n$ 的二面体群的一个实例。我们在下例中计算 D_5。

例子（10 阶二面体群） 如图 14-4 所示，考察其顶点标以 1、2、3、4、5 的正五角形。它的（角点）对称群 D_5 包含 5 个旋转和 5 个反射，5 个旋转为

548

$$\rho_5^0 = \iota = \begin{pmatrix} 1 & 2 & 3 & 4 & 5 \\ 1 & 2 & 3 & 4 & 5 \end{pmatrix} \quad \rho_5^1 = \begin{pmatrix} 1 & 2 & 3 & 4 & 5 \\ 2 & 3 & 4 & 5 & 1 \end{pmatrix}$$

$$\rho_5^2 = \begin{pmatrix} 1 & 2 & 3 & 4 & 5 \\ 3 & 4 & 5 & 1 & 2 \end{pmatrix} \quad \rho_5^3 = \begin{pmatrix} 1 & 2 & 3 & 4 & 5 \\ 4 & 5 & 1 & 2 & 3 \end{pmatrix}$$

$$\rho_5^4 = \begin{pmatrix} 1 & 2 & 3 & 4 & 5 \\ 5 & 1 & 2 & 3 & 4 \end{pmatrix}$$

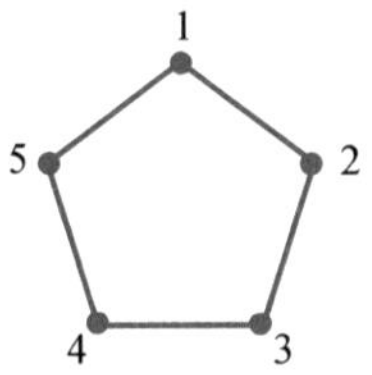

图 14-4

设 $\tau_i(i = 1, 2, 3, 4, 5)$ 表示关于第 i 个角点与其对边的连线的反射，则

$$\tau_1 = \begin{pmatrix} 1 & 2 & 3 & 4 & 5 \\ 1 & 5 & 4 & 3 & 2 \end{pmatrix} \quad \tau_2 = \begin{pmatrix} 1 & 2 & 3 & 4 & 5 \\ 3 & 2 & 1 & 5 & 4 \end{pmatrix}$$

$$\tau_3 = \begin{pmatrix} 1 & 2 & 3 & 4 & 5 \\ 5 & 4 & 3 & 2 & 1 \end{pmatrix} \quad \tau_4 = \begin{pmatrix} 1 & 2 & 3 & 4 & 5 \\ 2 & 1 & 5 & 4 & 3 \end{pmatrix}$$

⊖ τ_1 来自关于连接顶点 1 和 3 的连线的反射，τ_2 来自关于连接顶点 2 和 4 的连线的反射，τ_3 来自关于连接 a 和 c 的中点的连线的反射，τ_4 则来自连接 b 和 d 的中点的连线的反射。

$$\tau_5 = \begin{pmatrix} 1 & 2 & 3 & 4 & 5 \\ 4 & 3 & 2 & 1 & 5 \end{pmatrix} \qquad \qquad \square$$

假设我们有集合 X 的置换群 G，其中 X 仍取为前 n 个正整数集合 $\{1, 2, \cdots, n\}$。X 的一种着色是给 X 的每个元素指定一种颜色的分配方案。设 $\mathcal{C}$ 是 X 的一个着色集合。通常我们有多种颜色，比如红色与蓝色，$\mathcal{C}$ 就是用这些颜色对 X 的所有着色所构成的。但并非必须都是这种情况。集合 $\mathcal{C}$ 可以是 X 的任意着色集合，只要求 G 按下面所描述的方式把 $\mathcal{C}$ 中的一种着色对应到 $\mathcal{C}$ 中的另一种着色。

设 $\mathbf{c}$ 是 X 的一种着色，$1, 2, \cdots, n$ 的颜色分别记以 $c(1), c(2), \cdots, c(n)$。令

$$f = \begin{pmatrix} 1 & 2 & \cdots & n \\ i_1 & i_2 & \cdots & i_n \end{pmatrix}$$

是 G 中的一个置换，那么定义 $f * \mathbf{c}$ 为使得 i_k 具有颜色 $c(k)$ 的着色，即

$$(f * \mathbf{c})(i_k) = c(k) \quad (k = 1, 2, \cdots, n) \tag{14.2}$$

也就是说，因为 f 将 k 变到 i_k，所以，k 的颜色，即 $\mathbf{c}(k)$ 移到 $f(k) = i_k$ 并且变成 i_k 的颜色。利用 f 的逆，我们可以把 (14.2) 写成

$$(f * \mathbf{c})(l) = c(f^{-1}(l)) \quad (l = 1, 2, \cdots, n)$$

着色集 $\mathcal{C}$ 需要具备如下性质：

对于 G 中任意元 f 和 $\mathcal{C}$ 中任意元 $\mathbf{c}$，$f * \mathbf{c}$ 仍属于 $\mathcal{C}$。

这意味着 f 把 $\mathcal{C}$ 中的每一个着色移动到 $\mathcal{C}$ 中的另一种着色（可以是相同的着色）；而 $f * \mathbf{c}$ 表示 $\mathcal{C}$ 中这样的一个着色，即它是由 f 把 c 送出的着色。注意，如果 $\mathcal{C}$ 是相对于给定的颜色集合的所有着色集合，或者 $\mathcal{C}$ 是 X 中每一种颜色的着色的元素个数是指定数量的 X 的所有着色集合，则 $\mathcal{C}$ 很自然就具有这样的性质。

在两个运算 $\circ$（G 中置换的合成）与 $*$（G 中的置换对 $\mathcal{C}$ 中着色的作用）之间，下面的基本关系成立：

$$(g \circ f) * \mathbf{c} = g * (f * \mathbf{c}) \tag{14.3}$$

等式 (14.3) 的左边是将 k 的颜色变到 $(g \circ f)(k)$ 的着色，右边是将 k 的颜色变到 $f(k)$，然后变到 $g(f(k))$ 的着色。因为由合成运算的定义有 $(g \circ f)(k) = g(f(k))$，故式 (14.3) 成立。

例子 我们继续考虑前面的例子，Ω 是如图 14-3 所示的正方形，其中 G_C 是 Ω 的角点对称群。令 $\mathcal{C}$ 是 Ω 的角点 1、2、3、4 颜色为红色或蓝色的所有着色的集合。置换群 G_C 包含 8 个置换，$\mathcal{C}$ 有 16 种着色。用 R 表示红色，B 表示蓝色，并且按 1、2、3、4 的顺序书写角点的颜色来表示一种着色。例如，

$$(R, B, B, R) \tag{14.4}$$

是角点 1 为红色、角点 2 为蓝色、角点 3 为蓝色、角点 4 为红色的着色。置换 ρ_4 则将该着色变到下面的着色

$$(R, R, B, B)$$

其中，角点 1 与 2 为红色，角点 3 与 4 为蓝色。下页的表中列出了 G_C 中各置换作用在着色 (14.4) 上的结果。

注意，置换 τ_4 没有改变 (14.4) 的着色，即 τ_4 固定着色 (14.4)。当然，恒等置换 ι 也不改变它。事实上，下面列表中每一种着色正好出现两次。我们说两种着色是等价的，如果存在 G_C 中把一个着色送到另一个着色的置换。因此，着色 (R, B, B, R) 与下面的置换中的每一个都等价：

$$(R, B, B, R), (R, R, B, B), (B, R, R, B), (B, B, R, R)$$

G_C 中的置换	在着色 (R, B, B, R) 上的作用
$\rho_4^0 = \iota$	(R, B, B, R)
ρ_4	(R, R, B, B)
ρ_4^2	(B, R, R, B)
ρ_4^3	(B, B, R, R)
τ_1	(R, R, B, B)
τ_2	(B, R, R, B)
τ_3	(B, R, R, B)
τ_4	(R, B, B, R)

因为置换不会改变各颜色的角点个数，所以两种着色等价的一个必要条件（但一般情况下不是充分条件）是它们包含相同数目的红色角点和相同数目的蓝色角点[⊖]。着色 (R, B, R, B) 也包含 2 个红色角点与 2 个蓝色角点，但与 (R, B, B, R) 不等价。事实上，可以验证 (R, B, R, B) 仅等价于 (R, B, R, B) 和 (B, R, B, R)，并且，我们检验 G_C 中的所有置换作用在 (R, B, R, B) 上的结果时，这些着色各出现四次。特别地，现在我们能够得出结论，在所有有两个红色角点和两个蓝色角点的着色中有两种非等价着色。显然，着色 (R, R, R, R) 仅与它自身等价。同样，着色 (B, B, B, B) 也仅与它自身等价。考虑有 1 个红色角点和 3 个蓝色角点的着色 (R, B, B, B)，通过旋转，它与 (R, B, B, B)、(B, R, B, B)、(B, B, R, B)、(B, B, B, R) 中的每一种着色等价。因此，具有 1 个红色角点的所有着色是等价的。同理，具有 3 个红色角点（有 1 个蓝色角点）的所有着色通过旋转都是等价的。因此，在正方形的角点对称群 G_C 的作用下，用两种颜色对正方形的角点进行着色，共有 $2+1+1+1+1=6$ 种不等价的着色方案。如果我们不使用正方形的完全对称群，而只是用由 4 个旋转 $\rho_0=\iota$，ρ_4，ρ_4^2，ρ_4^3 所构成的对称群，那么不等价的着色数仍为 6，这是因为如果两种着色通过正方形的一个对称的作用是等价的，那么这两种着色通过旋转的作用也是等价的。 □

现在我们给出着色等价的一般定义。令 G 是作用在集合 X 上的置换群，如通常一样仍然取 X 为前 n 个正整数的集合。令 $\mathcal{C}$ 是 X 的一个着色集合，使得对于 G 中任意元 f 和 $\mathcal{C}$ 中任意元 $\mathbf{c}$，X 的着色 $f * \mathbf{c}$ 仍属于 $\mathcal{C}$。于是，在这种意义下 G 作用于 $\mathcal{C}$，把 $\mathcal{C}$ 中的着色变成 $\mathcal{C}$ 中的着色。设 $\mathbf{c}_1$ 与 $\mathbf{c}_2$ 是 $\mathcal{C}$ 中的两种着色，下面我们定义关于 $\mathcal{C}$ 的等价关系，记为 $\overset{G}{\sim}$（或简记为 $\sim$）：如果存在 G 中的置换 f，使得

$$f * \mathbf{c}_1 = \mathbf{c}_2$$

则称 $\mathbf{c}_1$（在 G 的作用下）等价于 $\mathbf{c}_2$。如果它们不等价，则称这两种着色是非等价的。我们得到：

（1）自反性：对于任意的 $\mathbf{c}$，$\mathbf{c} \sim \mathbf{c}$（因为 $\iota * \mathbf{c} = \mathbf{c}$）；

（2）对称性：如果 $\mathbf{c}_1 \sim \mathbf{c}_2$，则 $\mathbf{c}_2 \sim \mathbf{c}_1$（如果对 G 中的某个 f，有 $f * \mathbf{c}_1 = \mathbf{c}_2$，则 $f^{-1} * \mathbf{c}_2 = \mathbf{c}_1$）；

（3）传递性：如果 $\mathbf{c}_1 \sim \mathbf{c}_2$ 且 $\mathbf{c}_2 \sim \mathbf{c}_3$，则 $\mathbf{c}_1 \sim \mathbf{c}_3$（如果 $f * \mathbf{c}_1 = \mathbf{c}_2$ 且 $g * \mathbf{c}_2 = \mathbf{c}_3$，则 $(g \circ f) * \mathbf{c}_1 = \mathbf{c}_3$）。

由此，$\sim$ 是在 4.5 节定义的意义下关于 $\mathcal{C}$ 的一个等价关系，这就证明我们使用术语"等价"是合理的。

注意，置换群的三个基本性质，即单位元、逆运算的封闭性及合成运算的封闭性，是如何用于（1）～（3）的证明的。根据第 4 章中的定理 4.5.3，等价将把 $\mathcal{C}$ 中的着色划分成若干部分，使

⊖ 当然，如果两种着色有相同数目的红色，那么它们必然有相同数目的蓝色。

得两种着色属同一部分当且仅当它们为等价的着色。下一节将导出关于部分的个数，即在置换群 G 的作用下 $\mathcal{C}$ 中非等价的着色数的一般公式。

14.2 Burnside 定理

本节将导出在集合 X 的置换群的作用下，计算集合 X 的非等价着色数的 Burnside[⊖]公式，并应用这个公式。

设 G 是 X 的置换群，$\mathcal{C}$ 是 X 的着色集合，且 G 作用在 $\mathcal{C}$ 上。回顾一下，这意味着对于 G 中的任意 f 与 $\mathcal{C}$ 中的任意 $\mathbf{c}$，

$$f * \mathbf{c}$$

[552]

属于 $\mathcal{C}$，并且，G 中的每个 f 置换 $\mathcal{C}$ 中的着色。适当选取 f 与 $\mathbf{c}$，可使得

$$f * \mathbf{c} = \mathbf{c} \tag{14.5}$$

例如，在图 14-3 中，如果对正方形的顶点 1 与 3 着红色，顶点 2 与 4 着蓝色，那么关于顶点 1 与 3 连线的反射，或者顶点 2 与 4 连线的反射，或者通过 $180°$ 的旋转，均不改变着色，这些运动均保持了各顶点的颜色，从而保持了原着色。如果我们允许（14.5）中的 f 在 G 中所有的置换间变化或者允许 $\mathbf{c}$ 在 $\mathcal{C}$ 中的所有着色间变化，那么我们得到使着色 $\mathbf{c}$ 保持不变的 G 中所有置换的集合

$$G(\mathbf{c}) = \{f : f \in G, f * \mathbf{c} = \mathbf{c}\}$$

以及在 f 的作用下使着色 $\mathbf{c}$ 保持不变的 $\mathcal{C}$ 中所有着色的集合

$$\mathcal{C}(f) = \{\mathbf{c} : \mathbf{c} \in \mathcal{C}, f * \mathbf{c} = \mathbf{c}\}$$

使着色 $\mathbf{c}$ 保持不变的所有置换的集合 $G(\mathbf{c})$ 称为 $\mathbf{c}$ 的稳定核[⊖]。任何着色的稳定核也形成一个置换群。

定理 14.2.1 对于每一种着色 $\mathbf{c}$，$\mathbf{c}$ 的稳定核 $G(\mathbf{c})$ 是置换群，而且对 G 中的任意置换 f 与 g，$g * \mathbf{c} = f * \mathbf{c}$ 当且仅当 $f^{-1} \circ g$ 属于 $G(\mathbf{c})$。

证明 如果 f 和 g 都使 $\mathbf{c}$ 保持不变，则先 f 后 g 也将使 $\mathbf{c}$ 保持不变，即 $(g \circ f)(\mathbf{c}) = \mathbf{c}$。于是，在合成运算下，$G(\mathbf{c})$ 具有封闭性。显然，单位元 ι 使得所有着色不变。如果 f 使 $\mathbf{c}$ 不变，那么 f^{-1} 也使 $\mathbf{c}$ 不变，于是 $G(\mathbf{c})$ 具有对逆的封闭性。由于满足置换群定义的所有性质，所以，$G(\mathbf{c})$ 是置换群。

假设 $f * \mathbf{c} = g * \mathbf{c}$。利用基本关系式（14.3），我们得

$$(f^{-1} \circ g) * \mathbf{c} = f^{-1} * (g * \mathbf{c}) = f^{-1} * (f * \mathbf{c}) = (f^{-1} \circ f) * \mathbf{c} = \iota * \mathbf{c} = \mathbf{c}$$

所以 $f^{-1} \circ g$ 使 $\mathbf{c}$ 不变，因此，$f^{-1} \circ g$ 属于 $G(\mathbf{c})$。反之，假设 $f^{-1} \circ g$ 属于 $G(\mathbf{c})$，通过类似的计算可证得 $f * \mathbf{c} = g * \mathbf{c}$。 □

作为定理 14.2.1 的一个推论，我们可以从已知的一种着色 $\mathbf{c}$ 出发，确定在 G 的作用下的不同着色的数量。

推论 14.2.2 设 $\mathbf{c}$ 为 $\mathcal{C}$ 中的一种着色，那么与 $\mathbf{c}$ 等价的着色数

$$|\{f * \mathbf{c} : f \in G\}|$$

[553]

等于 G 中的置换个数除以 $\mathbf{c}$ 的稳定核中的置换个数，即

$$\frac{|G|}{|G(\mathbf{c})|}$$

证明 设 f 是 G 中的置换。根据定理 14.2.1，满足

⊖ W. Burnside, *Theory of Groups of Finite Order*, 2nd edition, Cambridge University Press, London, 1911（由 Dover, New York, 1955 重印），p. 191。
⊖ 稳定（stable）是保持不变（fixed）的同义词。

$$g * \mathbf{c} = f * \mathbf{c}$$

的置换 g 实际上就是

$$\{f \circ h : h \in G(\mathbf{c})\} \tag{14.6}$$

中的那些置换。由消去律，从 $f \circ h = f \circ h'$ 可推出 $h = h'$。于是，集合（14.6）中的置换的个数等于 $G(\mathbf{c})$ 中置换 h 的个数 $|G(\mathbf{c})|$。从而，对每个置换 f，恰好存在 $|G(\mathbf{c})|$ 个置换，这些置换作用在 $\mathbf{c}$ 上与 f 有同样的效果。因为总共有 $|G|$ 个置换，所以，与 $\mathbf{c}$ 等价的着色数

$$|\{f * \mathbf{c} : f \in G\}|$$

等于

$$\frac{|G|}{|G(\mathbf{c})|}$$

推论得证。 □

下面的 Burnside 定理给出一个计数非等价着色数的公式。

定理 14.2.3 设 G 是 X 的置换群，而 $\mathcal{C}$ 是 X 中一个满足下面条件的着色集合：对于 G 中所有的 f 和 $\mathcal{C}$ 中所有的 $\mathbf{c}$ 都有 $f * \mathbf{c}$ 仍在 $\mathcal{C}$ 中，则 $\mathcal{C}$ 中非等价着色数 $N(G, \mathcal{C})$ 由下式给出：

$$N(G, \mathcal{C}) = \frac{1}{|G|} \sum_{f \in G} |\mathcal{C}(f)| \tag{14.7}$$

换言之，$\mathcal{C}$ 中非等价的着色数等于在 G 中的置换作用下保持不变的着色的平均数。

证明 就我们现有的信息，论证就是我们前面已多次用到的一些技巧的简单应用，即先采取两种不同的方式进行计数，然后使计数相等。究竟要计数什么呢？我们要计数使 f 保持 $\mathbf{c}$ 不变即 $f * \mathbf{c} = \mathbf{c}$ 的对偶 $(f, \mathbf{c})$ 的个数。一种计数方式是考察 G 中的每个 f，并计算 f 保持着色不变的着色数，然后对所有量求和。因 $\mathcal{C}(f)$ 是通过 f 保持着色不变的着色集，所以用这种方式计数得到

$$\sum_{f \in G} |\mathcal{C}(f)|$$

另一种计数方式是考察 $\mathcal{C}$ 中的每个 $\mathbf{c}$，计算满足 $f * \mathbf{c} = \mathbf{c}$ 的置换 f 的个数，然后对所有量求和。对每种着色 $\mathbf{c}$，满足 $f * \mathbf{c} = \mathbf{c}$ 的所有 f 的集合就是我们所称的 $\mathbf{c}$ 的稳定核 $G(\mathbf{c})$。因此，每个 $\mathbf{c}$ 对和的贡献是

$$|G(\mathbf{c})|$$

用这种方法计数，我们得到

$$\sum_{\mathbf{c} \in \mathcal{C}} |G(\mathbf{c})|$$

令这两个计数相等，我们得到

$$\sum_{f \in G} |\mathcal{C}(f)| = \sum_{\mathbf{c} \in \mathcal{C}} |G(\mathbf{c})| \tag{14.8}$$

此时，根据推论 14.2.2 得

$$|G(\mathbf{c})| = \frac{|G|}{(\text{与 } \mathbf{c} \text{ 等价的着色数})} \tag{14.9}$$

因此，

$$\sum_{\mathbf{c} \in \mathcal{C}} |G(\mathbf{c})| = |G| \sum_{\mathbf{c} \in \mathcal{C}} \frac{1}{(\text{与 } \mathbf{c} \text{ 等价的着色数})} \tag{14.10}$$

按等价类将着色归类，则（14.10）中第二个和可以简化。在同一等价类中，两种着色对和贡献了同样的量

$$\frac{1}{(\text{与 } \mathbf{c} \text{ 等价的着色数})}$$

因此，每个等价类的总贡献是 1。所以（14.10）等于

$$N(G,\mathcal{C}) \times |G| \qquad (14.11)$$

555

因为等价类的个数等于非等价的着色数 $N(G, \mathcal{C})$。代入等式（14.8），我们得到

$$\sum_{f \in G} |\mathcal{C}(f)| = N(G,\mathcal{C}) \times |G|$$

从中解得 $N(G, \mathcal{C})$，我们得到（14.7）。 □

在本节的其余部分，我们举几个例子来说明 Burnside 定理。

例子（循环排列计数）　把 n 个不同的对象放在一个圆上，问有多少种放法？

正如 14.1 节中已经提示的那样，问题相当于用 n 种不同的颜色对正 n 角形 Ω 的顶点进行着色，答案应为 Ω 的旋转群的非等价着色数。令 $\mathcal{C}$ 是由对 Ω 的 n 个顶点进行着色且每种颜色只出现一次的所有 $n!$ 种方法所组成的集合，则作用⊖在 $\mathcal{C}$ 上的循环群为

$$C_n = \{\rho_n^0 = \iota, \rho_n, \cdots, \rho_n^{n-1}\}$$

且循环排列的个数等于 $\mathcal{C}$ 中非等价的着色数。C_n 中的恒等置换 ι 保持 $\mathcal{C}$ 中所有 $n!$ 种着色不变。$\mathcal{C}$ 中其他置换都不保持 $\mathcal{C}$ 中的任意着色不变，因为在 $\mathcal{C}$ 的着色中，每一个顶点有不同的颜色⊖。因此利用定理 14.2.3 的（14.7），我们看到非等价的着色数是

$$N(C_n,\mathcal{C}) = \frac{1}{n}(n! + 0 + \cdots + 0) = (n-1)!$$ □

例子（项链计数问题）　用 $n \geqslant 3$ 种不同颜色的珠子组成一个项链，问有多少种方法？

我们此时的情况与前面的例子所描述的情况几乎相同，唯一不同的是项链可以翻转，因此此时置换群 G 必须取为正 n 角形的顶点对称群。于是，在这种情况下，G 是阶为 $2n$ 的二面体群 D_n。能使着色不变的唯一置换是恒等置换并且它使所有的 $n!$ 种着色不变。所以，根据（14.7）非等价的着色数即不同项链数是

$$N(D_n,\mathcal{C}) = \frac{1}{2n}(n! + 0 + \cdots + 0) = \frac{(n-1)!}{2}$$ □

556

例子　用红色与蓝色对正五角形的顶点进行着色，问有多少种不同的方法？

正五角形的对称群是二面体群

$$D_5 = \{\rho_5^0 = \iota, \rho_5, \rho_5^2, \rho_5^3, \rho_5^4, \tau_1, \tau_2, \tau_3, \tau_4, \tau_5\}$$

其中，如 14.1 节所述，τ_j 是关于连接顶点 $j(j = 1, 2, 3, 4, 5)$ 与其对边中点连线的反射。设 $\mathcal{C}$ 是关于正五角形顶点的所有 $2^5 = 32$ 种着色的集合。对 D_5 中的各置换求出在其作用下保持不变的着色数，然后利用定理 14.2.3。单位元 ι 使所有着色保持不变，其他四个旋转各自仅保持两种着色，即所有顶点为红色的着色和所有顶点为蓝色的着色不变。于是

$$|\mathcal{C}(\rho_5^i)| = \begin{cases} 32 & i = 0 \\ 2 & i = 1, 2, 3, 4 \end{cases}$$

现在，考虑任意反射 τ_j，比如 τ_1。为了使在 τ_1 的作用下着色保持不变，顶点 2 与 5 必须具有相同的颜色，且顶点 3 与 4 必须具有相同的颜色。所以，在 τ_1 的作用下保持着色不变的着色可通过如下方法获得：对顶点 1 选择一种颜色（两种选择）、对顶点 2 与 5 选择一种颜色（两种选择）、对顶点 3 与 4 选择一种颜色（两种选择）。因此，在 τ_1 的作用下保持着色不变的着色数是 $2 \times 2 \times 2 = 8$。对其他各反射可进行类似计算，于是有

$$|\mathcal{C}(\tau_j)| = 8, \quad 对每一个 j = 1, 2, 3, 4, 5$$

⊖　回忆：ρ_n 是 $360/n$ 度旋转。

⊖　事实上，如果所有的颜色是不同的，那么就没有不同于恒等置换的置换能够保持任何颜色都不变。这是因为对于异于恒等置换的置换，至少有一种颜色必须变化，从而着色也就改变了。

因此，根据 (14.7)，非等价的着色数是

$$N(D_5,\mathcal{C}) = \frac{1}{10}(32+2+2+2+2+8+8+8+8+8) = 8 \qquad \square$$

例子 用红色、蓝色与绿色对正五角形的顶点进行着色，问有多少种非等价的方法？

五角形所有顶点的着色集 $\mathcal{C}$ 的元素个数是 $3^5 = 243$。单位元 ι 使 243 种着色保持不变。其他每个旋转仅使 3 种着色保持不变。每个反射使 $3\times3\times3 = 27$ 种着色保持不变。于是非等价的着色数为

$$N(D_5,\mathcal{C}) = \frac{1}{10}(243+3+3+3+3+27+27+27+27+27) = 39$$

扩展以上的计算，使用 p 种颜色时，非等价的着色数应为

557

$$N(D_5,\mathcal{C}) = \frac{1}{10}(p^5 + 4\times p + 5\times p^3) = \frac{p(p^2+4)(p^2+1)}{10} \qquad \square$$

例子 设 $S = \{\infty\cdot r, \infty\cdot b, \infty\cdot g, \infty\cdot y\}$ 是四个不同对象 r, b, g, y 的多重集合，且每个对象均具有无限重数。如果对从左到右的置换与从右到左的置换不加区分，那么存在多少种 S 的 n 置换？例如，将 r, g, g, g, b, y, y 与 y, y, b, g, g, g, r 视为是等价的。

答案是在置换群

$$G = \{\iota, \tau\}$$

的作用下，用红、蓝、绿、黄四种颜色对从 1 到 n 的整数进行着色时非等价着色的方法数。其中

$$\iota = \begin{pmatrix} 1 & 2 & \cdots & n \\ 1 & 2 & \cdots & n \end{pmatrix}, \quad \tau = \begin{pmatrix} 1 & 2 & \cdots & n-1 & n \\ n & n-1 & \cdots & 2 & 1 \end{pmatrix}$$

这里 ι 为通常的恒等置换。置换 τ 是通过把 1 到 n 的整数按逆序排列得到的。注意，G 确实构成一个群，因为 $\tau\circ\tau = \iota$，从而，$\tau^{-1} = \tau^\ominus$。令 $\mathcal{C}$ 是用 4 种给定的颜色对 1 到 n 的整数进行的 4^n 种着色方法所组成的集合。那么 ι 使 $\mathcal{C}$ 中所有着色保持不变。在 τ 的作用下，保持着色不变的着色数取决于 n 是偶数还是奇数。首先假设 n 为偶数，那么，在 τ 的作用下，保持着色不变当且仅当 1 与 n 具有相同的颜色，2 与 $n-1$ 具有相同的颜色，……，$n/2$ 与 $(n/2)+1$ 具有相同的颜色。所以 τ 使 $\mathcal{C}$ 中的 $4^{n/2}$ 种着色保持不变。现在假设 n 是奇数。于是，在 τ 的作用下，保持着色不变当且仅当 1 与 n 具有相同的颜色，2 与 $n-1$ 具有相同的颜色，……，$(n-1)/2$ 与 $(n+3)/2$ 具有相同的颜色，对 $(n+1)/2$ 的颜色不作限制。所以，在 τ 的作用下，保持着色不变的着色数是 $4^{(n-1)/2}\times4 = 4^{(n+1)/2}$。综合以上两种情况，我们用向下取整函数表达得

$$|\mathcal{C}(\tau)| = 4^{\lfloor\frac{n+1}{2}\rfloor}$$

应用 Burnside 公式 (14.7)，我们得到非等价的着色数为

$$N(G,\mathcal{C}) = \frac{4^n + 4^{\lfloor\frac{n+1}{2}\rfloor}}{2}$$

如果用 p 种颜色代替 4 种颜色，则不等价的着色数为

$$N(G,\mathcal{C}) = \frac{p^n + p^{\lfloor\frac{n+1}{2}\rfloor}}{2} \qquad \square$$

558

在下一节，我们介绍更深入的理论，它比利用定理 14.2.3 更容易解决更困难的计数问题。

⊖ 考虑一条有 n 个等间隔点的线段，这些点分别被标注为 1, 2, …, n。此时，τ 就是该线段的 180° 旋转。等价地，τ 也是该线段关于其垂直平分线的反射。

14.3　Pólya 计数公式

本节将讨论的计数公式是 Pólya 在他的一篇颇具影响而且重要的长篇文章中提出（并被广泛应用）的[一]。直到大约 1960 年，人们才认识到，在 Pólya 这篇著名文章发表的 10 年之前，Redfield 发表过一篇文章[二]，在该文章中他已经使用了 Pólya 的基本技巧。

正如上节中我们所看到的那样，利用 Burnside 定理成功地计算了置换群 G 作用在着色集 $\mathcal{C}$ 下的非等价着色数量，这一成功取决于它能够计算出在 G 中 f 的作用之下 $\mathcal{C}$ 中颜色不变的着色数 $|\mathcal{C}(f)|$。而通过考虑置换的循环结构，这一计算会变得容易进行。

设 f 是 $X = \{1, 2, \cdots, n\}$ 的一个置换，$D_f = (X, A_f)$ 是顶点集为 X 且弧集为
$$A_f = \{(i, f(i)) : i \in X\}$$
的有向图。该有向图有 n 个顶点和 n 个弧，且每个顶点的入度和出度都等于 1。正如推论 11.8.8 所表明的那样，弧集 A_f 可以划分为若干个有向圈，且每个顶点恰好只属于一个有向圈。理由很简单，因为从任意一个顶点 j 开始，我们沿离开 j 的唯一弧继续向前并到达另一顶点 k，再对 k 继续重复该过程直至回到顶点 j，于是产生了一个有向圈。因为每个顶点的入度和出度均为 1，所以最终我们一定能到达我们的初始顶点 j。去掉如此获得的有向图的顶点和弧，直到 D_f 的所有顶点和弧取完为止，从而将 D_f 的顶点与弧全都划分成了有向圈。

例子　设
$$f = \begin{pmatrix} 1 & 2 & 3 & 4 & 5 & 6 & 7 & 8 \\ 6 & 8 & 5 & 4 & 1 & 3 & 2 & 7 \end{pmatrix}$$
是 $\{1, 2, \cdots, 8\}$ 的一个置换。那么应用上面提到的过程，可把 D_f 划分成如下的有向圈：
$$1 \to 6 \to 3 \to 5 \to 1, \quad 2 \to 8 \to 7 \to 2, \quad 4 \to 4$$
对于 $\{1, 2, \cdots, 8\}$ 上把 1 变到 6、6 变到 3、3 变到 5、5 变到 1，余下的整数保持不变的置换[三]，我们记作
$$[1\,6\,3\,5]$$ |559|
于是，
$$[1\,6\,3\,5] = \begin{pmatrix} 1 & 2 & 3 & 4 & 5 & 6 & 7 & 8 \\ 6 & 2 & 5 & 4 & 1 & 3 & 7 & 8 \end{pmatrix}$$
对应于置换 $[1\,6\,3\,5]$ 的有向图是由有向圈
$$1 \to 6 \to 3 \to 5 \to 1, \quad 2 \to 2, \quad 4 \to 4, \quad 7 \to 7, \quad 8 \to 8$$
组成的有向图。如果在一个置换中某些元素以循环的方式置换且余下的元素（如果有的话）保持不变，那么称这样的置换为循环置换，简称循环。如果循环中的元素个数为 k，则称这个循环为 k 循环。因此，$[1\,6\,3\,5]$ 是一个 4 循环。在 D_f 的划分中，其他有向圈给出如下循环：
$$[2\,8\,7] \text{ 和} [4]$$
现在我们看到，将 D_f 分成有向圈的划分对应于将 f 分解成循环置换（关于合成运算）的因子分解：
$$f = \begin{pmatrix} 1 & 2 & 3 & 4 & 5 & 6 & 7 & 8 \\ 6 & 8 & 5 & 4 & 1 & 3 & 2 & 7 \end{pmatrix} = [1\,6\,3\,5] \circ [2\,8\,7] \circ [4] \tag{14.12}$$

[一]　G. Pólya, Kombinatorische Anzahlbestimmungen für Gruppen, Graphen und chemische Verbindungen, *Acta Mathematica*, 68 (1937), 145-254。

[二]　J. H. Redfield, The Theory of Group-Reduced Distributions, *American Journal of Mathematics*, 49 (1927), 433-455。

[三]　这个记号有些含糊，因为不能由它确定被置换的元素的集合。我们所能得知的只是该集合至少包含 1、3、5 和 6。但是由于该集合在所处理的特定问题中是不言自明的，因此这里不会引起混乱。

这是因为置换 f 中的每个整数至多属于因子分解中的一个循环。

关于因子分解应注意两点。首先，它与我们书写循环的顺序无关⊖。这是因为每个元素恰好在一个循环中出现。其次，1 循环 [4] 就是恒等置换⊖，于是，在 (14.12) 中可将它略去而不影响其正确性。但是，我们还是选择将它留下，因为包括所有的 1 循环对我们的计数问题是有用的。

设 f 是集合 X 的任意置换。扩展上例，我们看到对应于合成运算，f 有一个化成循环的因子分解

$$f = [i_1 i_2 \cdots i_p] \circ [j_1 j_2 \cdots j_q] \circ \cdots \circ [l_1 l_2 \cdots l_r] \tag{14.13}$$

其中，X 的各整数只出现在某一个循环中。我们称 (14.13) 为 f 的循环因子分解。除循环出现的次序可以任意变化外，f 的循环因子分解是唯一的。在集合 X 的置换的循环因子分解中，X 的每个元素恰好出现一次。

例子 求 8 阶二面体群 D_4（正方形的顶点对称群）中各置换的循环因子分解。

D_4 中的各置换已在 13.1 节中计算过。每个置换的循环分解在下表中给出：

D_4	循环因子分解
$\rho_4^0 = \iota$	$[1] \circ [2] \circ [3] \circ [4]$
ρ_4	$[1\,2\,3\,4]$
ρ_4^2	$[1\,3] \circ [2\,4]$
ρ_4^3	$[1\,4\,3\,2]$
τ_1	$[1] \circ [2\,4] \circ [3]$
τ_2	$[1\,3] \circ [2] \circ [4]$
τ_3	$[1\,2] \circ [3\,4]$
τ_4	$[1\,4] \circ [2\,3]$

注意，在恒等置换 ι 的循环因子分解中，所有的循环是 1 循环，这与恒等置换保持所有元素不变这一事实相吻合。在反射 τ_1 与 τ_2 的循环因子分解中，出现两个 1 循环，因为它们是连接正方形两个相对顶点的连线的反射，所以，保持这些顶点不变。关于 τ_3 与 τ_4 的循环因子分解，我们有两个 2 循环，因为它们是连接对边中点连线的反射。在正 n 角形（n 为偶数）的顶点对称群中，反射有类似的性质，其中一半有两个 1 循环和 $(n/2) - 1$ 个 2 循环，另一半有 $n/2$ 个 2 循环。 □

例子 求 10 阶二面体群 D_5（一个正 5 角形的顶点对称群）中各置换的循环因子分解。

我们已在 13.1 节中求出了 D_5 中的置换，将各置换的循环因子分解列表如下：

D_5	循环因子分解
$\rho_5^0 = \iota$	$[1] \circ [2] \circ [3] \circ [4] \circ [5]$
ρ_5	$[1\,2\,3\,4\,5]$
ρ_5^2	$[1\,3\,5\,2\,4]$
ρ_5^3	$[1\,4\,2\,5\,3]$
ρ_5^4	$[1\,5\,4\,3\,2]$
τ_1	$[1] \circ [2\,5] \circ [3\,4]$
τ_2	$[1\,3] \circ [2] \circ [4\,5]$
τ_3	$[1\,5] \circ [3] \circ [2\,4]$
τ_4	$[1\,2] \circ [3\,5] \circ [4]$
τ_5	$[1\,4] \circ [2\,3] \circ [5]$

⊖ 即"不相交循环"满足交换律。

⊖ 在此，[4] 意指：4 变到 4 而其他整数不变。这意味着包括 4 在内的所有整数不变，因此是恒等置换。假如本例中的置换 f 是恒等置换，那么我们将把 f 写成 $f = [1] \circ [2] \circ \cdots \circ [8]$。

注意，在反射 τ_i 的循环因子分解中，恰有一个 1 循环出现，因为每一个这样的反射是关于顶点与其对边的中点的连线的反射，所以只有一个顶点保持不动。当 n 为奇数时，正 n 角形的顶点对称群中的反射有类似的性质，各反射有一个 1 循环和 $(n-1)/2$ 个 2 循环。　□

下面举例说明循环因子分解在计算非等价着色问题中的重要性。

例子　设 $X=\{1,2,3,4,5,6,7,8,9\}$ 的置换 f 为

$$\begin{pmatrix} 1 & 2 & 3 & 4 & 5 & 6 & 7 & 8 & 9 \\ 4 & 9 & 1 & 7 & 6 & 5 & 3 & 8 & 2 \end{pmatrix}$$

那么 f 的循环分解为

$$f=[1\,4\,7\,3]\circ[2\,9]\circ[5\,6]\circ[8]$$

假设我们用红色、白色和蓝色对 X 的元素进行着色，$\mathcal{C}$ 是由所有这样的着色构成的集合。问在 f 作用下 $\mathcal{C}$ 中保持不变的着色数 $|\mathcal{C}(f)|$ 是多少？

设 **c** 是使得 $f*\mathbf{c}=\mathbf{c}$ 的一种着色。首先，考虑 4 循环 $[1\,4\,7\,3]$，该 4 循环将 1 的颜色变到 4，4 的颜色变到 7，7 的颜色变到 3，3 的颜色变到 1。因为 f 保持着色 **c** 不变，于是，通过这个循环后，我们得到

$$1\text{ 的颜色}=4\text{ 的颜色}=7\text{ 的颜色}=3\text{ 的颜色}=1\text{ 的颜色}$$

这意味着 1、4、7、3 具有相同的颜色。同理我们看到 2 循环 $[2\,9]$ 的元素 2 和 9 具有相同的颜色，2 循环 $[5\ 6]$ 的元素 5 和 6 具有相同的颜色。因 $[8]$ 是 1 循环，所以对 8 的着色没有任何限制。因此，f 保持着色不变，即满足 $f*\mathbf{c}=\mathbf{c}$，存在多少种着色 **c**？答案很清楚：我们对 $\{1,4,7,3\}$ 任意指定红、白、蓝三种颜色中的一种（三种选择），对 $\{2,9\}$ 任意指定红、白、蓝三种颜色中的一种（三种选择），对 $\{5,6\}$ 任意指定红、白、蓝三种颜色中的一种（三种选择），对 $\{8\}$ 任意指定红、白、蓝三种颜色中的一种（三种选择），总计有

$$3^4=81$$

种着色。注意答案中的指数 4 是 f 的循环分解中循环的个数，且答案与循环的阶数无关。　□

上例的分析具有一般性。不管所用的颜色数是多少，该方法可用于确定任意置换保持着色不变的着色数。我们在下面的定理中将给出这个结论。置换 f 的循环分解中的循环个数记为

$$\#(f)$$

定理 14.3.1　设 f 是集合 X 的置换。假如我们用 k 种颜色对 X 的元素进行着色。设 $\mathcal{C}$ 是 X 的所有着色的集合。则 f 中保持着色不变的着色数为

$$|\mathcal{C}(f)|=k^{\#(f)}$$

例子　用红色、白色、蓝色对正方形的顶点进行着色，问共有多少种非等价的着色方法？

设 $\mathcal{C}$ 是用红色、白色、蓝色对正方形的顶点所进行的 $3^4=81$ 种着色的集合。正方形的顶点对称群是二面体群 D_4，我们已知它的各元素的循环因子分解。对 D_4 中的各置换 f，我们利用下面的表格重复这一结果，新增加的列表示 $\#(f)$ 及 D_4 中在 f 作用之下保持着色不变的着色数 $|\mathcal{C}(f)|$。

D_4 中的 f	循环因子分解	$\#(f)$	$|\mathcal{C}(f)|$
$\rho_4^0=\iota$	$[1]\circ[2]\circ[3]\circ[4]$	4	$3^4=81$
ρ_4	$[1\,2\,3\,4]$	1	$3^1=3$
ρ_4^2	$[1\,3]\circ[2\,4]$	2	$3^2=9$
ρ_4^3	$[1\,4\,3\,2]$	1	$3^1=3$
τ_1	$[1]\circ[2\,4]\circ[3]$	3	$3^3=27$
τ_2	$[1\,3]\circ[2]\circ[4]$	3	$3^3=27$
τ_3	$[1\,2]\circ[3\,4]$	2	$3^2=9$
τ_4	$[1\,4]\circ[2\,3]$	2	$3^2=9$

根据定理 14.2.3，非等价的着色方法数为

$$N(D_4, \mathcal{C}) = \frac{81 + 3 + 9 + 3 + 27 + 27 + 9 + 9}{8} = 21 \qquad \square$$

定理 14.2.3 和定理 14.3.1 为我们提供了一种方法，即在集合 X 的置换群 G 的作用下，计数利用给定的颜色集合给 X 着色的着色集合 $\mathcal{C}$ 中非等价着色数的方法。这一方法需要我们能够求出 G 中每一个置换的循环因子分解（或至少知道循环因子分解中的循环个数）。为了对更一般的着色集 $\mathcal{C}$ 求出非等价的着色数，我们针对 G 的循环因子分解中各阶循环都有相同循环数的置换个数引入一个生成函数。

设 f 是含有 n 个元素的集合 X 的置换。假设 f 的循环因子分解有 e_1 个 1 循环，e_2 个 2 循环，……，e_n 个 n 循环。因 X 的各元素在 f 的循环因子分解中恰好出现在一个循环中，所以，e_1，e_2，…，e_n 是非负整数且满足

$$1e_1 + 2e_2 + \cdots + ne_n = n \tag{14.14}$$

我们称 n 元组 $(e_1, e_2, \cdots, e_n)$ 是置换 f 的类型，记为

$$\text{type}(f) = (e_1, e_2, \cdots, e_n)$$

注意，在 f 的循环因子分解中，循环数为

$$\#(f) = e_1 + e_2 + \cdots + e_n$$

因为置换的类型仅取决于循环因子分解中循环的阶数，与元素在哪个循环中无关，所以，不同的置换可以有相同的类型。因为我们现在想仅通过类型来区分置换，所以引进 n 个未定元

$$z_1, z_2, \cdots, z_n$$

其中，z_k 对应于 k 循环（$k=1, 2, \cdots, n$）。对于具有 $\text{type}(f) = (e_1, e_2, \cdots, e_n)$ 的每一个置换 f，定义 f 的单项式为

$$\text{mon}(f) = z_1^{e_1} z_2^{e_2} \cdots z_n^{e_n}$$

注意，f 的单项式的总次数等于 f 的循环因子分解中的循环个数 $\#(f)$。

设 G 是 X 的置换群。对 G 中每个置换 f 的单项式求和，我们得到关于 G 中的置换按照类型的生成函数

$$\sum_{f \in G} \text{mon}(f) = \sum_{f \in G} z_1^{e_1} z_2^{e_2} \cdots z_n^{e_n} \tag{14.15}$$

合并（14.15）中的同类项时，$z_1^{e_1} z_2^{e_2} \cdots z_n^{e_n}$ 的系数等于 G 中类型为 $(e_1, e_2, \cdots, e_n)$ 的置换的个数。G 的循环指数定义为该生成函数除以 G 中的置换个数 $|G|$，即

$$P_G(z_1, z_2, \cdots, z_n) = \frac{1}{|G|} \sum_{f \in G} z_1^{e_1} z_2^{e_2} \cdots z_n^{e_n}$$

例子 求二面体群 D_4 的循环指数。

在定理 14.3.1 之后的例子中，我们给出了包含 D_4 中各置换的循环因子分解表。利用那些因子分解，我们在下表中给出各置换的类型和相关的单项式：

D_4	循环因子分解	类 型	单 项 式
$\rho_4^0 = \iota$	$[1] \circ [2] \circ [3] \circ [4]$	$(4,0,0,0)$	$z_1^4 z_2^0 z_3^0 z_4^0 = z_1^4$
ρ_4	$[1\,2\,3\,4]$	$(0,0,0,1)$	$z_1^0 z_2^0 z_3^0 z_4^1 = z_4$
ρ_4^2	$[1\,3] \circ [2\,4]$	$(0,2,0,0)$	$z_1^0 z_2^2 z_3^0 z_4^0 = z_2^2$
ρ_4^3	$[1\,4\,3\,2]$	$(0,0,0,1)$	$z_1^0 z_2^0 z_3^0 z_4^1 = z_4$
τ_1	$[1] \circ [2\,4] \circ [3]$	$(2,1,0,0)$	$z_1^2 z_2^1 z_3^0 z_4^0 = z_1^2 z_2$
τ_2	$[1\,3] \circ [2] \circ [4]$	$(2,1,0,0)$	$z_1^2 z_2^1 z_3^0 z_4^0 = z_1^2 z_2$
τ_3	$[1\,2] \circ [3\,4]$	$(0,2,0,0)$	$z_1^0 z_2^2 z_3^0 z_4^0 = z_2^2$
τ_4	$[1\,4] \circ [2\,3]$	$(0,2,0,0)$	$z_1^0 z_2^2 z_3^0 z_4^0 = z_2^2$

D_4 的循环指数是

$$P_{D_4}(z_1,z_2,z_3,z_4) = \frac{1}{8}(z_1^4 + 2z_4 + 3z_2^2 + 2z_1^2 z_2)$$ □

现在，假如我们知道了集合 X 的置换群 G 的循环指数，那么就能够计数出使用指定的颜色集时 X 的所有着色集中的非等价着色数。

定理 14.3.2　设 X 是有 n 个元素的集合，假设我们用 k 种可用的颜色对 X 的元素进行着色。令 $\mathcal{C}$ 是 X 的所有 k^n 种着色的集合，G 是 X 的置换群。则非等价的着色数是用 $z_i = k$（$i=1$，2，$\cdots$，n）代入 G 的循环指数中而得到的值，即

$$N(G,\mathcal{C}) = P_G(k,k,\cdots,k)$$

证明　该定理是定理 14.2.3 与定理 14.3.1 的一个推论。G 的循环指数是 G 中置换 f 的单项式求和的平均值，即

$$P_G(z_1,z_2,\cdots,z_n) = \frac{1}{|G|}\sum_{f\in G} z_1^{e_1} z_2^{e_2}\cdots z_n^{e_n}$$ $\boxed{566}$

根据定理 14.3.1 可知，f 保持 $\mathcal{C}$ 中着色不变的着色数是

$$k^{\#(f)} = k^{e_1+e_2+\cdots+e_n} = k^{e_1} k^{e_2}\cdots k^{e_n}$$

其中（e_1，e_2，$\cdots$，e_n）是 f 的类型。根据定理 14.2.3，非等价的着色数是

$$N(G,\mathcal{C}) = \frac{1}{|G|}\sum_{f\in G} k^{e_1} k^{e_2}\cdots k^{e_n} = P_G(k,k,\cdots,k)$$ □

例子　我们有一个 k 种颜色的集合。问对一个正方形的顶点进行着色，非等价的着色数是多少？

我们已经求出二面体群 D_4 的循环指数是

$$P_{D_4}(z_1,z_2,z_3,z_4) = \frac{1}{8}(z_1^4 + 2z_4 + 3z_2^2 + 2z_1^2 z_2)$$

因此，根据定理 14.3.2，非等价的着色数是

$$P_{D_4}(k,k,k,k) = \frac{k^4 + 2k + 3k^2 + 2k^2 k}{8} = \frac{k^4 + 2k^3 + 3k^2 + 2k}{8}$$

如果颜色数为 $k=6$，那么非等价的着色数是

$$P_{D_4}(6,6,6,6) = \frac{6^4 + 2\times 6^3 + 3\times 6^2 + 2\times 6}{8} = 231$$ □

当 $\mathcal{C}$ 是 k 种给定颜色的所有可能着色构成的集合时，定理 14.3.2 给出了一种令人满意的计数 $\mathcal{C}$ 中非等价着色数的方法。但该定理中的公式需要我们知道置换群 G 中每种类型的置换的个数，因此可能很难应用。然而，对于 G 可以是要着色对象的集合 X 的任意置换群，这已经是我们能够做到的最简单的方法了。我们最后关注的是使用更一般的着色集。回顾一下，在定理 14.2.3 中，对 $\mathcal{C}$ 的唯一限制是，对于 $\mathcal{C}$ 中的每一个着色 $\mathbf{c}$ 以及 G 中的每一个置换 f，$f*\mathbf{c}$ 仍在 $\mathcal{C}$ 中，即 G 中每一个置换 f 把 $\mathcal{C}$ 中的一个着色 $\mathbf{c}$ 变成 $\mathcal{C}$ 中的另一个着色 $f*\mathbf{c}$。在这更一般的情况下，人们最希望的是有某种有效的方法来求非等价的着色数。

现在我们来说明怎样利用 G 的循环指数，来确定当各颜色使用特定次数时非等价的着色数。

设 $\mathcal{C}$ 是使 X 中每种颜色的元素个数为特定值的所有着色构成的集合。对 X 的每一个置换 f 与 $\mathcal{C}$ 中的每一种着色 $\mathbf{c}$，特定颜色出现在 $\mathbf{c}$ 中的次数与该颜色出现在 $f*\mathbf{c}$ 中的次数相同。换句话说， $\boxed{567}$ 对 X 中的对象连同其颜色一起进行置换不改变各颜色的数目。这意味着 X 的任意置换群都可作为着色集合 $\mathcal{C}$ 上的置换群。

例子　对正五角形的三个顶点着红色，对其余两个顶点着蓝色，问有多少种非等价的着色？

设 $\mathcal{C}$ 是使得正五角形的三个顶点为红色、其余两个顶点为蓝色的所有着色构成的集合。因为

选三个顶点着红色有 10 种方式，于是，另两个顶点就着蓝色，所以 $\mathcal{C}$ 中的着色数为 10。顶点对称群 D_5 可充当 $\mathcal{C}$ 上的置换群。我们在前面已获得 G 中各置换的循环分解，在下表中，我们再次列出这些因子分解以及在 D_5 中各置换的作用下 $\mathcal{C}$ 中保持着色不变的着色数。

D_5	循环因子分解	不变的着色数
$\rho_5^0 = \iota$	$[1] \circ [2] \circ [3] \circ [4] \circ [5]$	10
ρ_5	$[1\,2\,3\,4\,5]$	0
ρ_5^2	$[1\,3\,5\,2\,4]$	0
ρ_5^3	$[1\,4\,2\,5\,3]$	0
ρ_5^4	$[1\,5\,4\,3\,2]$	0
τ_1	$[1] \circ [2\,5] \circ [3\,4]$	2
τ_2	$[1\,3] \circ [2] \circ [4\,5]$	2
τ_3	$[1\,5] \circ [3] \circ [2\,4]$	2
τ_4	$[2] \circ [3\,5] \circ [4]$	2
τ_5	$[1\,4] \circ [2\,3] \circ [5]$	2

除单位元外没有任何旋转使任意着色都保持不变，其原因在于，若这样的旋转使一种着色不变，那么在这个着色中所有的颜色必须相同（所以我们不可能如指定的那样有三个红色顶点与两个蓝色顶点）。每个反射保持 $\mathcal{C}$ 中的两种着色不变。这是因为五角形中的每一种反射都有类型 $(1, 2, 0, 0, 0)$。为了在固定着色中有两个蓝色顶点，我们必须对因子分解中的两个 2 循环之一的顶点着蓝色。应用定理 14.2.3，计数该类型的非等价着色数是

$$\frac{10+0+0+0+0+2+2+2+2+2}{10} = 2$$

该答案很容易直接得到，两种非等价的着色是：一种为两个连续的蓝色顶点，另一种为两个不连续的蓝色顶点。 □

为了用 Burnside 定理来求指定各颜色出现的次数时的非等价着色数，我们必须能够求出置换保持着色不变的着色数。设 f 是集合 X 的置换，并假设

$$\text{type}(f) = (e_1, e_2, \cdots, e_n)$$

及

$$\text{mon}(f) = z_1^{e_1} z_2^{e_2} \cdots z_n^{e_n}$$

那么，在 f 的循环因子分解中有 e_1 个 1 循环，e_2 个 2 循环，……，e_n 个 n 循环。为使讨论简单起见，假设仅有红色与蓝色两种颜色。令

$$\mathcal{C}_{p}, q$$

表示所有 p 个元素着红色且 $q = n - p$ 个元素着蓝色的 X 的着色集合。$\mathcal{C}_{p,q}$ 中的一种着色在 f 的作用下保持不变当且仅当 f 的循环因子分解中各循环的所有元素的颜色相同。因此，为求 $\mathcal{C}_{p,q}$ 中的着色在 f 的作用下保持不变的着色数，我们可以认为给循环指定颜色使得得到指定的红色元素的个数为 p（从而指定为蓝色的元素个数为 $q = n - p$）。假设得到红色的 1 循环有 t_1 个，2 循环有 t_2 个，……，n 循环有 t_n 个。要求得到红色的元素个数是 p，我们必须有

$$p = t_1 1 + t_2 2 + \cdots + t_n n \tag{14.16}$$

于是，在 f 的作用下使 $\mathcal{C}_{p,q}$ 中着色保持不变的着色数 $|\mathcal{C}_{p,q}(f)|$ 可以如下求得：选择满足

$$0 \leqslant t_1 \leqslant e_1, \quad 0 \leqslant t_2 \leqslant e_2, \cdots, 0 \leqslant t_n \leqslant e_n \tag{14.17}$$

的 (14.16) 的一个解（以确定每种长度的循环中有多少被指定为红色），然后用这样一个解乘以

$$\binom{e_1}{t_1}\binom{e_2}{t_2}\cdots\binom{e_n}{t_n}$$

（以确定长度分别为 1，2，…，n 的每一个循环中哪些循环被指定为红色）。现在，把红色考虑成变量 r，蓝色为变量 b，这样我们就可以用通常的代数方法进行处理。于是满足（14.17）的（14.16）的解的个数是下面表达式中 $r^p b^q$ 的系数： 569

$$(r+b)^{e_1}(r^2+b^2)^{e_2}\cdots(r^n+b^n)^{e_n}$$

而上面的表达式是对 f 的单项式做代换

$$z_1=r+b, z_2=r^2+b^2, \cdots, z_n=r^n+b^n \tag{14.18}$$

而得到的。置换群 G 的循环指数是 G 中置换 f 的单项式的平均值。因此，根据定理 14.2.3，$C_{p,q}$ 中非等价的着色数等于下面的表达式中 $r^p b^q$ 的系数

$$P_G(r+b, r^2+b^2, \cdots, r^n+b^n) \tag{14.19}$$

而上式是对 G 的循环指数作代换（14.18）而得到的表达式。这意味着（14.19）是 $C_{p,q}$ 中每种颜色有指定元素个数的非等价着色数的二元变量生成函数[○]。

上面的讨论适用于任意多个颜色，因此我们可以给出每种颜色有指定元素个数的非等价着色数的生成函数。这是本书的最后一个定理[○]。这个定理就是通常所称的 Pólya 定理，它的动机、推导与应用就是本章的主要目的。

与两种颜色的情形一样，我们需要将颜色看成变量 u_1，u_2，…，u_k 来进行代数处理。与上面论证的唯一不同是，这里由两种颜色变为 k 种颜色。

定理 14.3.3 设 X 是元素集合，G 是 X 的置换群，$\{u_1, u_2, \cdots, u_k\}$ 是 k 种颜色的集合，C 是 X 的任意着色集。这时，针对各颜色的数目的C的非等价着色数的生成函数

$$P_G(u_1+\cdots+u_k, u_1^2+\cdots+u_k^2, \cdots, u_1^n+\cdots+u_k^n) \tag{14.20}$$ 570

这一表达式是对循环指数 $P_G(z_1, z_2, \cdots, z_n)$ 通过变量代换

$$z_j=u_1^j+\cdots+u_k^j \quad (j=1,2,\cdots,n)$$

而得到的。

换言之，（14.20）中

$$u_1^{p_1} u_2^{p_2} \cdots u_k^{p_k}$$

的系数等于C中把 X 的 p_1 个元素着色成颜色 u_1，p_2 个元素着色成颜色 u_2，……，p_k 个元素着色成颜色 u_k 的非等价的着色数。

将 $u_i=1$（$i=1$，2，…，k）代入式（14.20），我们得到其系数和，从而得到用 k 种颜色对 X 着色的非等价着色总数。因为这样的代换产生

$$P_G(k,k,\cdots,k)$$

所以，定理 14.3.3 是定理 14.3.2 的改进。它比定理 14.3.2 包含更详尽的信息，而用 1 代替每个 u_i 丢失了这些信息。

例子 用 2 种颜色及 3 种颜色对一个正方形的顶点着色，求它们的非等价着色数的生成函数。

由前面的计算可知正方形的顶点对称群 D_4 的循环指数为

[○] 生成函数中的两个变量是 r 和 b。我们可以通过令 b＝1 而得到单变量生成函数。这样做不会失去什么，因为我们已经说过，一旦指定了红色的数目，剩下的就是蓝色的数目了。然而，由于我们要得到颜色数目任意的生成函数而又不能将其化成单变量函数，因此，这里最好使用两个变量。

[○] 如果你从第一页一直读到这里，并完成了大部分练习，那么祝贺你，你知道了组合数学和图论的许多知识。但是，还有许多知识需要知道，而且信息每天都在增长。在各种杂志中组合数学和图论的研究论文的数量看起来也在逐年增加。然而这不足为怪。我希望你已经发现，这方面的内容是令人兴奋和着迷的。另外，它在生物和物理领域的应用也在不断增加。在本书最后，我们列出了进一步阅读的一些参考书。

$$P_{D_4}(z_1,z_2,z_3,z_4) = \frac{1}{8}(z_1^4 + 2z_4 + 3z_2^2 + 2z_1^2 z_2)$$

设两种颜色为 r 与 b，则生成函数为

$$P_{D_4}(r+b,r^2+b^2,r^3+b^3,r^4+b^4) = \frac{1}{8}((r+b)^4 + 2(r^4+b^4) + 3(r^2+b^2)^2 + 2(r+b)^2(r^2+b^2))$$

$$= \frac{1}{8}(8r^4 + 8r^3 b + 16r^2 b^2 + 8rb^3 + 8b^4)$$

因此，我们得到

$$P_{D_4}(r+b,r^2+b^2,r^3+b^3,r^4+b^4) = r^4 + r^3 b + 2r^2 b^2 + rb^3 + b^4 \qquad (14.21)$$

因此，所有顶点都是红色的非等价着色有一种，所有顶点都是蓝色的非等价着色有一种，三个顶点是红色、一个顶点是蓝色的非等价着色有一种，一个顶点是红色、其余三个顶点是蓝色的非等价着色有一种。最后，每个颜色各有两个顶点的非等价着色有一种。非等价着色的总数即 (14.21) 中的系数和 6。

现在，假设我们有三种颜色 r, b 与 g，则非等价着色的生成函数为

$$P_{D_4}(r+b+g,r^2+b^2+g^2,r^3+b^3+g^3,r^4+b^4+g^4)$$

$$= \frac{1}{8}((r+b+g)^4 + 2(r^4+b^4+g^4) + 3(r^2+b^2+g^2)^2 + 2(r+b+g)^2(r^2+b^2+g^2))$$

利用第 5 章中的多项式定理，可以计算出这个表达式。例如，$r^1 b^2 g^1$ 的系数为

$$\frac{1}{8}(12 + 0 + 0 + 4) = 2$$

于是，一个顶点为红色、两个顶点为蓝色、一个顶点为绿色的非等价着色有 2 种。非等价的着色总数为

$$P_{D_4}(3,3,3) = 21 \qquad \square$$

例子　用 2 种颜色及 3 种颜色分别对正五角形的顶点着色，求它们各自非等价着色的生成函数。

由我们前面的计算知，D_5 的循环指数为

$$P_{D_5}(z_1,z_2,z_3,z_4,z_5) = \frac{1}{10}(z_1^5 + 4z_5 + 5z_1 z_2^2)$$

注意，循环指数中既不出现 z_3 也不出现 z_4，这是因为 D_5 中的置换在其循环因子分解中均无 3 循环和 4 循环。假设我们有两种颜色 r 与 b，则关于非等价着色的生成函数为

$$P_{D_5}(r+b,r^2+b^2,r^3+b^3,r^4+b^4,r^5+b^5) = \frac{1}{10}((r+b)^5 + 4(r^5+b^5) + 5(r+b)(r^2+b^2)^2)$$

$$= r^5 + r^4 b + 2r^3 b^2 + 2r^2 b^3 + rb^4 + b^5$$

非等价的着色总数为

$$1 + 1 + 2 + 2 + 1 + 1 = 8$$

关于三种颜色，非等价着色的生成函数为

$$\frac{1}{10}((r+b+g)^5 + 4(r^5+b^5+g^5) + 5(r+b+g)(r^2+b^2+g^2)^2)$$

非等价着色总数为

$$\frac{1}{10}(3^5 + 4(3) + 5(3)(3^2)) = 39 \qquad \square$$

例子（立方体的顶点与面的着色）　用指定数量的颜色对立方体的顶点与面进行着色，试求立方体的对称群及非等价的着色方法数。

一个立方体有 24 个对称，它们属于四种不同类型的旋转：

(1) 恒等旋转 ι（1 个）。

(2) 绕三对对立面的中心旋转：

    (a) $90°$（3 个）。

    (b) $180°$（3 个）。

    (c) $270°$（3 个）。

(3) 绕对边中点连线的 $180°$ 旋转（6 个）。

(4) 绕对顶点的旋转：

    (a) $120°$（4 个）。

    (b) $240°$（4 个）。

一个立方体对称的总个数是 24 个。

在下表中，我们把每类对称看成是 8 个顶点的置换（作为立方体顶点对称群的元素）和 6 个面的置换（作为立方体面对称群的元素）。在该表中我们参考了以上给出的对称的分类。

对 称 种 类	个　数	顶 点 类 型	面　类　型
(1)	1	(8, 0, 0, 0, 0, 0, 0, 0)	(6, 0, 0, 0, 0, 0)
(2)(a)	3	(0, 0, 0, 2, 0, 0, 0, 0)	(2, 0, 0, 1, 0, 0)
(2)(b)	3	(0, 4, 0, 0, 0, 0, 0, 0)	(2, 2, 0, 0, 0, 0)
(2)(c)	3	(0, 0, 0, 2, 0, 0, 0, 0)	(2, 0, 0, 1, 0, 0)
(3)	6	(0, 4, 0, 0, 0, 0, 0, 0)	(0, 3, 0, 0, 0, 0)
(4)(a)	4	(2, 0, 2, 0, 0, 0, 0, 0)	(0, 0, 2, 0, 0, 0)
(4)(b)	4	(2, 0, 2, 0, 0, 0, 0, 0)	(0, 0, 2, 0, 0, 0)

由上表我们看到立方体的顶点对称群 G_C 的循环指数为

$$P_{G_C}(z_1, z_2, \cdots, z_8) = \frac{1}{24}(z_1^8 + 6z_4^2 + 9z_2^4 + 8z_1^2 z_3^2)$$

$\boxed{573}$

立方体的面对称群 G_F 的循环指数为

$$P_{G_F}(z_1, z_2, \cdots, z_6) = \frac{1}{24}(z_1^6 + 6z_1^2 z_4 + 3z_1^2 z_2^2 + 6z_2^3 + 8z_3^2)$$

用红色与蓝色给这个立方体的顶点着色，非等价着色的生成函数为

$$P_{G_C}(r+b, r^2+b^2, \cdots, r^8+b^8) = \frac{1}{24}((r+b)^8 + 6(r^4+b^4)^2 + 9(r^2+b^2)^4 + 8(r+b)^2(r^3+b^3)^2)$$

对于立方体面，其生成函数是

$$P_{G_F}(r+b, r^2+b^2, \cdots, r^6+b^6)$$

$$= \frac{1}{24}((r+b)^6 + 6(r+b)^2(r^4+b^4) + 3(r+b)^2(r^2+b^2)^2 + 6(r^2+b^2)^3 + 8(r^3+b^3)^2)$$

进行一些代数计算后，我们得到顶点的非等价着色的生成函数为

$$r^8 + r^7 b + 3r^6 b^2 + 3r^5 b^3 + 7r^4 b^4 + 3r^3 b^5 + 3r^2 b^6 + rb^7 + b^8$$

而面的非等价着色的生成函数是

$$r^6 + r^5 b + 2r^4 b^2 + 2r^3 b^3 + 2r^2 b^4 + rb^5 + b^6$$

关于顶点以及面的非等价着色总数分别是 23 与 10。

如果有 k 种颜色，则非等价的顶点着色数是

$$\frac{1}{24}(k^8 + 6k^2 + 9k^4 + 8k^2 k^2) = \frac{1}{24}(k^8 + 17k^4 + 6k^2)$$

非等价的面着色数总数是

$$\frac{1}{24}(k^6 + 6k^2 k + 3k^2 k^2 + 6k^3 + 8k^2) = \frac{1}{24}(k^6 + 3k^4 + 12k^3 + 8k^2) \qquad \Box$$

在最后一个例子中，我们具体说明如何应用定理 14.3.3 来求有指定边数的 n 阶非同构图的个数。

例子　求各种可能边数的 4 阶非同构图的个数。

例中的数值 4 确实很小，以至于我们不需借助定理 14.3.3 便可解该问题，但是，在本例中我们的目的是说明如何将定理 14.3.3 用于图的计数。

设 $\mathcal{G}_4$ 是顶点集为 $V = \{1, 2, 3, 4\}$ 的所有 4 阶图的集合，我们要求的是 $\mathcal{G}_4$ 中有指定边数的非同构图个数的生成函数。$\mathcal{G}_4$ 中图 $H_1 = (V, E_1)$ 的边集合 E_1 是

$$X = \{\{1,2\}, \{1,3\}, \{1,4\}, \{2,3\}, \{2,4\}, \{3,4\}\}$$

的一个子集。我们可将 H_1 看成是对集合 X 中的边使用两种颜色"是"（或 y）与"否"（或 n）的着色，其中，E_1 中的边有颜色 y，非 E_1 中的边有颜色 n。设 $\mathcal{C}$ 是有 y 与 n 两种颜色的 X 的所有着色的集合。因此，$\mathcal{G}_4$ 中的图恰好是 $\mathcal{C}$ 中的着色！这是我们得到问题的解的第一个重要的发现。

设 $H_2 = (V, E_2)$ 是 $\mathcal{G}_4$ 中的另一个图，则 H_1 与 H_2 同构当且仅当存在 $V = \{1, 2, 3, 4\}$ 的置换 f（S_4 的置换），使得 $\{i, j\}$ 是 E_1 中的边当且仅当 $\{f(i), f(j)\}$ 是 E_2 中的边。S_4 中的 24 种置换中每一种置换 f 都利用规则

$$\{i, j\} \to \{f(i), f(j)\} \quad (\{i, j\} \in X)$$

置换 X 中的边。例如，设

$$f = \begin{pmatrix} 1 & 2 & 3 & 4 \\ 3 & 2 & 4 & 1 \end{pmatrix}$$

则 f 置换 X 中的边如下：

$$\begin{pmatrix} \{1,2\} & \{1,3\} & \{1,4\} & \{2,3\} & \{2,4\} & \{3,4\} \\ \{2,3\} & \{3,4\} & \{1,3\} & \{2,4\} & \{1,2\} & \{1,4\} \end{pmatrix}$$

令 $S_4^{(2)}$ 是通过这种方式从 S_4 得到的 X 的置换群⊖。我们的第二个重要发现是：$\mathcal{G}_4$ 中的两个图同构当且仅当作为 X 的着色它们等价。这一发现是图同构与等价着色的定义的直接结果。

因此，根据颜色 y 和 n 的数目，我们将问题化简为计数关于置换群 $S_4^{(2)}$ 的 $\mathcal{C}$ 中非等价着色数的问题。但这恰好是定理 14.3.3 的目的。余下的就是计算 $S_4^{(2)}$ 的循环指数。为此，我们必须计数 $S_4^{(2)}$ 中 24 个置换中每种置换的类型，计算结果总结于下表中。

类　　型	单　项　式	$S_4^{(2)}$ 中的置换数
$(6, 0, 0, 0, 0, 0)$	z_1^6	1
$(2, 2, 0, 0, 0, 0)$	$z_1^2 z_2^2$	9
$(0, 0, 2, 0, 0, 0)$	z_3^2	8
$(0, 1, 0, 1, 0, 0)$	$z_2 z_4$	6

$S_4^{(2)}$ 的循环指数为

$$P_{S_4^{(2)}}(z_1, z_2, z_3, z_4, z_5, z_6) = \frac{1}{24}(z_1^6 + 9z_1^2 z_2^2 + 8z_3^2 + 6z_2 z_4) \qquad (14.22)$$

根据定理 14.3.3，$\mathcal{C}$ 中非等价着色数的生成函数可以通过对（14.22）作代换

$$z_j = y^j + n^j \quad (j = 1, 2, 3, 4, 5, 6)$$

而得到。通过少量的计算可得该结果为

$$y^6 + y^5 n + 2y^4 n^2 + 3y^3 n^3 + 2y^2 n^4 + y n^5 + n^6$$

⊖ 由于 S_4 是置换群，容易推出 $S_4^{(2)}$ 也是置换群。作为抽象群，S_4 和 $S_4^{(2)}$ 同构，作为置换群则不是。

注意，颜色 y 的数目等于边数，于是，根据边数我们看到 4 阶非同构图的个数可由下表给出：

边 数	非同构图的个数
6	1
5	1
4	2
3	3
2	2
1	1
0	1

特别地，4 阶非同构图的总个数等于 11。 □

14.4 练习题

1. 设

$$f = \begin{pmatrix} 1 & 2 & 3 & 4 & 5 & 6 \\ 6 & 4 & 2 & 1 & 5 & 3 \end{pmatrix} \quad g = \begin{pmatrix} 1 & 2 & 3 & 4 & 5 & 6 \\ 3 & 5 & 6 & 2 & 4 & 1 \end{pmatrix}$$

求： $\boxed{576}$

(a) $f \circ g$, $g \circ f$

(b) f^{-1}, g^{-1}

(c) f^2, f^5

(d) $f \circ g \circ f$

(e) g^3, $f \circ g^3 \circ f^{-1}$

2. 证明置换的合成满足结合律：$(f \circ g) \circ h = f \circ (g \circ h)$。

3. 求等边三角形的对称群与顶点对称群。

4. 求等腰但非等边的三角形的对称群与顶点对称群。

5. 求既非等腰也非等边的三角形的对称群与顶点对称群。

6. 求正四面体的对称群（提示：有 12 个对称）。

7. 求正四面体的顶点对称群。

8. 求正四面体的边对称群。

9. 求正四面体的面对称群。

10. 求非正方形的矩形的对称群与顶点对称群。

11. 求正六边形的顶点对称群（12 阶二面体群 D_6）。

12. 求正方形的边对称群中的全部置换。

13. 设 f 与 g 为练习题 1 中的置换，$\mathbf{c} = (R, B, B, R, R, R)$ 是用颜色 R 与 B 对 1，2，3，4，5，6 进行的一种着色。求以下对 $\mathbf{c}$ 的作用：

(a) $f * \mathbf{c}$

(b) $f^{-1} * \mathbf{c}$

(c) $g * \mathbf{c}$

(d) $(g \circ f) * \mathbf{c}$ 与 $(f \circ g) * \mathbf{c}$

(e) $(g^2 \circ f) * \mathbf{c}$ $\boxed{577}$

14. 用红色与蓝色对等边三角形的顶点进行着色，试通过检验所有可能出现的情况，求出非等价的着色数。（用红色、白色与蓝色重做此练习题。）

15. 用红色与蓝色对正四面体的顶点进行着色，试通过检验所有可能出现的情况，求出非等价的着色数。（用红色、白色与蓝色重做此练习题。）

16. 刻画 S_n 中满足 $f^{-1} = f$（即 $f^2 = \iota$）的置换 f 的循环因子分解的特征。

17. 用红色与蓝色对正六边形的顶点进行着色，在 14.2 节中已得到有 8 种非等价的着色。请具体给出这 8 种非等价的着色。

18. 用 p 种颜色对正方形的顶点进行着色，利用定理 14.2.3 求非等价的着色数。

19. 用红色与蓝色对等边三角形的顶点进行着色，利用定理 14.2.3 求非等价的着色数。用 p 种颜色（参考练习题 3）重做此练习题。

20. 用红色与蓝色对等腰但非等边的三角形的顶点进行着色，利用定理 14.2.3 求非等价的着色数。用 p 种颜色（参考练习题 4）重做此练习题。

21. 用红色与蓝色对既不等腰也不等边的三角形的顶点进行着色，利用定理 14.2.3 求非等价的着色数。用 p 种颜色（参考练习题 5）重做此练习题。

22. 用红色与蓝色对非正方形的矩形的顶点进行着色，利用定理 14.2.3 求非等价的着色数。用 p 种颜色（参考练习题 10）重做此练习题。

23. （单面）带标号多米诺骨牌是由两个正方形沿一条边连接构成的，其中，每个正方形在一个面上刻有 0，1，2，3，4，5 或 6 个点数。多米诺骨牌的两个正方形可以有相同的点数。

    （a）利用定理 14.2.3 求不同的带标号多米诺骨牌数。

    （b）如果把 0，1，$\cdots$，$p-1$ 或 p 个点数刻于正方形上，问有多少种不同的带标号多米诺骨牌？

24. 双面带标号多米诺骨牌是由两个正方形沿一条边连接构成的，其中在两个面的每个正方形上刻有 0，1，2，3，4，5 或 6 个点数。

    （a）利用定理 14.2.3 求不同的双面带标号多米诺骨牌数。

    （b）如果把 0，1，$\cdots$，$p-1$ 或 p 个点数刻于正方形上，问有多少种不同的双面带标号多米诺骨牌？

25. 用 3 个红色珠子与 2 个蓝色珠子镶成项链，问有多少种不同的项链？

26. 用 4 个红色珠子与 3 个蓝色珠子镶成项链，问有多少种不同的项链？

27. 求练习题 1 中置换 f 与 g 的循环因子分解。

28. 设 f 是集合 X 的置换，试给出由 f 的循环因子分解求 f^{-1} 的循环因子分解的简单算法。

29. 求二面体群 D_6 中每个置换的循环因子分解（参考练习题 11）。

30. 求同一集合 X 上的置换 f 与 g，使得 f 与 g 在各自的循环分解中均有 2 个循环，但 $f \circ g$ 仅有一个。

31. 证明用 p 种颜色对正五边形的顶点进行着色，其非等价的着色数是

$$\frac{p(p^2+4)(p^2+1)}{10}$$

32. 用红色、白色与蓝色对正六边形的顶点进行着色，求非等价的着色数（参考练习题 29）。

33. 证明：任意置换与它的逆置换具有同样的类型（参考练习题 28）。

34. 设 e_1，e_2，$\cdots$，e_n 是满足 $1e_1 + 2e_2 + \cdots + ne_n = n$ 的非负整数。试说明如何构造集合 $\{1, 2, \cdots, n\}$ 上的一个置换 f，使得 $\text{type}(f) = (e_1, e_2, \cdots, e_n)$。

35. 用 k 种颜色对正六边形的顶点进行着色，求非等价的着色数（参考练习题 29）。

36. 用红色、白色与蓝色对正五边形的顶点进行着色，求使得两顶点为红色、两顶点为白色及一顶点为蓝色的非等价的着色数。

37. 用红色、白色和蓝色给正八边形的顶点着色，求在这个正八边形的顶点对称群作用之下的非等价着色数。

38. 双面三拼图是有三个正方形的 1×3 棋盘，其中每一个正方形（共有 6 个，因为每一个有两个面）都用红、白、蓝、绿、黄五种颜色之一着色（正方形的两个面可以有不同的颜色）。有多少非等价的双面三拼图？

39. 双面四拼图是有四个正方形的 1×4 棋盘，其中每一个正方形（总共有 8 个正方形，因为每一个都有两个面）都用红、白、蓝、绿、黄五种颜色之一着色（正方形的两个面可以有不同的颜色）。有多少种非等价的双面四拼图？

40. 双面 n 拼图是有 n 个正方形的 $1 \times n$ 棋盘，其中每一个正方形（共有 $2n$ 个，因为每一个正方形有两个

面）用 p 种颜色之一着色（正方形的两个面可以有不同的着色）。有多少种非等价的双面 n 拼图？

41. 确定二面体群 D_6 的循环指数（参考练习题 29）。

42. 分别用 2 种及 3 种颜色对正六边形的顶点进行着色，求非等价着色的生成函数（参考练习题 41）。

43. 求正方形边对称群的循环指数。

44. 用红色和蓝色对正方形的边进行着色，求非等价着色的生成函数。使用 k 种颜色时有多少种非等价的着色？（参考练习题 43。）

45. 设 n 是奇素数，证明 $\{1, 2, \cdots, n\}$ 的置换 ρ_n, ρ_n^2, $\cdots$, ρ_n^{n-1} 都是 n 阶循环（回顾一下，置换 ρ_n 将 1 变到 2、将 2 变到 3、……、将 $n-1$ 变到 n、将 n 变到 1）。

46. 设 n 是素数，用 k 种不同颜色的 n 个珠子做成项链，求不同的项链数。

47. 将 3 行 3 列棋盘中的 9 个正方形着红色与蓝色，棋盘可以自由旋转，但不能做翻转运动。求不等价着色的生成函数及其着色总数。

48. 3 行 3 列棋盘形式的带色玻璃窗有 9 个正方形，其中，各正方形着红色或蓝色（颜色是透明的，且可从两面观看窗户）。求不同的带色玻璃窗的生成函数及带色玻璃窗的总数。

49. 有 16 个正方形的 4 行 4 列棋盘形式的带色玻璃窗，重复练习题 48。 |580|

50. 如果 p 是素数，求由 p 个红色或蓝色珠子组成的不同项链的生成函数（参考练习题 46）。

51. 求二面体群 D_{2p} 的循环指数，其中 p 是素数。

52. 求由 $2p$ 个红色或蓝色珠子组成的不同项链的生成函数，其中 p 是素数。

53. 用 10 个球垒成一个三角阵，使得 1 个球在 2 个球之上，2 个球在 3 个球之上，3 个球在 4 个球之上（考虑台球）。这个三角阵可以自由旋转。用红色与蓝色对该三角阵着色，求非等价着色数的生成函数。如果允许翻转该三角阵，求出相应的生成函数。

54. 利用定理 14.3.3，求 5 阶非同构图的生成函数。（提示：本练习题需要一定的工作量，适合作为最后一个练习题。我们需要求出集合 X 的置换群 $S_5^{(2)}$ 的循环指数，其中，X 是由 $\{1, 2, 3, 4, 5\}$ 中不同整数组成的 10 个无序整数对（5 阶图中可能的边）所构成的。首先计算 S_5 中各类型置换 f 的个数，然后利用如下事实：作为 X 上的置换，f 的类型只依赖于作为 $\{1, 2, 3, 4, 5\}$ 上的置换 f 的类型。） |581|

练习题答案与提示

我们只给出部分练习题的解答与提示。

第 1 章

3. 不能。

4. $f(n)=f(n-1)+f(n-2)$；$f(12)=233$。

5. 11。

9. 使用 5×6 棋盘并使用 2×3 的牌。

15. 不能。

20. 由于 3 个国家 1，2 和 10 中的每两个都有一条公共边，因此 3 种颜色是必需的。使用红色、蓝色、白色着色共有 12 种不同的着色方法。

21. 否。公共线的和是 $(1+2+\cdots+7)/3$，但这个数不是一个整数。

26. 简单的实验通常是会成功的。

29. 是平衡的。玩家 Ⅱ 应该从大小为 22 的堆中取走 14 枚硬币。

31. 提示：考虑单位数字（unit digit）。

34. 第二个玩家。考虑加到 5 的倍数。

35. 第一个玩家。

36. 105.

38. 提示：考虑使 n 条线段的总长度尽可能小的配对。

39. 提示：n 必须是偶数。给这些方格着色成黑色和白色，位于列 1，3，$\cdots$，$n-1$ 的所有方格都着上黑色，而位于列 2，4，$\cdots$，n 的方格都着上白色，使黑格数等于白格数。这张棋盘上的 L 形拼图有两种类型：一种可以覆盖三个黑格和一个白格，一种可以覆盖三个白格和一个黑格。

43. 提示：考虑中心的立方体。

第 2 章

1. $(\{a，b\})$ 48。

2. 4! $(13!)^4$。

3. $52\times51\times50\times49\times48$；$\binom{52}{5}$。

4. (a) $5\times3\times7\times2$；(c) 121。

5. (a) 12。

6. 根据整数所包含的数字个数对整数进行划分。

8. 6! 5!。

10. $\binom{12}{2}\times\binom{10}{3}+\binom{12}{3}\times\binom{10}{3}+\binom{12}{4}\times\binom{10}{1}+\binom{12}{5}$。

11. $\binom{20}{3}-2\times17-17\times16-18$。

13. (a) $\binom{100}{25}\binom{75}{35}$。

15. (a) $20!/5!$；(b) $\binom{15}{10}\binom{20}{10}10!$。

17. $6!$；$6!\binom{6}{2}$。

27. $\binom{7}{4}^2 4! + 7^2\binom{6}{3}^2 3!$。

30. $2(5!)^2$。

32. $11!\left(\dfrac{1}{2!\ 4!\ 5!}+\dfrac{1}{3!\ 3!\ 5!}+\dfrac{1}{3!\ 4!\ 4!}\right)$。

36. $(n_1+1)(n_2+1)\cdots(n_k+1)$。

39. 如果拿走 6 根非连续的棍，那么我们就得到方程 $x_1+x_2+\cdots+x_7=14$ 的一个整数解，其中 x_1，$x_7\geqslant0$，而对于 $i=2$，3，$\cdots$，6，$x_i>0$。

41. $3\times\binom{12}{2}$。

43. $\binom{r+k-2}{k-2}+\binom{r+k-3}{k-2}$。

47. **提示**：使用减法原理。首先，计数把书放入书柜的方法总数。然后再计数一层放的书比其他一对隔板放的书多（因此该层至少有 $n+1$ 本书）的方法总数。

54. 3^n。

56. $4\binom{13}{5}\Big/\binom{52}{5}$。

583

58. **提示**：含有 5 个不同级别的一手牌的数目是 $\binom{13}{5}4^5$。

第 3 章

2. 参见 D. O. Shklarsky，N. N. Chentzov，and I. M. Yaglom，*The USSR Olympiad Problem Book*，Freeman，San Francisco，1962，169-171。

4. 把整数 $\{1, 2, \cdots, 2n\}$ 划分成数对 $\{1, 2\}$，$\{3, 4\}$，$\cdots$，$\{2n-1, 2n\}$。

7. 参见 D. O. Shklarsky，N. N. Chentzov，and I. M. Yaglom，*The USSR Olympiad Problem Book*，Freeman，San Francisco，1962，169-171。

8. 当一个整数被 n 除时，可能的余数是什么？

9. 用 10 个数所能形成的和的数目是 $2^{10}-1$。没有和能够超过 600。

14. 45 分钟。

15. **提示**：考虑一个整数被 n 除时的余数。

18. 把这个正方形分成 4 个边长为 1 的正方形。

19. (a) 将该三角形划分成 4 个边长为 1/2 的等边三角形。

20. 考虑一点和到其他 16 个点的线段。其中至少有 6 条线段有相同的颜色。

24. q_3。

27. 对于每一集合 A，考虑不在 A 中的元素组成的集合 B。

28. **提示**：$a_1+a_2+\cdots+a_{100}=1620(=20+80\times20)$ 时存在选择舞伴清单的方法。然后利用平均方法（对于 $i=1$，2，$\cdots$，20，设 b_i 是含有第 i 位女士的列表数，再求这些数的平均值）证明和是 1619 时不存在这样的安排。

第 4 章

1. 35124。

2. $\{3, 7, 8\}$。

4. 提示：1 不可移动。

584 6. (a) 2, 4, 0, 4, 0, 0, 1, 0。

7. (a) 48165723。

11. (a) 00111000; (b) 1010101; (c) 01000000。

15. (a) $\{x_4, x_2\}$; (b) $\{x_7, x_5, x_3, x_0\}$。

16. (a) $\{x_4, x_1\}$; (b) $\{x_7, x_5, x_2, x_1, x_0\}$。

17. 第 150 个是 $\{x_7, x_4, x_2, x_1\}$。

23. (a) 010100111。

24. (a) 010100010。

28. 2, 3, 4, 7, 8, 9 直接跟在 2, 3, 4, 6, 9, 10 之后; 2, 3, 4, 6, 8, 10 直接位于 2, 3, 4, 6, 9, 10 之前。

34. (a) $12\cdots r$, $12\cdots(r-1)(r+1)$, $\cdots$, $12\cdots(r-1)n$。

36. X 上的关系的数目是 2^{n^2}; 反射关系数为 $2^{n(n-1)}$。

41. 提示：考虑传递性。

48. 提示：有些事情非常熟悉。

50. 48。

第 5 章

6. $-3^5 2^{13} \dbinom{18}{5}$; 0。

7. $\displaystyle\sum_{k=0}^{n} \binom{n}{k} r^k = (1+r)^n$。

8. 提示：$2=3-1$。

9. $(-1)^n 9^n$。

10. 提示：考虑选择一队人，指定其中某人当队长。

13. $\dbinom{n+3}{k}$。

15. 微分二项式公式，然后用 -1 代替 x。

16. 积分二项式公式，但要注意积分常数。

20. 为求 a, b 和 c, 乘开并比较系数。

23. (a) $\dfrac{24!}{10!\,14!}$, (b) $\dfrac{15!}{4!\,5!\,6!}$, (c) $\dfrac{(9!)^2}{4!\,5!\,(3!)^3}$。

585 24. $\dfrac{45!}{10!\,15!\,20!}$。

28. 提示：考虑有 n 个男孩和 n 个女孩的一个集合，并组成一个大小为 n 的团队，其中一个男孩是领导。

29. $\dbinom{m_1+m_2+m_3}{n}$。

30. 首先证明大小为 6 的反链不可能含有 3 子集。

34. 提示：只有一个子集的链的个数为

$$\binom{n}{\lfloor n/2 \rfloor} - \binom{n}{\lceil (n+1)/2 \rceil}$$

37. 用 1 代替所有的 x_i。

39. $\dfrac{10!}{3!\,4!\,2!}$。

第 6 章

1. 5334。

3. $10\,000-(100+21)+4=9883$。

4. 34。

7. 456。

9. 使用变量变换 $y_1=x_1-1$，$y_2=x_2$，$y_3=x_3-4$，$y_4=x_4-2$。

11. $8!-4\times7!+6\times6!-4\times5!+4!$。

12. $\binom{8}{4}D_4$。

15. (a) D_7；(b) $7!-D_7$；(c) $7!-D_7-7\times D_6$。

16. 提示：按照在其自然位置上的整数的个数划分这些排列。

17. $\dfrac{9!}{3!\,4!\,2!}-\left(\dfrac{7!}{4!\,2!}+\dfrac{6!}{3!\,2!}+\dfrac{8!}{3!\,4!}\right)+\left(\dfrac{4!}{2!}+\dfrac{6!}{4!}+\dfrac{5!}{3!}\right)-3!$。

21. $D_1=0$ 和 $D_2=1$。再使用归纳法和 D_n 的递推关系。

24. (b) $6!-12\times5!+54\times4!-112\times3!+108\times2!-48+8$。

28. $8!-32\times6!+288\times4!-768\times2!+384$（32 是如下产生的：坐法将男孩们配成对。使得恰有一对男孩互相面对的座位安排方法数可如下得到：可以用 4 种方法选出一对，选择他们以 4 种方式占据的两个座位，然后让他们以两种方式坐下，得到 $4\times4\times2=32$）。

30. $\dfrac{9!}{3!\,4!\,2!}-\left(\dfrac{7!}{4!\,2!}+\dfrac{6!}{3!\,2!}+\dfrac{8!}{3!\,4!}\right)+\left(\dfrac{4!}{2!}+\dfrac{6!}{4!}+\dfrac{5!}{3!}\right)-3!$。

$\boxed{586}$

32. 提示：设 A_i 是 1 到 n 之间可以被 p_i 整除的整数的集合。

36. 答案是 6，但是用这个方法来解决这个问题很困难。更容易的方法是列出所有的解。

第 7 章

1. (a) f_{2n}；(b) $f_{2n+1}-1$。

2. 提示：证明 $\dfrac{1}{\sqrt5}\left(\dfrac{1-\sqrt5}{2}\right)^n$ 的绝对值小于 $1/2$。

3. (a) $f_n=f_{n-1}+f_{n-2}=2f_{n-2}+f_{n-3}$，再用归纳法。

(b) $f_n=3f_{n-3}+2f_{n-4}$，再用归纳法。

6. 首先对 m 用归纳法证明 $f_{a+b}=f_{a-1}f_b+f_af_{b+1}$，再令 $m=nk$，并根据对 k 的归纳法证明 f_m 可以被 f_n 整除。

7. 令 $m=qn+r$。然后，通过练习题 6 给出的部分解，$f_m=f_{qn-1}f_r+f_{qn}f_{r+1}$。根据练习题 6，因为 f_{qn} 能被 f_n 整除，所以 f_m 和 f_n 的 GCD 等于 $f_{qn-1}f_r$ 和 f_n 的 GCD。此时，再用计算 GCD 的标准算法（见 10.1 节）。

8. $h_n=h_{n-1}+h_{n-2}$。

9. $h_n=2h_{n-1}+2h_{n-2}$。

12. 提示：利用 $n=(n-1)+1$，并利用二项式公式计算 n^3。

13. (a) $\dfrac{1}{1-cx}$；(d) e^x。

14. (a) $\dfrac{x^4}{(1-x^2)^4}$；(c) $\dfrac{1+x}{(1-x)^2}$。

15. 从序列 $1/(1-x)=1+x+x^2+\cdots$ 开始，微分，乘以 x 再微分，乘以 x 再微分，最后乘以 x。

17. $\dfrac{1}{(1-x)^2}$，所以 $h_n=n+1$。

19. 提示：$h_n = \dfrac{1}{2}(n^2 - n)$。

20. 把 h_n 写成关于 n 的三次多项式。

22. $1/(1-x)$。

24. (a) $(x + x^3/3! + x^5/5! + \cdots)^k$；(b) $(e^x - 1 - x - x^2/2! - x^3/3!)^k$；(d) $(1+x)(1+x+x^2/2!) \cdots$

587
  $(1 + x + \cdots + x^k/k!)$。

25. 如果 $n \geqslant 1$，$h_n = 4^{n-1}$，$h_0 = 0$。

27. 提示：指数生成函数是 $\left(\dfrac{e^x + e^{-x}}{2} - 1\right)^2 e^{3x}$。

31. $2^{n-2} - (-2)^{n-2}$。

32. $(n+2)!$。

35. $\dfrac{8}{9} - \dfrac{2}{3}n + \dfrac{1}{9}(-2)^n$。

38. (a) 3^n；(c) $\dfrac{(-1)^{n+1} + 1}{2}$。

39. $h_n = h_{n-1} + h_{n-3} \,(n \geqslant 3)$ 且 $h_0 = 1$，$h_1 = 1$，$h_2 = 2$。

41. 参考第 8 章练习题 1。

43. $4^{n+1} - 3 \times 2^n$。

45. $3 \times 2^n - n - 2$。

48. (a) 如果 n 是偶数，则 $h_n = 0$，如果 n 是奇数，则 $h_n = 4^{(n-1)/2}$；(c) $h_n = \dfrac{1}{12}(-3 + 4 \times 3^n - (-3)^n)$；

   (e) $h_n = \dfrac{14}{9} - \dfrac{2}{3}(n+1) + \dfrac{1}{9}(-2)^n$。

第 8 章

1. 设对于 $2n$ 个点的方法数是 a_n。选取一个点并称之为 P，则 P 必然被连到一点 Q 上，使得在直线 PQ 的两侧存在偶数个点。这就导致递归关系
$$a_n = a_0 a_{n-1} + a_1 a_{n-2} + \cdots + a_{n-1} a_0, \, a_0 = 1。$$
这与 Catalan 数满足的递推关系相同（参见等式 (8.7)）。

2. 提示：考虑 $+1$ 和 -1 的序列 a_1，a_2，$\cdots$，a_{2n}，其中如果 j 在矩阵的第一行上，则取 a_j 为 $+1$，如果 j 在矩阵的第二行上，则取 a_j 为 -1。

5. 扩展定理 8.1.1 的证明。

6. $\displaystyle\sum_{k=0}^{n} h_k = 3\binom{n+1}{1} + \binom{n+1}{2} + 4\binom{n+1}{3}$。

9. 对 k 施归纳法。

10. 使用 $\binom{n}{k}$ 是 n 的 k 次多项式的事实。因此，必须选取使得 $c_m/m!$ 是 h_n 中 n^m 的系数的 c_m。

12. (b) $S(n, 2)$ 是将 $n \geqslant 2$ 个元素的集合分到两个非空可区分的盒子中的划分的个数。存在 $2^n - 2$ 个分成

588
   非空可区分的盒子的划分。

13. 提示：一个到上函数的逆像给出一个分成 k 个非空可区分盒子的划分。

15. 按照非空盒子的数目的划分进行划分。

19. (a) $s(n, 1)$ 与 n 元素集合的循环排列的个数相同。

26. (a) $12 = 4 + 3 + 2 + 2 + 1$。

第 9 章

3. 至少有一个集合含有四个以上元素的任意集合族。

5. 提示：将这些多米诺骨牌逐列垂直摆放，除非你不得不水平放置。

7. 最大的数是 5。

8. 不同的 SDR 数是 2（对于所有的 n）。

10. 从 A_2，$\cdots$，A_n 的每一个中删去 x（如果有的话），并证明结果的 $n-1$ 个集合满足配对条件。

12. 提示：设黑方格的数目等于白方格的数目。证明在同一行或在同一列有两个相邻的方格，使得拿走它们将得到练习中的类型的棋盘，再用归纳法完成证明。

18. 提示：一位女士的第 k 个选择是这样的一位男士，该男士的第 $(n+1-k)$ 个选择为该女士。如果 $p<k$，那么 $n+1-p>n+1-k$。

19. 在两种情形下，我们都得到稳定的完美婚姻 $A\leftrightarrow c$，$B\leftrightarrow d$，$C\leftrightarrow a$，$D\leftrightarrow b$。

20. 因为 $(n^2-n)/n=n-1$，所以，在 n^2-n+1 次求婚后，某位女士已经被拒绝了 $n-1$ 次，而每位男士至少接收到一次求婚。

21. 提示：为了能有相等数目的男士和女士，引入一些假想的女士，每个男士把假想的女士放在他的列表的最后。

24. 提示：构造集合族 $(A_1$，A_2，$\cdots$，$A_n)$，其中 $A_i=\{j : a_{ij}\neq 0\}$，然后证明这个集合族有 SDR。

第 10 章

6. 使用练习题 5 和 $a-b=a+(-b)$ 的事实。 589

9. $-3=17$，$-7=13$，$-8=12$，$-19=1$。

10. $1^{-1}=1$，$5^{-1}=5$，$7^{-1}=7$，$11^{-1}=11$。

11. 4，9 和 15 没有乘法逆元。
    $11^{-1}=11$，$17^{-1}=17$，$23^{-1}=23$。

12. $n-1$ 和 n 的 GCD 是 1。

14. (a) GCD=1。

15. 在 Z_{31} 中，12 的乘法逆元是 13。

17. (a) i^2；(c) $1+i^2$；(e) i。

19. 不存在：若是存在这样一个设计，就有 $\lambda=r(k-1)/(k-1)=80/17$。

21. 其参数为 $b'=v'=7$，$k'=r'=4$ 和 $\lambda'=2$。

23. 每一个都由另一个通过用 0 代替 1 和用 1 代替 0 而得到。

27. $\lambda=v$。

29. 不是。

33. 存在 3 变元的指数为 1 的 Steiner 系统，再应用 $t-1$ 次定理 10.3.2。

37. 互换行和列不改变行和列都是置换的事实。

40. 取 $n=6$，$r=1$ 和 $r'=5$。

43. 应用定理 10.4.3。

44. 为了构造 2 个 9 阶 MOLS，我们可以使用定理 10.4.6 的证明中的构造，或者使用为了证明定理 10.4.7 而引入的乘积结构，可以从 2 个 3 阶 MOLS 开始。为了构造 3 个 9 阶 MOLS，我们应该首先从系数在 Z_3 中但在 Z_3 中没有根的一个多项式（如 x^2+x+2）开始构造一个 9 阶域，然后应用用于验证定理 10.4.4 的结构。

45. 取两个 3 阶 MOLS A_1 和 A_2 与两个 5 阶 MOLS B_1 和 B_2，则 $A_1\otimes B_1$ 和 $A_2\otimes B_2$ 是两个 15 阶 MOLS。

47. 在 B 中被 1 所占据的 A 中的 n 个位置就是 n 个非攻击型车的位置。 590

55. 一个完备化为

$$\begin{bmatrix} 3 & 2 & 0 & 4 & 5 & 1 \\ 2 & 0 & 3 & 5 & 1 & 4 \\ 0 & 3 & 2 & 1 & 4 & 5 \\ 4 & 5 & 1 & 2 & 3 & 0 \\ 5 & 1 & 4 & 3 & 0 & 2 \\ 1 & 4 & 5 & 0 & 2 & 3 \end{bmatrix}$$

57. 取一个完备化，另外一个通过交换最后两行得到。

60. 在最后 $n-1$ 行和列中的 0 的位置使 $\{1, 2, \cdots, n-1\}$ 中的整数两两成对。因此 $n-1$ 是偶数。

第 11 章

1. 分别为 1，2 和 4 个。

3. 否。

4. 否；可以。

5. 见第 3 章的练习题 16。对多重图不成立。

6. 提示：尝试环。

7. 提示：插入尽可能多的环。

8. 提示：对于 k 个顶点的任意集合 U，有多少边至少在 U 中有它们的一个顶点？

11. 只有第一个图和第三个图是同构的。

14. 否。

15. 否。

19. 连通性和平面性都不依赖于环或连接一对顶点的多于一条的边存在。

21. 如果 G 是连通的，那么肯定 G^* 也是。顶点 x 和 y 必然在 G 的相同的连通分量中（为什么），因此，如果 G^* 是连通的，那么 G 已然连通。

29. 第二个有一条欧拉迹，但第一个没有。

[591] 32. 5。

39. 提示：首先构造一个 5 阶图，它有四个顶点的度是 3 而剩下的顶点的度为 2。再用该图的 3 个拷贝构造所要的图。

48. 不是，但去掉环是。

49. (a) 为使 $\{a, b\}$ 是一条边，或者 a 和 b 都是偶数，或它们都是奇数。由此得到结论：

（ⅰ）不是；

（ⅱ）不是；

（ⅲ）否；

（ⅳ）否。

50. 4（得到有 6 条边的 $K_{2,3}$）。

54. 唯有被排成一条路径的树。

55. 同样，只有被排成一条路径的树。

56. 有 11 个。

57. 提示：对 n 施归纳法。至少有一个 d_i 等于 1。

59. 要是有多于两个树，那么把这条边放回去就不可能构成连通图。

64. 提示：试一试"扫帚"。

66. 恰好一个。

68. 图 11-42 分别给出正方游戏、反方游戏和先方游戏。

71. 提示：否则该边割集能是极小的吗？

75. (c) 一棵 BFS 树是边被排成一条路径，其根"在路径中间"的树。

76. (c) 一棵 DFS 树是边被排成一条路径，其根是这条路径的一个端点的树。

78. 提示：考虑一个悬挂顶点并对 n 施归纳法。

86. 提示：考虑两棵最小权生成树和最小的 p，其中，有一棵树有一权为 p 的边，而另一棵树没有。

第 12 章

4. 如果 n 为奇数，则 C_n 不是二分图，而且容易找出一个 3 着色。

5. 分别为 2，3 和 4。 $\boxed{592}$

8. (a) 通过应用求色多项式的算法得到的所有零图至少有一个顶点，从而它们的色多项式形如 k^p，其中 $p \geqslant 1$。(b) G 是连通的，当且仅当所得到的零图中的一个是 1 阶的。(c) 为得到 $n-1$ 阶的零图，必须收缩一条边而其余的边必须被删除。

9. 使用练习题 8 的结果。

10. $n-1$。

12. $n-1$。

13. $n-2$。

15. 提示：拿走一条边并得到一个二分图。

21. 提示：将这些直线一次放入一条，并使用归纳法。

23. 提示：考察不等式（12.5）的证明。

26. 提示：定理 12.2.2。

27. 提示：考察定理 12.2.2 的证明。

29. 提示：选择一条最长的路径 $x_0, x_1, \cdots, x_k$，x_0 可以邻接到哪些顶点上？

33. 提示：树是二分图。

37. 2。

38. $\lceil n/3 \rceil$。

42. 提示：如果 G 是区间图，则任何导出图都是其中某些区间的图。

44. 提示：带弦二分图不能有圈。

49. 提示：假设有两个不同的完美匹配。

56. $\min\{m, n\}$。

57. 提示：设 G 是非连通的。关于 G 的度序列意味着什么？ $\boxed{593}$

第 13 章

5. 提示：在没有任何有向圈的有向图中，必然存在一个顶点，没有弧进入该顶点。

7. 提示：存在一条哈密顿路径。

9. 提示：一个强连通的竞赛图至少有一个有向圈。证明：有向圈的长度可以增加直到包含所有的顶点。

11. 提示：开迹。

16. 否则 t_1 从分配中分离，从而该分配就不是核心分配。

18. 验证 6 个可能的分配。由这个算法产生的核心分配是每个交易商得到他排位在最前的物品的分配。

19. 否则，他将脱离这个分配。

第 14 章

1. $f \circ g = \begin{pmatrix} 1 & 2 & 3 & 4 & 5 & 6 \\ 2 & 5 & 3 & 4 & 1 & 6 \end{pmatrix}$；$f^{-1} = \begin{pmatrix} 1 & 2 & 3 & 4 & 5 & 6 \\ 4 & 3 & 6 & 2 & 5 & 1 \end{pmatrix}$。

5. 这个对称群仅包含恒等运动。顶点对称群仅包含三个顶点的恒等置换。

10. 一个非正方形的矩形的对称群包括四个运动：恒等运动，绕矩形中心的 180° 旋转，关于链接对边中点的线的两个反射。

13. (a) (R, B, R, B, R, R)；(b) (R, R, B, R, R, B)。

14. 4(10)。

16. 如果 $f(i) = j$，则 $f(j) = i$。f 的循环因子分解仅包含 1 循环与 2 循环。

18. $\dfrac{p^4 + 2p^3 + 3p^2 + 2p}{8}$。

22. $\dfrac{p^4 + 3p^2}{4}$。

23. (a) 将两个正方形标以 A 与 B，用颜色 0，1，2，3，4，5，6 对 $\{A, B\}$ 进行着色，则有标号的多米诺骨牌数等于在 $\{A, B\}$ 的两种可能的置换群 G 的作用下 $\{A, B\}$ 的非等价着色数。根据定理 13.2.3，得不同标记的多米诺骨牌数为 $\dfrac{7^2+7}{2}=28$。

24. (a) 现在的置换群包含已标号的 4 个正方形的 4 个置换，答案为 $\dfrac{7^4+3\times7^2}{4}=637$。

25. 一个正五角形的三个顶点为红色、两个顶点为蓝色的着色方式共有 10 种，在二面体群 D_5 的作用下，非等价的着色数为 $\dfrac{10+5\times2+4\times0}{10}=2$。

26. $\dfrac{35+7\times3+6\times0}{14}=4$。

27. $f=[1\ 6\ 3\ 2\ 4]\circ[5]$。

28. 对 f 的循环因子分解的每一个循环的元素反序。

31. $\dfrac{k^5+5\times k^3+4\times k}{10}$。

33. 参考练习题 28。

36. $\dfrac{30+5\times2+4\times0}{10}=4$。

45. 如果 $\rho_n^k(k=1, 2, \cdots, n-1)$ 包含一个 t 循环，那么由对称性，ρ_n^k 的循环因子分解只包含 t 循环，这意味着 t 是 n 的一个因子。由于 n 是一个素数，因此 $t=1$ 或 $t=n$。因 $t=1$ 表明 ρ_n^k 是恒等置换，所以 $t=n$，即 ρ_n^k 是一个 n 循环。

46. 利用练习题 45，我们得 $\dfrac{k^n+n\times k^{(n+1)/2}+(n-1)k}{2n}$。

47. 置换群的循环指数为

$$P_G(z_1, z_2, \cdots, z_{10}) = \frac{z_1^{10}+2z_1z_4^2+z_1z_2^4}{4}$$

因此，非等价的着色数为

$$P_G(2, 2, \cdots, 2) = \frac{2^{10}+2^4+2^5}{4} = 2^8+2^2+2^3$$

53. 三个旋转的群 G 的循环指数为

$$P_G(z_1, z_2, \cdots, z_9) = \frac{z_1^{10}+2z_1z_3^3}{3}$$

非等价着色的生成函数为

$$P_G(r+b, r^2+b^2, \cdots, r^{10}+b^{10}) = \frac{(r+b)^{10}+2(r+b)(r^3+b^3)^3}{3}$$

参 考 文 献

正文脚注中已经列出了很多参考文献，这里再列出一些，主要是本书讨论的相关主题的高级阅读材料。

George E. Andrews and Kimmo Eriksson, *Integer Partitions*, Cambridge, England: Cambridge University Press, 2004.

Ian Anderson, *Combinatorics of Finite Sets*. Oxford, England: Oxford University Press, 1987.

Claude Berge, *Graphs and Hypergraphs*. New York: Elsevier, 1973.

Béla Bollobás, *Modern Graph Theory*. New York: Springer-Verlag, 1998.

Miklós Bóna, *Combinatorics of Permutations*. Boca Raton, FL: Chapman & Hall/CRC 2004.

Richard A. Brualdi and Herbert J. Ryser, *Combinatorial Matrix Theory*. New York: Cambridge University Press, 1991.

Louis Comtet, *Advanced Combinatorics*. Boston: Reidel, 1974.

Shimon Even, *Graph Algorithms*. Potomac, MD: Computer Science Press, 1979.

L. R. Ford, Jr. and D. R. Fulkerson, *Flows in Networks*. Princeton, NJ: Princeton University Press, 1962.

Ronald L. Graham, Bruce L. Rothschild, and Joel L. Spencer, *Ramsey Theory*, 2nd ed., New York: Wiley, 1990.

Frank Harary, *Graph Theory*. Reading, MA: Addison-Wesley, 1969.

Frank Harary and Edgar Palmer, *Graphical Enumeration*. New York: Academic Press, 1973.

D. R. Hughes and F. C. Piper, *Design Theory*. New York: Cambridge University Press, 1985.

Tommy R. Jensen and Bjarne Toft, *Graph Coloring Problems*. New York: Wiley-Interscience, 1995.

C. L. Liu, *Topics in Combinatorial Mathematics*. Washington, DC: Mathematical Association of America, 1972.

L. Lovász and M. D. Plummer, *Matching Theory*. New York: Elsevier, 1986.

L. Mirsky, *Transversal Theory*. New York: Academic Press, 1971.

K. Ollerenshaw and D. S. Brée, *Most-Perfect Pandiagonal Magic Squares*, The Institute of Mathematics and its Applications, Southend-on-Sea, England, 1998.

C. A. Pickover, *The Zen of Magic Squares, Cicles, and Stars*, Princeton, NJ: Princeton University Press, 2002.

Herbert J. Ryser, *Combinatorial Mathematics*. Carus Mathematical Monograph No. 14. Washington, DC: Mathematical Association of America, 1963.

Thomas L. Saaty and Paul C. Kainen, *The Four-Color Problem*. New York: Dover, 1986.

Richard P. Stanley, *Enumerative Combinatorics*, Volume I (1997) and Volume 2 (1999): Cambridge, England: Cambridge University Press.

N. Vilenkin, *Combinatorics*. New York: Academic Press, 1971.

Douglas West, *Introduction to Graph Theory*, 2nd ed., Upper Saddle River, NJ: Prentice Hall, 2001.

索　引

索引中的页码为英文原书页码，与书中页边标注的页码一致。

推荐阅读

线性代数（原书第10版）

ISBN：978-7-111-71729-4

数学分析原理 面向计算机专业（原书第2版）

ISBN：978-7-111-71242-8

数学分析（原书第2版·典藏版）

ISBN：978-7-111-70616-8

复分析（英文版·原书第3版·典藏版）

ISBN：978-7-111-70102-6

实分析（英文版·原书第4版）

ISBN：978-7-111-64665-5

泛函分析（原书第2版·典藏版）

ISBN：978-7-111-65107-9